ZLG 嵌入式软件工程方法与实

CAN FD 现场总线原理和应用设计

周立功　黄敏思　主编

致远电子　编著

北京航空航天大学出版社

内 容 简 介

本书主要介绍 CAN FD 现场总线原理和应用设计。内容包括：CAN-bus 规范，CAN FD 规范，CAN 接口电路设计，集成 CAN/CAN FD 的 MCU、核心板及工控板，MCU 如何扩展 CAN/CAN FD 接口，CAN 总线分析及控制设备，解决 CAN 总线故障的利器，CAN 总线综合分析仪及软件，CAN 总线高级分析软件 ZCANPRO，ZWS 云平台之 CANDTU 云，如何搭建稳定可靠的 CAN 网络，CAN 网络现场问题分析和处理，CAN/CAN FD AWorks 编程，CAN/CAN FD 接口卡上位机二次开发库编程，以及 CAN 高层协议之 CANopen 协议。

本书可供工业控制领域的开发人员和其他工程技术人员使用或参考，也可作为大专院校相关专业师生的参考用书。

图书在版编目(CIP)数据

CAN FD 现场总线原理和应用设计 / 周立功，黄敏思主编. -- 北京 ：北京航空航天大学出版社，2023.1
ISBN 978-7-5124-3977-1

Ⅰ. ①C… Ⅱ. ①周… ②黄… Ⅲ. ①总线—自动控制系统 Ⅳ. ①TP273

中国版本图书馆 CIP 数据核字(2022)第 251405 号

CAN FD 现场总线原理和应用设计
周立功　黄敏思　主编
致远电子　编著
策划编辑　胡晓柏　　责任编辑　胡晓柏
*
北京航空航天大学出版社出版发行
北京市海淀区学院路 37 号(邮编 100191)　http://www.buaapress.com.cn
发行部电话：(010)82317024　传真：(010)82328026
读者信箱：emsbook@buaacm.com.cn　邮购电话：(010)82316936
涿州市新华印刷有限公司印装　各地书店经销
*
开本：710×1 000　1/16　印张：31.25　字数：666 千字
2023 年 1 月第 1 版　2023 年 1 月第 1 次印刷　印数：3 000 册
ISBN 978-7-5124-3977-1　定价：99.00 元

若本书有倒页、脱页、缺页等印装质量问题，请与本社发行部联系调换。联系电话：(010)82317024

前　言

2015年ISO发布了全新的CAN FD(CAN with Flexible Data-rate)标准ISO11898-1:2015,CAN总线的发展进入全新时期。由于CAN FD具备更高的波特率(5～8 Mbps)和更长的数据段(64字节/帧),在相同的电缆和布线条件下,比传统CAN总线提高4～8倍有效数据负载,因此被传统CAN数据带宽(8字节/帧)困扰已久的汽车行业用户率先进行了CAN FD的升级,极大提高了汽车的车载通信性能,使汽车智能化有了一个可靠而且性价比极高的通信手段,推动了汽车工业的发展。特别是在中国的新势力造车和互联网造车大潮中,新整车企业无一例外地选用CAN FD作为主要的车载通信总线,即使在车载以太网EE架构快速发展的情况下,CAN FD节点使用量不减反增,并且CAN FD凭借极高的可靠性在主干网上与车载以太网并存,作为"生命底线"保护车辆与人员的安全。可见CAN FD总线技术在未来相当长的一段时间内将会作为主流现场总线。

作者从事CAN总线教学、CAN总线产品开发、CAN总线故障排查工作超过15年,编写过数本专业的CAN总线书籍,拥有多项CAN总线相关的发明专利,目前已完成CAN FD产品系列的开发,积累了一定的CAN FD的开发与应用经验。因此我们将积累的实战知识汇集整理成本书,包括基础理论、芯片选型、开发与测试工具介绍、电路设计、驱动软件设计、应用层软件设计、云平台搭建、产品功能介绍、组网应用方案、现场故障排查等,涵盖CAN总线入门到精通的方方面面知识。本书对传统CAN书籍中的盲区进行了详细的补充,特别是对实践中遇到的问题进行了详尽的分析和解释,不但可以作为研发人员CAN总线学习的参考用书和CAN FD进阶学习的教材,还可以作为现场维护人员的故障排查手册,具有很高的实用价值。

本书共包括18章。

第1章为CAN-bus规范,虽然是基础知识,但比一般的CAN书籍讲解得更清晰,更加易懂,知识覆盖面更广。本章理论与实践相结合的讲解使枯燥的知识在"有什么用"的解释下易于记忆。建议初学者在3个月内可反复阅读7～21遍,以打牢CAN总线知识基础。

第 2 章为 CAN FD 规范，详细讲解从 CAN 到 CAN FD 的升级内容，特别是对“延时补偿机制”这个比较复杂的升级内容进行了详细讲解。

第 3 章为 CAN 接口电路设计，为作者多年电路设计经验的总结。遵循“保护越强，信号越差”的原则，读者要根据实际通信波特率和距离对保护器件进行调整后使用。

第 4、5 章为 CAN FD 的芯片选型，包括 MCU 内置控制器和外置控制器选择，读者可以根据自身情况搭建合适的硬件。

第 6、7、8、9 章为 CAN FD 调试、分析和故障排查的工具选型与软件使用，用于保证研发的顺利与现场运行的稳定。

第 10 章为 CAN 云平台 ZWS-CANDTU 的介绍和使用，以满足日益增长的物联需求。

第 11、12 章为实践中保证 CAN 运行稳定的经验总结和故障排查方法，非常适合工程人员阅读，可以帮助工程师快速积累现场处理故障的经验。

第 13 章为 CAN FD 节点的底层编程接口和范例，方便嵌入式系统工程师学习底层编程方法。

第 14 章为 CAN FD 上位机编程接口和范例，方便软件工程师学习 PC 接口的编程方法。

第 15、16、17、18 章为 CAN 最通用的高层应用协议——CANopen 协议的介绍、主从设备、组网与编程方法，读者可学习如何将控制数据与 CAN 协议结合实现工程应用。

未来 CAN FD 还会继续升级到 CAN XL，将拥有更高的波特率(＞10 Mbps)和更长的数据(2 048 字节/帧)，作者会继续追踪 CAN 总线技术的最新发展，研发新产品，在实践中总结经验，然后整理成书，为我国工程师工作与学习提供参考。

本书涉及内容较多，虽然经过多次审稿修订，但限于我们的水平和条件，缺点和错误仍在所难免，衷心希望读者提出批评和指正，使我们可以不断提高和完善。

作　者

2022 年 8 月

目录

第1章

CAN-bus规范

本章导读

CAN-bus最早是为解决汽车通信中日益增加的电缆数量问题而诞生的，它将传统的点对点通信改为总线型通信方式。一经问世，CAN-bus便凭借可靠、实时、经济和灵活等特点，很快在其他行业也得到了广泛应用，特别在工业互联网领域更是如鱼得水，已然成为全球最广泛的现场总线之一。

1.1 CAN-bus简介

一种通信方式的设计往往会参考OSI七层参考模型。CAN-bus协议规范同样如此，它依照OSI模型定义了物理层和数据链路层，对应关系及层级功能详见图1.1。

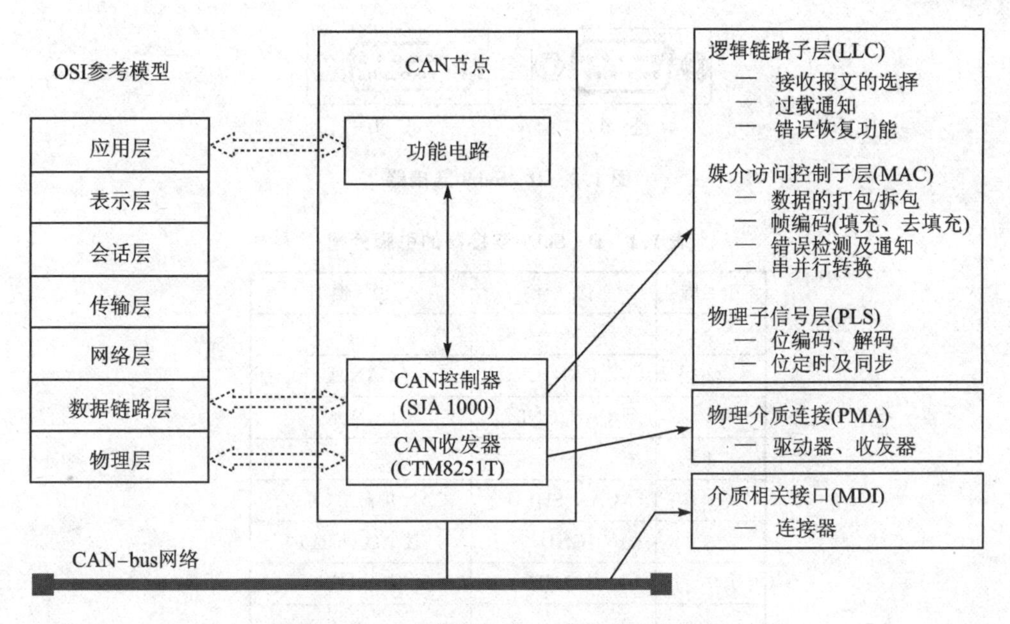

图1.1 OSI模型与CAN-bus的对应关系

设备之间通信其实是相同层级间的信息传递，且每个层级之间互相独立。正是基于这种层次化的结构，各部分才各司其职，高效而相互独立地工作。例如，CAN 收发器用于物理层之间的信息交换，它只负责传输和识别总线上的信号电平；CAN 控制器用于数据链路层之间的通信，负责帧的打包/拆包、数据编码/解码等工作。下面对 CAN - bus 各个通信层级进行介绍。

1.2 CAN - bus 物理层

物理层主要完成设备间的信号传输，把数据转换为可以传输的物理信号（通常为电信号、光信号），并将这些信号传输到其他目标设备。CAN - bus 由 ISO 标准化后发布了两个标准，分别是 ISO11898（125 kbps～1 Mbps 的高速通信标准）和 ISO11519（小于 125 kbps 的低速通信标准）。这两个标准对 CAN - bus 通信时使用的电缆、连接器以及信号电平等作了详细规定，本节将以 ISO11898 所定义的高速 CAN 为例进行介绍。

1.2.1 CAN 连接器

在工业应用中，CAN 通信常使用 DIN 46912 标准规定的 D - Sub9 连接器，这种连接器有公头和母头之分，示意图详见图 1.2，其引脚连接定义详见表 1.1。此外，德国工业协会还定义了多种 CAN 连接器，如圆形连接器、open 端子和 RJ45 连接器，详情可以参考规范 CiA 303 - 1。

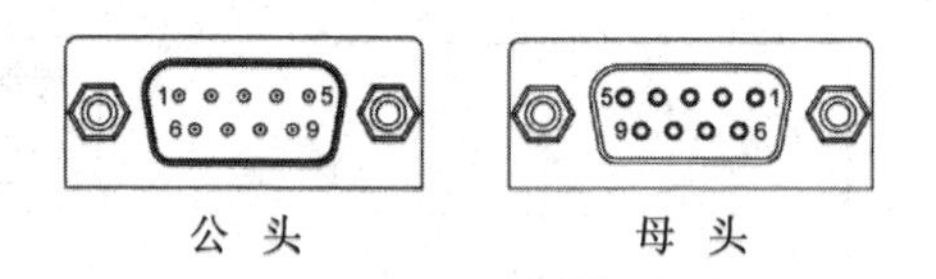

图 1.2 D - Sub9 连接器

表 1.1 D - Sub9 连接器的引脚分配

引 脚	信 号	说 明
1	—	—
2	CAN_L	CAN 低
3	CAN_GND	CAN 地
4	—	—
5	CAN_SHLD	CAN 屏蔽层（可选）
6	GND	接地线（可选）
7	CAN_H	CAN 高
8	—	—
9	CAN_V+	电源正极（可选）

注：CiA(CAN in Automation)国际用户和制造商联合组织成立于 1992 年，致力于 CAN 技术推广与服务。

1.2.2 CAN 线缆

为了增强抗干扰能力，在 CAN - bus 网络中，采用屏蔽双绞线进行信号传输，其中一根称为 CAN 高(CAN_High，简称 CAN_H)，另一根称为 CAN 低(CAN_Low，简称 CAN_L)，示意图详见图 1.3，分别连接到 D - Sub9 的 7 引脚和 2 引脚。

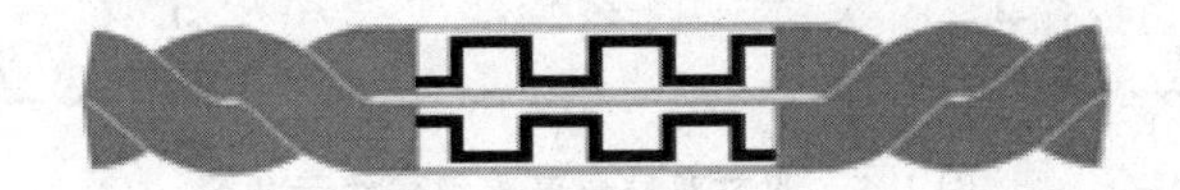

图 1.3 CAN 信号传输

虽然使用屏蔽双绞线传输，但并不意味着只需要连接 CAN_H 和 CAN_L 两根电缆。实际使用时，CAN 地(CAN_GND)也必须连接，做法是将所有 CAN 地连接在一起，最终单点接大地。

由于工业现场布线复杂，屏蔽线种类繁多，下面给出不同种类电缆在应用时的接线示意图，包括双芯单层屏蔽线(详见图 1.4)、双芯双层屏蔽线(详见图 1.5)、三芯单层屏蔽线(详见图 1.6)的接法示意图(图中"设备铁壳"是指设备的外壳，默认接大地)。不管是何种电缆，都要根据现场布线的复杂情况进行合理变动，任何时候都要保证屏蔽线或地线的单点可靠接地，接地点应"干净"(附近避免强干扰存在)。应当严格按照布线规范来进行现场布线，以降低通信错误和异常的概率，提高总线的通信质量和寿命。

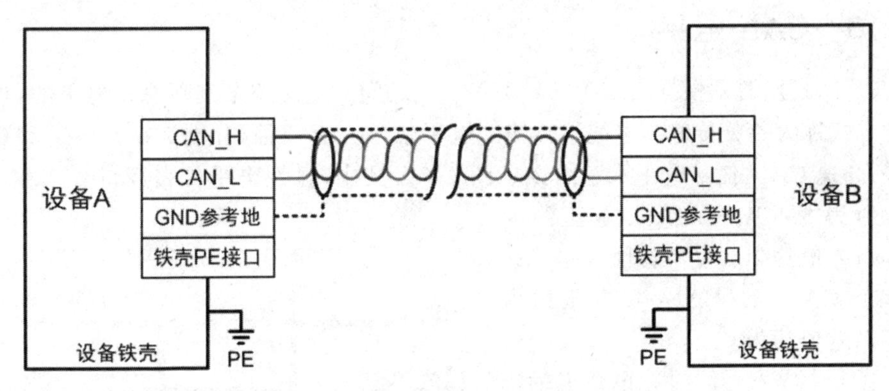

图 1.4 双芯单层屏蔽电缆接线示意图

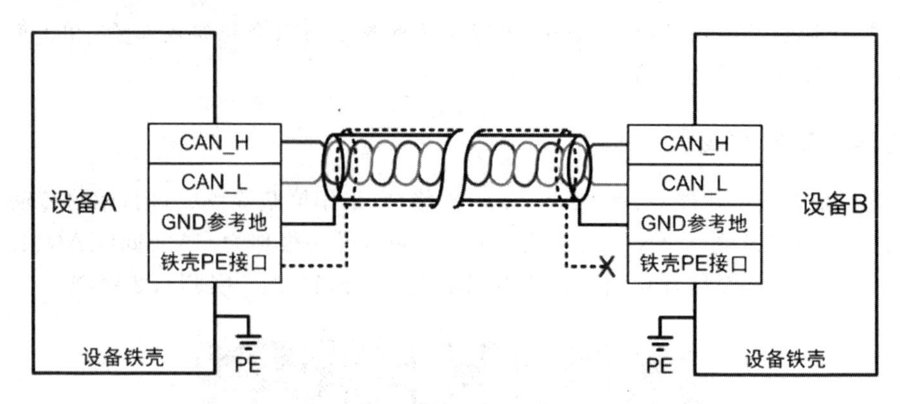

图 1.5　双芯双层屏蔽电缆接线示意图

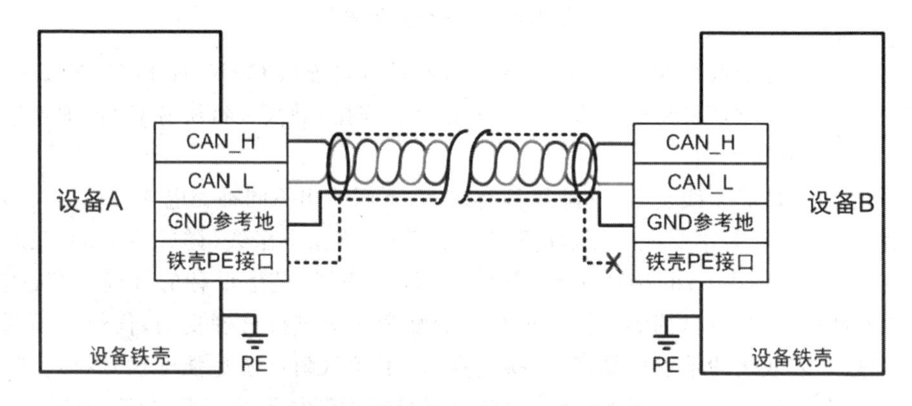

图 1.6　三芯单层屏蔽电缆接线示意图

1.2.3　CAN 电平

CAN 收发器是根据 CAN_H 和 CAN_L 之间的电压差来判断总线电平的，这种传输方式称为差分传输。电缆上传输的电平信号只有两种，分别为显性电平和隐性电平，高速 CAN 信号电平示意图详见图 1.7。其中，显性电平代表逻辑 0(CAN_H 电压约为 3.5 V，CAN_L 电压约为 1.5 V，差值约为 2 V)，隐性电平代表逻辑 1(CAN_H、CAN_L 电压约为 2.5 V，差值约为 0)。

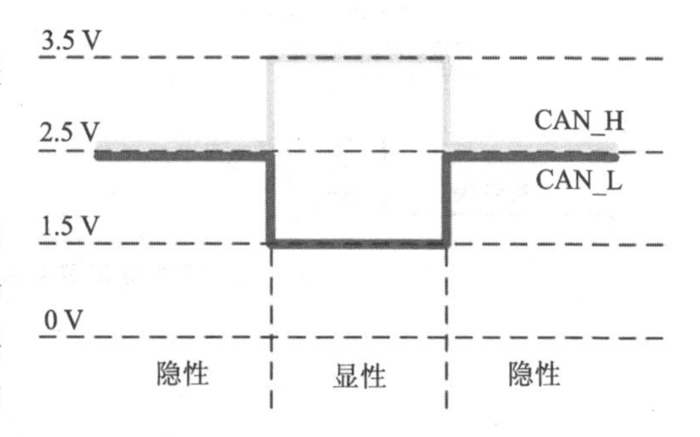

图 1.7　高速 CAN 信号电平

当多个收发器同时在电缆上输出不同电平信号时，隐性电平(逻辑 1)会被显性电平(逻辑 0)“覆盖”，信号最终呈现为显性电平(逻辑 0)，这种情况和逻辑“与”相同，所以称之为“线与”。在数据链路层中，利用“线与”这个特性,CAN控制器巧妙地实现了总线仲裁机制(多节点同时发送帧时,仲裁选择发送优先级最高的帧,具体仲裁机制将在后文详细介绍)。

1.2.4 CAN位时间

位时间(bit time)表示传输一位数据所需的时间,其反映了数据传输的速率(速率通常使用波特率表示,如500 kbps,表示每秒传输500k位,位时间即为2 μs)。在CAN协议中,位时间划分为4段:SS段、PTS段、PBS1段和PBS2段,这4段的时间长度加起来即为一个CAN位的时间长度,CAN波特率图解详见图1.8。

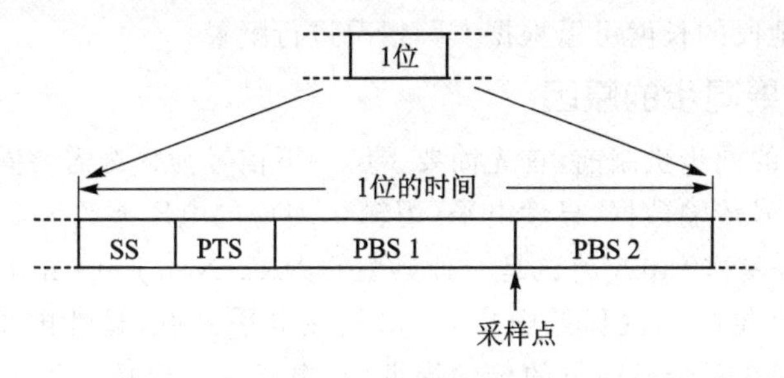

图1.8 CAN波特率图解

可以看到,位时间的定义较为复杂,主要是为了实现信号同步机制。下面首先对各个段的概念作简要介绍,为了使读者更加充分理解各个段的含义,后文还会从信号需要同步的原因和同步机制的具体实现两方面做进一步介绍。

- SS(Synchronization Segment):同步段,连接在总线上的节点通过此段实现同步。
- PTS(Propagation Time Segment):传播时间段,吸收网络上的物理延时(包括信号在总线上的传播时间和信号在CAN节点内部的延时,物理延时致使信号从发送方传输至接收方需要一定的时间)。传播时间段推迟那些可能较早采样总线位流的节点的采样点,保证各个发送节点发送的位流到达总线上的所有节点之后才开始采样。为了简便,通常直接将其包含在相位缓冲段1中。
- PBS1、2(Phase Buffer Segment1、2):相位缓冲段1、2。信号的采样点(读取信号电平的时机)在PBS1结束处。在信号同步时,若信号同步的边沿不在SS段中,表明收发双方的位时间存在差异,需要进行补偿。补偿策略如下:增加PBS1段或缩短PBS2段。具体同步原理下文将深入介绍。

各个段的时间标定单位并非常见的时间单位(比如s),而是以一个固定的输入时钟为基准,使用该时钟的周期作为各个段的基准时间单元(time quantum,通常使用T_q表示),固定时钟的频率与具体硬件相关,若其频率为10 MHz,则周期为0.1 μs,时间单元即为0.1 μs。为了使基准时间单元可以调整,在实际输入的时钟信号和最终使用的时钟信号之间,通常有一个分频器,用户可以通过调整该分频器的值来调整基准时间单元,示意图详见图1.9。

例如，实际输入时钟信号的频率为 20 MHz（该频率往往由外接晶振或 CAN 控制器输入时钟决定），若分频器的值为 2，则分频后时钟频率为 10 MHz，时间单元即为 0.1 μs。

图 1.9　CAN 时钟分频器

各个段使用一个整数来表示时间长度，整数值表示该段由多少个时间单元组成。例如，PBS1 的值为 10，则表示其时间长度为 10 个基准时间单元，若时间单元为 0.1 μs，则最终表示的时间为 1 μs。

一般地，同步段的长度都固定为 $1T_q$，即约定期望的同步信号边沿出现在同一个时间单元内，其他段的长度可以根据实际情况进行配置。

1. 信号需要同步的原因

在介绍信号的同步机制前，首先简要了解一下信号为什么需要同步。CAN 在电缆上通过差分信号传输数据，显性电平（逻辑 0）对应的电压差约为 2 V，隐性电平（逻辑 1）对应的电压差约为 0 V。这是一种典型的 NRZ（Non Return to Zero）编码方式（信号电平在整个位时间内保持恒定）。以显性电平为例，显性电平的电压一直为 2 V，不会归 0，即在一个显性位的传输周期内，电压一直保持一种电平。此时，仅仅通过数据波形无法判断一个位的传输时间，比如，接收方接收到一段时间的高电平，并不能直接通过波形判断其表示的是连续几位逻辑 0，因为从形式上看，1 位逻辑 0、连续 2 位逻辑 0，连续 N 位逻辑 0，呈现出来的波形都是一段时间的高电平。

显然，为了使接收方能够正确解析数据，通信双方需要提前约定好传输一位数据花费的时间，即位时间。例如，约定传输一位的时间为 2 μs，那么，发送方就可以按照该位时间发送数据，接收方就可以每隔 2 μs 对数据进行采样。同时，为了将发送数据的开始时刻通知到接收方，以便接收方以发送方的开始时刻为基准进行计时（发送方和接收方的计时基准应该一致），进而对数据进行采样，往往会在数据发送的开始传输一个起始位（其电平与空闲电平不一致，以形成一个边沿，进而使发送方和接收方可以同步，即发送方和接收方都以该边沿为时间基准进行计时），示意图详见图 1.10。

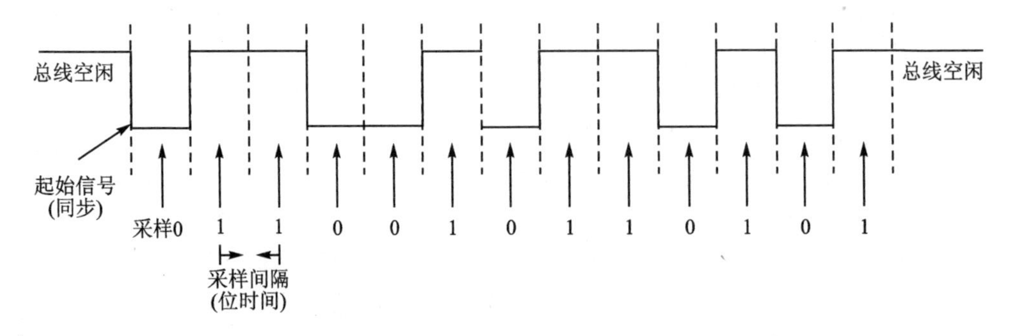

图 1.10　基于特定时间间隔（位时间）进行采样的示意图

接收方在收到起始同步信号(起始边沿信号)后,在指定时间(例如,位时间的一半,使得采样点在一位的正中间)后进行采样,而后以位时间为时间间隔进行数据采样。在起始信号处进行的同步又称为“硬同步”,它标定了收发双方进行位时间计时的开始时刻。

如果发送器和接收器的时钟系统没有偏差,那么只要发送方和接收方各自严格按照位时间发送数据和采样数据,就可以得到正确的结果。但实际中,发送器和接收器的时钟系统或多或少都存在一定的偏差,主要是由于它们使用的不是同一个时钟源(比如 RC 振荡器、晶振等),而不同时钟源之间势必存在偏差。此时,位时间对于发送方和接收方来讲,并不是完全相同的(例如虽然约定位时间为 2 μs,但实际中发送方的 2 μs 与接收方的 2 μs 存在偏差,并不完全相等),且受到环境(如温湿度)的影响,即使仅对于发送方,不同环境下,不同时间都可能存在一定的差异。当然,对于仅一位来讲,这个误差是很小的,但随着传输数据位的增加,若误差不断累积,将可能发生错误。示意图详见图 1.11。

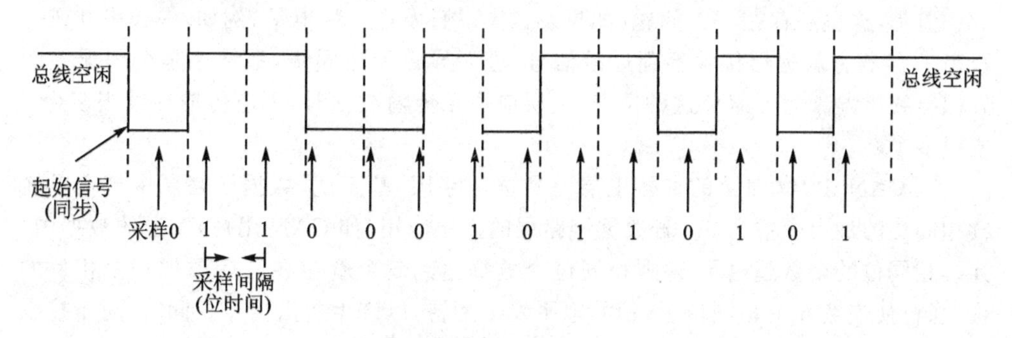

图 1.11 接收方时间存在偏差(采样间隔略小于位时间)

图中,假定接收方的采样时间间隔略小于发送方给定的位时间,可以看到,此时接收方的采样序列为 01 1000 1011 0101,而发送方实际发送的数据为 0 1100 1011 0101。将其与时间存在偏差时的采样序列进行对比可以发现,除前 4 位完全相同外,后面采样的序列都存在某种错位,导致最终接收到的数据存在错误。

误差是必然存在的,导致错误的主要原因是误差的不断累积。为了避免误差的累积,应该每隔一段时间就重新同步一次,确保接收方与发送方位时间的一致性。

通常情况下,在传输实际数据过程中,会出现很多边沿信号(数据的变化,由显性电平变为隐性电平,或由隐性电平变为显性电平),而边沿的出现必定表示一位数据的开始,基于此,可以在每个边沿信号处重新进行同步。最简单的同步方法如下:只要出现边沿,接收方就以该基准重新开始计时。示意图详见图 1.12(仅作原理性示意,CAN 的具体同步机制存在差异,后文将详细介绍)。

在图 1.11 的基础上,收发双方在每个边沿都同步一次,此时接收方得到的采样序列为 0 1100 1011 0101,与发送方发送的序列完全一致。由此可见,虽然时间系统存在误差,但在每个边沿重新同步后,误差不再累积,最终采样的数据是完全正确的。

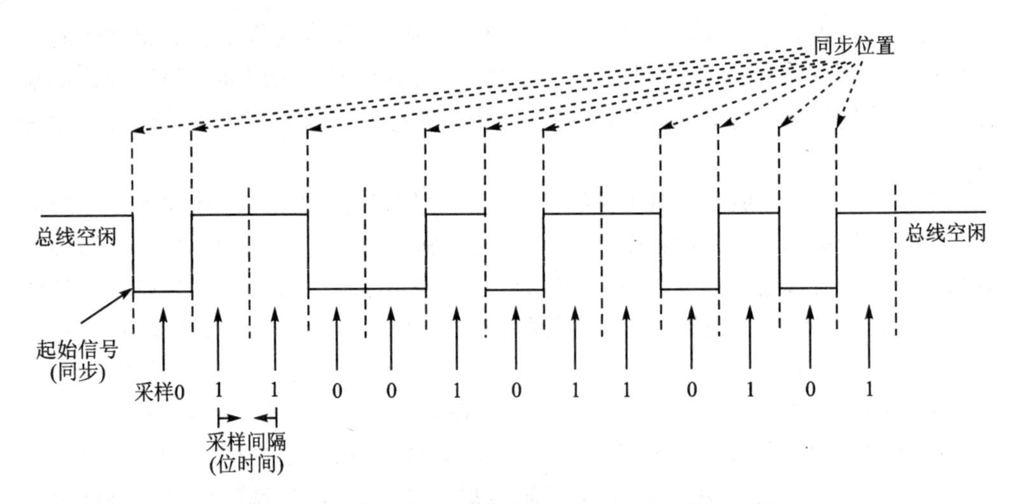

图 1.12 接收方时间存在偏差(在每个边沿重新同步)

但是,这里还存在一个问题:如果发送方一直发送一种电平,例如,一长串 0 或一长串 1,接收方就迟迟接收不到边沿信号,进而导致无法同步,最终还是会因误差的累积导致错误。为了避免这种情况,上层应用在传输数据时,不应传输连续很多个 1 或很多个 0。

在 CAN 中,物理层的直接上层是数据链路层,基于此,数据链路层中规定了连续相同位的最大个数为 5。若数据链路层的上层应用(如 CAN 用户)发送的数据中,连续相同位的个数超过了 5,则相同位个数每达到 5 个就会在其后添加一个相反的位,强行使连续 5 个相同位后,信号电平发生翻转,以产生边沿信号。同时,对于接收方的数据链路层,会将连续 5 个相同位后紧跟的相反位移除。这就是 CAN 协议中“位填充”的基本原理,在数据链路层中,还会对“位填充”做进一步介绍。

2. 同步机制的具体实现

在 CAN 中,有两种类型的同步:硬同步和重同步。

(1) 硬同步

硬同步即一帧数据通过一个起始位(在 CAN 中,又称为帧起始,其为一位显性电平,使一帧数据的传输从一个隐性电平到显性电平的跳变开始,在介绍帧格式时,会对其进行详细介绍)实现同步,收发双方均以该边沿时刻为基准进行计时,迫使该边沿位于重新开始计时的位时间的同步段之内。硬同步示意图见图 1.13。

(2) 重同步

除硬同步外,在传输数据的过程中,还会在出现从隐性位(逻辑 1)到显性位(逻辑 0)的跳变时,启用重同步机制。位时间中定义的多个段均与重同步相关。

这里为什么只在从隐性位跳变至显性位时同步,而不在所有边沿(如从显性位跳变至隐性位时)都进行同步呢?由于位填充机制的存在,确保了在正常情况下最高每 5 个相同位后电平就会翻转一次,因此,边沿必定会交替出现,且最大间隔为 5 个周

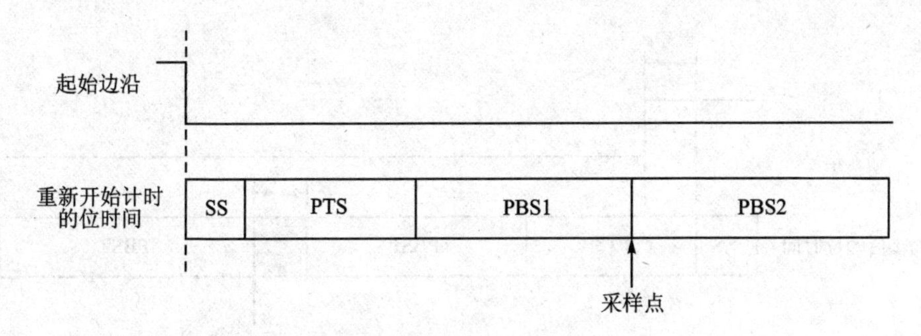

图 1.13　硬同步

期，隐性位跳变到显性位这一条件，最长只会间隔 10 个位周期（当 CAN 通信出错时，间隔的周期可能会延长，在数据链路层中会详细介绍）。基于此，仅使用从隐性位跳变至显性位这一边沿进行同步是完全可行的，且其边沿类型与“硬同步”的边沿类型一致，可以降低系统设计的复杂性。

当出现从隐性位（逻辑 1）到显性位（逻辑 0）的跳变时，表明这是发送方的显性位起始位置，可以看作是发送方位时间的起始位置。接收方自硬同步后，自身也维持了一个位时间。若收发双方的位时间没有偏差，则该边沿应该位于接收方位时间的同步段之内，此时，收发双方是完全同步的，重同步无须做任何处理。但是，位时间极有可能存在偏差，致使边沿出现在接收位时间起始处（同步段）的前面或后面。

若边沿出现在同步段的后面，表明发送方要滞后一些（发送方位时间偏长），示意图详见图 1.14。

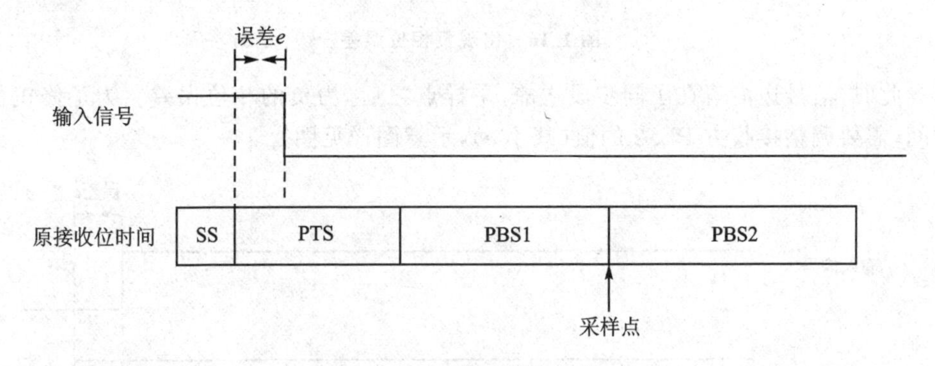

图 1.14　出现正相位误差

此时，信号边沿落在了同步段之后、采样点之前（若在采样点之后，则应视为在下一个位时间的同步段之前），为正的相位误差。为了使接收方与发送方的位时间同步，需要增大接收方 PBS1 的值（增大 e），以补足当前发现的误差，示意图详见图 1.15。

由此可见，当出现正相位误差时，为了实现收发双方的同步，接收方通过调整 PBS1 增大了当前位的位时间，以此实现了对位时间的修正。同时，同步后的采样点依然在边沿信号后的 PTS＋PBS1（收发双方原来约定的采样位置）处。

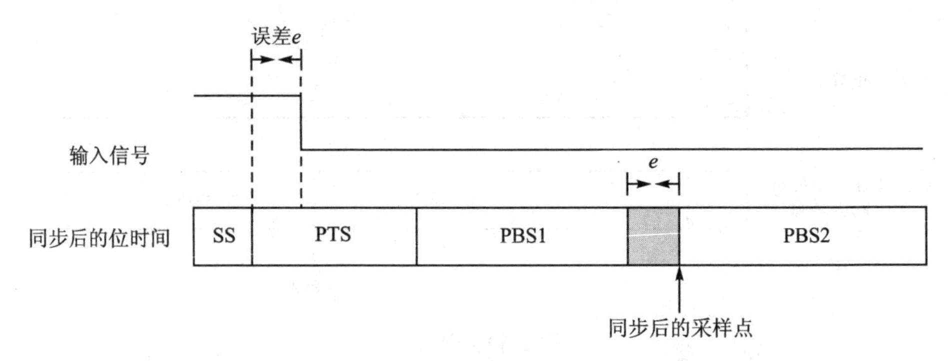

图 1.15　出现正相位误差时，增大 PBS1 的值

若边沿出现在同步段的前面，表明发送方要提前一些（出现在同步段前面，实际上就意味着出现在上一个位时间的尾部，发送方位时间偏短），示意图详见图 1.16。

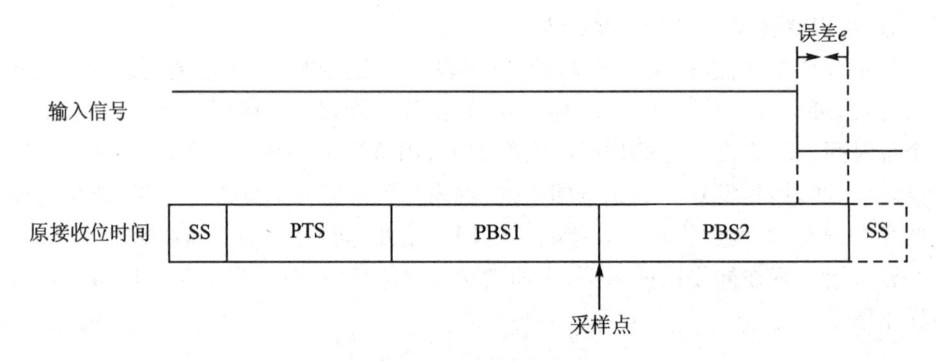

图 1.16　出现负相位误差

此时，信号边沿落在了同步段之前、采样点之后，为负的相位误差。为了修正位时间，需要调整接收方 PBS2 的值（减小 e），示意图详见图 1.17。

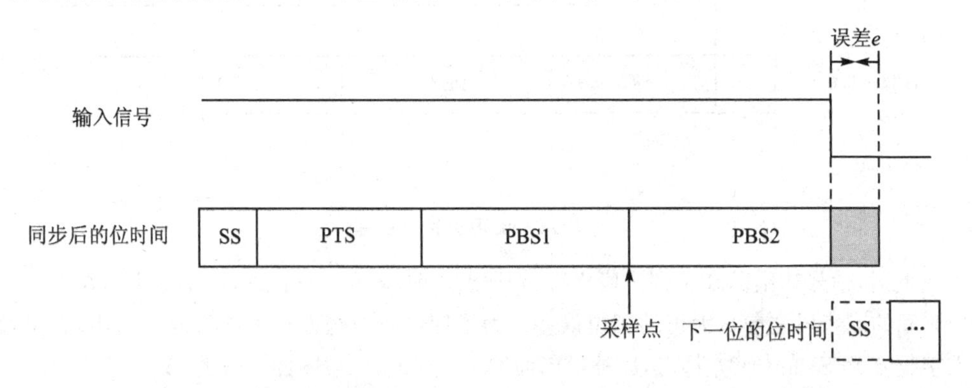

图 1.17　出现负相位误差时，减小 PBS2 的值

由此可见，当前位时间的缩短，使得下一位的位时间将直接从信号边沿处开始。

注意，相位缓冲段只会导致当前重同步位的位时间发生变化，接下来其他位的位时间并不会发生变化，除非在新的位时间内发生了边沿事件（又会进行重同步）。每次重同步时，通过增大 PBS1 或者缩小 PBS2 使当前存在的误差得到了修正，避免了误差的不断积累。但是，在 CAN 协议中，增大或缩小 PBS1 和 PBS2 是有限度的，它们增大或缩小的最大限度称为 sjw(resynchronization jump width)。若误差 e 超过 sjw，则 PBS1 或 PBS2 调整的大小被限定为 sjw。实际中，sjw 的值不能超过 4，也不能超过 PBS1 和 PBS2。

3. 位时间的配置参数

位时间决定了通信的波特率，在实际应用中，往往需要根据实际情况对位时间进行配置，相关配置参数有 5 个：tseg1、tseg2、sjw、brp、smp，详见表 1.2。

表 1.2　CAN 位时间的配置参数

序　号	配置参数名	说　明
1	tseg1	位时间中传播时间段 PTS 和 PBS1 段的时间长度之和
2	tseg2	位时间中 PBS2 段的时间长度
3	sjw	重同步时的最大调整宽度，其值不超过 4
4	brp	分频系数，其值决定了时间单元的具体值
5	smp	采样次数，分为单次采样和三次采样，通常都使用单次采样

由前面的介绍可知，位时间由 4 个段（SS、PTS、PBS1、PBS2）组成，位时间的长度为各个段之和。SS 的长度固定为 1，其值无需用户配置。此外，为了简便，传播时间段 PTS 和 PBS1 通常合并在一起，通过 tseg1 参数进行配置。同时，为了与 tseg1 参数对应，使用名为 tseg2 的参数对 PBS2 段的长度进行配置。如此一来，仅需通过 tseg1 和 tseg2 这两个参数即可决定位时间的长度：1＋tseg1＋tseg2（最前面的 1 为 SS 段的长度）。

各个段的时间标定单位并非常见的时间单位（比如 s），而是以一个时间单元为基准，因此，位时间最终的时间值还与时间单元相关。时间单元可以通过一个分频器进行调整，具体分频值可以通过 brp 参数进行配置。例如，输入时钟频率为20 MHz，若 brp 的值为 2，则分频后的时钟频率为 10 MHz，对应的时间单元即为 0.1 μs。若输入时钟频率为 f_{in}，则时间单元的计算公式为：

$$T_q = \frac{1}{f_{in}/\mathrm{brp}} = \frac{\mathrm{brp}}{f_{in}}$$

据此可以得出位时间的计算公式为：

$$T_{bit} = \frac{\mathrm{brp}}{f_{in}} \times (1 + \mathrm{tseg1} + \mathrm{tseg2})$$

在实际应用中，输入时钟的频率与具体硬件相关，例如，与 CAN 控制器外接晶振的频率相关。

波特率为位时间的倒数，波特率的计算公式为：

$$\text{baudrate} = \frac{f_{\text{in}}}{\text{brp} \times (1 + \text{tseg1} + \text{tseg2})}$$

由此可见，波特率仅与 tseg1、tseg2、brp 以及 CAN 控制器的输入时钟频率相关。

另外两个参数(sjw 和 smp)对位时间的长短没有影响(即不会影响波特率)，但对信号同步或信号采样有影响。

sjw 决定了重同步时的最大调整宽度，建议设置与 tseg2 相同的值，且不超过 tseg1 和 tseg2。一般地，可以将其设置为最小值 1，即重同步时，PBS1 和 PBS2 最多调整 1 个时钟单元。当通信双方的时间误差比较大时，酌情增加 sjw 的值。

smp 表示采样次数，在上面的介绍中并没有提及采样次数的概念，其表示采样几次作为最终的位采样值，分为单次采样和三次采样，三次采样在设计之初是为了过滤掉总线上的毛刺，但采用三次采样会影响 sjw 的跳转，因此，在实际应用中，通常都使用单次采样，仅在部分低速应用中使用到三次采样。

此外，为了更加直观地表示采样点的位置，往往使用一个百分比表示，例如 75%，若位时间为 1 μs，则表示采样点的位置在 0.75 μs 处。采样点前主要包括 SS 段、PTS 段和 PBS1 段，它们的总长度为 1＋tseg1，采样点后仅包含 PBS2 段，它的长度为 tseg2。因此，采样点位置对应的百分比计算公式为：

$$\text{sample\_point} = \frac{1 + \text{tseg1}}{1 + \text{tseg1} + \text{tseg2}} \times 100\%$$

CiA 推荐的最佳采样点位置为 87.5%，当然，在实际应用中，并不一定需要恰好在最佳采样点位置，在一个范围内都是可行的。CiA 推荐的标准波特率、总线长度、采样点最佳位置及采样点范围的关系详见表 1.3。

表 1.3　位速率和推荐的采样点

数据传输波特率	总线长度/m	标称位时间/μs	采样点的位置	采样点范围%
1 Mbps	25	1	87.5(875 ns)	75～90
800 kbps	50	1.25	87.5(1.09375 μs)	75～90
500 kbps	100	2	87.5(1.75 μs)	85～90
250 kbps	250	4	87.5(3.5 μs)	85～90
125 kbps	500	8	87.5(7 μs)	85～90
50 kbps	1 000	20	87.5(17.5 μs)	85～90
20 kbps	2 500	50	87.5(43.75 μs)	85～90
10 kbps	5 000	100	87.5(87.5 μs)	85～90

由此可见，tesg1 和 tseg2 的值不仅需要满足波特率的设定，而且还需要搭配出

一个合理的采样点位置。

此外，表中存在一个基本的关系：通信距离（总线长度）越长，数据传输速率就越低。这是由于通信距离越长，信号的物理延迟就越高，致使 tseg1 必须增大（tseg1 包含传输延迟段），进而导致位时间增大，数据传输速率降低。这个关系较为复杂，通常直接使用 CiA 推荐的数据，当通信存在问题时，再对各个参数进行适当的调整。

各个参数之间存在一些限制条件，这些条件可以帮助用户快速决定各个参数的值。

(1) 位时间总长度

位时间总长度(1+tseg1+tseg2)通常限制在 8～25(包含 8 和 25)。根据波特率计算公式，位时间的总长度为：

$$(1+\text{tseg1}+\text{tseg2})=\frac{f_{\text{in}}}{\text{brp}\times\text{baudrate}}$$

在特定的硬件环境中，CAN 控制器的输入频率（如外接晶振频率）是固定的，波特率也可以根据通信距离确定。当输入频率和波特率确定后，位时间总长度将只由 brp 控制，可以选择合适的 brp 值，使之落在 8～25 范围内。

(2) sjw 的值

sjw 的值通常限制在 1～4(包含 1 和 4)。同时，其值不能超过 tseg1 和 tseg2，在绝大部分情况下，tseg1 都大于 tseg2(tseg1 包含 2 个段，tseg2 仅包含一个段，并且采样点位置往往远远超过 50%)，因此，sjw 通常都只限定为不超过 tseg2。基于此，若 tseg2 不超过 4，则 sjw 的范围为 1～tseg2；若 tseg2 超过 4，则 sjw 的范围依然为 1～4。

(3) tseg1 的值

tseg1 的值通常限制在 1～16(包含 1 和 16)。

(4) tseg2 的值

tseg2 的值通常限制在 1～8(包含 1 和 8)。同时，由于 tseg2 不小于 sjw，因此，其范围为 sjw～8。此外，tseg2 描述了采样点之后的一段时间，在实际中，CAN 控制器对信号采样后还需花时间处理（例如决定电平是显性电平还是隐性电平等），这段时间称为信号处理时间，其值与具体 CAN 控制器相关，通常为 1 或 2。显然，信号处理应在当前位时间内完成，这就意味着 tseg2 不能小于信号处理时间。若信号处理时间为 1，则 tseg2 不小于 1，tseg2 的范围依然为 sjw～8；若信号处理时间为 2，则 tseg2 不小于 2，此时，若 sjw 小于 2，则 tseg2 的范围为 2～8，否则，tseg2 的范围依然为 sjw～8。

综上所述，各个参数之间存在的限制条件详见表 1.4。

表 1.4　各个参数之间的限制条件

<table>
<tr><th>对　象</th><th colspan="3">范　围</th></tr>
<tr><td>位时间(1+tseg1+tseg2)</td><td colspan="3">8～25</td></tr>
<tr><td rowspan="2">sjw</td><td>tseg2>4</td><td colspan="2">1～4</td></tr>
<tr><td>tseg2≤4</td><td colspan="2">1～tseg2</td></tr>
<tr><td>tseg1</td><td colspan="3">1～16</td></tr>
<tr><td rowspan="3">tseg2</td><td>信号处理时间为 1</td><td colspan="2">sjw～8</td></tr>
<tr><td rowspan="2">信号处理时间为 2</td><td>sjw<2</td><td>2～8</td></tr>
<tr><td>sjw≥2</td><td>sjw～8</td></tr>
</table>

在对各个参数的限制条件有所了解后，即可在实际应用中尝试设置各个参数的值。由于(1+tseg1+tseg2)的值可以通过输入频率、分频值和期望波特率得到，同时，CiA 规定的最佳采样点位置为 87.5%，根据这个关系，可得到 1+tseg1 的值：

$$1 + \text{tseg1} = (1 + \text{tseg1} + \text{tseg2}) \times 87.5\%$$

由此可得 tseg1 的值(不为整数时可以取最接近的一个整数，同时，tseg1 不能超过 16，若超过了该值，则必须进行调整，通常都不会出现超过 16 的情况)。根据(1+tseg1+tseg2)的值可以继续推出 tseg2 的值，由于采样点位置比较靠后，tseg2 的值通常较小，因此，往往会出现偏小的情况(小于 sjw 或信号处理时间)，此时，就需要尝试增大 tseg2，可以采用两种方式：一是保持位时间总长度不变，增大 tseg2 的同时减小 tseg1，此时，采样点位置将会减小；二是通过缩小分频器的值扩大位时间总长度，进而扩大 tseg2，这种方式可以保持采样点位置基本不变。

例如，CAN 控制器的输入时钟频率 f_{in} 为 24 MHz，通信距离小于 25 m。根据通信距离和表 1.3 中 CiA 推荐的参数，可以选定波特率为 1 Mbps，则位时间总长度与 brp 之间存在如下关系：

$$(1 + \text{tseg1} + \text{tseg2}) = \frac{f_{in}}{\text{brp} \times \text{baudrate}} = \frac{24}{\text{brp} \times 1} = \frac{24}{\text{brp}}$$

为了使位时间总长度落在 8～25 这个范围内，brp 的值可以为 1、2、3。若取 brp 的值为 3，则(1+tseg1+tseg2)的值为 8。若期望的采样点位置为 87.5%，则存在如下关系：

$$1 + \text{tseg1} = (1 + \text{tseg1} + \text{tseg2}) \times 87.5\% = 8 \times 0.875 = 7$$

由此可得，tseg1 的值为 6，tseg2 的值为 1。若 tseg2 满足限制条件，则参数设置完成。由于 sjw 不能超过 tseg2，因此，sjw 的值也只能为 1。在实际应用中，若 sjw 为 1 不能满足应用需求，假定其值需要设置为 2，或者信号处理时间为 2，则 tseg2 为 1 时不能满足需求。若选择将 tseg2 的值增大为 2，则 tseg1 的值必须减小为 5，此时的波特率仍为 1 Mbps，但采样点位置变为 75%(6/8×100%)。此外，还可以选择减小 brp 的值。例如,选择 brp 的值为 2,(1＋tseg1＋tseg2)的值即为 12。同理可推出一种满足条件的组合方式:tseg1 为 9,tseg2 为 2,此时,采样点位置为 83.3％(10/12×100％),相比于 75％,该值可能更好。

由此可见,波特率相关参数的设置较为复杂。在实际应用中,往往可以通过一些自动计算工具进行计算。读者仅需简要了解上述位时间相关内容,便可以根据需要对位时间进行调整。

1.2.5 CAN 网络拓扑结构

ISO11898－2 标准规定,CAN－bus 网络采用总线型(主干-分支)网络拓扑,在总线两端安装终端电阻(详情参考 11.1.4 小节),示意图详见图 1.18。

在实际应用中,不仅要注意前文提到的电缆布线,还要提前了解具体应用的要求,根据实际情况实现合理的网络设计,如节点个数、网络(支线、干线)长度、位速率、终端电阻大小和电磁兼容性等。所有网络设计的原则都应参照 ISO11898－2 标准。关于这些要求,这里给出了一些典型的建议,节点数量和电缆长度关系详见表 1.5,网络长度和波特率可以参考表 1.6 中推荐的值。

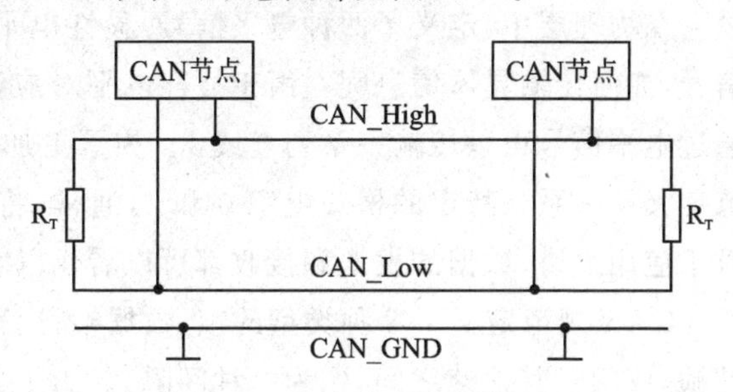

图 1.18　符合 ISO11898－2 标准的总线拓扑结构

表 1.5　推荐使用的总线导线横截面

横截面/mm²	最大长度[1]/m			最大长度[2]/m		
	N[3]＝32	N＝64	N＝100	N＝32	N＝64	N＝100
0.25	200	170	150	230	200	170
0.50	360	310	270	420	360	320
0.75	550	470	410	640	550	480

注:[1]安全系数为 20％时的最大长度;[2]安全系数为 10％时的最大长度;[3] *N* 表示节点个数。

表 1.6　推荐使用的单位长度电阻和终端电阻

总线长度/m	总线电缆[1]		终端电阻/Ω	波特率
	单位长度电阻/mΩ·m	横截面/mm²		
0～40	70	0.25～0.34	124	1 Mbps
40～300	＜60	0.34～0.6	150～300	＞500 kbps

续表 1.6

总线长度/m	总线电缆[1]		终端电阻/Ω	波特率
	单位长度电阻/mΩ·m	横截面/mm^2		
300～600	<40	0.5～0.6	150～300	>100 kbps
600～1 000	<26	0.75～0.8	150～300	>50 kbps

注：[1] 特征阻抗为 120 Ω，信号延时为 5 ns/m。

1.3 CAN-bus 数据链路层

在物理层中，定义了两种电平信号：显性电平和隐性电平。那么，基于这些电平信号，如何传输具体信息呢？由于显性电平对应逻辑 0，隐性电平对应逻辑 1，因此，通过电平信号可以传输一系列 0 或 1。为了更加方便地传输有意义的信息，CAN 规范定义了一系列特定的格式组织 0 和 1，通常，将这些特定的格式称为“帧”。此时，对于应用来讲，数据的发送和接收都可以看作以“帧”为单位。

CAN 规范定义了 5 种类型的帧：数据帧、远程帧、错误帧、过载帧和帧间隔（特殊的帧，仅用于其他帧之间，作为一种间隔）。为了方便理解，设计者将“帧”划分为多个“段”（有时称为“场”，下文仅使用“段”这个概念），每个“段”由一个或多个位组成。

目前，CAN-bus 标准有 CAN2.0A 和 CAN2.0B 两个版本。在 A 版本定义的帧格式中，帧的 ID(identifier，唯一标识符)为 11 位；B 版本在兼容 11 位 ID 的同时，还对 ID 进行了扩展，定义了 29 位 ID。在 CAN 规范中，将具有 11 位 ID 的帧称为“标准帧”，具有 29 位 ID 的帧称为“扩展帧”。两种帧在同一个 CAN-bus 网络中可以共存，均在大量使用。

在 5 种类型的帧中，包含 ID 信息的帧仅有数据帧和远程帧，因此只有这两种类型的帧有标准帧和扩展帧之分，下面依次介绍各个类型的帧格式。

1.3.1 数据帧

数据帧由 7 个段组成：帧起始、仲裁段、控制段、数据段、CRC 段、ACK 段和帧结束。数据帧有标准数据帧（11 位 ID）和扩展数据帧（29 位 ID）之分，详见图 1.19。

数据帧中各段的简要说明详见表 1.7。

下面首先对各个段的含义进行详细介绍；然后重点讲述几个相关的概念（比如填充位）；最后，对一些问题进行简要的说明，使读者加深对 CAN 协议的理解。

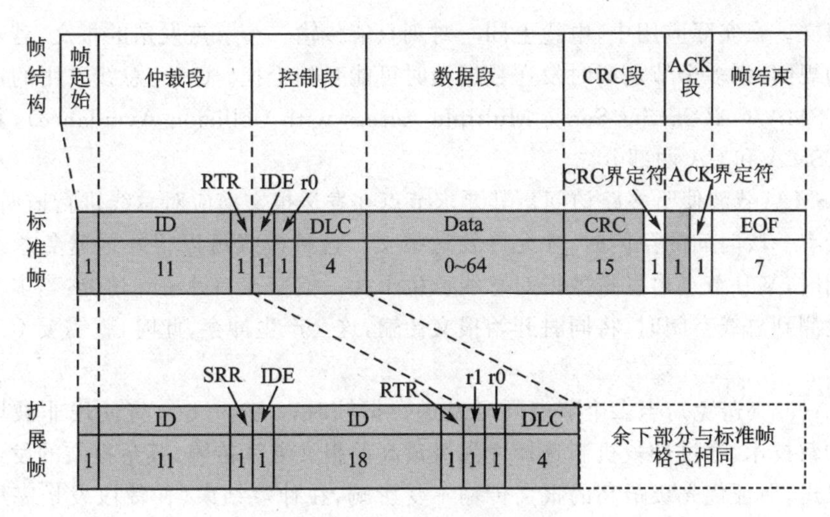

图 1.19　数据帧各段组成

表 1.7　数据帧各段功能

段　名		长度/位	说　明
帧起始		1	SOF(Start of Frame),表示帧的开始,由单个显性位构成
仲裁段	标准帧	12	数值决定了帧的优先级,值越小,优先级越高,由 11 位 ID 和 1 位远程帧标志位(RTR)组成
	扩展帧	32	数值决定了帧的优先级,值越小,优先级越高,由 29 位 ID 和 3 位标志位(SRR、IDE、RTR)组成
控制段	标准帧	6	由 1 位标志位(IDE)、1 位保留位(r0)和 4 位数据段长度编码(DLC:Data Length Code)组成,DLC 表示数据段的长度
	扩展帧		由 2 位保留位(r0 和 r1)和 4 位数据段长度编码(DLC)组成,DLC 表示数据段的长度
数据段		0～64	数据内容,每字节为 8 位,最多 8 字节,字节数在控制段中体现
CRC 段		16	CRC 校验,CRC 计算范围为帧起始～数据段,不含填充位
ACK 段		2	用于接收节点确认该帧被正常接收
帧结束		7	EOF(End of Frame),表示数据帧的结束

1. 段含义详解

(1) 帧起始

表示帧的开始,由单个显性位构成,在总线空闲时才允许发送。

(2) 仲裁段

一个 CAN - bus 线缆上通常会连接多个 CAN 节点,并且各个节点都可以主动

发送报文。在实际应用中,电缆上同一时刻只能传输一个节点发送的报文,若不制定合适的规则,则多个节点同时发送数据帧时可能互相干扰。CAN 总线采用的通信模式为 CSMA/CA(Carrier Sense Multiple Access with Collision Avoidance),其主要分为 CSMA 和 CA 两部分。

CSMA(载波侦听多路访问):其要求节点在发送报文前应对总线进行监听,只有当总线有一段时间的空闲时,才允许发送报文。这种模式可以很好地避免总线正在被使用时,某一节点再发送数据对总线产生干扰。但存在一种特殊情况:当多个节点同时检测到总线空闲时,将同时开始报文传输,这会产生冲突,此时,就需要 CA 机制来解决。

CA(冲突避免):当多个节点同时发送数据帧时,CAN - bus 将使用非破坏性的总线仲裁技术,通过仲裁机制选择优先级最高的报文继续传输,其余报文的发送节点退出发送,保证优先级最高的报文传输不受影响,在仲裁结束(仲裁段发送完毕)后,将只有一个节点(发送优先级最高的帧的节点)独占总线。具体仲裁过程如下:CAN 控制器在发送数据的同时会监听电缆上的电平状态,如果电缆上的电平状态与自己正在发送的电平状态不一致,则退出发送。由 CAN - bus 物理层的介绍可知,CAN - bus 电缆上传输的电平遵循"线与"规则,多个节点同时发送数据时,若有任何一个节点发送显性位(逻辑 0),线路将表现为显性状态,此时正在发送隐性位(逻辑 1)的节点就会检测到电缆的电平状态与自己正在发送的电平状态不一致,它就会放弃总线的使用权,不再继续传输数据,该节点将在重新检测到总线空闲时再发送此次没有发送成功的数据帧。以标准帧为例,仲裁过程示意图详见图 1.20。

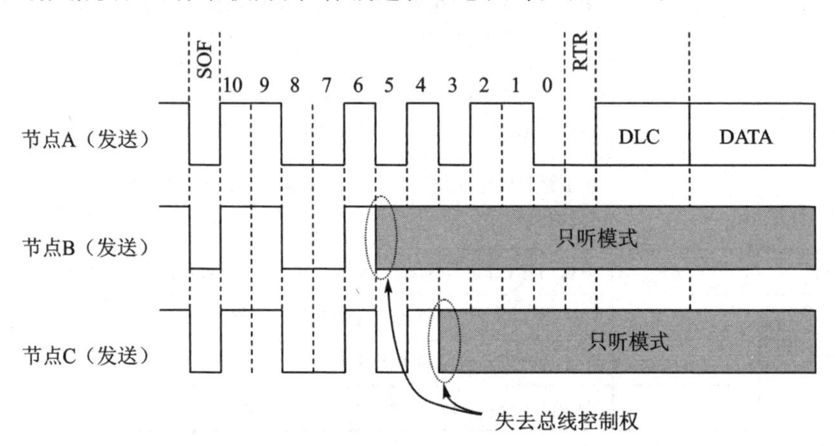

图 1.20 标准帧的总线仲裁过程

假定 3 个节点发送的数据帧中的 ID 分别为:

A: 110 0101 0110

B: 110 0110 0110

C: 110 0101 1000

需要注意的是，在仲裁段中，ID 的高位先发送，图中第一位为 SOF(Start of Frame，帧起始，其为显性电平 0)。3 个 ID 的高 5 位(bit10～bit6)均相同，在传输 ID 的前 5 位时，不会出现冲突。当传输 bit5 时，由于节点 B 输出的是隐性电平(逻辑 1)，其会被显性电平覆盖，因此节点 B 会出现发送数据与监测数据不一致的情况，随即放弃总线使用权，不再发送后续数据。余下两个节点继续发送 bit4，若两个 bit4 相同，则不会出现冲突。当传输 bit3 时，由于节点 C 输出的是隐性电平(逻辑 1)，其会被显性电平覆盖，同理，其会放弃总线使用权。至此，通过仲裁机制，节点 B、C 主动放弃总线使用权，只余下节点 A 独占总线，继续无干扰地发送后续数据。

在仲裁过程中，每次出现冲突时，都是输出逻辑 1(隐性电平)的节点放弃总线使用权，输出逻辑 0 的节点继续使用总线。换言之，每次出现冲突时，都保留位值较小的数据帧，最终的结果将是保留 ID 最小的数据帧。由此可见，ID 决定了一个数据帧的优先级，ID 值越小(逻辑 0 越多越靠前)的数据帧优先级越高，越能够被优先传输。

仲裁段由 ID 和一些标志位组成。在标准帧中，仲裁段共计 12 位(11 位 ID 和 1 位标志 RTR)；在扩展帧中，仲裁段共计 32 位(29 位 ID 和 3 位标志 SRR、IDE、RTR)，其中，29 位 ID 被 SRR 和 IDE 标志分隔成两部分：基本 ID 和扩展 ID，前 11 位为基本 ID，其位置与标准帧中 ID 的位置完全相同。这就意味着，标准帧和扩展帧可以共存，当标准帧和扩展帧共存时，扩展帧使用基本 ID(高 11 位)与标准帧进行仲裁比较。

RTR(Remote Transmission Request Bit)为远程发送请求标志位，其决定了该帧是数据帧还是远程帧：0(显性电平)表示数据帧；1(隐性电平)表示远程帧(远程帧将在 1.3.2 小节介绍)，由此可见，当 ID 相同时，数据帧具有更高的优先级。

IDE(Identifier Extension Bit)为识别符扩展标志位，其表示是否存在 18 位扩展 ID，决定了该帧是扩展帧还是标准帧：为 1 时表示该帧为扩展帧，为 0 时表示该帧为标准帧。虽然标准帧和扩展帧都存在该标志且它们处于同样的位置，但标准帧中的 IDE 标志属于控制段，不属于仲裁段，因而不参与总线仲裁。

SRR(Substitute Remote Request Bit)为替代远程帧请求位，在扩展帧中，其始终为隐性电平(逻辑 1)，其位置与标准帧中的 RTR 对应。由于其始终为隐性位，因此当标准帧与扩展帧冲突时(两种帧格式可能出现在同一总线中)，即使前 11 位 ID 完全相同，最终仲裁的结果也是标准帧优先。这里分为两种情况：若标准帧为数据帧(RTR 为 0)，则对该位进行仲裁的结果就是标准帧优先；若标准帧为远程帧(RTR 为 1)，则标准帧与扩展帧在该位上还没有冲突，标准帧仲裁结束，继续发送后续数据，扩展帧将继续仲裁 IDE 位，由于扩展帧的 IDE 为隐性电平，标准帧的 IDE 为显性电平，显然，对于发送扩展帧的节点，其发送数据将与检测到的数据不一致，随即放弃总线使用权，退出数据发送。

对于标准帧来讲，之所以 IDE 位不属于仲裁段，是因为只要前 11 位 ID 和 RTR 发送完成还没有丢失总线的使用权，就表明该标准帧具有最高优先级，无需继续仲裁

IDE 位。但对于扩展帧，即使前 11 位 ID 和 SRR 发送完成还没有丢失总线的使用权，也不能表示该帧具有最高优先级，还必须继续仲裁 IDE(避免与标准帧冲突)和后续扩展 ID(避免与其他高 11 位 ID 相同的扩展帧冲突)。

按照规则，在仲裁结束后，只有发送最高优先级的帧才能够继续使用总线。这样，在发送后续其他段时，理论上不应该再出现冲突。但是，也有可能出现不遵守规则的"非法"节点，它可能在后面继续发送数据。或者某些节点检测到错误后，主动发送错误帧以向总线中所有节点报告这个错误(发送错误帧，错误帧将在后文介绍)。基于此，在继续发送其他段的数据时，发送节点依然要检测冲突，即发送数据的同时会监听电缆上的电平状态，如果电缆上的电平状态与自己正在发送的电平状态不一致，则放弃总线使用权，同时向系统报告一个错误事件。

(3) 控制段

控制段由 6 个位构成。标准帧与扩展帧的控制段组成有所不同，它们除了都有 4 位数据长度编码(DLC)外，标准帧有 IDE(数值为 0)位和保留位 r0，扩展帧只有两位保留位 r0 和 r1。保留位是为了将来扩展使用，在未定义其具体用途前，CAN 控制器发送时用 0 填充保留位，接收时无论保留位为 0 或 1 都没有影响。DLC 的值表示数据段的长度，数据段的长度为 0～8 字节，它们对应的编码详见表 1.8。

表 1.8 DLC 表示的数据字节数

数据段字节数目	DLC			
	DLC.3	DLC.2	DLC.1	DLC.0
0	0	0	0	0
1	0	0	0	1
2	0	0	1	0
3	0	0	1	1
4	0	1	0	0
5	0	1	0	1
6	0	1	1	0
7	0	1	1	1
8	1	1/0	1/0	1/0

特别地，当编码值大于或等于 8 时，只要最高位为 1，就表示数据长度为 8。

(4) 数据段

无论是标准帧还是扩展帧，每个数据帧都只能传送 0～8 字节数据，每个字节包含 8 位，传输时高位先传输。相比于某些其他通信方式每帧报文动辄传送上千字节的数据(例如一帧以太网报文最多可以传送 1 500 字节数据)，读者可能会认为 CAN - bus 的通信效率太低了。

实际上，小数据量恰恰是 CAN－bus 的一个重要特点。CAN－bus 主要面向的是汽车和工控等应用场合，这些场合的数据特点是数据量少但对实时性要求很高。例如，汽车里的发动机向行车电脑（ECU）发送转速、温度等信息时，仅需几个字节就可以完成；在汽车发生碰撞时，一条弹出气囊的命令也只需几个字节，但这条命令对实时性要求非常高。大量实践证明，CAN－bus 中 0～8 字节的数据承载量可以满足绝大部分工业应用场合的需求。

但是，随着工业应用场景的增加，越来越多的应用需要传输更多的数据，长度限制为最多 8 字节会带来极大不便。为此，在 CAN 协议的基础上，又扩展出了一种新的协议：CAN FD 协议。CAN FD 协议最多支持 64 字节，CAN FD 的内容将在第 2 章进行详细介绍。

（5）CRC 段

数据在传输过程中可能因为某些原因导致被篡改，例如电磁干扰或接插件松动导致数据由 0 变 1 或由 1 变 0。为了避免错误的数据引起系统的误操作，通信系统会在每一层加入合适的校验，以及时发现这种错误。在 CAN 帧中，使用的是 CRC 校验。CRC 校验是由 CAN 控制器自动完成的，即发送节点会根据发送内容计算得到一个 CRC 值，并填入 CRC 段进行发送。接收节点也会根据接收到的数据内容进行 CRC 计算，并将计算结果与 CAN 帧的 CRC 值进行对比，若不一致则认为数据帧传输错误，并根据状态向总线和应用程序通告错误消息。CRC 校验的范围包括从帧起始一直到数据段的区域，详见图 1.21。

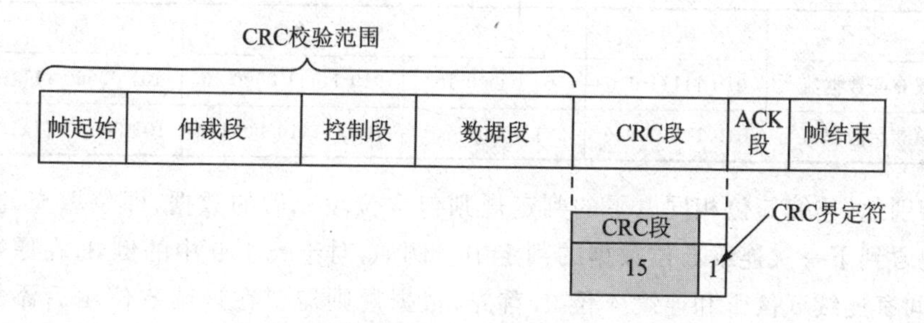

图 1.21　CRC 校验范围

CRC 计算方法是 CRC15，计算结果为 15 位 CRC 值，但 CRC 段总共 16 位，将在末尾填充 1 位 CRC 界定符，CRC 界定符固定为隐性位（逻辑 1）。

（6）ACK 段

发送节点在 ACK 段发送两个隐性位。接收节点在收到 CRC 序列后，会通过 ACK 段确认之前的信息是否正常接收。若接收过程中没有出现错误，则接收正常的节点会在 ACK 的第 1 位发出 1 个显性位。

由于在 ACK 的第 1 位，发送节点发送的是隐性位，接收正常的节点发送的是显性位，其将覆盖发送节点发送的隐性位，因此，发送节点可以通过判断该位是否为显性位来判断此帧数据是否传输成功，若失败则发送节点可以根据自身状态决定是否重传。

ACK 的第 2 位始终为隐性位，作为 ACK 的界定符。由此可见，在 CRC 界定符与 ACK 界定符之间，才是接收节点可以应答的时机，又将这一部分称为应答间隙(ACK SLOT)，专为接收节点应答之用。

(7) 帧结束

帧结束段由 7 个隐性位构成，用于表示该帧的结束。

2. 位填充

由物理层的介绍可知，为了避免收发双方位时间误差的积累，需要使用同步机制(硬同步和重同步)，硬同步发生在帧起始位置，重同步发生在数据传输过程中，由隐性电平跳变至显性电平时，就存在一个问题：如果发送方一直发送一种电平，例如，一长串 0 或一长串 1，接收方就迟迟接收不到边沿信号，进而导致无法进行重同步，最终还是可能因误差的积累导致错误。

为了解决这个问题，必须避免传输大量连续的 0 或大量连续的 1，为此，CAN 协议在数据链路层定义了位填充规则，即在发送端，若连续 5 位持续了同样的电平，则应在其后添加 1 位的反向数据位。例如，若连续发送了 5 个 0，则应在其后添加一个 1；若连续发送了 5 个 1，则应在其后添加一个 0。在接收端，则应将连续 5 位相同位后的反向位丢弃。位填充的几个典型范例详见表 1.9。

表 1.9　位填充范例

数据流	例 1	例 2	例 3	例 4
填充前数据流	010 11111 010	101 00000 101	010 11111 0000 10	101 00000 1111 01
填充后数据流	010 111110010	101 000001101	010 1111100000110	101 0000011111001

特别地，连续 5 位相同电平的判定规则包含位填充后的数据，即位填充的数据，可以包含到下一次连续 5 位数据的判定中。例如，对于表 1.9 中的例 3，在原数据流中，中间有连续 5 位 1 和连续 4 位 0，首先，根据规则需要在连续 5 位 1 后添加一个 0，然后继续判定，在添加一个 0 后，又形成连续 5 位 0，那么，又需要在连续 5 位 0 后添加一个 1。例 4 可以按照同样的规则进行推导。

注意，位填充规则对原数据帧的内容没有影响，既不会影响数据段字节数的计数，也不会影响 CRC 的计算。CAN 控制器在发送一帧数据时，自动进行位填充。根据位填充规则，接收端在接收到一帧数据时，自动根据位填充规则进行解码，移除填充的位。当接收端收到连续 6 个或 6 个以上的 0 或 1 时，将视为一种错误。该过程是 CAN 收发器自动完成的，无须用户干预。

位填充机制限制了连续相同位的个数，确保了电平在一定时间后必定发生翻转，避免了误差的无限累积，保证了数据通信的正确性。值得注意的是，出于对效率的考虑，CAN 协议规定：在某些固定域中(CRC 界定符、ACK 段、EOF)出现连续多个相同位时，不使用位填充机制。即位填充仅适用于帧起始、仲裁域、控制域、数据域和15位CRC。此外，位填充规则仅适用于数据帧和远程帧，错误帧、过载帧等均不使用位填充。

3. ID的补充说明

读者可能会发现，在CAN的帧格式中，没有明确表示地址信息的段，这与常见的通信协议存在明显的差异，常见的通信协议往往在报文中包含明确的源地址和目的地址，以明确该数据帧的源和目的，比如以太网帧的48位MAC地址。那么，一个CAN数据帧如何确定数据的源和目的呢？

实际上，在CAN - bus中，没有节点地址的概念，对节点并不需要编址。取而代之的是，使用ID对通信数据帧进行编码，一个数据帧仅通过一个ID进行标识，这是CAN协议非常重要的一个特点。在实际应用中，ID往往表示数据的具体含义，例如，使用1000表示汽车的发动机转速，使用1001表示车内温度等。

既然没有地址信息，那么接收节点如何实现数据帧的接收呢？当数据帧发送成功时，CAN - bus网络中所有的节点都能收到这个数据帧，接收节点可以通过ID来区分各个数据帧，进而只处理自己感兴趣的帧，例如，车载空调控制器可能只需要接收车内温度信息，以便自动控制车内空调，那么其就可以只保留ID为1001的数据帧，其余数据帧全部忽略。由此可见，在接收节点中存在一个对ID进行比较判断的过程，当CAN - bus网络中的数据帧传输量很大时，各个节点将接收到大量的数据帧，如果比较ID的过程都由应用程序来实现，将耗费大量的CPU资源，因此，在CAN控制器中，往往具有硬件过滤器，其可以直接通过ID将应用不感兴趣的帧过滤掉。

ID用于区分各个数据帧，表示一帧数据的具体意义，是一个非常重要的信息，但其具体数值并没有强制规定，完全由用户根据需要设定。CAN协议本身并没有节点地址的概念，但若应用基于某种特殊需求，需要按照常规通信协议为每个节点进行编址，则可以通过将地址信息包含在ID中实现(即ID的意义就是地址信息)。例如，当节点接收到一个数据帧时，需要知道帧的发送节点，则可以为每个节点分配一个地址，并将ID定义为由发送节点的地址构成，当节点发送数据帧时，将自身的地址信息包含到ID中，这样，接收节点就可以从ID中获取到地址信息。此时，接收节点还可以根据需要设置过滤器，过滤掉不感兴趣节点发送的数据，只保留特定ID(包含特定的地址)的数据帧。又如，若与常见协议一样，帧中需要包含目的地址和源地址，则同样可以为每个节点分配一个地址，并将ID定义为由源地址和目的地址共同构成，此时，ID中将包含源地址和目的地址，接收节点可以通过ID中的目的地址信息来判定该报文是否是发送给本节点的。总之，ID可以根据需要任意组织，以包含一些有意义的信息。

为了避免冲突，多个节点不应发送相同ID的数据帧，即某一ID的数据帧只能由某一特定的节点发送，该ID的数据帧就反映了该节点提供的服务。

1.3.2 远程帧

如果说数据帧是运送货物的大卡车,那么远程帧就是调运货物的调度员。一个节点可以向另一个指定的节点发送远程帧,以要求获取数据。具体获取什么数据,由通信双方自行约定。远程帧与数据帧一样,也分为标准帧格式和扩展帧格式,详见图 1.22。

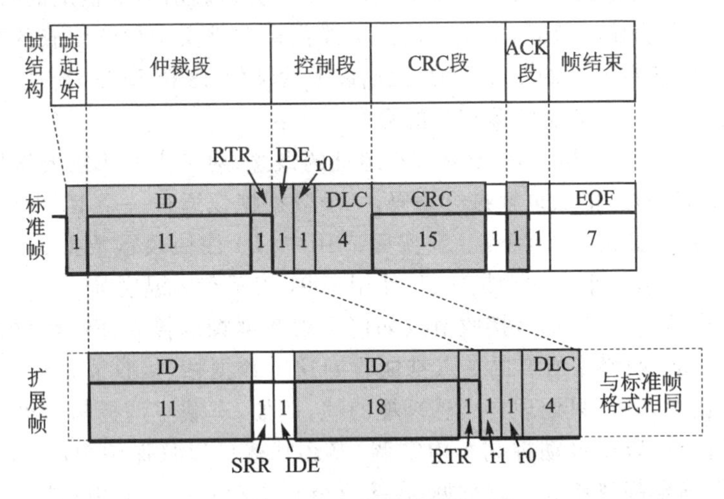

图 1.22 远程帧结构

由此可见,远程帧与数据帧的格式基本相同,区别主要有两点:远程帧没有数据段;远程帧标志位(RTR)为 1。

RTR 位属于仲裁段,在数据帧中,RTR 位为 0,而在远程帧中,RTR 位为 1,因此,具有相同 ID 的数据帧与远程帧进行仲裁时,数据帧将具有更高的优先级。

远程帧的作用是请求远端节点发送一个数据帧。远程帧的 ID 表示本次请求的数据帧 ID;远程帧的 DLC 表示本次请求的数据长度,例如,DLC 为 5,则表示本次请求 5 字节数据。当接收节点接收到远程帧后,会判定其是否可以发送与远程帧 ID 相同的数据帧,若可以发送,则发送与远程帧 ID 相同的数据帧,并携带相应的数据。

在实际应用中,部分信息可能只是偶尔使用到,若信息发送者还是频繁通过发送数据帧来传输信息,则会耗费大量带宽。对于这类信息,可以换种方式进行传输:节点无须主动上报,当要使用这些信息时,使用者主动发送一个远程帧,节点收到远程帧后,再发送相关数据。例如,车内温度往往不会突变,车载空调控制器可能每隔一段时间才需要获取一次温度信息,假定传输温度信息的数据帧 ID 为 1001,那么,空调控制器就可以发送 ID 为 1001 的远程帧,请求可以发送温度数据帧的节点发送包含温度信息的数据帧。

有些型号的 CAN 控制器在收到远程帧后会自动发送数据帧,无须控制器程序控制,为了避免 CAN 网络的高负载和不可控因素,CiA 组织建议尽量不要使用远程帧。

1.3.3 错误帧

1. 错误产生的原因

CAN－bus 的可靠性很高，但还是可能因为某些原因产生错误。错误的原因归结起来有以下 5 种：

(1) CRC 错误

当接收节点计算得到的 CRC 值与发送节点发送的 CRC 值不一致时，会发生该错误。

(2) 格式错误

如果传输的数据帧格式与任何一种合法的帧格式都不相符合，就会发生该错误。比如，在数据帧和远程帧中，存在一个 CRC 界定符和 ACK 界定符，它们均被定义为隐性电平，若在这些位置上出现显性电平，则视为一种格式错误。

(3) ACK 错误

如果发送节点在 ACK 段没有收到接收节点发出的应答(显性位)，就意味着没有任何节点接收到该帧，此时将发生应答错误。由此可见，若一个网络中只有单个 CAN 节点，单个节点的 CAN 设备发送数据帧时将会发生该错误(没有接收节点，不会有节点对数据帧产生应答)。

(4) 位发送错误

如果发送节点在发送数据时发现总线电平与正在发送的电平不符，将发生该错误。有两种情况：发送了显性电平但监测到隐性电平；发送了隐性电平但监测到显性电平。前一种情况无论正在发送何种数据，都视为一种错误，而对于后一种情况，隐性电平被显性电平覆盖，在下列位置发生时不视为错误：

- 仲裁段，隐性电平被覆盖时表明该节点发送的帧优先级较低，应放弃总线使用权；
- ACK 段的第 1 位，该位用于应答，隐性电平被覆盖时表明发送的帧被正确接收。

(5) 位填充错误

如果电缆上传输的信号违反了“位填充”规则，即在需要执行位填充的区域内(包含帧起始、仲裁域、控制域、数据域和 15 位 CRC，不包含 CRC 界定符、ACK 段和 EOF)检测到连续 6 个极性相同的位序列，将发生该错误。

各种错误的检测位置(意味着这些错误可能出现的位置)详见图 1.23(图中以扩展帧为例，ITM 为帧间隔，将在后文详细介绍)。

当节点(无论是发送节点还是接收节点)检测到错误时，将会发送一个错误帧。视错误类型的不同，发送错误帧的时机可能不同：对于位发送错误、位填充错误、ACK 错误和格式错误，检测到这些错误的节点将在错误出现位置的下一位开始传输错误帧；而对于 CRC 错误，错误帧的发送将延迟到 ACK 界定符之后，除非在 ACK

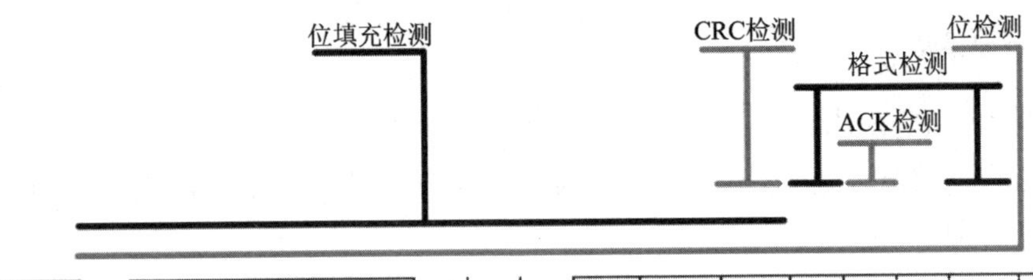

图 1.23 CAN 错误帧检测

界定符之前又检测到其他类型的错误。特别地，若有多个节点检测到错误，则多个节点各自都会发送错误帧。

2. 错误帧的结构

错误帧起着指示的作用，在接收（对于接收节点）或发送（对于发送节点）过程中，若检测到任何错误，无论是发送节点还是接收节点，都会发送错误帧，以告知总线中出现了错误。错误帧由错误标志符和错误界定符两部分构成。

(1) 错误标志符(error flag)

错误标志符分为两种：主动错误标志和被动错误标志。

主动错误标志由 6 个显性位组成，由处于“主动错误”状态的节点发出。

被动错误标志由 6 个隐性位组成，由处于“被动错误”状态的节点发出。

“主动错误”和“被动错误”是节点可能所处的两种状态。在 CAN - bus 中，一个节点可能的状态有 3 种：主动错误(active error)、被动错误(passive error)和总线关闭(bus-off)。处于总线关闭状态的节点不会与总线进行交互，因而不会发送任何帧（包括错误帧）。各状态的具体含义将在后文介绍。

(2) 错误界定符(error delimiter)

错误界定符由 8 个隐性位构成，其紧接在错误标志符后发送。

由此可见，在错误帧中，并不包含错误产生的原因，其内容仅与当前节点的状态相关。错误帧结构如图 1.24 所示，假设网络上有 3 个节点：发送节点发送一帧报文；网络上其中一个节点正确接收到了该报文并进行了 ACK 应答；而另一个节点因为干扰等原因检测到 CRC 错误，这个节点将在 ACK 界定符之后发送一个错误帧，假定该节点处于主动错误状态（节点启动后的默认状态），则将发送 6 位显性位（主动错误标志）。与此同时，原发送节点还在继续发送 EOF（7 个隐性位），由于隐性位会被显性位覆盖，这时候原发送节点和其他接收正确的节点将会在 EOF（帧结束）部分的第 1 位检测到显性位，进而导致格式错误，这些节点都将在下一位（原 EOF 的第 2

位)开始传输错误帧,若它们也处于主动错误状态,则又会发送 6 个显性位,此时,最终在总线上将呈现连续 7 个显性位(多个主动错误标识符叠加的结果)。

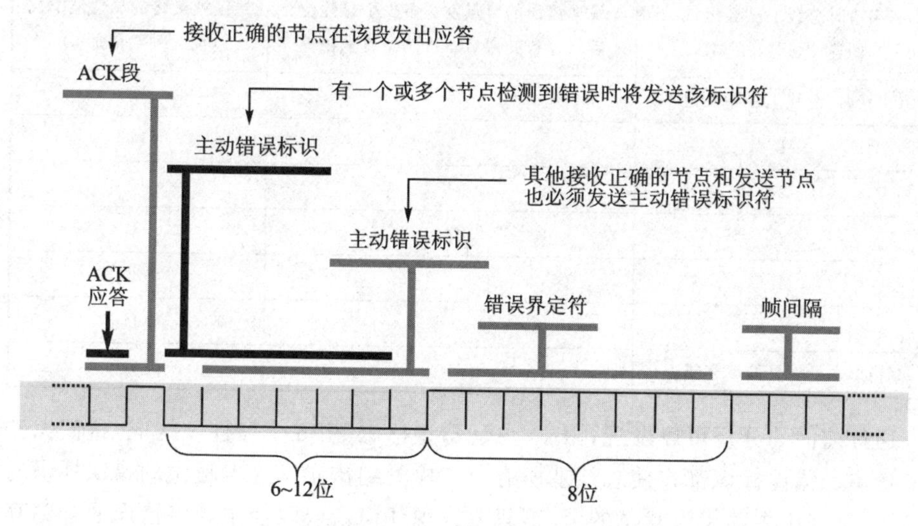

图 1.24 错误帧结构

由此可见,当多个节点发送错误帧时,可能使错误帧中显性位的个数增加,但对隐性位没有影响。发送错误帧的错误界定符时(8 个隐性位),第 1 个隐性位发送成功后(发送隐性位,并检测到隐性位),才会开始传输最终剩下的 7 个隐性位。例如,在上一个例子中,发现 CRC 错误的节点首先开始传输错误帧,而其余节点滞后一位开始传输错误帧,当其开始传输第 1 位隐性位时,其余节点还在传输最后一位显性位,那么,第 1 位隐性位第 1 次传输将失败,其将在后一位继续传输第 1 位隐性位。也就是说,无论多少个错误帧叠加,隐性位的个数都为 8,不会增加。

图 1.24 中假定错误为 CRC 错误,错误帧中的显性位将导致其他节点也会检测到帧格式错误。若错误在其他位置被发现呢?若在传输数据段的过程中检测到错误,则将在当前传输数据的下一位开始传输错误帧,由于数据可能是显性位,也可能是隐性位,因此,其他节点不会出现帧格式错误,但是,主动错误标志为连续 6 个显性位,这违反了“位填充”规则,其他节点必然会检测到位填充错误,进而发送错误帧,继续传输 6 个显性位。根据出错时总线已经出现的连续显性位的个数,其他节点检测到位填充错误的时机可能不同,使得错误帧最终呈现在总线上的显性位个数不同,各种情况详见表 1.10。

例如,如果出现错误时,总线上已经连续传输了 2 个显性位数据,那么首先发现错误的节点在传输 4 个显性位后,就会导致其他节点出现位填充错误,其他节点再传输 6 个显性位,使得错误帧最终呈现在总线上的显性位个数为 10。由此可见,错误帧最终呈现在总线上的显性位个数为 6～12。

表 1.10　错误帧显性位个数关系表

出错时总线上已经出现的连续显性位个数	发现错误的节点发送多少个显性位后将导致其他节点检测位填充错误	错误帧最终的显性位个数（前一列数值加 6）
0（出错时，总线上是隐性电平）	6	12
1	5	11
2	4	10
3	3	9
4	2	8
5	1	7
6（错误本身就是位填充错误）	0	6

通过前面的分析可以发现，由于“主动错误标志”由 6 个显性位构成，致使无论何时发送主动错误标识都将使总线上所有节点检测到错误。这也是主动错误标识的意义，即一个处于主动错误状态的节点，只要发现任何错误就会主动将错误通知到其他节点：通过主动错误标识将帧彻底破坏掉，强制使总线上所有的节点都检测到错误。此时，这一帧报文将视为错误报文，并由发送节点重传。

与之对应的，“被动错误标志”由 6 个隐性位构成，若发送该标志的节点是接收节点，那么其输出不会对总线上其他发送节点产生任何影响。换言之，处于被动错误状态的接收节点，当其检测到错误时，无法主动向其他节点通知这个错误。当然，若发送“被动错误标志”的是当前总线的发送节点，由于被动错误标志违反了位填充规则，因此所有接收节点依然能够接收到该错误，这是可以理解的，其作为发送节点，所有节点都还在等待它的数据，它必须将错误通知到接收方。也有两种特殊情况，这个错误可能不会通知到接收方（不会被接收方发现）：

① 处于被动错误状态的发送节点在仲裁阶段出现错误，其后续输出的隐性位不会对仲裁阶段的其他节点产生影响，其他节点继续仲裁，错误节点自动退出仲裁；

② 处于被动错误状态的发送节点在发送 CRC 的最后几位（低于 6 位）时发现错误，而恰好 CRC 的最后几位刚好是隐性位，则接收方不会发现这个错误。当然，若 CRC 的最后几位不全为隐性位，接收方将检测到 CRC 错误。

错误帧结构与节点状态相关，CAN 协议使用独特的故障界定机制划分节点的状态，下面对故障界定机制进行简要的介绍。

3. 故障界定——节点状态

CAN - bus 通信的一个特点就是必须保证一个帧能被所有节点正确接收，如果因为某些原因（例如传输）使众多节点中的一个节点出现接收错误，那么这个节点就会主动站出来，通过发送“主动错误标志”来把当前帧彻底破坏掉，以通知其他节点“这个帧我接收错了，不算数，重来”。其他接收节点也许尽管没有出错，但是本着“不抛弃不放弃”的原则，在收到错误标识后，也会发出一个主动错误标识，以表示对出错节点的声援。发送节点在发送的同时也会监听总线数据，当发现数据被其他节点“破坏”后，会主动进行数据重发。这些繁琐的过程都是由 CAN 控制器自动完成的，无须用户程序干预。

为了避免某个设备因为自身原因（例如硬件损坏）导致无法正确收发数据而不断破坏数据帧而影响其他正常节点通信，CAN - bus 规范中规定每个 CAN 控制器中有一个发送错误计数器（TEC：Transmit Error Counter）和一个接收错误计数器（REC：Receive Error Counter）。根据计数值不同对错误进行界定，使 CAN 节点处于不同的设备状态，状态转换详见图 1.25。

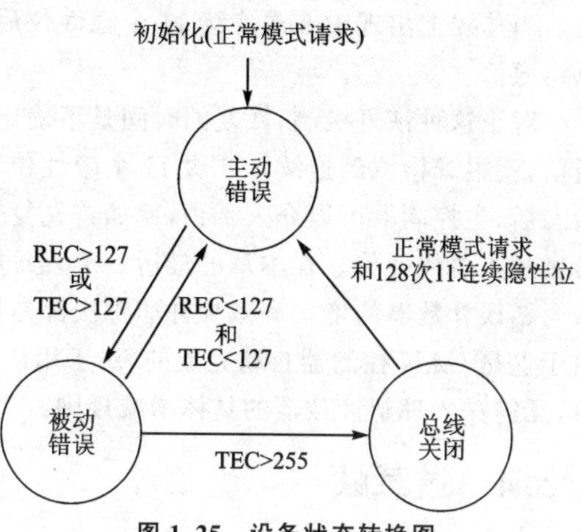

图 1.25　设备状态转换图

3 种状态的说明如下：

① 主动错误状态（错误较少，发送和接收错误计数都小于 127）。该状态是设备的正常状态，设备可以正常参加总线通信，检测到错误时将发送主动错误标志，会强制破坏总线。可以理解为：当设备检测到的错误不多时，偶然出现的错误就被认为不是由于设备自身导致的，错误可能是由于其他偶发性原因（例如偶发性干扰）造成的，那么这帧数据是不可靠的，应该通知其他节点放弃这一帧数据，并使数据帧的发送节点重发该数据帧，确保数据的可靠性。

② 被动错误状态（错误比较多，存在错误计数超过 127）。在该状态下，设备依然可以正常参加总线通信，但在检测到错误时，设备将发送被动错误标志，被动错误标志不会影响总线，若其他所有节点都没有发现错误，那这帧数据就是有效的。可以这样理解：当设备检测到的错误比较多时（显然，这是不正常的），有理由怀疑是设备自身出现了问题，为了避免自身问题影响整个总线，设备不再发送主动错误标识（避免破坏数据帧）。

同时，由于怀疑设备自身出现了问题，为了更加高效地利用总线，其他设备将优先于自己使用总线：在后文介绍帧间隔时会提到，处于被动错误状态的节点，帧间隔结束后，还要增加一个延迟传输段（8 个隐性位），延迟传输段结束才能传输数据，以使其他节点（没有延迟传输段）优先传输数据。

③ 总线关闭状态（错误非常多，发送错误计数超过 255）。在该状态下，设备不可以参加总线通信，数据帧的收发都被禁止，可以视为节点完全脱离了总线，不会对总线产生任何影响。不会发送任何帧，也不会对总线上出现的任何帧进行应答。可以这样理解：当设备检测到的错误非常多时，基本可以断定是设备自身出现了严重问

题,为了避免错误设备对总线产生影响,设备自身脱离总线。

绝大部分 CAN 控制器都支持自动从总线关闭状态恢复(当然,也可以关闭自动恢复功能,当进入总线关闭状态后,通知系统上层做进一步处理)。自动恢复的过程是:在进入总线关闭状态后,继续监测总线(不会向总线输出任何数据,只是简单的侦测),当总线上出现 128 次连续 11 个隐性位后,恢复到主动错误状态,进而重新参与总线通信。

对于这种恢复机制,恢复的时间是不确定的,具有随机性(只要有其他节点还在通信,就很难检测到连续 128 次 11 个隐性位)。因此,通常情况下,在进入总线关闭状态后,主控制器可以介入干预,比如首先复位 CAN 控制器,重新设置相关参数,再尝试加入总线通信。在本章的最后一节,会进一步介绍具体的恢复方式。

错误计数器的增加和减少并非每次都是加 1 或减 1,其有一个较为复杂的规则。由于这是 CAN 控制器自动完成的,对于用户来讲,仅需对节点状态有一定的了解即可,无需深入理解计数器的具体增减规则。

1.3.4 过载帧

如果把数据帧看成是运送货物的货车,那过载帧就是用于协调货物运量的协调员。当某个接收节点没有做好接收下一帧数据的准备时,该接收单元将发送过载帧,以延迟发送方报文的发送。过载帧结构详见图 1.26,其由过载标志和过载帧界定符组成。

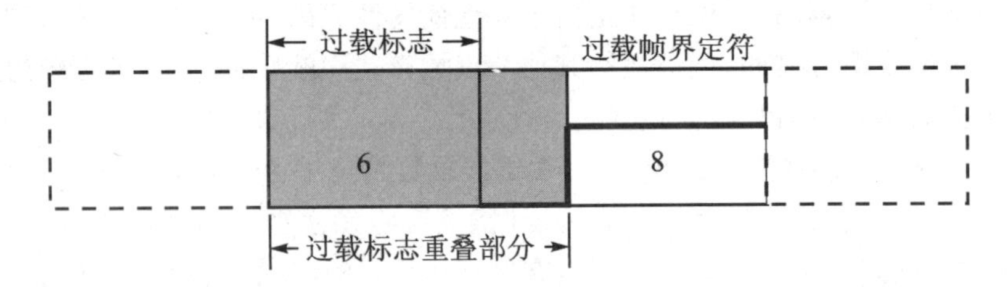

图 1.26 过载帧结构

过载标志为 6 个显性位,过载帧界定符为 8 个隐性位,其格式与处于主动错误状态的节点发送的错误帧格式完全相同。但是,与错误帧不同的是,处于主动错误状态的节点发送的错误帧是在发现错误时发送的,其将破坏掉整个数据帧或远程帧。而过载帧并非一种错误,其发送的时机为帧间隔期间(帧与帧之间的间隔由 3 个隐性位组成,具体在 1.3.5 小节详细介绍),其不会破坏正在发送的帧,只会延迟后续数据帧或远程帧的发送时机(相当于延长了帧间隔)。

因为可能有多个节点出现过载情况,但是发送过载帧的时机可能略有早晚,这就会出现过载标志叠加后超过 6 个显性位的情况,但不影响过载帧的效力。所有节点会在总线电平恢复为隐性后等待 8 个位才认为过载帧结束。这种机制与前面介绍的错误帧是一样的。

1.3.5 帧间隔

帧间隔用于将数据帧或远程帧和它们之前的帧分隔开，即一个帧（数据帧、远程帧、错误帧、过载帧）发送完之后，如果后一帧是数据帧或远程帧，那么应在它们之前插入帧间隔。因为过载帧和错误帧是在有发送必要时立即发送的，所以在它们之前不会插入帧间隔。帧间隔之后如果没有节点要发送帧，那么总线就处于空闲状态。

帧间隔由 3 个隐性位组成，也可以把帧间隔看作是总线上的一段静默期。帧间隔的存在可以让总线上的所有节点在下一远程帧或数据帧的第 1 位（帧起始是一个显性位）上实现硬同步，即所有节点在总线电平从隐性变为显性时实现同步。

当发送节点处于被动错误状态时，它将不能在帧间隔之后立即启动发送，还要再插入一个“延迟传送”段（由 8 位隐性位组成）。如此规定是为了让其他正常节点（处于主动错误）优先使用总线，因为处于被动错误的节点很可能存在硬件故障，不能让它拖累整个网络。帧间隔的格式详见图 1.27。

间隔	总线空闲
3	0~∞

间隔	延迟传输	总线空闲
3	8	0~∞

图 1.27 帧间隔的结构

特别地，若存在接收节点过载，则它们会在帧间隔（3 个隐性位）期间传输过载帧，传输过载帧期间，总线被占用，不能发送其他帧，相当于延长了整个帧间隔。

在本节中我们了解到，为了使数据能在总线上可靠传输，CAN - bus 规范对各类帧格式、用途及发送时机都做了详细的规定。在数据链路层工作的器件主要是 CAN 控制器，它自动完成了帧格式处理和校验等工作，并能自动重发失败的帧。用户程序在驱动 CAN 控制器时只需进行数据收发及错误处理，这大大降低了用户使用 CAN 的难度。目前常用的 CAN 控制器有 SJA1000 及各种 CPU 中内置的 CAN 控制器外设。

1.4 CAN 节点的错误处理

由上文可知，若发送错误计数器 TEC＞255，则 CAN 控制器进入总线关闭（bus-off）状态，节点完全脱离总线，无法收发总线上的报文。虽然 CAN 控制器通常都具有自动恢复机制（检测到连续 128 次 11 个隐性位），但是这种恢复机制需要的时间较长，且具有随机性(不能确保在特定的时间内恢复)，所以在实际应用中，当总线进入关闭状态后，往往是上层直接进行错误处理。

具体如何处理进入总线关闭的节点？本节提供一个常用的错误处理流程供读者参考。介绍处理流程之前，先了解两种处理模式：快恢复处理模式和慢恢复处理模式。

(1) 快恢复处理模式

① 停止 CAN 通信 100 ms；

② 100 ms 过后，复位 CAN 控制器，清空发送和接收错误计数器；

③ 启动 CAN 控制器，恢复通信。

(2) 慢恢复处理模式

① 停止 CAN 通信 1 000 ms；

② 1 000 ms 过后，复位 CAN 通道，清空发送和接收错误计数器；

③ 启动 CAN 控制器，恢复通信。

总线关闭通用错误处理流程详见图 1.28。快恢复处理模式建议最多连续执行 5 次，如果连续执行完 5 次快恢复处理后，节点仍然进入总线关闭状态，则开始执行慢恢复处理模式，慢恢复处理可以持续执行到故障解除。

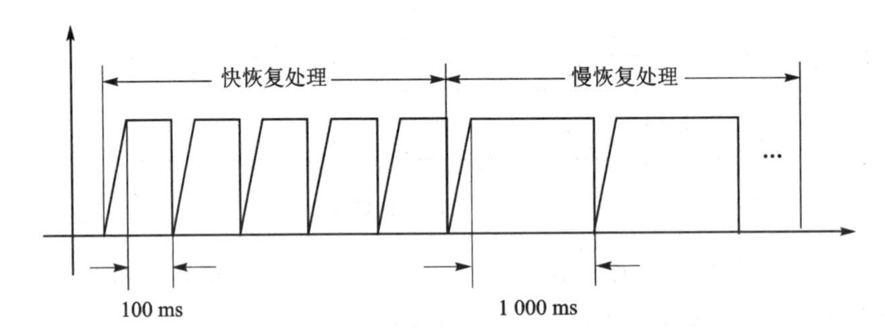

图 1.28 错误恢复处理流程

第2章

CAN FD 规范

本章导读

随着汽车工业的快速发展，汽车逐渐走向智能化，功能也越来越丰富，例如，车载导航、驻车雷达、胎压监测、倒车影像、无钥匙启动、定速巡航、自动泊车等。为了提高竞争力，汽车制造商将越来越多的功能集成到汽车之中，功能的增加导致 ECU（电子控制单元）大量增加，进而使得总线负载急剧增加，传统 CAN 总线（波特率最高为 1 Mbps，每个数据帧最多携带 8 字节数据）的瓶颈逐步凸显，显得力不从心。

为了解决这一瓶颈，Bosch 公司在 2011 年发布了新一代的总线通信技术 CAN FD（CAN with Flexible Data-rate），它不但继承了传统高速 CAN 的主要特性，而且提高了 CAN 总线的网络通信效率，改善了错误帧漏检率；同时，还可以保持原有 CAN - bus 系统基本不变，ECU 厂商不需要大规模改动就可以实现网络通信的升级。

2.1 CAN FD 简介

CAN FD 的主要特性继承自传统高速 CAN，因此绝大部分概念（比如物理层与数据链路层中的相关概念）是相同的，本章将重点介绍 CAN FD 与传统高速 CAN 之间的区别，详见表 2.1。

表 2.1 CAN 和 CAN FD 的主要区别

主要区别	CAN	CAN FD
波特率	最高 1 Mbps	可变波特率，数据段最高达 15 Mbps
数据段长度	最大 8 字节	最大 64 字节
CRC 算法	15 位 CRC 算法	17 位/21 位 CRC 算法
填充规则	连续 5 位相同位后增加一个相反位	新的填充规则，详情见下文
状态指示	无	增加 ESI 位节点状态指示
远程帧	有	取消远程帧

2.1.1 总线通信效率的提升

CAN FD 主要采用两种方式来提高总线通信的效率：一是缩短位时间，以提高波特率；二是增加单次传输的有效数据量，以减少报文数量，降低总线负载率。

1. 可变波特率

可变波特率是 CAN FD 非常重要的一个特征。在高速 CAN 中，数据帧包含 7 部分：帧起始、仲裁段、控制段、数据段、CRC 段、ACK 段和帧结束，各部分所对应的位均使用同一波特率（即各个位的位时间相同）进行传输，且最高波特率为 1 Mbps，示意图详见图 2.1。

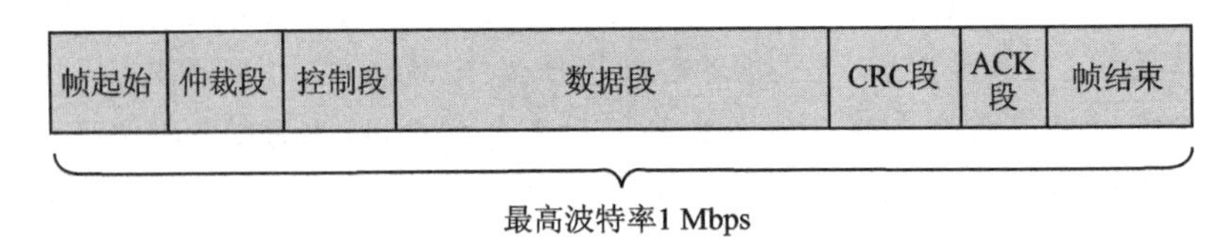

图 2.1　高速 CAN 固定速率示意图

但在 CAN FD 中，控制段中部分位域、数据段和 CRC 段的传输波特率可以比其他部分的传输波特率更高，波特率是可变的，可以单独设置，最高可达 15 Mbps（目前，受实际物理收发器的限制，一般情况下，最高仅支持到 8 Mbps），CAN FD 可变波特率示意图详见图 2.2。

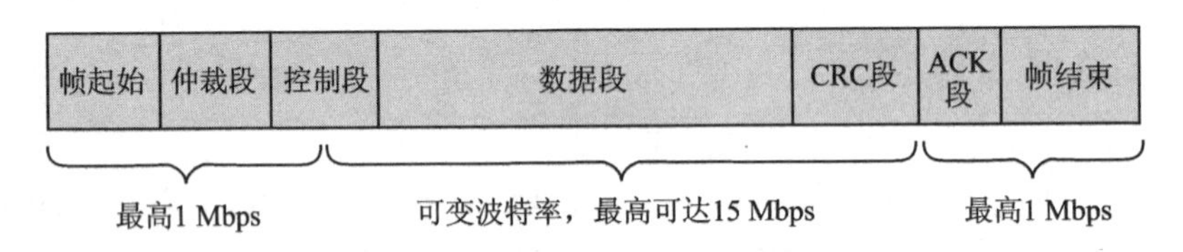

图 2.2　CAN FD 可变波特率示意图

控制段中的部分位域也属于可变波特率部分，具体分界点将在 2.2 节介绍帧格式时详细介绍。由此可见，在 CAN FD 中，一个数据帧可以使用两种波特率进行传输，两种波特率有各自独立的位时间设置寄存器，位时间基准单元（T_q）、位时间中各段的分配比例均可不同。

2. 数据段长度

在高速 CAN 中，数据段的长度最大为 8，即每个数据帧最多传输 8 字节数据，若传输数据量超过 8 字节，则必须分为多个数据帧进行传输，这使得总体数据传输效率下降。为了进一步提升数据传输效率，CAN FD 对数据段的长度作了很大的扩充，规定数据段的长度最高可达 64 字节。单个报文中的有效数据个数使得 CAN FD 具有更高的有效传输负载。

2.1.2 CRC 改进

1. 算法的改进

传统高速 CAN 报文采用的校验方式是 15 位 CRC。由于 CAN FD 支持更大的数据量,为了提高通信的可靠性,新增了两种 CRC 算法:17 位 CRC 和 21 位 CRC,CAN/CAN FD 帧的 CRC 算法详见表 2.2。

表 2.2 CAN/CAN FD 帧的 CRC 算法

报文类型	DLC/字节	CRC 长度/位	CRC 多项式
CAN	0～8	15	$x^{15}+x^{14}+x^{10}+x^{8}+x^{7}+x^{4}+x^{3}+1$
CAN FD	0～8,12,16	17	$x^{17}+x^{16}+x^{14}+x^{13}+x^{11}+x^{6}+x^{4}+x^{3}+x^{1}+1$
CAN FD	20,24,32,48,64	21	$x^{21}+x^{20}+x^{13}+x^{11}+x^{7}+x^{4}+x^{3}+1$

CAN FD 会根据数据段长度(DLC)不同选择不同的 CRC 校验方法。由此可见,在 CAN FD 中,CRC 的长度可能为 17 位或 21 位。

在表 2.2 中,CRC 多项式用于决定 CRC 计算的具体规则,CRC 计算通常由 CAN FD 控制器自动完成,用户无需深入理解计算规则,仅需知道在 CAN FD 中控制器会根据数据长度的不同选择不同的算法,数据越长,CRC 位数就越多,以此提高通信可靠性。

2. 计算时机的改进

在传统高速 CAN 中,位填充(连续 5 位相同位后增加一个相反位)是在 CRC 计算之后进行的。对于发送方,先进行 CRC 计算,再进行位填充;对于接收方,先根据位填充规则移除填充的位,再执行 CRC 校验。

位填充规则会干扰 CRC,使得数据错误的漏检率升高。例如,发送方发送的数据流中有一段二进制数据流 00000 1(最后的 1 为填充位),若在接收过程中,有一位数据出现错误,由 0 变为 1,则在接收数据流中,不再存在 5 个连续的 0,此时,接收方会将最后的 1 解析为数据位,使数据位的个数增加 1,示意图详见图 2.3(a)。

同理,若发送方发送的数据流中有一段二进制数据流 00100 1(最后的 1 为普通数据位),在接收过程中,第 3 位数据 1 出现错误,变为数据 0,则在接收数据流中,将形成连续 5 个 0,此时,根据位填充规则,接收方会将最后的 1 解析为填充位,进而使得数据位个数减少 1,示意图详见图 2.3(b)。

在实际应用中,数据位数可以由 DLC 得出,如果数据位数仅仅多了一个或少了一个,可以很容易发现。但是,若在一段数据流中,恰好在两个位置分别出现了如图 2.3(a)和图 2.3(b)所示的情况,数据总位数将保持不变,但数据已经出现了某种错误,且填充位的加入使得数据出现了某种错位。接下来,就只能通过计算 CRC 来判定数据是否存在错误。在绝大部分情况下,出现这种错误时,CRC 都能检测到,但

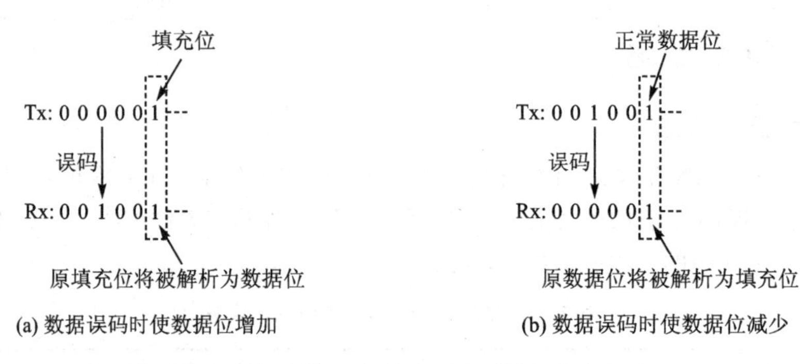

图 2.3　出现错误时，填充机制对数据产生影响

也可能数据错位后 CRC 还是保持不变(概率虽然很小)。

总之，在这种情况下，位填充对 CRC 计算产生了影响，增大了错误漏检的概率。为了解决这一问题，在 CAN FD 中，将 CRC 计算的时机移到了位填充之后，使 CRC 计算包含填充的位，此时，填充位的变化也将影响 CRC 的计算结果，可以减小错误漏检的概率。CRC 校验的范围包括从帧起始一直到数据段的区域，在计算 CRC 之前，就按位填充规则对这些区域执行位填充。

3. CRC 段的填充规则

在 CAN FD 中，CRC 计算的时机移到了位填充之后，在计算 CRC 之前，就需要按照位填充规则对 CRC 计算所包含的区域进行位填充。但是，在计算 CRC 之前，CRC 值是不知道的，无法对 CRC 区域本身执行位填充。而计算得到的 CRC 值可能出现连续多个 0 或连续多个 1，超过 5 个时将会违反位填充规则。

为了避免出现这种情况，在 CAN FD 中，CRC 区域采用一种固定的位填充格式：在第 1 位以及以后每 4 位之后添加一个填充位，填充位的值是上一位的反码。17 位 CRC 和 21 位 CRC 的填充位置分别详见图 2.4 和图 2.5。

FSB	CRC16	CRC15	CRC14	CRC13	FSB	CRC12	CRC11	CRC10	CRC9	FSB	CRC8	CRC7	CRC6	CRC5	FSB	CRC4	CRC3	CRC2	CRC1	FSB	CRC0	界定符

图 2.4　CAN FD CRC 段(CRC17)填充位置示意图

FSB	CRC20	CRC19	CRC18	CRC17	FSB	CRC16	CRC15	CRC14	CRC13	FSB	CRC12	CRC11	CRC10	CRC9	FSB	CRC8	CRC7	CRC6	CRC5	FSB	CRC4	CRC3	CRC2	CRC1	FSB	CRC0	界定符

图 2.5　CAN FD CRC 段(CRC21)填充位置示意图

图中，FSB(Fixed Stuff-Bits)即表示增加的固定填充位，CRC0 表示 CRC 计算结果的第 0 位，CRC1 表示 CRC 计算结果的第 1 位，以此类推。

这种位填充规则与传统高速 CAN 使用的位填充规则存在较大的区别。在传统的位填充规则中，只有出现连续5个相同位后才会添加一个填充位，填充位的个数和位置均不固定，每个数据帧都可能不同。而此处CRC段使用的填充规则，填充位的个数和位置是固定的，与CRC值无关（只有填充位的值与CRC值相关）。添加填充位后，CRC域不会再违反位填充规则。对于接收方，可以基于该规则进行格式检查，如果填充位不是上一位的反码，就视为出错。

4. 新增表示填充位个数的区域

由图2.3可知，数据出错可能导致数据位被错误地解析为填充位或填充位被错误地解析为数据位，使数据位和填充位的个数发生变化。数据位的个数可以通过DLC指定的字节数得到，但填充位的个数无法得知，填充位个数变化时将无法准确迅速地被检测到。为了进一步提升通信可靠性，在CRC校验段，还增加了一个填充位计数区域，用于对CRC计算区域（帧起始到数据段结束）中的填充位（不包括CRC区域的固定填充位）计数，其由3位计数位和1位奇偶校验位组成（共计4位）。该区域属于CRC校验区域，同样需要满足每4位后添加一个固定填充位，以17位CRC为例，示意图详见图2.6。

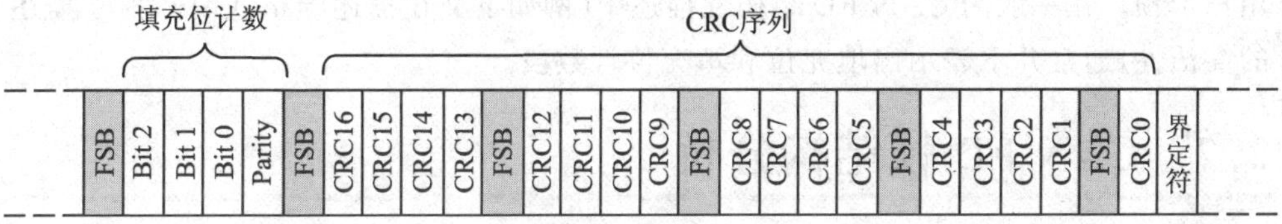

图2.6 CAN FD CRC段(CRC17)示意图

图2.6中，3位计数位(Bit2～Bit0)表示的值为实际填充位个数对8进行取模运算的结果，范围为0～7。例如，实际填充位为11个，其对8取模的结果即为3。由于其是对8取模的结果，因此，若变化个数恰好为8的整数倍，则也不能立即检测到。但在实际中，CAN FD采用差分信号传输数据，通信可靠性很高，错误位个数达到8的概率几乎为0。虽然3位数据对应的范围恰好为0～7，但实际并不直接使用3位二进制数值表示，而是使用格雷码(Grey code:任意相邻的代码中，只有1位二进制数不同)，CRC帧格式填充规则详见表2.3。

表2.3 CRC帧格式填充规则

填充位计数（对8取模的结果）	格雷码	奇偶校验位（偶校验：格雷码+该位后，1的个数为偶数）	紧随奇偶校验位后的固定填充位
0	000	0	1
1	001	1	0
2	011	0	1
3	010	1	0

续表 2.3

填充位计数 (对 8 取模的结果)	格雷码	奇偶校验位 (偶校验:格雷码+该位后,1 的个数为偶数)	紧随奇偶校验位 后的固定填充位
4	110	0	1
5	111	1	0
6	101	0	1
7	100	1	0

格雷码有多种表示形式,只要满足相邻数据中只有 1 位二进制数不同即可,CAN FD 选用了一种典型的格雷码。奇偶校验位(parity)用于完成对 3 位计数位的校验,CAN FD 采用的是偶校验方式,即奇偶校验位的值会使 3 位计数位和奇偶校验位中 1 的个数为偶数个。在接收方,若 4 位数据位中 1 的个数为奇数,则表明出现错误。

在实际应用中,位填充及位填充计数段均在 CRC 计算之前自动完成,并不需要用户干预。在一般的 CAN FD 结构性描述中(例如下文在描述帧格式时),为了描述的简洁性,通常并不表示出填充位和填充位计数段。

2.2 CAN FD 帧结构分析

与传统高速 CAN 相比,CAN FD 取消了远程帧。同时,错误帧、过载帧、帧间隔都是相同的,仅数据帧存在差异。数据帧依然分为标准帧(11 位 ID)和扩展帧(29 位 ID),且同样由 7 个段组成:帧起始(SOF)、仲裁段(arbitration field)、控制段(control field)、数据段(data field)、CRC 段(CRC field)、应答段(ACK field)、帧结束(EOF)。CAN FD 帧格式详见图 2.7。

相对于传统的高速 CAN 数据帧结构,CAN FD 在仲裁段、控制段、数据段和 CRC 段等多个段中作出了变化和改进。

1. 仲裁段的变化

CAN 与 CAN FD 的仲裁段比较详见图 2.8。

由此可见,在仲裁段中,CAN 和 CAN FD 帧 ID 格式和位数不变(标准帧 11 位,扩展帧 29 位),不同的是 CAN FD 不支持远程帧,因此在 CAN FD 的仲裁段中去掉了 RTR(Remote Transmission Request)位,将其改为 RRS(Remote Request Substitution)位,RRS 位固定为显性。在高速 CAN 中,扩展帧中的 SRR 位始终为隐性位,其用于替代扩展帧的 RTR 位与标准帧中的 RTR 位进行比较仲裁,确保标准帧比扩展帧的优先级更高(当 11 位基础 ID 相同时)。在 CAN FD 中,由于 RTR 位变为固定的显性位 RRS,SRR 位继续保持隐性位,依然可以确保标准帧的优先级高于扩展

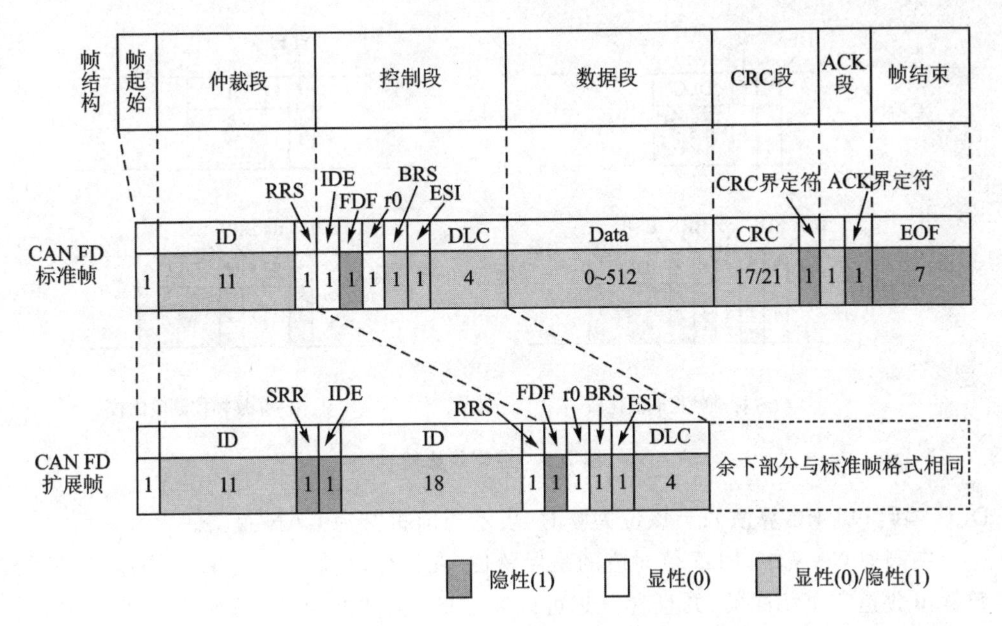

图 2.7　CAN FD 数据帧结构

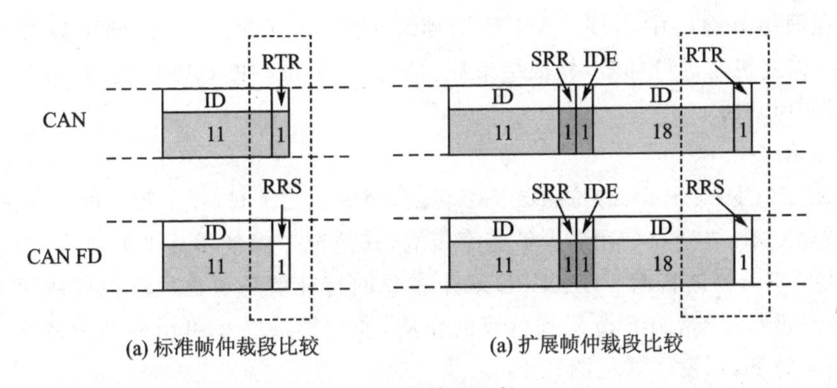

图 2.8　仲裁段比较

帧(当 11 位基础 ID 相同时)。

2. 控制段的变化

CAN 与 CAN FD 的控制段比较详见图 2.9。

传统高速 CAN 的控制段均为 6 位,但对于 CAN FD,由于在标准帧中 IDE 属于控制段,因此,标准帧的控制段为 9 位,而扩展帧的控制段为 8 位,除 IDE 位外,其他位的含义和顺序是完全相同的。对比 CAN 和 CAN FD 可以发现,除 IDE 位、保留位和 DLC 外,CAN FD 主要新增了 3 位控制位:FDF 位、BRS 位、ESI 位。

(1) FDF

FDF(FD Frame)为 CAN FD 帧格式位,FDF 位决定了该帧是高速 CAN 数据帧还是 CAN FD 数据帧。当该位为 1 时,表示当前报文为 CAN FD 报文(将采用新的

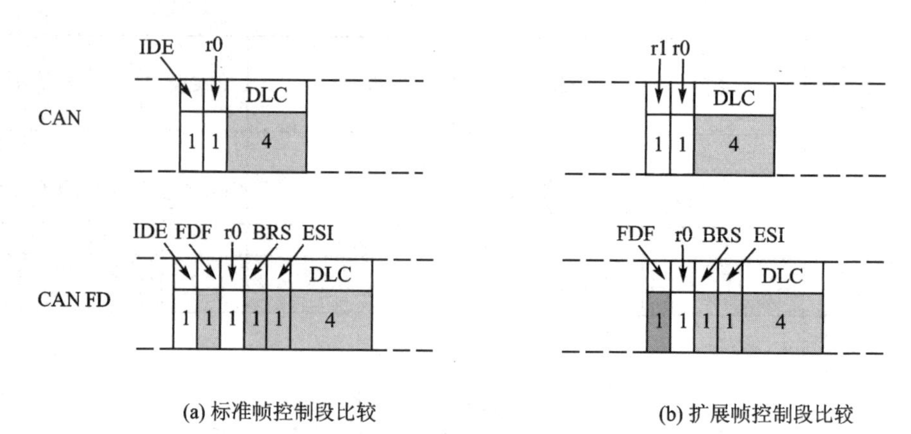

(a) 标准帧控制段比较　　(b) 扩展帧控制段比较

图 2.9　控制段比较

DLC 编码和 CRC 算法)；当该位为 0 时，表示当前报文为 CAN 报文。

在高速 CAN 中，FDF 位对应的是保留位，在该位之前，CAN FD 与高速 CAN 的数据位数是完全相同的，并且含义是可以兼容的(虽然原 RTR 位变为保留位 r1，但保留位固定为显性位，在高速 CAN 中，RTR 为显性位表示该帧为数据帧)。基于此，若在同一个网络中出现 CAN 数据帧和 CAN FD 数据帧，依然可以按照高速 CAN 的仲裁机制进行仲裁，仲裁结束后，通过 FDF 位判断该帧的类型，进而决定后续数据如何解析。

(2) BRS

BRS(Bit Rate Switch)位为波特率转换，当该位为 1 时，表示转换可变波特率，从 BRS 位到 CRC 界定符使用转换波特率传输，其他位依然使用标准波特率；当该位为 0 时，表示不转换波特率。CAN FD 一个重要的特征就是数据段可以使用更高的可变波特率进行传输，BRS 位起到过渡的作用，使传输波特率可由标准波特率切换至更高的波特率，示意图详见图 2.10。

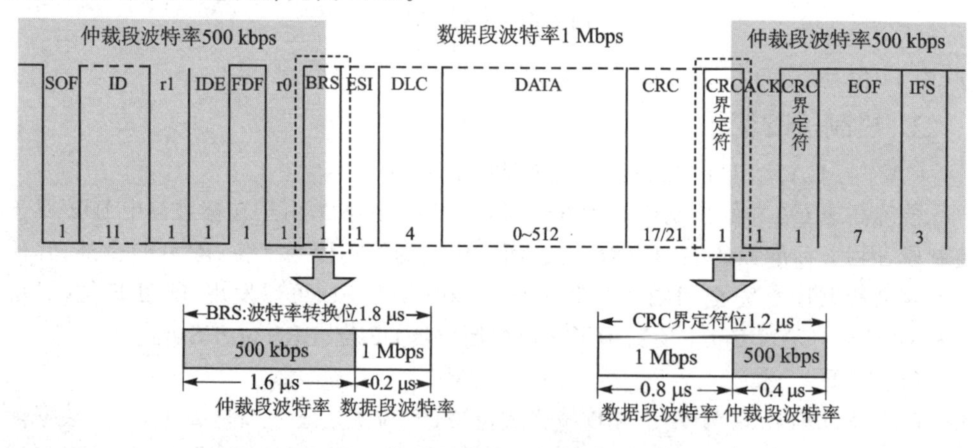

图 2.10　数据段可选择高波特率示意图

由此可见,BRS 位的整体传输时间与切换前后的波特率、采样点均相关。若当前仲裁段波特率为 500 kbps(位宽为 2 μs),数据段波特率为 1 Mbps(位宽为 1 μs),采样点均为 80%, BRS 位的前一部分脉宽为标准位时间的 80%(1.6 μs),后一部分脉宽为切换后位时间的 20%(0.2 μs),总位宽为 1.8 μs,详情见图 2.10。波特率切换后,BRS 位至 CRC 界定符之间的内容将采用新的传输波特率进行传输。同时可以看到,CRC 界定符也起到了波特率切换的作用,其前一部分脉宽为高传输波特率对应位时间的 80%(0.8 μs),后一部分为标准位时间的 20%(0.4 μs),其总位宽为 1.2 μs,CRC 界定符将波特率切换回标准波特率,进而使后续数据采用标准波特率进行传输。

ZLG 致远电子推出的 ZDS3000/2000B 示波器支持测量 CAN FD 信号,免费配备了 CAN FD 协议解码,可以直接对 CAN FD 信号进行解码。为了使读者进一步理解可变波特率,使用示波器分别测量高速 CAN 和 CAN FD 的波形,详见图 2.11 和图 2.12。

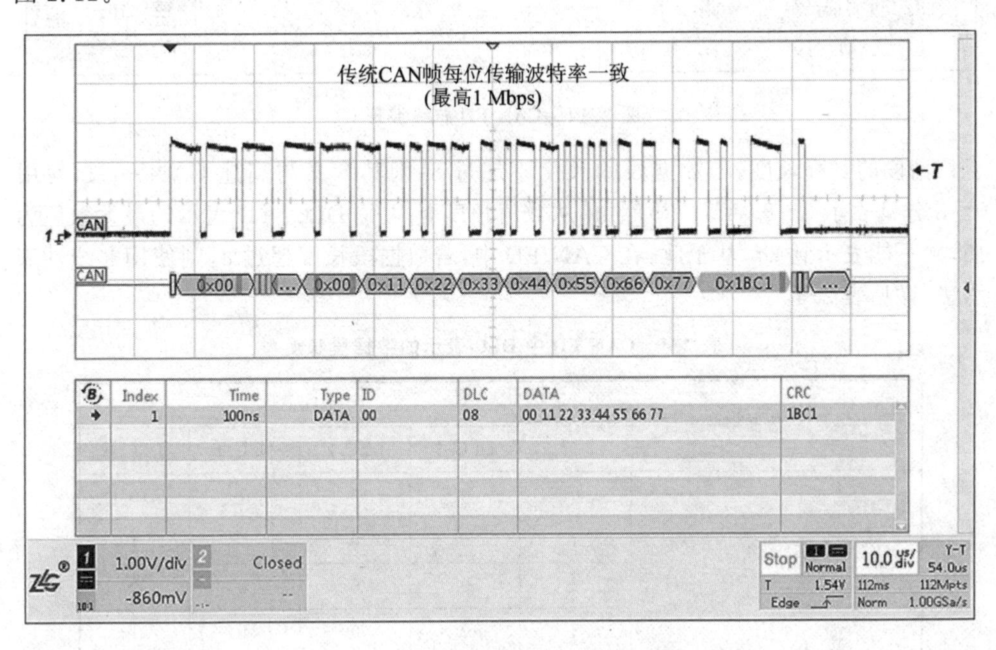

图 2.11 传统高速 CAN 总线波形

(3) ESI

ESI(Error State Indicator)位为发送节点的当前状态指示。该位为 1 时,表示发送节点处于被动错误状态;该位为 0 时,表示发送节点处于主动错误状态。在高速 CAN 中,接收节点无法知晓发送节点所处的状态,但在 CAN FD 中,接收节点可以通过 ESI 位方便知晓当前发送节点所处的状态。

除新增了 3 位控制位之外,对 DLC 的编码规则也进行了扩充。4 位 DLC 指定

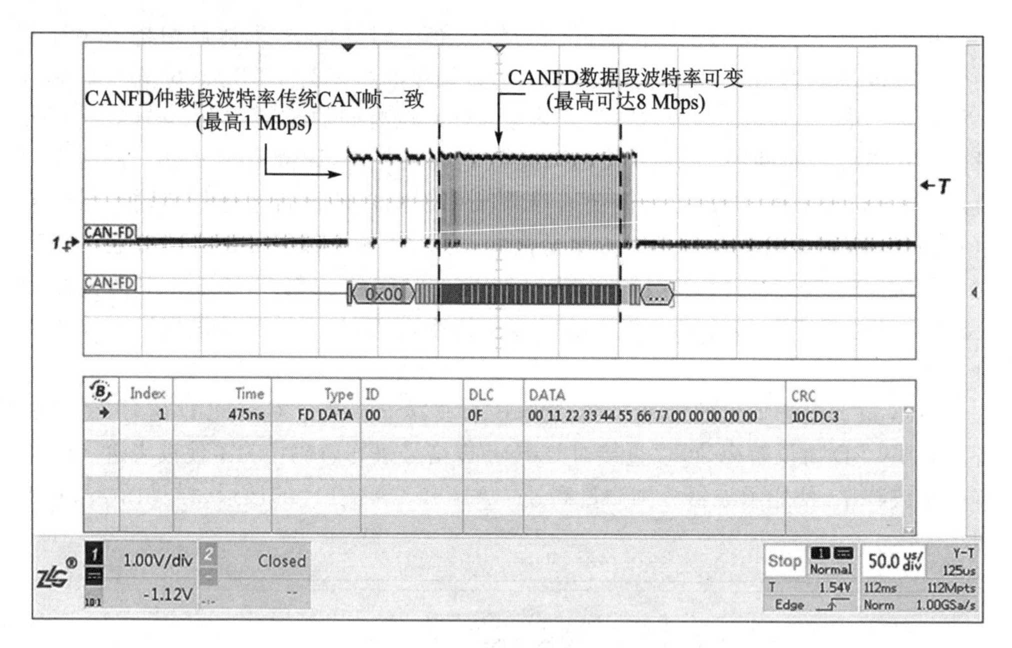

图 2.12　CAN FD 总线波形

了数据段的实际长度,若数据段的长度不超过 8,则其含义与高速 CAN 一致,使用 0～8 分别表示 0～8 字节。显然,单从数值角度看,4 位 DLC 可以表示的最大数值为 15,并不能表示到 64,基于此,在 CAN FD 中,若数据段长度超过 8,则使用非线性表示法,详见表 2.4。

表 2.4　CAN FD 中 DLC 表示的数据段长度

数据字节数目		DLC			
		DLC.3	DLC.2	DLC.1	DLC.0
长度小于或等于 8 (编码与高速 CAN 兼容)	0	0	0	0	0
	1	0	0	0	1
	2	0	0	1	0
	3	0	0	1	1
	4	0	1	0	0
	5	0	1	0	1
	6	0	1	1	0
	7	0	1	1	1
	8	1	0	0	0

续表 2.4

数据字节数目		DLC			
		DLC.3	DLC.2	DLC.1	DLC.0
长度超过 8 (CAN FD特有编码)	12	1	0	0	1
	16	1	0	1	0
	20	1	0	1	1
	24	1	1	0	0
	32	1	1	0	1
	48	1	1	1	0
	64	1	1	1	1

由此可见，当数据段长度超过 8 时，长度值将不能顺序增长，只能为一些固定的值，如 12、16、20、24、32、48、64。注意，在高速 CAN 中，编码值超过 8 时，表示的数据长度依然为 8，这与 CAN FD 是不兼容的。

3. 数据段的变化

正如上文所提到的，在传统 CAN 中，数据段仅支持 0～8 字节，而在 CAN FD 中，数据段可以扩容到 0～8、12、16、20、24、32、48 或 64 字节，示意图详见图 2.13。

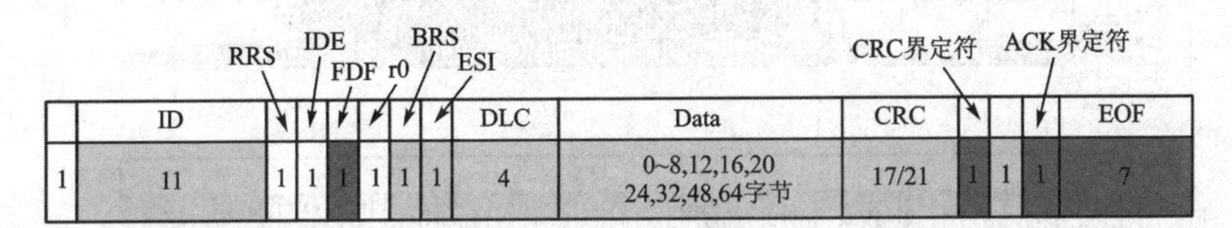

图 2.13 CAN FD 数据段

为了使读者进一步理解数据段的区别，使用示波器分别测量高速 CAN 和 CAN FD 的波形，详见图 2.14 和图 2.15。

4. CRC 段的变化

传统 CAN 报文采用的校验方式是 15 位 CRC。为了提高通信的可靠性，CAN FD 使用了位数更多的 CRC 算法：17 位 CRC 和 21 位 CRC。具体采用何种 CRC 算法与数据段的数据量相关：不超过 16 字节时使用 17 位 CRC；超过 16 字节时使用 21 位 CRC。因此，CAN FD 的 CRC 长度可能为 17 位，也可能为 21 位，示意图详见图 2.16。

由前文的介绍可知，CRC 还做了多项改进。在 CRC 计算之后，实际发送 CRC 时，还会根据 CRC 段特殊的位填充规则执行位填充，同时，还会在开始处增加 CRC 校验所包含区域（帧起始至数据段结束）中填充位的个数信息，且计算 CRC 值时，填

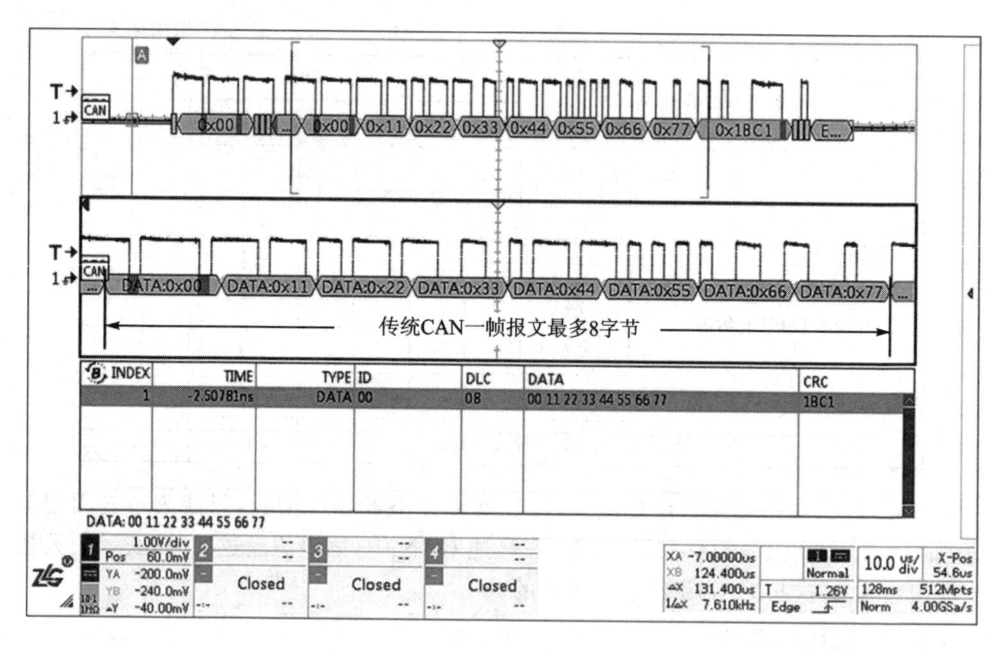

图 2.14 传统 CAN 帧数据段长度

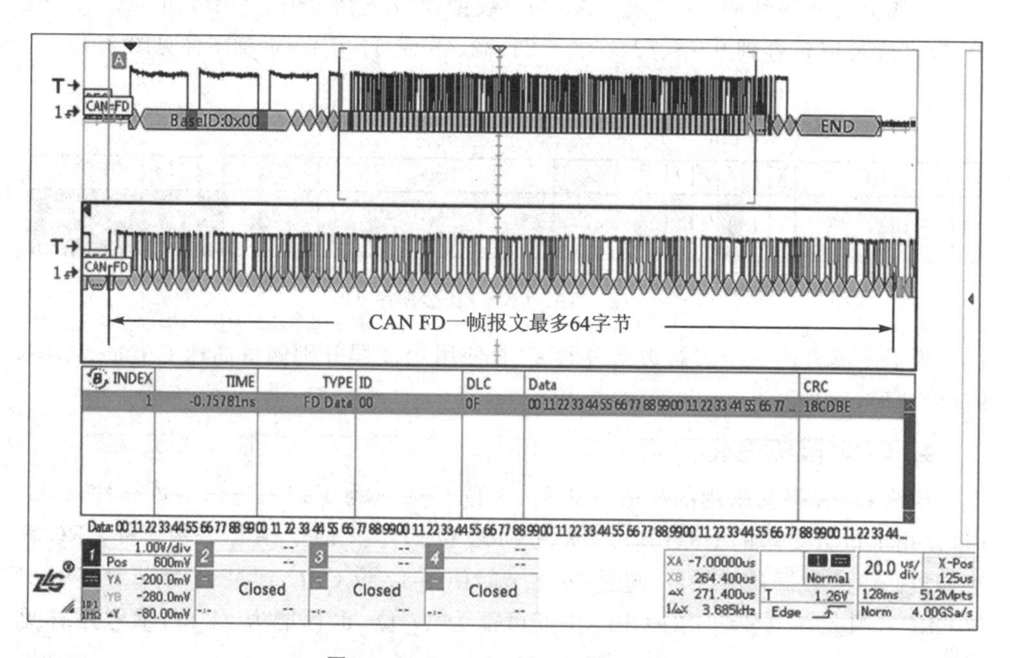

图 2.15 CAN FD 报文数据段长度

充位计数也计算在内。以 17 位 CRC 为例，最终在总线上呈现的数据流格式详见图 2.17。

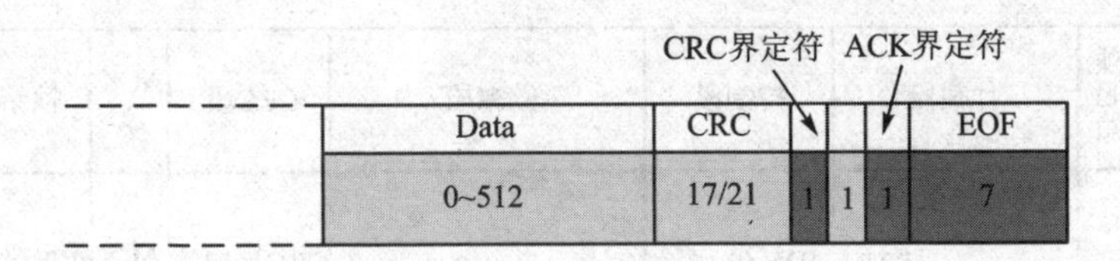

图 2.16 CAN FD 的 CRC 段

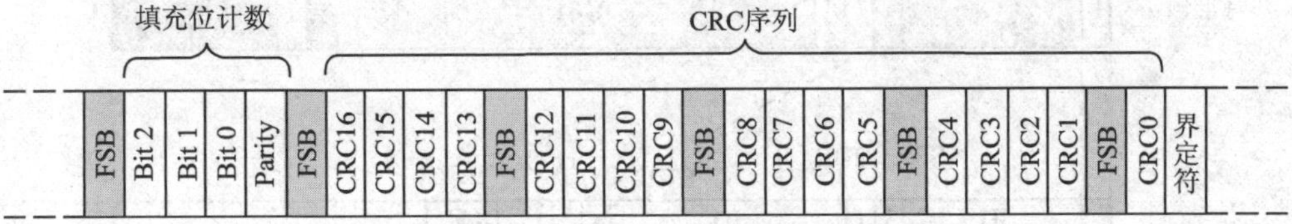

图 2.17 CAN FD CRC 段(CRC17)示意图

由此可见,CAN FD 与高速 CAN 的 CRC 段存在很大的区别,在高速 CAN 中,最终在总线上呈现的数据流仅为在 15 位 CRC 基础上添加了一些填充位(连续 5 个相同位后添加一个相反位,位置和个数均不固定)的结果。

2.3 解析 CAN/CAN FD 报文

在 CAN FD 网络中,CAN 和 CAN FD 报文可以同时存在,正是这个原因,要求 IC 厂商必须严格按照 ISO11898 规范设计 CAN/CAN FD 控制器,尤其是对一些保留位和替代位的处理。在现场应用中,就曾出现某品牌的 MCU 发送 CAN 标准数据帧时,将保留位 r0 位发送成隐性电平(原本为显性),导致整个 CAN FD 网络通信瘫痪。如果此时不熟悉报文结构,面对网络中不断的高低电平,会无从下手。本节将从 CAN/CAN FD 报文的位传输角度进行分析,让读者能更快地判断和解析总线上的报文,同时对之前的内容进行简单的回顾。

CAN 和 CAN FD 报文结构详见图 2.18,从图中可看出,11 位 ID 的下一位在不同的帧类型中的含义不同且电平也不同,例如,在 CAN 标准帧中表示 RTR 位,在 CAN FD 标准帧中表示 RRS 位,在 CAN/CAN FD 扩展帧中表示 SRR 位。至于这一位是 RTR 位、RRS 位还是 SRR 位,需要结合后续 IDE 位以及 FDF 位进行综合判断。

面对总线上连续不断的电平变换,如何判断当前帧的类型?

首先要判断当前帧是标准帧还是扩展帧。方法如下:结合报文结构找到波形的 IDE 位(分析波形时应注意是否有填充位,本文均以无填充位进行介绍,IDE 位于报文结构第 13 位),详见图 2.19,若 IDE 位为显性(逻辑 0)表明为标准帧,若 IDE 位为隐性(逻辑 1)表明为扩展帧。

其次判断当前帧是 CAN 帧还是 CAN FD 帧,建立在第一步结果上分别分析。

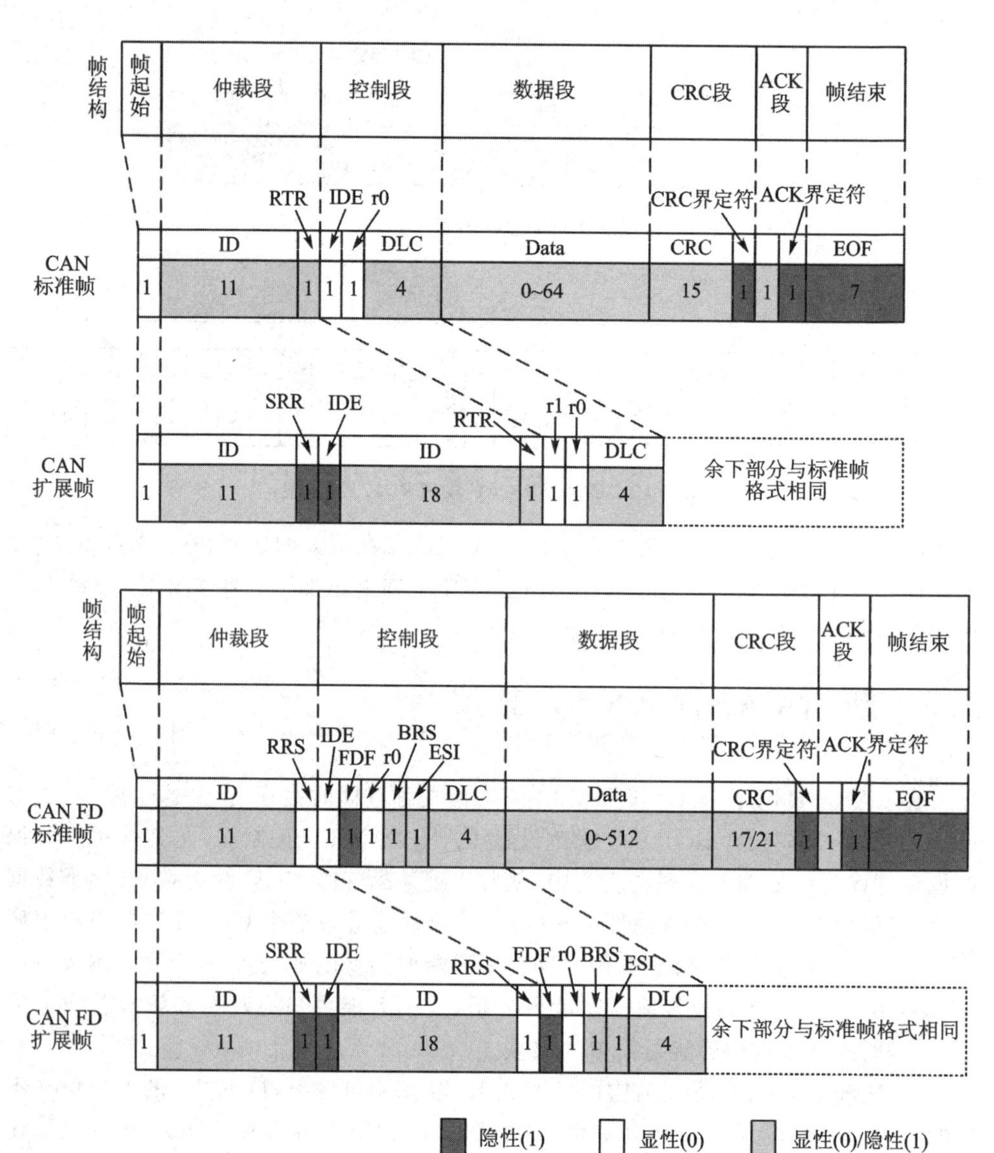

图 2.18　CAN 和 CAN FD 报文结构

如果当前帧为标准帧(IDE 为 0),对应的报文结构详见图 2.20,可能是 CAN 标准帧,或是 CAN FD 标准帧。结合报文结构,判断 IDE 下一位,即 CAN 帧的 r0 位或 CAN FD 的 FDF 位。如果该位为显性(逻辑 0),表明为 CAN 标准帧,如果该位为隐性(逻辑 1),表明为 CAN FD 标准帧。若当前帧为 CAN 标准帧,此时 ID 位下一位为 RTR 位,用于标志其是否为远程帧(显性为数据帧,隐性为远程帧);若当前帧为 CAN FD 标准帧,由于 CAN FD 不支持远程帧,因此 ID 下一位为 RRS 位且为显性(逻辑 0)电平。同时由上述内容可知,无论是 RTR 位、RRS 位还是 SRR 位,发送方

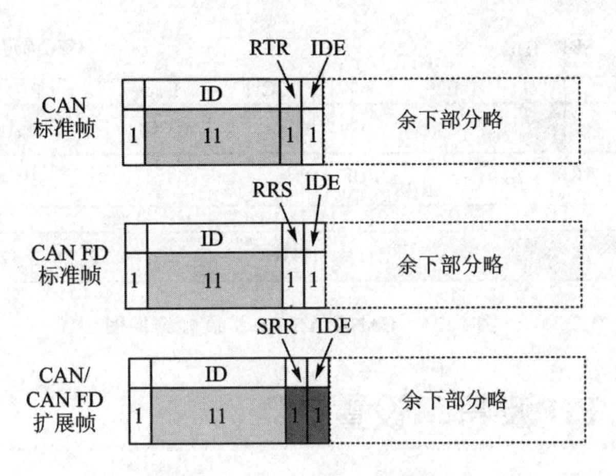

图 2.19　CAN/CAN FD 帧对比

都按照报文格式发送对应的位电平，而对于接收方无论是显性位还是隐性位均有可能，都应正常接收。

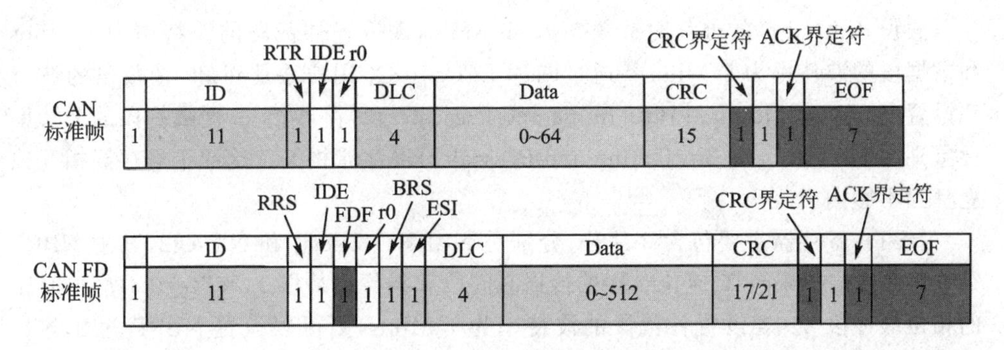

图 2.20　CAN/CAN FD 标准帧对比

如果当前帧为扩展帧（IDE 为 1），接下来判断其是 CAN 扩展帧还是 CAN FD 扩展帧，帧结构详见图 2.21。判断 ID(18 位)后两位（帧的第 34 位），即 CAN 帧的 r1 位或 CAN FD 的 FDF 位。若该位为显性（逻辑 0）表明为 CAN 扩展帧，若该位为隐性（逻辑 1）表明为 CAN FD 扩展帧。如果当前帧为 CAN 扩展帧，ID(18 位)后一位为 RTR 位，用于标识其是否为远程帧（显性为数据帧，隐性为远程帧），接下来是保留位 r1、r0 位，均为显性；若当前帧为 CAN FD 扩展帧，由于 CAN FD 不支持远程帧，因此 18 位 ID 后一位为 RRS 位且为显性（逻辑 0）。

无论当前帧是标准帧还是扩展帧，只有确定其是 CAN 帧还是 CAN FD 帧，才能知道当前报文的格式。最后，结合图 2.18 中对应的帧结构逐位对比便可获得正确的结果。

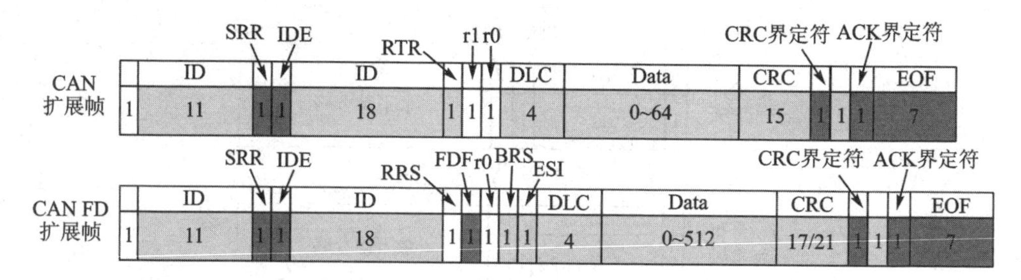

图 2.21　CAN/CAN FD 扩展帧结构图

2.4　CAN FD 波特率设置

阅读本节前请务必先熟悉 1.2.4 小节的内容。CAN FD 波特率设置与 CAN 波特率基本相同，本节以 LPC546XX 系列 MCU 为实例介绍如何配置 CAN FD 波特率。

假设，CAN FD 的外设时钟频率为 60 MHz，现设置仲裁段的波特率为 1 Mbps 和数据段的波特率为 5 Mbps。通过阅读 LPC546XX 用户手册可知，仲裁段的波特率设置与 NBTP(Nominal Bit Timing and Prescaler)寄存器相关，而数据段的波特率设置则与 DBTP(Data Bit Timing and Prescaler)寄存器相关。这两个寄存器相互独立且互不影响。

NBTP 寄存器主要包含 3 部分，分别是 NBRP、NTseg1 和 NTseg2，其中 NBRP 是分频系数，NTseg1 对应位时序的传播时间段和相位缓冲段 1，NTseg2 对应位时序的相位缓冲段 2。若设置仲裁段的波特率为 1 Mbps，则可以设置 NBRP 为 2，NTseg1 为 13，NTseg2 为 4。那么 $T_q=(2+1)/(60\ \text{MHz})=1/20\ \mu s$，1 个比特位的时间 $=[1+(\text{NTseg1}+1)+(\text{NTseg2}+1)]\times T_q=[1+(13+1)+(4+1)]\times(1/20\ \mu s)=1\ \mu s$。它的波特率为 $1/(1\ \mu s)=1$ Mbps。当然，也可以使用其他的 NBRP、NTseg1 和 NTseg2 组合产生 1 Mbps 的波特率。

同样的，DBTP 寄存器主要包含 3 部分，分别是 DBRP、DTseg1 和 DTseg2。设置 5 Mbps 的波特率，则可以设置 DBRP 为 0，DTseg1 为 7，DTseg2 为 2。那么数据段 $T_q=(0+1)/(60\ \text{MHz})=1/60\ \mu s$，1 个比特位的时间 $=[1+(\text{DTseg1}+1)+(\text{DTseg2}+1)]T_q=[1+(7+1)+(2+1)]\times(1/60\ \mu s)=1/5\ \mu s$，因此它的波特率为 $1/(1/5\ \mu s)=5$ Mbps。

最后，无论是仲裁段还是数据段，它们的同步跳转宽度建议与相位缓冲段 2 的值相同。

2.5 CAN FD 高波特率下的延时补偿机制

设置完成 CAN FD 波特率后，设备在波特率高于 1 Mbps 情况下通信经常出现位错误，检查各个节点波特率参数设置是否正确，可能遇到什么问题？

我们先了解 CAN 规范中对位错误的定义：发送节点在发送数据时如果发现总线电平与正在发送的电平不符，将发生位错误。

在只有 CAN 控制器和收发器的典型电路中，位错误检测的整个信号回路是这样的：首先信号从 CAN 控制器的 Tx 发出，然后经过 CAN 收发器转换为差分信号送到总线上，同时该 CAN 收发器实时地接收总线的差分信号，并把它转换回数字信号再发送到 CAN 控制器的 Rx。

这个信号回路的时间就是 CAN 收发器的延迟时间，它的长短主要取决于每个 CAN 收发器本身的一些特性。以 NXP 的 TJA1044GTK 收发器芯片为例，显性电平的大概延迟时间$=t_{d(TXD-busdom)}+t_{d(busdom-RXD)}=65\ ns+60\ ns=125\ ns$，隐性电平的延迟时间$=t_{d(TXD-busrec)}+t_{d(busrec-RXD)}=90\ ns+65\ ns=155\ ns$（此处取典型值），详见表 2.5。

表 2.5　CAN 收发器延迟时间

符　号	参　数	条　件	最小值	典型值	最大值	单位
$t_{d(TXD\ busdom)}$	delay time from TXD to bus dominant	Normal mode	—	65	—	ns
$t_{d(TXD\ busrec)}$	delay time from TXD to bus recessive	Normal mode	—	90	—	ns
$t_{d(busdom\ RXD)}$	delay time from bus dominant to RXD	Normal mode	—	60	—	ns
$t_{d(busrec\ RXD)}$	delay time from bus recessive to RXD	Normal mode	—	65	—	ns
$t_{d(TXDL\ RXDL)}$	delay time from TXD LOW to RXD LOW	TJA1044T；Normal mode	50	—	230	ns
		all other variants；Normal mode	50	—	210	ns
$t_{d(TXDH\ RXDH)}$	delay time from TXD HIGH to RXD HIGH	TJA1044T；Normal mode	50	—	230	ns
		all other variants；Normal mode	50	—	210	ns

因此，若传输延时小于接收比特位的采样点时间，则不会产生位错误，若超过采

样点时间，则出现位错误，传输延时和采样点关系详见图 2.22。

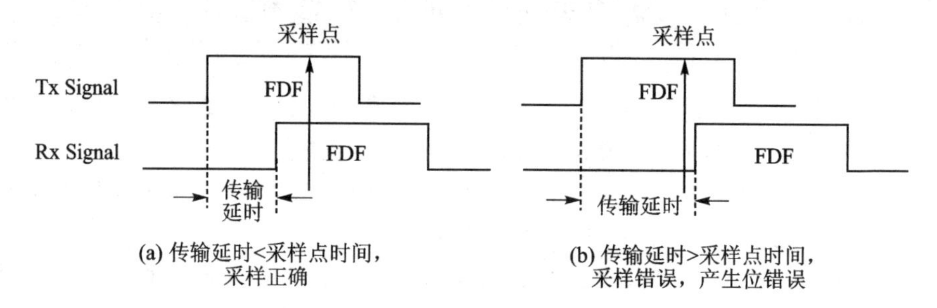

图 2.22　传输延时和采样点关系

从上节可知，当数据段波特率为 4 Mbps（DBRP＝0，DTseg1＝9，DTseg2＝3）时，经计算 $T_q=1/60\ \mu s$，每位数据的采样点时间为$[1+(DTseg1+1)]\times T_q=11\times T_q=183$ ns，小于收发器的典型延迟时间 155 ns（显性电平），不会导致位错误产生，详见图 2.22(a)。

当数据段波特率为 5 Mbps（DBRP＝0，DTseg1＝7，DTseg2＝2）时，经计算 $T_q=1/60\ \mu s$，每位数据的采样点时间为$[1+(DTseg1+1)]\times T_q=9\times T_q=150$ ns，而 TJA1044GTK 的典型延迟时间 155 ns（显性电平）比采样点时间更长，因此会导致位错误，详见图 2.22(b)。

CAN FD 波特率越高，位宽越短，收发器等外部延时的影响越明显，因此，CAN FD 控制器上增加了发送延时补偿机制和延时采样来避免产生发送位错误。启用发送延时补偿后，发送节点将不在原采样点（SP）处采样，而是在设定的延时后开始采样，此时实际的采样点称为二次采样点（SSP），详见图 2.23。

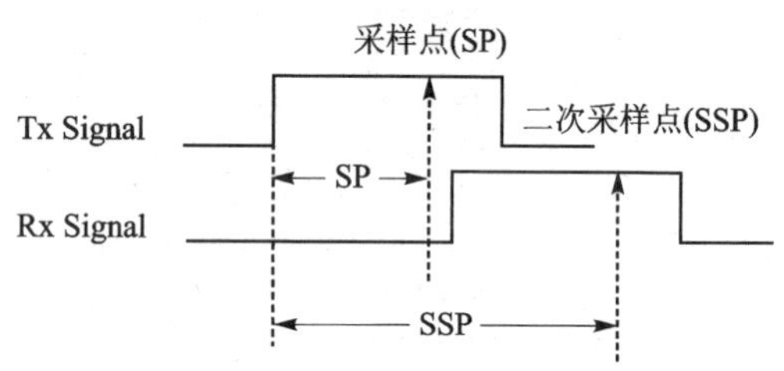

图 2.23　CAN FD 控制器延时补偿机制

在设置寄存器方面，延时补偿参数设置常涉及 3 个参数，分别是发送延时补偿模式（Transmitter Delay Compensation Mode，TDCMOD）、发送延时补偿偏移（Transmitter Delay Compensation Offset，TDCO）、发送延时补偿值（Transmitter Delay Compensation Value，TDCV）。

发送延时补偿模式（TDCMOD）支持禁止、自动测量、手动测量 3 种模式。

① 禁止模式：不开启发送延时补偿，Rx 以原采样点（SP）采样信号。

② 自动测量模式：控制器自动测量 Tx 信号线上 FDF 位到 r0 位下降沿与 Rx 信号线上 FDF 位到 r0 位边沿之间的延时，详见图 2.24。测量值为发送延时补偿值（TDCV），在自动模式下用户设置 TDCV 寄存器值无效。

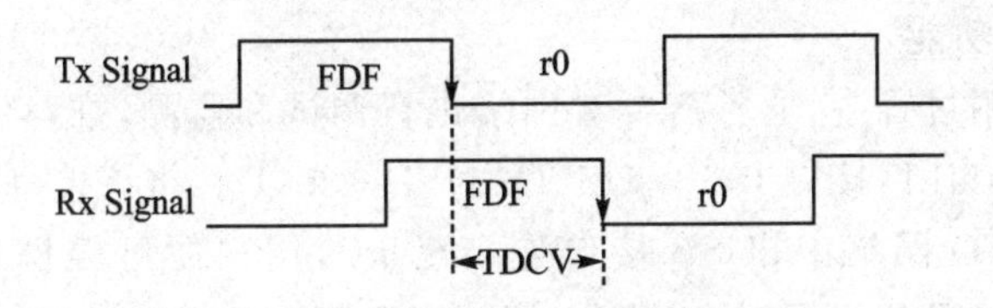

图 2.24　自动测量发送延时补偿值

在自动模式下，Rx 使用二次采样点(SSP)进行采样，SSP 位置＝自动测量 TDCV 值＋发送延时补偿偏移(TDCO)，详见图 2.25。

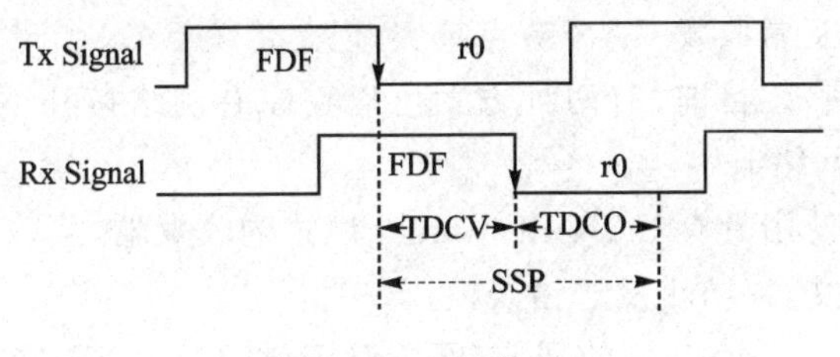

图 2.25　SSP 位置

③ 手动测量模式：控制器不进行自动测量，使用用户设定的延时补偿值。此时用户可设置 TDCV 寄存器值，但一般不建议用户使用手动测量模式。手动测量模式下，二次采样点(SSP)位置＝用户设定 TDCV 值＋发送延时补偿偏移(TDCO)。

发送延时补偿偏移(TDCO)常和发送延时补偿值(TDCV)组合使用，两个值之和为二次采样点(SSP)值。发送延时补偿偏移(TDCO)值设置方法：(DTseg1＋1)×DBRP，单位为 CAN FD 的外设时钟，TDCO 应小于一个位时间。

在实际使用中，当波特率大于 1 Mbps 时，用户应开启延时补偿。由于不仅存在收发器传输延时，还包括隔离器件(磁隔离、光隔离、容隔离)、传输介质等延时，因此用户准确评估传输延时的难度较大，应使用控制器自动测量延时补偿模式，而非使用手动测量模式。注意，发送延时补偿机制仅用于发送 CAN FD 帧，且 BRS 位为隐性的情况。若开启了发送延时补偿，数据段波特率的预分频值(DBRP)应设置为 0 或 1(寄存器内部会自加 1)。

2.6　高速 CAN 升级到 CAN FD

虽然 CAN FD 继承了绝大部分 CAN 的特性，但是从传统高速 CAN 升级到 CAN FD，仍然会遇到一些问题，还需要做很多工作。

(1) CAN FD 开发

若需设备支持 CAN FD 通信功能，则应选取支持 CAN FD 的控制器和收发器，并学习 CAN FD 控制器的使用方法。为了便于用户快速开发 CAN FD 应用，AWorks 率先推出了跨平台的 CAN FD 编程接口，只需使用几个简单的接口便可实现 CAN FD 通信功能。

在开发和使用过程中，通常需要对网络进行调试和监测，推荐使用 ZLG 致远电子推出的 USBCANFD 接口卡——USBCANFD-200U。将该接口卡的 CAN FD 接口连接至 CAN FD 网络中，USB 接口连接至 PC，用户便可轻松通过上位机监测 CAN FD 总线上的数据。同时，出于测试目的，还可以通过 PC 上位机向总线中发送数据。

(2) 网络兼容性

如果传统 CAN 网络的部分节点需要升级到 CAN FD，那么由于帧格式不同，CAN FD 节点可以正常收发 CAN 节点报文，但是传统 CAN 节点不能收发 CAN FD 报文(会产生错误帧)。目前，有两种方案可以在原有网络拓扑不变的情况下，实现 CAN 和 CAN FD 网络兼容：

① 传统 CAN 使用具有 CAN FD Shield 模式的收发器，当收到 CAN FD 帧时，收发器会过滤该报文，以防止发送错误帧；

② 使用 CAN 转 CAN FD 的网关/网桥设备，将 CAN FD 报文按照用户设定的规则转换成传统的 CAN 报文。

第3章 CAN接口电路设计

本章导读

CAN总线技术不仅涉及汽车电子和轨道交通，还涉及医疗器械、工业控制、智能家居和机器人网络互联，这些行业对CAN产品的稳定性和抗干扰能力都有很高的要求。虽然CAN收发器的技术不断更新，从早期的三极管架构的收发器(PCA82C250/251)到最新JFET技术的收发器(TJA1040)，芯片的性能和抗干扰都得到了改进，但是仍然不能满足某些行业的应用，工程师们总是被各种奇葩的问题困扰。

秉承着与其后期解决问题不如前期规避的设计思路，本章从基本的CAN设备典型硬件电路开始分析，介绍不同应用场合的CAN接口模块及保护电路设计，将CAN收发器电路的设计化繁为简，并给出详细的元器件参数表，方便用户设计出稳定可靠的CAN接口电路。

3.1 CAN设备典型电路

CAN设备的典型硬件电路通常由3部分构成：CAN控制器电路、CAN收发器电路以及功能电路，详见图3.1。在实际应用中，CAN控制器电路可选择两种方案，一是微控制器(MCU)外挂独立CAN控制器；二是集成CAN控制器的MCU。设计新产品时，建议采用方案二，理由为内置CAN控制器的MCU具有更快的报文处理

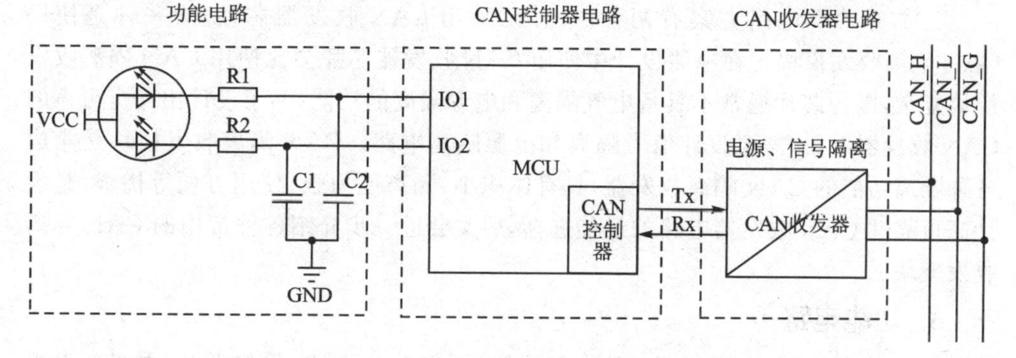

图3.1　CAN设备电路基本结构

机制和更大的报文缓冲区。方案一常用于 MCU 不带 CAN 控制器或控制器数量不够的场合，设计时若外挂多个 CAN 控制器应注意 MCU 的中断响应及数据处理能力。

1. CAN 控制器电路

CAN 控制器是 CAN 控制电路的核心元件，集成了 CAN–bus 规范中数据链路层的全部功能，能够将 Tx 和 Rx 引脚上的电平自动完成 CAN–bus 协议的解析。随着微控制器技术的快速发展，早期的独立 CAN 控制器逐渐集成到芯片中，作为其片内外设接口。目前 CAN 控制器存在两种形式：独立的 CAN 控制器和集成在微控制器的 CAN 控制器。

① 独立的 CAN 控制器。Intel、NXP、MicroChip、TI 等半导体厂商都提供独立的 CAN 控制器芯片，例如，NXP 的 SJA（F）1000，MicroChip 的 MCP25625、MCP2517FD(CAN FD 控制器)、TI 的 TCAN4550。这些 CAN 控制器与 MCU 端连接常采用并行总线和串行接口(如 SPI)。

② 集成在微控制器的 CAN 控制器。随着 CAN 总线的广泛应用，各大半导体厂商均推出了集成 CAN 控制器的微控制器，例如，NXP 的 LPC546xx 系列 MCU，TI 的 AM335x 系列 MCU，ZLG 的 237 系列，更多带 CAN 控制器的 MCU 将在第 4 章详细介绍。

在 CAN 设备中，MCU 主要用于操作 CAN 控制器和驱动实际的功能电路。例如，MCU 在设备启动时初始化 CAN 控制器的工作参数(如设置波特率、验收滤波)；在 CAN 控制器发生中断时处理 CAN 控制器的异常中断；在总线通信过程中通过 CAN 控制器读取和发送 CAN 帧；根据接收到的数据输出对应的一些控制信号，驱动功能电路完成预定的功能。

2. CAN 收发器电路

CAN 收发器电路决定了整个 CAN 设备通信电气上的可靠性和稳定性。它的主要功能是实现 CAN 控制器的逻辑电平与 CAN 总线差分电平相互转换。

CAN 收发器电路方案有两种：一种是采用 CAN 收发器芯片，另一种是使用 CAN 隔离收发模块。在电路设计中使用 CAN 收发器芯片会比使用 CAN 隔离收发模块复杂，因为芯片通常不具备电气隔离和电源隔离的功能，为了设计出安全可靠的 CAN 收发器电路，需要设计信号隔离和电源隔离电路。CAN 隔离收发模块是集成各种隔离功能的 CAN 隔离收发器，具有体积小、隔离能力强、使用方便等优势，是设计高可靠性 CAN 收发器电路的最佳选择，后文会进一步介绍各种常用的 CAN 隔离收发模块。

3. 功能电路

功能电路是 CAN 设备实现的应用功能，例如 I/O 电路、采集电路、电机驱动电路等，由于不是本书介绍的内容，因此不再赘述。

3.2 CAN 控制器的基本原理

结合第1章介绍的 OSI 七层参考模型,CAN 控制器实现了 CAN 规范中数据链路层的全部功能,主要包括位时序逻辑、错误管理逻辑、位流处理器、接收滤波器、收发缓冲器以及接口控制逻辑,其中位时序逻辑、错误管理逻辑和位流处理器组成了 CAN 核心。CAN 控制器的组成结构详见图 3.2。

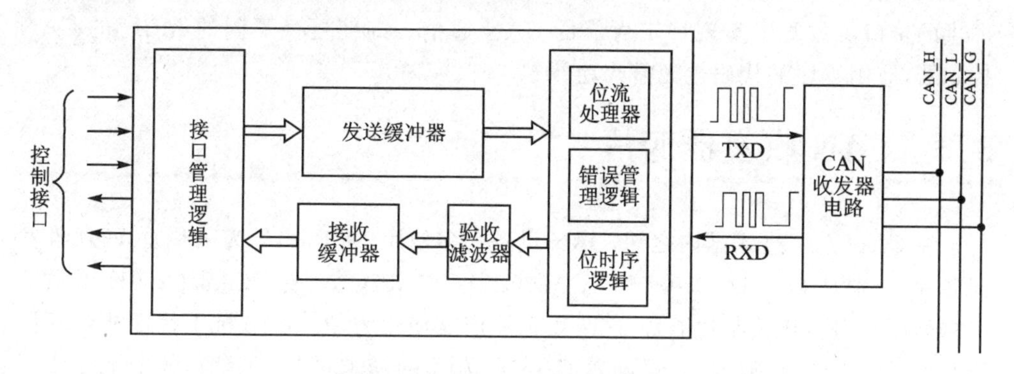

图 3.2 CAN 控制器的组成结构

图 3.2 中,接口管理逻辑模块负责解释来自 MCU 的命令,操作不同功能的寄存器,并在需要时(比如接收到有效报文)向 MCU 提供中断信息和状态信息。

发送缓冲器是 MCU 和位流处理器之间的接口,能够存储准备发送到 CAN 总线网络上的报文,内容由 MCU 写入,由位流处理器读出。

接收缓冲器是验收滤波器和 MCU 之间的接口,用来储存从 CAN 总线上接收到的报文。接收缓冲器作为接收 FIFO 的一个窗口(部分 CAN 控制器可能没有接收 FIFO),可被 MCU 访问。如果 CAN 控制器支持接收 FIFO 功能,那么主控制器在处理 CAN 报文的同时,CAN 控制器可以不受影响,继续接收新的 CAN 报文。当接收缓冲器中没有足够的空间存放一个新的报文时,若接收到一个新报文,控制器就会产生一个数据超载的事件。

验收滤波器把存于其中的验收滤波规则与接收到的 CAN 报文相比较,决定是否将该接收报文转存到接收缓冲器中。

位流处理器是一个在发送缓冲器和 CAN 总线之间控制数据流的程序装置,它还在 CAN 总线上执行错误检测、仲裁、填充和错误处理。位流处理器还提供了可编程的时间段来补偿传播延迟时间、相位转换(例如由于振荡漂移产生)、定义采样点和一位时间内的采样次数。

位时序逻辑时刻监听串行的 CAN 总线,处理与总线有关的位时序,它在报文的起始位(总线空闲,“隐性”电平跳变到“显性”电平)时将自己内部的逻辑同步到 CAN 总线上的位流(也称之硬同步),接收报文时用其他的电平跳变实现重同步(软同步)。

关于同步内容请参考第1章。

错误管理逻辑负责传送层模块的错误管制，它接收位流处理器发出的出错报告，通知位流处理器和接口管理逻辑进行相关统计。

因为CAN控制器的工作原理基于CAN规范，所以各个厂家芯片实现的功能基本相同，但实现方法和控制方式会略有差异，造成不同CAN控制器的硬件驱动很难通用。为了屏蔽不同CAN控制器的差异，让用户的应用程序具有更好的可移植性，AWorks抽象出一套标准的接口函数，用户无需关心控制器细节，只要使用AWorks提供的接口函数便可实现稳定可靠的CAN通信。即使更换不同的MCU的CAN控制器，应用程序的代码也无需改动。

3.3 CAN收发器芯片

在CAN总线进入国内之初，CAN设备大多使用NXP(当年为飞利浦)两款收发器芯片，分别是PCA82C250H和PCA82C251(PCA82C251比PCA82C250H增强了引脚耐压能力与热关断功能)。这两款芯片依靠使用方便、简单、抗干扰性能好等优势获得了巨大的市场份额。但随着CAN收发器的需求量与日俱增，各个半导体厂商虎视眈眈，诸如TI、Freescale、Maxim、MicroChip等厂商纷纷推出自己的CAN收发器，并声称pin to pin(脚对脚)兼容，性价比更高。

虽然芯片引脚兼容，读者在选型时还是应注意，由于不同厂商收发器的设计和制造工艺存在较大区别，它们的参数和性能不尽相同。例如，随着半导体技术更新，基于三极管架构的PCA82C250/251逐渐无法满足汽车电子用户更高的EMC要求，芯片公司推出了新一代基于JFET的TJA1040/1050T收发器，增加了待机模式功能与稳定共模输出功能，增加了发送显性超时关断功能(防止MCU死机而拉低TxD引脚)。虽然TJA1040/1050T可以与PCA82C250/251实现pin to pin兼容，但是它们最低波特率为40 kbps，也造成许多低波特率用户(比如煤矿使用5 kbps)无法替换升级。

为了方便读者选型，我们总结了收发器6个方面的主要参数，下文将详细介绍。

1. 供电电压

对于CAN收发器芯片，需要格外关注芯片的供电电压。若芯片还有VIO引脚，也需要关注VIO的电压值，因为TxD、RxD信号电平通常与VIO电压相关。总之，选择收发器芯片时，原则是CAN控制器和收发器的收发引脚电平一致。

2. 传输特性

CAN收发器的传输特性主要为3个参数：发送延时(td_TxD)、接收延时(td_RxD)和循环延时(td_TxD－RxD)，详情参考图3.3。

图3.3中，发送延时(td_TxD)为CAN控制器的TxD电平经过CAN收发器转

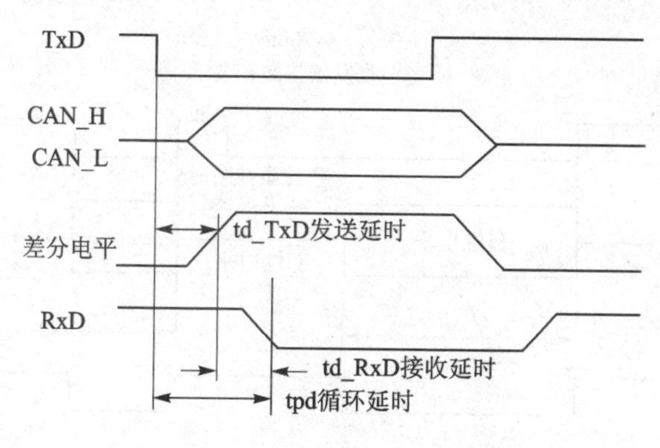

图 3.3 CAN 收发器延时参数

换为对应差分电平所需要的时间。接收延时(td_RxD)为收发器将总线上的差分电平转换为 RxD 信号线的电平所需要的时间。td_TxD、td_RxD 之和为收发器的循环延时。由前文介绍可知,CAN 控制器通过 TxD 发送报文,同时通过 RxD 监听总线。如果循环延时过大,导致 RxD 监听到的电平与 TxD 的位电平不一致,则判断为一个位错误(仲裁段和 ACK 应答位除外),由此可以看出收发器延时参数的重要性。

3. 波特率

早期的高速 CAN 收发器波特率一般支持 5 kbps~1 Mbps,而随着芯片功能的增加,越来越多的 CAN 收发器不再支持 40 kbps 以下的低波特率。例如,为了增加显性超时,CAN 收发器不再支持 5 kbps,最低仅支持 40 kbps。尤其在长距离、低波特率的应用中,需注意芯片对波特率的支持。

4. 总线电平

在高速 CAN 网络中,用户还需要关心差分信号的幅值,这是总线数据可靠传输的关键。有的芯片厂家推出支持 3.3 V 供电 CAN 收发芯片,这样 TxD、RxD 引脚可直接应用于 3.3 V 的供电系统中。在分析 CAN 收发器的结构特性时,发现 CAN_H、CAN_L 电平与 VCC 相关,虽然 5 V 与 3.3 V 工作电压的 CAN 收发器输出差分电平典型值相同,但 3.3 V 供电的收发器 CAN_H、CAN_L 相对于参考 GND 的幅值偏低,约为 2 V。

5. 显性超时

显性超时的增加主要是为了防止 CAN 总线网络由于硬件或软件故障使得 TxD 长期处于“0”电平状态。TxD 保持“0”意味着 CAN 网络为显性电平,整个网络的所有节点都不能收发数据,即总线处于瘫痪状态,可以通过收发器的硬件计时避免总线出现显性超时的情况。

显性超时的时序详见图 3.4,T_{dom} 为显性超时时长,每次 TxD 为“0”时收发器开始计时,超过 T_{dom} 时收发器内部释放总线,总线状态处于隐性电平。不同收发器的显性超时时间不同,实际应用需要考虑显性超时时间对总线最低波特率的影响。

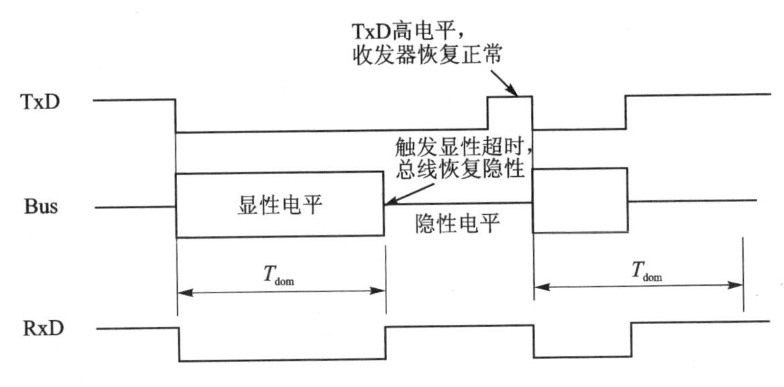

图 3.4　显性超时时序

6. 睡眠唤醒

ISO11898－5 给出了低功耗模式的高速 CAN 总线单元，CAN 收发器可以处于睡眠模式以降低功耗，并通过一定的总线时序唤醒收发器。在睡眠状态下，当总线出现时间大于 T_WUFL（睡眠唤醒滤波定时器）的 3 个显性、隐性、显性的电平后，处于睡眠状态的收发器即被唤醒，中途遇到的任何时间小于 T_WUFL 的干扰信号电平将被硬件过滤。3 个事件的时间必须小于 T_WUFO 的值，唤醒时序详见图 3.5。

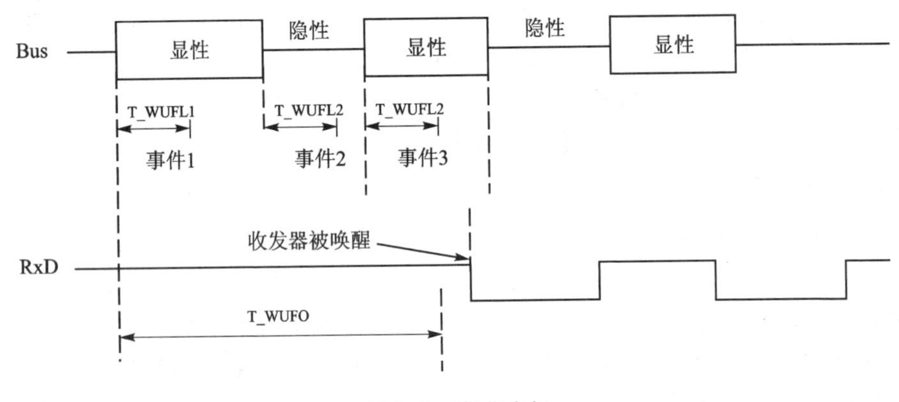

图 3.5　唤醒时序

定义 T_WUFL 是为了使收发器能安全可靠地接收唤醒信号，避免由于总线干扰导致误触发。CAN 控制器收到 RxD 信号后，可通过软件设置触发唤醒控制器，从而进一步设置模块进入正常工作模式。在这种唤醒模式中，当总线上的所有节点都处于睡眠状态时，只要总线某个节点发出信号，所有节点都会被唤醒。

为了方便读者理解，挑选了市面上常用的 CAN 收发器进行参数对比，分别为 NXP 公司的 PCA82C251、TJA1040T 收发器，TI 公司的 SN65HVD251，Freescale 公司的 MC33901，对比参数项详见表 3.1。

表 3.4　4 种常用收发器对比

对比参数/厂商	TI	NXP	NXP	Freescale
	SN65HVD251	PCA82C251	TJA1040T	MC33901
VCC/V	4.5～5.5	4.5～5.5	4.75～5.25	4.5～5.5
tpd 循环延时/ns	40～70(tpLH) 85～125(tpHL)	50	4～255	255(max)
波特率	5 kbps～1 Mbps	5 kbps～1 Mbps	40 kbps～1 Mbps	5 kbps～1 Mbps
差分电压/V@1 Mbps	3	2	2.3	2.8
CAN_H 电压幅度/V @1 Mbps	1.8	1	1.2	1.4
CAN_L 电压幅度/V @1 Mbps	1.3	1.2	1.2	1.4
共模电压/V	2.5	2.5	2.5	2.7
EMI	所有波特率 过冲很小	50 kbps 以上 过冲较大	所有波特率 过冲较小	所有波特率 过冲较小
CAN_H/L 输出结构	JFET	三极管	JFET	JFET

SN65HVD251(TI)收发器最低支持 5 kbps 的波特率，同时电磁辐射较 TJA1040T(NXP)的更小，并且三者保持引脚兼容，区别在于 SN65HVD251(TI)的差分电压幅度较大。MC33901 收发器最低也支持 5 kbps 波特率，同样具有电磁辐射较小的特点，在各种波特率下均无出现严重的过冲现象，但该芯片的使用必须将 3、5 引脚连接到一起，无法和另外 3 个芯片完全兼容。

3.4　隔离 CAN 收发器电路及模块

CAN－bus 网络起源于汽车网络，现在广泛应用于电磁环境复杂的工业现场，且物理电缆的长度最长可达数公里。处于这种环境中的 CAN_H 和 CAN_L 信号往往会叠加很多干扰信号(如尖峰脉冲、共模干扰等)。这些不需要的信号对 CAN 设备来说是有害的，轻则干扰正常的数据，重则损坏设备。所以实际设计硬件时会在 CAN 收发器的 CAN_H、CAN_L 与物理电缆之间加入滤波器和抗干扰电路，高防护等级的还会加入隔离电路，在电气上把控制电路与 CAN 电缆隔离开。隔离的引入极大地提升了 CAN 网络的可靠性，不但可以有效地抵制地电势差造成的共模干扰，消除地环路的影响，还可以避免高压危险的影响。

虽然市面上隔离 CAN 收发器种类较多，但是即使用户自己设计 CAN 收发器隔离电路也是万变不离其宗，其主要由隔离 DC－DC 电源、信号隔离电路、CAN 收发器

芯片 3 部分组成，基本结构详见图 3.6。

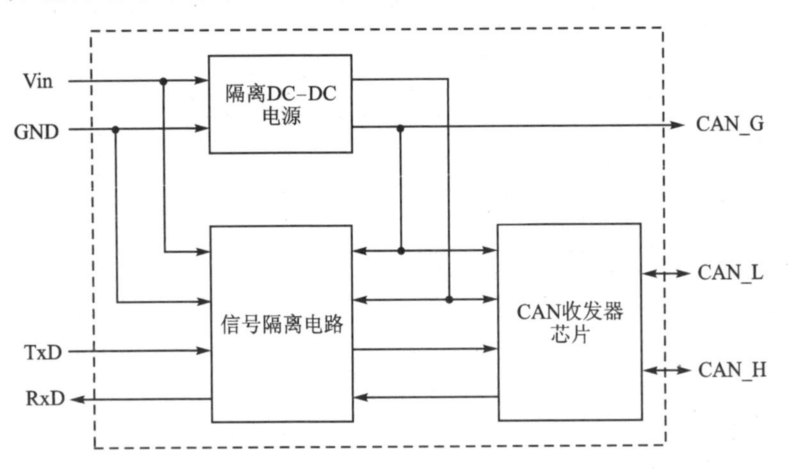

图 3.6　隔离 CAN 收发器电路基本结构

电路的抗干扰设计是一门专业的学科，需要通过细致的理论分析和大量的实验测试才能最终确定电路方案。为了降低 CAN 设备设计者的难度，ZLG 致远电子把 CAN 收发器和外围保护隔离电路封装在一起做成一个独立的模块，外观示意图详见图 3.7，选型详见表 3.2，大大简化了 CAN 硬件设计。下文将详细介绍不同型号隔离 CAN 收发器的特点，以帮助读者有针对性地进行选型。

图 3.7　隔离 CAN 收发器产品

表 3.2　常见一体化隔离 CAN 收发器模块

器件型号	工作电压/V	CAN 电平	备　注
SC1(3)500B/L/S	3.3/5	高速 CAN	表贴式
CTM8251K(A)T	3.3/5	高速 CAN	通用，波特率为 5 kbps～1 Mbps
CTM1051K(A)T	3.3/5	高速 CAN	波特率为 40 kbps～1 Mbps
CTM1051(A)Q	3.3/5	高速 CAN	汽车应用，波特率为 40 kbps～1 Mbps
CTM1051(A)M	3.3/5	高速 CAN	超小体积
CTM(3)5MFD	3.3/5	高速 CAN/CAN FD	超小体积，支持 CAN FD
CTM1042K(A)T	3.3/5	高速 CAN	低功耗，待机可唤醒
CTM1051(A)HP	3.3/5	高速 CAN	高浪涌防护
CTM8251K(A)D	3.3/5	高速 CAN	双路双隔离

3.4.1 SK/SC 系列表贴式隔离 CAN 收发器

1. 概　述

SK/SC 系列产品是 ZLG 致远电子设计推出的表贴式隔离 CAN 收发器。该系列产品符合 ISO11898-2 标准，可应用于所有标准的高速 CAN 网络中，具有良好的兼容性。其集成了电源隔离电路、信号隔离电路，开板式的设计降低了产品成本，具有更高性价比，特别适合于对成本要求严格的应用。该系列产品使用简单，接线方便，表贴式封装设计满足了全自动 SMT 生产要求，有效提高了生产效率。SK/SC 系列隔离 CAN 收发器外观详见图 3.8。

图 3.8　SK/SC 系列表贴式隔离 CAN 收发器

2. 特　性

- 表贴式封装，支持回流焊接；
- 邮票孔贴片封装；
- 隔离耐压高达 DC 3 500 V；
- 3.3 V 或 5 V 供电电压可选；
- 工作温度范围为－40～105 ℃；
- SK 产品体积为 22.86 mm×16.90 mm×3.90 mm；
- BGA 封装产品体积为 20.32 mm×16.51 mm×6.00 mm；
- LGA 封装产品体积为 20.32 mm×16.51 mm×5.50 mm；
- 邮票孔封装产品体积为 22.86 mm×16.90 mm×5.50 mm；
- 具有显性超时保护功能；
- 符合 ISO11898-2 标准；
- 未上电节点不影响总线；
- 单网络最多可连接 110 个节点。

3. 选　型

SK/SC 系列表贴式隔离 CAN 收发器选型详见表 3.3。

表 3.3　SK/SC 系列选型表

型　号	电源电压/V	静态电流/mA	最大工作电流/mA	传输波特率	封　装
SK1300S	3.3	16	120	40 kbps～1 Mbps	邮票孔
SK1500S	5	24	100	40 kbps～1 Mbps	邮票孔
SC1300B/500B	3.3/5	27/23	130	40 kbps～1 Mbps	BGA
SC1300L/500L	3.3/5	27/23	130	40 kbps～1 Mbps	LGA
SC1300S/500S	3.3/5	27/23	130	40 kbps～1 Mbps	邮票孔

3.4.2　CTM 系列通用 CAN 隔离收发器

1. 概　述

CTM 系列产品是 ZLG 致远电子设计的通用隔离 CAN 收发器。该系列产品符合 ISO11898－2 标准，可应用于所有标准的高速 CAN 网络中，具有良好的兼容性。其内部集成了电源隔离电路、信号隔离电路，一体化设计使产品拥有更小的体积、更高的性能，用户使用单个产品即可实现 CAN 总线的隔离，可提高 CAN 设备的抗干扰能力及可靠性。

CTM8251 系列产品支持 5 kbps～1 Mbps 的波特率，其波特率范围宽，应用场合更广泛，特别适用于煤矿、工控行业等远距离传输的场合。CTM1051 系列产品支持 40 kbps～1 Mbps 的波特率，根据现场应用针对该系列产品推出了小体积、高防护、双通道、汽车应用等模块。CTM1042K(A)T 系列产品为低功耗待机可唤醒隔离 CAN 收发器，具有低功耗待机模式，待机电流最低可达 0.17 mA，在不需要发送 CAN 报文时，可以有效降低节点的功耗，特别适用于对节点功耗高的应用场合。CTM 系列产品通过了 UL62368 认证，是常规应用的不二选择。CTM 系列隔离 CAN 收发器外观详见图 3.9。

图 3.9　CTM 系列隔离 CAN 收发器

2. 特　性

- 通过 IEC62368、UL62368、EN62368 认证；
- 标准 DIP8 直插封装；
- 隔离耐压高达 DC 3 500 V；

- 3.3 V 或 5 V 供电电压可选；
- 工作温度范围为 −40～85 ℃；
- 产品体积为 19.90 mm×16.90 mm×7.10 mm；
- 具有显性超时保护功能；
- 符合 ISO11898－2 标准；
- 未上电节点不影响总线；
- 单网络最多可连接 110 个节点。

3. 选　型

CTM 系列通用隔离 CAN 收发器选型详见表 3.4。

表 3.4　CTM 系列选型表

型　号	电源电压/V	静态电流/mA	最大工作电流/mA	传输波特率	封　装	特　点
CTM8251KAT	3.3	29	120	5 kbps～1 Mbps	DIP8	宽范围波特率
CTM8251KT	5	25	90	5 kbps～1 Mbps	DIP8	宽范围波特率
CTM1051KAT	3.3	27	130	40 kbps～1 Mbps	DIP8	高速、通用
CTM1051KT	5	24	100	40 kbps～1 Mbps	DIP8	高速、通用
CTM1051AQ	3.3	34	130	40 kbps～1 Mbps	DIP8	汽车应用
CTM1051Q	5	30	100	40 kbps～1 Mbps	DIP8	汽车应用
CTM1051AM	3.3	30	120	40 kbps～1 Mbps	DIP8	超小体积
CTM1051M	5	24	90	40 kbps～1 Mbps	DIP8	超小体积
CTM1051AHP	3.3	25	105	40 kbps～1 Mbps	DIP8	高浪涌防护
CTM1051HP	5	20	80	40 kbps～1 Mbps	DIP8	高浪涌防护
CTM8251KAD	3.3	45	170	5 kbps～1 Mbps	DIP8	双通道
CTM8251KD	5	35	120	5 kbps～1 Mbps	DIP8	双通道
CTM1044KAT	3.3	24	115	40 kbps～1 Mbps	DIP10	低功耗，待机电流为 0.17 mA
CTM1042KAT	3.3	28	125	40 kbps～1 Mbps	DIP10	低功耗，待机电流为 6 mA
CTM1042KT	5	24	95	40 kbps～1 Mbps	DIP10	低功耗，待机电流为 6 mA

3.4.3 超小体积 CAN FD 隔离收发器

1. 概　述

CTM(3)5MFD 系列产品是超小体积隔离 CANFD 收发器，符合 ISO11898－2 标准，既可应用于所有标准的高速 CAN 网络中，也可应用于 CAN FD 网络中，具有良好的兼容性。产品内部集成了电源隔离电路、信号隔离电路，一体化设计使其拥有更小的体积、更高的性能，用户使用单个产品即可实现 CAN 总线的隔离，可提高 CAN 设备的抗干扰能力及可靠性。

该系列产品使用特殊工艺，极大地减小了产品体积，产品实际占板面积仅为一般产品的 40%。超小的产品体积让用户的空间设计游刃有余，使用户的板卡更加紧凑，特别适用于对空间要求高的使用场合。该系列产品支持 40 kbps～5 Mbps 的波特率，适用于近距离高速率应用场合。CTM(3)5MFD 系列隔离 CAN 收发器外观详见图 3.10。

图 3.10　CTM(3)5MFD 系列隔离 CAN 收发器

2. 特　性

- 超小体积，仅为一般产品的 40%；
- 支持 CAN FD，最高波特率 5 Mbps；
- 标准 DIP8 直插封装；
- 隔离耐压高达 DC 2 500 V；
- 3.3 V 或 5 V 供电电压可选；
- 工作温度范围为－40～105 ℃；
- 产品体积为 12.80 mm×10.20 mm×7.70 mm；
- 具有显性超时保护功能；
- 符合 ISO11898－2 标准；
- 未上电节点不影响总线；
- 单网络最多可连接 110 个节点。

3. 选　型

超小体积的 CAN FD 收发器选型详见表 3.5。

表 3.5　CTM(3)5MFD 系列选型表

型　号	电源电压/V	静态电流/mA	最大工作电流/mA	传输波特率	封　装
CTM3MFD	3.3	25	110	40 kbps～5 Mbps	DIP8
CTM5MFD	5	20	90	40 kbps～5 Mbps	DIP8

3.5 CAN 接口保护电路参考设计

在 CAN 设备应用中，拥有 CAN 控制器、CAN 收发器、MCU 以及功能电路即可实现 CAN 设备的全部功能，而 CAN 总线的外围电路经常会被一些经验不足的工程师所忽视。在高可靠的 CAN 应用中，总线外围电路往往起着至关重要的作用。鉴于 CAN 收发器芯片本身体积原因，不可能增加各种防护等级高的保护器件。

为了使 CAN 设备适应各种应用场合，增加外围保护电路可以有效地提高 CAN 设备的抗干扰能力(如抗静电、抗浪涌等)。结合隔离收发器的特性，此处提供了一个隔离 CAN 收发器的外围保护电路，详见图 3.11。

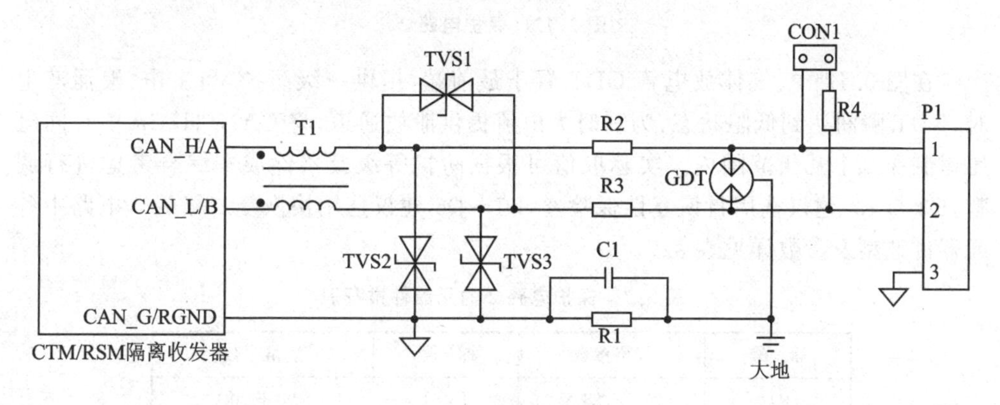

图 3.11 保护电路 1

此保护电路主要由气体放电管、限流电阻、TVS 管、共模电感组成。气体放电管 GDT 用于吸收大部分浪涌能量；限流电阻 R2、R3 限制流过 TVS 管的电流，防止流过 TVS 管的电流过大而损坏 TVS 管；TVS 管将收发器引脚之间的电压限制在 TVS 的钳位电压，以保护后级收发器芯片。共模电感 T1 用于抑制收发器对外界造成的传导干扰，并抑制部分共模干扰。此保护电路可以有效抑制共模浪涌及差模浪涌。电路推荐元件参数详见表 3.6，根据此表的推荐参数，可满足 IEC61000 - 4 - 2、IEC61000 - 4 - 5 的 4 级要求。

表 3.6 保护电路 1 的元器件推荐表

标 号	型 号	标 号	型 号
R2，R3	2.7 Ω，2 W	TVS1，TVS2，TVS3	P6KE12CA
R1	1 MΩ，1206	GDT	B3D090L
C1	102，2 kV	T1	B82793S0513N201

在图 3.11 的电路中，由于 TVS 管的结电容较大，可达到上百皮法，不适合节点数较多、总线过长的应用场合。如果总线节点数较多，建议增加快恢复二极管(如

HFM107)，以减小结电容对通信造成的影响，推荐电路详见图 3.12。

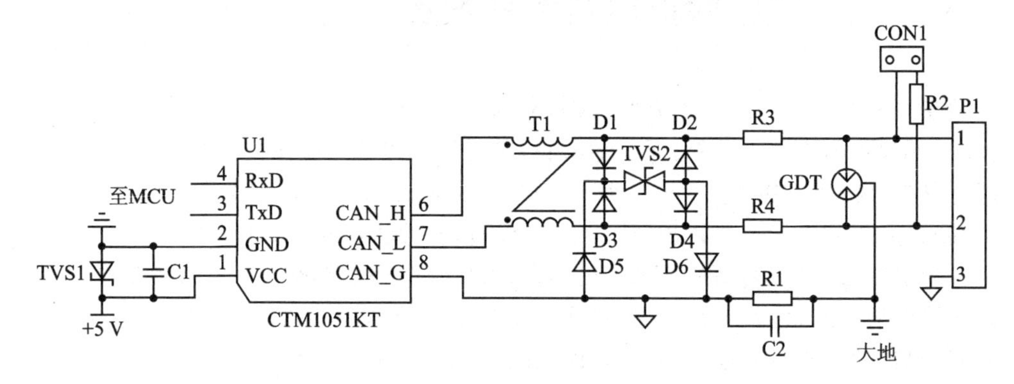

图 3.12 保护电路 2

在图 3.12 中，气体放电管 GDT 置于最前端，提供一级防护，当雷击、浪涌产生时，GDT 瞬间达到低阻状态，为瞬时大电流提供泄放通道，将 CAN_H、CAN_L 间电压钳制在二十几伏范围内。实际取值可根据防护等级及器件成本综合考虑进行调整，R3 与 R4 建议选用自恢复性保险丝，D1～D6 建议选用快恢复二极管。电路中各元器件选型及参数详见表 3.7。

表 3.7 保护电路 2 的元器件推荐表

标　号	规格参数	标　号	规格参数
C1	10 μF，25 V	TVS1	SMBJ5.0A
C2	102，2 kV	TVS2	P6KE15CA
R1	1 MΩ，1206	GDT	B3D090L
R2	120 Ω，1206	T1	B82793S0513N201
R3，R4	2.7 Ω，2 W	CON1	断路器
D1～D6	1N4007	U1	CTM 隔离模块

从上述两个 CAN 接口保护电路来看，分立元器件方案虽然能够提供有效的防护，但需要引入较多的电子器件，意味着接口电路将占用更多的 PCB 空间，若器件参数选择不合适易造成 EMC 问题。有没有更简洁的防护设计呢？答案是肯定的，可选择引入专业的信号浪涌抑制器 SP00S12，可用于各种信号传输系统，抑制雷击、浪涌、过压等有害信号，对设备信号端口进行保护。保护方案详见图 3.13，可极大程度地提升产品的集成度，与此同时极大程度缩短开发周期。

从浪涌抗扰度测试角度检验浪涌抑制器是否满足 IEC61000－4－5±4 kV 防护要求，以共模浪涌测试为例。在 SP00S12 输入端加载 4 kV、1.2/50 μs 浪涌电压，波形详见图 3.14，测量输出端，测试压降已降低至 17.1 V，波形详见图 3.15。

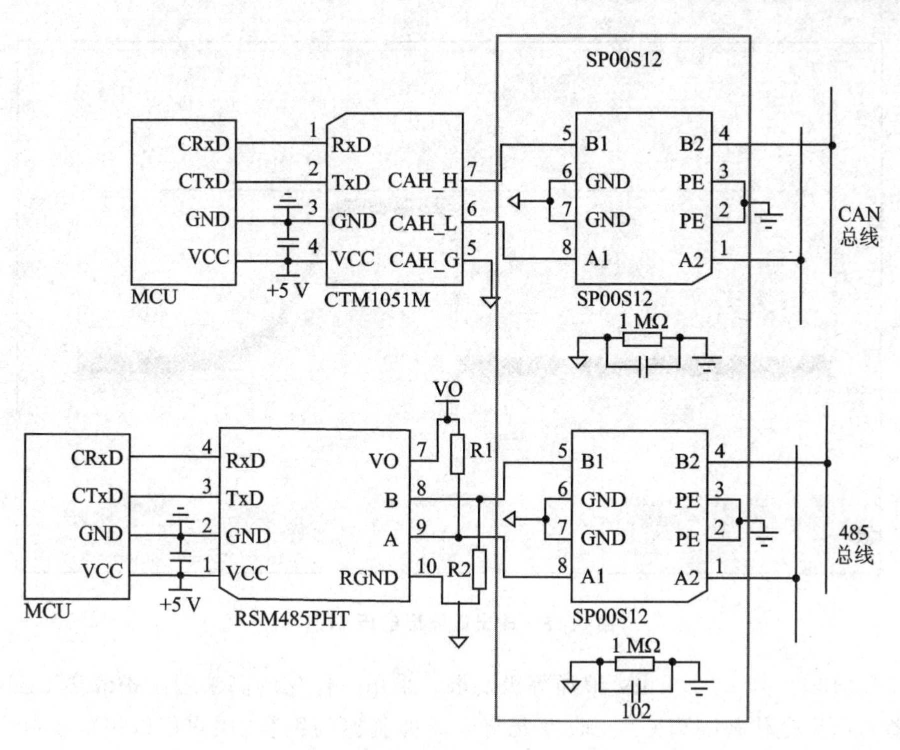

图 3.13　模块方案

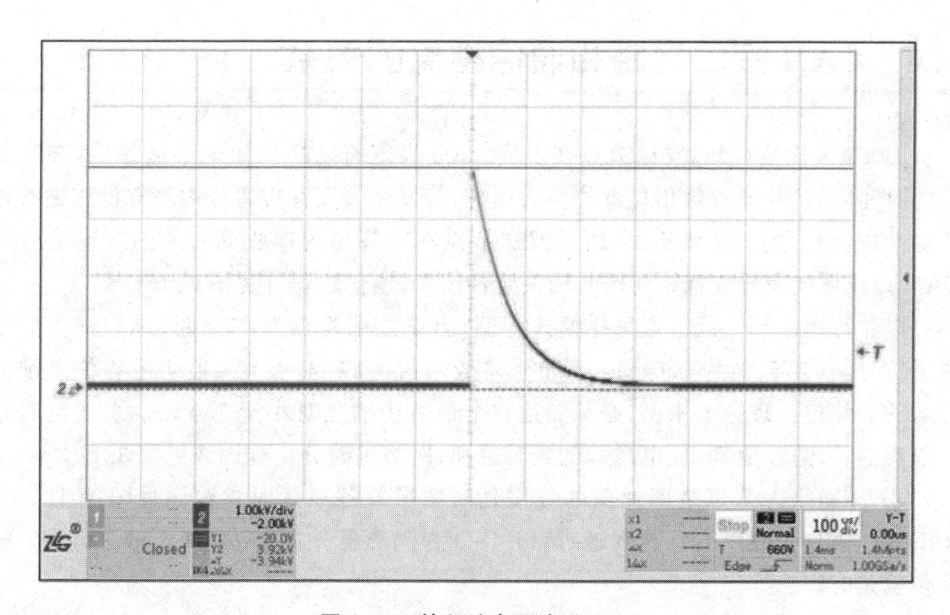

图 3.14　输入端电压波形 4 kV

由此可见，在收发器与 CAN 总线间添加 SP00S12，可使 CAN 信号端口轻松满

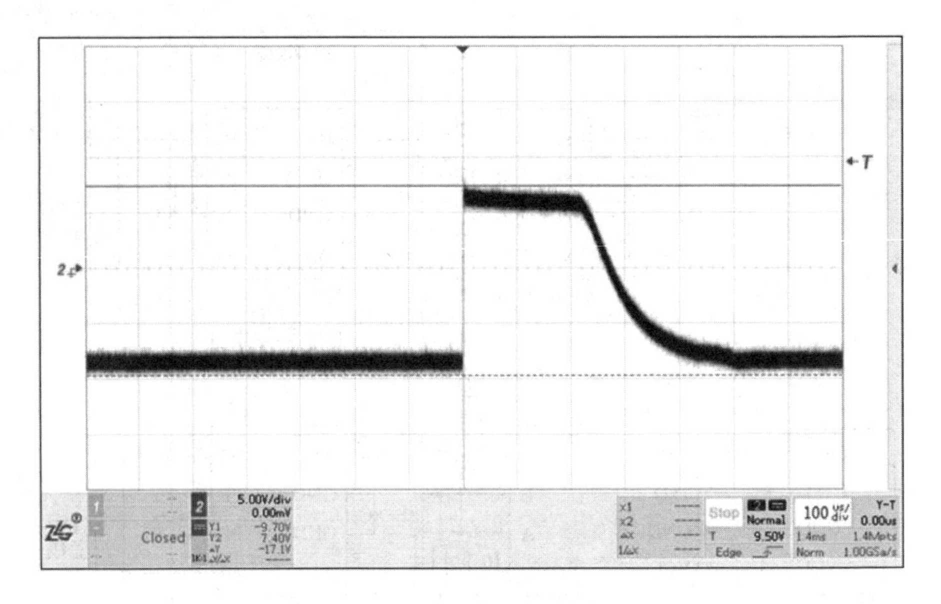

图 3.15　输出端波形电压 17.1 V

足 IEC61000-4-5 ±4 kV 浪涌等级要求。采用一体化的高浪涌防护隔离 CAN 收发器可以完全代替隔离 CAN 收发器与浪涌抑制器的组合，用户可以根据实际需要选择分离和模块两种方式保护 CAN 接口。

3.6　CAN 接口电路和通信距离的关系

由 CAN 规范可知，发送节点在发完 CRC 界定符之后发出一个应答位，在一个位的时间内，接收节点输出显性位作为应答，若发送节点在应答位内没有检测到有效的显性位，则会判定总线错误，所以发送节点在应答位内接收到有效的应答信号是 CAN 总线系统信号传播延时时长的决定性因素，通信过程详见图 3.16。

以波特率 1 Mbps、单点采样模式为例，当设置采样点为 75%时(即采样点位于整个位时间的 75%，为 750 ns)，若希望总线通信成功，发送节点监听应答位必须为有效的显性位。理论上来讲，必须满足整个信号传播延时小于 750 ns。总线延时包括隔离器件、总线驱动器、电缆等的延时总和，网络延时分析框图详见图 3.17。

CAN 网络上节点之间通信的传播延时情况及各项延时参数详见图 3.18，td_RxD、td_TxD 为收发器的收发延时，td_ISO 为隔离器件的转发延时，td_cable 为电缆传输延时。

以节点 A 发送、节点 B 接收为例，从 CAN 报文发出 ACK 位开始，到接收到 ACK 应答，整个应答回路延时为 td_all =(td_ISO+td_TxD+td_cable+td_RxD+td_ISO)×2。传输过程中，报文经过了 4 次隔离及收发器，2 次电缆，若想增大传输

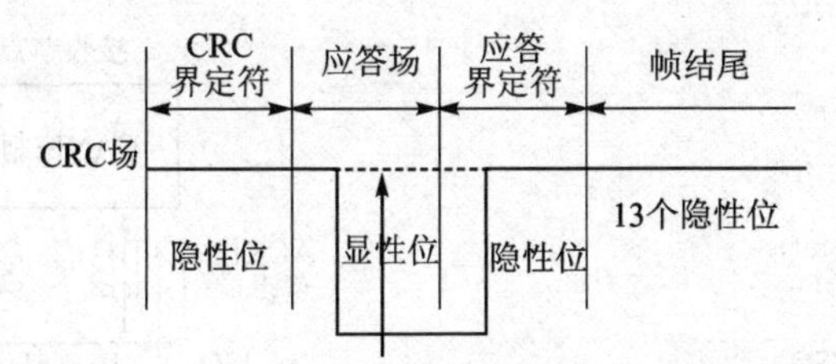

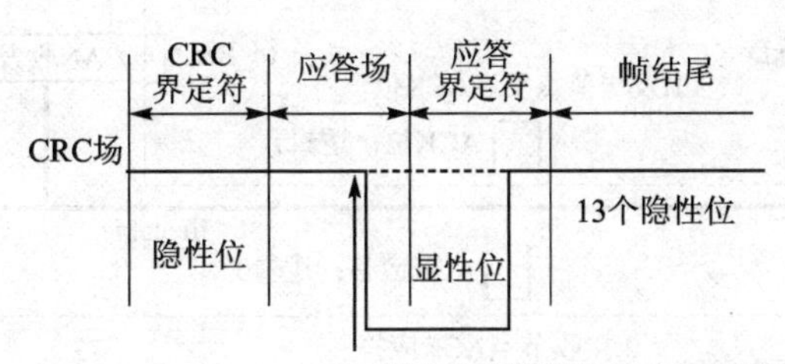

图 3.16 延时导致通信出错

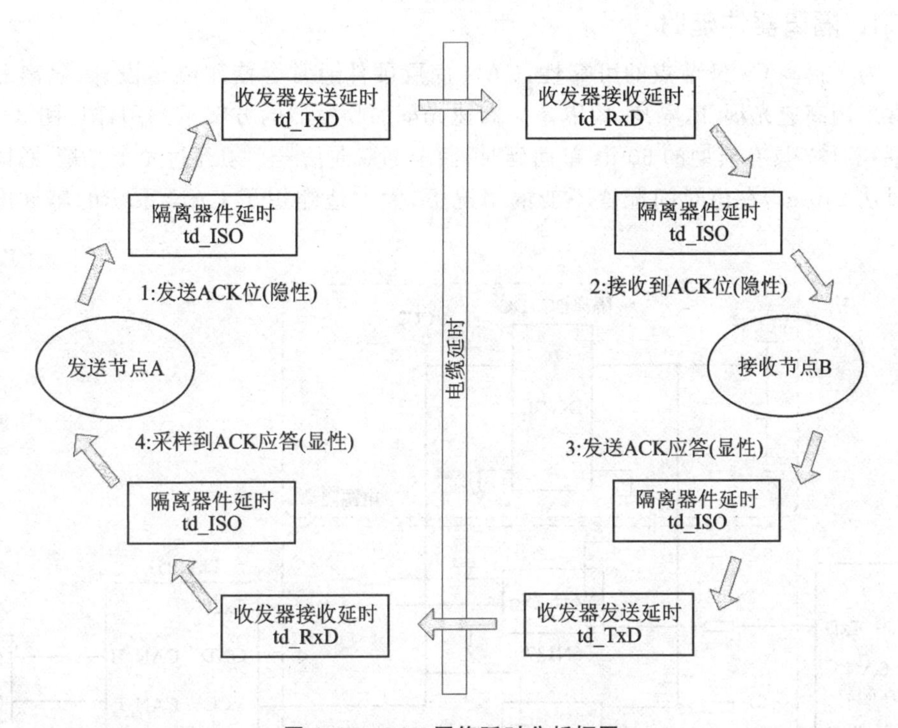

图 3.17 CAN 网络延时分析框图

距离，需对各个环节的延时时间进行分析。前文在收发器选型时介绍了 td_TxD 和 td_RxD，此处仅介绍隔离器件延时和电缆延时。

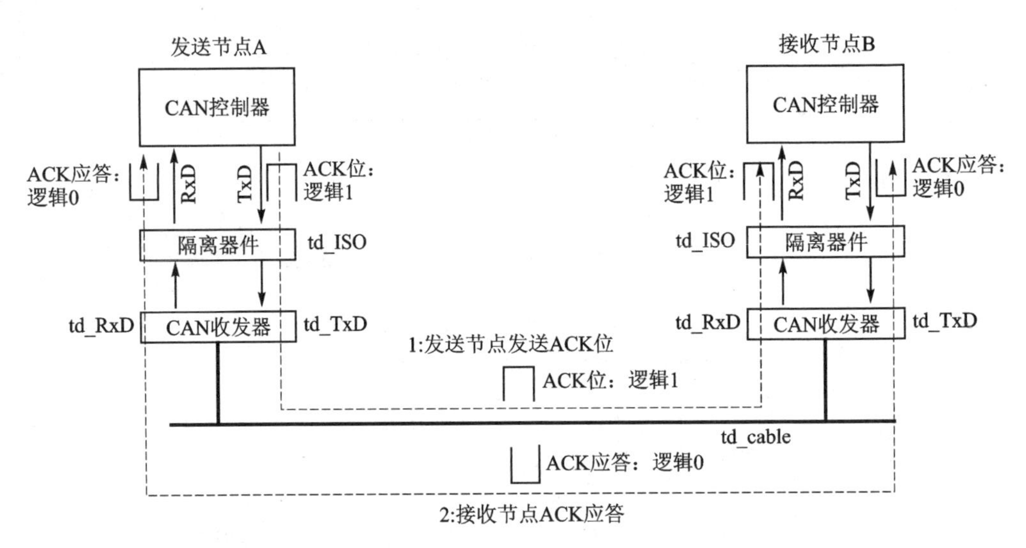

图 3.18　传输延时各项参数

1. 隔离器件延时

为了提高 CAN 节点的可靠性，CAN 底层硬件通常会使用隔离设计，隔离芯片通常采用高速光耦、磁隔离、容隔离。高速光耦加收发器的方案示意图详见图 3.19，光耦 6N137 具有典型的 60 ns 单向延时，而全部双向信号必须经过 4 个光耦，总隔离延时达 240 ns，在位时间配置不变的情况下，大大地缩短了 CAN 系统的容许电缆长度。

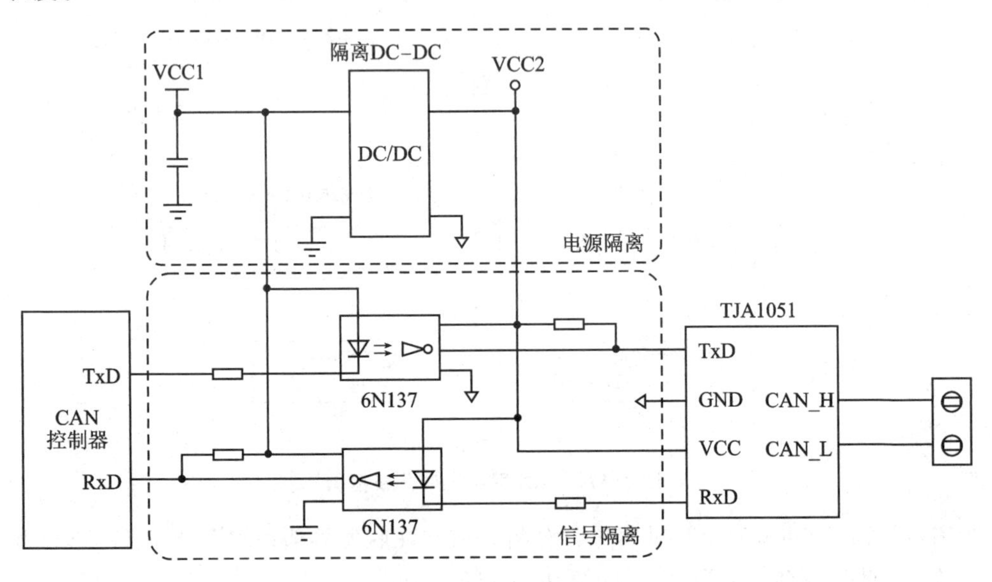

图 3.19　光耦隔离延时

若采用隔离收发器CTM1051KT方案，示意图详见图3.19。由于隔离收发器采用磁隔离，延时3～5 ns，在位时间配置不变的情况下，对比光耦隔离，磁隔离对电缆长度造成影响较小，在1 Mbps波特率下，传输距离约为36 m，详见表3.8。下文列举了不同器件的延时。

表3.8 不同隔离器件延时情况

隔离器件	1 Mbps最大传输距离/m
无	40
6N137光耦	27
CTM1051KT(磁隔离收发器)	36

2. 电缆传播延时

电缆的选型不同，其延时参数也不同，对传输的距离也会有较大影响。在CAN控制器、收发器、隔离器件等外围元器件确定的情况下，如何计算电缆的通信长度呢？根据总线的延时来估算最大的通信距离 L_{max} 如下：

$$L_{max} = \frac{ts - 2 \cdot (td\_TxD + td\_RxD + 2 \cdot td\_ISO)}{2 \cdot td\_cable}$$

式中，L_{max}(单位：m)为电缆的最大通信距离，ts为采样点时间(单位：ns)，隔离器件传播延时为td_ISO(单位：ns)，收发器的收发延时参数为td_RxD、td_TxD(单位：ns)，电缆传播延时为td_cable(单位：ns/m)。

假设，电缆延时参数为5.5 ns/m，CAN波特率为1 Mbps，采样点75%，隔离芯片传输延时td_ISO为15 ns，收发器的td_TxD=50 ns、td_RxD=80 ns。1 Mbps每一位为1 μs，采样点75%，则采样点时间为1 μs×75%=750 ns，经计算得到最大电缆长度约39 m。

第4章

集成CAN/CAN FD控制器的MCU、核心板及工控板

本章导读

作为一种性能可靠、功能完善、成本合理的远程网络通信控制方式，CAN－bus已经被广泛应用到各个控制系统中，例如汽车电子、自动控制、智能大厦、电力系统等各领域，CAN－bus都具有不可比拟的优越性。同时作为成千上万的工业IoT控制器的核心，嵌入式处理器的独特之处在于其对功能和性能的精确定制。单一的嵌入式处理器与千变万化的IoT产品需求之间存在的差距正在不断增大，需要不同的处理器为应用提供不同的功耗需求、不同的可扩展性、不同的计算性能、不同的安全性，来应对产品的不同用户体验。为满足这些需求，ZLG致远电子凭借数十年来为工业和物联网市场提供MCU和应用处理器的领导经验，向用户推荐一系列MCU、最小单元的工控核心板，降低用户选型及设计难度，同时满足产品设计师自由选择最能为其设计带来创新的方案，而不让硬件的选择限制其最终设计中可能实现的创新。

4.1 集成CAN/CAN FD控制器的MCU

4.1.1 ZLG237系列MCU

ZLG237系列是基于ARM Cortex－M3内核的32位高性能微控制器，其系统框图详见图4.1，最高工作频率为96 MHz，内置高速存储器、丰富的外设和增强型I/O端口。芯片包含1个CAN接口、2个I^2C接口、2个SPI接口、1个USB接口和3个USART接口，还包含2个12位的ADC、3个16位通用定时器、1个16位高级定时器。ZLG237系列工作电压为2.0～5.5 V，工作温度范围为－40～＋85 ℃常规型和－40～＋105 ℃扩展型，多种省电工作模式保证低功耗应用的要求。

4.1.2 i.MX RT系列MCU(支持CAN FD)

i.MX RT系列是NXP公司推出的基于ARM Cortex－M7内核的处理器，有RT106x和RT105x两个系列，芯片的功能框图详见图4.2。工业级的RT系列

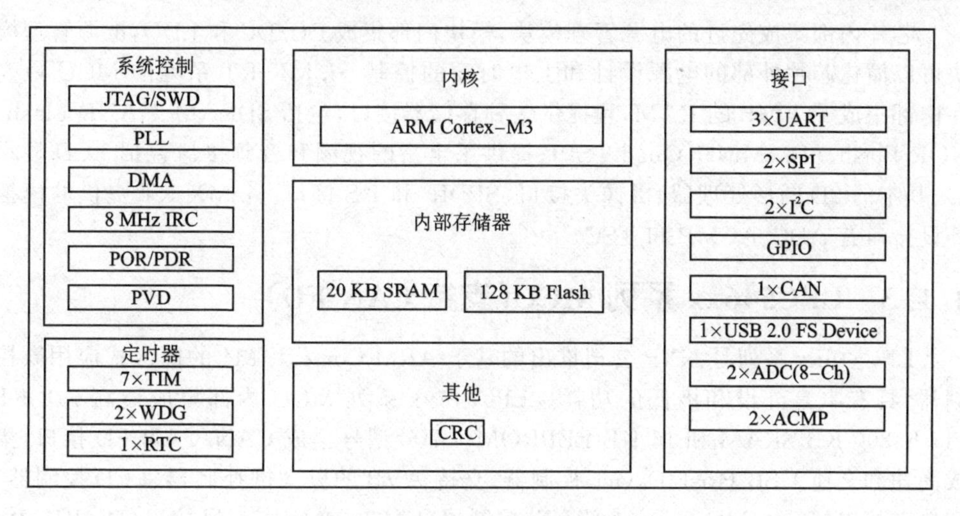

图 4.1 ZLG237 系统框图

MCU 运行频率最高可达 528 MHz，支持 2 路 CAN/CAN FD 控制器，主要应用于高性能和高实时响应的工业通信场合。

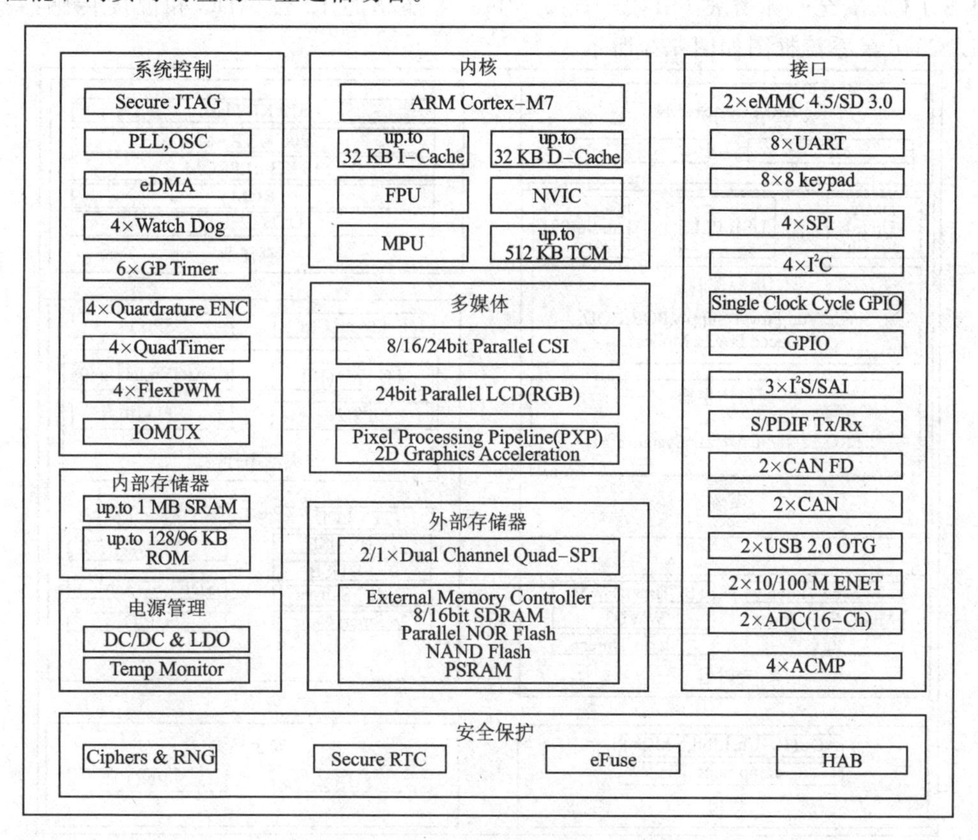

图 4.2 i.MX RT106x/105x 功能框图

芯片内部集成先进的电源管理模块，模块内部集成 DC/DC 和 LDO，电源管理模块可以简化芯片外部的电源设计和上电时序的控制。i. MX RT 系列的 MCU 最高在内部集成了 1 MB 的 RAM，且提供多种存储器接口，包括 SDRAM、NAND Flash、NOR Flash、SD/eMMC、Quad - SPI；提供了丰富的视频和音频接口包括 LCD 显示器、基本的 2D 图形处理器、摄像头接口、SPDIF 和 I^2S 接口。i. MX RT 提供的模拟外设接口有 ADC、ACMP 和 TSC。

4.1.3 LPC546xx 系列 MCU(支持 CAN FD)

LPC546xx 系列是 NXP 公司推出的基于 ARM Cortex - M4 的嵌入式应用微控制器，具有丰富外设和极低的功耗。LPC546xx 系列 MCU 内部集成最高 512 KB Flash、200 KB SRAM 和 16 KB EEPROM。部分型号集成 CAN/CAN FD 接口，集成高速和全速 USB Host/Device 控制器、支持 AVB 的以太网控制器、LCD 控制器、智能卡接口、SD/MMC 接口、外部存储控制器(EMC)、数字麦克风接口(DMIC)、I^2S 接口，通用定时器、状态可配置定时器(SCT)、实时时钟(RTC)、多速率定时器(MRT)、窗口看门狗(WWDT)、灵活串行接口(Flexcomm，可配置为 UART、SPI、I^2S、I^2C)、安全哈希算法(SHA)、5.0 Mbps 采样率的 12 位 ADC 和温度传感器。LPC546xx 系统框图如图 4.3 所示。

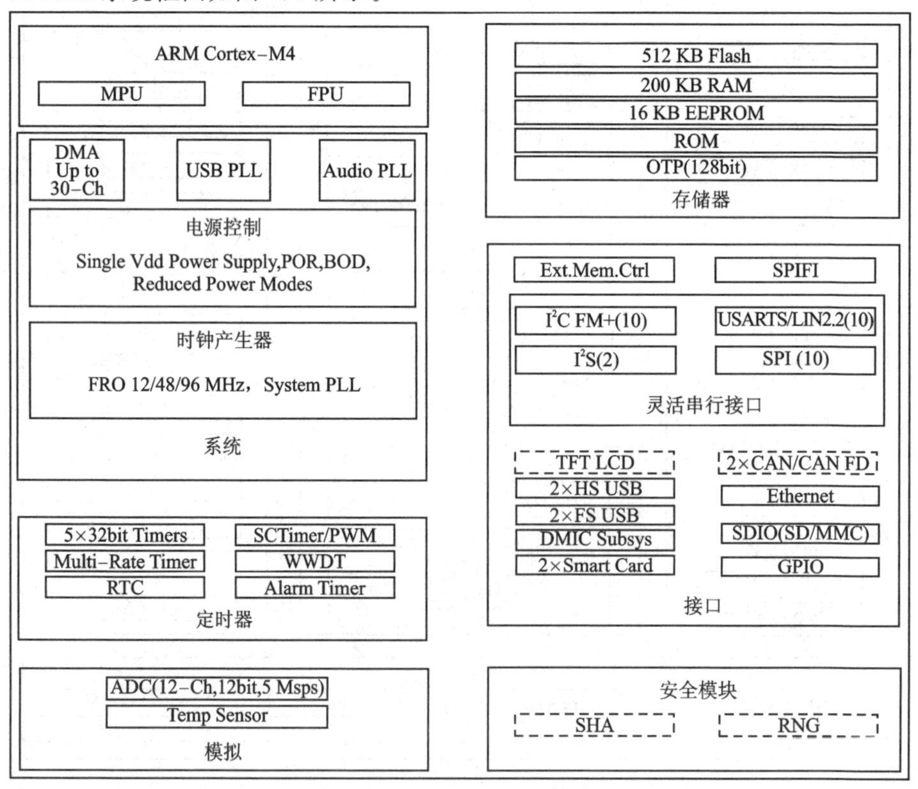

图 4.3 LPC546xx 系统框图

4.1.4 LPC17xx 系列 MCU

LPC17xx 系列是 NXP 公司推出的基于 ARM Cortex-M3 的嵌入式应用微控制器，支持两路高速 CAN 接口。

LPC17xx 系列 MCU 内核的运行频率最高可达 120 MHz，内部集成的 Flash 最高可达 512 KB、SRAM 最高可达 96 KB 和 EEPROM 最高可达 4 032 字节，还集成外部存储接口控制器、LCD 控制器、以太网控制器、USB Device/Host/OTG 控制器、1 个通用 DMA 控制器、5 个 UART、3 个 SSP 控制器、3 个 I^2C 总线接口、1 个正交编码接口、4 个通用定时器、2 个通用 PWM 模块、1 个电机控制 PWM 模块、1 个可电池独立供电的低功耗 RTC、1 个窗口看门狗、1 个 CRC 计算引擎和最多 165 个 GPIO 口。模拟外设包括 1 个 8 通道的 12 位 ADC 和 1 个 10 位的 DAC。LPC17xx 系统框图如图 4.4 所示。

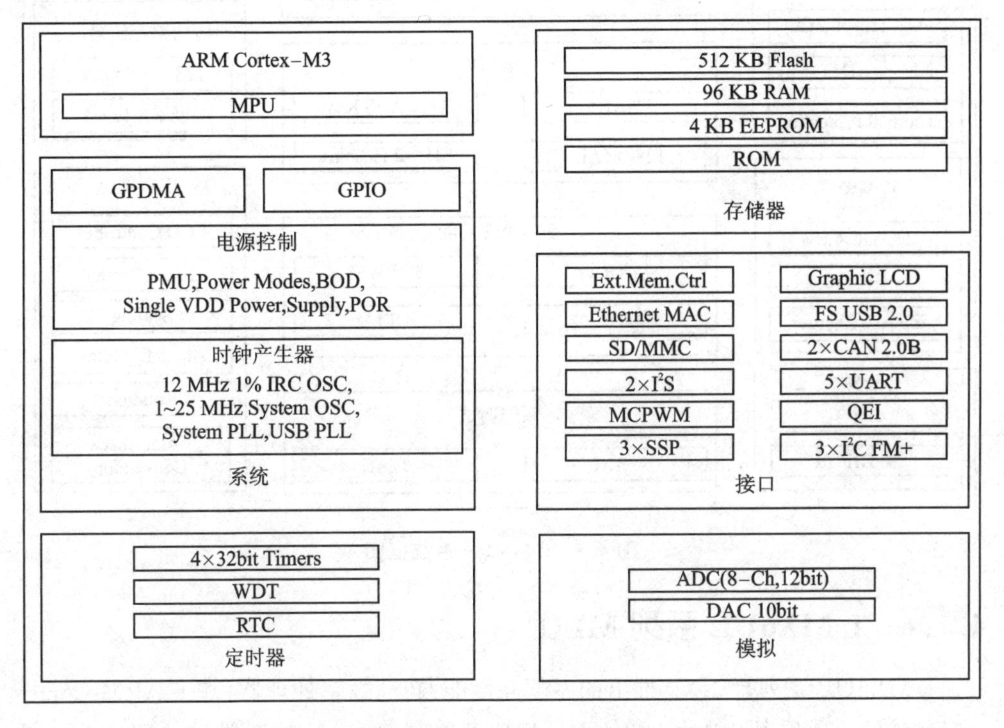

图 4.4 LPC17xx 系统框图

4.1.5 i.MX28x 系列 MPU

i.MX28x 是针对工业和消费应用的一款低功耗、高性能的通用嵌入式应用处理器。使用 ARM 926EJ-S 内核，最高运行频率为 454 MHz，集成 2 路高速 CAN 控制器。i.MX28x 内部集成电源管理单元，包括 DC/DC 开关电源、多个 LDO 稳压器，并且还集成 128 KB 的 SRAM，使其可以在不扩展外部 RAM 的情况下，适用于使用小型 RTOS 的应用场合。i. MX28x 支持外扩多种类型的存储器，包括 DDR、DDR2、LV-DDR2、SLC 和 MLC 的 NAND Flash。i. MX28x 还集成多种类型通信外设，包括高速 USB2.0 OTG、10/100 以太网和 SD/SDIO/MMC。i. MX28x 系统框图详见图 4.5。

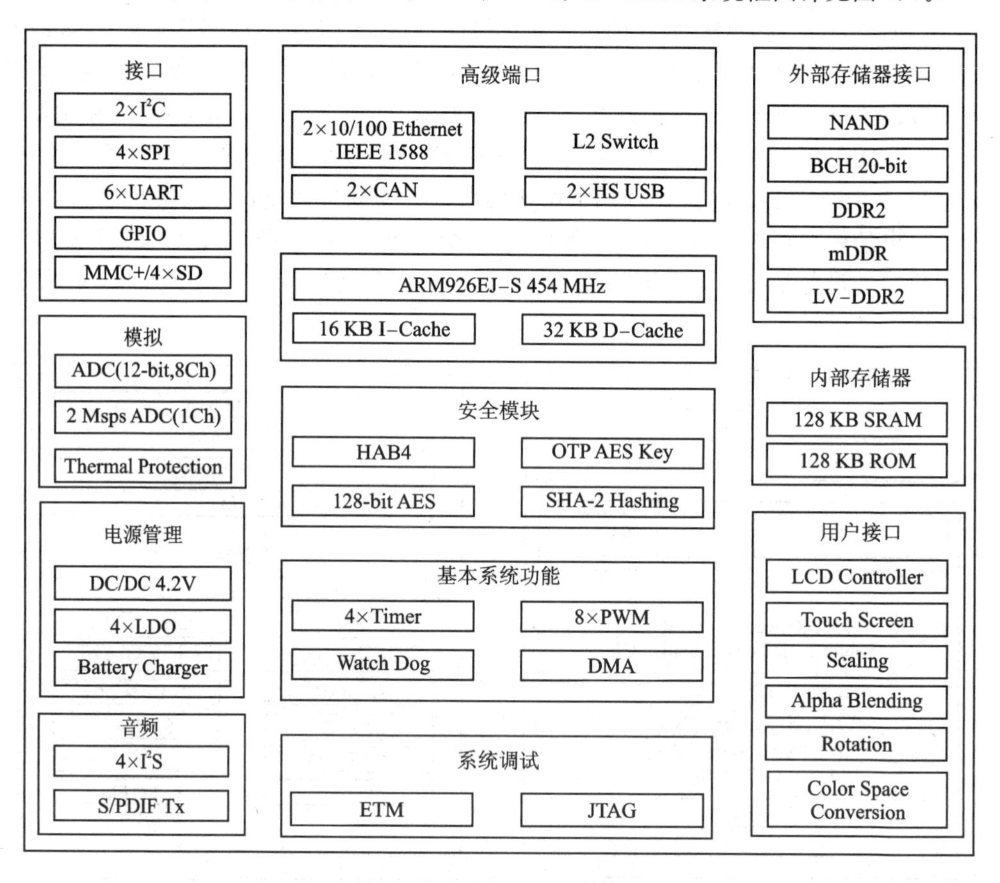

图 4.5　i. MX28x 系统框图

4.1.6　i. MX6UL 系列 MPU

i. MX6UL 系列是 NXP 推出的一款高性能、超高效率处理器，基于 ARM Cortex-A7 内核，运行频率最高为 528 MHz，集成 2 路高速 CAN 控制器。i. MX6UL 包括一个集成的电源管理模块，降低了外接电源的复杂性，并简化了上电时序。这个系列的每个处理器均提供多种存储器接口，其中包括 LPDDR2、DDR3、DDR3L、NAND Flash、NOR Flash、eMMC、Quad SPI。i. MX6UL 也提供各种接口用于连接外围设备，如 WLAN、Bluetooth、GPS、显示器和摄像头传感器等。i. MX6UL 处理器功能框图详见图 4.6。

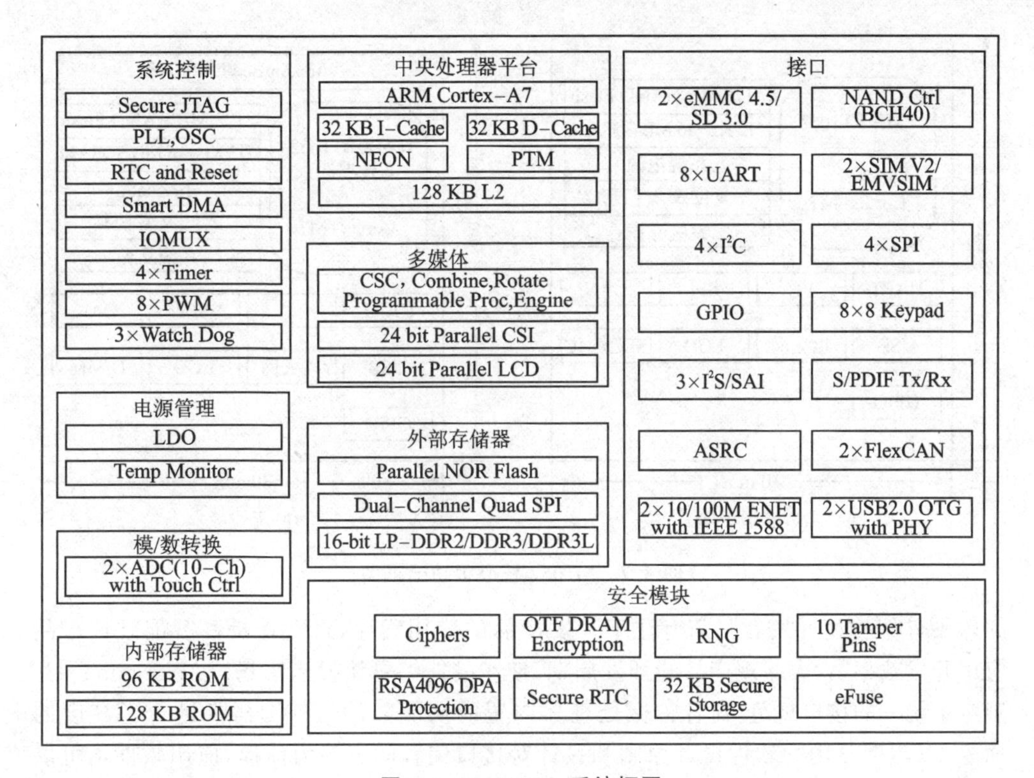

图 4.6　i. MX6UL 系统框图

4.2　集成 CAN 控制器的工控(无线)核心板

4.2.1　M1052 核心板(Cortex - M7 核)

M1052 系列核心板,又称为 M1052 系列跨界硬件核心板,采用 NXP 的 Cortex - M7 内核的 RT105x 跨界嵌入式处理器,主频最高可达 528 MHz,支持 UART、I^2C、SPI、CAN、Ethernet、USB 和 SDIO 等通信接口,实现处理器性能、控制与通信嵌入式硬件跨界。

M1052 系列分为普通版本和无线版本两个版本,核心板将 i. MX RT105x 系列处理器、SDRAM、NAND Flash、SPI Flash、无线通信模块(WiFi/ZigBee/LoRa/NFC)、硬件看门狗等集成到一个 30 mm×48 mm 的模组中,M1052 功能框图详见图 4.7。

M1052 跨界硬件核心板不仅硬件上跨界,它还提供嵌入式解决方案关键可用性特性:易用性、低成本、实时软件和工具链的兼容性。M1052 跨界硬件核心板提供全新的物联网操作系统 AWorksIoT OS,旨在让开发者能够轻松使用这些新型跨界硬件,而无需投入大量精力来开发新软件实现工具或学习更高级别的操作系统。完整

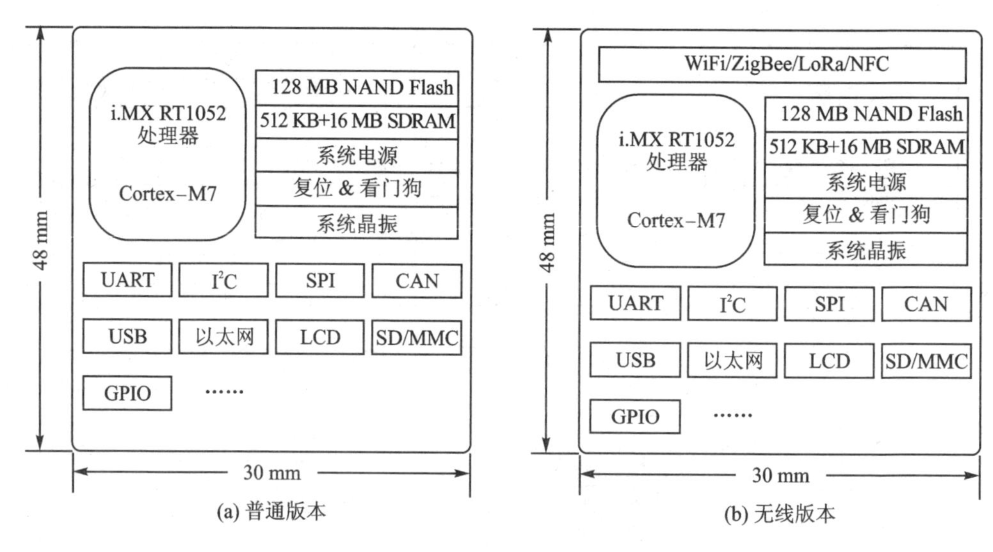

图 4.7 M1052 核心板功能框图

的软硬件架构使开发者只需专注于开发产品的应用程序，极大地提高智能硬件产品应用开发效率，大大缩短产品的开发周期，使产品能够更快投入市场。AWorksIoT OS 制定了统一的接口规范，对各种微处理器内置的功能部件与外围器件进行了高度的抽象，以高度复用的软件设计原则和只针对接口编程的思想为前提，应用软件均可以实现“一次编程，终生使用和跨平台”。图 4.8(a)所示为核心板的产品示意图，图 4.8(b)为评估套件，产品以实际为准。

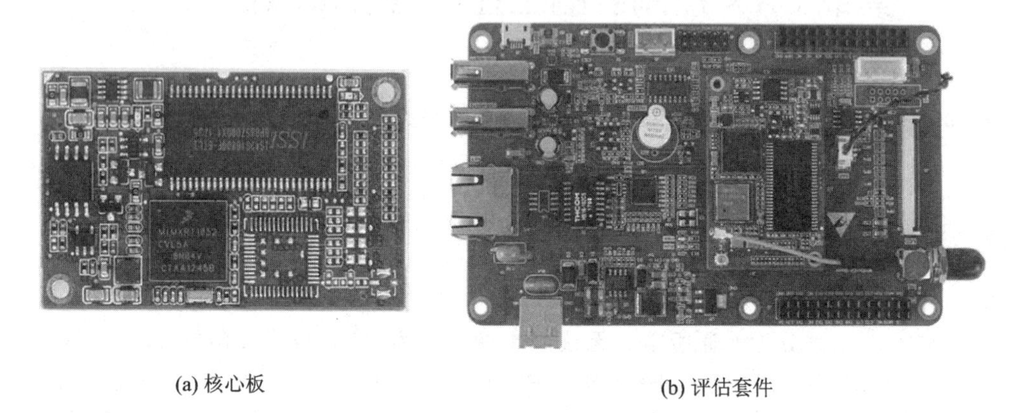

(a) 核心板　　(b) 评估套件

图 4.8 M7 核心板(M1052-16F8AWI-T)及评估套件(M105x-EV-Board)图片

4.2.2 M28x-T/A28x 核心板(ARM9 核)

M28x-T 系列 MiniARM 核心板采用板对板连接器接口的低功耗、高性能的嵌入式核心板，处理器采用 NXP 基于 ARM9 内核的 i.MX283/7，主频高达 454 MHz，支持 CAN、UART、I^2C、I^2S、Ethernet、USB 等通信方式；A28x 系列为无线核心板，支持 WiFi、ZigBee、NFC、BLE 等无线协议。核心板将 i. MX283/7、DDR2、NAND Flash、硬件看门狗、无线模块（A 系列）等集成到一个尺寸只有 30 mm×48 mm 的模组中，使其具备体积小、性价比高等特点，其功能框图详见图 4.9。

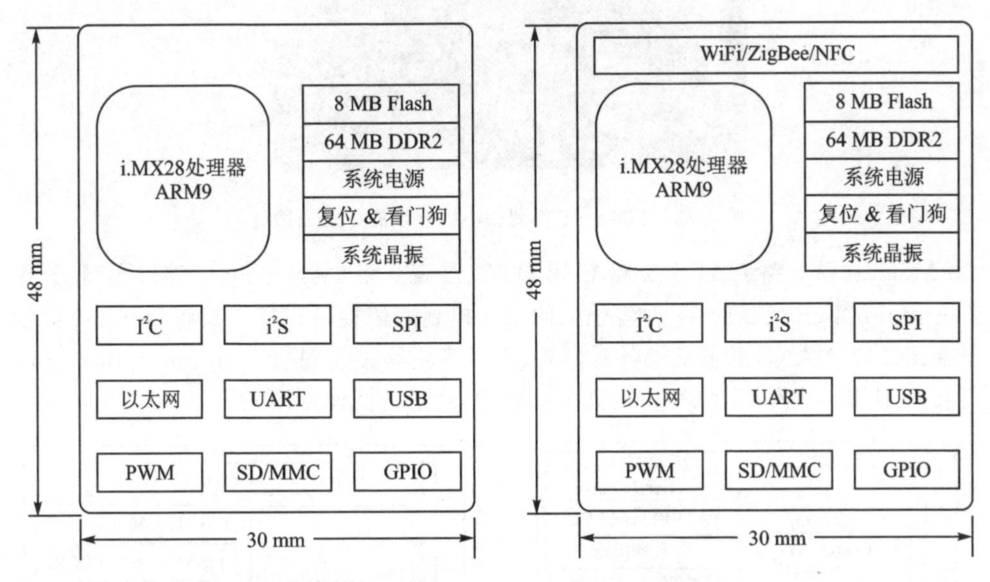

图 4.9　M28x－T/A28x 系列核心板功能框图

核心板可以在工业温度范围内稳定工作，能够满足各种条件苛刻的工业应用，比如工业控制、现场通信、数据采集等领域。图 4.10 和图 4.11 分别为 M28x－T 和 A28x－T 系列核心板产品示意图，M28x－T 工控评估板详见图 4.12，产品以实际为准。

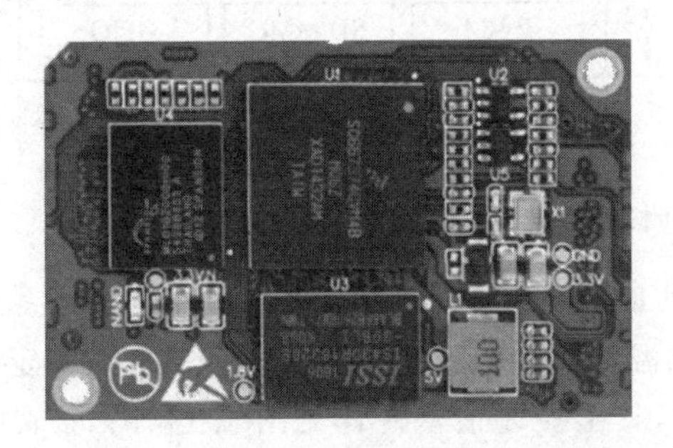

图 4.10　M28x－T 系列核心板正面图片

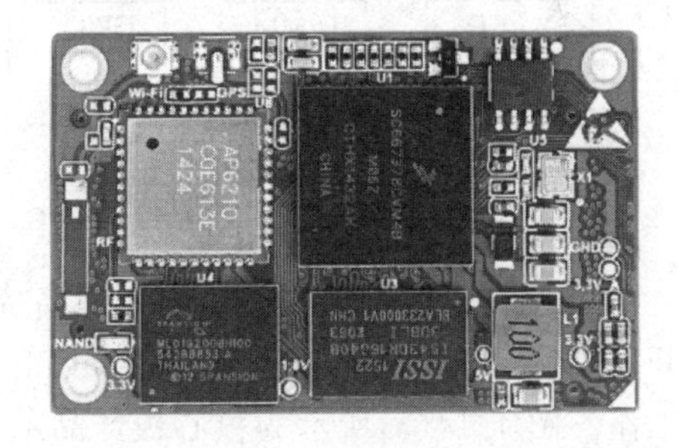

图 4.11　A28x－T 系列核心板正面图片

4.2.3　M6G2C/A6G2C 核心板（Cortex－A7 核）

M6G2C/A6G2C 系列为采用板对板连接器接口的低功耗、高性能的嵌入式核心板，采用 NXP 基于性能更优的 Cortex－A7 内核处理器，主频可选 528 MHz 和

图 4.12　M28x－T 系列核心板评估底板正面图片

800 MHz,自带 8 路 UART、2 路 USB OTG、最高 2 路 CAN－bus、2 路以太网、无线模块(WiFi/ZigBee/BT/NFC)等强大的工业控制通信接口。核心板将 i.MX6UL 处理器、DDR3、NAND Flash、硬件看门狗、无线模块等集成到一个 30 mm×48 mm 的模组中,使其具备体积小、性价比高等特点,其功能框图详见图 4.13。

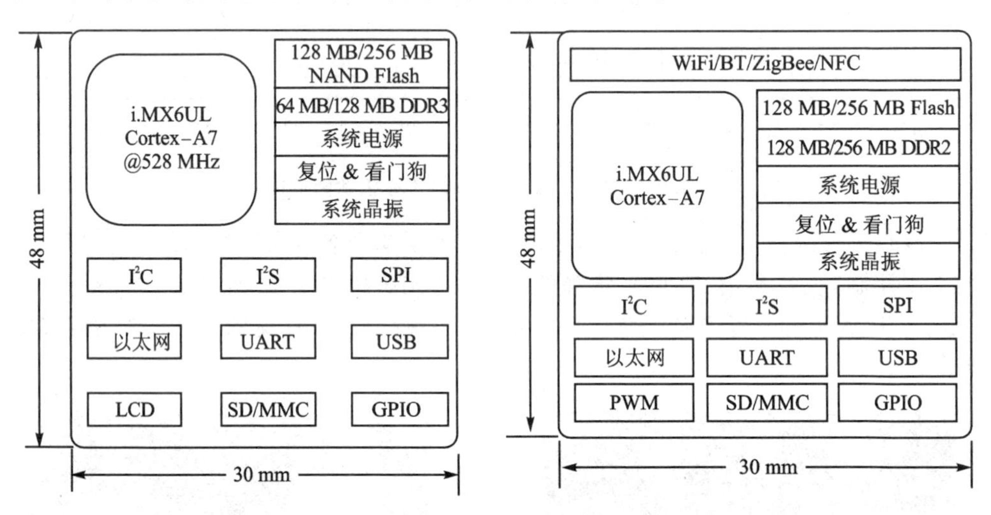

图 4.13　M6G2C 系列核心板功能框图

M6G2C/A6G2C 系列核心板具备完整的最小系统功能,可有效缩短用户的产品开发周期。核心板通过严格的 EMC 和高低温测试,保证在严酷的环境下也能稳定工作。图 4.14(a)所示为核心板产品示意图,其工控评估套件详见图 4.14(b),产品以实际为准。

4.2.4　M3352/A3352 核心板(Cortex－A8 核)

M3352 系列 MiniARM 核心板基于 AM335x 处理器,A3352 系列为无线版本,无线功能包含 Wi－Fi、BT4.0、NFC。800 MHz 主频的 Cortex－A8 内核性能远高于 ARM9,可提供快速的数据处理和流畅的界面切换。M(A)3352 系列核心板拥有丰

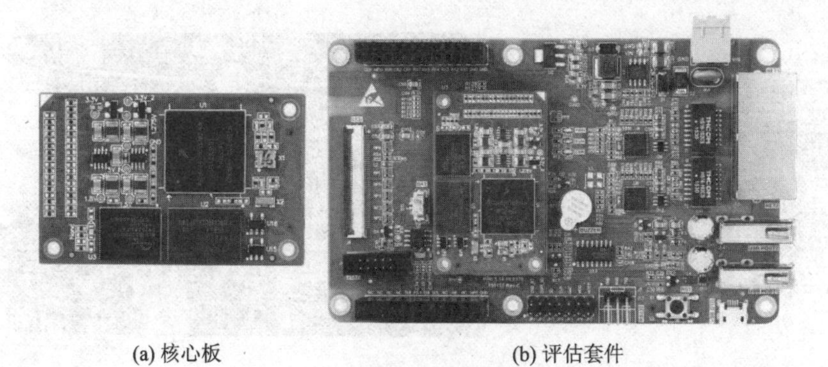
(a) 核心板　　(b) 评估套件

图 4.14　核心板及评估板

富的外设资源，包括 6 路 UART、2 路 CAN-Bus、2 路 USB OTG、2 路支持交换机功能的以太网等强大的通信接口。

A3352 系列核心板功能框图详见图 4.15，核心板将 AM335x、DDR3、NAND Flash、无线模块、硬件看门狗等集成到一个 35 mm×48 mm 的模组中，M3352 核心板没有无线模块部分。

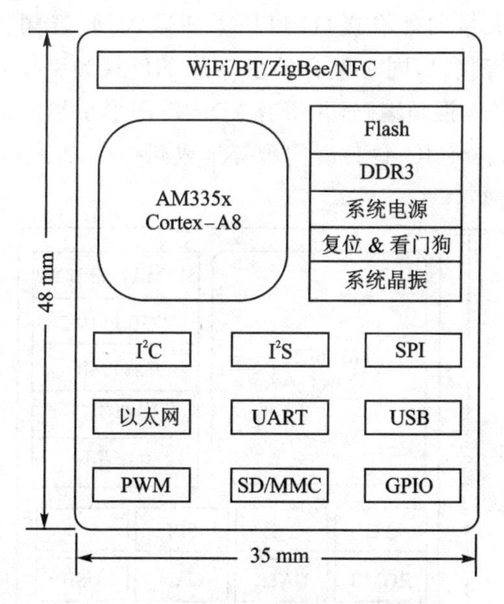

图 4.15　A3352 系列核心板功能框图

核心板可以在工业温度范围内稳定工作，能够满足各种条件苛刻的工业应用，比如工业控制、现场通信、数据采集等领域。图 4.16(a)所示为核心板产品示意图，图 4.16(b)为工控评估套件，产品以实际为准。

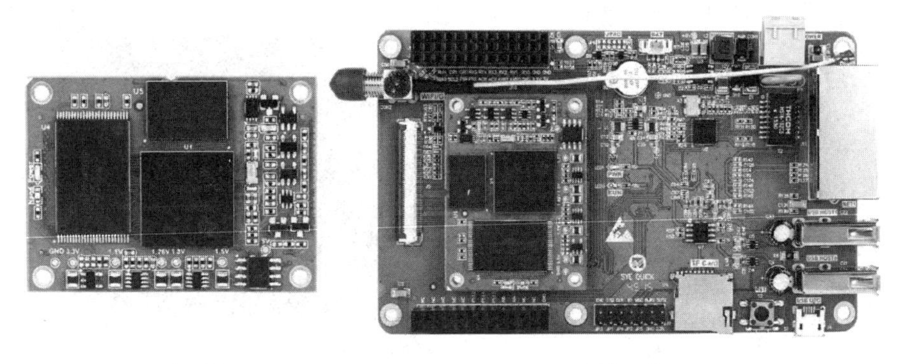

(a) 核心板　　　　(b) 评估套件

图 4.16　M3352 核心板及评估底板(IoT－A3352LI)正面图

4.2.5　M6708 核心板(Cortex－A9 核)

M6708 系列 MiniARM 核心板处理器采用 NXP 基于 Cortex－A9 内核的 i.MX6，双核主频为 800 MHz、4 核主频达 1 GHz，集成了 DDR3、工业级 eMMC、硬件看门狗；还集成了大量的外设接口，包括千兆以太网、音频、USB、CAN、UART、HDMI、LVDS、LCD 等接口，同时整合的多功能 HD 视频引擎可提供 1080P/60 fps 视频解码、1080P/30 fps 视频编码，并带有 2D、3D 图形引擎。M6708 系列核心板将 i.MX6、PMIC、DDR3、eMMC、硬件看门狗等集成到一个 75 mm×55 mm 的模组中，其功能框图详见图 4.17。

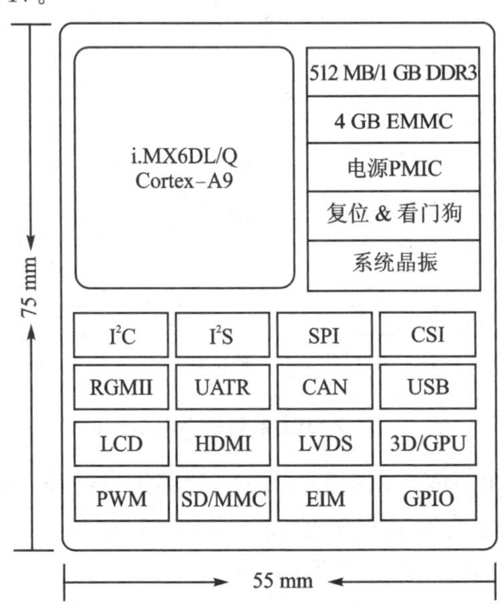

图 4.17　M6708 系列核心板功能框图

M6708 系列工业级核心板可满足消费电子、工业和汽车车载娱乐系统等新一代应用,以及医疗应用的丰富图形和高响应需求。图 4.18 和图 4.19 分别为核心板产品正面和背面示意图,其工控评估板详见图 4.20,产品以实际为准。

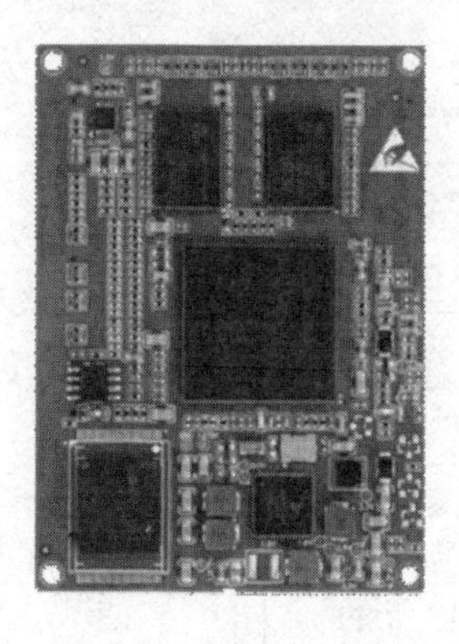

图 4.18　M6708 核心板正面图片

图 4.19　M6708 核心板背面图片

图 4.20　EVB - M6708 - T 评估底板正面图

4.2.6　M6526 核心板(Cortex - A53 核)

M6526 系列核心板是基于 TI 公司 AM6526 处理器的工控核心板,该处理器具备两个主频为 1.1 GHz 的 Cortex - A53 内核和两个主频为 400 MHz 的 Cortex - R5F 内核。

M6526 系列核心板将 AM6526、PMIC、DDR3、eMMC、硬件看门狗等集成到一个 75 mm×55 mm 的模组中,其功能框图详见图 4.21。核心板具备功能丰富的外设资源,包括 2 路 CAN FD、1 路千兆 RGMII 实时以太网、3 路 UART、4 路 SPI、16 路 ADC、2 路 OSPI 接口、2 路 USB 2.0(其中 1 路可用于 USB 3.0)、1 路 PCIe 3.0、1

路 SD 卡、3 路 I^2C、1 路 Mipi - CSI、1 路 LVDS、1 路 GPMC/LCD 以及 3 路 PRU 扩展接口(可扩展 6 路千兆 RGMII 实时以太网接口、多路 UART、CAN 接口以及音频和 PWM 接口功能),M6526 核心板同时提供多种工业实时以太网协议,如 EtherCAT、TSN、EtherNet/IP、ProfiNet 和 ProfiBus 等。

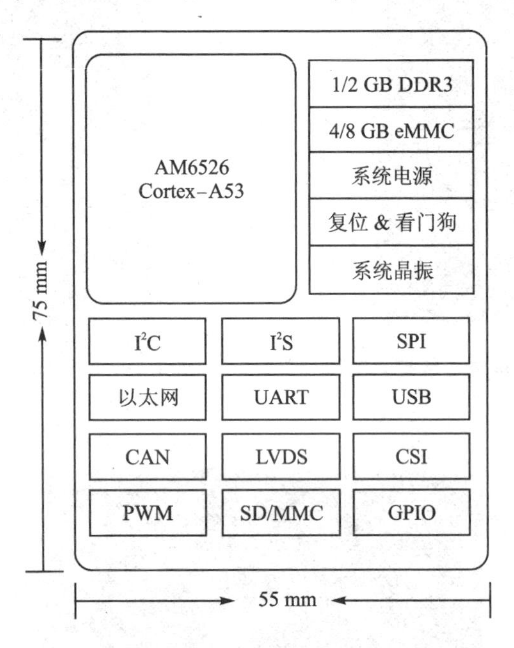

图 4.21　M6526 系列核心板功能框图

时效性网络(Time-Sensitive Networking,TSN)也称为时间敏感网络,其关注点是采用一个本质上非确定性的以太网网络但是使其具备确定的最小时延。M6526 通过支持特定子系统中 TSN 标准和其他工业协议的千兆吞吐率,在单个网络上融合以太网和实时数据流量,M6526 系列核心板可满足工业自动化和电网基础设施中工业 4.0 的快速发展需求。

M6526 系列核心板具有资源丰富、接口齐全、性能强大和可靠性高等特点,并预装有 Linux 操作系统,提供各种成熟的硬件解决方案和丰富的软件资源,完整的软硬件资源使您只需专注于编写产品的应用程序,具有开发周期短、软件配套完整、系统人性化等特点,让您能轻松实现 TSN 网络、CAN - bus 现场总线通信、USB 通信和存储、PCIe 通信、大容量存储和文件系统、数据库等复杂功能,使嵌入式系统设计更加方便简洁。系统和应用程序可在线升级,不但使产品更快投入市场,而且后期维护升级简单可靠,可以明显增强产品的市场竞争力。经过特别设计,使得产品在 EMC、可靠性和稳定性方面均具有良好的表现。图 4.22 和图 4.23 所示分别为核心板产品正面和背面示意图。

图 4.22　M6526 核心板正面图片

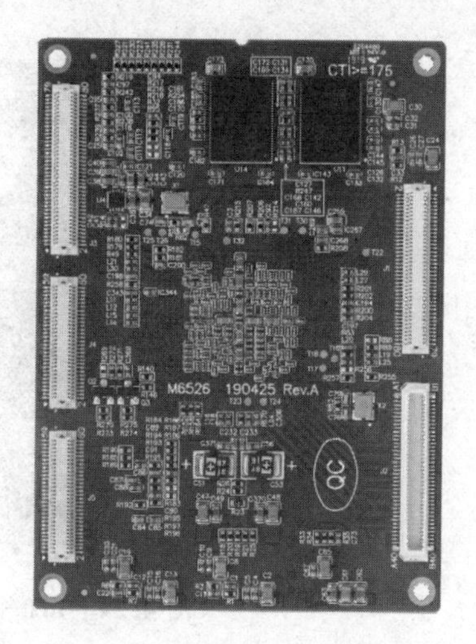

图 4.23　M6526 核心板背面图片

4.3　集成 CAN 控制器的工控主板

4.3.1　i.MX28x 无线工控板(ARM9 核)

i.MX28x 系列无线工控板(EPC-287C-L、EPC-283C-L、EPC-280I-L、IoT-A28LI 四款产品的简称)是 ZLG 致远电子精心推出的,它是集产品设计功能与评估为一体的无线开发主板,主板以 NXP 公司的基于 ARM9 内核的 i.MX280、i.MX283、i.MX287 多媒体应用处理器为核心,主频为 454 MHz,内置 128 MB DDR2 和 128 MB NAND Flash,具有极其丰富的外设资源,可为用户提供多达 6 路 UART(1 路为调试串口)、1 路 I^2C、2 路 SPI(含复用)、4 路 12 位 ADC(含 1 路高速 ADC)、2 路 10/100M 自适应以太网接口(可实现交换机功能)、1 路 SD 接口、1 路 I^2S 接口(含复用)、1 路 USB HOST、1 路 USB OTG 接口,支持 4 线电阻式触摸屏及 16 位 TFT 液晶显示,其分辨率最高可达 800×480;此外,主板可选 Wi-Fi(802.11 b/g/n)以及蓝牙 4.0 无线通信,丰富的外设资源使得该主板可满足数据采集和工业控制等应用。

针对 i.MX28x 系列无线工控板,ZLG 致远电子提供了实用的 Linux 和 AWorks 的 BSP 支持包、测试 DEMO 和配套文档,极大提高了 Linux 和 AWorks 系统移植、驱动和应用程序开发的效率,使用户能顺利地在实践中熟悉 i.MX28x 系列处理器及其 Linux 和 AWorks 开发平台,大大降低了开发门槛,可帮助用户在短期内实现产品设计阶段的功能验证和开发。

i.MX28x 系列无线工控板中的 IoT-A28LI 主板整体布局详见图 4.24。

图 4.24　IoT - A28LI 无线主板正面图片

4.3.2　IoT - 3968L 网络控制器(ARM9 核)

IoT - 3968L 是一款物联网 IoT 网络控制器。该控制器主板以 NXP 的i. MX287 ARM9 多媒体应用处理器为核心,主频为 454 MHz,内置 128 MB DDR2 和 128 MB NAND Flash。IoT - 3968L 网络控制器配置了两个 MiniPCIe 接口以及一个牛角座柔性扩展接口,可适配 ZigBee、LoRa、Wi - Fi、GPRS、3G/4G、以太网、CAN - bus、RS232、RS485 等各类有线和无线通信接口,以满足 IoT 产品的各种不同通信方式的接入选择;同时还提供了 USB、TF 卡等大容量存储,以满足产品的现场数据存储以及数据导出等应用功能。

IoT - 3968L 网络控制器所有接口通过严格的抗干扰、抗静电等测试,可在 -40～+85 ℃温度范围内稳定工作,满足各种条件苛刻的工业应用。同时为了让用户能够快速地熟悉该控制器主板,控制器主板预装 Linux 操作系统,并提供完善的测试 DEMO 和配套文档,完整的软硬件架构使用户只需专注于开发产品的应用程序,可极大地提高 IoT 产品应用开发效率,大大缩短产品的开发周期,使产品能够更快地投入市场,尽早抢占市场先机。

IoT - 3968L 网络控制器整体布局详见图 4.25。

4.3.3　EPC - 6G2C - L/IoT - 6G2C - L 无线工控板(Cortex - A7 核)

Cortex - A7 系列无线工控板包括 EPC - 6G2C - L、IoT - 6G2C - L 两款产品,它们是一款集教学、竞赛与产品功能评估于一身的无线工控开发套件。该套件以 NXP 的基于 ARM Cortex - A7 内核的 i. MX6UL 应用处理器为核心,处理器主频最高达 528 MHz,支持 DDR3 和 NAND Flash,并提供 1 路 Wi - Fi、8 路 UART、2 路 CAN、1 路 I^2C、2 路 12 位 ADC、2 路 10/100M 以太网接口、1 路 SDIO、1 路左右声道模拟音频接口、2 路 USB Host 接口(与 USB Device 共用同一路 USB OTG)、1 路 USB

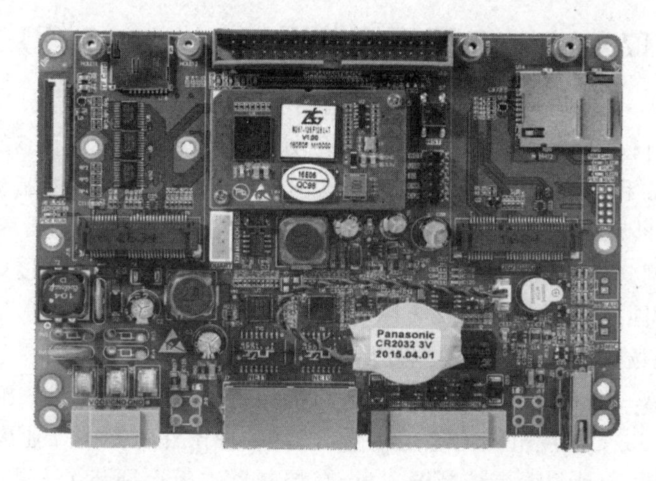

图 4.25　IoT－3968L 网络控制器正面图片

Device 接口、1 路 8 位 CSI 数字摄像头接口，可满足数据采集等多种消费电子和工业控制应用。

Cortex－A7 系列无线工控板套件为入门级工控开发套件。ZLG 致远电子提供实用的 Linux 的 BSP 包、测试例程和配套文档，极大地提高了 Linux 系统移植、驱动和应用程序开发的效率，使用户能顺利地在实践中熟悉 i.MX6UL 系列处理器及其 Linux 开发平台，大大降低了 Linux 开发的门槛，并联合 ARM、NXP、CSDN、嵌入式 Linux 中文网站论坛等社区提供免费的技术支持，帮助更多的创客实现梦想，共同见证中国嵌入式应用技术傲立于世界之林！

EPC－6G2C－L 工控板整体布局详见图 4.26。

图 4.26　EPC－6G2C－L 工控板正面图片

4.3.4 IoT7000A－LI 网络控制器(Cortex－A7 核)

IoT7000A－LI 是一款物联网 IoT 网络控制器。控制器主板以 NXP 的基于 Cortex－A7 内核的 i. MX6UL 多媒体应用处理器为核心，主频为 528 MHz，内置 256 MB DDR3 和 256 MB NAND Flash。IoT7000A－LI 网络控制器配置了两个 MiniPCIe 接口以及一个牛角座柔性扩展接口，可适配 ZigBee、LoRa、Wi－Fi、GPRS、3G/4G、以太网、CAN－bus、RS232、RS485 等各类有线和无线通信接口，以满足 IoT 产品的各种不同通信方式的接入选择；同时还提供了 USB、TF 卡等大容量存储，以满足产品的现场数据存储以及数据导出等应用功能。

IoT7000A－LI 网络控制器的所有接口都通过了严格的抗干扰、抗静电等测试，可在－40～＋85 ℃温度范围内稳定工作，满足各种条件苛刻的工业应用。同时，为了让用户能够快速地熟悉该控制器主板，在控制器主板上预装了实用操作系统并提供完善的测试 DEMO 和配套文档，完整的软硬件架构使用户只需专注于开发产品的应用程序，极大地提高了 IoT 产品应用的开发效率，缩短了产品的开发周期，使产品能够更快地投入市场，抢占市场先机。产品布局详见图 4.27。

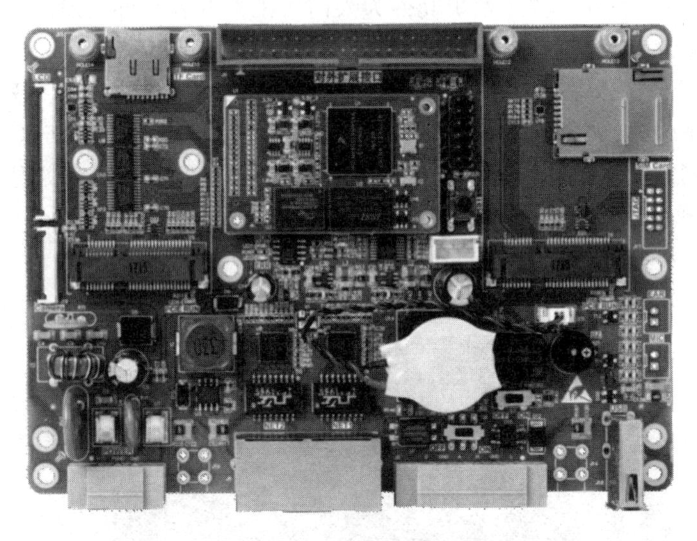

图 4.27 IoT7000A－LI 网络控制器正面图片

4.3.5 IoT－A3352LI 无线工控板(Cortex－A8 核)

IoT－A3352LI 无线工控主板是一款物联网 IoT 工控主板。该主板以 TI 的 Cortex－A8 多媒体应用处理器为核心，主频为 800 MHz，内置 128 MB DDR2 和 128 MB NAND Flash。IoT－A3352LI 无线工控主板在硬件接口上，除了搭配满足核心板特有的无线功能，还配置了两组类 PC104 可堆叠扩展接口，可适配 Wi－Fi、双以太网、CAN－bus、RS232、RS485 等各类无线和有线通信接口，以满足 IoT 产品的各种不同通信方式的接入选择；同时还提供了 USB、TF 卡等大容量存储，以满足产品的现场数据存储以及数据导出等应用功能。

IoT－A3352LI 工控主板所有接口通过严格的抗干扰、抗静电等测试，可在－40～＋85 ℃温度范围内稳定工作，满足各种条件苛刻的工业应用。同时为了让用户能够快速地熟悉该控制器主板，在控制器主板上预装了实用操作系统，并提供完善的测试 DEMO 和配套文档，完整的软硬件架构使用户只需专注于开发产品的应用程序，可极大地提高 IoT 产品应用开发效率，大大缩短产品的开发周期，使产品能够更快地投入市场，抢占市场先机。

IoT－A3352LI 无线工控主板整体布局详见图 4.28。

图 4.28 IoT－A3352LI 无线工控主板正面图片

4.3.6 IoT3000A－AWI 网络控制器(ARM9 核)

IoT3000A－AWI 是一款物联网 IoT 网络控制器。控制器主板以 NXP 公司的基于 ARM9 内核的 i.MX28 系列多媒体应用处理器为核心，主频为 454 MHz，内置 64 MB DDR2 和 8 MB SPI Flash。IoT3000A－AWI 网络控制器配置了两个 MiniPCIe 接口以及两个牛角座柔性扩展接口，可适配和扩展 ZigBee、LoRa、Wi－Fi、GPRS、3G/4G、以太网、CAN－bus、RS232、RS485 等各类有线和无线通信接口，以满足 IoT 产品的各种不同通信方式的接入选择；同时还提供了 USB、TF 卡等大容量存储，以满足产品的现场数据存储以及数据导出等应用功能。

IoT3000A－AWI 网络控制器所有接口通过严格的抗干扰、抗静电等测试，可在－40～＋85 ℃温度范围内稳定工作，满足各种条件苛刻的工业应用。同时为了让用户能够快速地熟悉该控制器主板，在控制器主板上预装了实用操作系统，并提供完善的测试 DEMO 和配套文档,完整的软硬件架构使用户只需专注于开发产品的应用程序,可极大地提高 IoT 产品应用开发效率,大大缩短产品的开发周期,使产品能够更快地投入市场,抢占市场先机。

IoT3000A－AWI 网络控制器整体布局参考图 4.29。

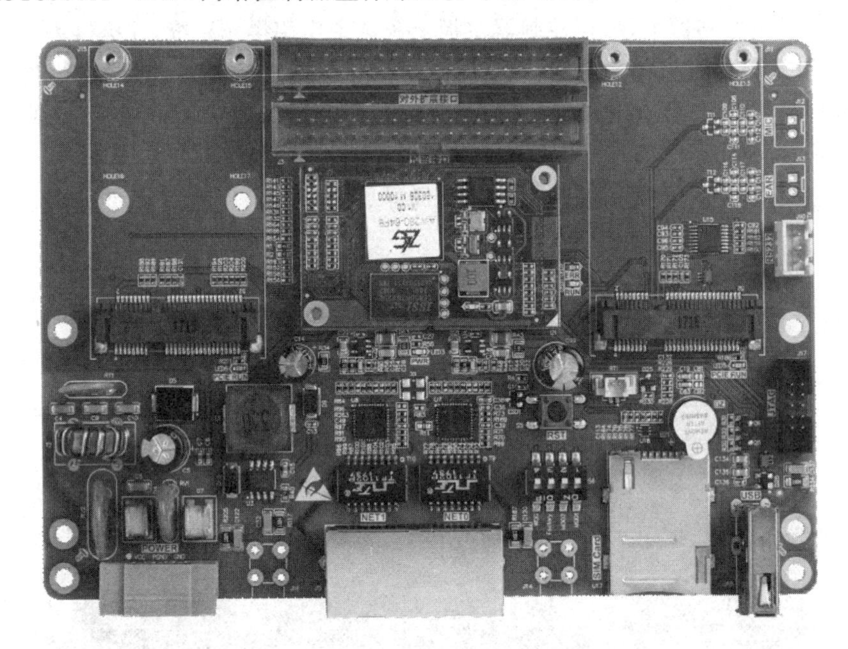

图 4.29　IoT3000A－AWI 网络控制器正面图片

4.3.7　IoT9000A/9100A－LI 无线工控板(Cortex－A9 核)

IoT9000A/9100A－LI 是基于 M6708－T 系列核心板的 ARM 工控主板,核心板标配处理器为 i.MX 6 系列。板上集成了大量的外设接口,包括千兆以太网、音频、USB、HDMI、LVDS、LCD、MiniPCIe、摄像头、CAN 信号、UART 信号等接口,同时整合的多功能 HD 视频引擎可提供 1080P/60 fps 视频解码、1080P/30 fps 视频编码,并带有 2D、3D 图形引擎,可满足消费电子、工业和汽车车载娱乐系统等新一代应用,以及医疗应用的丰富图形和高响应需求。

ZLG 致远电子提供各种成熟的硬件解决方案和丰富的软件资源,完整的软硬件架构使用户只需专注于编写产品的应用程序,具有开发周期短、系统人性化、软件配套完整等特点,让用户能轻松实现 TCP/IP 通信、CAN－bus 现场总线通信、USB 通信和大容量存储等复杂功能,使嵌入式系统设计更加简洁方便。用户程序可在线升级,不但使产品更快投入市场,而且升级简单可靠,可明显增强产品的市场竞争力。提供保护设计,使产品在 EMC 及稳定性方面均具有良好的表现。

IoT9000A-LI 无线工控主板整体布局如图 4.30 所示。

图 4.30　IoT9000A-LI 无线工控主板正面图片

第5章

MCU如何扩展CAN/CAN FD接口

本章导读

在设计CAN产品时，MCU的CAN控制器资源是工程师们关注的第一要素，前面章节介绍了包含CAN控制器的MCU、核心板、工控板，但常常会遇到这样的问题：一些老产品改造需要增加CAN接口，但原有硬件方案中并没有CAN控制器外设；另一些产品可能需要使用到多路CAN接口，然而大部分MCU支持的CAN总线接口数量并不多，导致CAN接口数量不满足产品需求。

若能将MCU多余的通信接口扩展为CAN接口，以上问题就迎刃而解了。因此，ZLG致远电子推出了CSM系列UART/SPI转CAN隔离模块，可以很方便地嵌入到具有UART/SPI接口的设备中，在不需改变原硬件结构的前提下获得CAN-bus通信接口。

5.1 MCU扩展CAN/CAN FD接口

设计CAN接口设备时，可能会遇到主控制器没有支持CAN控制器或者CAN路数不够等问题，原因是：①早期产品使用的是RS485或RS232通信，现阶段需要将产品升级到CAN通信；②受制于成本限制，主控MCU本身不带CAN控制器；③多路CAN应用场景，如图5.1所示的充电桩控制器，CAN路数远远大于2路，市面上能支持两路以上CAN的MCU型号却极少。

当MCU内部不支持CAN控制器或者所需的CAN路数不能满足要求时，可以选择使用其他通信接口转换CAN接口。常见的转换方法有串口转CAN、以太网转CAN、Wi-Fi转CAN以及光纤转CAN，本章主要为大家介绍串口转CAN模块并介绍其设计思路。

串口扩展CAN的模块主要分为两种形式：一种是利用协议控制芯片实现，如MCP2517和MCP2515；另一种是通过嵌入式转换模块实现。相比直接使用协议控制芯片，嵌入式转换模块因为包含MCU、数字隔离电路、隔离DC-DC电源、CAN收发器而具有以下优势：

➢ 配置简单方便，配合上位机或串口指令，几个简单的串口数据就可以完成配置；

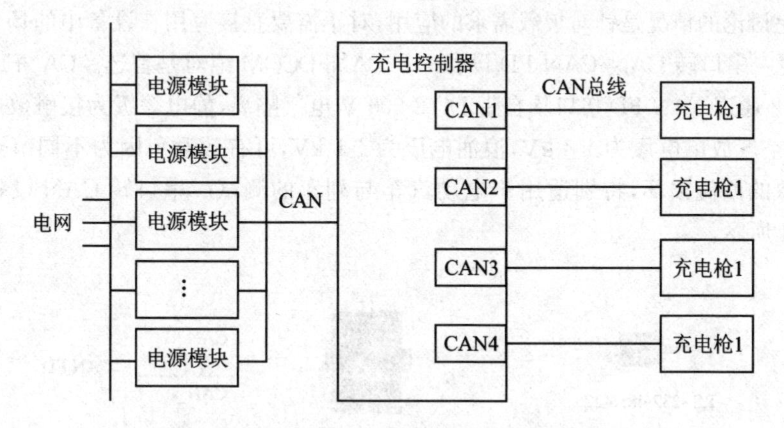

图 5.1　多路 CAN 应用场景(充电桩控制器)

- 数据缓存大,在高速或数据吞吐量大时可以避免丢帧的现象;
- 性能优异,模块自带的 MCU 完成协议转换及缓存处理,减轻用户 MCU 的负担。

ZLG 致远电子推出的串口转 CAN 模块主要有 CSM、CANFDSM 两个系列。该如何选型呢?我们从它们之间的区别入手,模块链路层协议区别详见图 5.2,CSM 系列支持 CAN2.0 协议,而 CANFDSM 不仅能支持当前热门的 CAN FD 协议,还能完全兼容传统的 CAN2.0 协议。

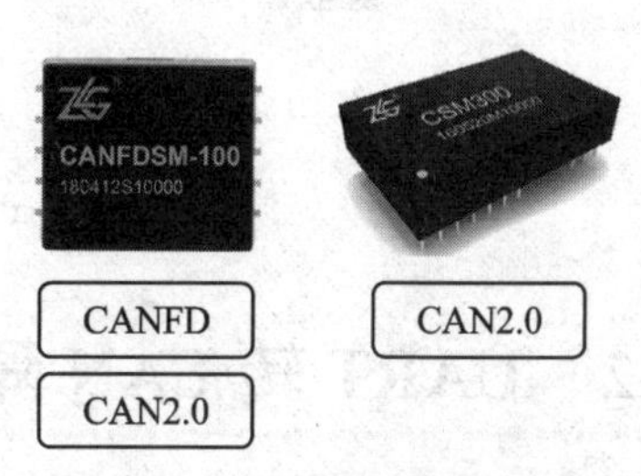

图 5.2　模块链路层协议区别

从内部器件来看,CANFDSM 不带 CAN 或者 CAN FD 收发器,用户需要自行增加隔离或者不隔离的收发器模块。CSM 系列内部集成 CAN 隔离收发器、CAN 控制器,因此可以直接连接 MCU 与 CAN 总线,CSM300 与 CANFDSM 内部器件情况详见图 5.3。

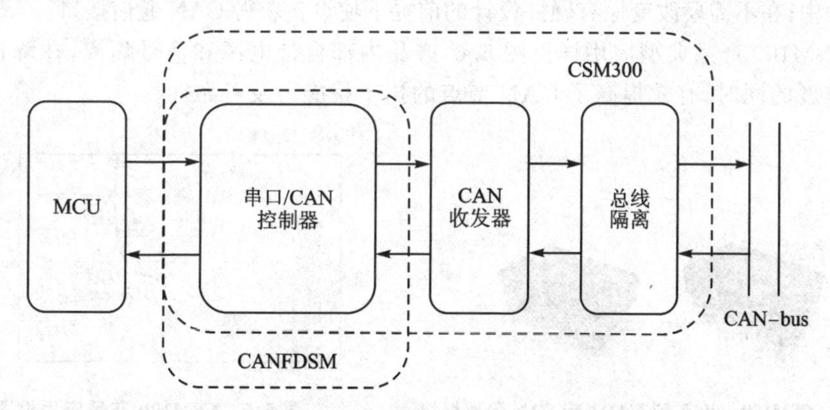

图 5.3　CSM300 与 CANFDSM 内部器件情况

以上讨论的情况是针对板载需求的应用，对于需要直接应用在设备中的场合又该如何选择呢？串口转 CAN/CAN FD 设备——CANFDCOM 绝对是首选。CANFDCOM 自带的 1～2 通道 CAN FD 接口均自带 DC 2 500 V 电气隔离，静电等级为接触放电电压为 ±4 kV，空气放电电压为 ±8 kV，浪涌电压为 ±1 kV，可有效避免因为不同节点的电位不同导致的回流损坏，特别适用于电动汽车与列车的测试。串口转 CAN 设备示意图如图 5.4 所示。

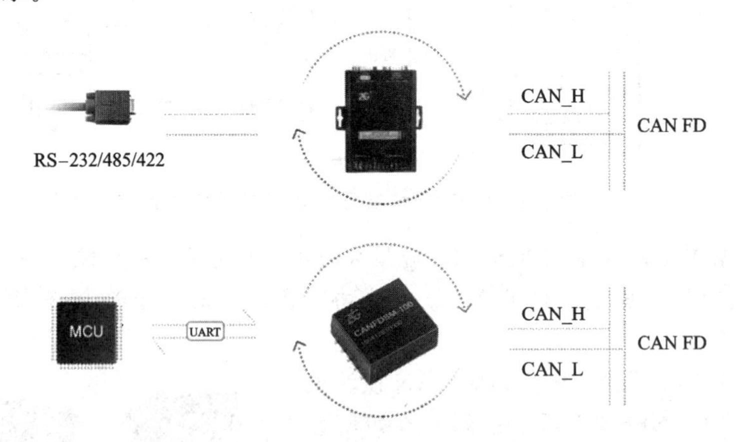

图 5.4　串口转 CAN 设备示意图

5.2　UART 转 CAN 隔离模块

CSM 系列是 UART 转 CAN 隔离模块系列产品，模块由 MCU、数字隔离电路、隔离 DC-DC 电源、CAN 收发器组成，包含 CSM100 和 CSM300 两大系列，外观详见图 5.5。其中，CSM100 系列模块集成 1 路 UART 通道、1 路 CAN 通道；CSM300 除 1 路 UART 之外，还支持 1 路 SPI 通信。模块可以很方便地嵌入到带有 UART/SPI 接口的设备中，在不需要改变原有硬件设计的前提下使设备获得 CAN 通信接口。

CSM100 产品典型应用详见图 5.6，产品内部自带电源和信号隔离，在降低用户设计难度的同时，有效提高了 CAN 节点的抗干扰能力及可靠性。

图 5.5　CSM100/300 系列 UART 转 CAN 隔离模块

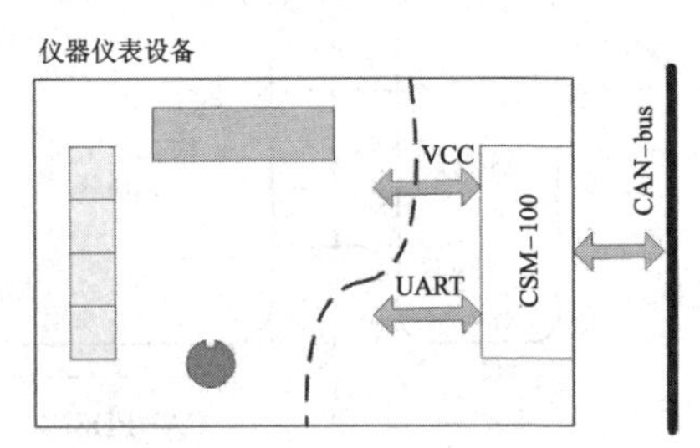

图 5.6　CSM100 产品应用框图

5.2.1 产品特性

CSM产品的特点包括：

- 实现SPI(仅CSM300支持)或UART与CAN接口的双向数据通信；
- CAN总线符合ISO11898-2标准；
- CSM300集成1路SPI接口，最高波特率可达1.5 Mbps(非自定义协议转换)，或1 Mbps(自定义协议转换)；
- 集成1路UART接口，支持多种波特率，最高可达921 600 bps；
- 集成1路CAN通信接口，支持多种波特率，最高可达1 Mbps；
- 支持多种协议转换方式；
- 支持上位机配置、MCU配置方式；
- 隔离耐压DC 2 500 V；
- 工作温度范围内－40～＋85 ℃。

5.2.2 硬件接口

CSM300系列引脚排列详见图5.7。

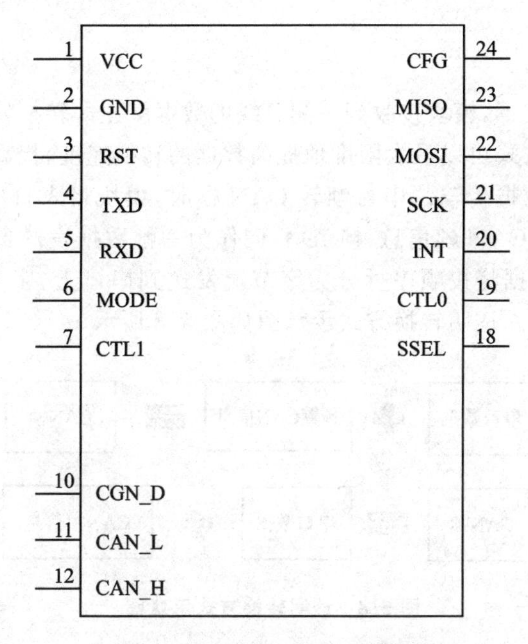

图5.7 CSM300系列引脚排列

模块引脚功能定义详见表5.1。

表 5.1　CSM300 引脚定义

引　脚	名　称	功　能	引　脚	名　称	功　能
1	VCC	输入电源正	12	CAN_H	CAN_H 引脚
2	GND	输入电源地	18	SSEL	SPI 片选引脚
3	RST	复位引脚	19	CTL0	SPI 主机控制引脚 0
4	TXD	UART 发送引脚	20	INT	从机反馈引脚
5	RXD	UART 接收引脚	21	SCK	SPI SCK 引脚
6	MODE	模式控制引脚	22	MOSI	SPI MOSI 引脚
7	CTL1	SPI 主机控制引脚 1	23	MISO	SPI MISO 引脚
10	CGND	隔离输出电源地	24	CFG	配置引脚
11	CAN_L	CAN_L 引脚			

5.2.3　常用的串口转换协议

串口转 CAN 常用的 3 种协议转换方式为透明转换、透明带标识转换、自定义协议转换。

1. 透明转换

在透明转换模式下，模块接收到一侧总线的数据就立即转换发送至另一侧总线。采用数据流的处理方式可以最大限度地提高数据的转换速度，提高缓冲区的利用率，能承担较大流量的数据传输。串行帧转 CAN 帧时，模块将来自串口的数据直接打包，并与预先配置的 CAN 帧信息、帧 ID 一同作为一帧数据发送到总线上。同理，来自 CAN 总线上的数据将按顺序拆分为字节流发送到串口上，字节流的前几个字节为该 CAN 帧的信息。透明转换方式示意图如图 5.8 所示。

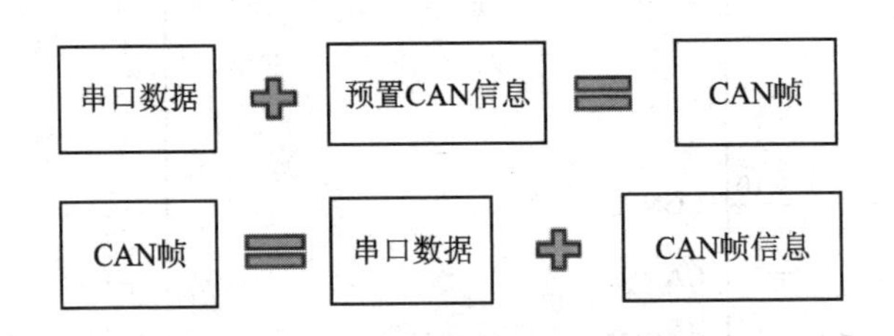

图 5.8　透明转换方式示意图

至此，读者肯定有一个疑惑，CAN 帧的信息及 CAN 帧 ID 该如何表示呢？

帧信息主要用来区分标准帧、扩展帧，长度为 1 字节。在“自定义协议转换”中，标准帧固定为 0x00，扩展帧固定为 0x80；在“透明转换”“透明带标识转换”中，标准帧为 0x0_，扩展帧为 0x8_，其中“_”代表每个帧中的数据域长度，范围为 0～8。

标准帧的帧 ID 拆分为 2 字节表示，扩展帧的帧 ID 拆分为 4 字节表示。如果实际配置时给帧 ID 预留的只有 1 字节且帧类型为扩展帧，方向是 CAN 帧转串行帧，那么将只能得到帧 ID 的高 8 位。如果实际配置时给帧 ID 预留的只有 1 字节且帧类型为扩展帧，方向是串行帧转 CAN 帧，那么将帧 ID 的高 8 位正常填充，其他 3 字节全补 0。帧 ID 转换说明如图 5.9 所示。

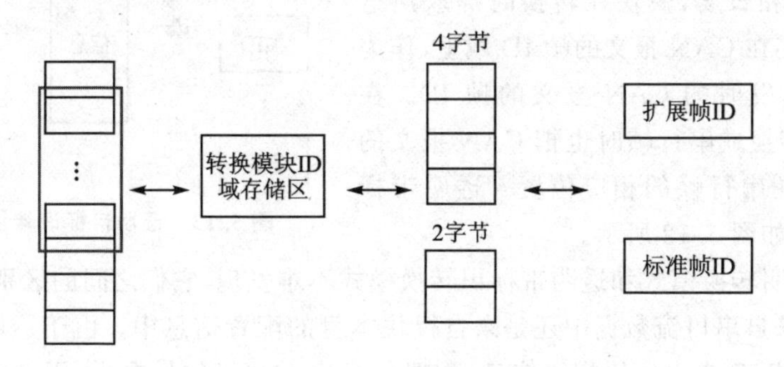

图 5.9　帧 ID 转换说明

假设配置转换成的 CAN 报文帧信息为“标准帧”，配置的帧 ID1、ID0 分别为 0x01 和 0x23，串行帧的数据为 01、02、03、04、05、06、07、08 共 8 字节，那么转换格式详见图 5.10。CAN 报文的帧 ID 为 0x0123（用户配置），帧信息为标准帧（用户配置），串行帧中的数据部分将不做任何修改地转换到 CAN 报文中。

假设 CAN 报文中帧 ID1 为 0x01，帧 ID0 为 0x23，数据为 0x12、0x34、0x56、0x78、0xab、0xcd、0xef、0xff，则 CAN 报文和转换后的串行帧详见图 5.11。CAN 报文的帧信息（0x08）转换到串行帧中的第 1 字节（0x08），CAN 报文中的帧 ID（0x0123）依次转换到串行帧中的第 2 字节（0x01）及第 3 字节（0x23）。CAN 报文的数据域将不做任何修改地转换到串行帧中的数据部分。

串行帧 ⇒ CAN报文

串行帧	CAN报文	
	帧信息	08
	帧ID	01
		23
01	数据域	01
02		02
03		03
04		04
05		05
06		06
07		07
08		08

图 5.10　串行帧转 CAN 报文示例（透明转换）

串行帧 ⇐ CAN报文

串行帧	CAN报文	
08	帧信息	08
01	帧ID	01
23		23
01	数据域	01
02		02
03		03
04		04
05		05
06		06
07		07
08		08

图 5.11　CAN 报文转串行帧（透明转换）

2. 透明带标识转换

透明带标识转换模式串行帧中的帧 ID 自动转换成 CAN 报文中的帧 ID。只要在配置中告诉模块该帧 ID 的地址编号在串行帧的起始位置和长度，模块在转换时提取出这个帧 ID 填充在 CAN 报文的帧 ID 域里，作为该串行帧转发时的 CAN 报文的帧 ID。在 CAN 报文转换成串行帧时也把 CAN 报文的帧 ID 转换在串行帧的相应位置。透明带标识转换机制如图 5.12 所示。

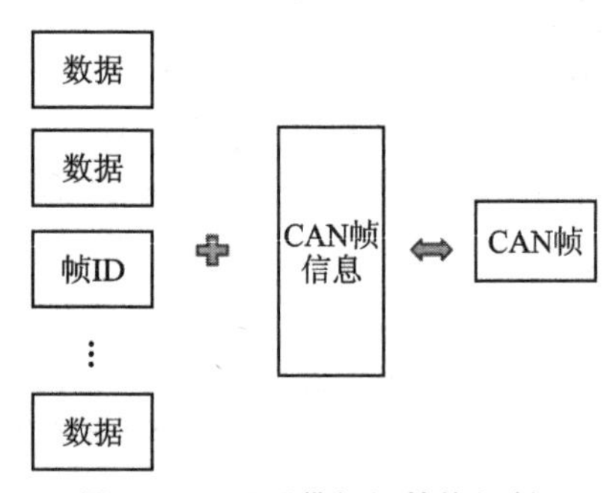

图 5.12 透明带标识转换机制

对比透明转换模式和透明带标识转换模式不难发现，它们之间的区别在于 CAN 帧 ID 信息来自串口流数据中还是来自模块本身的配置信息中。由于透明转换模式下的 CAN 帧 ID 来自模块配置信息，配置信息由上位机软件提供，因此对于使用此模式的节点来说，发送的帧 ID 是固定的。而透明带标识转换模式不同，它可以一个节点发送多个帧 ID 的 CAN 帧。

串行帧的最大缓冲区长度为 255 字节，且处于该模式时串行接收设置有超时时间，即在一定时间内收不到串口数据则默认打包为一帧发送。因此，在透明带标识转换模式下，必须保证模块取得完整的串行数据帧，否则会造成分包错误。串口分帧规则如图 5.13 所示。

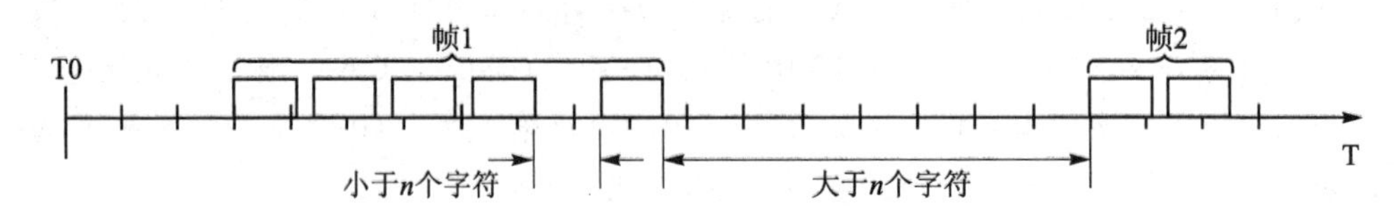

图 5.13 串口分帧规则

在透明带标识转换模式下，串行帧转为 CAN 报文时的形式如图 5.14 所示。需要注意的是，串行帧中所带有的 CAN 报文的帧 ID 在串行帧中的起始地址和长度可由配置设定。起始地址的范围为 0～7，长度范围为 1～2(标准帧)或 1～4(扩展帧)。如果在配置中指定帧类型为标准帧，帧 ID 信息起始地址为 3，长度为 1，则帧 ID 的有效位只有 8 位。地址 3 中的 CAN ID1 作为标准帧 ID 的高 8 位，其余位全部补 0。

在透明带标识转换模式下，CAN 报文转为串行帧时的形式详见图 5.15。若同样配置 CAN 帧信息为标准帧，帧 ID 信息起始地址为 3，长度为 1，则转换时将丢失 ID0 的数据。此时 CAN 帧中的数据能正常被接收，但必然缺失帧 ID 信息(ID0 本身不全为 0 时)。为了正常转换标准帧的帧 ID 信息，图 5.15 的转换中必须将帧 ID 信息中的帧长度设置为 2。

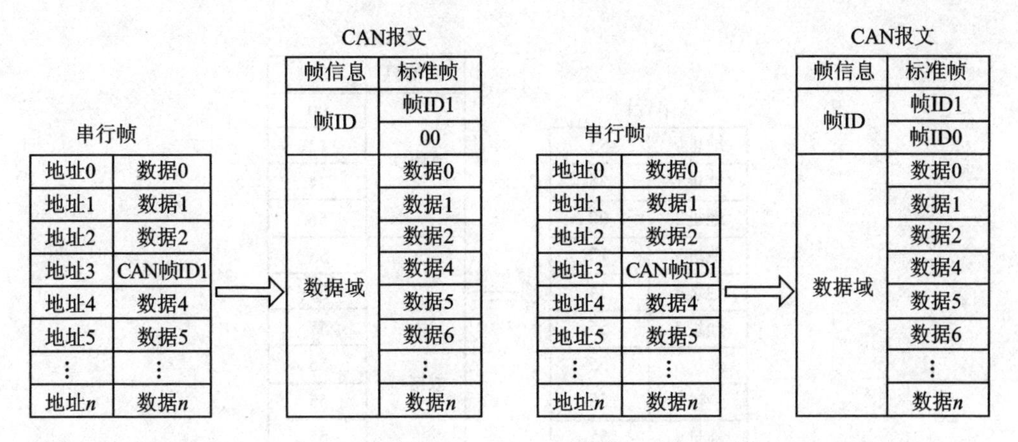

图 5.14 串行帧转 CAN 报文(透明带标识)　　**图 5.15 CAN 报文转串行帧(透明带标识)**

假设CAN报文的帧ID在串行帧中的起始地址为2,长度为3(扩展帧情况下),串行帧发送的数据分别为0x00、0x01、0x02、0x03、0x04、0x05、0x06、0x07、0x08、0x09、0x0a、0x0b、0x0c、0x0d、0x0e、0x0f,则转换结果详见图5.16。

串行帧

地址	数据
地址0	00
地址1	01
地址2	02
地址3	03
地址4	04
地址5	05
地址6	06
地址7	07
地址8	08
地址9	09
地址10	0a
地址11	0b
地址12	0c
地址13	0d
地址14	0e
地址15	0f

CAN报文

CAN报文	CAN报文1	CAN报文2
帧信息	88	85
帧ID	02	02
	03	03
	04	04
	00	00
数据域	00	0b
	01	0c
	05	0d
	06	0e
	07	0f
	08	
	09	
	0a	

图 5.16 转换示例 1

若配置起始地址为2,长度为3(扩展帧情况下),CAN报文的帧ID为0x0012 3456,数据为0x55、0x55、0x55、0x55、0x55、0x55,则转换结果详见图5.17。

以上为串口转CAN在透明带标识模式下的转换方式,该模式可以灵活设定一个节点发送的CAN帧ID信息。

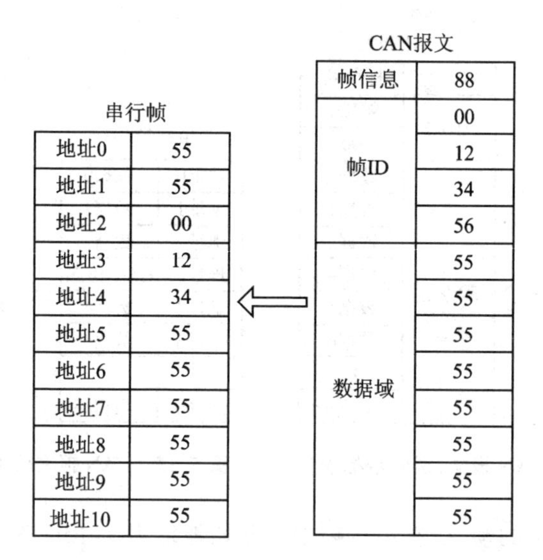

图 5.17　转换示例 2

3. 自定义协议转换

(1) 串行帧转 CAN 报文

串行帧格式必须符合规定的帧格式，由于 CAN 帧格式是基于报文的，串行帧格式是基于字节传输的，因此为了让用户方便使用 CAN - bus，将串行帧格式向 CAN 帧格式靠拢，在串行帧中规定一帧的起始及结束，即"帧头"和"帧尾"，用户可自行配置。串行帧转 CAN 报文(自定义)如图 5.18 所示。帧长度指的是从帧信息开始到最后一个数据结束的长度，不包括串行帧尾。帧信息分为扩展帧和标准帧，标准帧固定表示为 0x00，扩展帧固定表示为 0x80。与透明转换和透明带标识转换不同，自定

串行帧

串行帧	
串行帧头	用户配置
帧长度	帧长度
帧信息	帧信息
帧ID	帧ID1
	帧ID0
数据域	数据0
	数据1
	⋮
	数据7
串行帧尾	用户配置

CAN报文

CAN报文	
帧信息	帧信息
帧ID	帧ID1
	帧ID0
数据域	数据0
	数据1
	数据2
	数据3
	数据4
	数据5
	数据6
	数据7

图 5.18　串行帧转 CAN 报文(自定义)

义协议转换中，无论每帧数据域包含的数据长度为多少，其帧信息内容都固定不变。当帧类型为标准帧(0x00)时，帧类型后2字节表示帧ID，其中高位在前；当帧信息为扩展帧(0x80)时，帧类型后4字节表示帧ID，其中高位在前。

转换示例产品配置如下：自定义双向转换，帧头为0x40，帧尾为0x1A、标准帧为01 23。若通过串口发送的数据为0x55、0x55、0x55、0x55四位，则串行帧应包含的完整内容及CAN报文收到的帧内容详见图5.19。

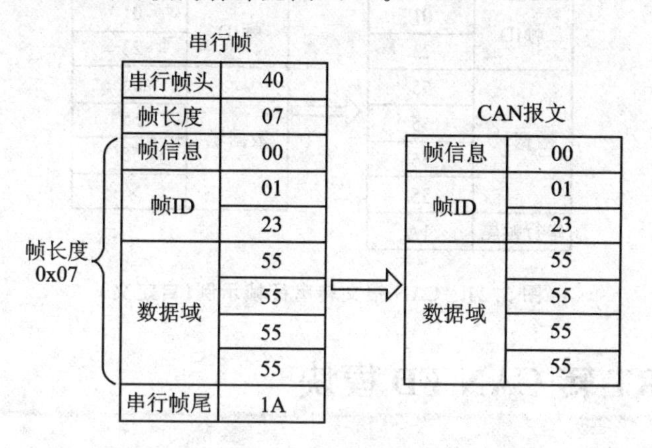

图5.19　串行帧转CAN报文示例(自定义)

(2) CAN报文转串行帧

CAN总线报文收到一帧即转发一帧，模块会将CAN报文数据域中的数据依次转换，同时会向串行帧添加帧头、帧长度、帧信息等数据，实际为串行帧转CAN报文的逆向形式，具体数据格式详见图5.20。

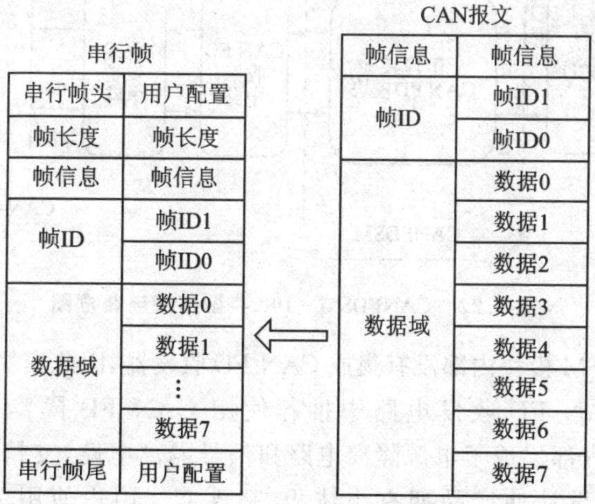

串行帧

串行帧	
串行帧头	用户配置
帧长度	帧长度
帧信息	帧信息
帧ID	帧ID1
	帧ID0
数据域	数据0
	数据1
	⋮
	数据7
串行帧尾	用户配置

CAN报文

CAN报文	
帧信息	帧信息
帧ID	帧ID1
	帧ID0
数据域	数据0
	数据1
	数据2
	数据3
	数据4
	数据5
	数据6
	数据7

图5.20　CAN报文转串行帧(自定义)

转换示例产品配置如下：自定义双向转换，帧头为0x40，帧尾为0x1A、标准帧为

01 23。CAN 报文转串行帧时只需写入需要转换的数据、帧 ID,CAN 报文的帧信息模块会在转换过程中自动加入串行帧中,示例详见图 5.21。

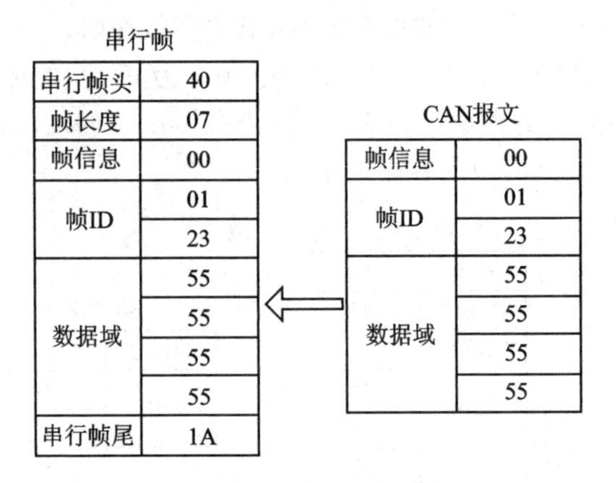

图 5.21　CAN 报文转串行帧示例(自定义)

5.3　UART 转 CAN FD 模块

CANFDSM-100 是一款串口转 CAN FD 模块,其串口转换协议与 CSM 系列基本一致,仅有稍许差异,感兴趣的读者请阅读模块手册,本节仅介绍 CAN FD 接口电路的硬件设计。

CANFDSM-100 的典型应用电路详见图 5.22。

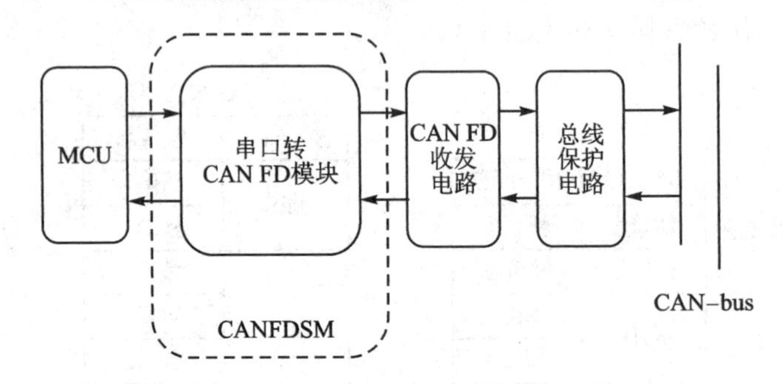

图 5.22　CANFDSM-100 典型连接电路框图

由于 CANFDSM 模块内部没有集成 CAN FD 收发器,因此模块需要外接 CAN FD 收发电路。在 CAN FD 收发电路中推荐使用 CAN FD 隔离模块 CTM3MFD。CTM3MFD 模块内部集成了电源隔离电路和信号隔离电路,支持 40 kbps～5 Mbps 的波特率,一体化设计使产品拥有小体积、高性能。用户使用单个模块即可实现 CAN FD 总线通信及隔离。

为了使 CAN FD 设备适应更多的应用场合,可增加总线保护电路以有效提高

CAN FD 设备的抗干扰能力，如抗静电、抗浪涌等。结合 CTM3MFD 的特性，此处提供了一个隔离 CAN FD 收发器的外围保护电路，接口电路详见图 5.23。

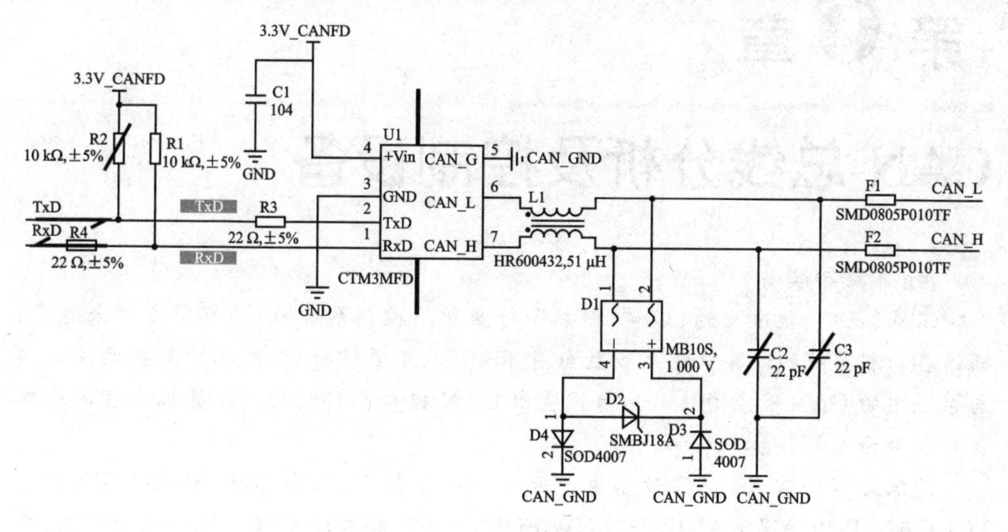

图 5.23　CAN FD 接口电路

此 CAN FD 接口电路主要由 CTM3MFD、自恢复保险丝、桥堆、共模电感组成。自恢复保险丝 R1、R2 用于限制流过桥堆管的电流，桥堆和快恢复二极管将收发器引脚之间的电压限制在两者共同作用下的钳位电压，以保护后级收发器芯片。共模电感 L1 用于抑制收发器对外界造成的传导扰动，并抑制部分共模干扰。电路推荐元件参数详见表 5.2，根据此表的推荐参数，可满足 IEC61000－4－2、IEC61000－4－5 的 4 级要求，可以有效抑制共模浪涌及差模浪涌。

表 5.2　CAN FD 接口电路的元器件推荐表

标　号	规格参数	标　号	规格参数
C1	104，10 V	D3，D4	SOD4007
C2，C3（可不焊接）	22 pF，50 V	D2	SMBJ18A
R1	10 kΩ，0603	F1，F2	SMD0805P010F
R2（可不焊接）	10 kΩ，0603	L1	B82793S0513N201
R3，R4	22 Ω，0603	U1	CTM3MFD
D1	MB10S，1 000 V		

第6章

CAN 总线分析及控制设备

本章导读

工业、医疗、轨道交通、煤矿、船舶等行业所用控制系统的 CAN 节点越来越多，而这些控制系统的计算机绝大多数自身不带 CAN 通信接口，因此计算机无法直接与系统中的 CAN 节点通信。如何扩展出 CAN 接口？只能利用计算机已有的通信接口转换为 CAN 接口。

为满足市场需求，ZLG 致远电子开发出一系列 CAN 接口卡，包括 USBCAN、PCIeCAN、PCICAN、CANET、CANWiFi 等。CAN 接口卡不仅适用于现场控制、数据采集分析，而且在 CAN 产品的研发、测试和生产中也不可或缺。本章将介绍这几类 CAN 接口卡的特点、典型应用、选型和简单的使用方法。

6.1 USBCANFD 系列接口卡

6.1.1 USB 接口简介

USB(Universal Serial Bus，通用串行总线)是连接计算机系统和外部设备的一种串行总线标准，也是一种输入/输出的标准技术规范。USB 从诞生之日就备受瞩目，它具有速度快、热插拔(即插即用)、扩展性强、标准统一等特点，迅速得到广泛应用。20 多年间 USB 不断更新迭代，先后经历了支持 1.5 Mbps 低速模式和 12 Mbps 全速模式的 USB1.0 和 USB1.1 版本；480 Mbps 高速模式的 USB2.0 版本；理论上能达到 5 Gbps 的 USB3.0 版本。在发展过程中，新老版本都保持着良好的兼容性，这也是 USB 可以得到迅速发展并成为计算机扩展接口的重要原因。USB 接口还具有以下优点：

- 即插即用，可热插拔。用户在使用 USB 外接口时，不需要对计算机进行开关机操作，在计算机正常运行时可直接插上或拔下，计算机系统会动态监测 USB 外设的插拔，并且加载驱动程序。
- USB 电缆供电。USB2.0 规定支持 5 V 供电，最大电流为 500 mA。
- 扩展灵活性。USB 接口具有很灵活的扩展性，可以通过 Hub 同时扩展最多

127 个设备,但需要注意设备的供电方式。

如同 CAN - bus 规范,USB 标准对电缆、连接器和信号电平也做了详细规定,用户使用时可以查阅规范中相关规定。USB2.0 规定通信电缆由 4 根线组成,其中两根电源线用来给下游设备供电,两根信号线作为数据信号传输的串行通道,信号为差分传输方式。USB 连接器种类分 A 型、B 型、C 型、mini 型、Micro 型等,其中工业上最常用的 A 型、B 型外观示意图详见图 6.1。

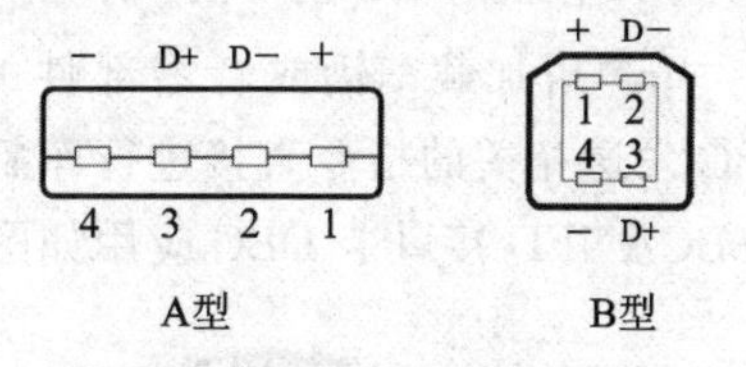

图 6.1 USB2.0 连接器类型

连接器各引脚功能介绍如下:

- VBUS(+):引脚 1,为 USB 接口的+5 V 电源;
- D-:引脚 2,USB 差分负信号数据线;
- D+:引脚 3,USB 差分正信号数据线;
- GND(-):引脚 4,为 USB 接口的 GND 地。

6.1.2 产品概述

USBCANFD 系列接口卡是 ZLG 致远电子研发的高性能 USB 接口转 CAN FD 接口卡,不但支持最新的 CAN FD,还兼容传统的高速 CAN。本系列产品有 3 个型号,产品外观详见图 6.2。其中,USBCANFD - 100U 和 USBCANFD - 100U - mini 为单通道接口卡,USBCANFD - 200U 为双通道接口卡。

接口卡的 USB 接口符合 USB2.0 总线规范,用户通过操作计算机的 USB 接口便可实现对 CAN 网络的数据收发。USBCANFD 接口卡提供完善的上位机软件、二次开发接口函数和编程实例等资料,用户可以简单、方便地开发出自己的 CAN FD 上位机软件。当然,也可使用配套的上位机软件 ZCANPRO 进行原始数据收发、数据回放、高层协议分析等操作。

在现场应用中,USBCANFD 系列接口卡的 CAN FD 接口自带电气隔离模块,可以有效避免地环流影响,保护计算机,增强系统在恶劣环境中使用的可靠性。

USBCANFD-200U/100U

USBCANFD-100U-mini

图 6.2 USBCANFD 接口卡产品外观

6.1.3 典型应用

1. 车载DBC协议解析与DBC发送仿真

用户可加载车辆或者零部件的DBC文件，进行应用协议解析，并且可以通过DBC发送相关的指令直接进行车辆控制，方便整车对车辆零部件进行测试与检修。USBCANFD接口卡DBC应用如图6.3所示。

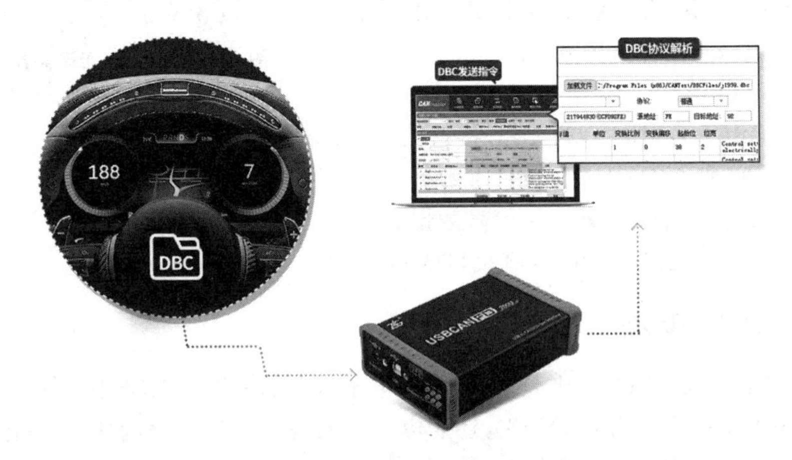

图6.3 USBCANFD接口卡DBC应用

2. 车载UDS诊断

用户可直接通过USBCANFD接口卡对车辆进行标准的UDS诊断操作，每次最大可传输4 KB数据，符合ISO15765规范。USBCANFD接口卡UDS车载诊断应用如图6.4所示。

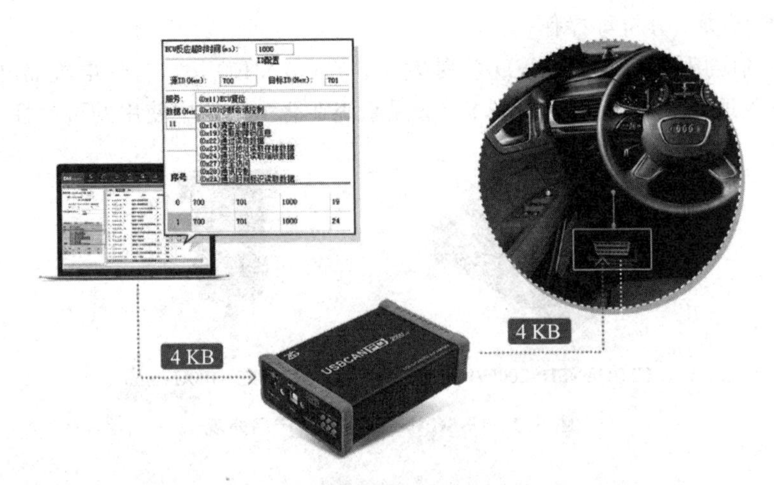

图6.4 USBCANFD接口卡UDS车载诊断应用

6.1.4 产品特性

USBCANFD 接口卡特点如下：

- USB 接口符合 USB2.0 高速规范；
- 集成 1、2 路 CAN FD 接口；
- 支持 ISO 标准、Non－ISO 标准；
- 支持 CAN2.0A、B 协议，符合 ISO11898 规范；
- CAN 通信波特率在 40 kbps～1 Mbps 之间任意可编程；
- CAN FD 数据段波特率在 1～5 Mbps 之间任意可编程；
- 每通道支持最高 64 条 ID 滤波；
- 每通道支持最高 100 条定时发送报文，定时精度可达 500 μs；
- 内置 120 Ω 终端电阻，可由软件控制接入与断开；
- 支持 USB 总线电源供电和外部电源供电；
- 支持 ZCANPRO 配套软件（支持 Win7、Win10 操作系统）；
- 提供上位机二次开发接口函数。

6.1.5 产品选型

USBCANFD 系列产品选型表如表 6.1 所列。

表 6.1 USBCANFD 系列产品选型表

型　号	USBCANFD－100U	USBCANFD－200U	USBCANFD－100U－mini
CAN FD 路数	1 路	2 路	1 路
CAN FD 标准	ISO/Non－ISO		
仲裁 ID 段波特率	40 kbps～1 Mbps		
数据段加速波特率	100 kbps～5 Mbps		
CANFD 接口	D－Sub9		
电气隔离	√		
每路接收能力	10 000 帧/s		
每路发送能力	3 000 帧/s		
Windows 驱动	支持		
Linux 驱动	支持		
车载 DBC、UDS	支持		
定时发送	支持		
120 Ω 终端电阻	软件配置使能		
外壳类型	金属		塑料
尺寸(长×宽×高)	115 mm×80 mm×35 mm		73 mm×58.3 mm×22mm
工作温度	－40～＋85 ℃		

6.1.6 硬件接口

本小节以双通道 USBCANFD－200U 接口卡为例，介绍 USBCANFD 系列设备的硬件接口。

1. 电源接线

USBCANFD－200U 接口卡支持两种供电方式：USB 供电和直流（DC）电源供电，接口外观详见图 6.5。设备选择其中一种供电方式即可正常工作，若同时接入 USB 和直流电源，设备内部会优先选择外部直流电源。

一般情况下使用 USB 供电即可，使用外部直流电源供电适用于 USB 端口无法向 CAN FD 接口卡提供足够电流的情况，例如使用 USB 总线集线器、连接多个 USB 终端设备的计算机。DC 电源适配器接口为外径 5.5 mm 的圆形插头，插头无正负要求，电压范围为＋9～48 V。

USB 线缆会在出厂时随接口卡配备，USB 接口采用的是 B 型（方口）连接器，两端带有锁紧螺丝。

2. CAN FD 通信接口

CAN FD 接口使用 D－Sub9 连接器，外观详见图 6.6，D－Sub9 引脚的信号定义符合 CiA 标准，信号定义详见表 6.2。

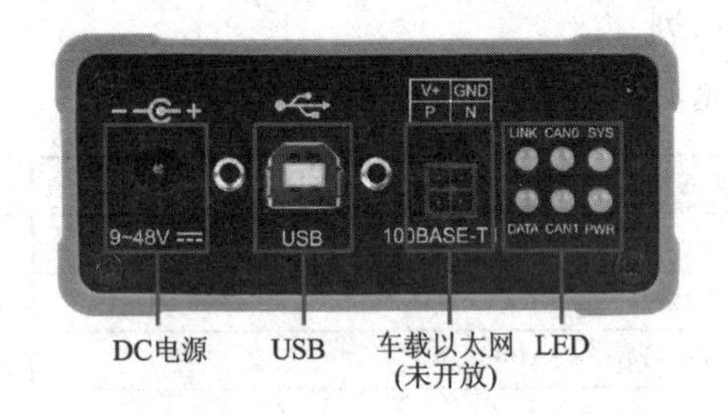

图 6.5 USBCANFD－200U 左端接口

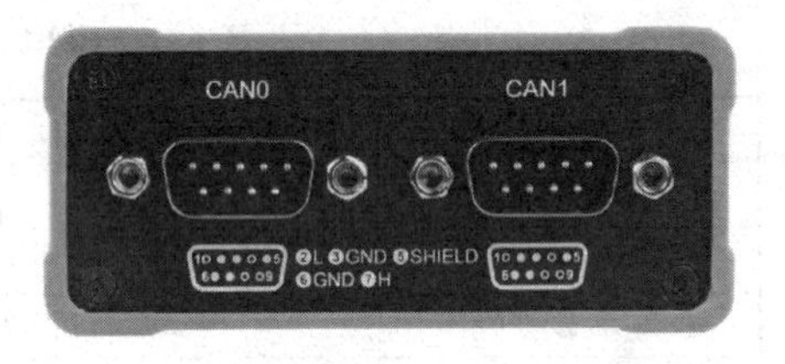

图 6.6 USBCANFD－200U CAN 接口示意图

表 6.2 D－Sub9 引脚信号定义

引　脚	信　号	说　明	图　示
1	—	保留	6 7 8 9 / 1 2 3 4 5
2	CAN_L	CAN 低	
3	CAN_GND	CAN 地	
4	—	保留	
5	CAN_SHILD	CAN 屏蔽地	
6	CAN_GND	CAN 地	
7	CAN_H	CAN 高	
8	—	保留	
9	—	保留	

3. 信号指示灯

USBCANFD 系列接口卡具有 1 个电源指示灯 PWR、1 个双色 SYS 指示灯以及 2 个用来指示 CAN 通道运行状态的双色指示灯。设备指示灯的位置详见图 6.5，具体指示功能定义详见表 6.3。

表 6.3 USBCANFD－100U/200U 接口卡指示灯定义

指示灯	状　态	指示状态
PWR	绿色	设备上电
	不亮	设备未上电
SYS	红色	驱动未正常安装或未插 USB 线
	绿色	USB 驱动已安装且已插入 USB 线
	绿色闪烁	USB 正与设备通信
	红色闪烁	USB 与设备通信错误
CAN0、CAN1	不亮	CAN 通道未打开
	绿色	CAN 通道打开
	绿色闪烁	CAN 通道正在传输报文
	红色闪烁	CAN 通道总线错误

6.1.7 Windows 驱动安装

USB 设备连接计算机时，需选择设备安装对应操作系统的驱动程序才能正常工作。USBCANFD 系列产品也不例外，下文以 WIN7 操作系统的计算机安装 USBCANFD－200U 为例，介绍如何安装该设备的驱动程序。

首先，用 USB 电缆将 USBCANFD－200U 接口卡连接到计算机，确保设备供电正常。

如图 6.7 所示，鼠标右击“计算机”，在弹出的下拉菜单中单击“属性”，打开“设备管理器”界面。若未安装驱动，设备管理器显示为“其他设备”，详情见图 6.8。若设备管理器没有显示“其他设备”，请检查 USB 线连接是否正确，计算机的 USB 口是否被禁用，设备 PWR 指示灯是否点亮。

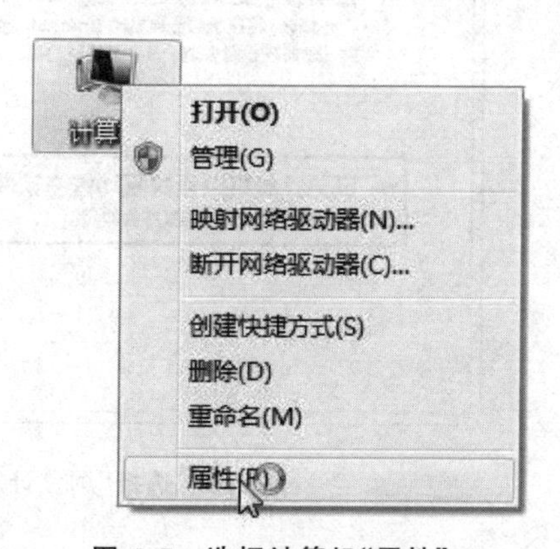

图 6.7 选择计算机“属性”

右击“USBCANFD”，在弹出的下拉菜单中选择“更新驱动程序软件”，进入“更新驱动软件- USBCANFD”界面。

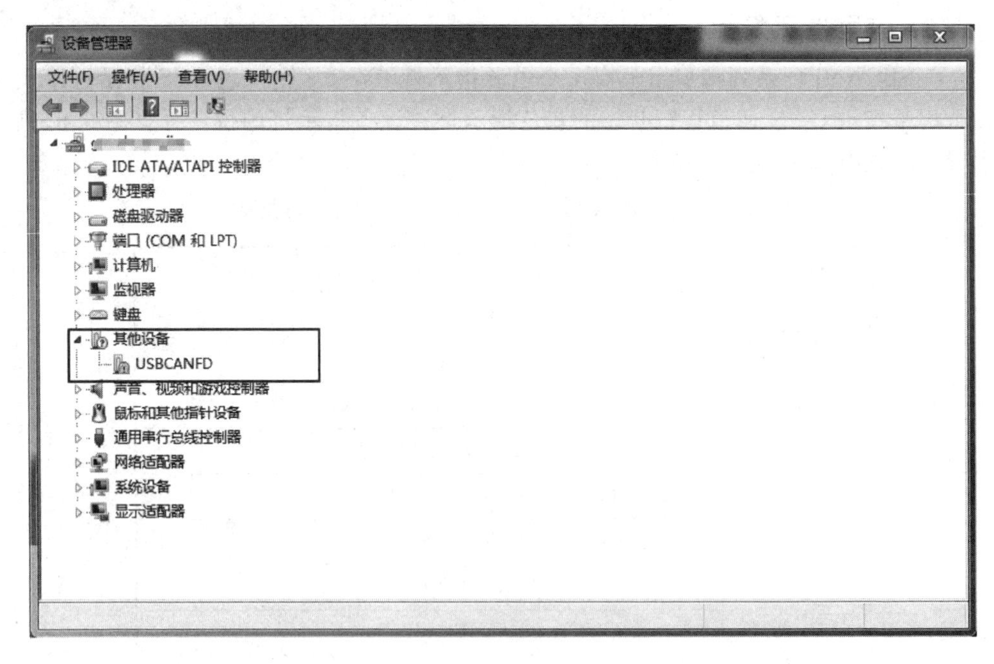

图 6.8 “设备管理器”界面

如图 6.9 所示，选择“浏览计算机以查找驱动程序软件”，在更新的界面中，单击“浏览”，选择 USBCANFD 驱动程序文件夹，再单击“下一步”，详见图 6.10，等待驱动程序安装完成。

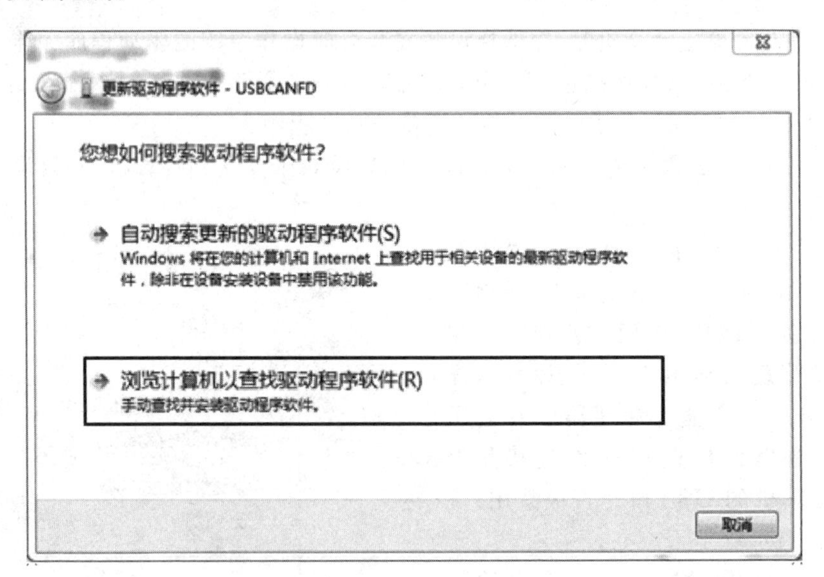

图 6.9 选择“浏览计算机以查找驱动程序软件”

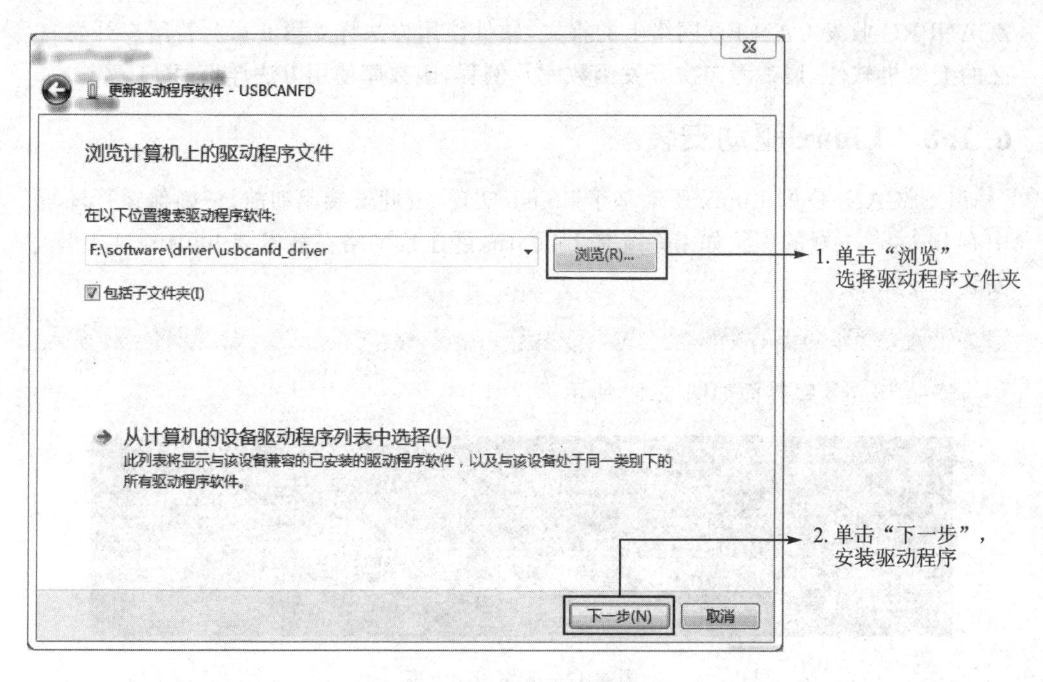

图 6.10　查找驱动程序并安装

驱动程序安装完成后，“更新驱动程序软件”界面弹出提示“Windows 已经成功地更新驱动程序文件”，“更新驱动程序软件”界面详见图 6.11，单击“关闭”按钮。

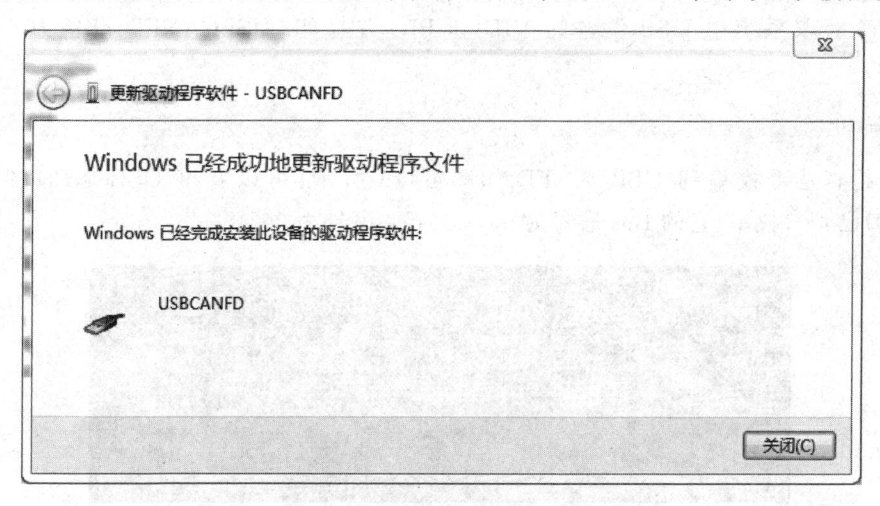

图 6.11　成功安装驱动程序软件

驱动程序安装结束后，“设备管理器”中显示 USBCANFD，表示驱动程序已正确安装，设备 SYS 灯由未安装驱动时的红色变为绿色。

经过以上步骤，USBCANFD 接口卡与计算机完成连接，接下来可以使用

ZCANPRO 收发 CAN FD 网络上的报文，软件使用方法详见第 9 章。若用户开发自己的上位机软件，请参考二次开发函数库及例程，函数库使用方法详见第 14 章。

6.1.8　Linux 驱动安装

USBCANFD 的 Linux 驱动基于 libusb 实现，因此安装驱动前，请确保运行环境中有 libusb - 1.0 的库。如果系统是 Ubuntu，可连接网络在线安装 libusb - 1.0 库，安装命令如下：

```
# sudo apt - get install libusb - 1.0 - 0
```

安装 libusb 库界面如图 6.12 所示。

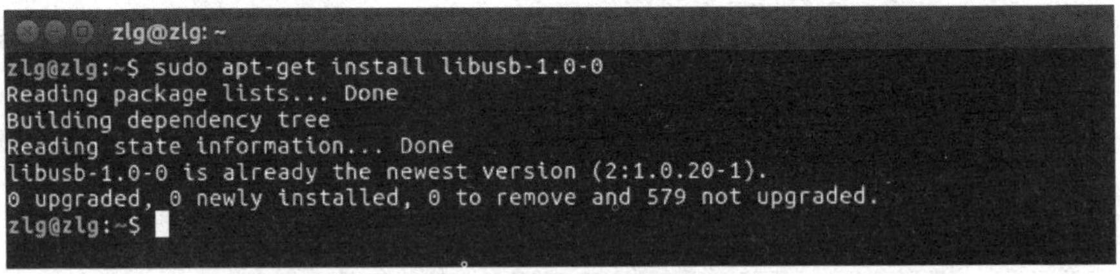

```
zlg@zlg: ~
zlg@zlg:~$ sudo apt-get install libusb-1.0-0
Reading package lists... Done
Building dependency tree
Reading state information... Done
libusb-1.0-0 is already the newest version (2:1.0.20-1).
0 upgraded, 0 newly installed, 0 to remove and 579 not upgraded.
zlg@zlg:~$ 
```

图 6.12　安装 libusb 库

1. 检查 USB 状态及用户权限修改

在运行示例程序之前，应当查看系统中 USBCANFD 设备是否正常枚举，输入如下命令获取系统中 USB 设备的 VID 和 PID 并打印(USBCANFD 设备为 04cc：1240)：

```
# lsusb
```

检查是否枚举到 USBCANFD 如图 6.13 所示，可以看出 USBCNFD(04cc：1240)已正常枚举，它的 Bus 序号为 004，Device 序号为 057。

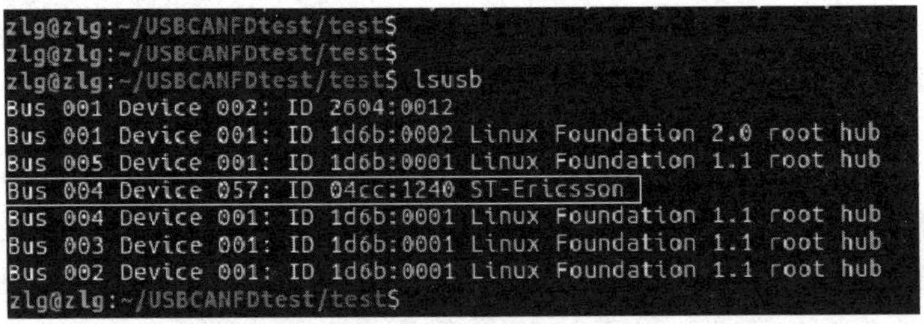

```
zlg@zlg:~/USBCANFDtest/test$
zlg@zlg:~/USBCANFDtest/test$
zlg@zlg:~/USBCANFDtest/test$ lsusb
Bus 001 Device 002: ID 2604:0012
Bus 001 Device 001: ID 1d6b:0002 Linux Foundation 2.0 root hub
Bus 005 Device 001: ID 1d6b:0001 Linux Foundation 1.1 root hub
Bus 004 Device 057: ID 04cc:1240 ST-Ericsson
Bus 004 Device 001: ID 1d6b:0001 Linux Foundation 1.1 root hub
Bus 003 Device 001: ID 1d6b:0001 Linux Foundation 1.1 root hub
Bus 002 Device 001: ID 1d6b:0001 Linux Foundation 1.1 root hub
zlg@zlg:~/USBCANFDtest/test$
```

图 6.13　检查是否枚举到 USBCANFD

接下来，查询系统内所有 USB 设备节点访问权限及操作用户，界面详见图 6.14，命令如下：

```
# ls /dev/bus/usb/ - lR
```

```
zlg@zlg:~/USBCANFDtest/test$ ls /dev/bus/usb/ -lR
/dev/bus/usb/:
total 0
drwxr-xr-x 2 root root 80 9月   6 15:30 001
drwxr-xr-x 2 root root 60 9月   5 16:19 002
drwxr-xr-x 2 root root 60 9月   5 16:19 003
drwxr-xr-x 2 root root 80 9月   6 15:30 004
drwxr-xr-x 2 root root 60 9月   5 16:19 005

/dev/bus/usb/001:
total 0
crw-rw-r-- 1 root root 189, 0 9月   5 16:19 001
crw-rw-r-- 1 root root 189, 1 9月   5 16:20 002

/dev/bus/usb/002:
total 0
crw-rw-r-- 1 root root 189, 128 9月   5 16:19 001

/dev/bus/usb/003:
total 0
crw-rw-r-- 1 root root 189, 256 9月   5 16:19 001

/dev/bus/usb/004:
total 0
crw-rw-r-- 1 root root 189, 384 9月   5 16:19 001
crw-rw-r-- 1 root root 189, 440 9月   6 15:40 057

/dev/bus/usb/005:
total 0
crw-rw-r-- 1 root root 189, 512 9月   5 16:19 001
zlg@zlg:~/USBCANFDtest/test$
```

图 6.14 查看 USB 设备访问权限及操作用户

系统中 USBCANFD 为 root 用户权限，若当前为 root 用户，无需关注下文，请直接阅读“安装驱动”。

若当前为普通用户，执行设备操作前需要加 sudo 调用 root 权限或者命令修改设备的访问权限，命令如下：

```
# sudo chmod 666 /dev/bus/usb/xxx/yyy
```

其中，xxx 对应 lsusb 输出信息中 USB 设备的 Bus 序号，yyy 对应 Device 序号，如 USBCANFD 的 Bus 序号为 004，Device 序号为 057。

修改权限命令仅是临时操作，系统重启后设备的权限会恢复为默认状态。若要永久修改用户权限，则要修改 udev 配置，增加文件/etc/udev/rules.d/50-usbcanfd.rules，文件内容如下：

```
SUBSYSTEMS=="usb", ATTRS{idVendor}=="04cc", ATTRS{idProduct}=="1240", GROUP="users", MODE="0666"
```

重新加载 udev 规则，命令如下：

```
# udevadm control --reload
```

最后插拔设备即可应用新权限。

2. 安装驱动

解压驱动包，进入 test 文件夹，将 libusbcanfd.so 复制到/lib 目录，程序界面如图 6.15 所示。

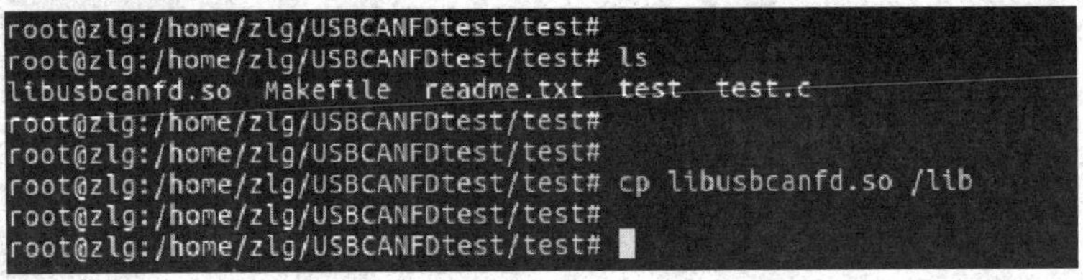

```
root@zlg:/home/zlg/USBCANFDtest/test#
root@zlg:/home/zlg/USBCANFDtest/test# ls
libusbcanfd.so  Makefile  readme.txt  test  test.c
root@zlg:/home/zlg/USBCANFDtest/test#
root@zlg:/home/zlg/USBCANFDtest/test#
root@zlg:/home/zlg/USBCANFDtest/test# cp libusbcanfd.so /lib
root@zlg:/home/zlg/USBCANFDtest/test#
root@zlg:/home/zlg/USBCANFDtest/test#
```

图 6.15　拷贝.so 文件到 lib 目录

若设备为表 6.4 中所列的 USBCAN 系列设备，应复制 libusbcan.so 到/lib 目录，然后执行 make 命令编译：

```
# make
```

表 6.4　USBCAN/USBCANFD 接口卡的类型定义

产品型号	动态库中的设备名称	设备类型号
USBCAN - I/I+	USBCAN1	3
USBCAN - II/II+	USBCAN2	4
USBCAN - I - mini	USBCAN1	3
MiniPCIeCAN - II	USBCAN2	4
USBCANFD	USBCANFD	33

3. 测试程序运行

进入 test 目录，若不带参数运行测试程序，会打印 CAN 测试各项参数及说明，命令如下：

```
# ./test
```

打印参数说明如图 6.16 所示，详情如下：

- DevType：设备类型号，支持 Linux 驱动的设备类型，参考表 6.4；
- DevIdx：设备索引，第 1 个设备是 0，第 2 个相同型号设备是 1，以此累加；
- ChMask：通道掩码，CAN0＝1，CAN1＝2，CAN0＋CAN1＝3；
- TxType：发送类型，0 为正常发送，1 为单次发送，2 为自发自收，3 为单次自发自收；
- TxSleep：发送报文间隔；
- TxFrames：每次发送报文个数；
- TxCount：发送次数。

```
zlg@zlg:~/USBCANFDtest/test$
zlg@zlg:~/USBCANFDtest/test$
zlg@zlg:~/USBCANFDtest/test$ ./test
test [DevType] [DevIdx] [ChMask] [TxType] [TxSleep] [TxFrames] [TxCount]
    example: test 33 0 3 2 3 10 1000
                  |  | | | | |  | 1000 times
                  |  | | | | |
                  |  | | | | |10 frames once
                  |  | | | |
                  |  | | | |tx > sleep(3ms) > tx > sleep(3ms) ....
                  |  | | |
                  |  | | |0-normal, 1-single, 2-self_test, 3-single_self_test, 4-single_no_wait....
                  |  | |
                  |  | |bit0-CAN1, bit1-CAN2, bit2-CAN3, bit3-CAN4, 3=CAN1+CAN2, 7=CAN1+CAN2+CAN3
                  |  |
                  |  |Card0
                  |
                  |4-usbcan-ii, 5-pci9820, 14-pci9840, 16-pci9820i, 33-usbcanfd....
zlg@zlg:~/USBCANFDtest/test$
```

图 6.16　打印参数说明

按照 CAN 测试参数顺序填写对应参数，运行 test，可进行自收发测试，参数示例如下：

```
# ./test33 0 3 2 0 3 1000
```

其中，DevType：33（USBCANFD）；DevIdx：0（第一个设备）；ChMask：3（开启 CAN0 和 CAN1）；TxType：2（发送类型：自发自收），两通道不接设备进行测试；TxSleep：0（无发送间隔）；TxFrames：3（每次发送 3 帧报文）；TxCount：1000（发送 1 000 次）。

test 程序主要用于检测是否可以驱动启动 CAN 卡，实现 CAN 口的自发自收测试，程序运行成功界面如图 6.17 所示。实际应用中，用户可参考 test 例程进行程序设计。

```
zlg@zlg:~/USBCANFDtest/test$ ./test 33 0 3 2 3 10 200
DevType=33, DevIdx=0, ChMask=0x3, TxType=2, TxSleep=3, TxFrames=0x0000000a(10), TxCount=0x000000c8(200)
VCI_OpenDevice succeeded
HWV=0x0100, FWV=0x0105, DRV=0x0100, API=0x0100, IRQ=0x0000, CHN=0x02, SN=C8AA56D89B58051900F5, ID=USBCANFD
VCI_InitCAN(0) succeeded
VCI_StartCAN(0) succeeded
VCI_InitCAN(1) succeeded
VCI_StartCAN(1) succeeded
<ENTER> to start TX: 10*200 frames/channel ...

CAN1: RX: 20 frames received & verified
CAN0: RX: 18 frames received & verified
CAN0: RX: 201 frames received & verified
CAN1: RX: 210 frames received & verified
CAN0: RX: 406 frames received & verified
CAN1: RX: 410 frames received & verified
CAN0: RX: 600 frames received & verified
CAN1: RX: 601 frames received & verified
CAN1: RX: 800 frames received & verified
CAN0: RX: 810 frames received & verified
CAN0: RX: 1010 frames received & verified
CAN1: RX: 1000 frames received & verified
CAN0: RX: 1201 frames received & verified
CAN1: RX: 1200 frames received & verified
CAN0: RX: 1400 frames received & verified
CAN1: RX: 1410 frames received & verified
CAN0: RX: 1604 frames received & verified
CAN1: RX: 1600 frames received & verified
CAN0: RX: 1800 frames received & verified
CAN1: RX: 1810 frames received & verified
CAN0: TX: 2000 frames sent, 2 seconds elapsed
CAN0: TX: 1000 frames/second
CAN0: RX: 2000 frames received & verified
CAN1: RX: 2006 frames received & verified
CAN1: TX: 2000 frames sent, 2 seconds elapsed
CAN1: TX: 1000 frames/second
CAN0: RX: rx-thread terminated, 2000 frames received & verified: no error
CAN1: RX: rx-thread terminated, 2010 frames received & verified: no error
test succeeded
VCI_CloseDevice
zlg@zlg:~/USBCANFDtest/test$
```

图 6.17　test 示例运行成功界面

6.2 USBCAN 系列接口卡

6.2.1 产品概述

USBCAN 接口卡系列产品是国内应用广泛的 CAN 接口卡。产品具有便携、即插即用、稳定可靠等特点,广泛应用于轨道交通、医疗电子、汽车电子、工业现场等场合。产品主流型号分别支持 1、2、4、8 路 CAN 通道共 8 个型号,外观详见图 6.18。

图 6.18 USBCAN 通用 CAN 接口卡

USBCANFD 接口卡主要特性继承于传统 USBCAN,因此大多数产品的功能特点相同。为了增加两类产品上位机软件的互用性,在二次开发接口函数和编程实例进行了兼容,基于此,用户开发完成的上位机软件只需要很少的修改便可以完成产品的相互替换。同样,也可使用设备配套软件 ZCANPRO 进行原始数据收发、数据回放等基本操作,但无法进行高层协议分析。

USBCAN 接口卡的硬件接口、系统连接、驱动安装等内容与 USBCANFD 接口卡相同,这部分内容不再介绍,详情可参考 6.1 节。

6.2.2 典型应用

1. 同时监控 8 路总线数据

USBCAN－8E－U 通过 USB 接入 CAN 网络,最多可对 8 路 CAN 总线的数据进行同步监听、采集数据,并配合上位机一体化分析流程,可追溯数据错误来源,对总线深入诊断分析。USBCAN－8E－U 通用 CAN 接口卡典型应用如图 6.19 所示。

2. 便携型和可集成型 CAN 接口卡

USBCAN－E－mini 与 USBCAN－I－mini 智能 CAN 接口卡是 USBCAN 便携

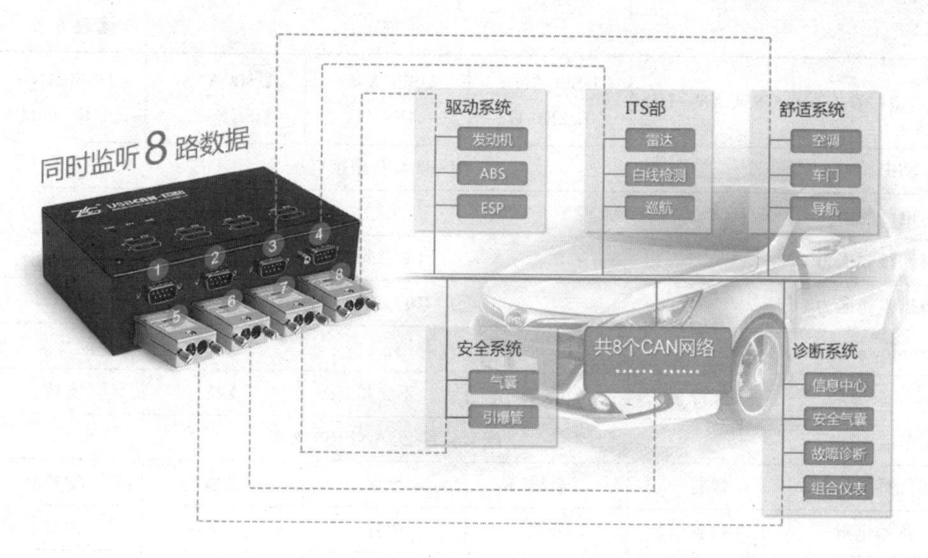

图 6.19 USBCAN－8E－U 通用 CAN 接口卡典型应用

版本，支持总线错误分析和 Linux 操作系统，并且自带安装定位孔，可以方便集成到机箱与外壳上。USBCAN－mini 系列 CAN 接口卡典型应用如图 6.20 所示。

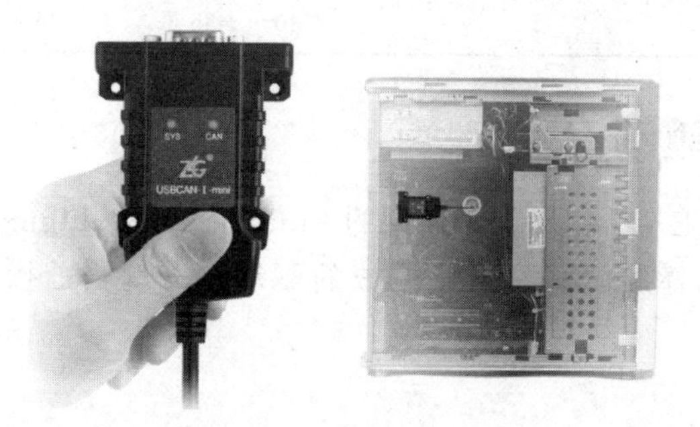

图 6.20 USBCAN－mini 系列 CAN 接口卡典型应用

6.2.3 产品选型

USBCAN 系列产品选型表详见表 6.5。

表 6.5 USBCAN 系列产品选型表

型　号	USBCAN－I/II	USBCAN－E/2E－U	USBCAN－4E－U	USBCAN－8E－U	USBCAN－I/E－mini
CAN 路数	1/2 路	1/2 路	4 路	8 路	1 路
外部电源接口	有	有	有	有	无
接口形式	D－Sub9	Open 端子	D－Sub9	D－Sub9	D－Sub9

续表 6.5

型　号	USBCAN－I/II	USBCAN－E/2E－U	USBCAN－4E－U	USBCAN－8E－U	USBCAN－I/E－mini
USB 接口	USB2.0 B 型接口				
电气隔离	√				
每路接收能力	14 000 帧/s				
每路发送能力	4 000 帧/s				
Windows 驱动	支持				
Linux 驱动	支持	不支持	不支持	支持	支持
车载 UDS	配套软件 ZCANPRO 支持				
外壳	塑料	金属	金属	金属	塑料
终端电阻	内置	外接	内置	内置	内置
尺寸（长×宽×高）	124 mm×82 mm ×31.4 mm	113.4 mm ×75 mm ×35 mm	158 mm ×102.7 mm ×30.98 mm	163 mm ×113.7 mm ×48 mm	73 mm ×58.3 mm ×22 mm
工作温度	－40～＋85 ℃				

6.2.4　Linux 驱动安装

USBCAN－4/8E－U 驱动基于通用的 Linux 库，不受 Linux 发行版本及内核版本的限制，只需要选择对应操作系统位数的驱动。查询当前操作系统位数的命令如下：

```
# uname - a
```

运行结果详见图 6.21，经查询当前系统为 Ubuntu 16.04 64 位系统，驱动选择 x64 版本。

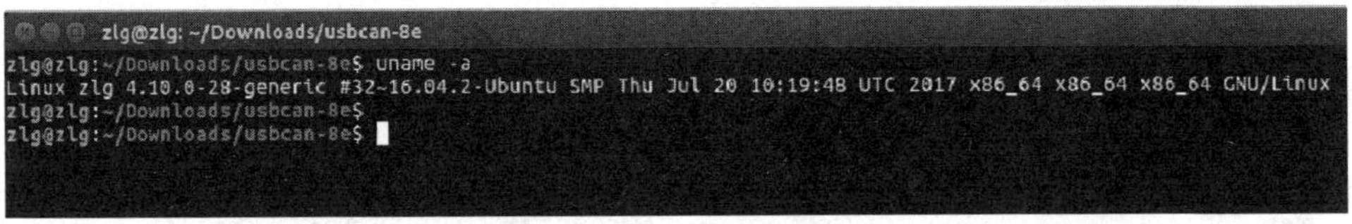

```
zlg@zlg: ~/Downloads/usbcan-8e
zlg@zlg:~/Downloads/usbcan-8e$ uname -a
Linux zlg 4.10.0-28-generic #32~16.04.2-Ubuntu SMP Thu Jul 20 10:19:48 UTC 2017 x86_64 x86_64 x86_64 GNU/Linux
zlg@zlg:~/Downloads/usbcan-8e$
zlg@zlg:~/Downloads/usbcan-8e$
```

图 6.21　查询系统信息

1. 检查 USB 状态及用户权限修改

在运行示例程序之前，应当查看系统中 USBCAN 设备是否正常枚举，程序界面如图 6.22 所示，输入如下命令获取系统中 USB 设备的 VID 和 PID 并打印（USB-

CAN-8E-U 为 0471:126B,USBCAN-4E-U 为 0471:126A):

```
# lsusb
```

```
zlg@zlg:~$ lsusb
Bus 001 Device 003: ID 2604:0012
Bus 001 Device 001: ID 1d6b:0002 Linux Foundation 2.0 root hub
Bus 005 Device 001: ID 1d6b:0001 Linux Foundation 1.1 root hub
Bus 004 Device 001: ID 1d6b:0001 Linux Foundation 1.1 root hub
Bus 003 Device 002: ID 0471:126b Philips (or NXP)
Bus 003 Device 001: ID 1d6b:0001 Linux Foundation 1.1 root hub
Bus 002 Device 001: ID 1d6b:0001 Linux Foundation 1.1 root hub
zlg@zlg:~$
zlg@zlg:~$
zlg@zlg:~$
```

图 6.22 检查是否枚举到 USBCAN

从图 6.22 可以看出,USBCAN(0471:126b)已正常枚举,它的 Bus 序号为 003,Device 序号为 002。

接下来,查询系统内所有 USB 设备节点访问权限及操作用户,程序界面如图 6.23 所示,命令如下:

```
# ls /dev/bus/usb/ -lR
```

```
zlg@zlg: ~/test
zlg@zlg:~/test$ ls /dev/bus/usb/ -lR
/dev/bus/usb/:
total 0
drwxr-xr-x 2 root root 80 8月  23 16:25 001
drwxr-xr-x 2 root root 80 8月  23 16:41 002
drwxr-xr-x 2 root root 60 8月  23 16:06 003
drwxr-xr-x 2 root root 60 8月  23 16:06 004
drwxr-xr-x 2 root root 60 8月  23 16:06 005

/dev/bus/usb/001:
total 0
crw-rw-r-- 1 root root 189, 0 8月  23 16:06 001
crw-rw-r-- 1 root root 189, 1 8月  23 16:07 002

/dev/bus/usb/002:
total 0
crw-rw-r-- 1 root root 189, 128 8月  23 16:06 001
crw-rw-r-- 1 root root 189, 129 8月  23 16:41 002

/dev/bus/usb/003:
total 0
crw-rw-r-- 1 root root 189, 256 8月  23 16:06 001

/dev/bus/usb/004:
total 0
crw-rw-r-- 1 root root 189, 384 8月  23 16:06 001

/dev/bus/usb/005:
total 0
crw-rw-r-- 1 root root 189, 512 8月  23 16:06 001
zlg@zlg:~/test$
```

图 6.23 查看 USB 设备访问权限及操作用户

系统中 USBCAN 为 root 用户权限，若当前用户为 root 用户，无需关注下文，请直接阅读“安装驱动”。

若当前为普通用户，则执行设备操作前需要加 sudo 调用 root 权限或者命令修改设备的访问权限，命令如下：

```
# sudo chmod 666 /dev/bus/usb/xxx/yyy
```

其中，xxx 对应 lsusb 输出信息中 USB 设备的 Bus 序号，yyy 对应 Device 序号，如 USBCAN - 8E - U 的 Bus 序号为 003，Device 序号为 002。

修改权限命令仅是临时操作，系统重启后设备的权限会恢复为默认状态。若要永久修改用户权限，则要修改 udev 配置，增加文件/etc/udev/rules. d/50 - usbcan. rules，文件内容如下：

```
SUBSYSTEMS = = "usb", ATTRS{idVendor} = = "0471", ATTRS{idProduct} = = "126b", GROUP = "
users", MODE = "0666"
```

重新加载 udev 规则，命令如下：

```
# udevadm control --reload
```

最后插拔设备即可应用新权限。

2. 安装驱动

驱动包解压，进入文件夹，用 sudo 运行安装包进行驱动安装(示例为 USBCAN - 8E - U)，程序界面如图 6.24 所示。

```
zlg@zlg:~/Downloads/usbcan-8e$ ls
usbcan-4e_aarch64_20190111_installer  USBCAN-4E-U Linux 驱动程序使用手册.pdf  usbcan-8e_i386_20190111_installer
usbcan-4e_armhf_20190111_installer    usbcan-4e_x86_64_20190111_installer    USBCAN-8E-U Linux 驱动程序使用手册.pdf
usbcan-4e_i386_20190111_installer     usbcan-8e_armhf_20190111_installer     usbcan-8e_x86_64_20190111_installer
zlg@zlg:~/Downloads/usbcan-8e$
zlg@zlg:~/Downloads/usbcan-8e$ sudo ./usbcan-8e_x86_64_20190111_installer
usr/
usr/lib/
usr/lib/libusbcan-8e.so
usr/include/
usr/include/zlgcan/
usr/include/zlgcan/canframe.h
usr/include/zlgcan/typedef.h
usr/include/zlgcan/config.h
usr/include/zlgcan/zlgcan.h
Install OK
```

图 6.24　安装驱动

查看/修改 example 目录下的 Makefile，命令如下：

```
# vi Makefile
```

若当前设备为 USBCAN - 8E - U，则 LDFLAGS+=-lusbcan - 8e，如果使用设备为 USBCAN - 4E - U 则把“8e”改为“4e”。Makefile 文件如图 6.25 所示。

3. 测试例程运行

查看及修改测试例程 ex_loopback. c 文件，命令如下：

```
CROSS_COMPILE =

.PHONY : clean

AS              = $(CROSS_COMPILE)as
LD              = $(CROSS_COMPILE)ld
CC              = $(CROSS_COMPILE)gcc
CPP             = $(CROSS_COMPILE)g++
AR              = $(CROSS_COMPILE)ar
NM              = $(CROSS_COMPILE)nm
STRIP           = $(CROSS_COMPILE)strip
OBJCOPY         = $(CROSS_COMPILE)objcopy
OBJDUMP         = $(CROSS_COMPILE)OBJDUMP
RANLIB          = $(CROSS_COMPILE)ranlib
LDFLAGS         += -lusbcan-8e

all: ex_loopback

ex_loopback: ex_loopback.o
	$(CC)  ex_loopback.o -o $@ $(LDFLAGS)

%.o: %.c
	$(CC) $(CFLAGS) -fPIC -c  $< -o $@

clean :
	rm -fr *.o  ex_loopback
```

图 6.25 Makefile 文件

```
# vi ex_loopback.c
```

ex_loopback.c 文件示例如图 6.26 所示。

```
#include <stdio.h>
#include <unistd.h>
#include <string.h>
#include <stdlib.h>
#include <time.h>
#include <zlgcan/zlgcan.h>

//#define USBCAN_8E_U  1

int main(int argc, char *argv[]) {
    DEVICE_HANDLE  dHandle;
    CHANNEL_HANDLE cHandle;
    ZCAN_Receive_Data zrd;
    ZCAN_Transmit_Data ztd;
    ZCAN_DEVICE_INFO  dinfo;
    ZCAN_CHANNEL_ERR_INFO einfo;
    IProperty *property;
    UINT  ch;
    int ret;
    char path[128];
    int i;

    if (argc < 2)
        ch = 0;
    else
        ch = atoi(argv[1]);
#ifdef USBCAN_8E_U
    dHandle = ZCAN_OpenDevice(ZCAN_USBCAN_8E_U, 0x0, 0);
#else
    dHandle = ZCAN_OpenDevice(ZCAN_USBCAN_4E_U, 0x0, 0);
#endif
    if (dHandle == INVALID_DEVICE_HANDLE) {
        printf("ZCAN_OpenDevice failed\n");
        return -1;
    }
    ret = ZCAN_GetDeviceInf(dHandle, &dinfo);
    if (ret < 0) {
        printf("ZCAN_GetDeviceInf failed\n");
        ZCAN_CloseDevice(dHandle);
        return -1;
    } else {
        printf("ZCAN_GetDeviceInf Version:(%d:%d),Serial: %s\n",  dinfo.hw_Version,
                                          dinfo.fw_Version ,dinfo.str_Serial_Num);
    }

    property = GetIProperty(dHandle);
```

图 6.26 ex_loopback.c 文件示例

若当前设备为 USBCAN－8E－U，需要使能设备的宏定义，保存文件并退出，宏定义如下：

```
#define USBCAN_8E_U 1
```

若当前设备为 USBCAN－4E－U，注释 USBCAN_8E_U 宏定义，直接退出。

编译例程详见图 6.27，链接程序时需要增加-lusbcan－4e(8e)及-lusb－1.0 的链接标志，USBCAN－8E－U 链接命令如下（若设备为 USBCAN－4E－U，请将字符串“8e”改为“4e”）：

```
#sudu make - lusbcan-8e - lusb-1.0
```

```
root@zlg:/home/zlg/Downloads/usbcan-8e/demo# ls
ex_loopback.c  Makefile
root@zlg:/home/zlg/Downloads/usbcan-8e/demo#
root@zlg:/home/zlg/Downloads/usbcan-8e/demo#
root@zlg:/home/zlg/Downloads/usbcan-8e/demo# make -lusbcan-8e -lusb-1.0
gcc  -fPIC -c  ex_loopback.c -o ex_loopback.o
gcc  ex_loopback.o -o ex_loopback -lusbcan-8e
root@zlg:/home/zlg/Downloads/usbcan-8e/demo#
root@zlg:/home/zlg/Downloads/usbcan-8e/demo# ls
ex_loopback  ex_loopback.c  ex_loopback.o  Makefile
root@zlg:/home/zlg/Downloads/usbcan-8e/demo#
root@zlg:/home/zlg/Downloads/usbcan-8e/demo#
```

图 6.27　编译例程

编译完成，运行 ex_loopback，命令如下：

```
#sudu ./ex_loopback
```

6.3　PCIeCAN/PCIeCANFD 系列接口卡

6.3.1　PCI 和 PCIe 概述

PCI(Peripheral Component Interconnect，外围器件互联）是 1992 年由 PCISIG（PCI Special Interest Group）组织推出的一种局部并行总线标准。目前已成为计算机系统的一种标准总线接口，主要用于连接显卡、网卡、声卡。PCI 板卡和插槽外观示意图详见图 6.28。

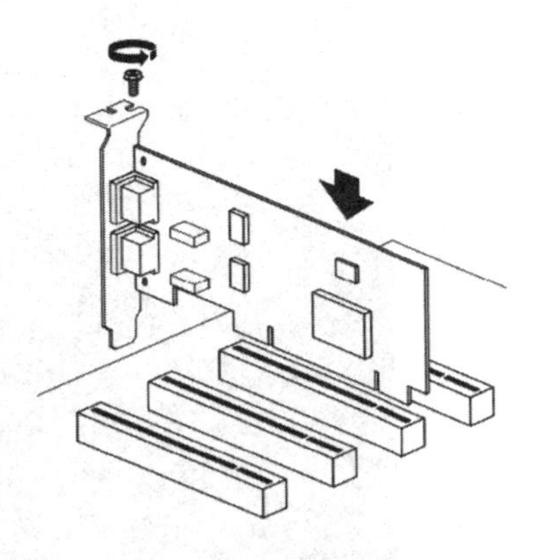

图 6.28　PCI 板卡和插槽外观示意图

PCI 总线的地址和数据共用一套总线，采用分时复用机制，从总线宽度来看，有 32 位和 64 位之分；从总线工作频率来区分，有 33 MHz 和 66 MHz 两种，其中 32 位、频率 33 MHz 应用最为普遍。

目前大部分个人计算机不再具有 PCI 总线接口，取而代之是 PCIe(Peripheral Component Interconnect express)总线接口；然而在工业计算机中还大量存在 PCI 接口，相信在不久的将来也会被 PCIe 接口取代。

使用高速差分总线替代并行总线是现代数据传输处理技术的发展。PCIe 是一种高速串行计算机扩展总线标准，设计之初旨在替换 PCI、PCI - X 等总线。与并行传输的 PCI 总线相比，PCIe 链路使用"端到端"的数据传输方式，示意图详见图 6.29。PCIe 相对于 PCI 并行的传输方式，其高速差分信号使用了更高的频率和更少的信号线，所连接的设备分配独享的通道带宽，不共享总线带宽。

PCIe 物理链路的一个数据通路(lane)由 2 组差分信号组成，共 4 根信号线，详见图 6.29。发送端的 Tx 差分信号连接接收端的 Rx(发送端的发送链路)，发送端的 Rx 连接至接收端的 Tx(发送端的接收链路)。PCIe 链路可以由多个 Lane 组成，支持 1、2、4、8、12、16 和 32 个 Lane，即常称的 x1、x2、x4、x8、x12、x16 和 x32。基于 PCIe 总线的设备中，x1、x16 规格最常见，x2、x4、x8、x12 并不多见。

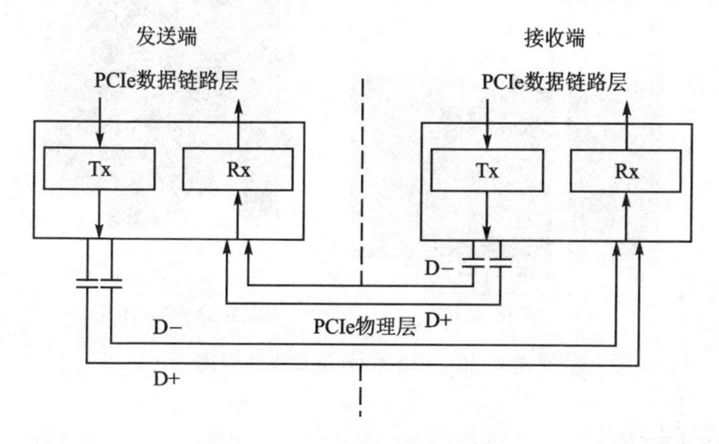

图 6.29 PCIe 物理链路示意图

6.3.2 产品概述

PCIeCAN 接口卡兼容 PCI Express r1.0a 规范(x1 规格)，集成 1、2、4 路 CAN 接口，可以兼容上文所述的各种类型标准 PCIe 插槽。PCIe 系列接口卡包括 PCIe - 9110I、PCIe - 9110M(半高 PCIe 挡板)、PCIe - 9120I、PCIe - 9140I、PCIeCANFD - 100U、PCIeCANFD - 200U 六种型号，其中 PCIeCANFD - 100U、PCIeCANFD - 200U 为 CAN FD 接口卡。

相对于 USBCAN 接口卡，PCIeCAN、PCICAN 接口卡以更高速、连接更可靠等优势，在某些大数据量、高要求场合(如高铁、地铁、航空航天等)得到广泛应用。

PCIeCAN 系列接口卡外观详见图 6.30，接口卡集成的 CAN/CAN FD 接口可达到 DC 2 500 V 的电气隔离，保护计算机避免地环流的影响，增强系统在恶劣环境中使用的可靠性。

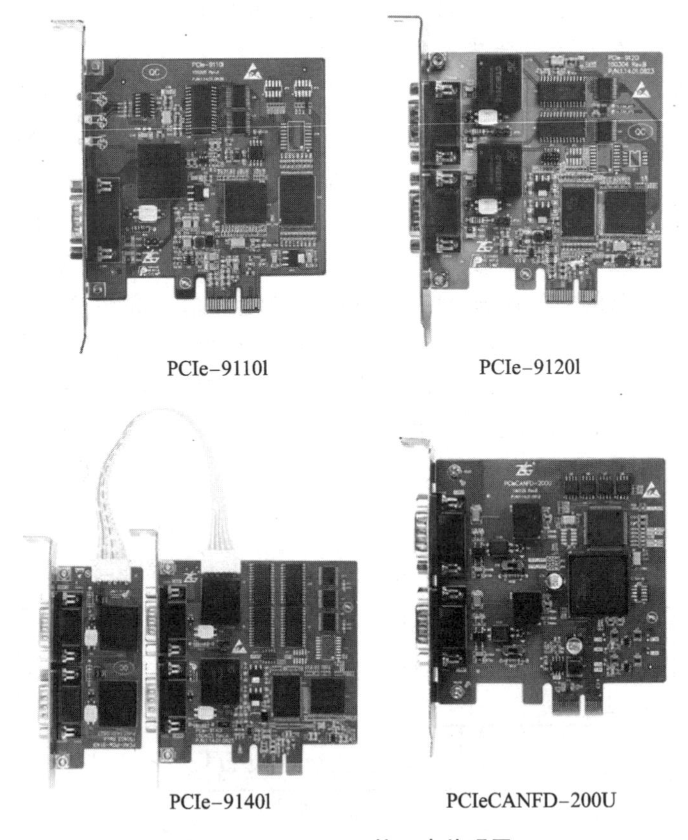

图 6.30 PCIeCAN 接口卡外观图

6.3.3 产品特性

PCIeCAN 接口产品特性如下：

- PCIe 接口，PCI Express x1 规格，兼容 x8、x16 等 PCI Express 插槽；
- 支持 CAN2.0A、CAN2.0B 协议，符合 ISO11898 规范；
- 兼容高速 CAN 和 CAN FD(仅 PCIeCANFD－200U 支持 CAN FD)；
- CAN 接口电气隔离为 DC 2 500 V；
- CAN 通信波特率在 40 kbps～1 Mbps 之间任意可编程；
- CAN FD 波特率在 1～5 Mbps 之间任意可编程(PCIeCANFD－200U 支持)；
- 单通道发送数据最高速率为 4 000 帧/s(远程帧、单帧发送)；
- 单通道接收数据最高速率为 10 000 帧/s(远程帧)；
- 内置 120 Ω 终端电阻；

➢ 支持 ZCANPRO 测试软件(支持 Win7、Win10 操作系统);
➢ 工作温度范围为 0～＋80 ℃。

6.3.4 产品选型

PCIeCAN 系列产品选型表如表 6.6 所列。

表 6.6 PCIeCAN 系列产品选型表

型　号	PCIe－9110I	PCIe－9120I	PCIe－9110M	PCIe－9140I	PCIeCANFD－200U
CAN 路数	1 路	2 路	1 路	4 路	2 路(支持 CAN/CANFD)
CAN FD 路数	—	—	—	—	
PCIe 接口	×1				
CAN 接口	D－Sub9				
电气隔离	√				
每路接收能力	14 000 帧/s				
每路发送能力	4 000 帧/s				
Windows 驱动	支持				
Linux 驱动	支持				
车载 DBC	—				支持
车载 UDS	—				支持
特色功能	高速低延时	高速低延时	半高机箱	高速低延时	高速低延时
120 Ω 终端电阻	短路器使能				拨码开关
尺寸(含挡板,长×宽)	103 mm×120 mm		120 mm×80 mm	103 mm×120 mm(主板) 48 mm×120 mm(子板)	103 mm×120 mm
工作温度	0～80 ℃				

6.4 PCICAN 系列接口卡

6.4.1 产品概述

PCI 系列 CAN 接口卡包括 PCI－9810I、PCI－9820、PCI－9820I、PCI－9840I 四种型号,PCI 接口卡兼容 PCI r2.2－compliant 32 位规范,计算机可以通过 PCI 总线连接至 CAN－bus 网络,构成工业控制、轨道交通、智能小区等 CAN 网络领域中的数据采集与数据处理。

PCI－98xx 系列接口卡提供 ZOPC 服务器软件，支持在常用的组态环境(如昆仑通态 MCGS、组态王 KingView、力控、Intouch 等软件)进行 CAN－bus 产品项目的开发，支持在 NI 的 LabView 测控软件中开发 CAN－bus 产品项目。

本系列产品均配有可在 Win2000、WinXP、Win7、Win8、Win10、各种 Linux 系统、VxWorks5.5 等操作系统下工作的驱动程序，并包含详细的应用例程。

PCI－98xx 系列 CAN 接口卡产品外观详见图 6.31。

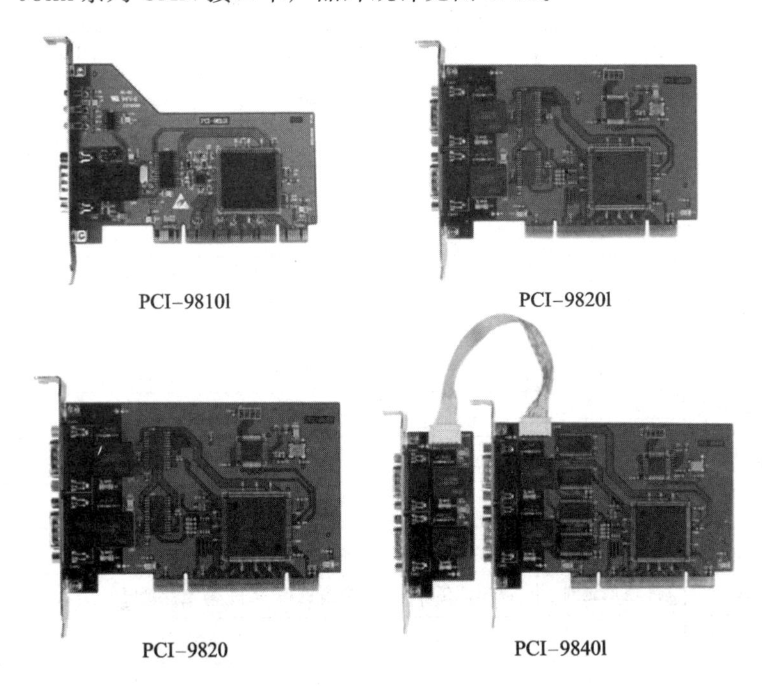

图 6.31　PCI－98xx 系列接口卡外观图

6.4.2　产品选型

PCICAN 接口卡产品选型表如表 6.7 所列。

表 6.7　PCICAN 接口卡产品选型表

产品型号	规　格			
	PCI－9810I	PCI－9820I	PCI－9840I	PCI－9820
CAN 通道数	1 路	2 路	4 路	2 路
工作电压	PCI 接口供电(+5 V,300 mA)			
频率范围	33 MHz PCI 数据总线，符合 PCI ver. 2.2 (32 位)标准			
功耗	≤5 W			
隔离电压	DC 2 500 V			

续表 6.7

产品型号	规 格			
	PCI－9810I	PCI－9820I	PCI－9840I	PCI－9820
输出端子	D－Sub9 针式			
CAN 波特率	5 kbps～1 Mbps			
数据接收能力	14 000 帧/s/通道			
数据发送能力	4 000 帧/s/通道			
Windows 驱动	支持			
Linux 驱动	支持			
VxWorks 驱动	—		支持	
尺寸（含挡板，长×宽）	145 mm×120 mm			
存储温度	－40～＋85 ℃			
工作温度	－40～＋85 ℃			
环境湿度	10％～90％（无凝露）			
环境要求	必须远离腐蚀性气体			

6.4.3 Linux 驱动安装

PCICAN 驱动基于 SocketCAN 实现，Linux 提供 SocketCAN 接口，使得 CAN 总线通信近似于以太网的通信，应用程序开发接口更加通用、更加灵活。

通过 Github 官方网站发布的基于 SocketCAN 的 can-utils 工具套件也可以实现简易的 CAN 总线通信。本小节的测试用到该套件，后续开发也可以参考此套件的说明。

PCICAN 卡安装到计算机，开机后可以通过 lspci-n 检查硬件安装是否存在问题，代码如下：

```
# lspci - n
```

从图 6.32 可以看到 PCI－9820I(10b5:9821)安装正常，表示硬件连接正常。

1. 安装驱动

驱动包解压，进入解压后的文件夹，将 sja1000.h 复制到对应目录，代码如下：

```
# sudo cp /usr/src/your - kernel - source/drivers/net/can/sja1000/sja1000.h
```

其中，your-kernel-source 需要根据当前使用的系统修改。复制头文件到 CAN 接口根目录程序界面如图 6.33 所示。

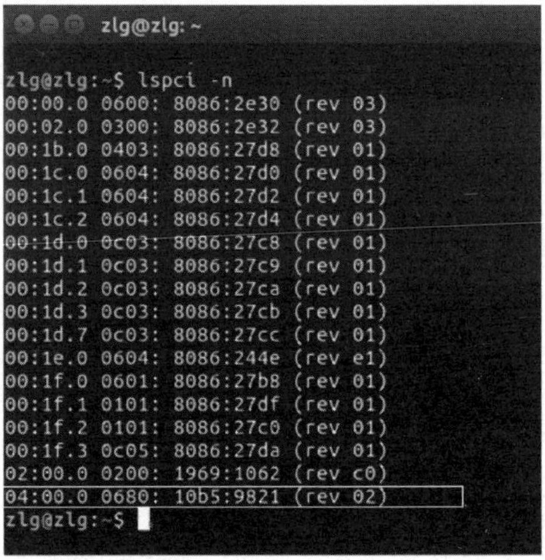

```
zlg@zlg: ~

zlg@zlg:~$ lspci -n
00:00.0 0600: 8086:2e30 (rev 03)
00:02.0 0300: 8086:2e32 (rev 03)
00:1b.0 0403: 8086:27d8 (rev 01)
00:1c.0 0604: 8086:27d0 (rev 01)
00:1c.1 0604: 8086:27d2 (rev 01)
00:1c.2 0604: 8086:27d4 (rev 01)
00:1d.0 0c03: 8086:27c8 (rev 01)
00:1d.1 0c03: 8086:27c9 (rev 01)
00:1d.2 0c03: 8086:27ca (rev 01)
00:1d.3 0c03: 8086:27cb (rev 01)
00:1d.7 0c03: 8086:27cc (rev 01)
00:1e.0 0604: 8086:244e (rev e1)
00:1f.0 0601: 8086:27b8 (rev 01)
00:1f.1 0101: 8086:27df (rev 01)
00:1f.2 0101: 8086:27c0 (rev 01)
00:1f.3 0c05: 8086:27da (rev 01)
02:00.0 0200: 1969:1062 (rev c0)
04:00.0 0680: 10b5:9821 (rev 02)
zlg@zlg:~$
```

图 6.32　检查硬件连接

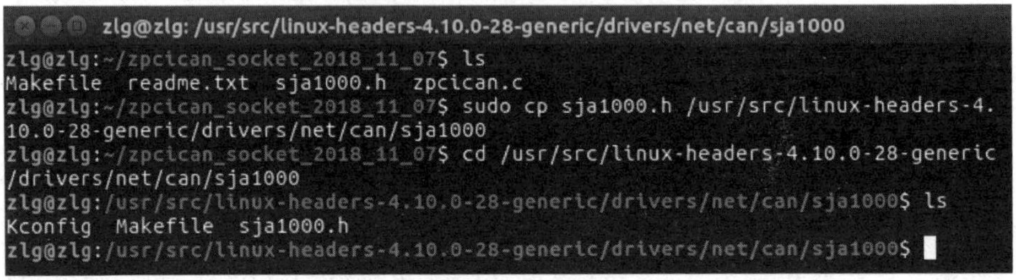

```
zlg@zlg: /usr/src/linux-headers-4.10.0-28-generic/drivers/net/can/sja1000
zlg@zlg:~/zpcican_socket_2018_11_07$ ls
Makefile  readme.txt  sja1000.h  zpcican.c
zlg@zlg:~/zpcican_socket_2018_11_07$ sudo cp sja1000.h /usr/src/linux-headers-4.
10.0-28-generic/drivers/net/can/sja1000
zlg@zlg:~/zpcican_socket_2018_11_07$ cd /usr/src/linux-headers-4.10.0-28-generic
/drivers/net/can/sja1000
zlg@zlg:/usr/src/linux-headers-4.10.0-28-generic/drivers/net/can/sja1000$ ls
Kconfig  Makefile  sja1000.h
zlg@zlg:/usr/src/linux-headers-4.10.0-28-generic/drivers/net/can/sja1000$
```

图 6.33　复制头文件到 CAN 接口根目录

编辑 Makefile 文件界面如图 6.34 所示，修改 KDIR 参数，代码如下：

```
ifneq ($(KERNELRELEASE),)
    obj-m := zpcican.o
else
    KDIR ?= /usr/src/your-kernel-source
default: clean
     $(MAKE) -C $(KDIR) M=$(PWD) modules
clean:
    rm -rvf *.ko *.o .*.cmd *.mod.c *.order *.symvers .*tmp_versions
endif
```

测试机器的 kernel-source 目录为 linux-headers-4.10.0-28-generic，所以修改代码如下：

```
KDIR ?= /usr/src/linux-headers-4.10.0-28-generic
```

```
zlg@zlg: ~/zpcican_socket_2018_11_07
ifneq ($(KERNELRELEASE),)
        obj-m := zpcican.o
else
        KDIR ?= /usr/src/linux-headers-4.10.0-28-generic
default: clean
        $(MAKE) -C $(KDIR) M=$(PWD) modules
clean:
        rm -rvf *.ko *.o .*.cmd *.mod.c *.order *.symvers .*tmp_versions
endif
```

图 6.34　编辑 Makefile 文件

使用 make 命令编译,代码如下:

```
# make
```

编译之后,安装驱动,代码如下:

```
# sudo insmod zpcican.ko
```

注: 如果遇到"insmod error could not insert module unknown symbol in module"错误,可以先用 dmesg 查看内核 LOG,会报出一些详细信息,看到可以依赖的模块没有加载,导致找不到符号,然后选择 modprobe sja1000,加载所依赖系统自带的 sja1000 模块。

编译安装驱动代码界面如图 6.35 所示。

```
zlg@zlg: ~/zpcican_socket_2018_11_07
zlg@zlg:~/zpcican_socket_2018_11_07$ sudo insmod zpcican.ko
insmod: ERROR: could not insert module zpcican.ko: Unknown symbol in module
zlg@zlg:~/zpcican_socket_2018_11_07$ sudo modprobe sja1000
zlg@zlg:~/zpcican_socket_2018_11_07$ sudo insmod zpcican.ko
zlg@zlg:~/zpcican_socket_2018_11_07$
```

图 6.35　编译安装驱动

检查驱动是否安装成功,若显示对应 CAN 通道,则表示安装成功,代码如下:

```
# ls /sys/class/net/can*
```

检查驱动安装代码界面如图 6.36 所示。

2. 测　试

can-utils 工具套件是基于 SocketCAN 的开源程序,可以实现简易的 CAN 总线通信。下面将用此开源程序进行测试,用 PCI-9820I 演示数据的收发。

下载安装 can-utils 工具套件(Linux 需要联网),代码界面如图 6.37 所示,执行命令如下:

```
# sudo apt-get update
# sudo apt-get install can-utils
```

```
zlg@zlg: ~/zpcican_socket_2018_11_07
zlg@zlg:~/zpcican_socket_2018_11_07$ ls /sys/class/net/can*
/sys/class/net/can0:
addr_assign_type   dormant              name_assign_type   speed
address            duplex               netdev_group       statistics
addr_len           flags                operstate          subsystem
broadcast          gro_flush_timeout    phys_port_id       tx_queue_len
carrier            ifalias              phys_port_name     type
carrier_changes    ifindex              phys_switch_id     uevent
device             iflink               power
dev_id             link_mode            proto_down
dev_port           mtu                  queues

/sys/class/net/can1:
addr_assign_type   dormant              name_assign_type   speed
address            duplex               netdev_group       statistics
addr_len           flags                operstate          subsystem
broadcast          gro_flush_timeout    phys_port_id       tx_queue_len
carrier            ifalias              phys_port_name     type
carrier_changes    ifindex              phys_switch_id     uevent
device             iflink               power
dev_id             link_mode            proto_down
dev_port           mtu                  queues
zlg@zlg:~/zpcican_socket_2018_11_07$
```

图 6.36　检查驱动安装

```
zlg@zlg: ~/zpcican_socket_2018_11_07
zlg@zlg:~/zpcican_socket_2018_11_07$ sudo apt-get install can-utils
[sudo] password for zlg:
Reading package lists... Done
Building dependency tree
Reading state information... Done
The following NEW packages will be installed:
  can-utils
0 upgraded, 1 newly installed, 0 to remove and 578 not upgraded.
Need to get 75.8 kB of archives.
After this operation, 410 kB of additional disk space will be used.
Get:1 http://cn.archive.ubuntu.com/ubuntu xenial/universe amd64 can-utils amd64
0.0+git20150902-1 [75.8 kB]
Fetched 75.8 kB in 35s (2,116 B/s)
Selecting previously unselected package can-utils.
(Reading database ... 175178 files and directories currently installed.)
Preparing to unpack .../can-utils_0.0+git20150902-1_amd64.deb ...
Unpacking can-utils (0.0+git20150902-1) ...
Setting up can-utils (0.0+git20150902-1) ...
zlg@zlg:~/zpcican_socket_2018_11_07$
```

图 6.37　下载安装 can-utils 工具套件

使用电缆连接 PCI－9820I 的 CAN0 和 CAN1 口。Linux 同时打开两个终端窗口，一个用于 CAN0 的发送，一个用于 CAN1 的接收。

对涉及 CAN 卡的操作命令说明如下：

```
# sudo ip link set can0 type can bitrate 125000 triple-sampling on
                                    //通过 3 次采样将 CAN0 波特率设置为 125 kbps;
# sudo ip link set can0 type can bitrate 125000 triple-sampling on listen-only on
                                                      //监听模式启动 CAN0
# sudo ifconfig can0 up                               //开启(初始化)CAN0
```

```
#sudo ifconfig can0 down                                          //关闭 CAN0
#sudo candump can0 //CAN0 设备开始接收,进程为阻塞型;CAN0 改为 any,则开启所有通道接收
#sudo cansend can0 123#11.22.33.44.55.66.77.88
                                        //CAN0 口发送 ID 为 123 的 8 字节 CAN 标准帧
#sudo cansend can000000123#11.22.33.44.55.66.77.88
                                        //CAN0 口发送 ID 为 123 的 8 字节 CAN 扩展帧
```

测试结果运行界面详见图 6.38。

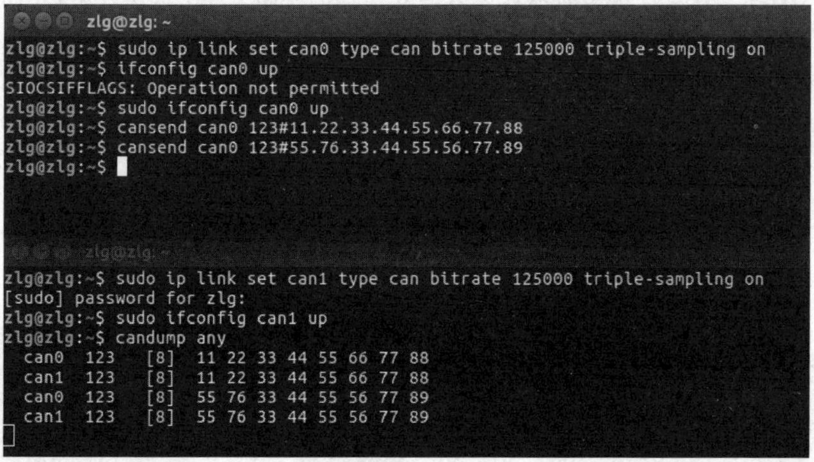

```
zlg@zlg: ~
zlg@zlg:~$ sudo ip link set can0 type can bitrate 125000 triple-sampling on
zlg@zlg:~$ ifconfig can0 up
SIOCSIFFLAGS: Operation not permitted
zlg@zlg:~$ sudo ifconfig can0 up
zlg@zlg:~$ cansend can0 123#11.22.33.44.55.66.77.88
zlg@zlg:~$ cansend can0 123#55.76.33.44.55.56.77.89
zlg@zlg:~$

zlg@zlg: ~
zlg@zlg:~$ sudo ip link set can1 type can bitrate 125000 triple-sampling on
[sudo] password for zlg:
zlg@zlg:~$ sudo ifconfig can1 up
zlg@zlg:~$ candump any
  can0  123   [8]  11 22 33 44 55 66 77 88
  can1  123   [8]  11 22 33 44 55 66 77 88
  can0  123   [8]  55 76 33 44 55 56 77 89
  can1  123   [8]  55 76 33 44 55 56 77 89
```

图 6.38　CAN 口对发测试

6.5　CAN 网络系列接口卡

6.5.1　产品概述

网络转 CAN 接口卡主要实现 CAN－bus 数据和 Ethernet 数据相互传输的功能。CAN 网络系列产品分为以太网 CANET 和无线 CANWiFi 两大类,CANET 系列产品内部集成有 1、2、4、8 路的 CAN－bus 接口和 1、2 路千兆自适应网络接口或者百兆光纤接口,CANWiFi 产品内部集成 2 路 CAN－bus 接口、1 路 Ethernet 接口以及 1 路支持 2.4G 、5G 的 WiFi 接口(符合 IEEE 802.11a/b/g/n/ac 标准)。

CAN 网络接口卡产品均自带 TCP/IP、UDP 协议栈,用户利用它可以轻松完成 CAN－bus 网络和 Ethernet 网络的互联互通,建立以太网－CAN 两层网络架构,实现远程控制,大大扩展 CAN－bus 网络的应用范围。

CAN 接口通信波特率为 5 kbps～1 Mbps,能够缓冲 13 万帧报文,部分型号具有单通道可高达 12 000 帧/s 的接收能力。设备可工作在 TCP Server、TCP Client、UDP 等多种模式下,支持 254 个 TCP 连接或多达 6×254 个 UDP 连接。

本系列产品均配有可在 Win2000、WinXP、Win7、Win8、Win10、各种 Linux 等操作系统下工作的配置软件与二次开发程序包，并包含详细的应用例程，提供个性化定制服务。

6.5.2 典型应用

1. 车载专用监控设备

CANET－4E－D 可实时监控无人驾驶车辆的 4 路 CAN 总线数据，并通过百兆以太网与车载平面显示终端连接，完成 CAN－bus 与以太网互联互通，实现数据采集化、极速传输以及终端显示，全面监控无人驾驶汽车的实时工作情况，车载应用场合详见图 6.39。

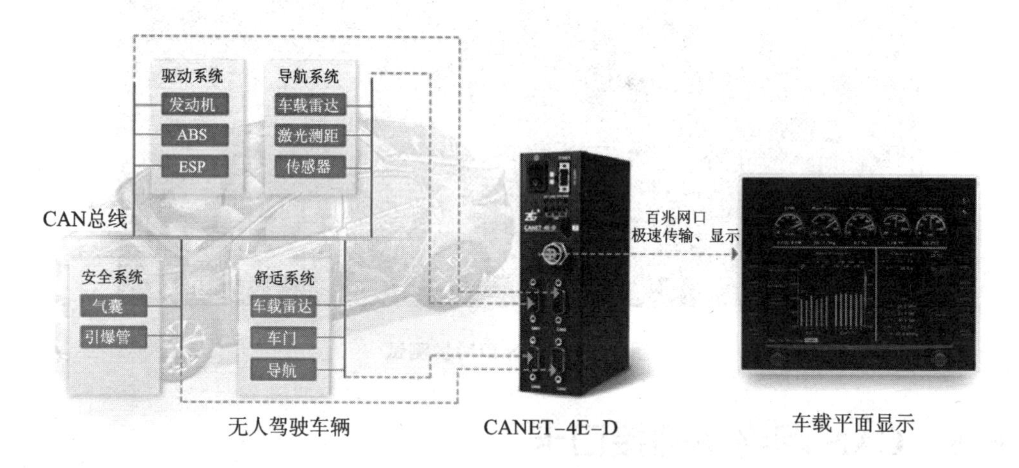

图 6.39 车载应用场合

2. TCP Sever/TCP Client/UDP 多种通信方式

CAN 网络接口卡可以支持 TCP Sever、TCP Client、UDP 工作方式和多种拓扑结构，通过配置软件用户可以灵活设定相关配置参数，用户设备通过以太网相互通信典型应用详见图 6.40。

3. 交换机式 CAN 以太网转换器

双网口 CANSwitch 集成交换机功能，支持级联搭建系统，将不同 CAN 系统网络化，集中统一管理，交换机式 CAN 以太网转换器系统结构图详见图 6.41。

4. 电动客车充电弓 CANWiFi 无线通信

电动车和充电弓分别内置 CANWiFi－200T 转换器，可实现充电数据无线传输。在充电过程中，用户可以通过驾驶舱中的屏幕实时查看电池容量、电压、电流等参数，并可对充电故障实时监控，保证充电安全。CANWiFi 在电动客车充电弓中的应用如图 6.42 所示。

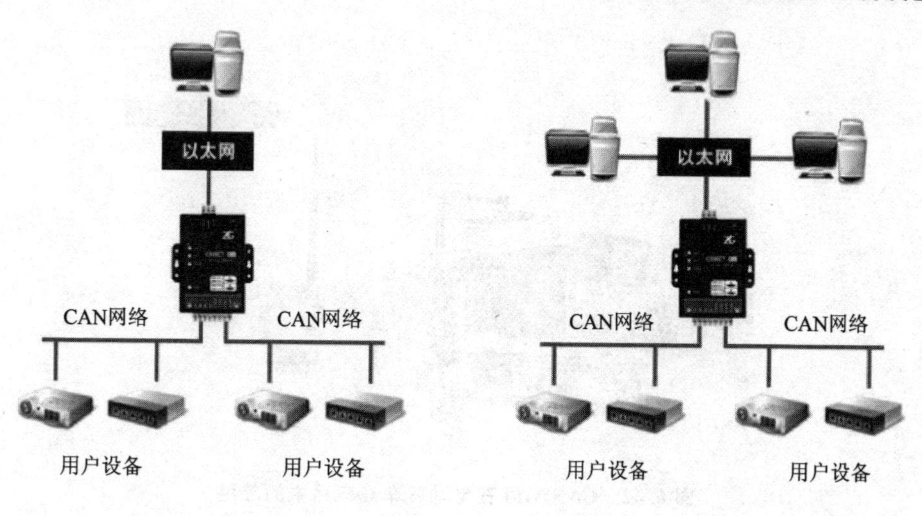

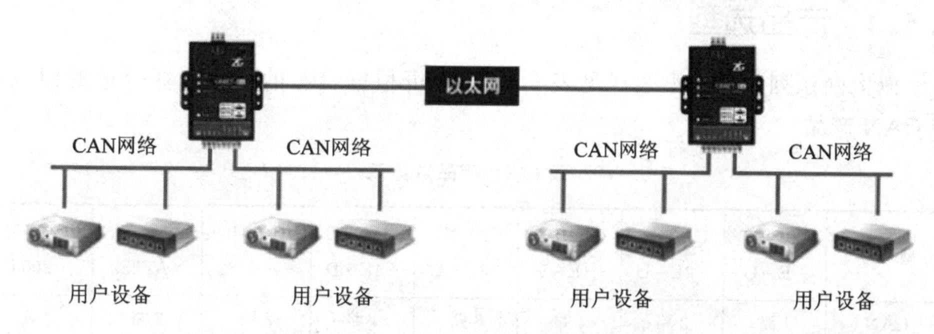

图 6.40　用户设备通过以太网相互通信

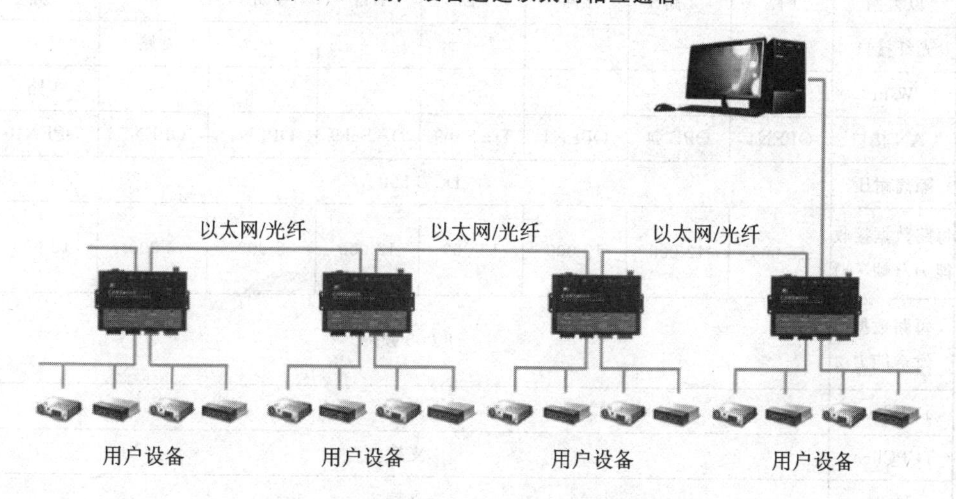

图 6.41　交换机式 CAN 以太网转换器

图 6.42　CANWiFi 在电动客车充电弓中的应用

6.5.3　产品选型

以太网系列产品选型表详见表 6.8,用户可根据自己的需求选择合适的以太网转 CAN 产品。

表 6.8　产品选型表

型　号	CANET-E-U	CANET-2E-U	CANET-4E-U	CANET-8E-U	CANET-4E-D	CANSwitch-AN2S2	CANSwitch-AF2S2	CANWiFi-200T
CAN	1 路	2 路	4 路	8 路	4 路	2 路	2 路	2 路
以太网	1 路	1 路	1 路	1 路	1 路	2 路	—	1 路
光纤接口	—	—	—	—	—	—	2 路	—
WiFi	—	—	—	—	—	—	—	1 路
CAN 接口	OPEN4	OPEN4	OPEN4	D-Sub9	D-Sub9	OPEN5	OPEN5	OPEN10
隔离耐压	DC 2 500 V							
每路数据接收能力/(帧·s)	12 000	12 000	12 000	12 000	12 000	8 000	8 000	12 000
每路数据发送能力	8 000 帧/s							
TCPSever	支持							
TCPClient	支持							
UDP	支持							
TCP	最多支持 254 个连接(每个 CAN 通道)							

续表 6.8

型　号	CANET-E-U	CANET-2E-U	CANET-4E-U	CANET-8E-U	CANET-4E-D	CANSwitch-AN2S2	CANSwitch-AF2S2	CANWiFi-200T
UDP	最多支持 6×254 个连接(每个 CAN 通道)							
以太网速率	10/100/1 000 Mbps 自适应						百兆光纤接口	10/100 Mbps 自适应
转发延时/ms	<5							<15
故障通知	支持 CAN 故障报文通知							
终端电阻	120 Ω,内置可配置							
工作温度	−40～+85 ℃							
存储温度								
尺寸(长×宽×高)	95 mm×87.5 mm×26 mm		178 mm×102 mm×32 mm	165 mm×102 mm×48 mm		178 mm×102 mm×32 mm		95 mm×87.5 mm×26 mm

6.5.4 使用说明

本小节介绍 CANET 系列设备基本使用方法和相关软、硬件的安装设置。数据收发等操作请详见第 9 章。

使用 CANET 设备之前,需要了解设备的 IP 地址等网络参数,设备 IP 获取方式支持静态获取和动态获取两种。静态获取指设备使用由用户指定 IP 地址、子网掩码和网关等信息;动态获取指设备使用 DHCP 协议,从网络上的 DHCP 服务器获取 IP 地址、子网掩码和网关等信息。

如果 IP 获取方式使用动态获取,CANET 不能直连计算机,需要经过路由器,并且路由器需要启用 DHCP 功能,否则 CANET 不能分配到 IP。

1. 设备 IP 出厂设置

默认 IP 地址为 192.168.0.178。

2. 用户获取设备 IP

若用户忘记设备 IP 地址或设备使用 DHCP 协议自动获取 IP 地址,可通过 ZNetCom 软件(V3.33 版本以上)获取设备当前的 IP。

ZNetCom 软件是运行在 Windows 平台上的 CANET 设备的配置软件,无论 CANET 设备的当前 IP 是多少,都可以通过 ZNetCom 软件获取 CANET 设备的当前 IP,并可以对其配置,使用 ZNetCom 软件获取 CANET 设备 IP 的步骤如下:

① 连接硬件,使用网线将设备的 LAN 口连接至计算机网口,接入直流电源。

② 安装 ZNetCom 软件(V3.33 以上版本)。

③ 运行 ZNetCom 软件(如果是 Win7 以上系统,则以管理员身份运行),软件主界面详见图 6.43。

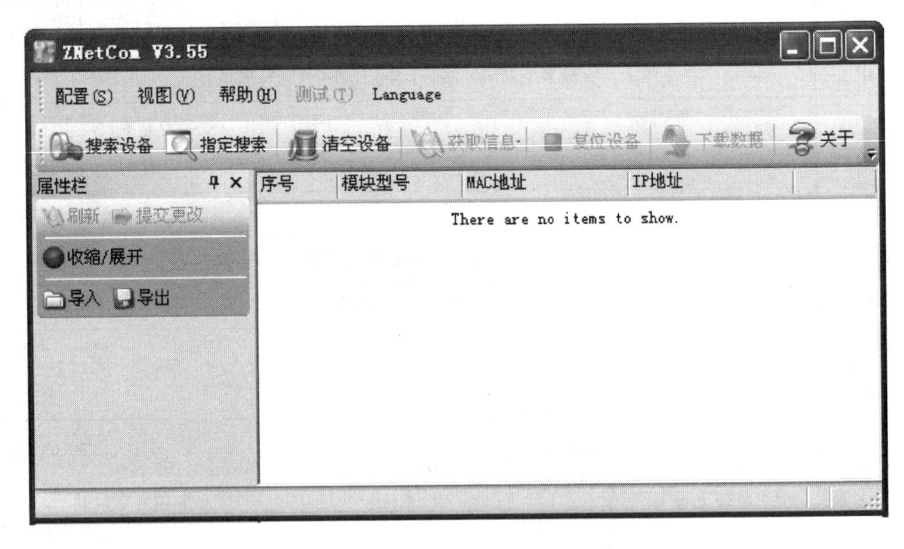

图 6.43 ZNetCom 软件运行界面

④ 单击“搜索设备”按钮,出现如图 6.44 所示界面,可以获知设备 IP 地址。

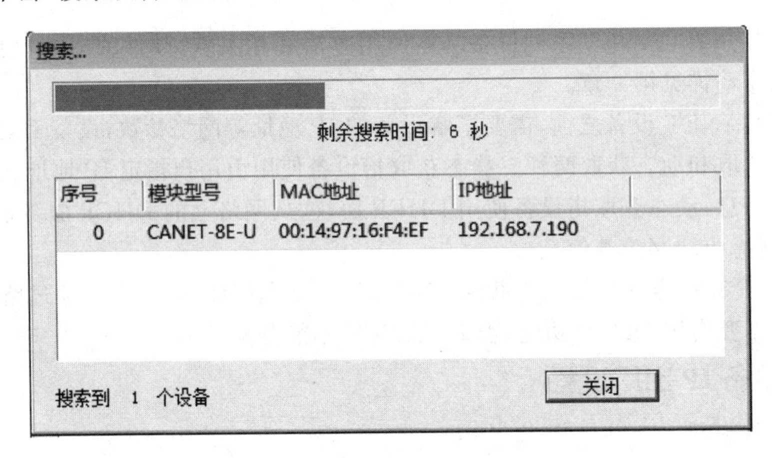

图 6.44 ZNetCom 软件搜索设备

3. 网段检测

计算机与 CANET 设备进行通信前,需要保证用户的计算机与 CANET 设备必须在同一个网段内。CANE 设备在出厂时设定一个默认的 IP 地址(192.168.0.178)和网络掩码(255.255.255.0),用户可以按图 6.45 所示的流程检查该设备是否与用户计算机在同一网段。如果在同一网段,以下关于网络设置的内容可以忽略。如果不在同一网段,那以下网络设置的内容就非常重要了。

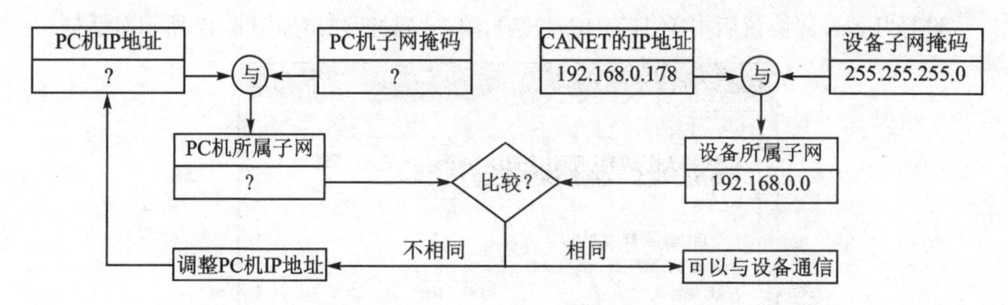

图 6.45　CANET 设备 IP 与计算机是否处于同一网段检查流程

4. 网络设置

如果用户使用的是 Windows 操作系统，那么有两种方法设置网络：一种是增加本机 IP 地址，另一种是修改本机 IP 地址。

(1) 增加本机 IP 地址

假定用户的计算机 IP 地址是 192.168.2.3，而 CANET 设备的 IP 地址是默认 IP(192.168.0.178)。进入操作系统后，选择“网络和共享中心”图标→“属性”选项。打开“网络连接”窗口，然后选择 CANET 设备连接的本地连接图标(若系统存在多网卡，可能会有多个本地连接，请注意选择)，再单击“本地连接”，弹出“本地连接属性”对话框，详见图 6.46。

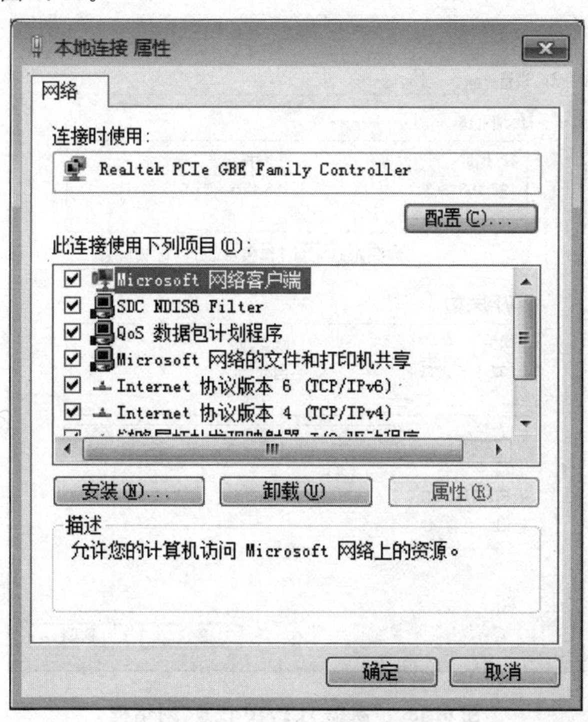

图 6.46　“本地连接属性”对话框

选择“Internet 协议版本 4(TCP/IPv4)”项，单击“属性”弹出如图 6.47 所示对话框。

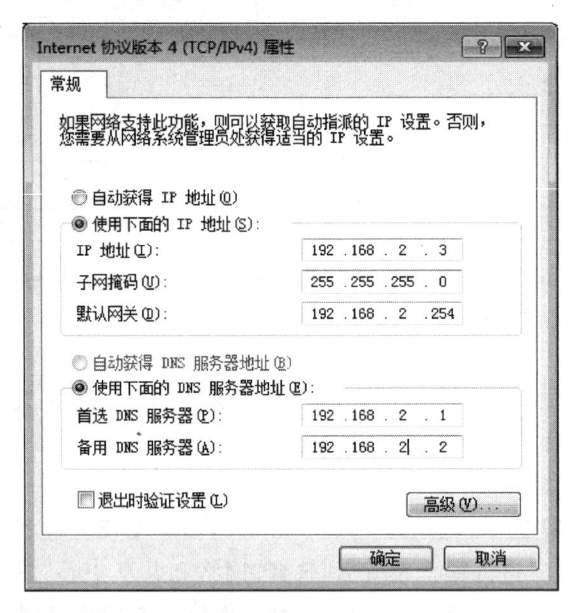

图 6.47 “Internet 协议版本 4(TCP/IPv4)属性”对话框

单击“高级”按钮，弹出如图 6.48 所示对话框。

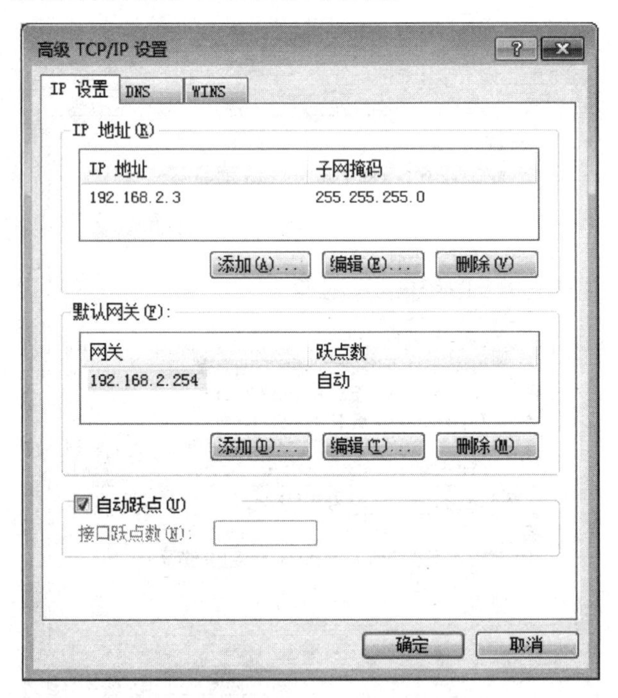

图 6.48 “高级 TCP/IP 设置”对话框

在“IP 地址”选项区域中单击“添加”按钮，弹出“TCP/IP 地址”对话框，详见图 6.49。

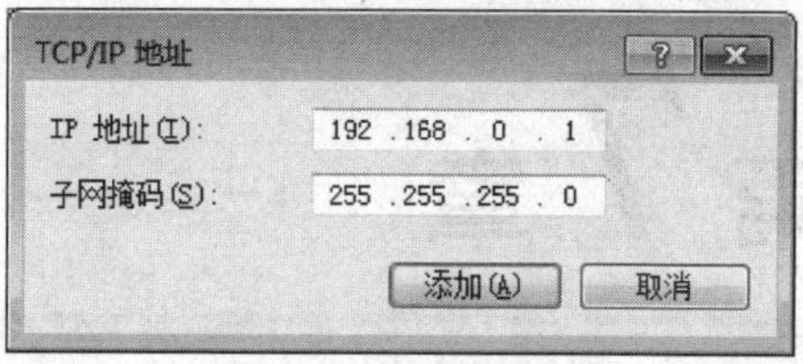

在图 6.49 的文本框中填入所示内容，单击“添加”按钮，并在退出时单击“确定”按钮。此时计算机便可以与 CANET 设备进行通信。

图 6.49　添加 IP 地址

(2) 修改本机 IP 地址

首先进入操作系统，在任务栏中选择“开始”→“设置”→“控制面板”(或在“我的电脑”里面直接打开“控制面板”)，双击“网络和拨号连接”(或“网络连接”)图标，然后单击选择连接 CANET 设备的网卡对应的“本地连接”，右击选择“属性”，在弹出的“常规”页面选择“Internet 协议(TCP/IP)”，查看其“属性”，会看到如图 6.50 所示对话框。选择“使用下面的 IP 地址”，并填入 IP 地址 192.168.0.55，子网掩码 255.255.255.0，默认网关 192.168.0.1(DNS 部分可以不填)。单击“确定”，并在打开的“本地连接属性”对话框中再单击“确定”，等待系统配置完毕。

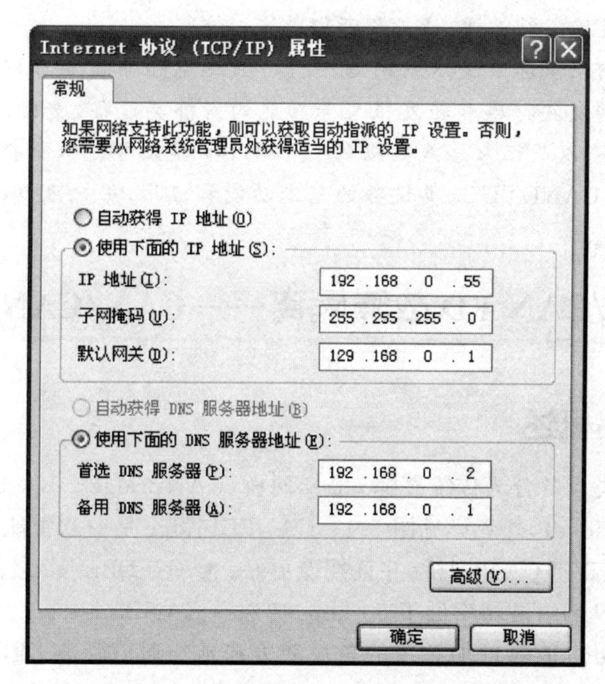

图 6.50　“Internet 协议(TCP/IP)属性”对话框

第7章

解决CAN总线故障的利器

✍ 本章导读

CAN总线起源于汽车，凭借其出色的抗干扰能力及通信仲裁机制，得到各行各业的认可。但在纷杂的现场应用中，CAN总线还会遇见很多问题，比如两端总线不兼容、总线干扰大、波特率不匹配、通信距离不够等，这些问题不同程度地困扰着工程师们。

在CAN总线故障排查中，最大的难点是偶发性的故障。比如，新能源车辆在行驶1万公里过程中出现1次仪表盘“黑了”，但后来怎么都无法复现。这些偶发性的CAN通信异常就像定时炸弹，让工程师们胆战心惊。

那么，该如何记录和解决这些问题？ZLG致远电子推出了可以实现隔离干扰、延长通信距离、转发波特率和转发报文等功能的网桥类设备，支持网络扩展功能的CANHub类设备，以及记录总线数据的CANDTU类设备。本章将详细介绍CAN网桥、CANHub、CANDTU三类设备的基本功能和应用，用户可以根据实际需求进行选型。

7.1 CAN/CAN FD故障隔离——CAN/CAN FD网桥

7.1.1 产品概述

CAN网桥类设备分为传统高速CAN网桥(CANBridge+)和支持CAN FD的网桥(CANFDBridge)，外观详见图7.1。CANFDBridge是一款智能CAN FD网桥，功能上覆盖传统高速CAN网桥，并且性能更好。CANFDBridge最低波特率仅支持50 kbps，若CAN网络波特率低于50 kbps应选择CANBridge+。

CANFDBridge能够增加总线的负载能力和延长通信距离，匹配不同波特率的CAN/CAN FD网络，同时支持CAN和CAN FD报文的相互转换。除此之外，还拥有帧映射、帧合并和拆分等特殊转换功能。接下来以CANFDBridge为例介绍CAN网桥设备的功能及应用。

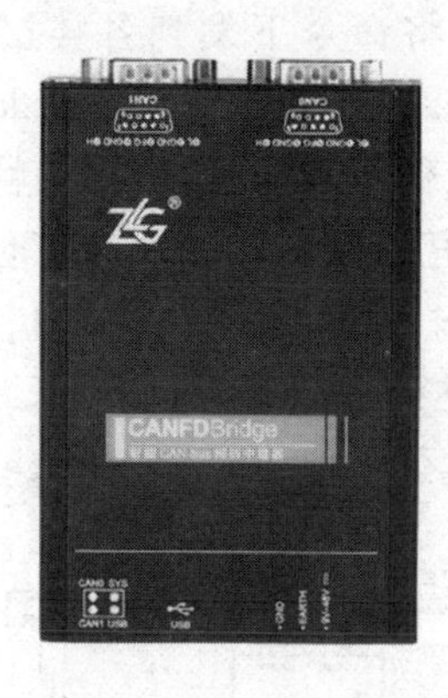

图 7.1　CANFDBridge 和 CANBridge+外观图

7.1.2　现场处置的“法宝”

1. 干扰隔离

干扰隔离是 CAN/CAN FD 网桥最重要的一个应用，网桥从软硬件两方面提升了设备抗干扰能力，硬件上采用电源、通信双隔离的 CAN 模块，软件上增加了抗干扰算法。

在新能源汽车系统中，尽管系统中 CAN 节点比较少，但强电流滋生的复杂电磁环境还是导致通信异常不断，有时数据上传迟缓，有时仪表盘显示中断，有时 ECU 停机。面对通信干扰，工程师们常采用两种措施处理，分别是消除干扰源和隔离干扰。但汽车的电机启停伴随强电磁干扰，应用中无法做到消除干扰源，简单的做法是增加 CANFDBridge 将干扰隔离，方案示意图详见图 7.2。

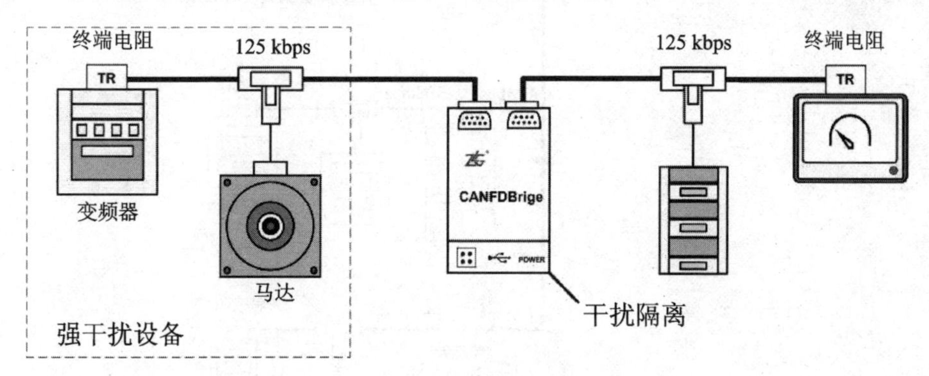

图 7.2　干扰隔离应用示例

2. 延长通信距离

在工程应用中，常遇到需要将远端的设备数据传输到监控端的情况，比如大型楼宇中的监控设备数据上传到控制室，控制室将命令下发到各楼层执行单元，这对CAN的通信距离是严峻的考验。在楼宇现场，当网络波特率为40 kbps、总线距离超过1 km时，CAN报文会出现丢帧现象，且通信距离越长，网络丢帧现象越严重，因此整个网络数据传输受到CAN总线通信距离的限制。这种对实时性要求不高、通信距离比较远的应用场合非常适合使用CAN网桥设备。在5 kbps的通信波特率下，安装两个CANBridge＋使得通信距离能达到10 km，总线延长示例详见图7.3。由于CANFDBridge不支持5 kbps波特率，此处需使用CANBridge＋设备。

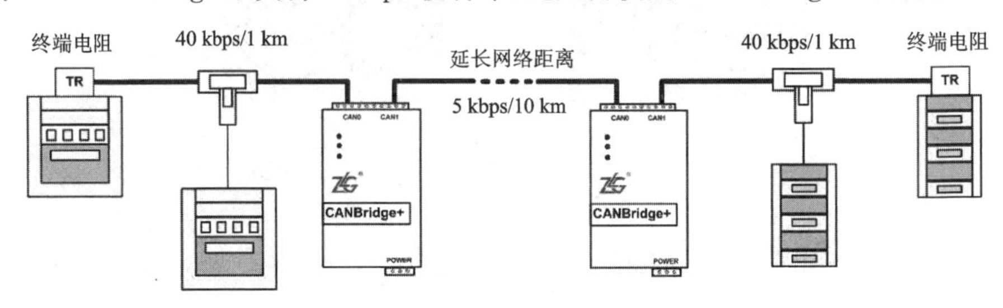

图7.3　总线延长示例

3. 波特率转换

在一个复杂的工程中通常会用到多种类型的CAN设备，它们来自不同的公司或国家，这些设备可能使用不同的波特率却不支持修改。图7.4中计算机作为主控

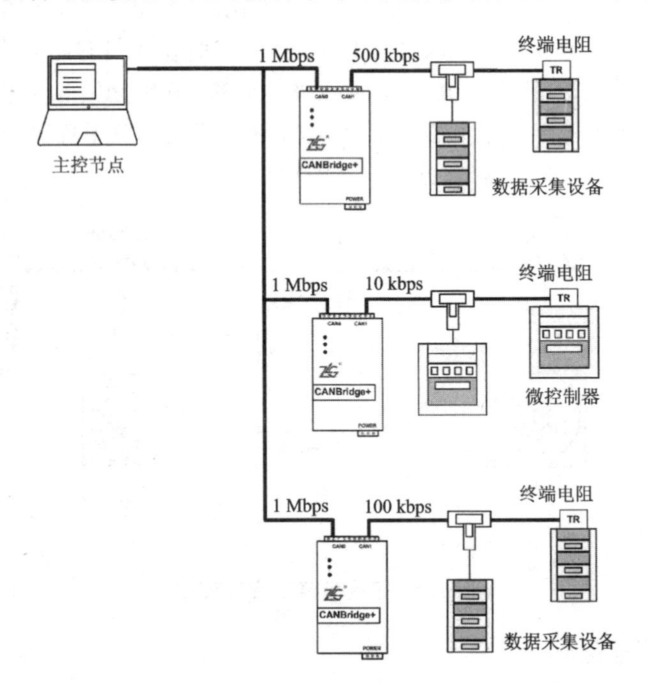

图7.4　波特率转换示意

节点，通信波特率为 1 Mbps。数据采集模块的波特率为 500 kbps 和 100 kbps，微控制器的 CAN 波特率仅为 10 kbps。很显然这些设备不能直接挂载到同一 CAN 网络中，此时应用 CANBridge+可实现不同设备的波特率匹配及互相通信。此外，CANBridge+支持自定义波特率配置，可轻松应对特殊设备(西门子消防设备波特率为40 kbps)。

4. ID 过滤和转换

在高负载的 CAN 网络中，某些 CAN 节点 MCU 性能低，无法处理总线上所有数据，导致自己需要的数据无法收到，若出现这种情况只能过滤掉不需要的数据。CAN 网桥具有硬件执行验收过滤的能力，这样能够最大程度上降低网络负载。简单说来就是 CAN 网桥可以充当守门员的角色，按照预先设定的规则过滤特定 ID、特定数据的 CAN 报文。设备支持单 ID 设置以及 ID 范围滤波设置，不在使能范围内的 ID 节点的报文将被过滤掉。滤波设置如图 7.5 所示。

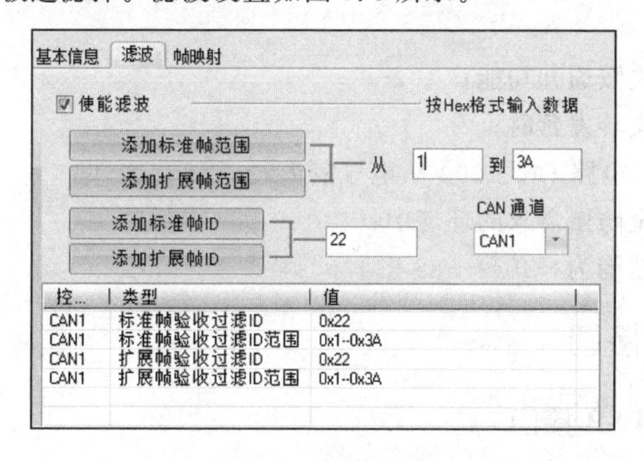

图 7.5　滤波设置

使用 CANBridge+的帧映射可实现 ID 转换功能，单路最大可设置 64 条。在电池检测行业，每组电池控制器使用相同的帧 ID，无法安装在同一个网络整体测试，此时可以使用帧映射功能实现多组电池的检测。除此之外，数据部分也可进行转换，示例详见图 7.6，配置接收到 ID 为 0x11、数据为 0x33 的报文转换为 ID 为 0x22、数据为 0x44 的报文。

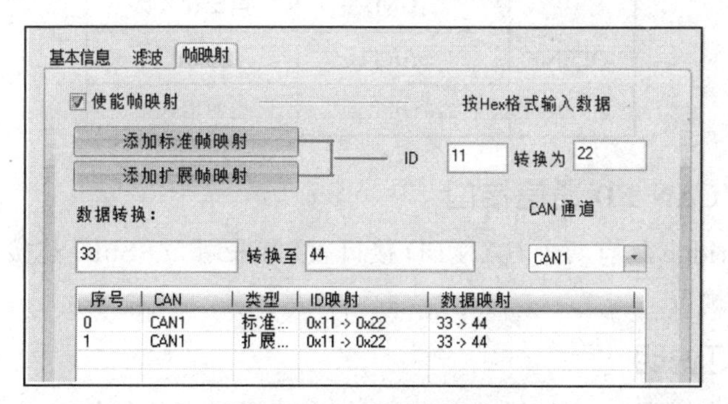

图 7.6　ID 及数据转换

7.1.3 产品特性

CAN/CAN FD 网桥产品特性包括：

- 支持两路完全电气隔离的 CAN 或 CAN FD 通道；
- CAN FD 仲裁域波特率范围为 5 kbps～1 Mbps,数据域波特率范围为 40 kbps～5 Mbps；
- CAN 波特率范围为 5 kbps～1 Mbps；
- 设备自带 120 Ω 终端电阻,用户可软件配置使能/禁止；
- 支持设置硬件滤波功能,降低 CAN 总线的负荷；
- 可获取通道当前错误状态和错误计数,快速分析和判断网络的通信质量；
- 支持 CAN/CAN FD 报文转发,包括帧中继、帧映射、组包、拆包 4 种转发方式；
- 支持转发失败通知功能；
- 超低的报文转发延时；
- CAN－bus 电路 DC 2 500 V 电气隔离；
- 可用于安全防爆需求的环境中；
- 工作温度范围为－40～＋85 ℃。

7.1.4 硬件接口

1. 电源及 USB 接口

CANFDBridge 设计了两种供电方式:USB 供电和直流电源供电,使用任意一种供电方式即可正常工作。USB 接口采用 B 型(方口)连接器。直流电源接口使用开放式端子连接器,引脚定义详见表 7.1。

表 7.1 接口描述

类 型	引脚定义	引脚说明
OPEN3	1:GND	电源输入负
	2:EARTH	大地
	3:9～48 V	电源输入正

2. CAN/CAN FD 通信接口

CANFDBridge 具有两个 CAN FD 接口,接口采用 D－Sub9 连接器,引脚定义符合 CiA303－1 规范。

3. 指示灯说明

CANFDBridge 有 4 个红绿双色 LED 灯来指示设备运行状态,功能详见表 7.2。

表 7.2 LED 指示灯状态

指示灯	状　态	指示状态
SYS 指示灯	绿色	设备上电
	不亮	设备未上电
	绿色闪烁	设备运行中
USB 指示灯	不亮	未插 USB 线
	红色常亮	USB 线已连接但驱动未安装
	绿色常亮	USB 驱动已安装且已插入 USB 线
	绿色闪烁	USB 正与设备通信
	红色闪烁	USB 与设备通信错误
CAN FD 通道指示灯（通道 0、通道 1）	绿色常亮	CAN 通道空闲
	绿色闪烁	CAN 通道正在发送/接收数据
	红色闪烁	CAN 通道总线错误

7.1.5 快速使用指南

CANCfg 软件是 CANHub、CAN 网桥类设备专用配置软件，在使用本软件前需要安装设备驱动。本小节内容将介绍如何使用 CANCfg 软件对 CANFDBridge 设备进行操作。

1. 获取设备基本信息

将 CANFDBridge 连接至计算机，并确保硬件连接无误、驱动安装完成。运行 CANCfg 软件，软件主界面详见图 7.7。

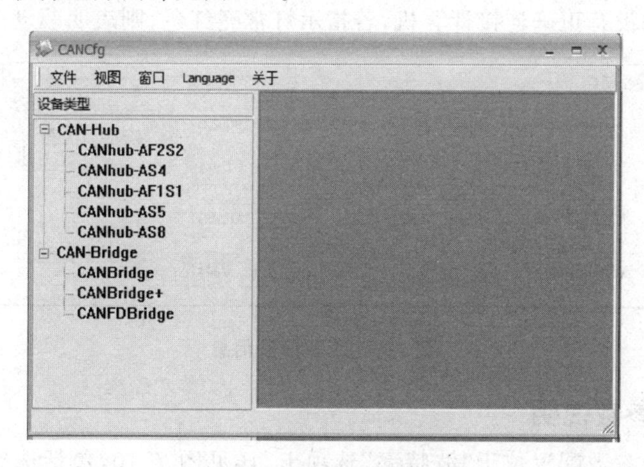

图 7.7 CANCfg 运行界面

在图 7.7 主界面的左侧“设备类型”中选择“CANFDBridge”，则主界面右侧弹出该设备的配置界面，详见图 7.8。

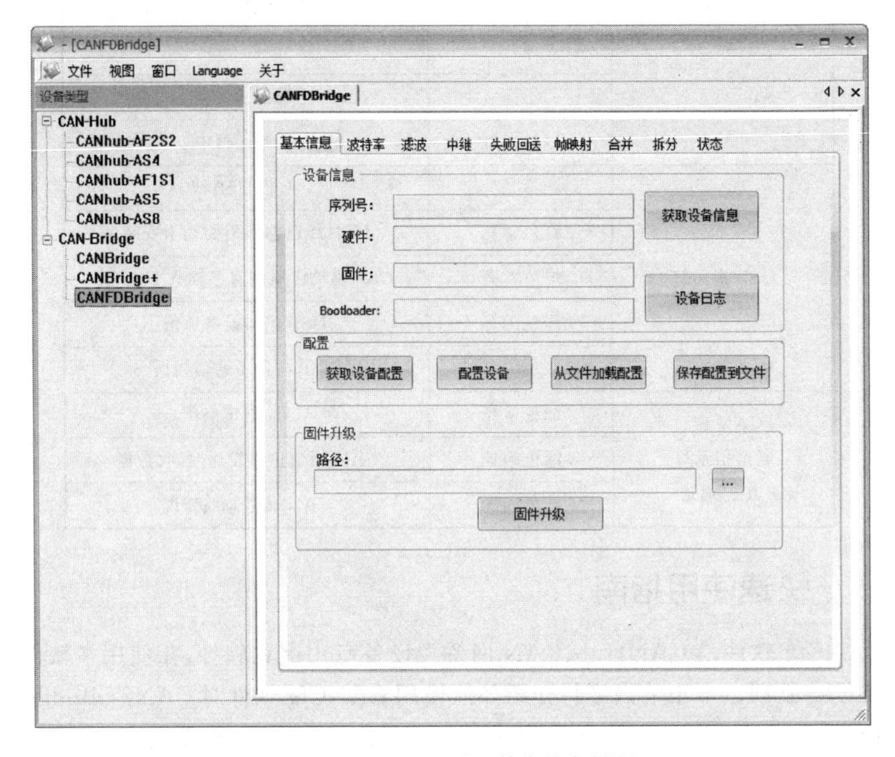

图 7.8　CANFDBridge 基本信息界面

在“基本信息”选项卡中单击“获取设备信息”按钮，获取设备的序列号、硬件版本号、固件和 Bootloader 版本号，详见图 7.9。当获取不成功时，若设备 SYS 指示灯熄灭，则表明设备没有正确连接计算机，若指示灯常亮红色，则表明驱动未安装。

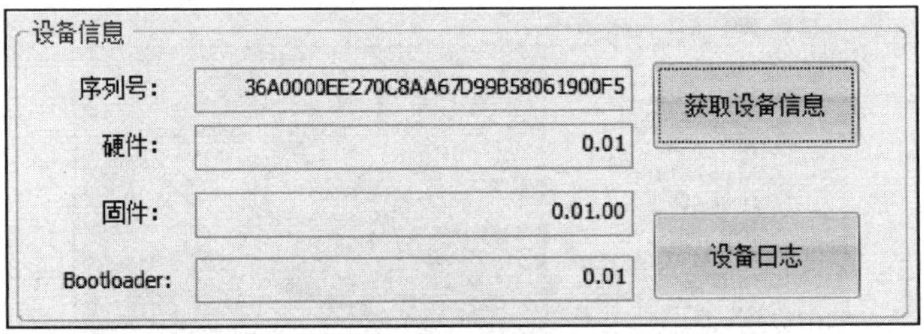

设备信息
序列号: 36A0000EE270C8AA67D99B58061900F5
硬件: 0.01
固件: 0.01.00
Bootloader: 0.01
获取设备信息
设备日志

图 7.9　获取设备信息

2. 配置参数说明

CAN 通信参数配置位于“波特率”选项卡，详见图 7.10，包括选择控制器类型、CAN FD 协议、波特率等参数，下面一一介绍。

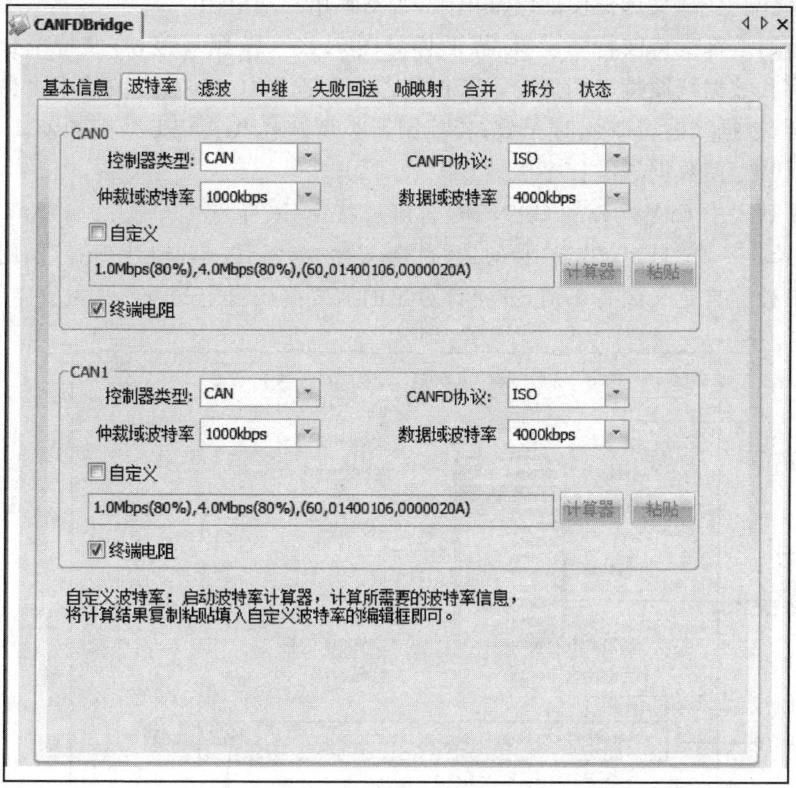

图 7.10 “波特率”选项卡

每个通道都支持“CAN”和“CAN FD”两种控制器类型，详见图 7.11。若控制器类型选择为 CAN，则只能收发 CAN 报文，可防止 CAN FD 报文转发到 CAN 总线。若选择类型为 CAN FD，则 CAN 报文和 CAN FD 报文都可以收发。

图 7.11 选择 CAN 控制器类型

CAN FD 协议支持 ISO 标准和 Non－ISO 标准，详见图 7.12。

图 7.12 选择 CANFD 协议

每个通道内部都安装 120 Ω 终端电阻，可以通过软件配置是否使能。在图 7.10

中勾选"终端电阻"复选框使能终端电阻，否则禁用终端电阻。

每个通道都支持波特率设置，界面详见图 7.13。按照规范，将波特率分为仲裁域波特率和数据域波特率两部分。若控制器类型选择"CAN"，则波特率由仲裁域波特率决定，数据域波特率此时无效；若控制器类型选择"CANFD"，则须使能 BRS 位（波特率切换）使数据域波特率生效。

除了列表中 CiA 推荐的 CAN FD 标准波特率（采样点 75～83.5%，SJW＝2、3）之外，还给出一个"自定义"选项，勾选"自定义"波特率后，单击"计算器"调用波特率计算器来计算自定义波特率值，并将计算出的值复制到自定义波特率的文本框。

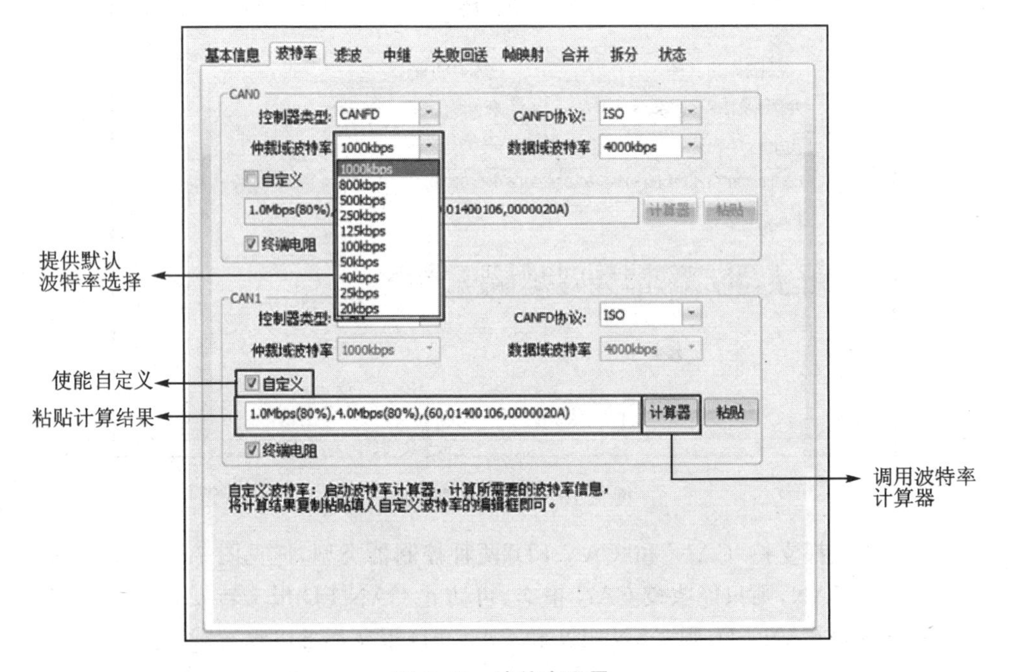

图 7.13　波特率设置

波特率计算器的使用方法如下（参考图 7.14 所示步骤）：

① 设置图中①处的仲裁域波特率，选择合适的同步跳转宽度（SJW），选择所需要的波特率值，如果下拉列表没有想要的值可以手动输入；

② 设置图中②处的数据域波特率参数，设置方法同上；

③ 设置完成后，单击图中③处的"计算"按钮，可得出对应波特率参数的计算结果，以列表方式供用户选择；

④ 选择合适采样点的仲裁域波特率值，如图中④处所示；

⑤ 选择合适采样点的数据域波特率值，如图中⑤处所示；

⑥ 单击图中⑥处的"复制"按钮，将此值粘贴到自定义波特率输入框。

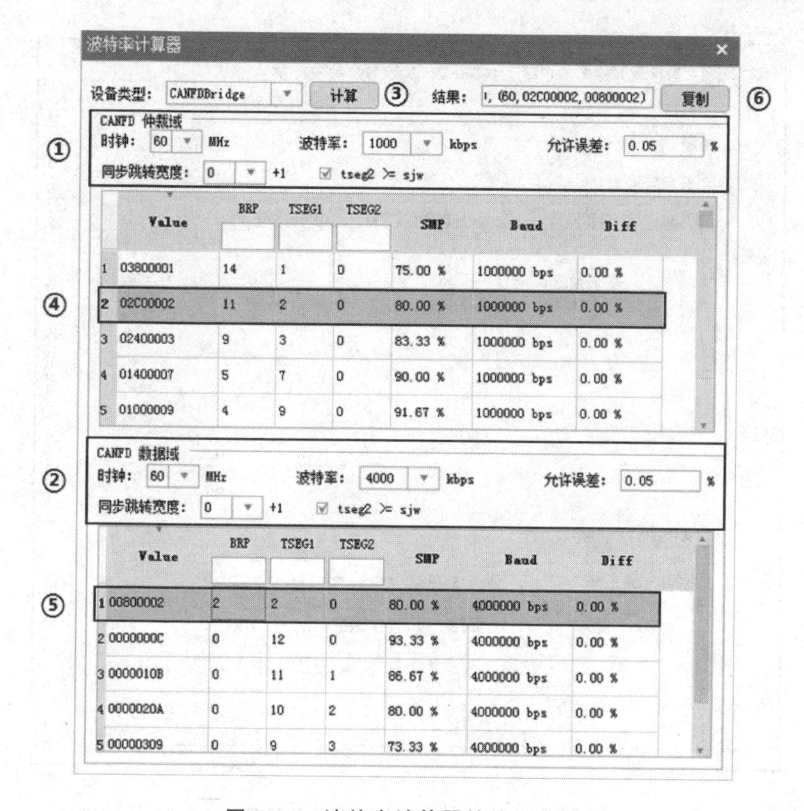

图 7.14　波特率计算器的使用步骤

3. 滤波设置

CANFDBridge 具有硬件验收过滤的功能，选择性接收 CAN/CAN FD 报文，滤波方式为白名单。滤波设置的参数位于“滤波”选项卡，详见图 7.15。

选择需要滤波的 CAN 通道，勾选“开启滤波”复选框使能滤波功能。使能滤波后，设备只接收列表框中各项 ID 范围内的报文。若勾选“开启滤波”而滤波表中没有滤波项，此时会过滤所有报文。每个通道滤波项最多支持 64 个。

在“过滤格式”中可选择单 ID 滤波和组 ID 滤波，单 ID 滤波表示只设置一个 ID，此时只有“起始帧 ID”有效。组 ID 滤波表示设置“起始帧 ID”和“结束帧 ID”来确定一个 ID 范围，此时只有 ID 满足这个范围的报文才会被接收。

例如，设置 CAN0 通道滤波参数：标准帧单 ID 为 0x08、0x12，扩展帧组 ID 为 0x55～0x66，标准帧组 ID 为 0x22～0x66，详见图 7.15。CAN0 通道只接收 ID 为 0x08、0x12、0x22～0x66 的标准帧和 ID 为 0x55～0x66 的扩展帧。

4. 中　继

CANFDBridge“中继”选项卡的参数设置可实现 CAN 转 CAN、CAN FD 转 CAN FD、CAN 转 CAN FD、CAN FD 转 CAN 等功能，设置界面详见图 7.16。当接

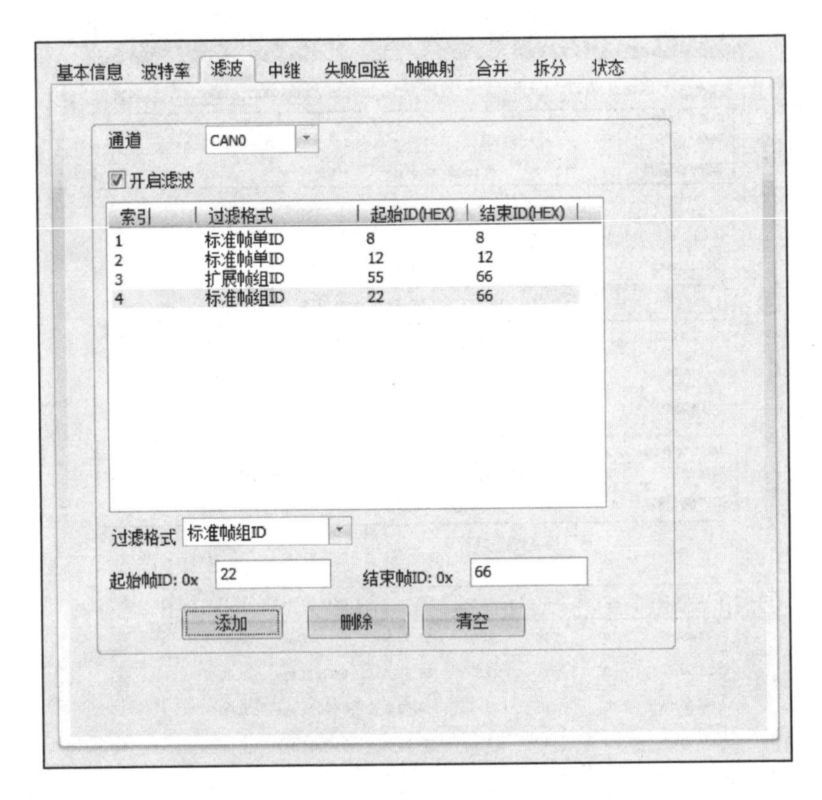

图 7.15 "滤波"选项卡参数设置

收的报文不符合帧映射、合并、拆分等规则时，按照中继的规则来转发。

设置 CAN 转 CAN/CAN FD，及 CAN FD 转 CAN/CAN FD 的转发规则：

- 当选择 CAN 转 CAN、CAN FD 转 CAN FD 时，不改变帧的数据。
- 当选择 CAN 转 CAN FD 时，设置参数详见图 7.16 中③处的设置。若不勾选"填充"，CAN 报文转成的 CAN FD 报文，数据长度保持不变；若勾选"填充"，可设置 CAN FD 数据长度 DLC 和填充数据，默认填充 0。勾选 CAN FD 报文是否使能位速率转换(BRS 位)。
- 当选择 CAN FD 转 CAN 时，如果 CAN FD 报文数据长度大于 8 字节，则截断 CAN FD 报文，仅保留前 8 字节转发(帧类型不变)。

5. 帧映射

CANFDBridge 支持帧映射功能，"帧映射"选项卡详见图 7.17。帧映射实现收到指定 CAN/CAN FD 帧后转发成指定 CAN/CAN FD 帧发送，功能详细描述如下：

- 每个通道支持帧映射条数为 64；
- 支持 CAN 类型(CAN/CAN FD)、帧类型(标准帧/扩展帧)、格式(远程帧/数据帧)、帧 ID、帧数据等映射，支持设置选择以上哪些匹配项不需要比较或更

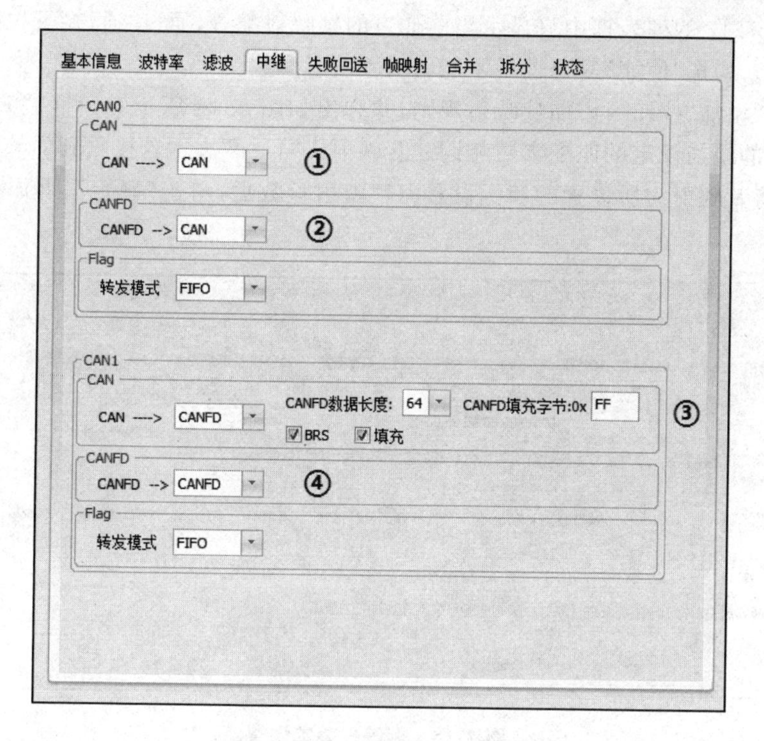

图 7.16 “中继”选项卡参数设置

改，即在图 7.18 的“源”中勾选的项才需要用来比较，不勾选的项则不作为比较项；对应“目标”中只有勾选的项才会修改，不勾选的则不修改(即映射后保持接收帧的原始值)。

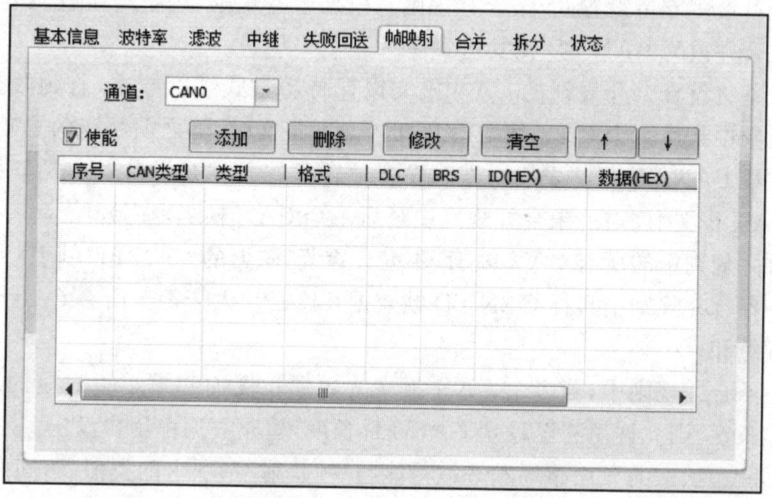

图 7.17 “帧映射”选项卡

在图 7.17 的列表框中只显示当前通道的帧映射配置，通过“通道”下拉列表框可选择通道。勾选“使能”复选框后才能编辑帧映射参数。

单击“添加”按钮可添加帧映射规则，并弹出如图 7.18 所示对话框，“源”用于设置接收到的帧与设定的匹配参数相同才会映射。“目标”表示若接收到的帧满足映射条件，则将其映射为所设置的帧。设置完帧映射参数后，单击“确定”，即添加一条帧映射。

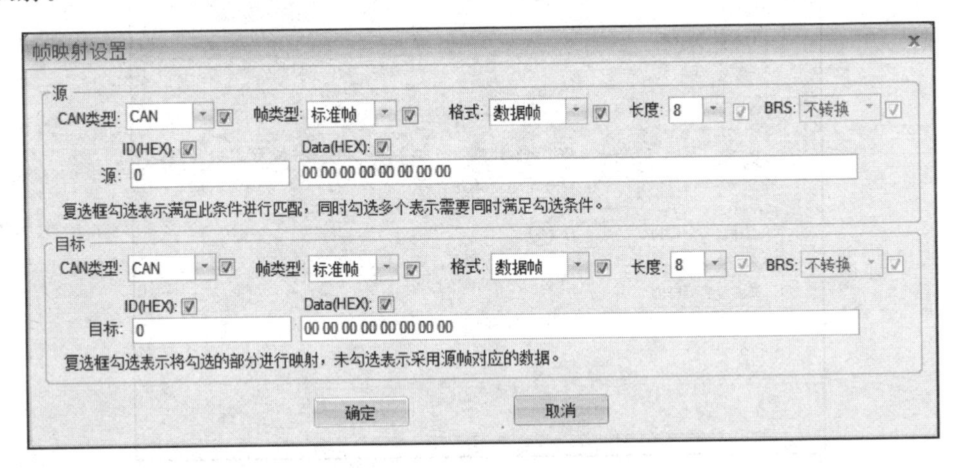

图 7.18　帧映射参数设置

6. 合　并

合并功能用于将多个 CAN 报文合并后转换为 CAN FD 报文，详细功能描述如下：

- 设备最多支持设置 64 条合并规则。根据合并规则，设备将接收到的 CAN 报文合并成为 CAN FD 帧发送。
- 设备将符合合并规则的 CAN 报文以保持型方式缓存起来，直到收到与合并规则中最后一个 CAN 帧 ID 相同的 CAN 报文时，将之前缓存的 CAN 报文合并成 CAN FD 报文发出。即触发合并转发的条件是设备对应端口接收到的 CAN 报文 ID 与一条合并规则中最后一个 CAN 帧 ID 一致。
- 合并规则中的所有 CAN 帧 ID 不允许重复，映射的 CAN FD 帧 ID 可重复。
- 一条合并规则中目标 CAN FD 帧数据长度必须大于等于所有 CAN 帧数据长度总和。
- 一条合并规则中，若多个 CAN 报文的数据长度加起来小于对应的 CAN FD 帧长度，则允许填充至设定 CAN FD 长度，填充数据由用户设定。

“合并”选项卡的界面布局和按键功能与“帧映射”选项卡的类似，不同的是，单击“添加”按钮弹出如图 7.19 所示对话框。

“CANFD”选项区域中的参数项表示要合并的目标 CAN FD，可指定帧 ID、帧类型、数据长度和填充字节以及使能位速率切换。

"CAN"选项区域中的列表框显示待合并的 CAN 报文列表，单击"添加"弹出如图 7.20 所示对话框，设置完毕即可添加一条待合并 CAN 报文到列表框中，最多将 8 个 CAN 报文合并成一个 CAN FD 报文。

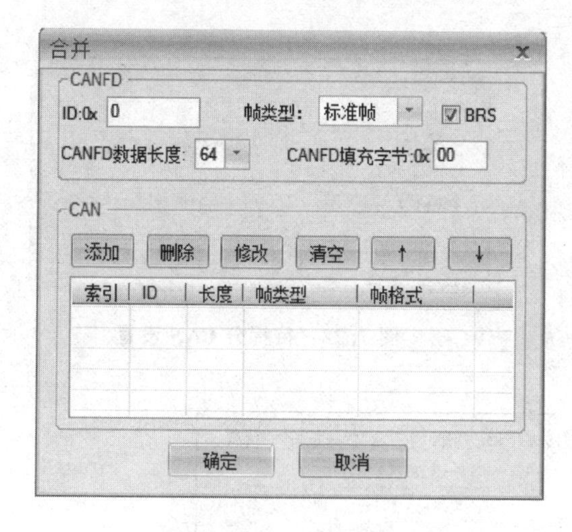

图 7.19　合并项设置

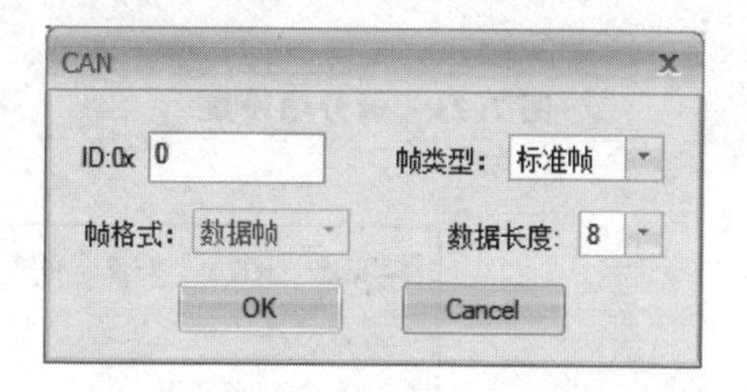

图 7.20　待合并 CAN 设置

7. 拆　分

拆分功能用于将 CAN FD 报文拆分成多个 CAN 报文发送，设备最多支持设置 64 条拆分规则，每条规则指定待拆分 CAN FD 的帧 ID、帧类型及帧长度。设备接收到对应 CAN FD 报文后，按设置的目标帧 ID、帧类型拆分为多个 CAN 报文。CAN FD 帧数据长度必须大于或等于拆分规则中所有 CAN 帧数据长度总和。"拆分"选项卡的界面布局和按键功能与"合并"选项卡的类似，单击"添加"按钮弹出如图 7.21 所示界面。

"CANFD"选项区域中的参数项表示待拆分的源 CAN FD，可指定帧 ID、帧类型、数据长度和填充字节，以及使能位速率切换。

"CAN"选项区域中的列表框显示拆分目标的 CAN 列表，单击"添加"按钮弹出如图 7.22 所示界面，设置完毕即可添加一条拆分目标 CAN 到列表框中，最多将一个 CAN FD 报文拆分成 8 个 CAN 报文。

8. 失败回送

CANFDBridge 支持失败回送功能。如果使能回送设置功能，报文转发失败时系统发送特定帧告知转发失败，"失败回送"选项卡设置界面详见图 7.23。

回送的特定帧可设置帧 ID、帧类型(标准帧/扩展帧)。回送帧为 CAN 数据帧或 CAN FD 数据帧。回送帧的数据长度不允许设置，每个字节表示一个通道，CANFD-Bridge 只有两个通道，均固定为 2 字节，第 1 个字节表示 CAN 通道错误状态，第 2 个字节表示通道。错误状态定义详见表 7.3。

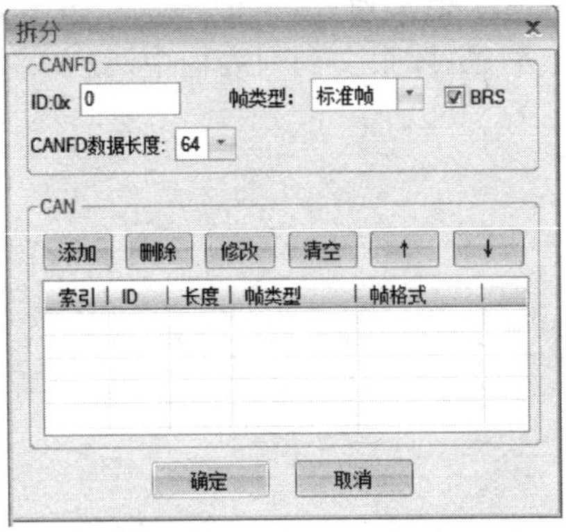

图 7.21　拆分项设置

图 7.22　待拆分 CAN 设置

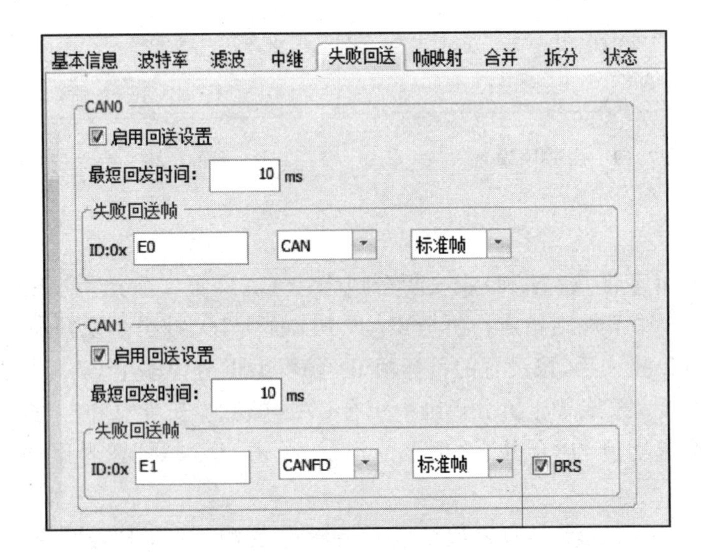

图 7.23　“失败回送”选项卡

表 7.3　通道错误状态定义

错误码	错误信息	错误码	错误信息
0x00	总线无错误	0x02	总线错误被动状态
0x01	总线错误主动状态	0x03	总线关闭

根据图 7.23 的配置，当 CANFDBridge 从 CAN0 通道接收到正确的 CAN FD 报文时，通过 CAN1 转发失败，向 CAN0 通道回送一个标准数据帧以通知 CAN1 通道转发失败，错误状态为 0x02，即发生总线被动错误，详见图 7.24。

当 CANFDBridge 从 CAN1 通道接收到正确的 CAN FD 报文，并从 CAN0 通道

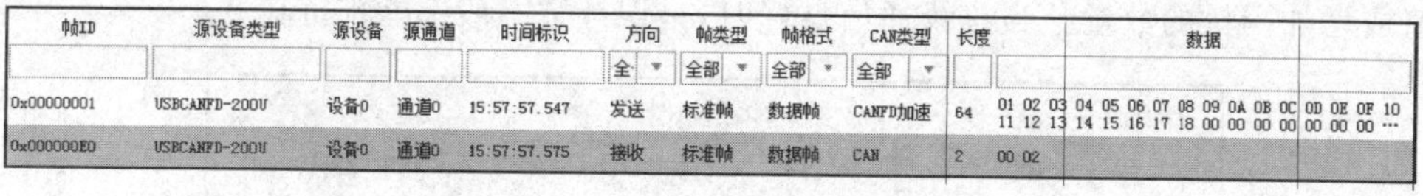

帧ID	源设备类型	源设备	源通道	时间标识	方向	帧类型	帧格式	CAN类型	长度	数据
					全	全部	全部	全部		
0x00000001	USBCANFD-200U	设备0	通道0	15:57:57.547	发送	标准帧	数据帧	CANFD加速	64	01 02 03 04 05 06 07 08 09 0A 0B 0C 0D 0E 0F 10 11 12 13 14 15 16 17 18 00 00 00 00 00 00 00 …
0x000000E0	USBCANFD-200U	设备0	通道0	15:57:57.575	接收	标准帧	数据帧	CAN	2	00 02

图 7.24　CAN0 转发失败

发送时，发送失败，CAN0 通道收到一个 CAN FD 错误回送帧，通知转发失败，错误状态为 0x01，即发生总线主动错误，详见图 7.25。

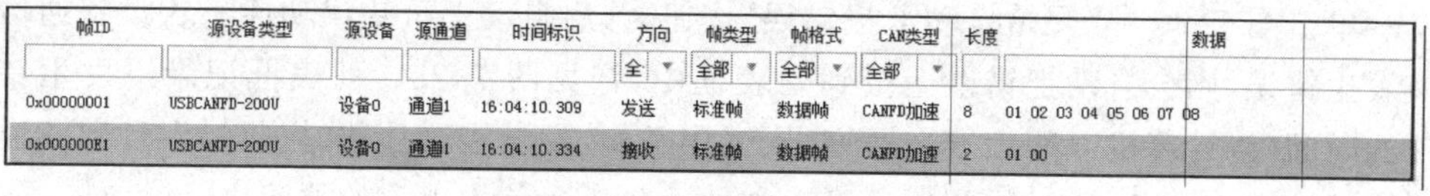

帧ID	源设备类型	源设备	源通道	时间标识	方向	帧类型	帧格式	CAN类型	长度	数据
					全	全部	全部	全部		
0x00000001	USBCANFD-200U	设备0	通道1	16:04:10.309	发送	标准帧	数据帧	CANFD加速	8	01 02 03 04 05 06 07 08
0x000000E1	USBCANFD-200U	设备0	通道1	16:04:10.334	接收	标准帧	数据帧	CANFD加速	2	01 00

图 7.25　CAN1 转发失败

9. 设备状态获取与上报

CANFDBridge 支持获取当前设备的状态信息，“状态”选项卡的界面详见图 7.26。设备可以实时获取 CAN 通道错误计数和开启自动上报设备错误状态功能。这两个功能可用来分析设备在网络上的适应情况，记录使用过程中出现的错误状况，便于查找设备出错原因。

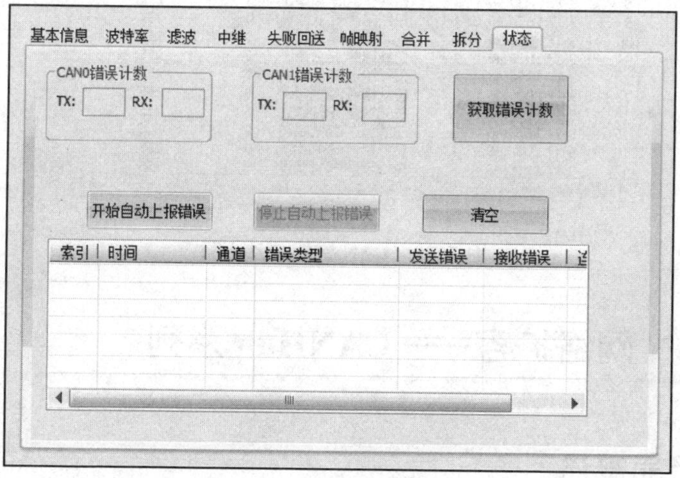

图 7.26　“状态”选项卡

(1) 获取设备 CAN 通道错误计数

单击图 7.26 中的“获取错误计数”按钮，即可实时读取一次 CAN 通道的接收错误计数和发送错误计数，如图 7.27 所示。这些错误计数直接反映总线的通畅情况，当接收错误值大于 127 时，总线几乎已经瘫痪。若出现错误值较高的情况(90 以上)，则表示总线的通信出现比较严重的阻塞，此时就有必要调整网桥的波特率设定值或增加网桥的数量。当总线通信良好时，错误计数一般都能维持在 0。

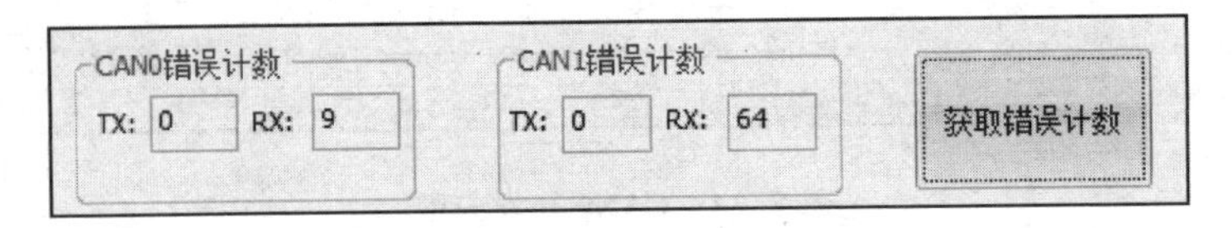

图 7.27　获取错误计数

(2) 实时上报设备状态

单击图 7.26 中“开始自动上报错误”按钮，开启自动上报错误功能。若设备通信中发生错误，则会自动把错误上报到列表框中，详见图 7.28。列表框记录下发生错误的时间(以计算机时间为准)、通道号、错误类型、发送错误计数、接收错误计数和连续错误计数等信息，通过这些信息可以方便地分析通信中出现的故障。

开始自动上报错误　停止自动上报错误　清空

索引	时间	通道	错误类型	发送错误	接收错误
0	9-17 11:30:46	1	总线错误:未知错误	0	100
1	9-17 11:30:46	1	总线告警	0	100
2	9-17 11:30:46	1	总线错误:未知错误	0	127
3	9-17 11:30:46	1	总线消极	0	255
4	9-17 11:30:46	1	总线错误:未知错误	0	255
5	9-17 11:30:46	1	总线错误:格式错误	0	255
6	9-17 11:30:46	1	总线错误:未知错误	0	255
7	9-17 11:30:46	1	总线错误:格式错误	0	255
8	9-17 11:30:46	1	总线错误:未知错误	0	255
9	9-17 11:30:46	1	总线错误:格式错误	0	255
10	9-17 11:30:46	1	总线错误:未知错误	0	255
11	9-17 11:30:46	1	总线错误:格式错误	0	255
12	9-17 11:30:46	1	总线错误:未知错误	0	255
13	9-17 11:30:46	1	总线错误:格式错误	0	255
14	9-17 11:30:46	1	总线错误:未知错误	0	255
15	9-17 11:30:46	1	总线错误:格式错误	0	255
16	9-17 11:30:46	1	总线错误:未知错误	0	255
17	9-17 11:30:46	1	总线错误:格式错误	0	255

图 7.28　CAN 错误自动上报

7.2　CAN 网络扩容——CANHub 系列

7.2.1　产品概述

CAN 集线器主要用于将单个网络扩展出多个网络，该系列产品包含 CANHub - AS4、CANHub - AS5、CANHub - AS8、CANHub - AF1S1、CANHub - AF2S2 五个型号，设备外观详见图 7.29。这些产品可实现多通道 CAN 集线器功能，实现每个独立通道支持 CAN 帧接收、缓存、帧转发、路由等功能，其中 CANHub - AF1S1 和 CANHub - AF2S2 分别包含 1 个和 2 个光纤接口。

CANHub 系列产品能实现多个 CAN 网络的透明连接，可以在总线级别实现复

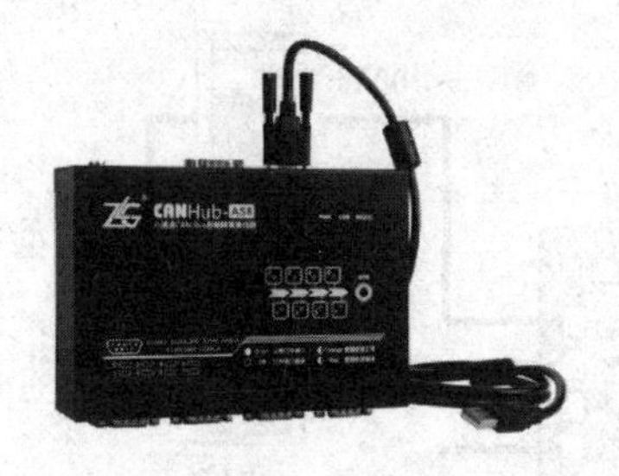
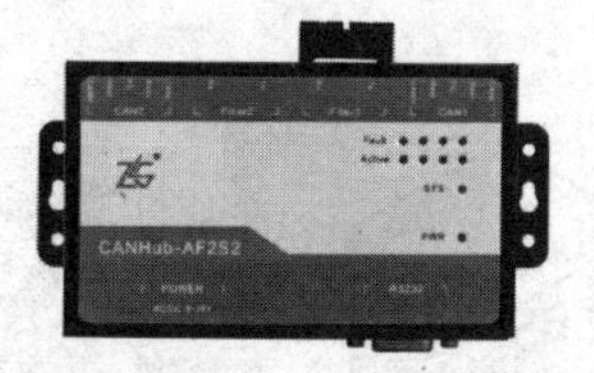

CANHub-AS5/8　　CANHub-AF1S1/AF2S2

图 7.29　CANHub 系列产品外观示意图

杂结构的多点连接，使得主干网络没有支线长度限制，网络中任意两个节点均可以达到协议距离。CANHub 每个端口都有独立的 CAN 收发器，能倍增节点数目，在提供自由布线方式的同时，也解除了系统总线上 CAN 收发器最大节点数驱动限制。

每个 CAN 端口还具备检测总线活跃及总线故障指示灯的功能，方便观察 CAN 总线网络工作状态。CANHub 系列产品可用于波特率高达 1 Mbps 的 CAN 网络，所有通道均可在不同的波特率下工作，支持透明、协议独立的 CAN 消息传输。

CANHub 系列产品可以配置相应的 CAN 消息过滤器，这样可以保证只有需要的数据通过中继器，再传输到其他 CAN 网络上。同时，该系列产品还具有数据路由功能，可把一个通道接收到的 CAN 消息有选择性地转发到另一个通道，能有效降低网络的负载。

7.2.2　典型应用

1. 充电桩多网络、长距离通信

国家新能源转型战略的布局使得电动车和配套的充电桩行业得到飞速发展。逐年递增的城市纯电动公交车给公交充电系统带来新的挑战，充电站规模越来越大，充电桩数量越来越多。由此衍生出一个问题，充电桩和后台系统通信距离变得越来越长，导致通信问题频现。在这种情形下，推荐使用 CANHub - AS8 的中继功能实现网络中继和网络扩展，并调理两端的网络信号以实现最优的通信效果。CANHub 在充电桩系统中的应用方案详见图 7.30。

2. 西门子消防主机光纤联网方案

CANHub - AFxSx 系列光纤集线器是西门子消防监控主机 CAN - bus 联网的标配设备。由于消防监控主机联网的跨度很大，很多情况下都超过 CAN - bus 的电气特性所规定的极限距离。现场环境通常都比较恶劣，高压、高辐射的干扰对报文传输都造成严重影响。因此，西门子消防监控系统均采用单模光纤联网的方式，示意图详见图 7.31，即每台消防监控主机的 CAN 接口接一台双路 CANHub 光纤集线器(CANub - AF2S2)，以实现远距离光纤联网。

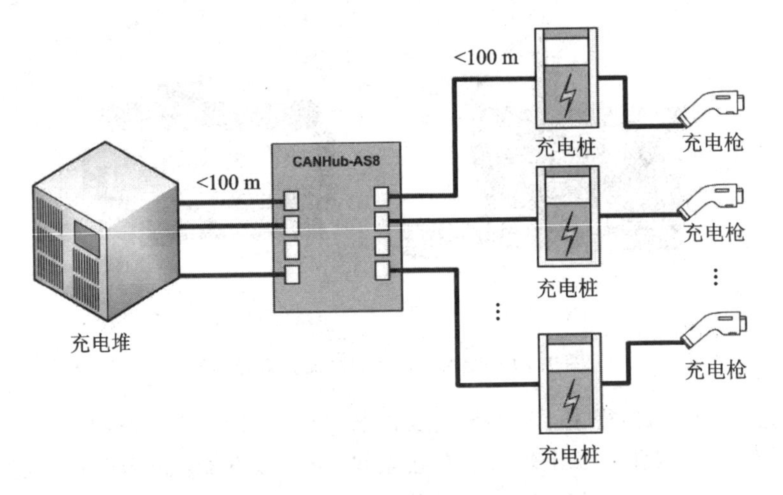

图 7.30　CANHub - AS8 在充电桩系统的应用

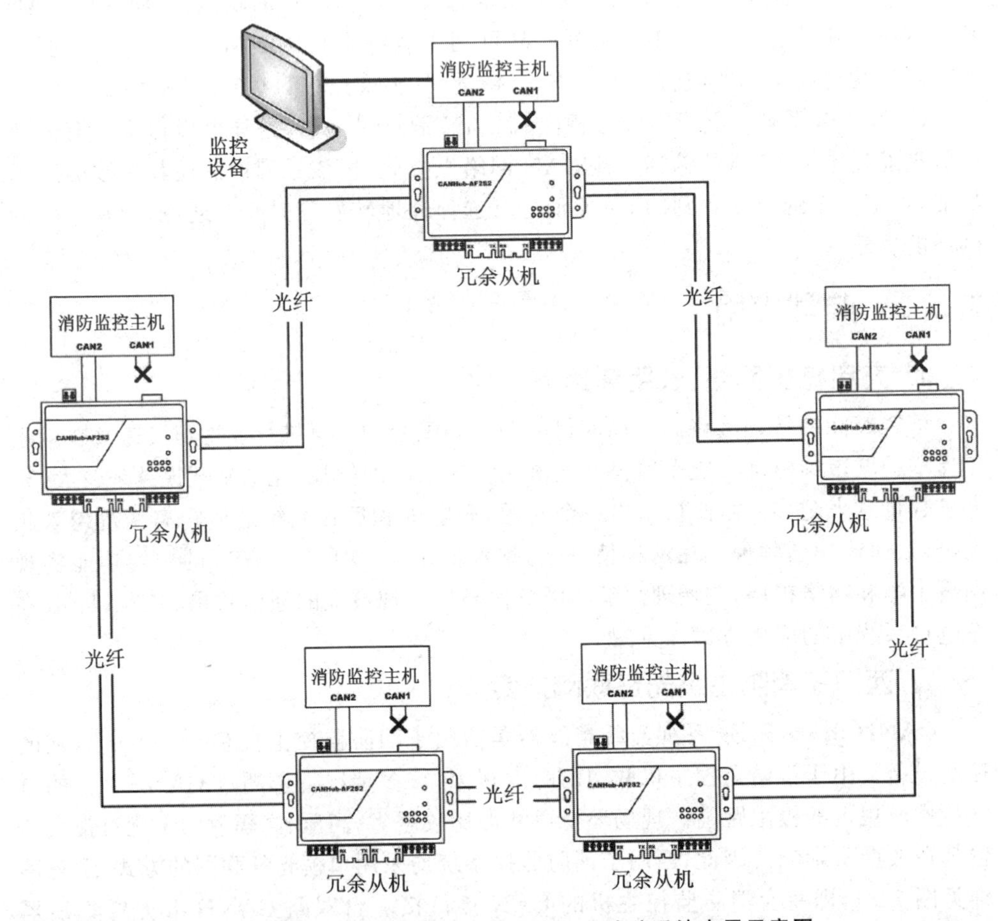

图 7.31　CANHub 光纤转换器在西门子消防系统应用示意图

7.2.3 产品特性

CANHub 系列产品特性包括：

- CAN_Hub - AS5/8 的每个通道可缓存 1M(＝1024×1024)帧数据；
- CAN_Hub - AS5/8 的每个通道支持帧映射规则 0～64 个；
- CAN_Hub - AF1S1/AF2S2 支持光纤传输，可有效避免强干扰；
- 路由转发支持转发到其他任意一个或多个通道；
- 电气隔离的 CAN 接口，隔离电压为 DC 2 500 V；
- 用户可通过 RS - 232 端口或者 USB 端口配置通信波特率范围为 5 kbps～1 Mbps；
- 强大的 CAN 消息过滤功能，能有效避免不需要的消息被转发；
- 工作电压范围为 9～48 V；
- 工作及存储温度范围为－40～85 ℃。

7.2.4 产品选型

CANHub 系列产品选型表如表 7.4 所列。

表 7.4 CANHub 系列产品选型表

型　号	CANHub - AS5	CANHub - AS8	CANHub - AF1S1	CANHub - AF2S2
CAN 路数	5 路	8 路	1 路	2 路
光纤接口路数	—	—	1 路	2 路
波特率	CAN 接口：5 kbps～1 Mbps、光纤接口波特率：5～800 kbps			
配置接口	USB/RS - 232		RS - 232	
每路转发能力	4 000 帧/s(标准 8 字节数据帧)		3 000 帧/s(标准 8 字节数据帧)	
转发延时	＜3 ms			
报文路由	支持			
ID 转换	支持		—	
数据转换	支持		—	
延长通信距离	支持			
电气隔离	支持			
120 Ω 终端电阻	内置 120 Ω 电阻，拨码开关使能			
产品尺寸	195 mm×122 mm×46 mm		118 mm×83 mm×26 mm	
工作温度	－40～85 ℃			

7.2.5 使用指南

CANHub 系列产品使用方法基本一致，为了方便描述，本小节以 CANHub - AS8 为例介绍该系列产品的使用方法。

运行 CANCfg 软件,在打开界面左侧的“设备类型”中选择当前要使用的设备 CANHub-AS8,之后弹出 CANHub-AS8 配置窗口,该窗口中“基本信息”选项卡界面详见图 7.32。

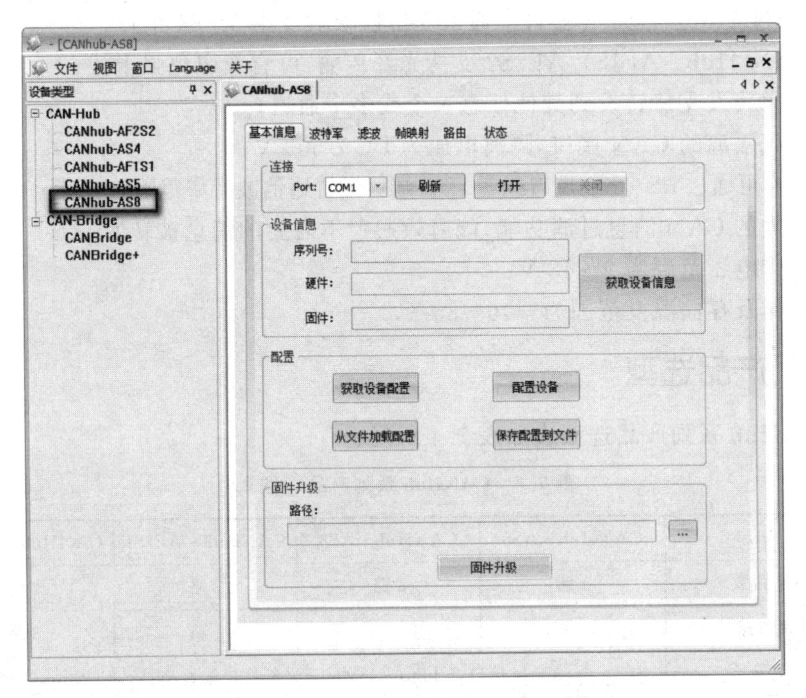

图 7.32　CANHub-AS8 配置窗口中“基本信息”选项卡

7.2.6　配置及功能说明

1. 波特率

“波特率”选项卡用于配置 CAN 通道的波特率,每一行对应一个通道,界面详情见图 7.33。

可通过“波特率”下拉列表框选择 5～1 000 kbps 的标准波特率,界面详见图 7.34。同时也支持自定义波特率,勾选“自定义”复选框,设置后面 BRT0 和 BTR1 的值(十六进制),其具体意义参考 SJA1000 数据手册(对应寄存器地址 0x06 和 0x07)。为了简化配置,可使用波特率计算机进行计算。

2. 滤　波

“滤波”对话框用于配置各个 CAN 通道的滤波信息,每一行对应一个通道,界面详见图 7.35。

可在通道配置行中第 1 个下拉列表框中选择滤波模式:“双滤波”或“单滤波”(对

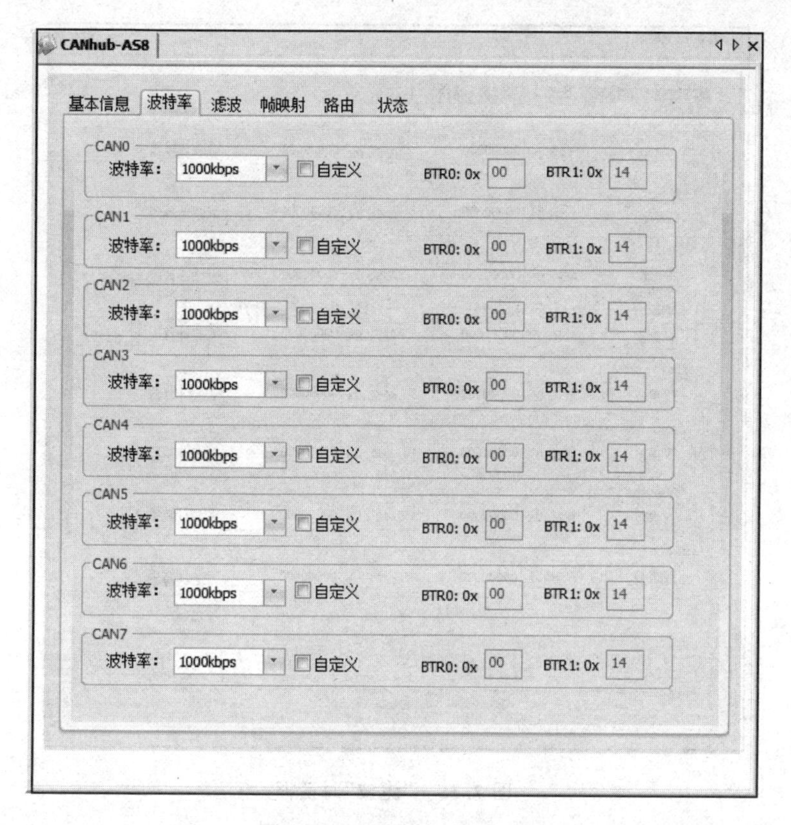

图 7.33 “波特率”选项卡

图 7.34 波特率设置

应 SJA1000 配置寄存器 0x00 中第 3 位是 0 还是 1)，详见图 7.36。

可在 ACR 和 AMR 文本框中填入配置值(十六进制)，ACR 对应 SJA1000 寄存器地址 0x10～0x13 的值(大端模式)，AMR 对应 SJA1000 寄存器地址 0x14～0x17 的值(大端模式)。推荐使用滤波计算器计算这些寄存器的值，单击“滤波计算器”即可打开“滤波设置”对话框，如图 7.37 所示。

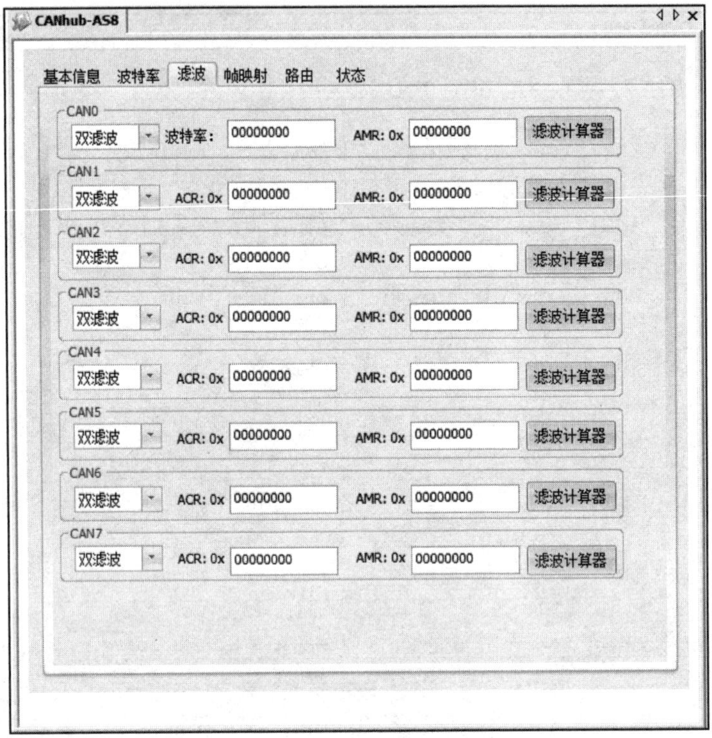

CANhub-AS8
基本信息 波特率 滤波 帧映射 路由 状态
CAN0 双滤波 波特率: 00000000 AMR: 0x 00000000 滤波计算器
CAN1 双滤波 ACR: 0x 00000000 AMR: 0x 00000000 滤波计算器
CAN2 双滤波 ACR: 0x 00000000 AMR: 0x 00000000 滤波计算器
CAN3 双滤波 ACR: 0x 00000000 AMR: 0x 00000000 滤波计算器
CAN4 双滤波 ACR: 0x 00000000 AMR: 0x 00000000 滤波计算器
CAN5 双滤波 ACR: 0x 00000000 AMR: 0x 00000000 滤波计算器
CAN6 双滤波 ACR: 0x 00000000 AMR: 0x 00000000 滤波计算器
CAN7 双滤波 ACR: 0x 00000000 AMR: 0x 00000000 滤波计算器

图 7.35 “滤波”对话框

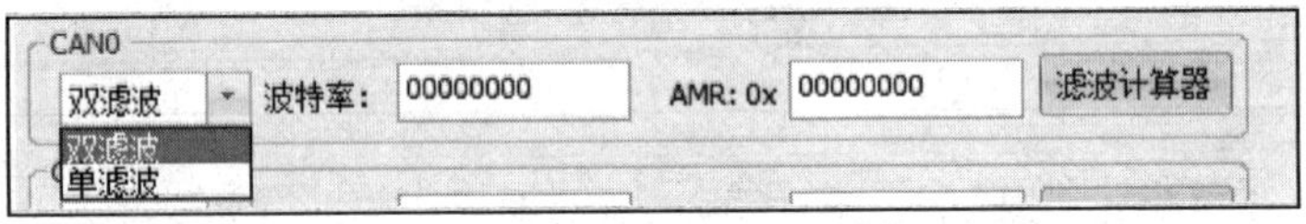

CAN0
双滤波 波特率: 00000000 AMR: 0x 00000000 滤波计算器
双滤波
单滤波

图 7.36 滤波模式

滤波设置
滤波模式选择:
注:如果对应位按钮显示为"X"表示此位为无关位,比如设为"XXX XXXXX111",则表示收到的帧ID中只要低3位不为"111"就会被过滤掉。
计算器
使用自定义滤波设置
滤波方式: 单滤波
帧类型: 标准帧
验收码: 0x 00000000
屏蔽码: 0x FFFFFFFF
确定
取消

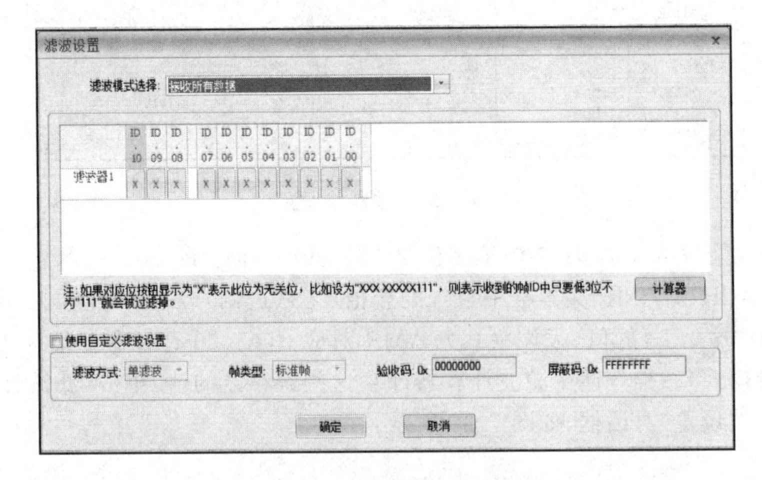

图 7.37 “滤波设置”对话框

3. 帧映射

"帧映射"对话框用于设置每个通道帧映射规则，详见图 7.38，列表框中显示当前通道的帧映射配置，当前通道可用"通道"下拉列表框选择，详见图 7.39。

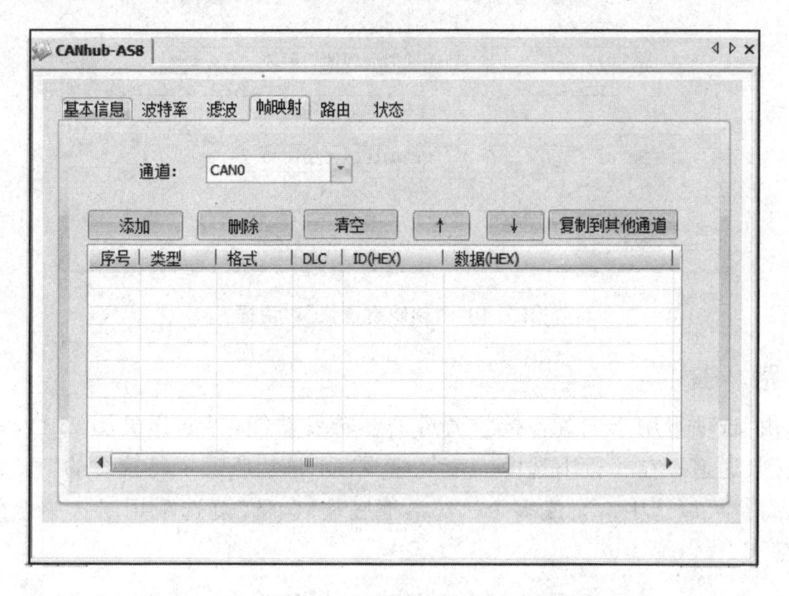

图 7.38 "帧映射"对话框

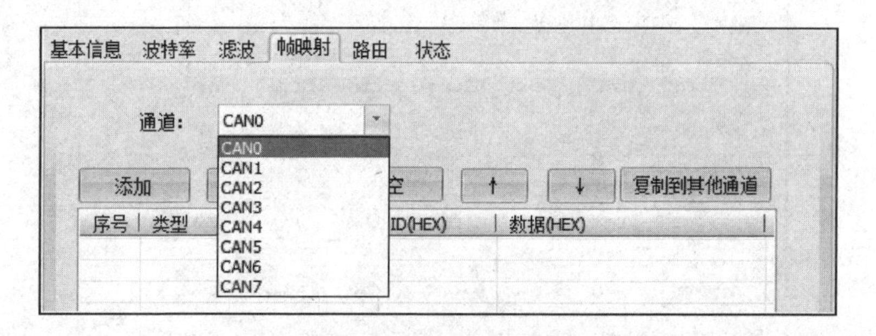

图 7.39 帧映射通道选择

单击"添加"按钮可添加帧映射规则，并弹出"帧映射设置"对话框，详见图 7.40。第一行设置要映射帧的帧头信息："帧类型"可选择"标准帧"或"扩展帧"；"样式"可选择"数据帧"或"远程帧"；"长度"范围为 0～8。"源"用于设置接收到的帧要与"源"中指定的 ID 或 Data 相同时才会映射；"目标"表示若满足映射，需要将其映射帧的 ID 和 Data 转换替换原始帧中对应的 ID 和 Data。若选中左下角的"高级"选项则可见"掩码"行，用于设置"源"和"目标"中哪些位不需要比较和更改，即"掩码"为 1 的位表示对应"源"中的位不用比较（即使不同也相同）和对应"目标"中的位不用修改（即映射后保持接收帧原值）。

图 7.40 “帧映射设置”对话框

4. 路 由

“路由”选项卡用于配置各接收通道的帧转发功能，界面详见图 7.41，每一行对应一个接收通道。在一行中选中一个复选项表示该接收通道将接收的帧转发到选中的通道，每行可以选中 0 个或多个。对话框底端“全选”复选项用于选中全部或取消选中全部。

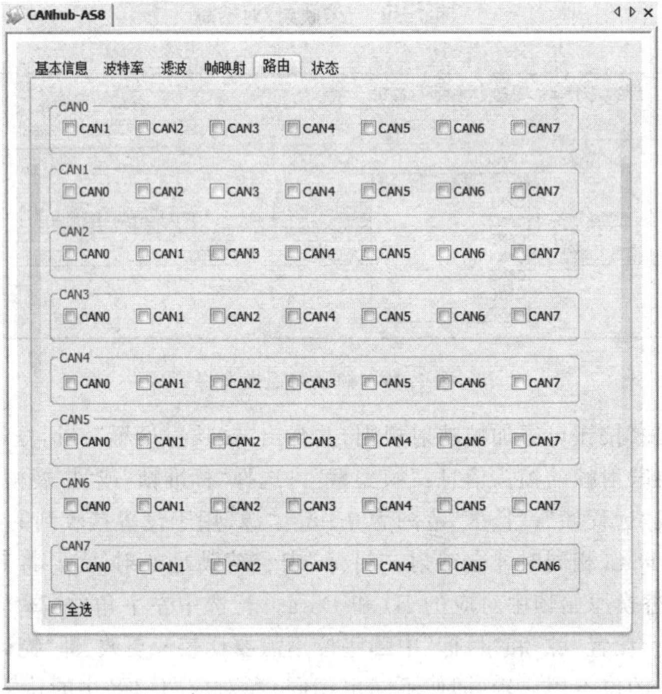

图 7.41 “路由”选项卡

7.3 用于 CAN 故障排查的 CANDTU 系列

7.3.1 产品概述

在 CAN 总线故障排查中，最大的难点是偶发性的故障。这让工程师甚至 CAN 专家都无法准确找到问题的源头。比如，风力发电机变桨系统在 72 小时中发生一次 CAN 数据传输中断；新能源车辆在行驶 1 万公里过程中出现一次仪表盘“黑屏”，但后来怎么都无法复现；高铁列车在行驶 2 000 km 中出现一次由于 CAN 通信异常而导致的紧急减速等。这些偶发性的 CAN 通信异常就像定时炸弹，让工程师胆战心惊。若在容易发生故障的场合装配一台 CAN 总线数据记录仪（相当于一台“黑匣子”）来记录 CAN 数据，则有助于事后分析故障原因。

ZLG 致远电子为排查 CAN 总线故障而研发的 CANDTU 系列产品外观详见图 7.42，不但可以离线记录 CAN 报文，还可以进行 GPRS、4G 等远程传输，可轻松完成车辆、船舶、电梯、风力发电机、工程机械等应用现场的报文记录和现场监控。

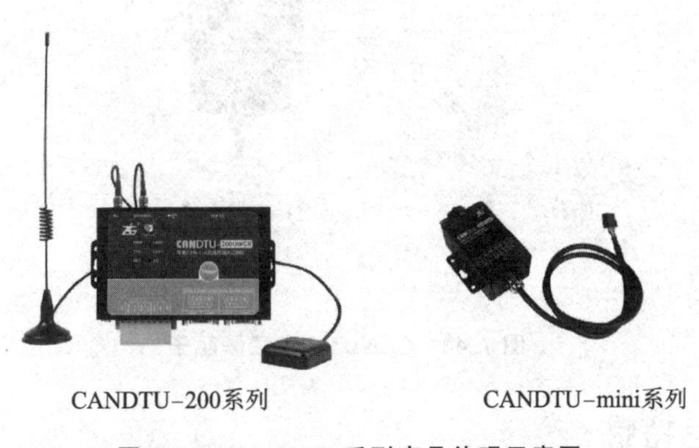

图 7.42 CANDTU 系列产品外观示意图

7.3.2 典型应用

1. 4G 实现数据透传

CANDTU－200UWGR 可以实时采集 CAN 总线数据和定位信息，通过 4G 通信实时上传到指定的云端服务器上。用户可通过手机等终端登录云，实时查看汽车定位、仪表、油温油压情况，实现用户终端的人工智能大数据处理（见图 7.43）。

2. 汽车“黑匣子”

CANDTU－200R－mini 自带 16 GB 大容量存储，不仅可以记录长达 20 天的 CAN 总线数据，而且支持 ASC、CSV 等 9 种存储格式数据直接导出，同时兼容各种主流分析软件，是真正意义的汽车“黑匣子”（见图 7.44）。

图 7.43　CANDTU 数据存储上传应用

图 7.44　CANDTU 车载黑匣子

7.3.3　产品特性

CANDTU 产品特性详见表 7.5。

表 7.5　CANDTU 产品特性

参　数	特　性
CAN 通道	通道数:2 路用户可配置 CAN 通道
	接口类型:高速 CAN(可选配容错 CAN、单线 CAN)
	波特率:5 kbps～1 Mbps 之间任意可编程
	最高接收数据流量:大于 7 000 帧/s
	浪涌保护:2 kV(Class B)
	电磁隔离:3.5 kV

续表 7.5

参　数	特　性
LIN 通道	1 路独立的 LIN 通道
PC 接口	高速 USB2.0
无线 4G 传输	支持联通、电信、移动 4G(CANDTU－200UWGR、CANDTU－200UWG 支持)
GPS/北斗定位	可以使用配置软件使能 GPS/北斗功能,可以通过无线将定位信息发给上位机
	定位精度:2.5 m(CANDTU－200UWGR、CANDTU－200UWG 支持)
文记录、存储	存储容量:高达 32 GB 的 SD 存储卡
	存储模式:全部存储、定时存储
	存满模式:滚动记录、计满停止
	触发模式:条件触发、外部触发
	查找定位:手动打时间标记
	数据导出:可选 ASC、CCP 格式数据,以便 CANoe、CANScope 分析
数字量输出	1 路数字输出
实时时钟	内置可充电锂电池
软件资源	配套通用配置函数库,支持 VC、VB、Delphi 和 C＋＋ Builder 开发
	配套配置工具 CANDTU
供电电压	DC 7.5～48 V
功耗	2.568 W
温度	存储及工作温度:－40～＋85 ℃

7.3.4 产品选型

CANDTU 系列产品选型表详见表 7.6。

表 7.6 CANDTU 系列产品选型表

型　号	CANDTU－200UWGR	CANDTU－200UWG	CANDTU－200UR	CANDTU－100UR	CANDTU－200R－mini	CANDTU－100R－mini
CAN 路数	2 路	2 路	2 路	1 路	2 路	1 路
CAN 接口形式	DB9	DB9	OPEN	DB9	DB9	OBD
记录方式	SD 卡	—	SD 卡	SD 卡	板载电子硬盘	板载电子硬盘
LIN 总线	1 路	1 路	1 路	—	—	—
USB 数据收发	支持	支持	支持	支持	—	—
4G 数据传输	支持	支持	—	—	—	—

续表 7.6

型　号	CANDTU -200UWGR	CANDTU -200UWG	CANDTU -200UR	CANDTU -100UR	CANDTU -200R-mini	CANDTU -100R-mini
北斗/GPS定位	支持	支持	—	—	—	—
开关量输入	1路	1路	1路	1路	1路	—
开关量输出	1路	1路	1路	—	2路	—
RTC实时时钟	支持	支持	支持	支持	支持	支持
120 Ω终端电阻	内置可软件使能					
体积	157 mm×85.3 mm×31 mm				101 mm×83.4 mm ×41.5 mm	

7.3.5 硬件接口

CANDTU系列设备使用同一外壳形式，本小节以功能最全的CANDTU-200UWGR为例进行介绍，设备面板布局详见图7.45。

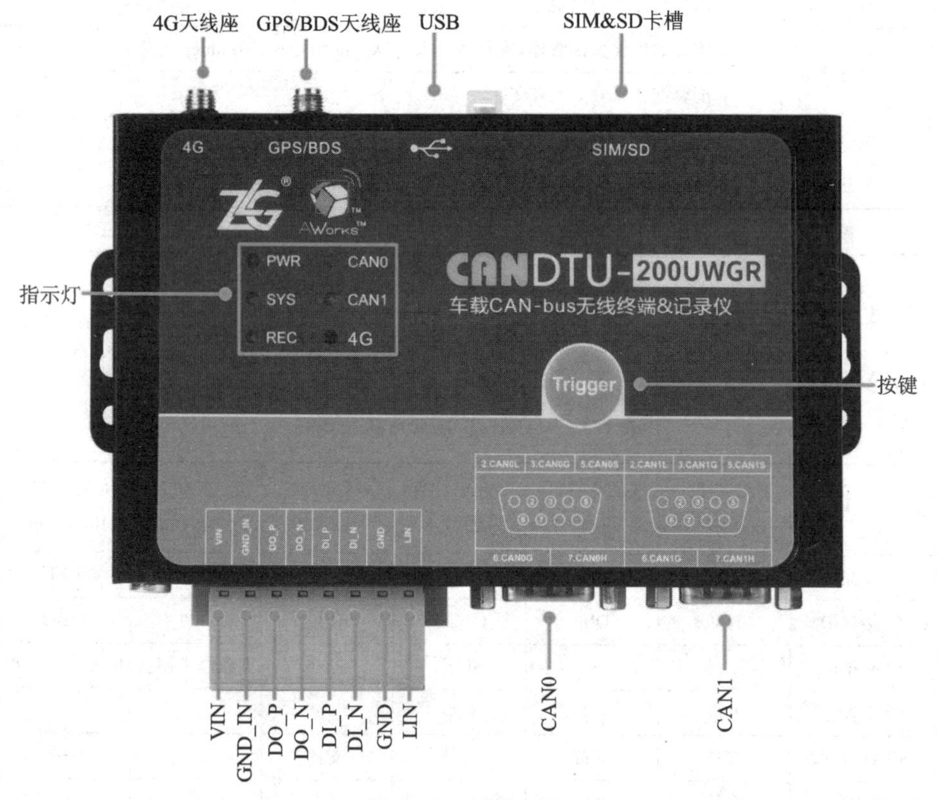

图 7.45　面板布局

1. 电源接口

设备的电源输入额定电压为直流 7.5～48 V。接口的物理形式为法兰端子，接口示意见表 7.7，信号定义详见表 7.8。

表 7.7 电源接口

类 型	示意图
法兰端子	VIN GND_IN

表 7.8 法兰端子信号定义

功能接口	信号定义	信号描述
电源	VIN	电源正极
	GND_IN	电源负极

2. 开关量输出接口

设备提供 1 路数字量输出。接口的物理形式为法兰端子，接口示意见表 7.9，信号定义详见表 7.10，接口规格详表 7.11。

表 7.9 DO 接口

类 型	示意图
法兰端子	DO_P DO_N

表 7.10 法兰端子信号定义

功能接口	信号定义	信号描述
DO	DO_P	数字量输出通道正极
	DO_N	数字量输出通道负极

表 7.11 DO 接口规格

参 数	条 件	最小值	典型值	最大值	单 位
触点负载	直流 3 A，阻性	—	—	30	V
触点负载	交流 3 A，阻性	—	—	250	V
接触电阻	直流 1 A、24 V	—	0.1	—	Ω
隔离电压	有效值	—	4 000	—	V

开关量输出接口为继电器输出型，内部是一个继电器触点，输出控制线路不受电压、极性限制，可以是直流 24 V，也可以是交流 220 V。由于是干接点输出，因此用户需要外接电源，为报警设备（如蜂鸣器）供电，连接示意图如图 7.46 所示。

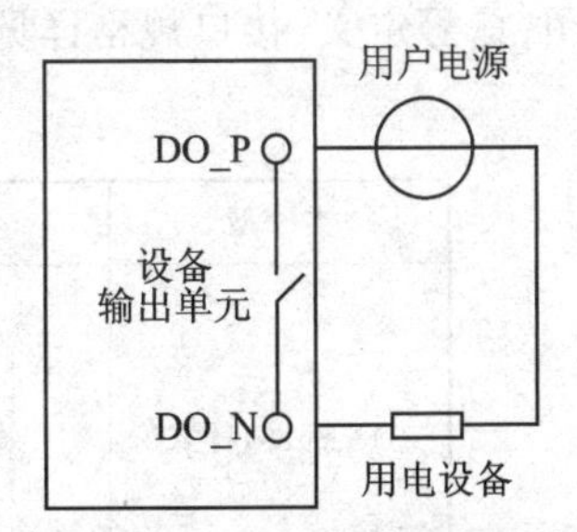

图 7.46 DO 网络连接示意图

开关量输出接口用于输出报警信号。通过配置工具可配置的触发事件有 3 种：记录满、CAN 总线错误、SD 卡状态异常。另外，继电器可根据用户需求配置为常开、常闭状态。

3. 开关量输入接口

设备提供 1 路数字量输入。接口的物理形式为法兰端子，接口示意见表 7.12，信号定义详见表 7.13，接口规格详见表 7.14。

表 7.12　DI 接口

类　型	示意图
法兰端子	DI_P DI_N

表 7.13　法兰端子信号定义

功能接口	信号定义	信号描述
DI	DI_P	数字量输入通道正极
	DI_N	数字量输入通道负极

表 7.14　DI 接口规格

参　数	条　件	最小值	典型值	最大值	单　位
逻辑 0 信号	直流	0	—	3	V
逻辑 1 信号	直流	5	—	24	V
隔离电压	有效值	—	3 750	—	V

通过配置工具，开关量输入接口可配置为定时记录模式、模拟按键模式。

定时记录模式用于定时采集外部设备的开关状态，如阀门的闭合与开启、电动机的启动与停止、触点的接通与断开等，连接示意图详见图 7.47。

模拟按键模式可用于模拟板载按键，包括报文标记、暂停记录、恢复记录、用户升级。

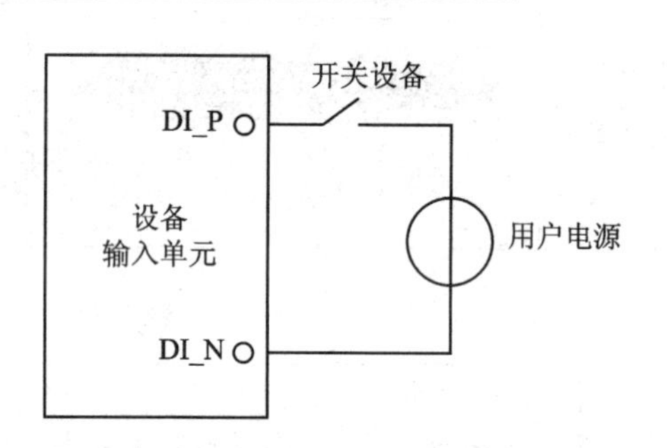

图 7.47　DI 网络连接示意图

4. CAN-bus 接口

设备提供 2 路隔离 CAN-bus 接口，接口的物理形式为 D-Sub9 端子，接口示意图、信号定义、接口规格详见表 7.15、表 7.16。

表 7.15　CAN 接口

类　型	示意图	引脚说明
D-Sub9，针式	1 5 6 9	2：CAN_L
		3：CAN_GND
		5：CAN_SHIELD
		6：CAN_GND
		7：CAN_H

表 7.16　法兰端子信号定义

功能接口	信号定义	信号描述
CAN	CAN_L	CAN 数据收发差分反相信号
	CAN_GND	CAN 隔离地
	CAN_H	CAN 数据收发差分正相信号
	CAN_SHIELD	CAN 屏蔽地

5. LIN－Bus 接口

设备提供 1 路独立的 LIN－Bus 接口。接口的物理形式为法兰端子，接口示意图、信号定义、接口规格分别如表 7.17、表 7.18、表 7.19 所列。

表 7.17　LIN 接口

类　型	示意图
OPEN 端子	GND LIN

表 7.18　OPEN、5557 信号定义

功能接口	信号定义	信号描述
LIN	LIN	LIN 总线信号
	GND	数字地

表 7.19　LIN－Bus 接口规格

参　数		最小值	典型值	最大值	单　位
LIN 线	通信波特率	—	—	20	kbps
	直流电压	－36		36	V
	显性输出电平(逻辑 0)	—	—	0.75	V
	接收器显性电平(逻辑 0)	—	—	2	V
	接收器隐性电平(逻辑 1)	3	—	—	V

6. USB 接口

设备提供 1 路 USB 接口，接口符合高速 USB2.0 协议规范，兼容 USB1.1，通过配套的 USB 连接线实现设备与计算机间的通信。接口的物理形式为 Type－B USB 端口。

7. SD 卡接口

设备提供 1 路 SD 卡接口，支持 32 GB 的 SD 存储卡，用于存储 CAN 总线报文数据。该接口采用自锁式卡槽，按照外壳标识方向插卡后可锁紧 SD 卡，以防止使用过程中意外脱落。拔卡时，只需要向内轻推，即可弹出 SD 卡。

8. SIM 卡接口

设备提供 1 路 SIM 卡接口，可支持联通、电信、移动的 4G 通信业务。使用时，将

SIM 卡放到卡托中，轻推到卡槽内；拔出时，轻推旁边的黄色圆点，即可将 SIM 托盘取出。

7.3.6 使用说明

CANDTU 支持两种工作模式，分别是 USBCAN 模式和 CANDTU 模式。本小节主要介绍 CANDTU 模式的使用方法。

将 CAN 总线按设备上的接线标识连接，接上电源(9～36 V)后，SYS(系统)灯绿色闪烁表示设备已正常启动。安装 CANDTU 配置工具，安装过程中会自动安装 USB 驱动。

连接 USB，打开“CANDTU 配置工具”窗口，在其左上方的下拉列表框中单击选择设备“CANDTU－200UWGR”，详见图 7.48。

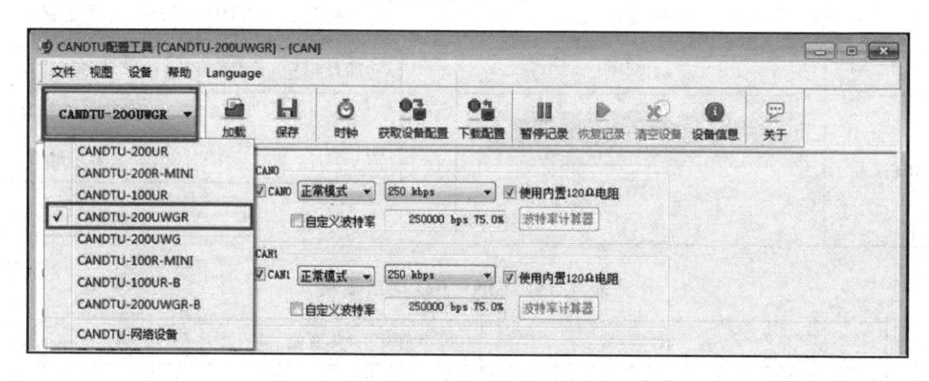

图 7.48 选择设备型号

1. 设备时钟校准

在“CANDTU 配置工具”窗口的上方单击“时钟”选项，弹出“时钟设置”对话框，单击“设置设备时钟为当前时间”将设备时间设为当前计算机时间，详见图 7.49。设备记录数据的时间准确度与设备时间相关，在设备第一次上电时需对设备进行校时操作。

2. 配置 CAN 总线参数

在“CANDTU 配置工具”窗口的左侧选择“CAN”目录项，则窗口右侧界面如图 7.50 所示。根据现场 CAN 总线波特率选择对应选项，并结合现场情况使能或关闭 CAN 总线 120 Ω 终端电阻。如果选中“使用内置 120 Ω 电阻”，将会在 CAN 总线上以并联方式接入 120 Ω 电阻(总线阻抗变化会容易引起总线故障，请谨慎操作)。

3. 配置记录参数

在“CANDTU 配置工具”窗口的左侧选择“触发器”目录项，则窗口右侧界面如图 7.51 所示。在“记录模式”中选择“长时间记录”，“记录文件大小”设置为“50”。

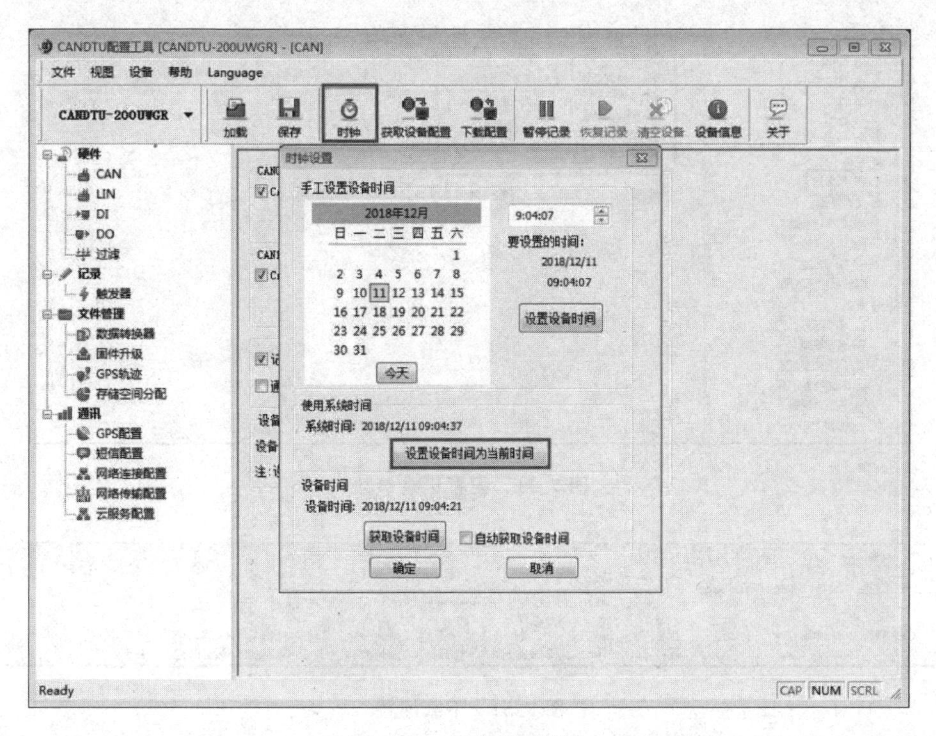

图 7.49 设备时钟校准

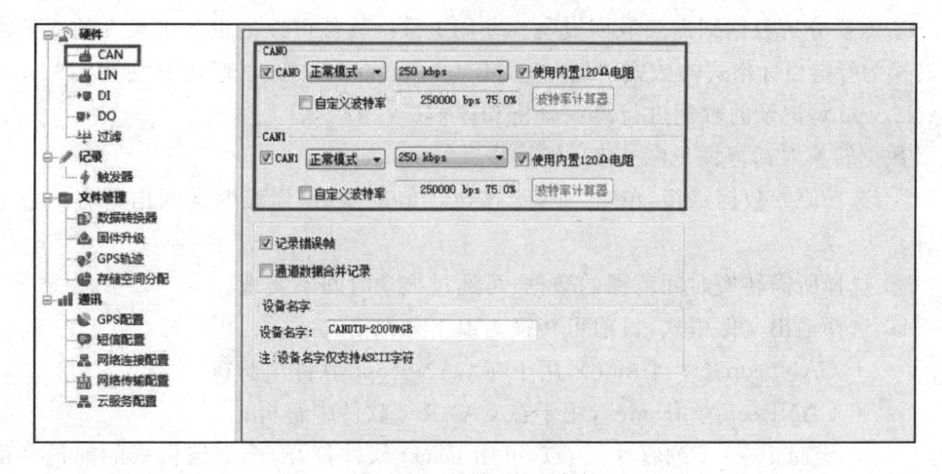

图 7.50 配置 CAN 参数

4. 下载配置

在“CANDTU 配置工具”窗口上方单击“下载配置”进行下载，详见图 7.52。下载完成后，设备会直接进入记录状态，记录 CAN 总线上所有数据。在使用过程中，可以通过设备面板上的 Trigger 按键进行数据标记(在记录文件中标记出来)，以便于后期的查找和定位报文位置。

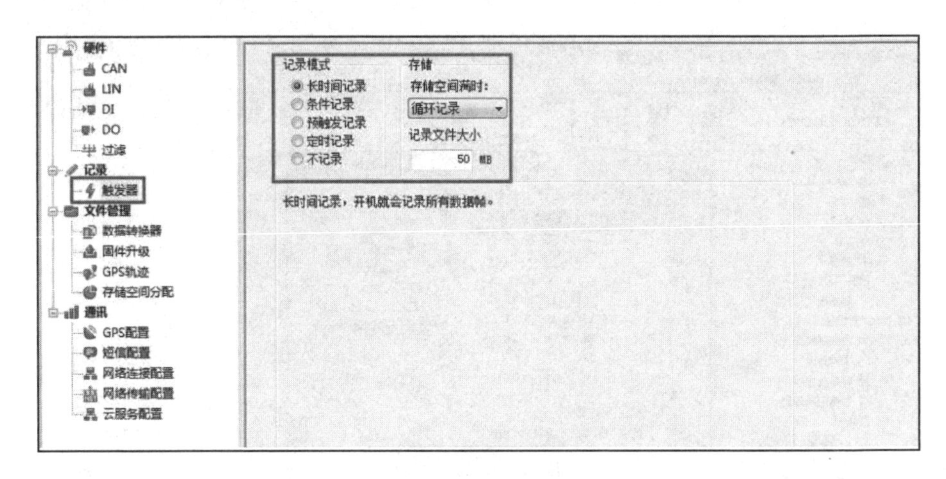

图 7.51　配置记录参数

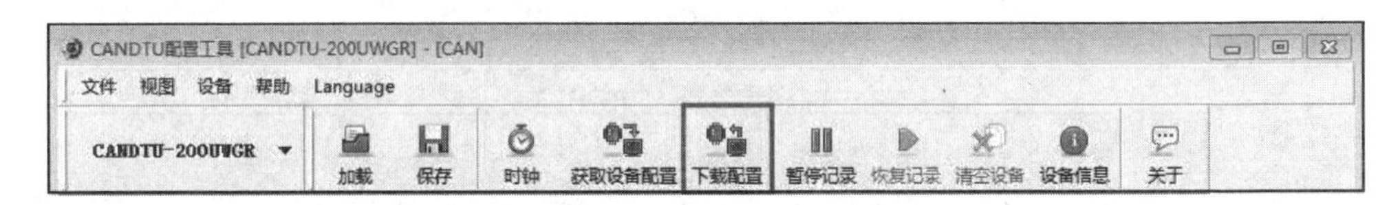

图 7.52　下载配置

配置完成后，将设备连接至总线并记录数据。

若需要分析数据则需要取回设备。使用上位机软件可以把设备记录好的原始数据转换为特定目标格式的数据，目标格式有 frame、txt、xls 等，以便用户使用 CANoe、CANScope 对记录的数据进行离线分析和评估。

数据转换对话框详见图 7.53，转换步骤如下：

① 选择原始数据路径：单击“刷新”按钮，“信息显示”列表框会列出所有的数据文件。

② 选择所需转换时间范围的数据：可通过拖动时间条实现。

③ 选择输出文件格式：目前可转换为以下几种格式：

- CANScope(*.frame)，用于在 CANScope 软件中解析；
- CANRec(*.frame)，用于在 CANRec 软件中解析；
- 定时记录(多列)(*.csv)，可用 Excel 软件打开，选定该格式的前提必须是源文件为设备工作在定时存储模式下记录；
- 定时记录(单列)(*.csv)，与多列类似，把多列的数据整合到一列中；
- 文本(*.txt)，用 Excel 软件或记事本打开；
- ASCII logging file(*.asc)，用于在 CANoe 软件中打开；
- CANPro(*.can)，用于在 CANPro 软件中打开；
- CSV(*.csv)，用 Excel 软件打开。

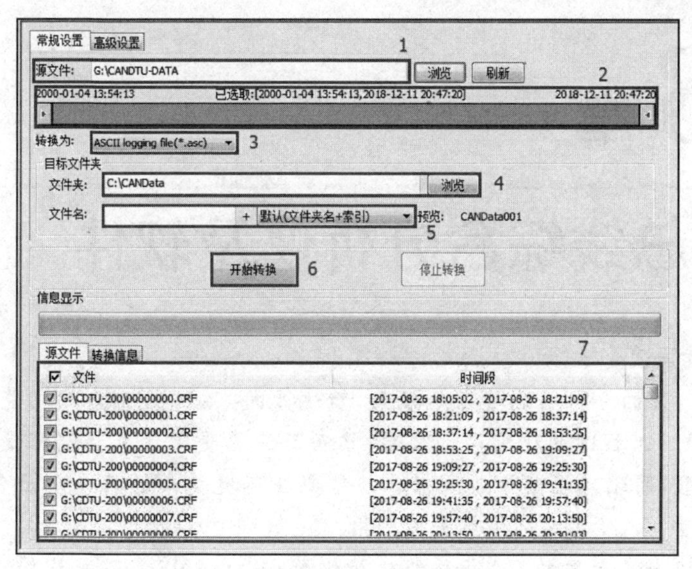

图 7.53　数据转换——常规设置

④ 设置输出文件存放路径。

⑤ 设置输出文件名规则：右边会显示当前规则的文件名预览，目前有以下几种规则：

- 文件夹名＋索引：默认，根据选择的目标目录决定文件名，如目录为 Data，则文件名为 Data1、Data2…；
- 索引：纯索引命名文件名，如 1、2…；
- 日期和时间：根据文件中的第一帧的时间戳命名文件名，如 2015-10-10_09-34-23。

⑥ 选择源文件：选择下方列出移动磁盘中所有的 *.CRF 文件。

⑦ 设置转换信息：设置界面如图 7.54 所示。

- 两种方式设置输出文件的大小，即帧数目和字节数目；
- 时间戳显示方式：相对时间和绝对时间。

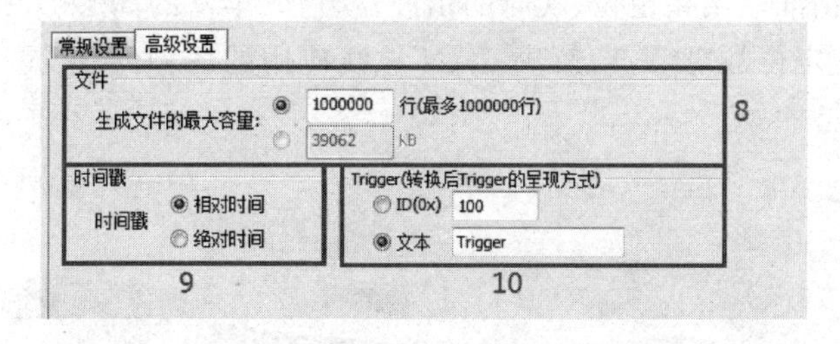

图 7.54　数据转换——高级设置

⑧ 数据转换：在图 7.53 中单击“开始转换”按钮，等待数据转换。转换完成便可浏览转换后的 CAN 数据。

第8章

CAN 总线综合分析仪及软件

本章导读

随着示波器的分析功能越来越强大，示波器的CAN波形解码功能在一定程度上缓解了CAN工程师的现场调试难题；然而示波器受限于其存储深度无法长时间记录总线波形，因此只能做短暂分析。若需要在环境复杂的场合全面分析CAN总线的通信质量，CAN工程师依然手足无措。

本章介绍一款专用的CAN总线分析仪器——CANScope总线综合分析仪，它集海量存储示波器、网络分析仪、误码率分析仪、协议分析仪及可靠性测试工具于一身，可对CAN网络通信的正确性、可靠性、合理性进行多角度、全方位的评估。CANScope分析仪结合强大的分析软件，配合第12章内容，可以轻松准确地排查和预防95%以上的CAN总线问题。

8.1 设备简介

CANScope分析仪是一款CAN总线开发与测试的专业工具。CANScope分析仪外观详见图8.1，它集海量存储示波器、网络分析仪、误码率分析仪、协议分析仪及可靠性测试工具于一身，并把各种仪器有机地整合和关联。

CANScope重新定义了CAN总线的开发测试方法，可对CAN网络通信正确性、可靠性、合理性进行多角度、全方位的评估。CANScope具有超长的波形存储、可靠的报文记录、精准的出错定位、实时的示波器显示、丰富的高层协议分析等特点，能够帮助用户快速定位故障节点，解决CAN总线应用的各种问题，是CAN总线开发测试的终极工具。

图8.1 CANScope分析仪

CANScope 内部测量原理详见图 8.2。CANScope 通过模拟通道和数字通道同时处理 CAN 总线上的信号，然后再结合后存储，通过 USB 接口提供给上位机软件进行分析。

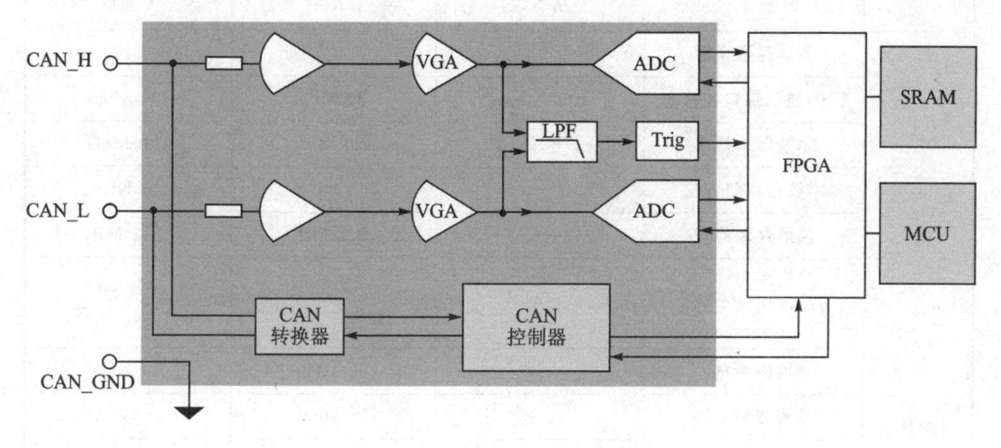

图 8.2　CANScope 原理框图

8.2　产品特性

CANScope 分析仪产品特性包括：

- 100 MHz 示波器，实时显示总线状态，并且能进行 13 000 帧波形的存储；
- 所有报文(包括错误帧)的记录、分析，全面把握报文信息；
- 强大的报文重播，精确重现总线错误；
- 强大的总线干扰与测试，有效测试总线抗干扰能力；
- 支持多种高层协议，图形化仿真各种仪表盘；
- 实用的事件标记，最大限度存储用户关心的波形；
- 从物理层、协议层、应用层对 CAN 总线进行多层次分析；
- 支持软硬件眼图，辅助评估总线质量，并且能通过眼图准确定位问题节点。

8.3　产品选型

CANScope 选型表详见表 8.1。

表 8.1　CANScope 选型

模　块	功能项	CANScope - Basic 基本版	CANScope - Standard 标准版	CANScope - Pro 专业版
硬件基本功能	测量通道个数	1	1	1
	USB 通信接口波特率	480 Mbps	480 Mbps	480 Mbps
	示波器采样率	—	100 MHz	100 MHz
	示波器存储容量	—	2 KB	8 KB
	波形存储容量	—	512 MB	512 MB
	波形记录个数	—	13 000 （采样比 50:1）	26 000 （采样比 50:1）
	模拟带宽	—	60 MHz	60 MHz
	垂直测量范围	—	1～50 V	1～50 V
	实时示波器	—	支持	支持
	数学差分	支持	支持	支持
	硬件差分（隔离）	支持	支持	支持
	报文接收个数	3 亿	3 亿	3 亿
	报文发送	支持	支持	支持
	任意序列发送	支持	支持	支持
	终端电阻开关	支持	支持	支持
	自动量程调整	—	支持	支持
	只听与应答模式切换	支持	支持	支持
	自动侦测波特率	支持	支持	支持
硬件扩展功能	硬件眼图	—	支持	支持
	网络阻抗分析	—	不支持	支持 （需要模拟扩展板）
	内部外部模拟干扰	—	不支持	支持 （需要模拟扩展板）
	数字干扰	不支持	不支持	支持
	事件标记	不支持	不支持	支持
	采样点测试	不支持	不支持	支持

8.4 功能概述

CANScope 支持的测试内容包括 ISO11898－1(数据链路层)和 ISO11898－2(物理层)、GMW3122(物理层)一致性测试,CAN 应用层以及 CAN 应用层 CiA301 的一致性测试。

1. 物理层一致性测试(ISO11898－2、GMW3122)

- 输出电压测试;
- 终端电阻变化时的输入电压阈值测试;
- 内阻测试;
- 输入电容测试与最大电容压力测试;
- 最大、最小设备供电电压;
- 信号边沿测试;
- 信号特征测试;
- 位时间测试;
- 波特率容忍度测试;
- 容错性能测试;
- 内部延时测试与网络延迟评估。

2. 数据链路层一致性测试(ISO11898－1)

- 采样点测试;
- CAN2.0B 兼容测试;
- 报文的 DLC 测试;
- 报文标识符测试;
- 报文发送方式测试;
- 总线负载压力测试。

3. CAN 应用层一致性测试

- 报文的发送周期测试;
- BusOff 处理测试。

8.5 接口说明

8.5.1 背面接线端

CANScope 的接线端集中在设备的背面,接线端位置及外形详见图 8.3,接线端子说明详见表 8.2。

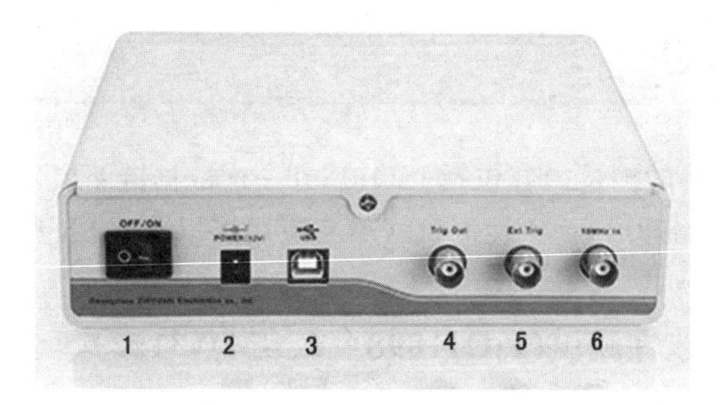

图 8.3　CANScope 后面板接线端

表 8.2　后面板接线端子说明

编　号	说　明	备　注
1	电源开关	ON(打开)和 OFF(关闭)
2	电源接口	12 V DC(内正外负)
3	USB 接口	连接设备与 PC 机
4	触发输出	多仪器同步触发(工厂校准使用)
5	外部触发输入	接收外部触发信号(工厂校准使用)
6	时钟输入	外部 10 MHz 时钟源(工厂校准使用)

8.5.2　正面端口

CANScope 正面接口详情见图 8.4,正面接口说明列表详情见表 8.3。

图 8.4　CANScope 前面板

表 8.3　正面端口说明

编　号	说　明	备　注
1	软开关按钮	长按该按钮开机或关机,开机后该按钮呈红色,若按钮快闪,表明供电电压不足(或者电池电量不足)
2	Power 电源指示灯	接通电源后,Power 红色灯亮

续表 8.3

编 号	说 明	备 注
3	Run 运行指示灯	PC 机软件启动后，处于监听状态或工作状态时，Run 黄色灯亮
4	USB 指示灯	USB 通信时，蓝色灯闪，若长亮则表明仪器 USB 通信有故障
5	PORT 插头	内置不同标准的 CAN 收发器，连接 M12 通信电缆，选配的 CANScope-StressZ 模拟扩展板可用于替换此插头

8.5.3 通信电缆

CANScope 使用 M12 连接器连接 CAN 总线，M12 通信电缆(由于制作厂商不同，实际颜色与图片可能会有所区别)，详见图 8.5，表 8.4 为测试套头功能定义。如果客户需要将 CANScope 快捷地接入车身诊断口，可以选配 M12-OBD 车身诊断电缆。

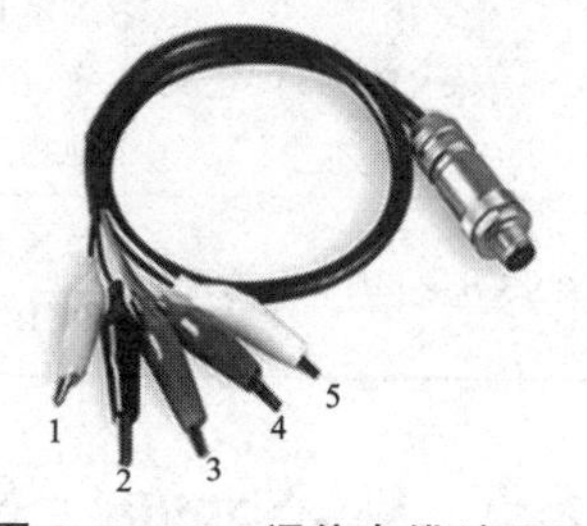

图 8.5 M12 通信电缆(标配)

表 8.4 M12 通信电缆说明

编 号	说 明	备 注
1	黄色香蕉头	CAN-bus 信号线 CAN_H
2	黑色香蕉头	信号地(一般情况下可以不接)
3	绿色香蕉头	CAN-bus 信号线 CAN_L
4	红色香蕉头	保留功能，实际要悬空，不要接任何位置
5	白色香蕉头	系统电缆屏蔽层(强干扰场合需要接到屏蔽地)

8.5.4 PORT 插头

CANScope 系列产品为了兼容 ISO11898-1/2/3/4/5 标准，设计了 4 款 PORT 插头，内含 4 种不同的 CAN 收发器，客户可以根据实际系统选择不同 PORT 插头，外观详见图 8.6。

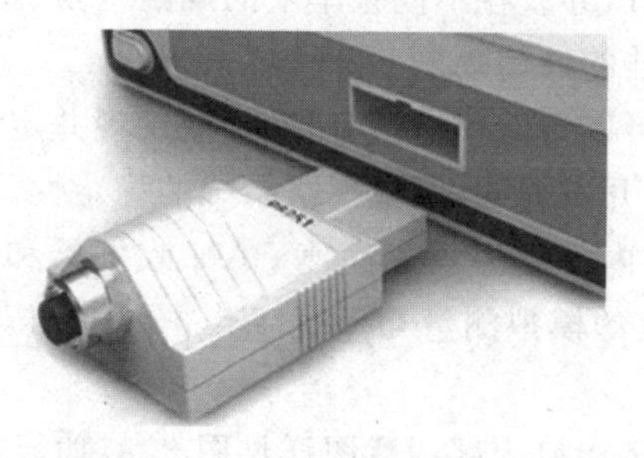

图 8.6 PORT 插头

这 4 款 PORT 插头型号及说明详见表 8.5。

表 8.5　PORT 插头型号说明

PORT 型号	功能说明
CANScope - P8251T(标配)	通用 CAN 收发器 PORT 插头，波特率为 0～1 Mbps
CANScope - P1040T(标配)	高速 CAN 收发器 PORT 插头，用于大于 20 kbps 波特率的系统，最高可达 1 Mbps
CANScope - P1055T(选配)	容错 CAN(又称低速 CAN)收发器 PORT 插头，波特率小于 125 kbps。注意，在使用此 PORT 插头时，必须将黑色香蕉头的信号地与被测系统的信号地相连
CANScope - P7356(选配)	单线 CAN 收发器 PORT 插头，波特率小于 83.3 kbps。注意，在使用此 PORT 插头时，必须将黑色香蕉头的信号地与被测系统的信号地相连

8.5.5　CANScope - StressZ 模拟测量与干扰扩展板

为了增强对 CAN - bus 模拟测量与干扰功能，研发了一款扩展板 CANScope - StressZ，它内部集成 CAN 总线压力测试模块和网络线缆分析模块。扩展板外观详见图 8.7。

1. 压力测试模块

压力测试模块用于模拟干扰，具有 CAN - bus 应用终端的工作状态模拟、错误模拟能力。可以在物理层上进行 CAN 总线短路、总线长度模拟、总线负载以及终端电阻匹配等多种测试，可以完整地评估一个系统在信号干扰或失效的情况下是否仍能稳定可靠地工作。

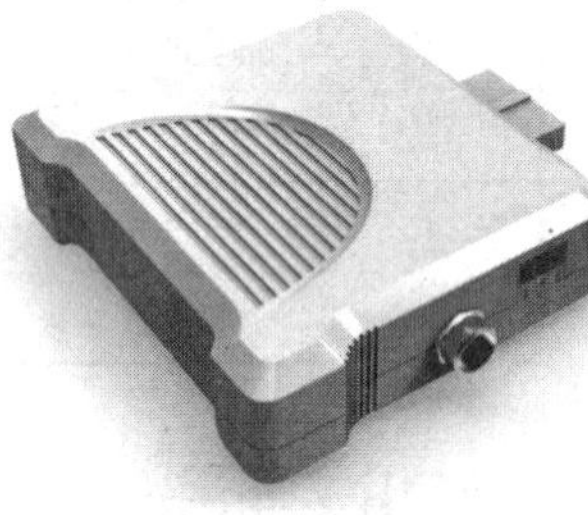

图 8.7　CANScope - StressZ 模拟测量与干扰扩展板

2. 网络电缆分析模块

网络电缆分析模块具有无源二端网络的阻抗测量分析能力，可以测试导线在不同频率下的匹配电阻、寄生电容、电感，标定导线在何种波特率下具备最佳的通信效果。

两个模块联合使用可以帮助用户快速、准确地发现并定位错误，完成对节点的性能评估与验证，大大缩短开发周期，实现网络系统的稳定性、可靠性，完成抗干扰测试和验证等复杂工作，并且内部已经集成高速 CAN 收发器和容错 CAN 收发器，可以轻松完成任何 CAN 系统的模拟测量与干扰工作，是 CAN - bus 网络测试工程师的好帮手。

CANScope - StressZ 接口内部示意图详见图 8.8，功能说明详见表 8.6。

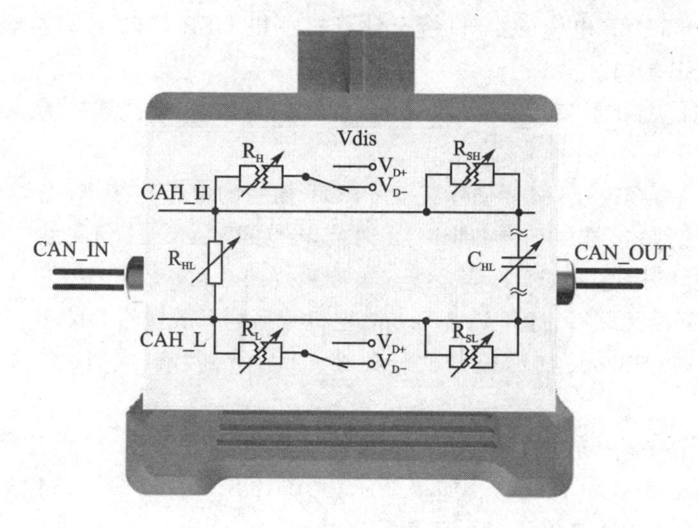

图 8.8　接口内部结构示意

表 8.6　CANScope－StressZ 功能说明

说　明	备　注
CAN_IN	测量接入点，即软件中 CAN_H 和 CAN_L 位置
CAN_OUT	被测系统接入点，即软件中 CAN OUT 位置
Vdis－	外部负电压干扰接入点，即软件中 V_{D-} 或者 Vdis－位置
GND	外部干扰信号地，与 CANScope 信号地连接
Vdis＋	外部正电压干扰接入点，即软件中 V_{D+} 或者 Vdis＋位置

8.6　硬件连接

系统连接示意图如图 8.9 所示。

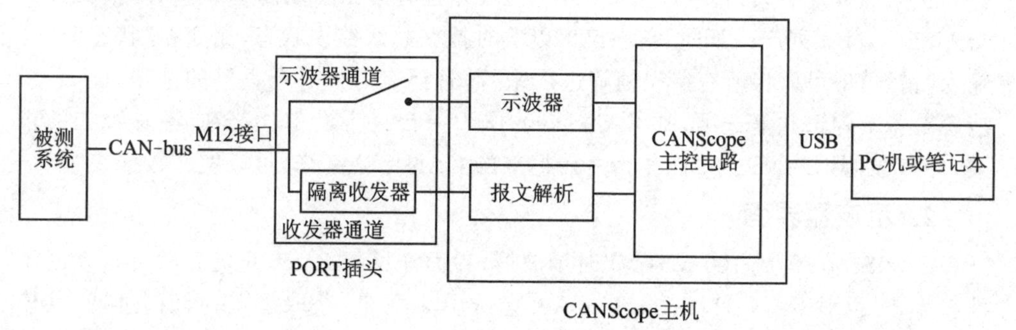

图 8.9　系统连接示意图

USB 连接：USB 电缆的 A 口接至计算机主机 USB 端口，B 口接至 CANScope 主机背部 USB 端口。

PORT 插头：排插口接至 CANScope 主机 PORT 口，电缆连接端接 M12 通信电缆线。

M12 通信电缆连接：M12 插座接至 PROT 插头的电缆连接端，测试夹(CAN_H、CAN_L、系统地)接被测信号，即 M12 通信电缆的 CAN_H 信号线与被测系统的 CAN_H 信号线相连，CAN_L 信号线与被测系统的 CAN_L 信号线相连。

电源适配器接好后，打开 CANScope 主机背后的开关按钮 ON，这时 Power 指示灯亮。长按 CANScope 前面板的软开关 2～3 s，听到"嘀、嘀"两声，即启动 CANScope 硬件。

打开 CANScope 软件，查看设备在线状态，界面详见图 8.10。查看框线位置是否显示为"CANScope(在线)"。如果显示为"CANScope(离线)"请检查 CANScope 驱动是否安装成功或者电源是否打开。

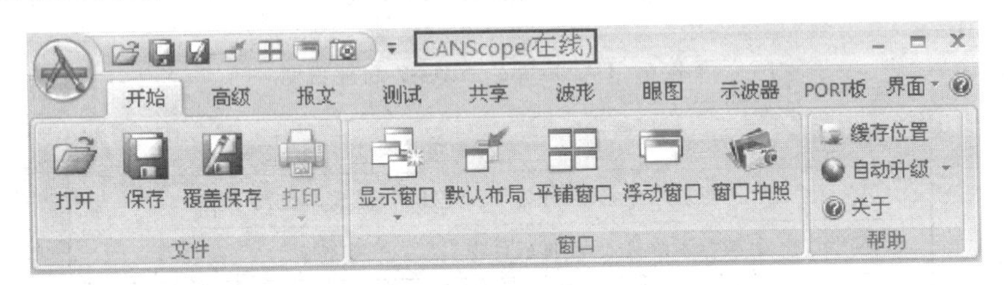

图 8.10 检查 CANScope 状态

8.7 设备软件界面

1. 报文界面

软件 CANScope 的 CAN 报文界面可以容纳无数个 CAN 帧，详见图 8.11，只要计算机的内存足够大，就可以一直保存下去，并且有导出功能。这个 CAN 报文界面与 USBCAN 系列产品不同，它不仅可以实时捕获总线错误状态，比如在"状态"栏中输入"错误"即可以将所有错误帧筛选出来，而且还有另外一个重要的选项，即"总线应答"，若不勾选此复选项，则 CANScope 作为一台只听设备，不会应答总线上的报文，若勾选，则 CANScope 能作为一台标准的 CAN 节点工作，可以发送数据。

2. 示波器界面

CANScope 集成 100 MHz 实时示波器，界面详见图 8.12，开机后即可自动匹配波特率，可以对 CAN_H、CAN_L、CAN 差分分别测量，获取位宽、幅值、过冲、共模电压等常规信息。另外还能对波形进行实时傅里叶变换(FFT)，将不同频率的信号分离出来，从而发现干扰源。

序号	时间	状态	传输方向	帧类型	数据长度	帧ID	帧数据
52,492	00:01:27.718 973	成功	接收 (本地)	扩展数据帧	8	0E05FF0A H	01 03 02 01 00 00 0...
52,493	00:01:27.721 693	成功	接收 (本地)	扩展数据帧	8	0E07FF01 H	43 43 43 FF FF FF FF ...
52,494	00:01:27.722 669	成功	接收 (本地)	扩展数据帧	8	0E07FF0B H	43 43 43 FF FF FF FF ...
52,495	00:01:27.725 557	成功	接收 (本地)	扩展数据帧	8	0E05FF02 H	01 03 02 01 00 00 0...
52,496	00:01:27.725 995	成功	接收 (本地)	扩展数据帧	8	0E05FF0C H	07 01 02 01 00 00 0...
52,497	00:01:27.726 989	成功	接收 (本地)	扩展数据帧	8	0E06FF07 H	BE 0C BA 0C BC 0C ...
52,498	00:01:27.728 363	成功	接收 (本地)	扩展数据帧	8	0E05FF09 H	06 03 02 01 00 00 0...
52,499	00:01:27.728 685	成功	接收 (本地)	扩展数据帧	8	0E07FF05 H	42 42 42 FF FF FF FF ...
52,500	00:01:27.728 955	成功	接收 (本地)	扩展数据帧	8	0E06FF0A H	B8 0C B5 0C B7 0C 7...
52,501	00:01:27.729 241	成功	接收 (本地)	扩展数据帧	8	0E07FF03 H	44 43 43 FF FF FF FF ...
52,502	00:01:27.729 913	成功	接收 (本地)	扩展数据帧	8	0E01FF06 H	BA 0C BA 0C BA 0C ...

图 8.11 CANScope 报文界面

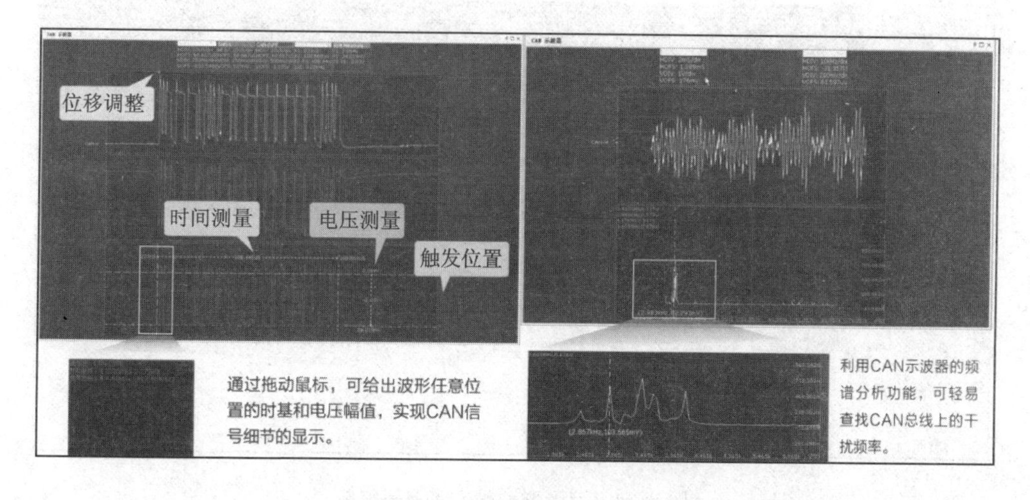

图 8.12 CANScope 示波器界面

3. 波形界面

由于实时示波器只能看即时窗口的波形，为了更好地发现总线上的物理问题，CANScope 自带 512 MB 超大波形存储，可以存储 13 000 帧波形数据用于分析，界面详见图 8.13。在分析时，已经将模拟、数字、协议按时间解析好，方便对应查看故障所在位置。比如某个 CAN 协议出错，这个错误是什么波形就一目了然。

为了便于查看和分析，报文和波形一般不是分离结构，按照测试习惯，CANScope 还可以建立水平选项卡同步查看报文与对应波形。当然 CANScope 最重要的不是用来看正常的报文，而是分析错误报文，在筛选框中输入错误，即可筛选出错误

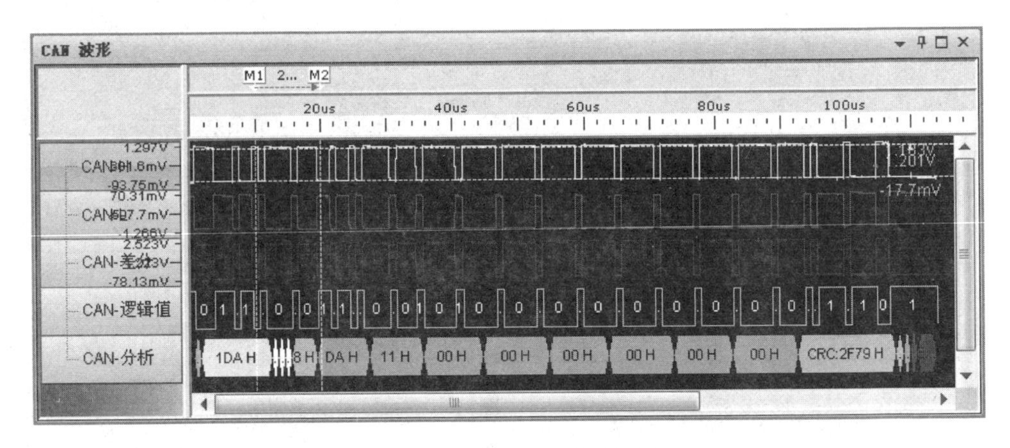

图 8.13　CANScope 波形界面

报文，然后单击即可查看到错误帧的波形。波形联动报文查看错误帧详见图 8.14。

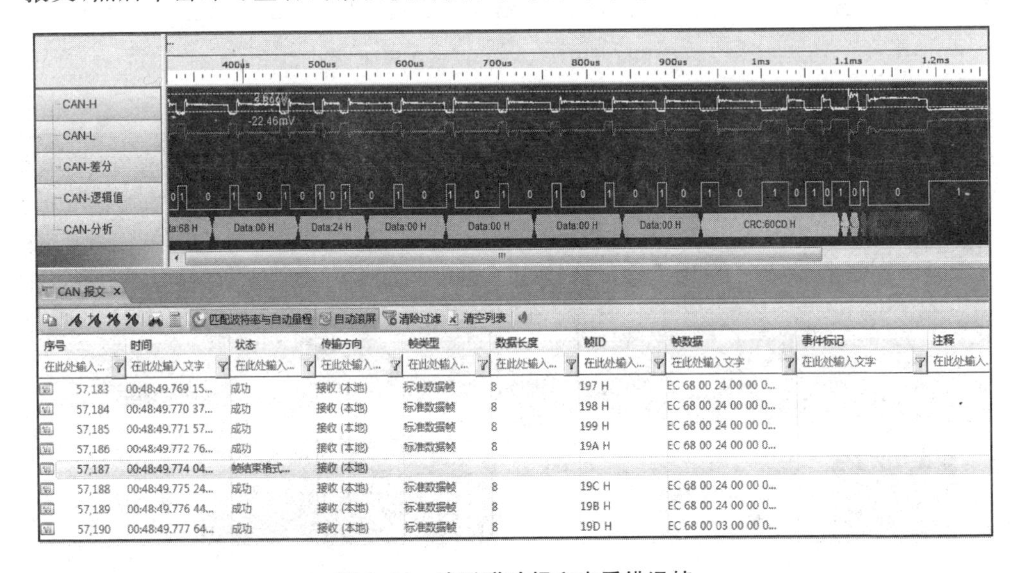

图 8.14　波形联动报文查看错误帧

第 9 章

CAN 总线高级分析软件 ZCANPRO

本章导读

通过前文介绍，CAN 接口卡不仅适用于现场控制、数据采集分析，而且在 CAN 接口产品的研发、测试中也不可或缺。作为一个开发测试工具时，仅仅靠硬件是不行的，还需要配合强大的分析测试软件才能充分发挥其功能。

CAN 总线高级分析软件 ZCANPRO 支持全系列 CAN 接口卡的设备管理，支持数据收发，支持 CANopen、DeviceNet、SAE J1939、UDS、DBC 等高层协议分析，支持数据回放、曲线分析、通道利用率与统计以及 GPS 定位等功能。本章详细介绍这个操作简单又不失功能强大的 CAN 总线高级分析软件——ZCANPRO。

9.1 ZCANPRO 简介

ZCANPRO 是 ZLG 致远电子出品的 CAN/CAN FD 系列产品的配套软件，可进行总线上原始数据收发、数据回放，以及 SAE J1939、CANopen、DeviceNet 高层协议分析等操作。该软件操作简单但功能强大，是进行 CAN 总线测试、监控、诊断、开发的好帮手。ZCANPRO(V2.0.11)主界面详见图 9.1。

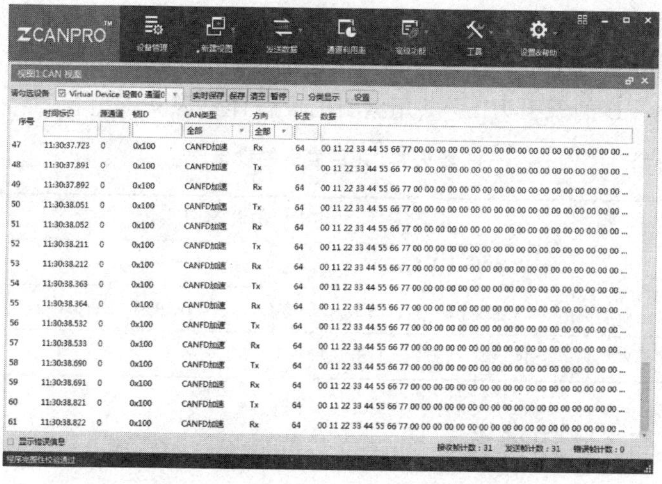

图 9.1 ZCANPRO(V2.0.11)主界面

9.2 设备管理

通过设备管理模块可实现一系列设备管理操作，包括打开/关闭设备、启动/停止设备通道、查看设备信息等，支持操作本地设备和云设备。

当打开 ZCANPRO 软件主窗口界面时，系统弹出“设备管理”对话框，也可以通过单击主界面工具栏上的“设备管理”进入该对话框，界面详见图 9.2。

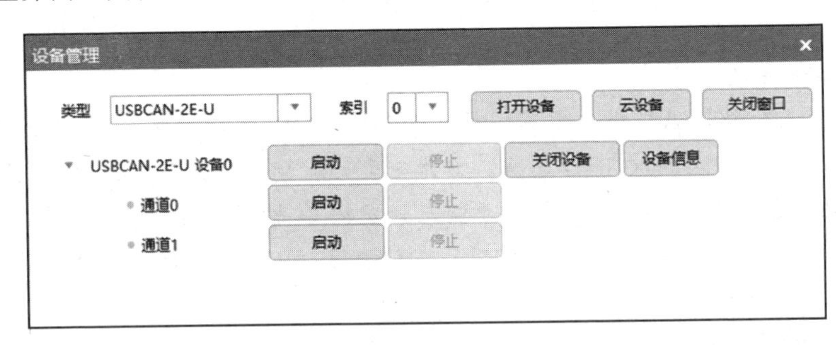

图 9.2 “设备管理”对话框

软件中的本地设备是相对云设备而言的，不用连接到云服务器的设备统称为本地设备。“类型”下拉列表中的都是本地设备。

9.2.1 索 引

索引号用于区分同一类型的不同设备，索引从 0 开始，加 1 递增，不同类型的设备支持的最大设备个数有所不同，以实际选择范围为准。一个设备占用一个索引号，第 1 个插入计算机的设备占用索引 0，第 2 个插入的设备占用索引 1，以此类推。

有些设备虽然类型不一样，但是实际上还是会共用索引号，比如 USBCAN－I 和 USBCAN－II，计算机上插了这两台不同类型的设备，如果 USBCAN－I 的索引是 0，那么 USBCAN－II 的索引为 1。共用索引的设备详见表 9.1。

表 9.1 共用索引的设备

编 号	共用索引的设备
0	USBCAN－I、USBCAN－II、CANalyst－II＋
1	USBCAN－E－U、USBCAN－2E－U、USBCAN－E－MINI
2	USBCAN－4E－U、USBCAN－8E－U

9.2.2 打开/关闭设备

单击图 9.2 中的“打开设备”按钮即可打开设备。打开设备前，请确保设备已插入计算机并已安装驱动和选择了正确的索引号,否则会提示打开设备失败。

单击"关闭设备"按钮关闭当前打开的设备。

9.2.3 启动/停止通道

在图 9.2 中单击"启动"按钮用于启动 CAN 通道,单击"停止"按钮用于停止 CAN 通道。第 1 个框中的"启动/停止"按钮是针对设备的所有通道的,第 2 个框中的"启动/停止"按钮是针对具体某个 CAN 通道的。

单击"启动"按钮后会弹出如图 9.3 所示对话框,可以设置波特率、工作模式等参数,不同设备会有所差异,以实际设置页面为准。

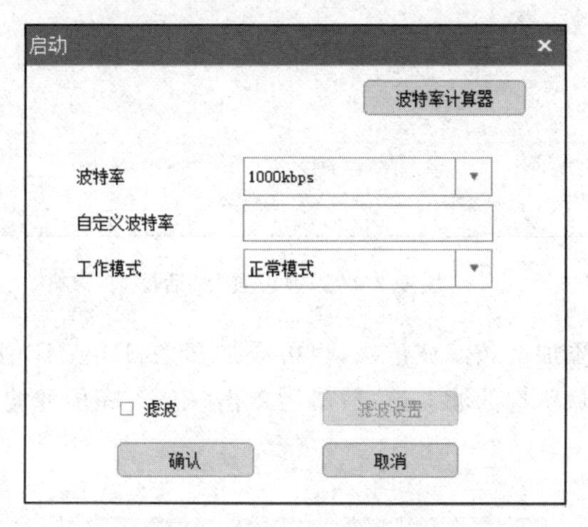

图 9.3 "启动"对话框

1. 自定义波特率

除了选择 CiA 推荐的标准波特率,还可以设置自定义波特率,选择"波特率"下拉列表中的最后一项"自定义",详见图 9.4。自定义波特率的值推荐使用图 9.3 中的"波特率计算器"工具,把计算结果粘贴到"自定义波特率"文本框中。

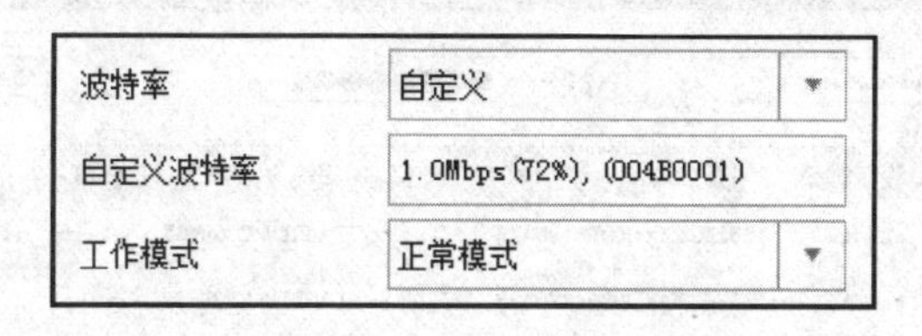

图 9.4 自定义波特率

2. 工作模式

正常模式:作为正常节点,能正常收发报文,对总线上的报文应答;

只听模式:只能接收报文,不影响总线。

3. 滤 波

在默认情况下,设备会接收所有的报文。如果只对某些报文感兴趣,可以设置滤波,只接收特定的报文。步骤如下:在图 9.3 中勾选"滤波"复选框,单击"滤波设置"进入"滤波设置"对话框,详见图 9.5。

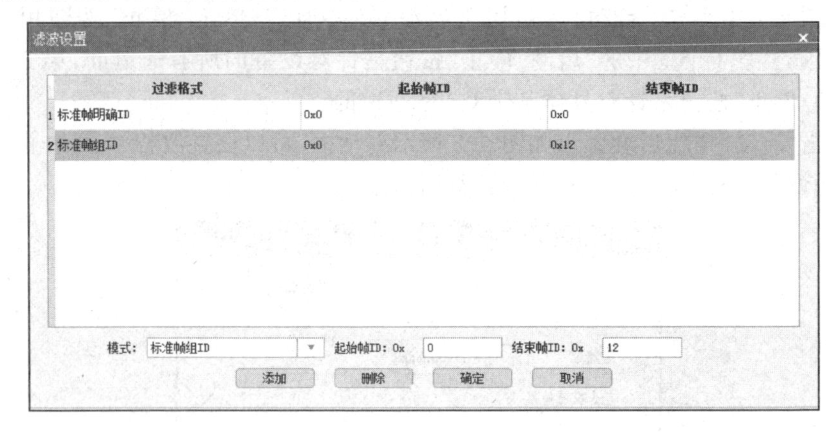

图 9.5 "滤波设置"对话框

单击"添加"可添加一条滤波记录,也可添加多条,ID 或 ID 组为接收报文的 ID;单击"删除"可以删除所选的滤波记录;最后单击"确定"完成滤波设置。

9.3 云设备

云设备将互联网与现场总线有效地连接控制,实现现场数据分析、监控、存储和海量处理报文等功能。当前云设备有 CANDTU－200UWGR。使用云设备之前,应确保计算机外网功能可用,使用方法如下:

① 在图 9.2 中单击"云设备",弹出如图 9.6 所示对话框。

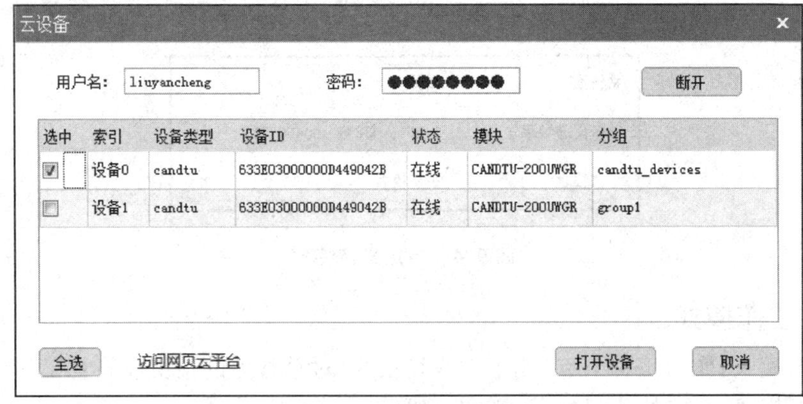

图 9.6 "云设备"对话框

② 输入“用户名”和“密码”,单击“连接”获取该账号下的所有设备,选中某个设备或全选设备,单击“打开设备”进行设备操作,详见图 9.7。

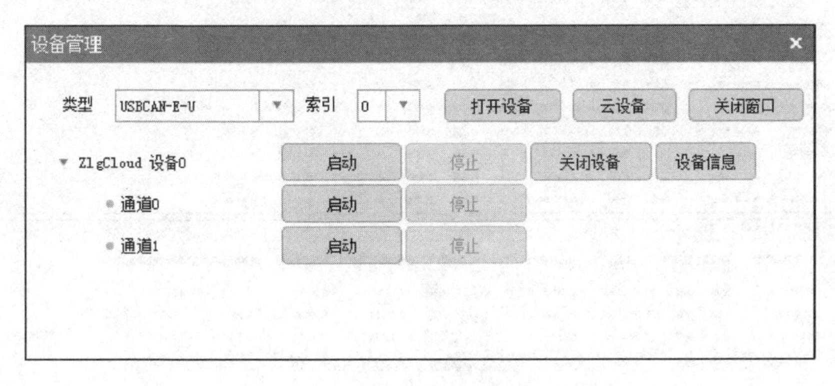

图 9.7 云设备启动

③ 单击“启动”按钮启动对应的通道。

9.4 新建视图

ZCANPRO 提供了强大而全面的协议分析功能,打开工具栏中“新建视图”的下拉列表,可以看到支持的所有协议,详见图 9.8,默认打开 CAN 视图,最多支持同时打开 4 个视图。

新建视图
新建CAN视图
新建DBC视图
新建CANopen视图
新建SAE J1939视图
新建DeviceNet视图

图 9.8 “新建视图”下拉列表

9.4.1 CAN 视图

CAN 视图主要用于显示原始的报文信息以及错误信息,如图 9.9 所示,方框 1 显示原始报文,方框 2 显示错误信息,方框 3 显示统计信息。

1. 原始报文

原始报文展示的信息有帧 ID、源设备类型、源设备、源通道、时间标识、方向、帧类型、帧格式、CAN 类型、长度、数值。每个列头提供文本框或下拉列表框用于筛选报文。界面显示的工具栏用于报文显示界面的设置,包含如下功能:

➢ 勾选设备:勾选要查看的某通道的数据,支持多选。
➢ 实时保存:用于实时保存报文信息到文件中,停止保存则单击“停止实时保存”按钮。
➢ 保存:保存当前列表中的报文到文件中,文件格式有 can、txt、csv、asc。
➢ 清空:清空原始报文列表和错误信息列表中的报文,统计信息全部置 0。
➢ 暂停:暂停接收原始报文和错误信息。
➢ 显示模式:全部显示模式和分类模式。

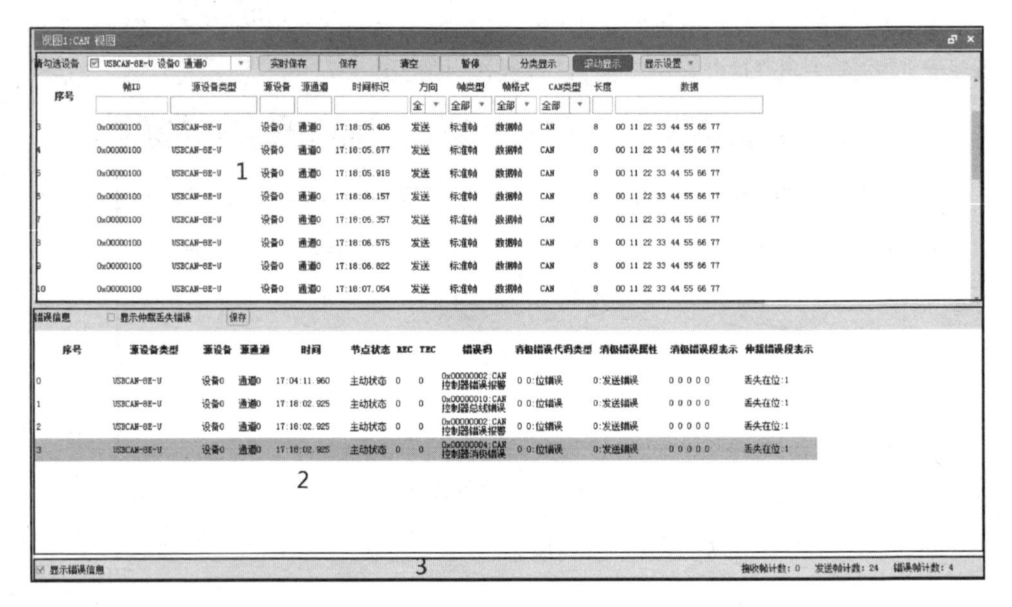

图 9.9　CAN 视图

- 全部显示模式：默认情况下是该模式，即新添加的报文放到列表最后一行，列表默认滚动到最后一行以查看最新的报文，可以单击“滚动显示”按钮关闭滚动功能；
- 分类模式：单击“分类显示”按钮进入该模式，如图 9.10 所示，基于 ID 对报文进行分类，只直接显示最新接收的报文，周期为报文的平均周期(ms)。

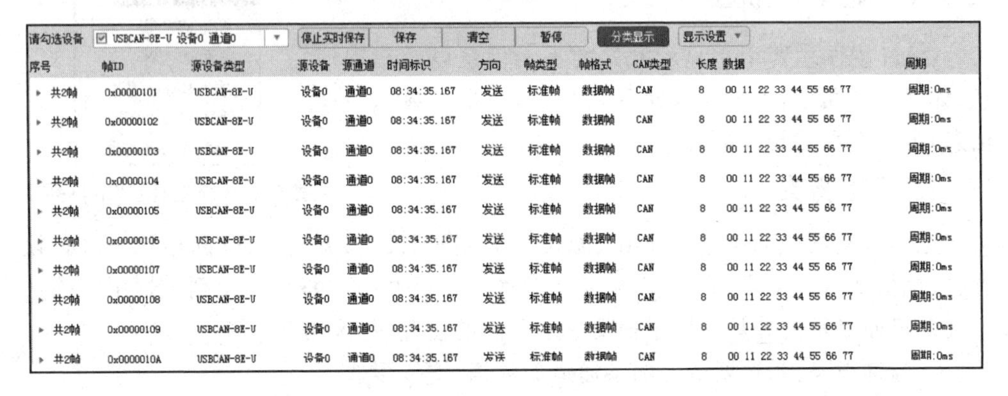

图 9.10　分类模式

➢ 显示设置：对显示项进行配置。
- 时间格式：
    - 系统时间：默认显示格式，为 ZCANPRO 接收到该报文时的本地系统时间，格式为 hh:mm:ss.zzz(hh:时，mm:分，ss:秒，zzz:毫秒)。

- ◦ 时间戳：设备接收到报文的时间，为相对时间，单位为 μs。
- ◦ 相对时间：相对于当前视图第 1 个同设备的接收报文的时间（时间戳之差），格式同系统时间。注意：该时间只对接收帧有效，由于发送帧没有时间戳，所以置 0。
- ◦ 增量时间：相对于当前视图前一个同设备的接收报文的时间（时间戳之差），格式同系统时间。注意：该时间只对接收帧有效，由于发送帧没有时间戳，所以置 0。

- 帧 ID 格式：十六进制、十进制、二进制。
- 数据格式：十六进制、十进制、二进制、ASCII 码。
- 帧 ID 对齐：真实 ID（靠右对齐）、SJA1000（靠左对齐）。
- 最大帧数：10 000～100 000，默认为 10 000。

2. 错误信息

为了避免某个设备因为自身原因（如硬件损坏）导致无法正确收发数据而不断地破坏数据帧，从而影响其他正常节点通信，CAN-bus 规范中规定每个 CAN/CAN FD 控制器都有发送错误计数器（TEC）和接收错误计数器（REC）。根据计数值不同，CAN 节点会处于不同的设备状态，具体说明可查找 CAN-bus 规范说明。

勾选图 9.9 中框 3 左下角的“显示错误信息”，显示错误信息界面，详见图 9.11。若对应 CAN FD 通道发生错误，则会打印出错误信息（发送错误计数器与接收错误计数器的值）、错误发生的时间。

注：USBCANFD-200U（100U）设备，错误消息显示界面的“消极错误属性”无效。

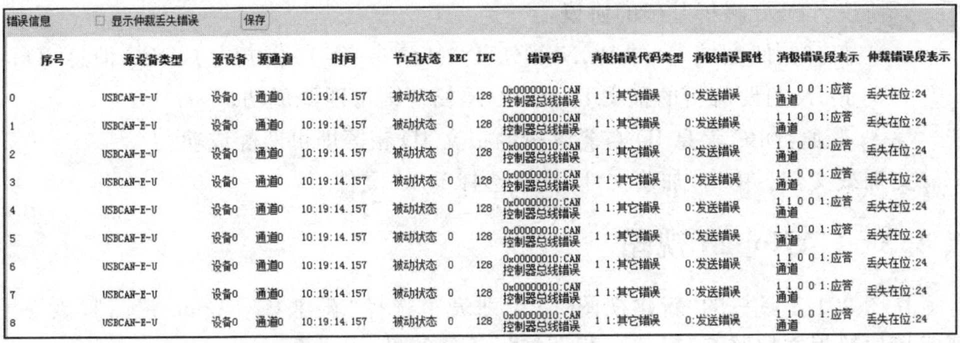

错误信息 □ 显示仲裁丢失错误 保存

序号	源设备类型	源设备	源通道	时间	节点状态	REC	TEC	错误码	消极错误代码类型	消极错误属性	消极错误段表示	仲裁错误段表示
0	USBCAN-E-U	设备0	通道0	10:19:14.157	被动状态	0	128	0x00000010:CAN控制器总线错误	1 1:其它错误	0:发送错误	1 1 0 0 1:应答通道	丢失在位:24
1	USBCAN-E-U	设备0	通道0	10:19:14.157	被动状态	0	128	0x00000010:CAN控制器总线错误	1 1:其它错误	0:发送错误	1 1 0 0 1:应答通道	丢失在位:24
2	USBCAN-E-U	设备0	通道0	10:19:14.157	被动状态	0	128	0x00000010:CAN控制器总线错误	1 1:其它错误	0:发送错误	1 1 0 0 1:应答通道	丢失在位:24
3	USBCAN-E-U	设备0	通道0	10:19:14.157	被动状态	0	128	0x00000010:CAN控制器总线错误	1 1:其它错误	0:发送错误	1 1 0 0 1:应答通道	丢失在位:24
4	USBCAN-E-U	设备0	通道0	10:19:14.157	被动状态	0	128	0x00000010:CAN控制器总线错误	1 1:其它错误	0:发送错误	1 1 0 0 1:应答通道	丢失在位:24
5	USBCAN-E-U	设备0	通道0	10:19:14.157	被动状态	0	128	0x00000010:CAN控制器总线错误	1 1:其它错误	0:发送错误	1 1 0 0 1:应答通道	丢失在位:24
6	USBCAN-E-U	设备0	通道0	10:19:14.157	被动状态	0	128	0x00000010:CAN控制器总线错误	1 1:其它错误	0:发送错误	1 1 0 0 1:应答通道	丢失在位:24
7	USBCAN-E-U	设备0	通道0	10:19:14.157	被动状态	0	128	0x00000010:CAN控制器总线错误	1 1:其它错误	0:发送错误	1 1 0 0 1:应答通道	丢失在位:24
8	USBCAN-E-U	设备0	通道0	10:19:14.157	被动状态	0	128	0x00000010:CAN控制器总线错误	1 1:其它错误	0:发送错误	1 1 0 0 1:应答通道	丢失在位:24

图 9.11 错误信息

9.4.2 DBC 视图

在图 9.1 工具栏的“新建视图”下拉列表中选择“新建 DBC 视图”，该视图展示了原始报文按照 DBC 规范解析后的结果，详见图 9.12。

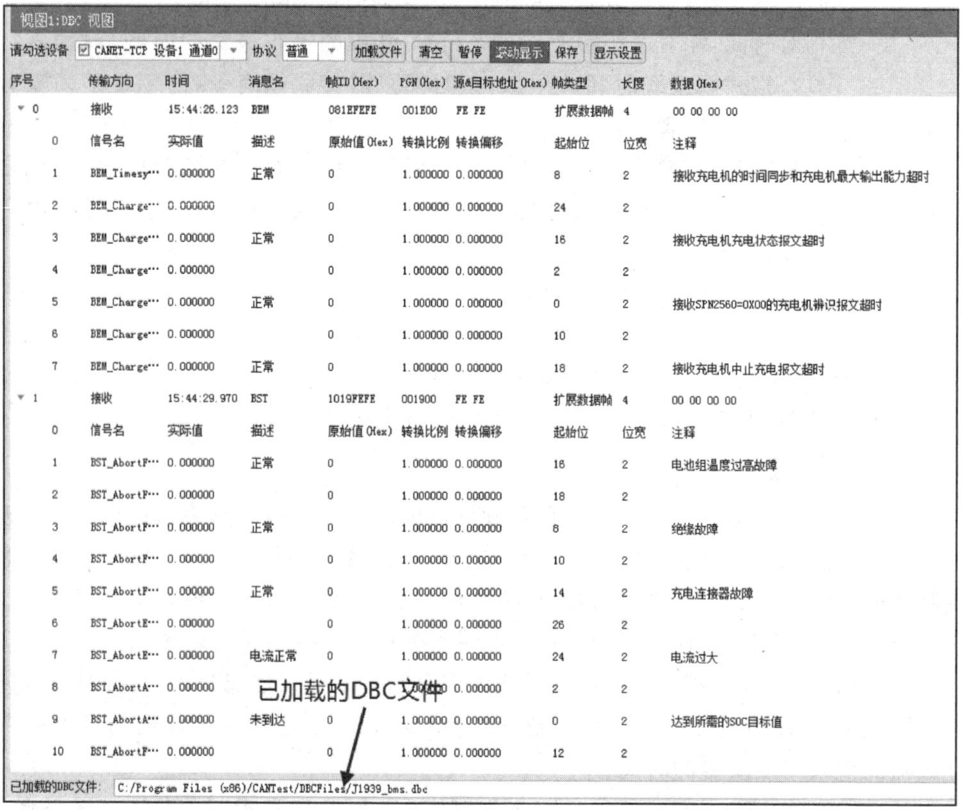

视图1:DBC 视图

请勾选设备 ☑ CANET-TCP 设备1 通道0　协议 普通　加载文件　清空　暂停　滚动显示　保存　显示设置

序号	传输方向	时间	消息名	帧ID (Hex)	PGN (Hex)	源&目标地址 (Hex)	帧类型	长度	数据 (Hex)
▾ 0	接收	15:44:26.123	BEM	081EFEFE	001E00	FE FE	扩展数据帧	4	00 00 00 00
0	信号名	实际值	描述	原始值 (Hex)	转换比例	转换偏移	起始位	位宽	注释
1	BEM_Timesy···	0.000000	正常	0	1.000000	0.000000	8	2	接收充电机的时间同步和充电机最大输出能力超时
2	BEM_Charge···	0.000000		0	1.000000	0.000000	24	2	
3	BEM_Charge···	0.000000	正常	0	1.000000	0.000000	16	2	接收充电机充电状态报文超时
4	BEM_Charge···	0.000000		0	1.000000	0.000000	2	2	
5	BEM_Charge···	0.000000	正常	0	1.000000	0.000000	0	2	接收SPN2560=0X00的充电机辨识报文超时
6	BEM_Charge···	0.000000		0	1.000000	0.000000	10	2	
7	BEM_Charge···	0.000000	正常	0	1.000000	0.000000	18	2	接收充电机中止充电报文超时
▾ 1	接收	15:44:29.970	BST	1019FEFE	001900	FE FE	扩展数据帧	4	00 00 00 00
0	信号名	实际值	描述	原始值 (Hex)	转换比例	转换偏移	起始位	位宽	注释
1	BST_AbortF···	0.000000	正常	0	1.000000	0.000000	16	2	电池组温度过高故障
2	BST_AbortF···	0.000000		0	1.000000	0.000000	18	2	
3	BST_AbortF···	0.000000	正常	0	1.000000	0.000000	8	2	绝缘故障
4	BST_AbortF···	0.000000		0	1.000000	0.000000	10	2	
5	BST_AbortF···	0.000000	正常	0	1.000000	0.000000	14	2	充电连接器故障
6	BST_AbortE···	0.000000		0	1.000000	0.000000	26	2	
7	BST_AbortE···	0.000000	电流正常	0	1.000000	0.000000	24	2	电流过大
8	BST_AbortA···	0.000000		[illegible]	[illegible]	0.000000	2	2	
9	BST_AbortA···	0.000000	未到达	0	1.000000	0.000000	0	2	达到所需的SOC目标值
10	BST_AbortF···	0.000000		0	1.000000	0.000000	12	2	

已加载的DBC文件

已加载的DBC文件: C:/Program Files (x86)/CANTest/DBCFiles/J1939_bms.dbc

图 9.12　DBC 视图

➢ 协议。DBC 解析基于的协议：
- J1939：匹配帧 ID 的 PGN 部分(PGN 请参考 J1939 规范)，DBC 消息 ID 的 PGN 与要解析的报文 ID 的 PGN 相等即可匹配成功；
- 普通：DBC 消息 ID 与要解析的报文 ID 相等即可匹配成功。

➢ 加载文件。单击“加载文件”按钮选择 DBC 文件。

9.4.3　CANopen 视图

在图 9.1 工具栏的“新建视图”下拉列表中选择“新建 CANopen 视图”，该视图展示了原始报文按照 CANopen 规范解析后的结果，详见图 9.13。

该模块只针对 CANopen 协议的报文进行解析，其他报文不做处理，显示原始数据。

9.4.4　SAE J1939 视图

在图 9.1 工具栏的“新建视图”的下拉列表中选择“新建 SAE J1939 视图”，该视

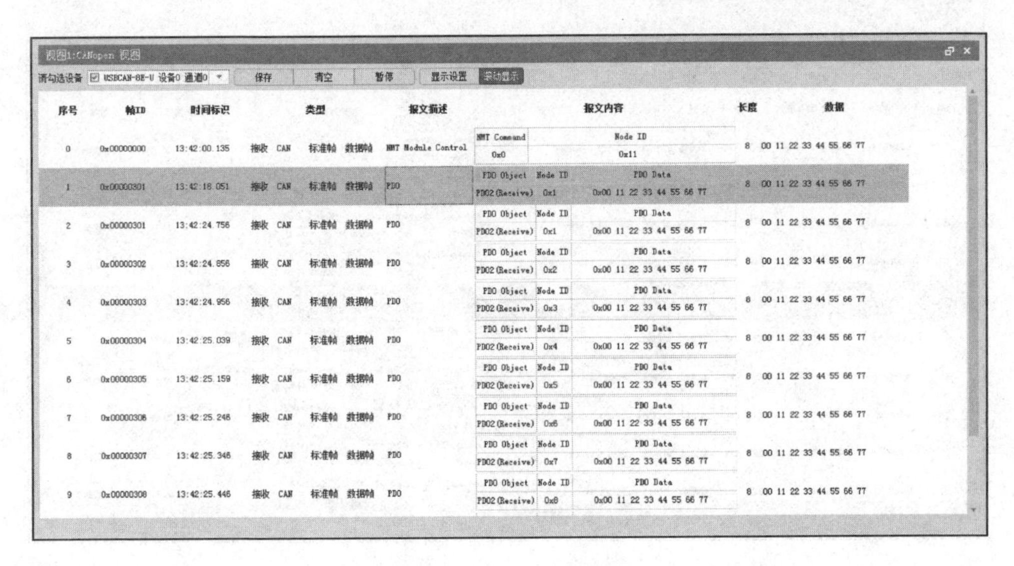

图 9.13　CANopen 视图

图展示了原始报文按照 SAE J1939 规范解析后的结果，详见图 9.14。J1939 是基于扩展帧定义的高层协议，因此视图只解析扩展帧。

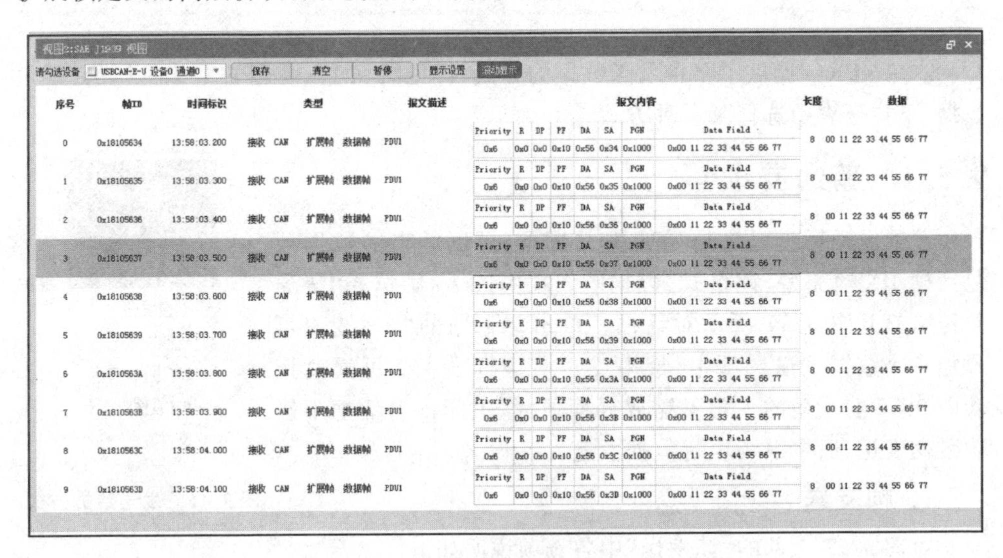

图 9.14　J1939 视图

9.4.5　DeviceNet 视图

在图 9.1 工具栏的“新建视图”的下拉列表中选择“新建 DeviceNet 视图”，该视图展示了原始报文按照 DeviceNet 规范解析后的结果，如图 9.15 所示。DeviceNet 是基于标准帧定义的高层协议，因此视图只解析标准帧。

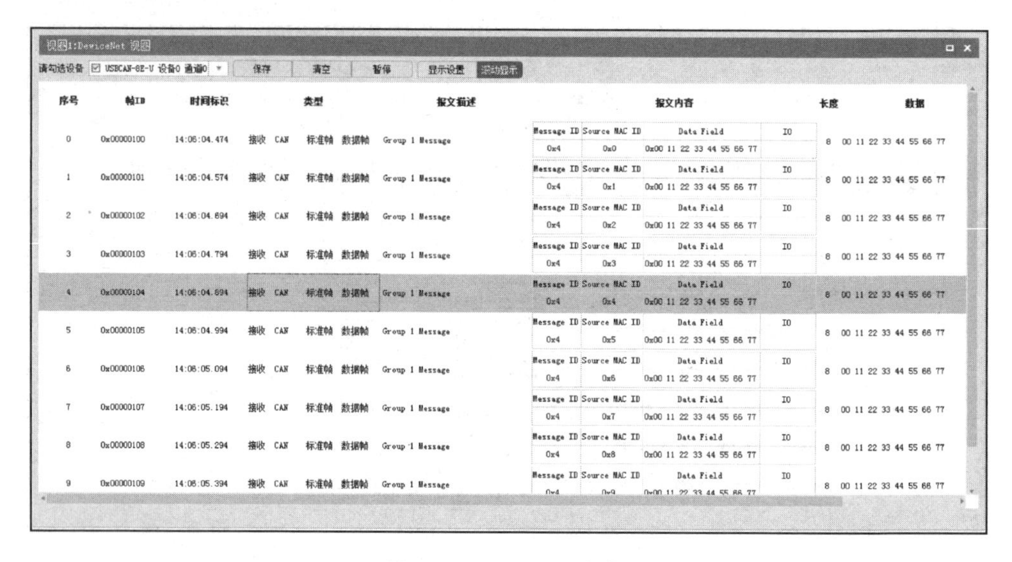

图 9.15　DeviceNet 视图

9.5　数据发送

ZCANPRO 提供了多种发送数据的方式，详见图 9.16，在图 9.1 工具栏的“发送数据”下拉列表中选择某一种方式。

9.5.1　普通发送

普通发送用于发送原始的报文数据，可以编辑的数据项包括帧 ID、帧类型、帧格式、数据等。在图 9.16 中选择“普通发送”，打开图 9.17 所示对话框。单击左上角的“+”按钮可添加一个数据发送选项卡，最多支持 8 个选项卡。可通过拖动图 9.17 右下角的三角形缩放界面尺寸，关闭该对话框不影响数据发送，后台继续执行数据发送。

普通发送
定时发送
DBC发送
DBC发送2
文件发送

图 9.16　发送数据方式

1. 帧发送

对图 9.17 上部的“帧发送”中各选项说明如下：

- 通道：通过下拉列表可任意选择发送数据的通道。
- 发送方式：
  - 正常发送：发送失败会自动重发；
  - 单次发送：只发送一次，失败不自动重发；
  - 自发自收：自测试模式，发送的报文本通道再接收回来，不需要接到总线上；

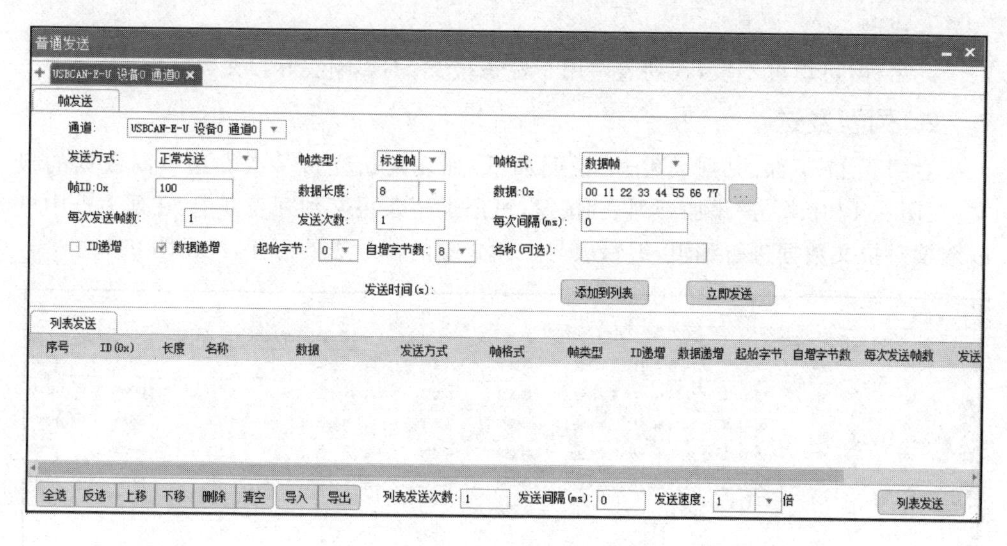

图 9.17 “普通发送”对话框

- 单次自发自收：只发送一次的自发自收，失败不重发。

➢ 帧类型：
- 标准帧：ID 长度为 11 位，ID 范围为 0～0x7FF；
- 扩展帧：ID 长度为 29 位，ID 范围为 0～0x1FFF FFFF。

➢ 帧格式：
- 数据帧：报文包含数据；
- 远程帧：报文不包含数据。

➢ 帧 ID：十六进制数值。

➢ 数据长度：CAN 帧数据长度为 0～8 字节，CAN FD 帧数据长度为 0～64 字节。

➢ 数据：十六进制，数值自动用空格隔开，也可通过“数据”文本框右侧的“...”按钮进行多进制编辑，详情见图 9.18。

图 9.18 数据编辑

➢ 每次发送帧数：一次发送重复报文的个数，最多为 100 000。

➢ 发送次数：最多 10 000 000 次，-1 代表无限次发送。

➢ 每次间隔：最大 100 000，单位为 ms。

➢ ID 递增：每发送一帧，ID 加 1，达到最大 ID 限制则置 0。

➢ 数据递增：选择“起始字节”和“自增字节数”，从起始字节开始，数据加 1 直到 0xFF，然后转移到下一个字节递增，至最后一个字节则回到起始字节，循环

递增。

➢ 名称：可填可不填，在列表中用于标识报文，不影响实际报文数据。

2. 列表发送

对图 9.17 下部的“列表发送”说明如下：列表发送支持一次发送不同数据的报文，在图 9.17 中单击“添加到列表”按钮，可添加一条报文到列表框中，在列表框中可以继续对报文数据进行编辑，编辑项与上面介绍的帧发送的一样，详见图 9.19。

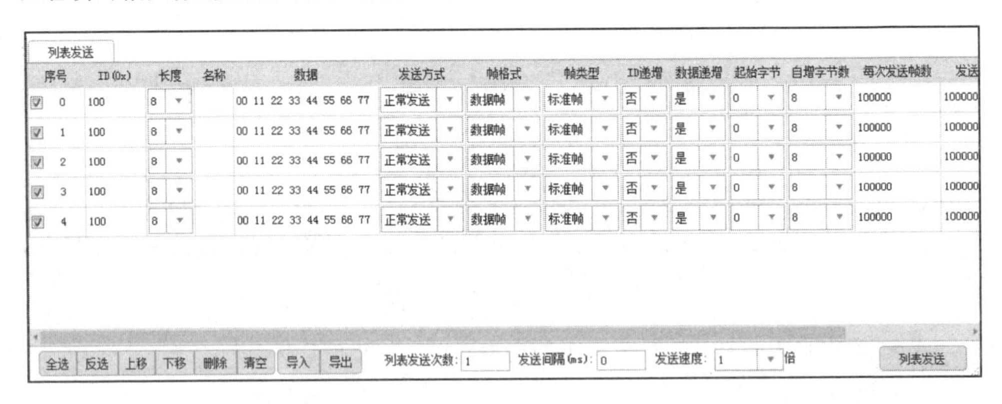

图 9.19 列表发送

9.5.2 定时发送

定时发送是将报文参数设置到设备中，由设备按照设定的周期自动发送报文，不需要上位机的参与。目前支持该功能的设备详见表 9.2。

表 9.2 支持定时发送的设备

编　号	设备类型
1	USBCAN－2E－U、USBCAN－4E－U
2	USBCAN－8E－U
3	PCIE－CAN FD－100U、PCIE－CAN FD－200U、PCIE－CAN FD－400U
4	USBCANFD－200U、USBCANFD－100U、USBCANFD－MINI

在图 9.16 中选择“定时发送”，打开的对话框详见图 9.20。

9.5.3 DBC 发送

DBC 发送用于发送 DBC 消息，支持单帧和多帧消息，每条消息独立发送，互不干扰，在图 9.16 中选择“DBC 发送”，打开的对话框详见图 9.21。

定时发送

USBCAN-8E-U 设备0 通道0

通道: USBCAN-8E-U 设备0 通道0

序号	ID(0x)	发送方式	帧类型	间隔(ms)	长度	数据	
☑ 0	00000000	正常发送	标准数据帧	1000	8	00 11 22 33 44 55 66 77	数据编辑
☑ 1	00000000	正常发送	标准数据帧	1000	8	00 11 22 33 44 55 66 77	数据编辑
☐ 2	00000000	正常发送	标准数据帧	1000	8	00 11 22 33 44 55 66 77	数据编辑
☐ 3	00000000	正常发送	标准数据帧	1000	8	00 11 22 33 44 55 66 77	数据编辑
☐ 4	00000000	正常发送	标准数据帧	1000	8	00 11 22 33 44 55 66 77	数据编辑
☐ 5	00000000	正常发送	标准数据帧	1000	8	00 11 22 33 44 55 66 77	数据编辑
☐ 6	00000000	正常发送	标准数据帧	1000	8	00 11 22 33 44 55 66 77	数据编辑
☐ 7	00000000	正常发送	标准数据帧	1000	8	00 11 22 33 44 55 66 77	数据编辑
☐ 8	00000000	正常发送	标准数据帧	1000	8	00 11 22 33 44 55 66 77	数据编辑
☐ 9	00000000	正常发送	标准数据帧	1000	8	00 11 22 33 44 55 66 77	数据编辑
☐ 10	00000000	正常发送	标准数据帧	1000	8	00 11 22 33 44 55 66 77	数据编辑

全选 反选 导入 导出 发送

图 9.20 “定时发送”对话框

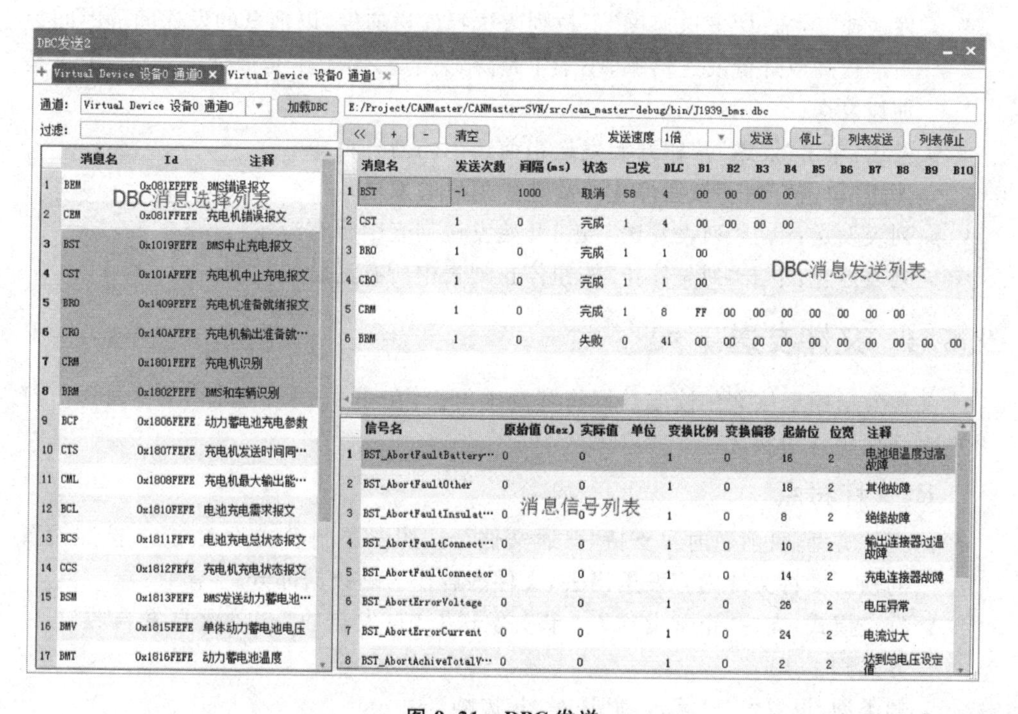

图 9.21 DBC 发送

1. 加载 DBC 消息

加载 DBC 文件：可以通过单击“加载 DBC”按钮选择 DBC 文件；

DBC 消息选择列表：显示当前加载的 DBC 文件中的所有消息，可单选或多选后单击“+”按钮或者通过右键菜单添加至 DBC 消息发送列表中；

过滤：在“过滤”文本框中输入需要搜索的字符串，DBC 消息选择列表中筛选显示搜索结果；

显示/隐藏消息选择列表：通过单击“<<”按钮显示或隐藏 DBC 消息选择列表。

2. DBC 发送

DBC 消息发送列表：列表显示用于发送的消息，可双击编辑发送次数、发送时间间隔和数据域，若发送次数设为-1，循环发送本条消息直到发送失败时停止或手动停止，发送列表支持右键菜单快捷操作。

- 消息信号列表：显示 DBC 消息发送列表中当前选中消息的所有信号，可双击编辑信号原始值或实际值，编辑完成后该消息的数据域将同步更改；
- 通道：在“通道”下拉列表框中选中用于 DBC 消息发送的设备通道；
- 添加：单击“+”按钮，从 DBC 消息选择列表中添加消息至 DBC 消息发送列表；
- 移除：单击“-”按钮，从 DBC 消息发送列表中移除当前选中的消息；
- 清空：单击“清空”按钮，移除 DBC 消息发送列表中的所有消息；
- 发送速度：通过“发送速度”下拉列表选择发送速度，以消息的发送间隔时间为基准提高或降低发送倍率，小于 1 是降速发送，等于 1 是原速发送，大于 1 是加速发送；
- 发送：单击“发送”按钮开始发送当前选中的消息；
- 停止：单击“停止”按钮停止当前选中消息的发送；
- 列表发送：单击“列表发送”按钮开始发送列表中所有消息；
- 列表停止：单击“列表停止”按钮停止列表中所有消息的发送。

9.5.4 文件发送

文件发送用于从文件读取数据将其发送出去，在图 9.16 中选择“文件发送”，打开的对话框详见图 9.22。

1. 文件特点

- 文件类型：目前暂时只支持“普通文件”，按照二进制模式读入文件，按照设置的帧长度将文件内容发送出去，文件内容作为帧数据部分。
- 发送模式：支持“正常发送”、“单次发送”、“自发自收”、“单次自发自收”4 种方式。
- 帧类型：设置发送“标准帧”还是“扩展帧”。

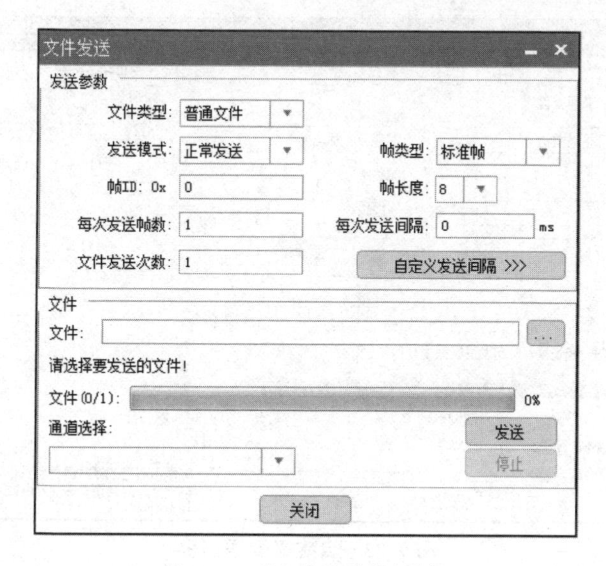

图 9.22 “文件发送”对话框

- 帧 ID：设置要发送的帧 ID。
- 帧长度：设置发送的帧长度，范围为 1～8。由于文件大小限制和长度的设置，可能出现最后一帧不足设定帧长度，最后一帧按照实际长度发送。
- 每次发送帧数：设置一次发送的帧数量。每次发送的帧数会在以下情况出现实际发送数量小于设定的帧数的问题：①文件发送到最后，帧数量不足每次发送帧数；②用户自定义延时导致特定帧发送完毕的延时引发，例如每次发送帧数为 10，用户自定义设置第 5 帧结束后延时 10 ms，会导致第一次的发送只有 5 帧，小于设定的 10 帧。
- 每次发送间隔：设置每次发送的间隔时间。
- 文件发送次数：设置文件发送的次数。
- 自定义发送间隔：设置某个帧发送后的时间间隔，此帧发送后会使用自定义间隔时间，而不使用每次发送间隔设置的时间进行延时。单击“自定义发送间隔”按钮后会出现“自定义发送间隔列表”，详情见图 9.23。
- 文件：单击“文件”文本框右侧的“...”按钮，选择要发送的文件。文件选择完毕，在文件路径编辑框下面会显示文件大小、发送的帧长度，按照帧长度计算可以发送多少 CAN 帧的提示信息。
- 通道选择：选择数据发送的通道。

2. 自定义发送间隔

自定义发送间隔是为了满足用户需要在发送特定帧数量后进行特殊延时操作的需求而设计的。如图 9.23 所示，“自定义发送间隔列表”中“帧索引”从 1 开始，后面的“延时”表示发送此帧结束后的延时等待时间，延时结束会进行下一次发送。

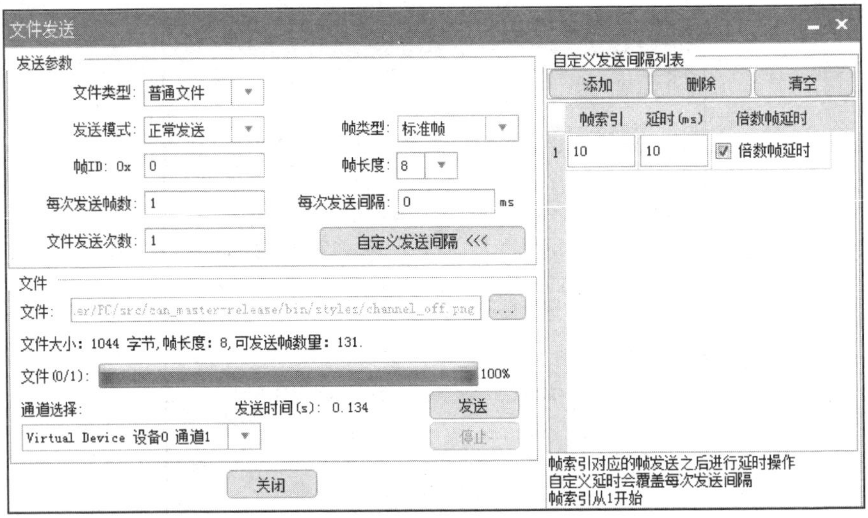

文件发送
发送参数
文件类型：普通文件
发送模式：正常发送
帧类型：标准帧
帧ID：0x 0
帧长度：8
每次发送帧数：1
每次发送间隔：0 ms
文件发送次数：1
自定义发送间隔 <<<
文件
文件：.er/PC/src/can_master-release/bin/styles/channel_off.png ...
文件大小：1044 字节，帧长度：8，可发送帧数量：131.
文件(0/1)： 100%
通道选择： 发送时间(s)：0.134 发送
Virtual Device 设备0 通道1 停止
关闭
自定义发送间隔列表
添加 删除 清空
	帧索引	延时(ms)	倍数帧延时
1	10	10	☑ 倍数帧延时

帧索引对应的帧发送之后进行延时操作
自定义延时会覆盖每次发送间隔
帧索引从1开始

图 9.23　自定义发送间隔

3. 发送操作

配置好发送的参数和延时列表后，选择要发送的通道，单击“发送”按钮即可开始数据的发送。同时，发送的进度条会显示当前文件的发送进度信息。进度条前面的“文件(0/1)”会根据文件发送次数和当前发送次数进行更新，方便用户了解当前文件已经发送的次数和当前文件进度。单击“停止”按钮会停止数据的发送。

9.6　通道利用率

在图 9.1 中单击工具栏的“通道利用率”进入图 9.24 所示界面，可同时查看两个通道的利用率。

首先在界面的上方选择需要查看曲线的通道，当前设计可以同时查看两个通道的曲线。曲线横坐标是点数，即统计 100 个点的走势图；纵坐标是通道利用率。除了可以查看通道利用率的实时曲线，还可以查看当前的帧速率和当前通道利用率。图 9.24 右下角的“刷新时间”表示每隔多少时间刷新一下界面，显示最新的曲线图。

CAN 帧的通道利用率计算方式如下：

通道利用率＝单位时间收到的帧数据位数/波特率

CAN FD 有两个波特率，把数据域的数据位数按波特率折算成控制域的波特率的位数，然后再计算通道利用率。

CAN FD 帧的通道利用率计算方式如下：

通道利用率＝(控制域数据位数＋数据域折算位数)/控制域波特率

通道利用率统计的帧不包含错误帧，因此通道利用率并不是绝对准确的，与真实利用率稍有偏差。

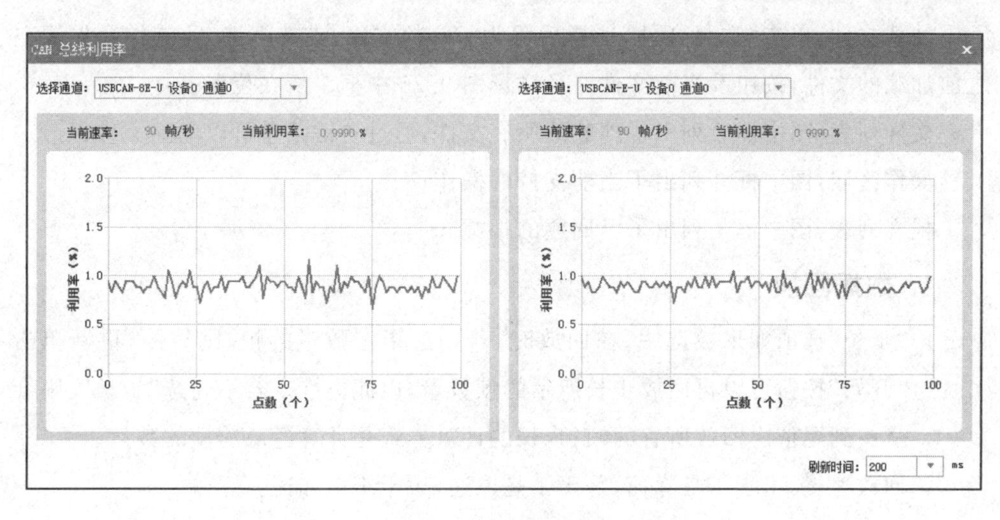

图 9.24　查看通道利用率

9.7　数据回放

“数据回放”界面详见图 9.25，包含报文“发送到总线”、“数据回放”以及“曲线分析”3 个功能选项区域。

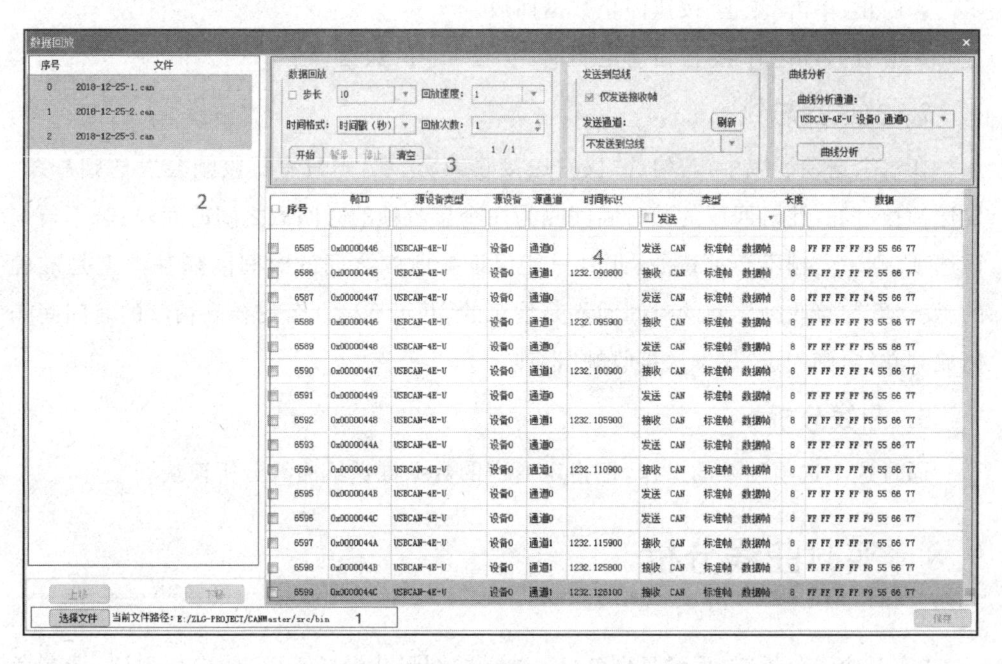

图 9.25　“数据回放”界面

加载文件：单击“选择文件”选择后缀为 can 的文件，支持多选，此操作会先清空之前加载的文件，按钮及当前文件路径详见图 9.25 中框 1 所在位置；

文件列表：图中框 2 列出了加载的所有文件，通过右键菜单可以删除文件；

操作区域：图中框 3 列出了当前支持的操作；

报文列表：图中框 4 列出了已回放的报文。

1. 数据回放

- “步长”选项如果被选中，在回放时，若到达指定数量的帧，则暂停，重新单击“开始”按钮可以再回放步长所示的帧数量，以此类推。若不勾选“步长”，则会从头到尾依次回放所有的帧；步长的计算方式是计算过滤前帧的数量。
- 回放速度：小于 1 是降速，等于 1 是原速，大于 1 是加速。
- 回放次数：遍历文件列表的次数，后边文本框中的数字表示当前是第几次。
- 时间格式：默认按时间戳显示，单位为秒，系统时间格式为时:分:秒.毫秒。
- 开始：单击“开始”按钮开始数据回放。
- 暂停：单击“暂停”按钮暂停数据回放，再次单击“开始”按钮则从暂停处开始回放报文。
- 停止：单击“停止”按钮停止数据回放。
- 清空：单击“清空”按钮清空图 9.25 框 4 中的数据。

2. 发送到总线

在这个选项区域中，若勾选“仅发送接收帧”选项，则只有接收帧会发送到总线，发送帧被过滤，此时回放的帧时间间隔为两个接收帧的时间戳之间的间隔；若不勾选该选项，则发送帧不会被过滤，此时只能保证接收帧之间的时间间隔基本上是准确的，发送帧与接收帧之间的时间间隔是估算的，并不准确。若需要高精度的时间间隔回放到总线，则勾选“仅发送接收帧”选项。

3. 曲线分析

通过这个选项区域的操作，把指定通道的数据推送给曲线分析模块。

9.8 实时曲线分析

“实时曲线分析”界面详见图 9.26，独立的图形化分析 DBC 的应用程序，请参考该软件的“更多”→“使用手册”。

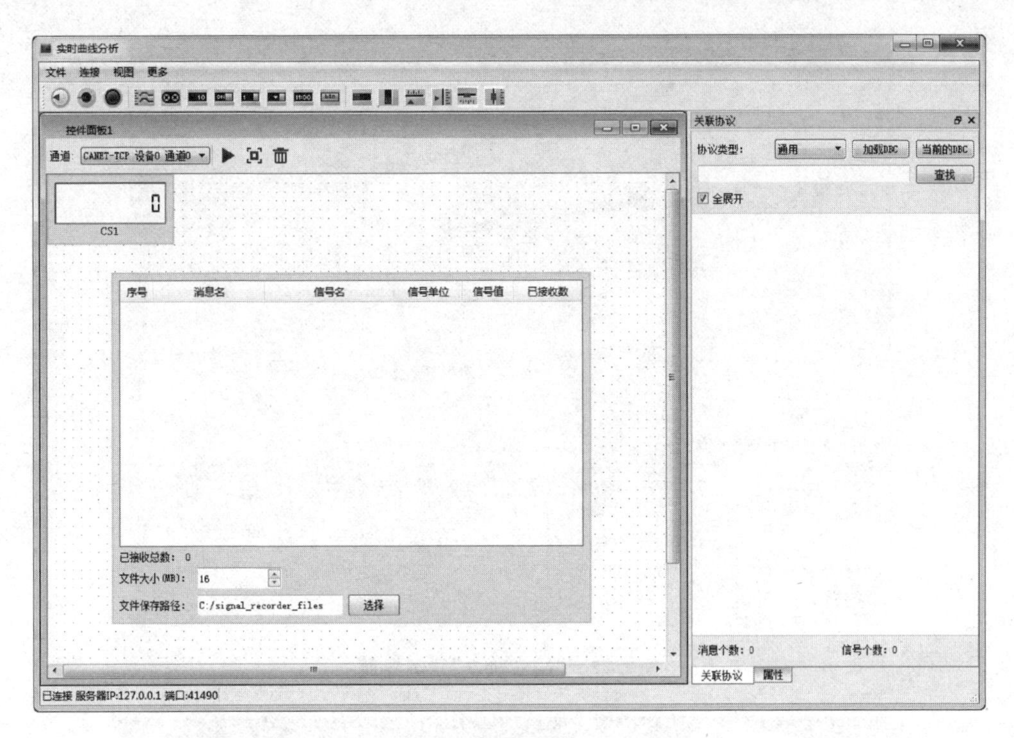

图 9.26 “实时曲线分析”界面

9.9 GPS 轨迹

GPS 轨迹用于显示设备的运行轨迹,设备需具有北斗/GPS 定位功能,如“车载 CAN - bus 数据记录仪”系列产品的 CANDTU - 200UWGR。在图 9.1 中选择“高级功能”→“GPS 轨迹”可进入如图 9.27 所示界面。

有两种方式加载轨迹:①通过登录 ZLG Cloud 打开云设备显示设备的实时轨迹;②通过加载设备记录的.GPX 轨迹文件显示历史轨迹。

9.9.1 显示实时轨迹

实时轨迹功能仅云设备支持,显示实时轨迹需要打开设备的“GPS 使能”功能,如该功能未开启,请通过该设备的配套配置软件或者 ZLG Cloud 云数据平台进行配置。具体操作步骤如下:

① 在图 9.1 中单击“设备管理”,然后在打开的对话框中单击“云设备”,打开如图 9.28 所示对话框。填入用户名和密码登录。登录云账户后,界面会列出该账户下已绑定的设备,选择已经开启“GPS 使能”功能的设备并打开,操作过程见图 9.28。

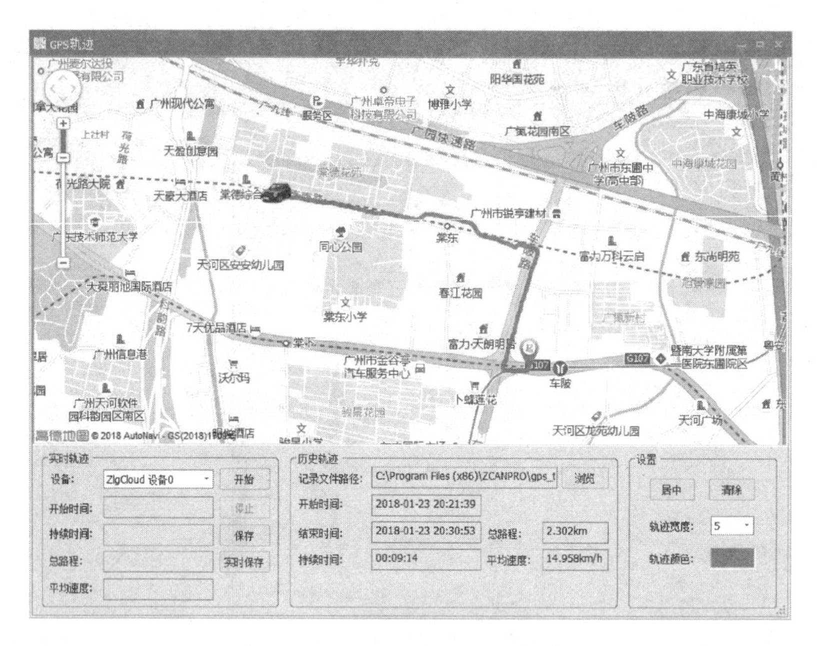

图 9.27 “GPS 轨迹”显示界面

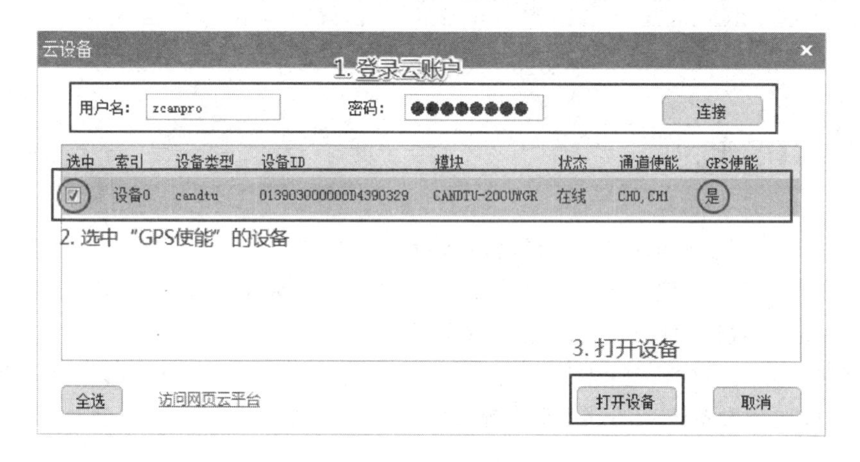

图 9.28 打开云设备

② 在图 9.1 中选择“高级功能”→“GPS 轨迹”打开“GPS 轨迹”显示界面。在该界面的“实时轨迹”区域选中待查看的设备，单击“开始”按钮，即可查看实时轨迹，如图 9.29 所示。

9.9.2 加载历史轨迹

在运行过程中，“车载 CAN-bus 数据记录仪”会将 GPS 轨迹数据保存为后缀为“.GPX”的轨迹文件。通过加载该文件可以看到过去某段时间设备的运行轨迹。以下为通过 GPS 轨迹显示模块加载历史轨迹的操作步骤：

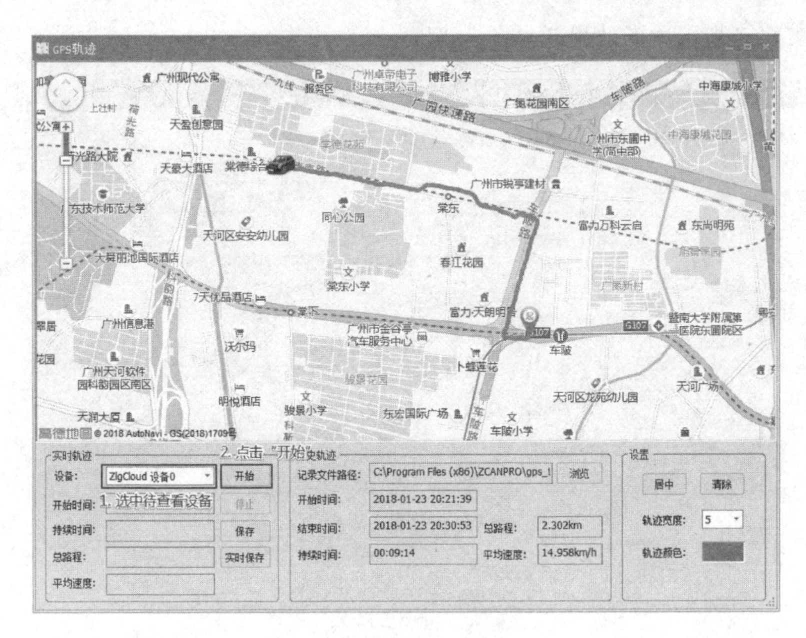

图 9.29　查看实时轨迹

在图 9.1 中选择“高级功能”→“GPS 轨迹”，打开“GPS 轨迹”显示模块界面。在“历史轨迹”区域单击“浏览”按钮，加载导入计算机的. GPX 文件，单击“打开”按钮即可加载历史轨迹，操作步骤详情见图 9.30。

注：如需保存轨迹数据，需先使能设备的 GPS 轨迹记录功能。

图 9.30　加载. GPX 文件

历史轨迹加载后的效果详见图 9.31。

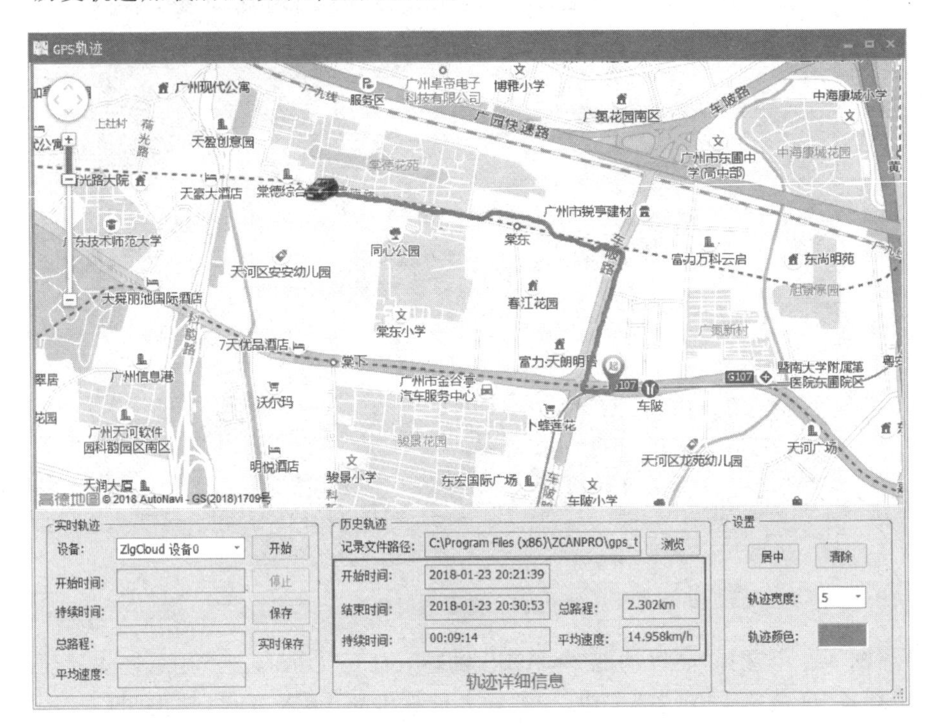

图 9.31 加载历史轨迹后的效果

9.10 UDS 诊断

在图 9.1 中选择"高级功能"→"UDS 诊断",进入如图 9.32 所示界面。

对图 9.32 各选项说明如下:

➢ 通道:该下拉列表框列出目前打开的通道信息,将使用选择的通道执行数据发送。

➢ 更多设置:进行 UDS 诊断的参数设置,单击该按钮打开如图 9.33 所示对话框。对图 9.33 中各选项说明如下:

- 请求地址:即物理地址,请求帧所使用的 ID;
- 响应地址:响应帧所使用的 ID,只处理接收帧 ID 为响应地址的数据帧;
- 功能地址:功能寻址所使用的 ID;
- 回话保持地址:回话保持数据帧的 ID,可选择"请求地址"或"功能地址";
- 发送周期:回话保持的发送周期,单位为 ms;
- 显示交互信息:选择是否在输出信息窗口中显示回话保持的交互信息;
- 超时时间:发送请求后等待响应的超时时间,单位为 ms;

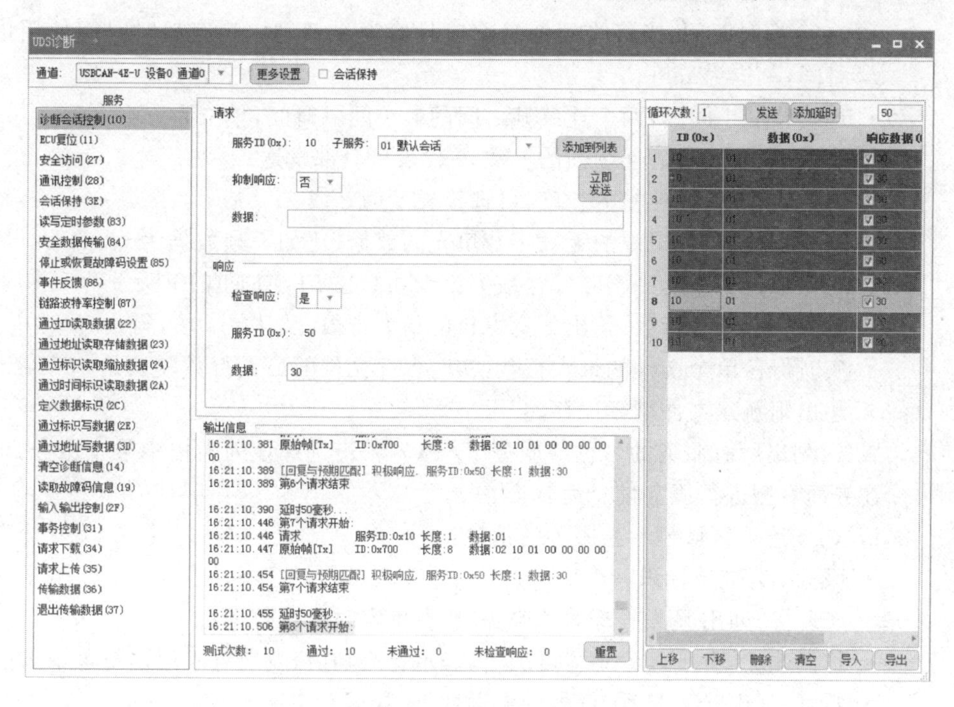

图 9.32 "UDS 诊断"界面

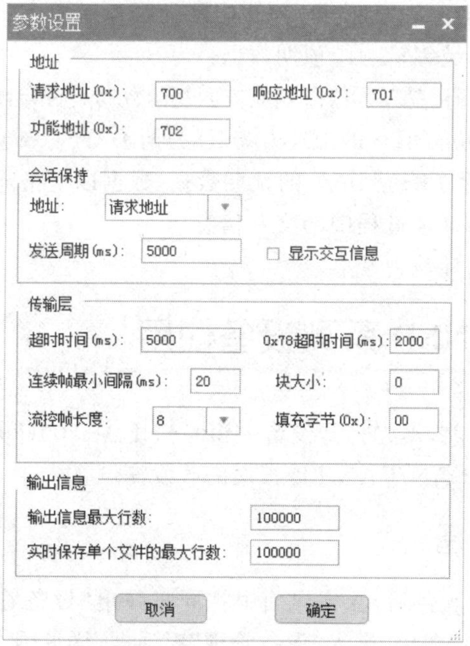

参数设置

地址

请求地址(0x): 700 响应地址(0x): 701

功能地址(0x): 702

会话保持

地址: 请求地址

发送周期(ms): 5000 □ 显示交互信息

传输层

超时时间(ms): 5000 0x78超时时间(ms): 2000

连续帧最小间隔(ms): 20 块大小: 0

流控帧长度: 8 填充字节(0x): 00

输出信息

输出信息最大行数: 100000

实时保存单个文件的最大行数: 100000

取消 确定

图 9.33 UDS 诊断的参数设置

  - 0x78 超时时间：当接收到消息响应且值为 0x78 时，响应超时时间使用该时间，单位为 ms；
  - 连续帧最小间隔：两个连续帧之间的最小间隔时间，单位为 ms；
  - 块大小：能发送的连续帧的个数，0 代表可全部发送；
  - 流控帧长度：流控帧的长度，可选择长度为 8 或 3；
  - 填充字节：帧数据中的无效字节填充的数据，比如一帧数据为 02 11 22，填充字节为 0xFF，则实际发送数据为 02 11 22 FF FFFFFFFF；
  - 输出信息最大行数：输出信息窗口的最大行数，默认是 10 万行；
  - 实时保存单个文件的最大行数：实时保存文件的最大行数默认是 10 万行，超出则新建文件继续保存。
- 服务：列出所有服务的名称与服务 ID(0x)，单击选择该列表框中某个服务，可在界面右侧进行服务信息编辑。
- 请求：该选项区域显示某服务的信息：
  - 服务 ID：唯一标识一个服务；
  - 子服务：列出服务所有的子服务，选择可实时修改数据；
  - 抑制响应：有子服务时才可编辑，表示忽略响应，响应方不用回复该请求；
  - 数据：列出除了服务 ID 外的发送数据，数据以空格隔开；
  - 添加到列表：把当前服务添加到列表中；
  - 立即发送/停止：立即执行/停止当前的服务。
- 响应：该选项区域编辑响应预期数据：
  - 检查响应：选择“是”，则检查响应方回复的数据是否与预期一致，否则不检查；
  - 服务 ID：响应方回复的 ID，响应 ID 为请求 ID＋0x40；
  - 数据：列出除了响应 ID 外的预期数据，数据以空格隔开。
- 输出信息：列出请求过程中的交互信息。
- 重置：设置所有计数为 0。

9.11 USBCANFD 系列设备使用

使用 ZCANPRO 前，需先打开设备 USBCANFD－200U 并配置 CAN FD 通道，完成配置后方可进行 CAN/CAN FD 报文的收发测试。

9.11.1 打开设备

打开 ZCANPRO 软件后，在主界面中将同时弹出“设备管理”对话框，或单击主界面左上角“设备管理”图标，进入“设备管理”对话框，详见图 9.34。

在“设备管理”对话框中，选择设备类型及索引：

- 类型：当前设备类型。在“类型”下拉列表中选择 USBCANFD－200U。若设

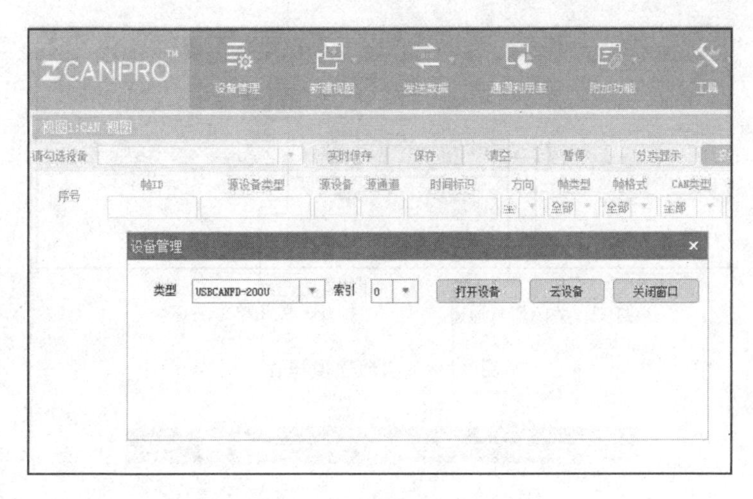

图 9.34　进入“设备管理”对话框

备为其他设备，则对应选择相应的设备型号。

➢ 索引：识别设备的代码。当打开多个同类型设备时，需选择不同的索引。例如，同一台计算机，使用两台 USBCANFD－200U，第一台启动的索引为 0，第二台启动的索引为 1，以此类推。选择“类型”及“索引”后，单击“打开设备”，完成设备打开操作，详见图 9.35。

➢ 设备关闭：单击图 9.35 中的“关闭设备”按钮，则设备关闭。

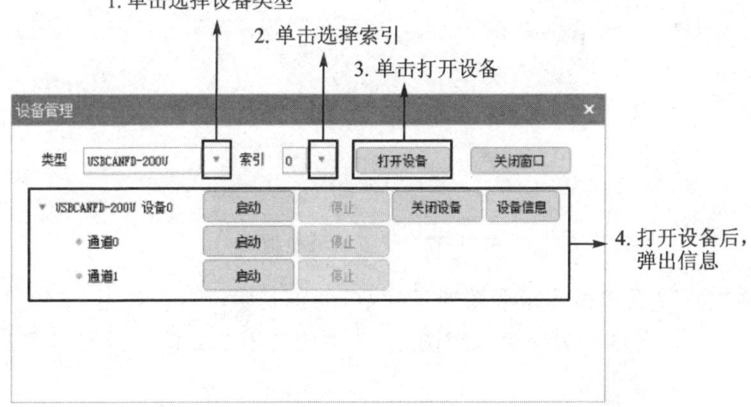

图 9.35　打开设备

9.11.2　配置 CAN FD 通道

打开设备后即可配置 CAN FD 通道。如图 9.36 所示，单击“启动”按钮(启动所有通道或启动指定通道)，进入“启动”对话框，详见图 9.37。

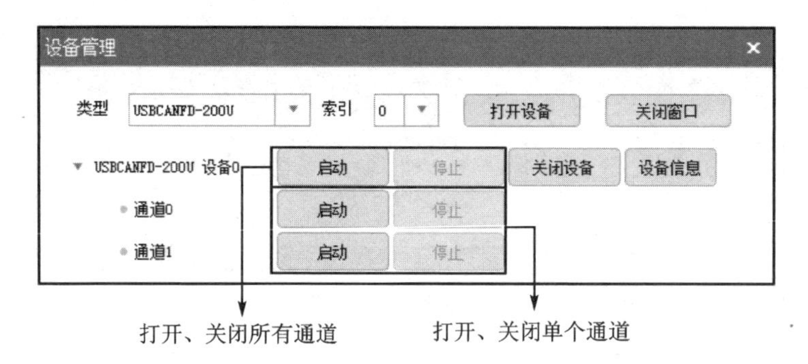

图 9.36　启动通道操作

图 9.37　配置通道参数

在通道配置界面根据需求配置通道参数，配置完毕，单击“确定”按钮，启动通道，设备指定 CAN 通道灯变为绿色。对图 9.37 中的通道配置参数说明如下：

(1) CAN FD 标准

USBCANFD-200U(100U)支持 CAN FD ISO 或 Non-ISO 标准。用户根据产品所使用的 CAN FD 标准在“CANFD 标准”下拉列表框中选择。若用户不使用 CAN FD，则忽略该参数。

(2) 协　议

配置界面中“协议”用于选择数据发送帧为 CAN 帧或 CAN FD 帧。若选择“CAN”，则发送 CAN 报文；若选择 CAN FD，则发送“CAN FD”报文。

(3) CAN FD 加速

配置界面中"CANFD 加速"选项用于选择此时发送 CAN FD 报文数据域是否加速。

(4) 默认波特率

USBCANFD-200U(100U)提供默认波特率配置,根据用户需求,可通过"仲裁域波特率"和"数据域波特率"选择常用的波特率。

仲裁域波特率:50 kbps~1 Mbps 多个波特率设置。

数据域波特率:1 Mbps~5 Mbps 多个波特率设置。

在通道配置界面中,显示的波特率格式为"波特率+采样点"。例如,波特率为1 Mbps,采样点为 80%时,"仲裁域波特率"中显示"1 Mbps 80%"。

(5) 自定义波特率

除了默认波特率,用户还可设置自定义波特率。设置步骤如下:如图 9.38 所示,在"仲裁域波特率"下拉列表中,选择"自定义",单击"波特率计算器",进入"波特率计算器"对话框,如图 9.39 所示。

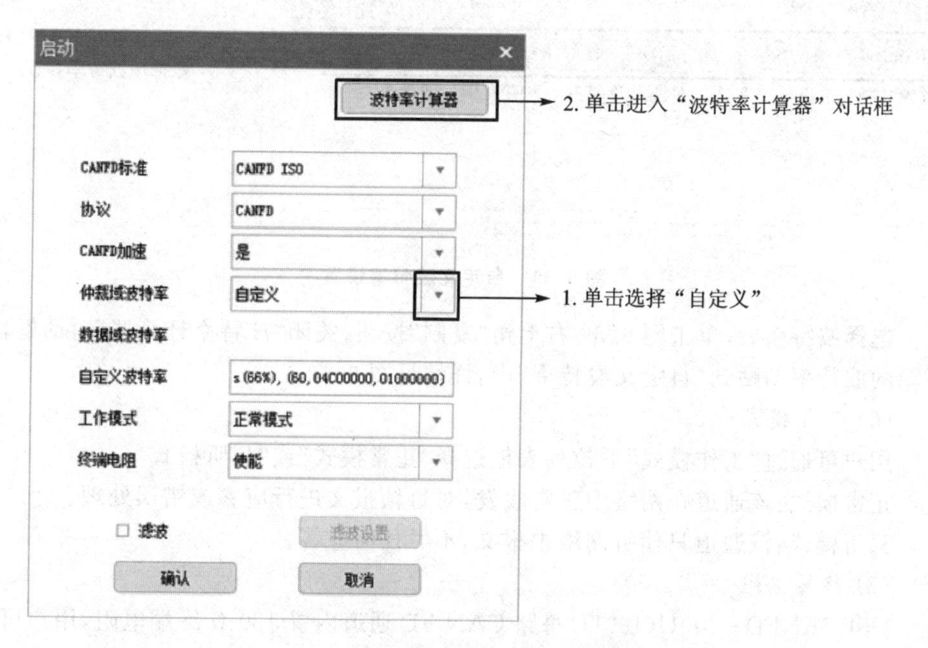

图 9.38 进入"波特率计算器"对话框的操作

输入自定义的仲裁域波特率、数据域波特率,选择同步跳转宽度值后,选择合适的波特率,详见图 9.39。自定义波特率选取规则建议如下:

➢ TSEG2≥SJW;

➢ BRP(波特率预分频)尽量小,SJW(同步跳转宽度)尽量大;

➢ SMP(采样点)选取在 75%~85%之间。

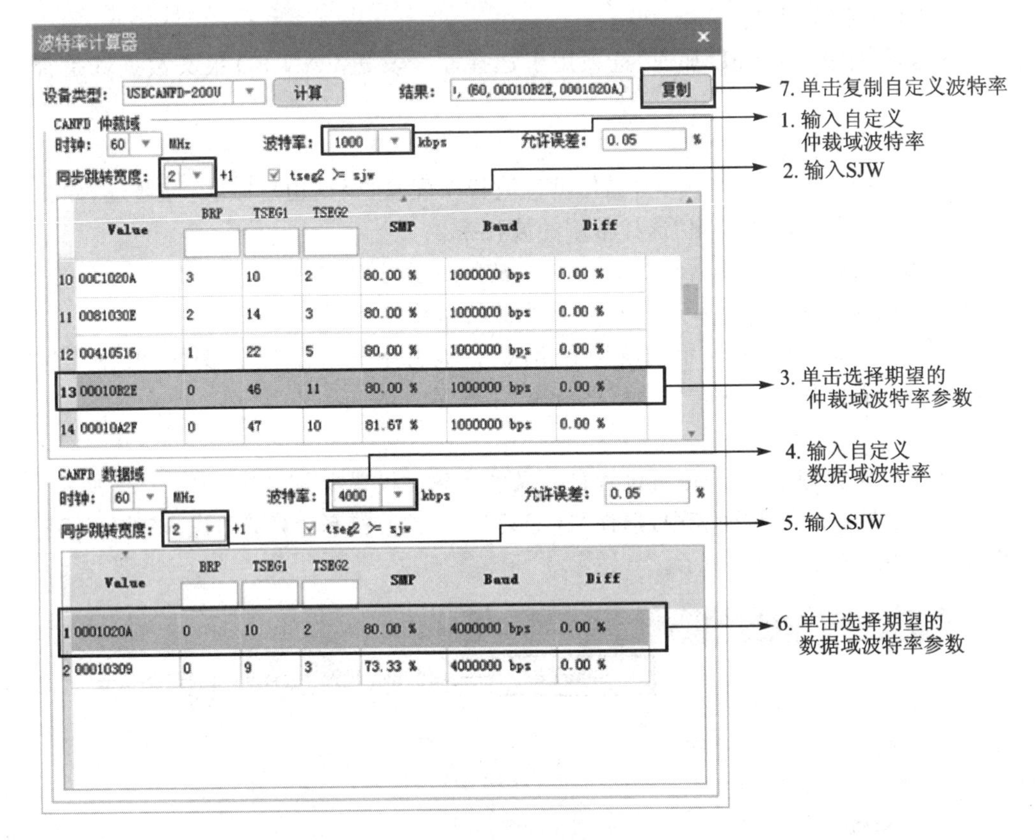

图 9.39　自定义波特率设置

选择波特率后，单击图 9.39 右上角“复制”按钮，关闭“波特率计算器”对话框，将复制的波特率粘贴到“自定义波特率”中，详情见图 9.40。

(6) 工作模式

用户可通过“工作模式”下拉列表框选择“正常模式”或“只听模式”。

正常模式：该通道在网络中正常收发，对每帧报文进行应答或错误处理。

只听模式：该通道只侦听网络中报文，不做任何应答。

(7) 终端电阻

USBCANFD-200U(100U)每路 CAN FD 通道内置 120 Ω 终端电阻，用户可通过“终端电阻”下拉列表框选择是否使能该终端电阻。

(8) 滤波设置

USBCANFD-200U(100U)每路 CAN(FD)通道支持最高 64 条滤波。滤波设置步骤如下：

首先，勾选“滤波”复选框，单击“滤波设置”按钮，进入“滤波设置”对话框，详情见图 9.41。

然后，用户选择滤波模式，选择滤波 ID 或滤波 ID 范围后，单击“添加”按钮，添加

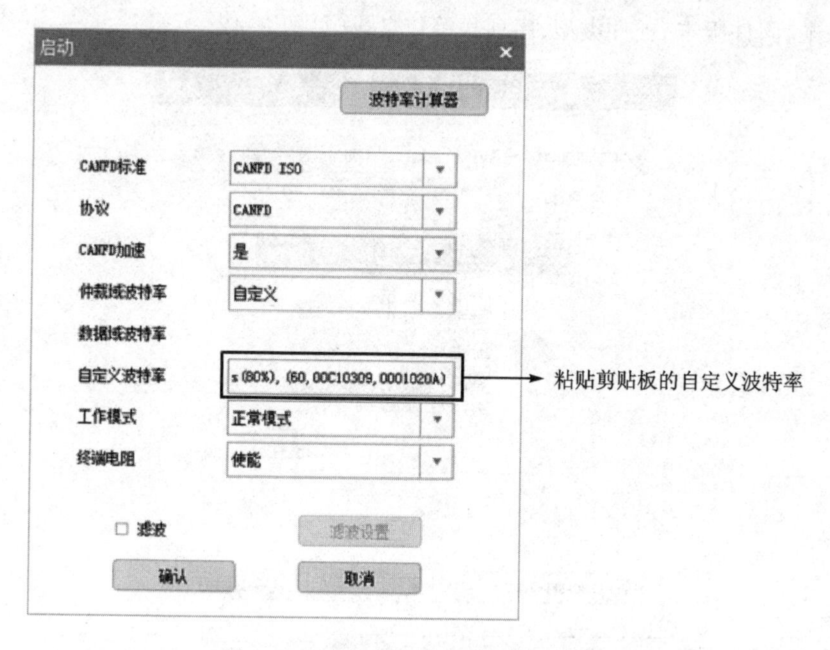

图 9.40　自定义波特率粘贴操作界面

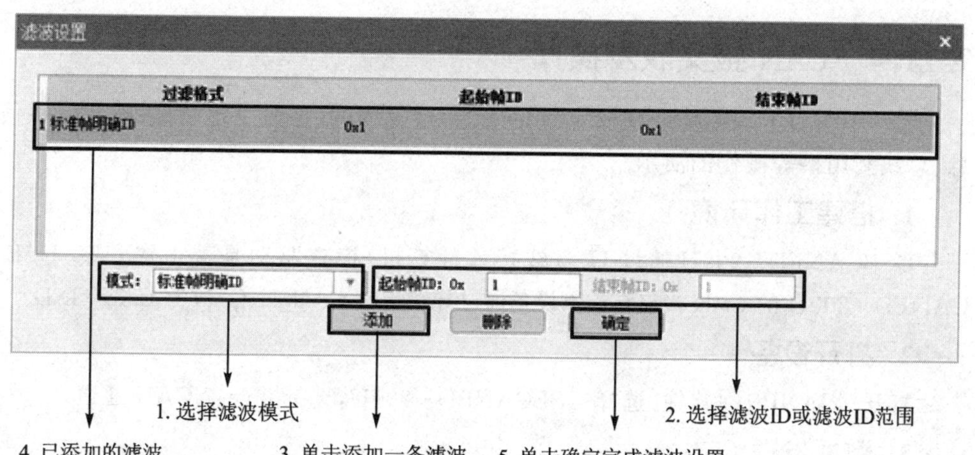

图 9.41　"滤波设置"对话框

一条 ID 滤波。若有多个滤波条件，则按上述操作重复即可。添加滤波完成后，单击"确定"按钮，完成滤波设置。

最后，单击"设备管理"界面上的"关闭"按钮，退出设备管理模块。

9.11.3　获取设备信息

打开"设备管理"界面后，单击"设备信息"按钮，可查看当前设备信息，如设备的硬件版本、固件版本、硬件类型、序列号等信息，详见图 9.42。

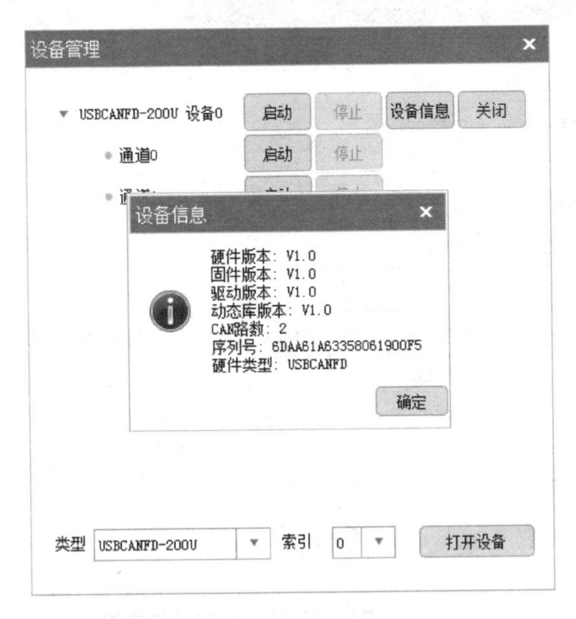

图 9.42 获取设备信息

9.11.4 CAN 报文收发操作

本小节讲解 USBCANFD－200U 的发送/接收测试、定时发送测试、查看错误信息、总线利用率等操作的演示。

1. 搭建工作环境

USBCANFD－200U 通过 USB 线接入计算机，检查驱动是否正常安装；USBCANFD－200U 的 CAN 接口与被测设备通过导线连接 CAN_H、CAN_L、CAN_GND。

2. 打开设备

打开 ZCANPRO 软件，选择 USBCANFD－200U，选择并配置 CAN 通道。

3. 数据发送

在成功启动 CAN 通道后，在 ZCANPRO 主界面上选择“发送数据”→“普通发送”，进入“普通发送”界面，详见图 9.43。

在“普通发送”界面，可以设置要发送的 CAN(FD)帧的各项参数，然后单击“立即发送”按钮，即可发送数据。下面对“普通发送界面”中各项参数进行说明。

➢ 发送方式：分为正常发送、单次发送、自发自收、单次自发自收。

➢ 帧类型：帧类型分为“标准帧”和“扩展帧”。选择“标准帧”时，帧 ID 有效位为 11 位；选择“扩展帧”时，帧 ID 有效位为 29 位。

➢ 帧格式：帧格式分为“数据帧”和“远程帧”。由于远程帧无数据、CAN FD 不支

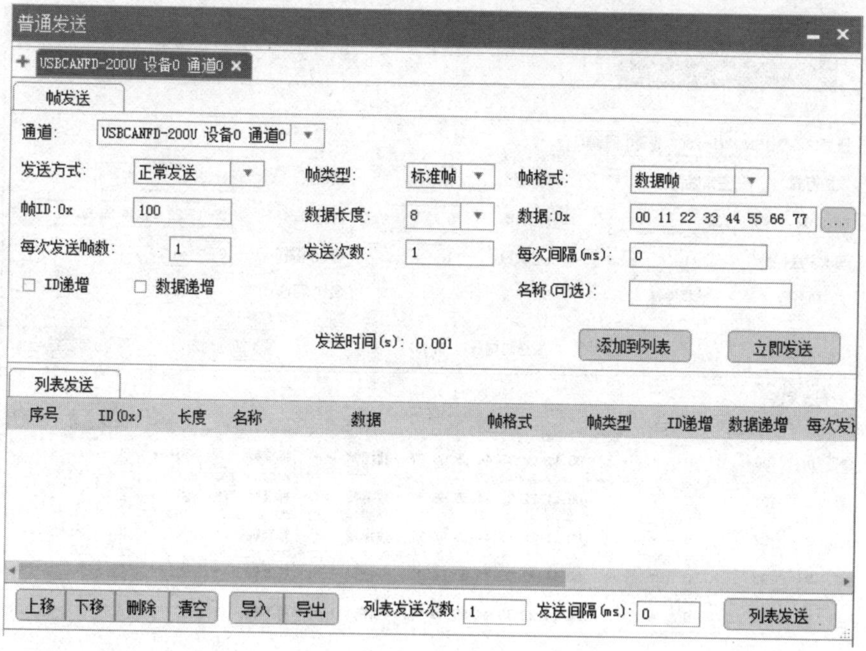

图 9.43 “普通发送”界面

持远程帧，故若选择“远程帧”，则发送将不携带数据；若勾选“CAN FD”，则帧格式只能选择“数据帧”。

- 帧 ID：当帧类型选择“标准帧”时，帧 ID 有效范围为 0x0～0x7FF；当帧类型选择“扩展帧”时，帧 ID 有效范围为 0x0～0x3FFF FFFF。
- 数据长度：若不勾选“CAN FD”，则数据长度取值范围为 0～8；若勾选“CAN FD”时，则数据长度取值范围为 0～64。在数据长度大于 8 时，数据长度非线性增长。
- 数据：用于填写待发送数据（十六进制格式），数据个数由“数据长度”文本框填入的数据长度决定。若填入的数据个数小于数据长度，则发送时将自动补 0。
- 发送次数：输入报文发送的次数，当填入－1 时，表示无限次发送。

4. 列表发送

除了“普通发送”模式外，还可以选择“列表发送”，发送界面如图 9.44 所示。列表发送允许用户添加多帧报文到列表中，以发送多个不同类型报文。列表发送操作步骤如下：

① 选择发送帧参数后，单击“添加到列表”，可继续单击从而添加多帧报文。用户也可在“列表发送”列表框中修改帧参数。

② 配置多帧报文后，填写“列表发送次数”，单击“列表发送”，启动数据发送。

普通发送

USBCANFD-200U 设备0 通道0

帧发送

通道: USBCANFD-200U 设备0 通道0

发送方式: 正常发送　帧类型: 标准帧　帧格式: 数据帧

帧ID:0x 100　数据长度: 8　数据:0x 00 11 22 33 44 55 66 77

每次发送帧数: 1　发送次数: 1　每次间隔(ms): 0

ID递增　数据递增　名称(可选):

发送时间(s): 0.001　添加到列表　立即发送

列表发送

序号	ID(0x)	长度	名称	数据	帧格式	帧类型	ID递增	数据递增	每次发送
0	100	8		00 11 22 33 44 55 66 77	数据帧	标准帧	否	否	1
1	101	8		00 11 22 33 44 55 66 77	数据帧	标准帧	否	否	1
2	102	8		00 11 22 33 44 55 66 77	数据帧	标准帧	否	否	1
3	103	8		00 11 22 33 44 55 66 77	数据帧	标准帧	否	否	1
4	100	8		00 11 22 33 44 55 66 77	数据帧	标准帧	否	否	1

上移　下移　删除　清空　导入　导出　列表发送次数: 1　发送间隔(ms): 0　列表发送

图 9.44　列表发送界面

5. 定时发送

除了基本发送功能外，USBCANFD-200U 还提供了定时发送功能，每通道支持高达 100 帧报文的定时发送，定时发送最小周期为 500 μs。

在 ZCANPRO 主界面选择“发送数据”→“定时发送”，弹出“定时发送”界面，详见图 9.45。

定时发送操作步骤如下：

在“通道”下拉列表框中选择定时发送的通道。勾选定时发送报文“序号”，选择定时发送的报文信息，单击“发送”，启动定时发送。若要停止定时发送，则单击“停止发送”。

若使用多通道定时发送，则单击“定时发送”界面左上角的“+”图标，添加定时发送界面，选择不同的通道。

6. 收发数据显示

数据收发显示界面详见图 9.46，发送、接收报文将显示在该界面。用户也可在 ZCANPRO 主界面中选择“新建视图”→“新建 CAN 视图”，新建多个界面显示。

定时发送

USBCANFD-200U 设备0 通道0

通道: USBCANFD-200U 设备0 通道0

序号	ID(0x)	帧类型	间隔(ms)	长度	数据	
0	00000000	标准数据帧	1000	8	00 11 22 33 44 55 66 77	数据编辑
1	00000000	标准数据帧	1000	8	00 11 22 33 44 55 66 77	数据编辑
2	00000000	标准数据帧	1000	8	00 11 22 33 44 55 66 77	数据编辑
3	00000000	标准数据帧	1000	8	00 11 22 33 44 55 66 77	数据编辑
4	00000000	标准数据帧	1000	8	00 11 22 33 44 55 66 77	数据编辑
5	00000000	标准数据帧	1000	8	00 11 22 33 44 55 66 77	数据编辑
6	00000000	标准数据帧	1000	8	00 11 22 33 44 55 66 77	数据编辑
7	00000000	标准数据帧	1000	8	00 11 22 33 44 55 66 77	数据编辑
8	00000000	标准数据帧	1000	8	00 11 22 33 44 55 66 77	数据编辑
9	00000000	标准数据帧	1000	8	00 11 22 33 44 55 66 77	数据编辑
10	00000000	标准数据帧	1000	8	00 11 22 33 44 55 66 77	数据编辑
11	00000000	标准数据帧	1000	8	00 11 22 33 44 55 66 77	数据编辑

全选 反选 导入 导出 发送

图 9.45 “定时发送”界面

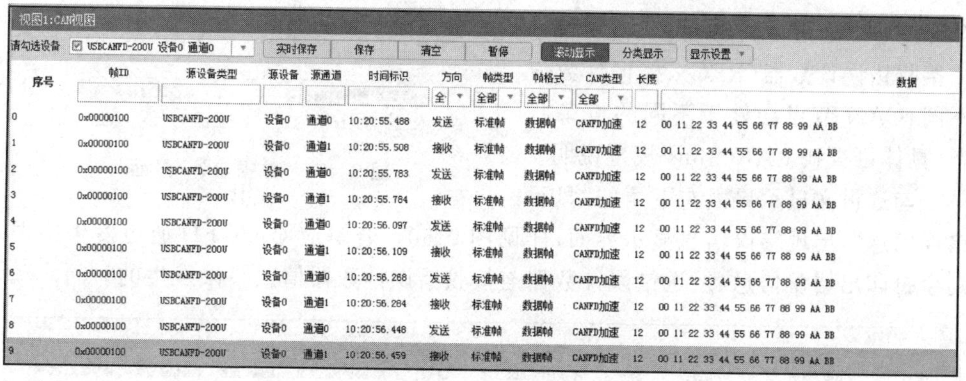

视图1:CAN视图

请勾选设备 USBCANFD-200U 设备0 通道0 实时保存 保存 清空 暂停 滚动显示 分类显示 显示设置

序号	帧ID	源设备类型	源设备	源通道	时间标识	方向	帧类型	帧格式	CAN类型	长度	数据
						全	全部	全部	全部		
0	0x00000100	USBCANFD-200U	设备0	通道0	10:20:55.488	发送	标准帧	数据帧	CANFD加速	12	00 11 22 33 44 55 66 77 88 99 AA BB
1	0x00000100	USBCANFD-200U	设备0	通道1	10:20:55.508	接收	标准帧	数据帧	CANFD加速	12	00 11 22 33 44 55 66 77 88 99 AA BB
2	0x00000100	USBCANFD-200U	设备0	通道0	10:20:55.783	发送	标准帧	数据帧	CANFD加速	12	00 11 22 33 44 55 66 77 88 99 AA BB
3	0x00000100	USBCANFD-200U	设备0	通道1	10:20:55.784	接收	标准帧	数据帧	CANFD加速	12	00 11 22 33 44 55 66 77 88 99 AA BB
4	0x00000100	USBCANFD-200U	设备0	通道0	10:20:56.097	发送	标准帧	数据帧	CANFD加速	12	00 11 22 33 44 55 66 77 88 99 AA BB
5	0x00000100	USBCANFD-200U	设备0	通道1	10:20:56.109	接收	标准帧	数据帧	CANFD加速	12	00 11 22 33 44 55 66 77 88 99 AA BB
6	0x00000100	USBCANFD-200U	设备0	通道0	10:20:56.268	发送	标准帧	数据帧	CANFD加速	12	00 11 22 33 44 55 66 77 88 99 AA BB
7	0x00000100	USBCANFD-200U	设备0	通道1	10:20:56.284	接收	标准帧	数据帧	CANFD加速	12	00 11 22 33 44 55 66 77 88 99 AA BB
8	0x00000100	USBCANFD-200U	设备0	通道0	10:20:56.448	发送	标准帧	数据帧	CANFD加速	12	00 11 22 33 44 55 66 77 88 99 AA BB
9	0x00000100	USBCANFD-200U	设备0	通道1	10:20:56.459	接收	标准帧	数据帧	CANFD加速	12	00 11 22 33 44 55 66 77 88 99 AA BB

图 9.46 “收发数据”显示界面

（1）帧过滤显示

报文显示界面可以按照帧 ID、源设备类型、源设备、源通道等信息来过滤显示报文。在相应输入文本框中输入过滤信息，从而实现过滤显示的效果，方便用户快速查找目标报文，详见图 9.47。

（2）报文计数统计

报文显示界面右下角可查看当前报文发送帧计数、接收帧计数，以及错误帧计数，详见图 9.48。

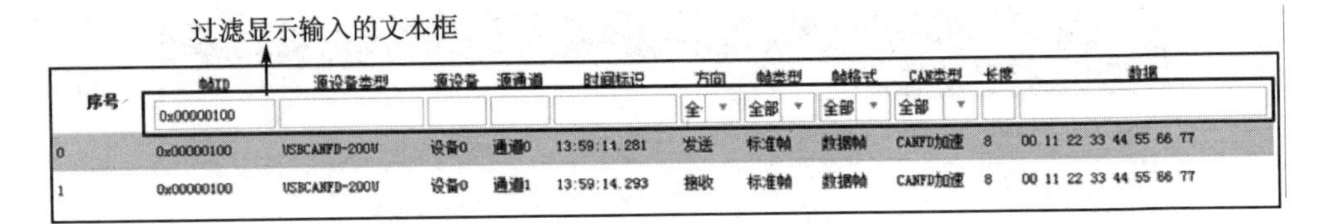

图 9.47　过滤显示输入的文本框

接收帧计数：11　　发送帧计数：11　　错误帧计数：0

图 9.48　报文计数统计

用户也可单击主界面上的“数据统计”图标，在打开的“数据统计”界面查看报文计数统计，详见图 9.49。

(3) 错误信息显示

为了避免某个设备因为自身原因(例如硬件损坏)导致无法正确收发数据而不断地破坏数据帧，从而影响其他正常节点通信，CAN－bus 规范中规定每个 CAN/CAN FD 控制器都要有一个 CAN 发送错误计数器(TEC)和一个接收错误计数器(REC)，根据计数值不同，CAN 节点会处于不同的设备状态，具体可查找 CAN－bus 规范说明。

数据统计

通道　USBCANFD-200U 设备0 通道0

类型	接收	发送
标准数据帧	0	0
标准远程帧	0	0
扩展数据帧	8	7
扩展远程帧	0	0
错误帧	0	0

重置当前通道　　重置所有通道

图 9.49　“数据统计”界面

勾选报文显示界面左下角的“显示错误信息”，出现错误信息显示界面，详见图 9.50。若对应 CAN FD 通道发生错误，则会打印出错误信息(发送错误计数器与接收错误计数器值)、错误发生的时间。

错误信息　保存

序号	源设备类型	源设备	源通道	时间	节点状态	REC	TEC	错误码	消极错误代码类型	消极错误属性	消极错误段表示	仲裁错误段表示
33	USBCANFD-200U	设备0	通道1	16:15:56.697	被动状态	0	128	0x00000004:CAN控制器消极错误	1 1:其它错误	0:发送错误	0 0 0 0 1	丢失在位:2
34	USBCANFD-200U	设备0	通道1	16:15:56.697	被动状态	0	128	0x00000004:CAN控制器消极错误	1 1:其它错误	0:发送错误	0 0 0 0 1	丢失在位:2
35	USBCANFD-200U	设备0	通道1	16:15:56.697	被动状态	0	128	0x00000004:CAN控制器消极错误	1 1:其它错误	0:发送错误	0 0 0 0 1	丢失在位:2
36	USBCANFD-200U	设备0	通道1	16:15:56.697	被动状态	0	128	0x00000004:CAN控制器消极错误	1 1:其它错误	0:发送错误	0 0 0 0 1	丢失在位:2
37	USBCANFD-200U	设备0	通道1	16:15:56.697	被动状态	0	128	0x00000004:CAN控制器消极错误	1 1:其它错误	0:发送错误	0 0 0 0 1	丢失在位:2
38	USBCANFD-200U	设备0	通道1	16:15:56.697	被动状态	0	128	0x00000004:CAN控制器消极错误	1 1:其它错误	0:发送错误	0 0 0 0 1	丢失在位:2
39	USBCANFD-200U	设备0	通道1	16:15:56.717	被动状态	0	128	0x00000004:CAN控制器消极错误	1 1:其它错误	0:发送错误	0 0 0 0 1	丢失在位:2
40	USBCANFD-200U	设备0	通道1	16:15:56.717	被动状态	0	128	0x00000004:CAN控制器消极错误	1 1:其它错误	0:发送错误	0 0 0 0 1	丢失在位:2
41	USBCANFD-200U	设备0	通道1	16:15:56.717	被动状态	0	128	0x00000004:CAN控制器消极错误	1 1:其它错误	0:发送错误	0 0 0 0 1	丢失在位:2

☑ 显示错误信息

图 9.50　错误信息显示界面

9.12 CANET 系列设备使用

本节将介绍 CANET 设备如何实现 CAN 网络数据和以太网数据的双向透明转换功能。在演示之前需要准备一个集成 CAN 接口的设备，此处选择 USBCAN－I 接口卡。

9.12.1 打开 CANET 设备

使用网线将 CANET 设备连接至计算机网口，使用屏蔽双绞线把 CANET 设备的 CAN 接口与 USBCAN－I 的 CAN 接口连接起来，然后用 USB 线将 USBCAN－I 连接到计算机，最后给 CANET 设备插上电源。

9.12.2 配置网络

在通信之前需配置 CANET 相关参数，配置操作参考 6.5.4 小节。设备 IP 修改为测试计算机同网段 IP：192.168.7.190。CAN0 口配置为 TCP Server，工作端口为 4001。测试计算机 IP 设置参考图 9.51，确保 CANET(192.168.7.190)和测试计算机(192.168.7.89)处于同一网段。

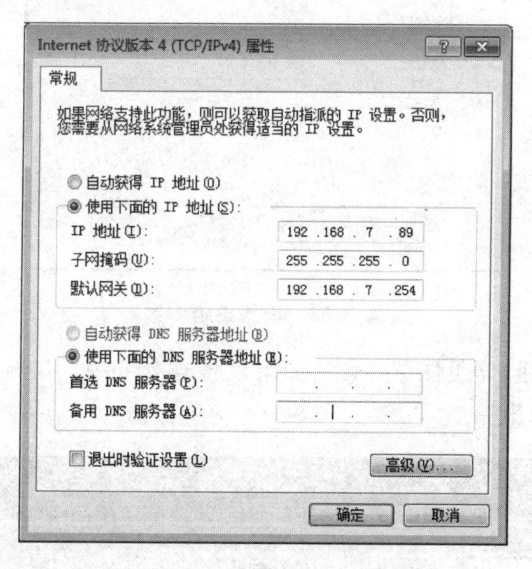

图 9.51 测试计算机 IP 设置

9.12.3 通信建立和数据收发

启动 ZCANPRO，选择 CANET 设备网络工作的类型，本文选择 CANET－TCP 通信方式，详见图 9.52。

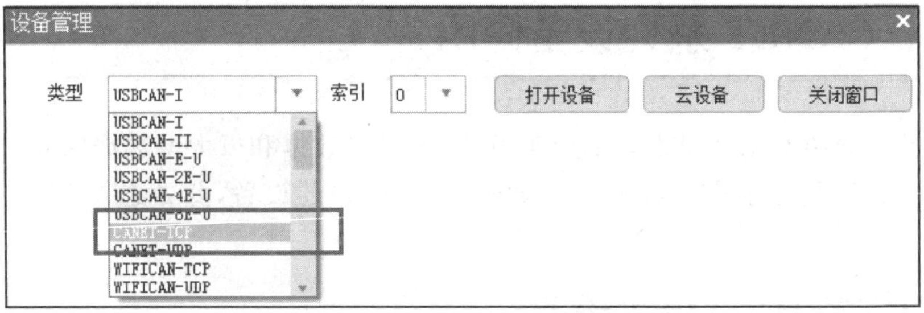

图 9.52　选择设备类型

单击“打开设备”按钮，弹出“启动”对话框，详情见图 9.53。在使用之前应配置好设备的工作模式、IP 和端口号。例如，设备的工作模式为服务器，IP 地址和设备端口号分别为 192.168.7.190 和 4001，此时 PC 机工作为客户端，因此在界面中选择“客户端”模式，IP 地址和工作端口填写已配置的 CANET 参数。

图 9.53　设置设备参数

单击“确定”按钮(详见图 9.54)。如果设备连接正常，不会有任何提示，如果连接不正常，就会提示出错。

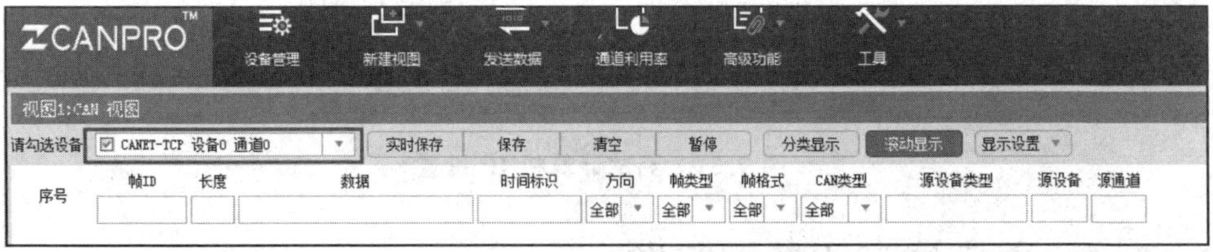

图 9.54　启动 CANET

使用 USBCAN－I 连接 CANET 的 CAN 接口进行数据收发。在 ZCANPRO 主界面中打开设备 USBCAN－I，见图 9.55，单击“打开设备”按钮，弹出如图 9.56 所示对话框,进行相关参数设置。

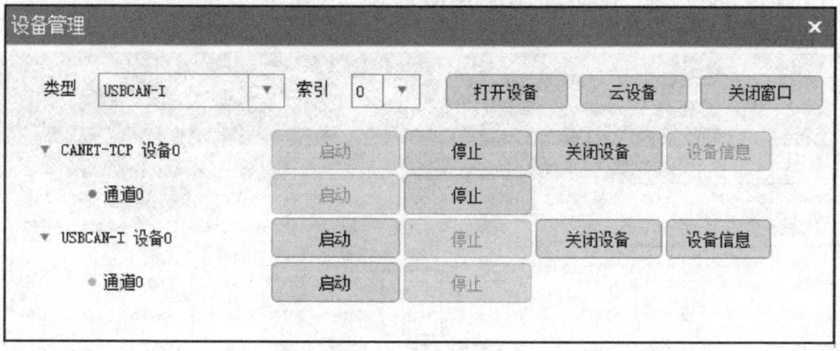

设备管理
类型
USBCAN-I
索引
0
打开设备
云设备
关闭窗口
CANET-TCP 设备0
启动
停止
关闭设备
设备信息
通道0
启动
停止
USBCAN-I 设备0
启动
停止
关闭设备
设备信息
通道0
启动
停止

图 9.55 选择设备类型

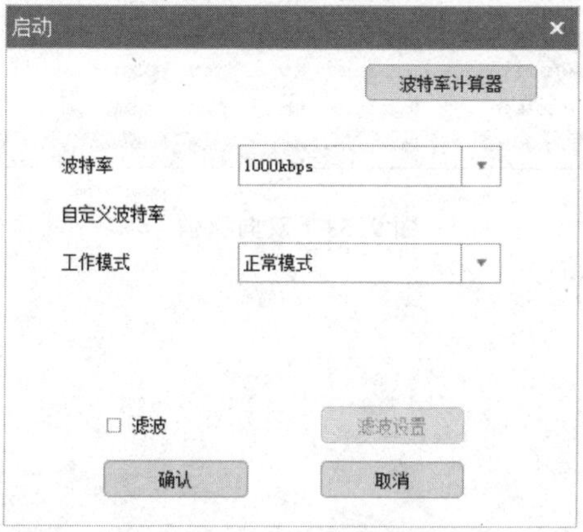

启动
波特率计算器
波特率
1000kbps
自定义波特率
工作模式
正常模式
滤波
滤波设置
确认
取消

图 9.56 参数设置

出厂时,CANET 默认 CAN 波特率为 1 000 kbps,因此在图 9.58 中 USBCAN - I 的“波特率”选择 1000 kbps,其他参数按照默认无需修改。单击“确定”,回到主界面,再单击“启动 CAN”按钮启动设备。至此,所有前期准备工作完成,CANET 和 USB-CAN - I 的通信链路建立完成。启动 USBCAN 卡界面如图 9.57 所示。

ZCANPRO™
设备管理
新建视图
发送数据
通道利用率
高级功能
工具
视图1:CAN 视图
请勾选设备
USBCAN-I 设备0 通道0
实时保存
保存
清空
暂停
分类显示
滚动显示
显示设置
序号
帧ID
长度
数据
时间标识
方向
帧类型
帧格式
CAN类型
源设备类型
源设备
源通道
全部
全部
全部
全部

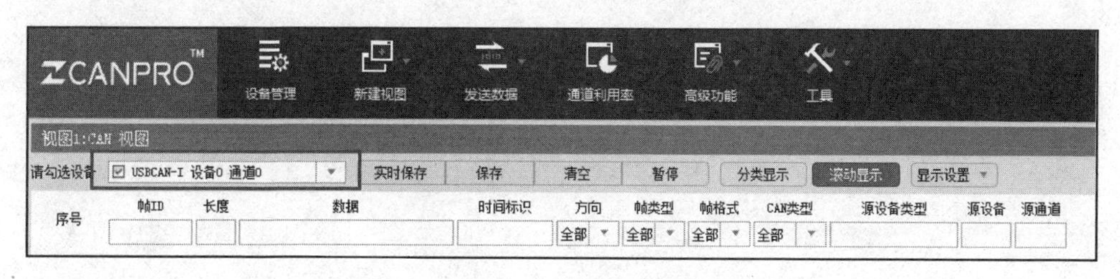

图 9.57 启动 USBCAN 卡

在任一个 ZCANPRO 软件的选项卡界面中，单击“发送”按钮，就可以在另一个 ZCANPRO 软件的选项卡接收到刚发送的数据，详情见图 9.58。

图 9.58 双向通信

第10章 ZWS云平台之CANDTU云

✍ **本章导读**

云平台是工业互联网生态系统不可或缺的一部分，ZLG致远电子开发的ZWS IoT云平台支持多种协议的设备快速接入，支持数据透传转发以及完善的二次开发包，支持全私有化部署，并提供功能丰富的后台MIS系统进行设备统一管理，为客户的核心需求提供一站式的解决方案。

CANDTU云数据平台基于ZWS IoT云平台自主研发，具有远程管理设备、配置设备、实时转发数据等功能。CANDTU产品基于AWorks软件平台设计，可通过以太网、WiFi、4G等通信方式接入CANDTU云平台。设备接入到云平台后，用户即可远程管理设备。同时，云数据平台还支持CAN、GPS数据实时转发，可通过ZCANPRO软件实时接收数据，或通过ZLGCAN二次开发函数库开发应用，免去用户搭建服务器的工作，从而快速搭建用户应用。

10.1 云平台简介

ZWS云平台全称为ZLG Web Service云计算服务平台，是物联网云端平台型服务系统，旨在为设备提供安全可靠的连接通信能力。云平台可向下连接海量设备，支持设备采集上云；向上提供云端API，指令数据通过API调用下发至设备端，实现远程管理。

ZWS云平台支持不同协议的设备快速接入，对接入的设备提供功能丰富的控制台，系统进行统一管理，无需二次开发即可便捷查看设备的数据和状态，并对设备进行远程控制和固件升级。此外，对于已有业务系统的客户，支持数据透传转发到客户自身的第三方系统；对于有定制化需求的客户，支持可视化组态编程和完善的二次开发包；对于隐私性要求较高的客户，支持全私有化部署。

ZWS云平台系统框架总体采用分层协作的设计：在硬件和系统层，基于ZLG致远电子的智能模块和AWorks开发平台可以让不同协议的设备快速接入云平台；在中间服务层，由于LoRaWAN本身有独立的国际标准，ZWS云平台分为ZLG Cloud和LoRa Server两部分，前者负责为通用类型的设备提供服务，后者主要为LoRaWAN类型设备提供服务，这两部分可以独立应用，也可以协同应用，最终接入同一套应用系统进行管理。

ZWS 云平台在 IaaS 层采用阿里云、亚马逊云等基础服务商提供的硬件设施作为基础服务。而在 PaaS 层做到了真正的自主研发，采用微服务技术、RestfulAPI 接口、Docker 容器技术、MongoDB 技术、Redis 技术、分布式技术等，为用户提供设备认证、设备管理、数据管理、大数据分析等中间层服务接口。

- 微服务技术：各个服务之间独立运行，不会相互干扰，平台更稳定；
- RestfulAPI 接口：统一 API 接口形式，方便二次开发；
- Docker 容器技术：方便部署，提高分布式部署以及私有化部署效率；
- MongoDB 技术：数据库存储技术，实现大数据存储，读取效率更高；
- Redis 技术：高性能的 key-value 数据库，用来作为缓存服务，提高服务器的性能；
- 分布式技术：多服务器并行，提高多节点并发运行效率。

CANDTU 云数据平台基于 ZWS 云平台自主研发，具有远程管理设备、配置设备、实时转发数据等功能。CANDTU 产品采用"AWorks 软件平台"设计，可通过以太网、WiFi、4G 接入 CANDTU 云平台，将设备云 ID 接到云数据平台（WEB）后，用户即可远程管理设备。同时，云数据平台还支持 CAN、GPS 数据实时转发，用户可通过 ZCANPRO 软件实时接收数据，或通过 ZLGCAN 二次开发函数库开发应用，免去用户搭建服务器的工作，从而快速搭建用户应用。

10.2 功能特点

CANDTU 云平台主要功能特点如下：

- 远程管理设备，可远程查看设备状态、配置设备、控制设备；
- 支持 CAN、GPS 数据实时转发功能；
- 可使用 ZCANPRO 软件接收、发送 CAN 数据；
- WEB 展示云平台，可方便地在 PC、移动端管理设备；
- 数据转发提供二次开发接口函数；
- 支持 OTA 远程固件升级；
- 支持云平台私有化部署。

10.3 快速使用指南

本节以 CANDTU－200UWGR 为例，介绍如何使用 CANDTU 云平台及配套软件。

10.3.1 添加设备到云平台

在使用 CANDTU 云平台前,需要先将设备添加至云平台。添加分为两个步骤:①启动设备连接云平台;②将设备云 ID 添加至云平台。下文详细介绍这两个步骤。

1. 启动设备连接云平台功能

从官网上(www.zlg.cn)获取 CANDTU 配置工具(V2.31 及以上版本),安装配置工具。

使用 USB 电缆连接设备与 PC,打开配置工具软件,软件界面详见图 10.1,选择对应设备型号,单击左下角的“云服务配置”,勾选“使能云服务”,选择对应 CAN 通道的“数据上传使能”功能,单击“下载配置”,完成配置后设备将自动连接到云平台。

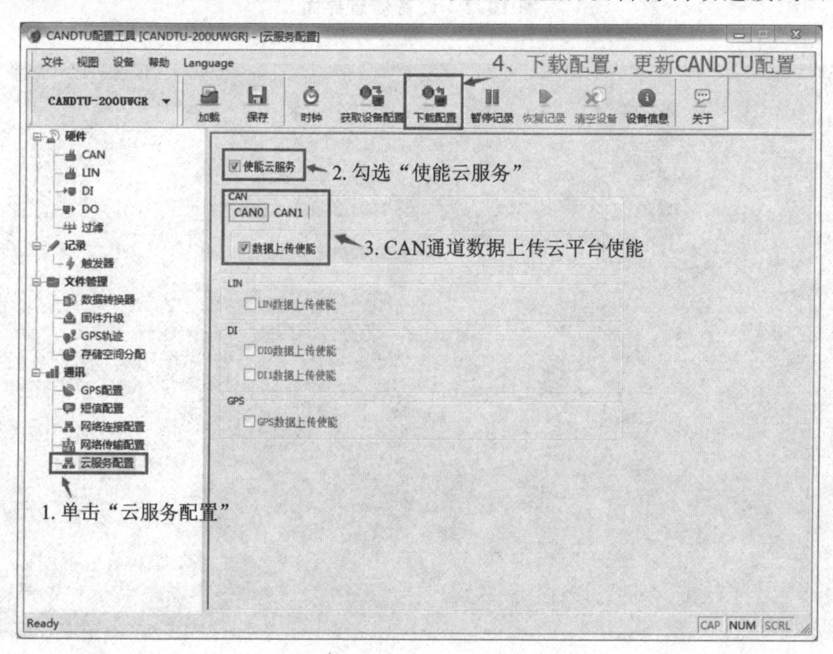

图 10.1 开启云服务

在图 10.1 中单击“设备信息”,打开如图 10.2 所示界面,在“云连接状态”中显示当前设备的连接状态,若连接成功则显示已连接。注意,设备首次连接需要等待“云连接状态”显示为“已连接”,才可添加设备到云平台。

复制“云 SN”(云 ID),在后续云平台 WEB 界面中添加设备时使用。

2. 在云平台中添加设备

在浏览器上输入云平台测试网址(https://can.zlgcloud.com/index.html),进入云平台登录界面,详见图 10.3。

若首次使用云平台则需要注册账户,可以在登录界面中单击“免费注册”,完成注

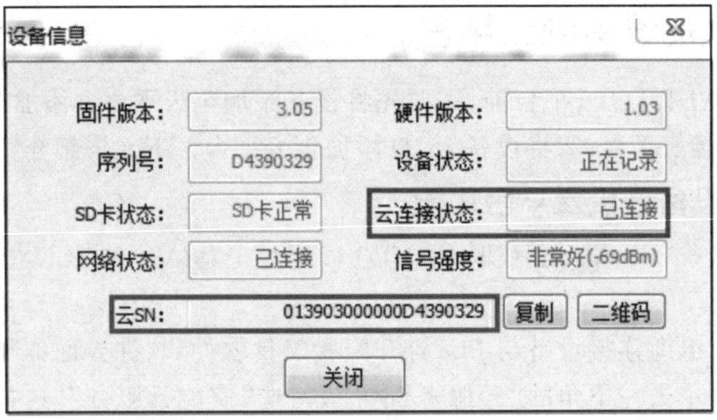

图 10.2　设备信息界面

图 10.3　登录界面

册。注册成功后，在登录界面中输入账户和密码进入云平台界面，详见图 10.4。

在云平台界面中单击“+”卡片，弹出“添加设备”对话框，详见图 10.5，在“添加设备”中输入从 CANDTU 配置工具中复制的云 ID，单击“确定”按钮完成设备添加。

设备添加完成后，可在界面上看到已连接上云平台设备的工作状态，至此，完成一个设备的添加。从 WEB 界面上，可以看到设备上多出一个设备卡片，详见图 10.6。该卡片显示当前 SD 卡记录状态、设备名及设备型号等。

设备管理界面除了按设备卡片展示之外，还支持列表展示。单击右上角图标，可切换为“列表显示”或“卡片显示”，详见图 10.7。

图 10.4　设备显示界面

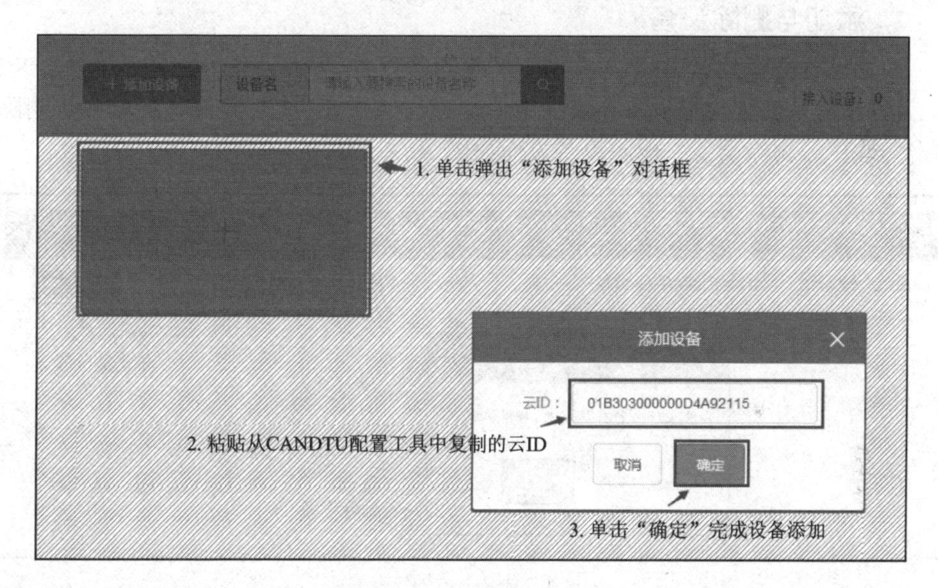

图 10.5　添加设备界面

图 10.6　已添加设备界面

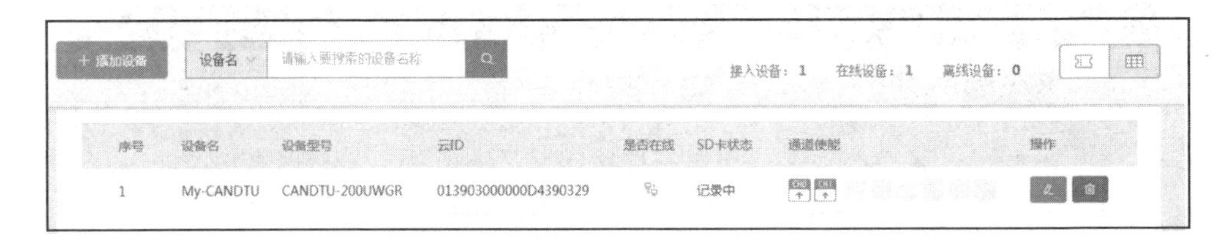

图 10.7　设备列表显示界面

10.3.2　云平台管理设备

本小节介绍在云平台上管理设备的主要操作指南，以方便用户快速使用云平台。云平台具体操作说明可查看相关介绍。

1. 添加与删除设备

添加设备操作参见 10.3.1 小节。若想删除设备，可在设备卡片界面中单击卡片右上角的"一"按钮，或在设备列表栏中单击"删除"按钮，此时界面将提示确认删除，单击"确定"后删除设备。删除设备界面如图 10.8 所示。

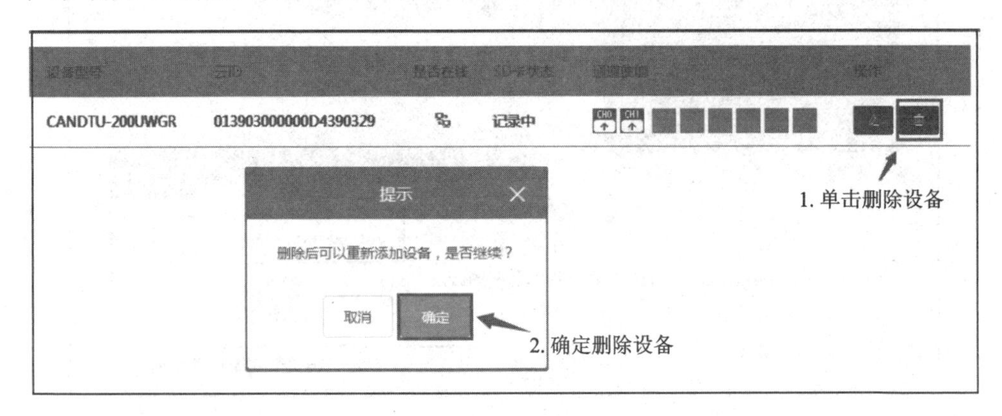

图 10.8　删除设备界面

2. 查看设备在线状态

在设备管理界面，可以观察设备卡片或设备列表中对应设备是否被置灰，详见图 10.9，从而知道设备是否在线。若设备在线，用户可操作设备；若设备未在线，设备状态显示最后一次上线时的状态。

3. 查看设备状态

单击设备卡片或列表栏中图标，进入当前设备界面，详见图 10.10，即可查看当前设备的状态信息。

在设备状态信息中，可以查看设备信息、当前设备 SD 卡记录状态等。同时，单击"设备名"右侧的图标可修改设备名，并保存到设备中。

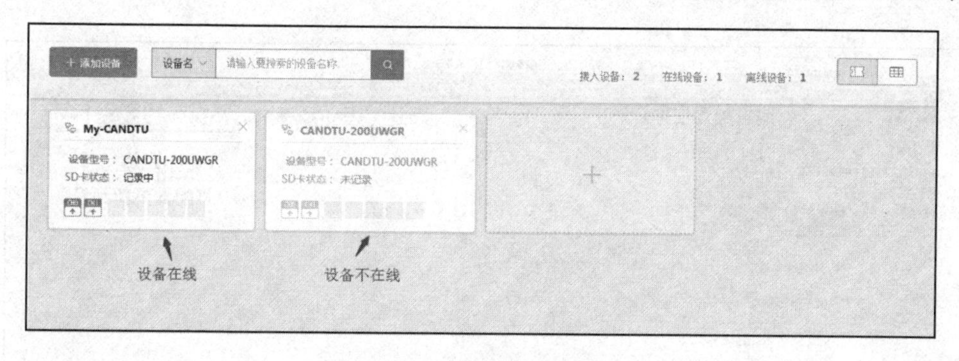

图 10.9　多设备显示界面

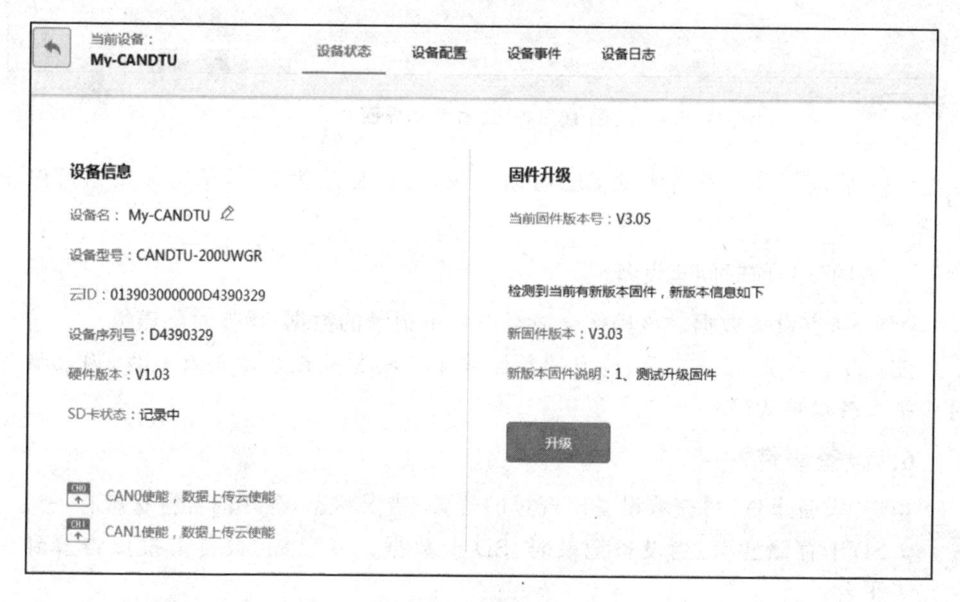

图 10.10　设备状态界面

4. 配置设备

在配置功能上，云平台所有配置项都与 CANDTU 配置工具一致。在设备界面中，单击“设备配置”，可查看当前设备配置，详见图 10.11。用户编辑配置项后，单击“保存”按钮会将配置信息远程配置到设备。

各个配置项与 CANDTU 配置工具一致，参见配置工具即可。通过“导入”、“导出”操作，可以将当前设备配置导出，然后对新设备导入同样的配置，使多个设备配置统一。

5. 控制设备

云平台可远程控制启动、停止记录、清空设备数据、同步设备时间等操作。在设备界面右上角单击相应按钮即可远程控制设备。

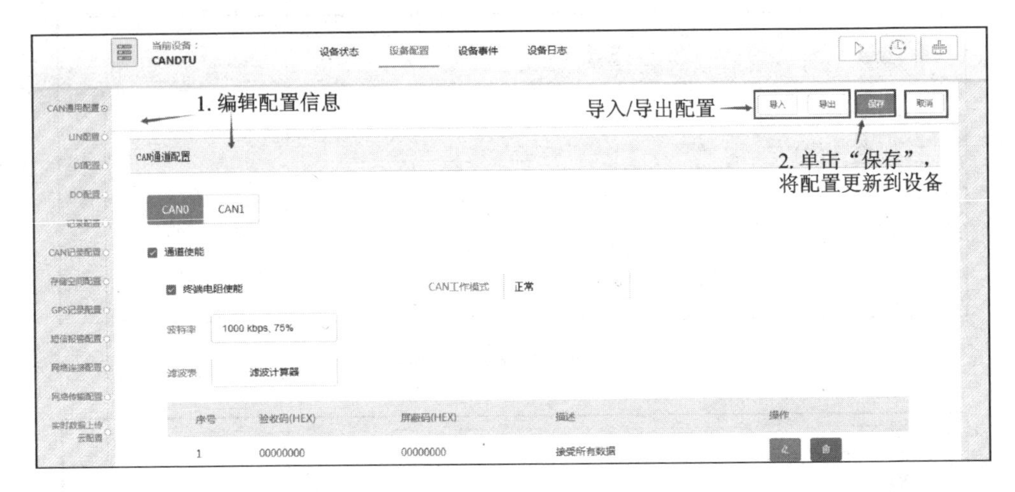

图 10.11　设备配置界面

:启动记录。若当前设备已启动记录，按钮显示为 ，单击该按钮可停止记录。

:同步当前时间至设备。

:清空设备数据。该操作会清空设备中记录的数据，操作时要谨慎。

注： 由于启动/停止记录、清空设备操作会直接影响设备状态及数据，因此操作时需输入密码确认。

6. 设备事件

单击"设备事件"可查看设备出现过的告警/错误状态，存在的告警状态有：

- SD 卡存储已满：当设备记录时，SD 卡数据记录已满，设备上报该告警到云平台；
- CAN 总线错误：当 CAN 通道出现错误时，设备上报指定 CAN 通道的错误；
- 存储状态异常：当 SD 卡处于记录状态时，若卡被拔出或出现异常，设备上报该错误；
- GPS 区域告警：当用户配置设备 DO 或短信告警，且设置 GPS 告警时，若出现设备未在指定 GPS 区域内，设备将上报该错误到云平台。

10.4　ZCANPRO 收发云设备数据

若已配置的设备使能 CAN 数据上传，并在云平台添加了该设备，用户可使用 ZCANPRO 连接云设备，将设备数据转发到 ZCANPRO 显示。同时，可在 ZCANPRO 上远程发送 CAN 报文到 CAN 总线上。

下文介绍如何使用 ZCANPRO 收发云设备数据。

1. 安装 ZCANPRO 软件

从 ZLG 致远电子官网上获取 ZCANPRO 软件(V2.0.22 及以上版本),根据提示安装即可。

2. 打开云设备

打开 ZCANPRO 软件,主界面如图 10.12 所示,单击左上角“设备管理”;在弹出的设备管理界面中,单击“云设备”;在弹出的云设备界面中输入用户名、密码后,单击“连接”按钮。连接成功后,界面上将显示当前账户下的设备,如图 10.13 所示。选择指定设备后,单击下方“打开设备”按钮,显示界面详见图 10.14。

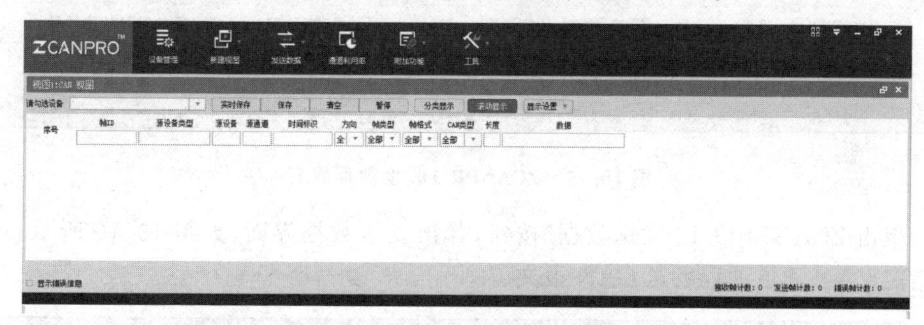

图 10.12 ZCANPRO 软件主界面

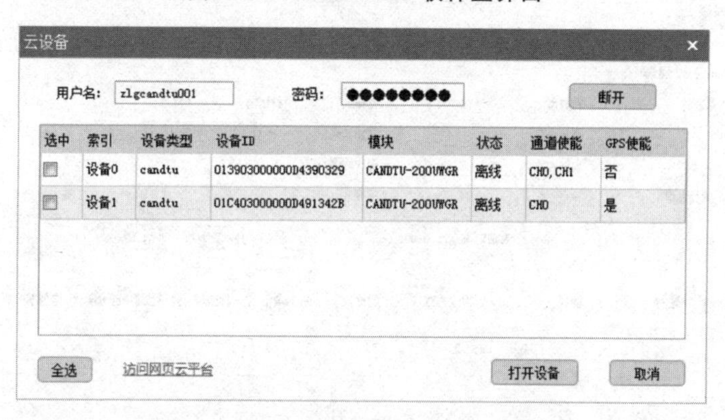

图 10.13 云设备登录 ZCANPRO 界面

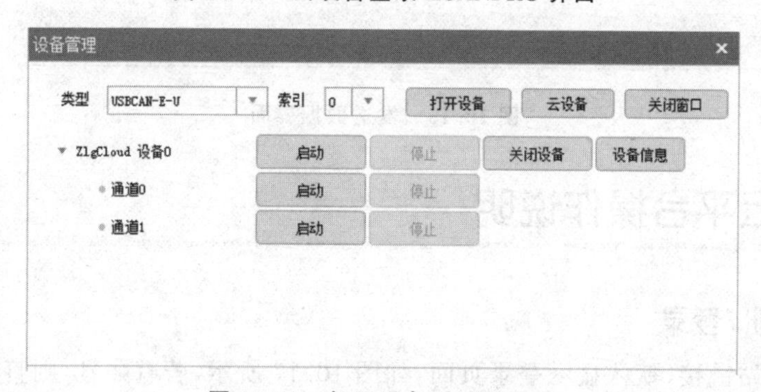

图 10.14 打开设备后显示界面

3. 收发 CAN 数据

当设备打开成功后,若设备收到数据,将转发到 ZCANPRO 上显示,详见图 10.15。

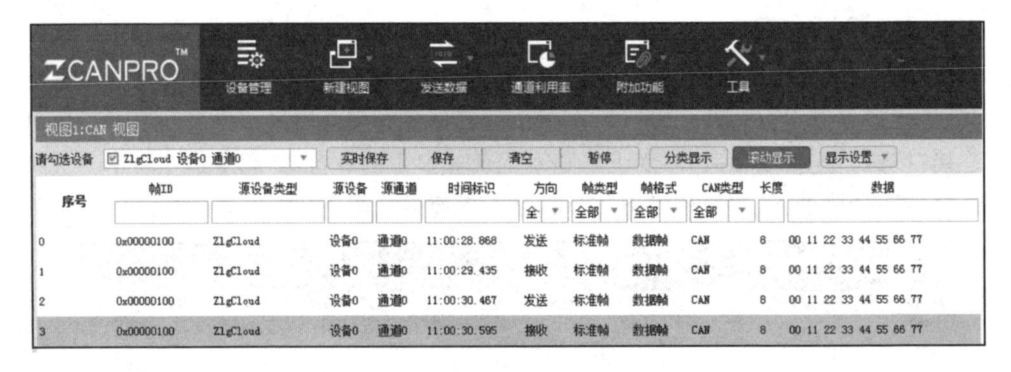

图 10.15 ZCANPRO 收发数据界面

单击 ZCANPRO 上“发送数据”按钮,弹出发送数据界面,如图 10.16 所示。选择指定 CAN 通道远程发送 CAN 报文。

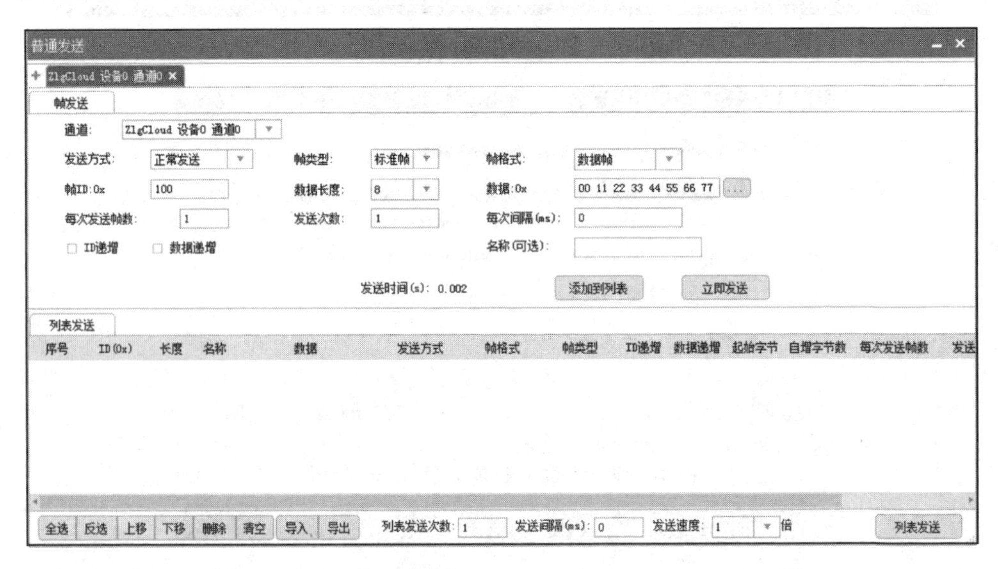

图 10.16 发送数据界面

10.5 云平台操作说明

1. 注册/登录

打开网站链接,默认显示登录页面,如图 10.17 所示,若有账号,则直接输入用户名、密码，单击“登录”按钮进入平台；若没有账号，可以单击图 10.17 中的“免费注册”，进入注册页面。

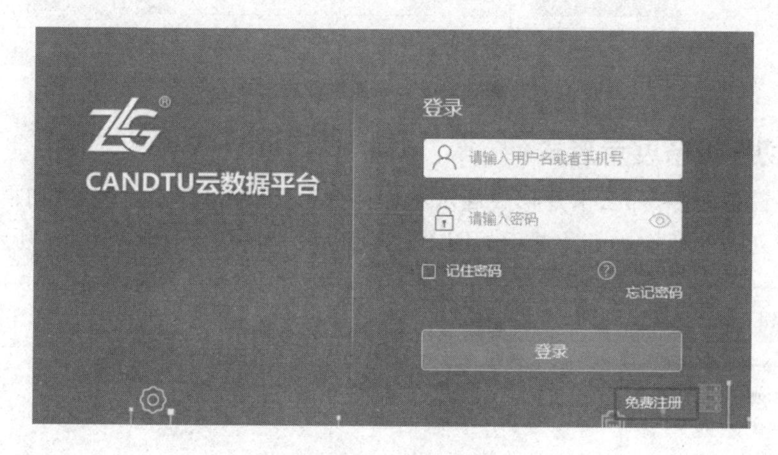

图 10.17　登录界面

2. 设备卡片与设备列表界面

设备卡片与设备列表界面如图 10.18 所示，此界面主要提供设备主要信息的展示以及添加设备、配置设备的入口、搜索设备等功能。

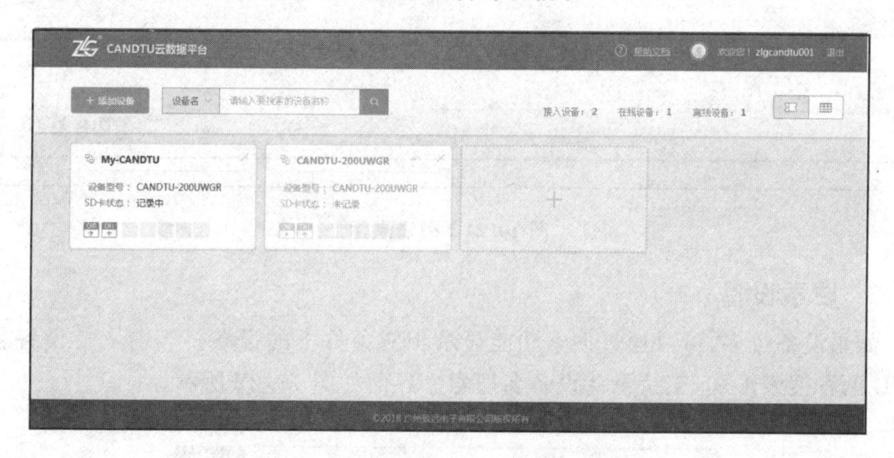

图 10.18　设备卡片与设备列表界面

3. 添加设备

若设备展示界面中没有设备，可单击导航区域左侧的“添加设备”按钮，详见图 10.19，在弹出的输入框中输入设备的云 ID，单击“确定”。若没有错误提示，则表示设备添加成功，之后可以看到新添加的设备已经以卡片的形式展示于导航下方的区域。

图 10.19　添加设备框

4. 切换设备展示形式

如果设备较多,那么卡片形式展示不容易查看,可单击导航右侧的"切换"按钮进行卡片与列表的切换。卡片展示如图 10.20 所示。列表展示如图 10.21 所示。

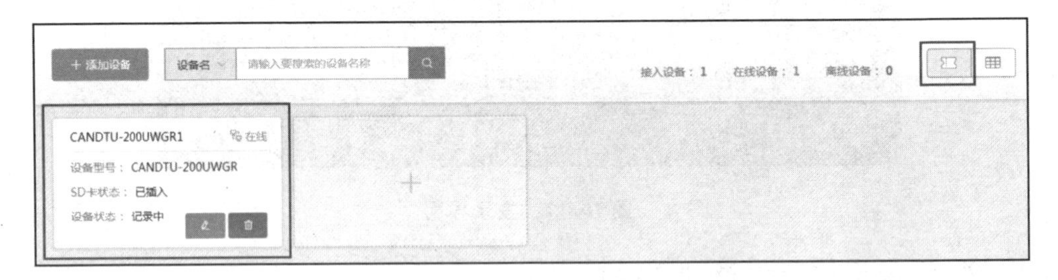

图 10.20　卡片展示

图 10.21　列表展示

5. 搜索设备

如果设备较多,可以通过搜索功能显示相应条件下的设备。当前支持设备名和云 ID 两种搜索形式,支持默认设备名搜索。界面如图 10.22 所示。

图 10.22　搜索设备栏

6. 设备配置/信息入口

卡片形式下设备配置的入口如图 10.23 所示。

列表形式下设备配置的入口详见图 10.24,单击编辑按钮,即可进入设备信息主页面。

图 10.23　卡片形式进入设备

图 10.24　列表形式进入设备配置

7. 设备主页

设备主页面包含设备状态、设备配置、设备事件、设备日志 4 个大功能以及导航右侧的 3 个设备控制功能触发按钮，设备控制按钮详见图 10.25。

3 个按钮从左到右的功能分别为启动与停止、同步时间、清空记录，单击对应按钮会触发对应的功能。为防止误删数据，启动与停止、清空记录需要进行密码校验，在弹出的对话框中输入密码，验证通过才会执行相应的命令。

图 10.25　设备控制按钮

设备状态包含设备信息、固件升级两个模块。设备信息包含设备名、云 ID、设备序列号、设备硬件版本、设备状态等子项，可直观地了解设备的这种信息。系统会自动检测当前固件的版本，如果当前固件不是最新版本，会在固件升级下方提供升级入口，单击相应按钮后在弹出的对话框中单击文件选择按钮，即可选择新固件。选择好后单击“确定”即可开始上传新固件，随后系统会进行更新。

8. 设备配置

设备配置页面主要分为导航区域、配置区域、操作区域 3 个模块，详见图 10.26。

(1) 导航区域

提供配置区域配置项的快速入口，单击相应按钮后配置区域可快速滑动到对应模块。

(2) 配置区域

此区域包含设备的各个配置项的具体内容，可通过鼠标滑动到相应模块，可以通过左侧导航区域快速切换配置模块进行配置。

(3) 操作区域

操作区域包含“导入”、“导出”、“保存”、“取消”4 个配置功能。设备配置操作区

图 10.26　设备配置界面

域界面如图 10.27 所示。

①“导入”配置:“导入”配置可以使用先前保存的配置信息进行设备配置,这样可避免大量的重复配置操作。在图 10.27 中单击“导入”配置按钮,弹出“导入配置文件”对话框,详见图 10.28,选择配置文件,单击“确定”按钮即可完成配置。

图 10.27　设备配置操作区域

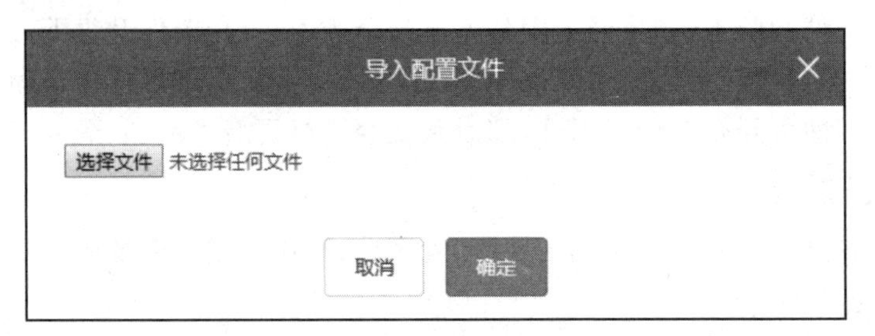

图 10.28　“导入配置文件”对话框

②“导出”配置:“导出”配置可以将当前配置的信息导出到本地,以便下次导入到新的设备,导出后请勿修改文件的内容,否则在导入时可能会出错。

③“保存”配置:对设备配置完成后,单击“保存”按钮,如果配置项中有内容填写错误,会有错误提示,需改正错误项才能保存配置。

④“取消”配置:若配置过程中想放弃当前配置,可以单击“取消”按钮,各个配置

项的值会回到配置前的状态。

10.6 设备事件

设备事件显示设备运行过程中产生的一些异常状态，包含告警状态、错误状态两种事件，默认显示告警状态，可通过单击另一个状态切换显示。告警状态和错误状态提示如图 10.29 所示。

图 10.29 告警状态和错误状态提示

每页默认显示 10 条事件信息，如果需要浏览下一页，可单击图 10.30 中的“>”跳转到下一页按钮，也可通过输入页数跳转到对应的页面。

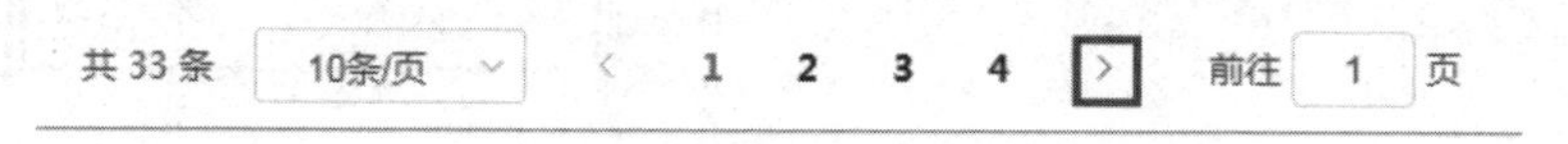

图 10.30 选择显示告警或错误信息的页数

用户可以按图 10.31 所示选择改变当前页的显示信息条数。

如果只是告警状态而未导致错误，告警状态不需要处理，只支持查看，默认已处理。

与告警状态不同的是，错误状态是否处理需要人工操作，因为提示的是错误状态。如果线下已经处理，可单击操作区域的“处理”，将错误状态置为已处理，详见图 10.32。

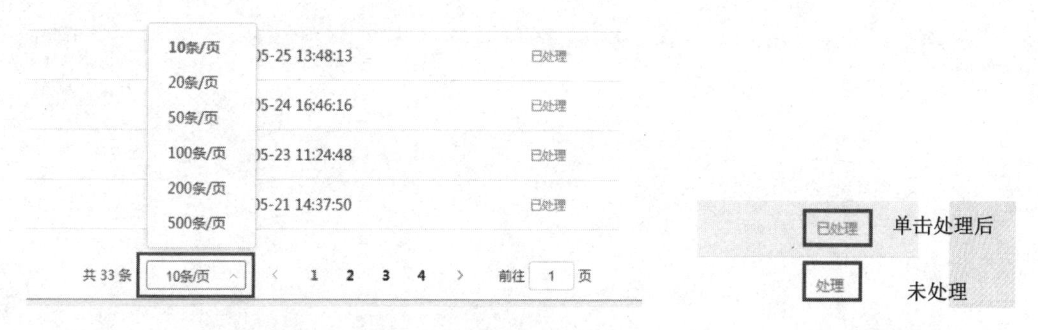

图 10.31 选择每页显示告警和错误信息的条数

图 10.32 错误处理

10.7 设备日志

设备日志用于显示设备运行过程中产生的某些信息、状态更改记录等，默认显示全部时间段产生的数据，每页显示 10 条，可通过设置时间区间显示对应时间段的日志信息。

1. 设置显示某段时间内的日志

选择日志时间的开始时间和结束时间,详见图 10.33,单击“搜索”按钮,即可在下方展示此时间段内的日志信息。

图 10.33 日志日期搜索

2. 搜索包含某关键词的日志

在“日志内容”文本框中输入关键词,详见图 10.34,单击“搜索”按钮,即可找到包含该关键词的日志信息。

图 10.34 日志内容搜索

第11章

如何搭建稳定可靠的CAN网络

本章导读

以CAN-bus总线为基础的控制系统已经是当今主流工业自动化控制系统之一。小至传感器、传动控制装置、数字量、模拟量I/O设备，大到整个现场监控信号的集中设备，都可以看到CAN-bus的身影，如何将这些设备组建成一个稳定可靠、扩展性强的控制系统？

本章首先介绍现场总线CAN-bus系统中布线方式、电缆选择、设备选型，然后深入了解现场应用中可能出现的问题及解决办法，最后列举西门子消防工程项目中的应用案例。希望通过本章，读者可以了解到CAN总线系统的组成和设计方法。

11.1 CAN总线的组网原则

现在越来越多的控制系统采用CAN总线通信，例如工业现场、煤矿瓦斯监控、酒店门控、核算检测分析设备，网络中所有节点的信息通过CAN总线实时传输到总控制器，总控制器的控制命令通过CAN总线传输到每个节点。总之，CAN网络是否可靠决定着整个系统的稳定性。我们知道，强大的通信网络可以为系统的稳定运行提供可靠的保障，甚至可以认为通信网络是控制系统的中枢神经系统。搭建CAN总线控制系统的通信网络应在早期就给予足够的重视，这样后期维护能够节省大量的人力物力。网络搭建需要做好以下几个步骤工作以保障总线长期稳定的运行。

首先，对控制系统进行充分分析并确定需求；其次，制定系统建设的目标，即最终建成什么样网络，包括网络设备、设备配置、应用开发和管理等目标；然后，选择合适的网络拓扑结构，根据应用需求的节点分布特点，确定设备型号选择、布线方式、电缆选择、接线方式、软件配置；最后，进入实施阶段。

11.1.1 拓扑结构

1. 总线型拓扑结构

CAN-bus典型结构是总线型拓扑，也是现场应用最多的总线结构。总线型拓扑包含一个称为总线(bus)的公共传输介质，所有节点的硬件接口都连接到总线上，此时总线为所有节点的公共信道。总线上的任意一个节点都可以向总线发送数据，同时都可以接收来自总线上的数据。

典型的总线型拓扑为主干–分支结构，示意图详见图 11.1。它的优点：结构简单，各个节点的通信负担均衡，可靠性高，易于扩充（增加和减少节点单元比较方便）。缺点：由于信号在传输中共享信道，因此需要解决多节点总线竞争的问题。

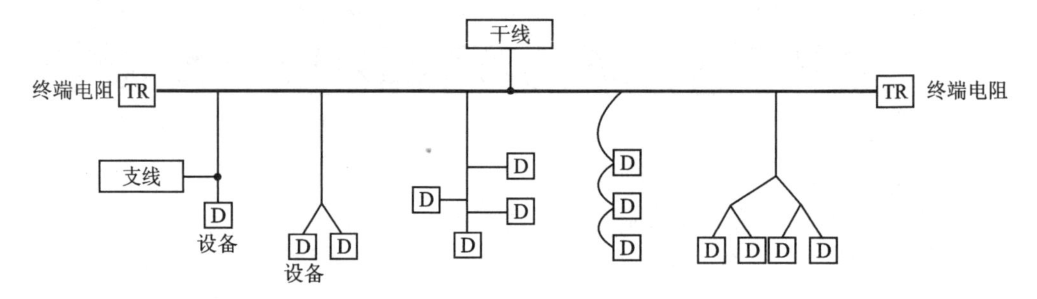

图 11.1　CAN 总线型拓扑结构

在某些特殊情况下，CAN－bus 网络也会采用星型拓扑、环型拓扑等结构。

2. 星型拓扑结构

常见的星型结构见图 11.2，但不建议现场应用直接使用星型拓扑结构。如果使用这种拓扑结构，则要求每个分支都要进行终端电阻的匹配，若是等距离分支（终端电阻还比较好计算，终端电阻 $R=N$（分支数）×60），若是不等距分支，则需要根据实际情况进行匹配。

如果无法避免使用星型网络，强烈建议使用改进型的星型组网方式，详见图 11.3，利用一个 CAN 网络集线器作为星型网络架构中的核心点，推荐使用 CAN-Hub－AS5/8 集线器。所有网络数据通过集线器进行转发和路由，集线器不仅能够有效隔离子网络的干扰，还能延长通信距离，扩充网络容量，但是设计网络时需考虑通道间报文转发延时。

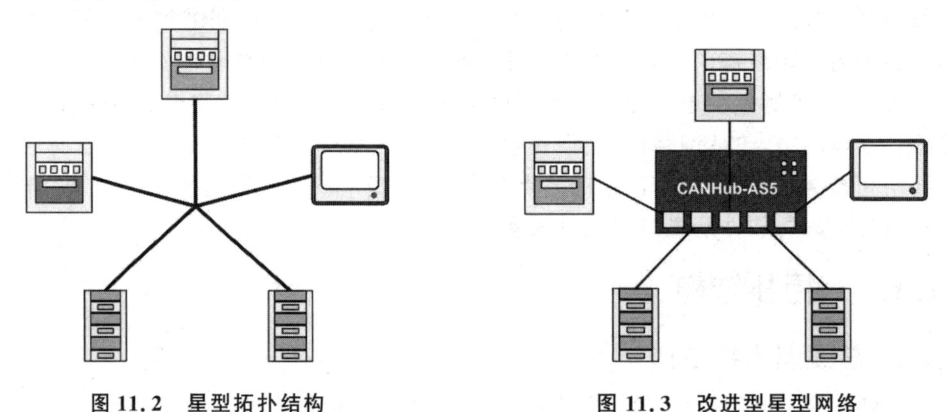

图 11.2　星型拓扑结构　　　　图 11.3　改进型星型网络

3. 环型拓扑结构

环型拓扑结构详见图11.4,常用于冗余系统,要求CAN环型网络正常工作且当网络断开某处时也能正常工作。在实际应用中CAN网络断开的位置是不确定的,详见图11.5,所以断开后形成的总线型网络的末端也是不确定的,因此安装终端电阻不能像总线型网络那样加在网络的始端和末端。

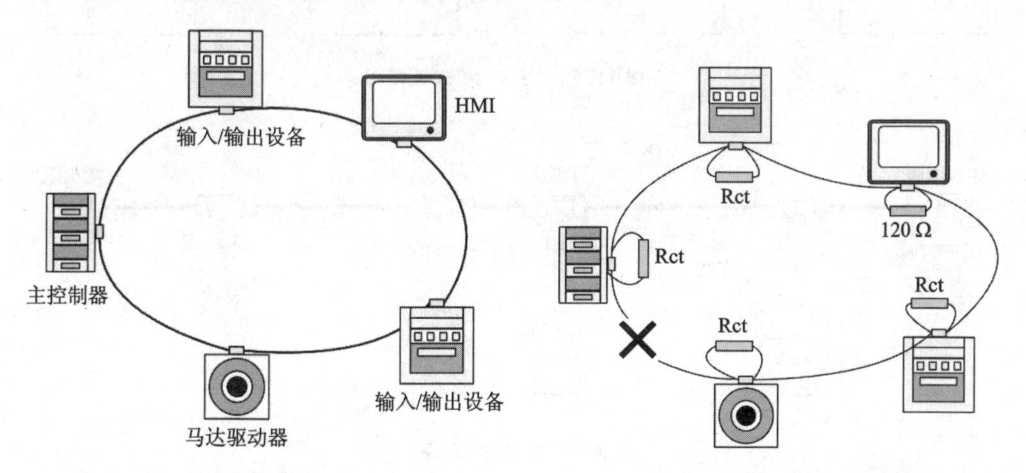

图11.4 环型网络拓扑结构

图11.5 环型网络拓扑终端电阻安装方式

在环型网络中,终端电阻合理的安装方式应当是:主控节点安装单终端电阻(120 Ω),其他节点并联一个电阻Rct,每个节点的电阻不一定相等,但最小阻值要求大于120 Ω。当所有Rct以及终端电阻接入后,CAN_H、CAN_L之间的电阻值为60 Ω左右时效果最佳。在实际应用中,用户一定要知道现场环境、布线方式、电缆的规格等,它们的不同可能造成结果不一样,现场进行调试是必需步骤,合格的波形才能确保网络正常、稳定地工作。

11.1.2 布线方式

1. "手牵手"式

"手牵手"布线是总线型网络的一种基本布线方式,常用于简单网络。网络中上一个设备仅与下一个设备相连,可以形象地看成"手牵手",示意图详见图11.6。在这种布线方式下,支线长度为0,可以看成只有主干的总线型网络。需要注意,网络上设备的总线连接器必须是可拆卸式的连接器,当拆下设备时,不会影响网络上其他节点的通信。布线时终端电阻分配必须合理,一般要求在首尾两端各配一个120 Ω的终端电阻,不可只接单端或不接。

2. T型连接

工业现场中还会采用T型连接的布线方式,示意图详见图11.7,采用标准的T

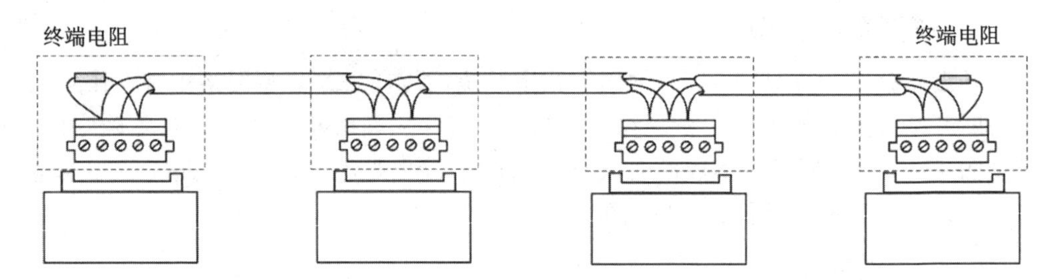

图 11.6 “手牵手”式连接

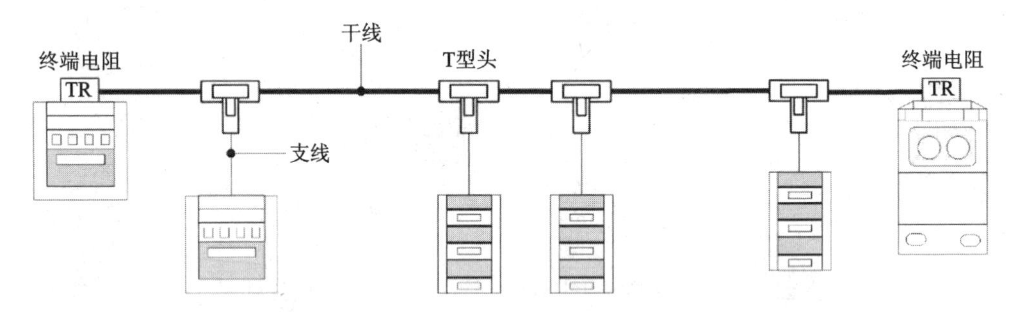

图 11.7 T 型连接

型连接器使布线变得十分容易和轻松。布线之前首先要确定总线波特率下对应的最大电缆长度,表 11.1 中列举了最大电缆长度与波特率的关系。所谓最大电缆长度,并不特指干线长度,而是网络上任意两个设备间最大的长度。在大多数情况下,最大距离为终端电阻之间的距离,也建议用户这样布局,详见图 11.8。

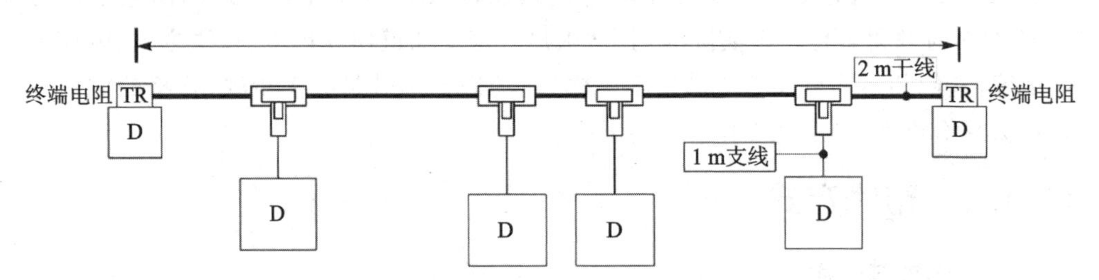

图 11.8 最大电缆长度为终端电阻之间的距离

表 11.1 最大电缆长度与波特率之间的关系

波特率/kbps	最大电缆长度/m	波特率/kbps	最大电缆长度/m
1 000	40	500	130
250	270	125	530
100	620	50	1 300
20	3 300	10	6 700

若从分接器到与干线相连的最远端设备的距离比分接器到最近的终端电阻距离大，则计算最大电缆长度必须将支线长度算入，详见图 11.9，计算方法是：两个支线长度加上贯穿的干线长度。

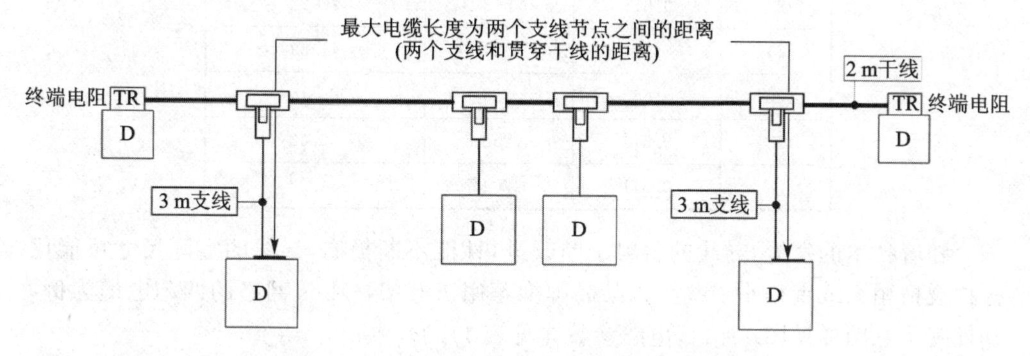

图 11.9 最大电缆长度为两个支线节点之间的距离

通常建议将较长的支线改为干线，相对较短的干线更改为支线，详见图 11.10。

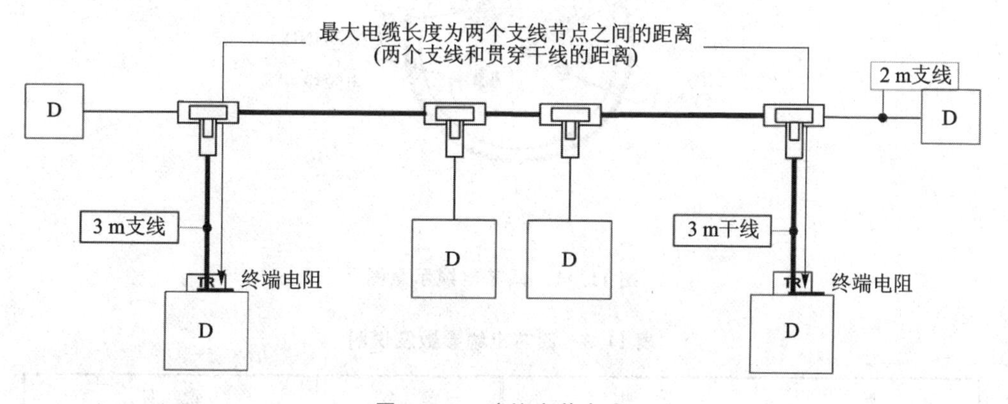

图 11.10 建议安装方式

在确定最大电缆长度后，第二步须确认支线累计长度，支线累计长度参考值参考表 11.1。如果波特率在 1 Mbps 以下，支线长度不要超过 0.3 m。如果确实需要增加分支长度，可使用中继器(CANBridge＋)延长距离或降低通信波特率。

11.1.3 电缆参数介绍及选择

常用 AWG(美国线规)标准来表示电缆的直径。例如，AWG22、AWG24(有的使用 22AWG、24AWG 表示)，其中数值越大表示导线的直径越小，电缆参数详见表 11.2。众所周知，较粗的导线具有更好的物理强度和更小的电阻，但导线越粗，制作电缆需要的材料就越多，这会导致电缆更沉、安装更难、价格更高。因此，选择电缆的原则为：在保证网络通信可靠稳定的前提下，使用直径尽可能小的导线，以降低成本和安装复杂度。

表 11.2　AWG 电缆参数

AWG	直径/mm	面积/mm²	电阻值/(Ω·km⁻¹)
20	0.813	0.518 9	33.23
21	0.724	0.411 6	41.89
22	0.643	0.324 7	53.16
23	0.574	0.258 8	66.62
24	0.511	0.204 7	84.22

随着技术的发展，导线的材料不断改进，性能不断提高，导线的实际尺寸可能比标称规格稍大或者稍小一些。以某品牌推荐用于 CAN－bus 网络的四芯电缆为例，其外观示意图详见图 11.11，电缆参数详见表 11.3。

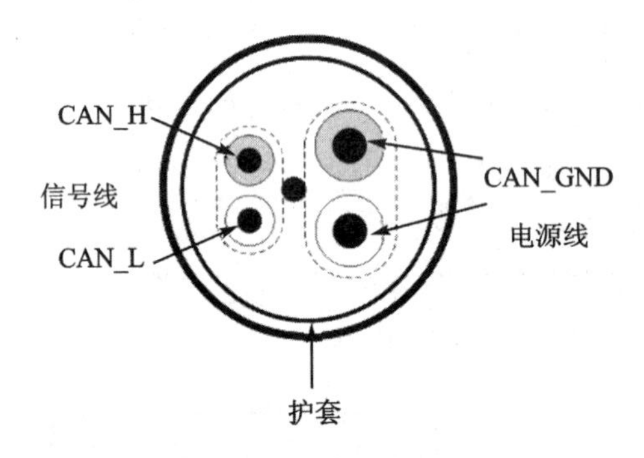

图 11.11　四芯电缆示意图

表 11.3　四芯电缆参数及说明

参　数	说　明	参　数	说　明
电缆类型	CAN Bus	电缆重量	90 kg/km
UL AWM 形式	21198 (80°C/300 V)	外护套，材料	PUR
电缆结构	2×AWG24/19 (信号线) 2×AWG22/19(电源)	导线绝缘材料	发泡聚乙烯(信号线)
导线横截面	2×0.25 mm²(信号线)		PE (电源)
	2×0.34 mm²(电源)	导线材料	镀锡铜绞线
	1×0.34 mm²(填充线芯)	绝缘电阻	≥5 GΩ/km(信号线)
导线结构	19× 0.13 mm(信号线)		≥5 GΩ/km(电源)
	19×0.15 mm(电源)	回路电阻	≤181.80 Ω/km(信号线)
线芯直径 (包含绝缘层)	1.95 mm ±0.05 mm (信号线)		≤114.80 Ω/km(电源)
	1.4 mm ±0.05 mm (电源)	电缆容抗	额定 40 nF/km(信号线)

续表 11.3

参数	说明	参数	说明
双绞线	2 根线为一对	特征阻抗	120 Ω(1±10%)(1 MHz)
双绞线屏蔽类型	塑料涂层铝箔,铝在外侧	衰减	≤22.9 dB/km(1 MHz)
总绞线	2 对绞线绞合在 1 根绞合型填充线芯上		≤16.4 dB/km(500 kHz 时)
屏蔽	屏蔽网采用镀锡铜线		≤9.5 dB/km(125 kHz 时)
电缆外径 D	6.7 mm ±0.3 mm	电缆标称电压	≤300 V(峰值,不适用于高功率应用)
最小弯曲半径,固定安装	5×D	线芯测试电压	线芯 2 000 V(50 Hz,1 min) 屏蔽 2 000 V(50 Hz,1 min)
最小弯曲半径,活动安装	10×D	环境温度(运行)	−40～+80 ℃ (电缆,固定安装)

上述电缆为四芯电缆,主要用于现场干扰较强的工业场合,从电缆的参数表中可以看出,该电缆包含两组不同规格的屏蔽双绞线,双绞线的特征阻抗均为 120 Ω。信号线使用 AWG24 标准的电缆,传输 CAN_H、CAN_L 信号,电源线使用 AWG22 标准的电缆,用于连接网络电源和地。在没有网络电源情况下,常常把两根电源线一起接到 CAN_GND。需要注意的是,长距离通信时要考虑电缆的回路电阻和容抗。

在实际安装中,电缆的金属疲劳都会产生“金属芯折断”的故障,原因通常是过度折弯或反复折弯,因此电缆选型时也要注意表中最小弯曲半径这个参数,现场安装要防止电缆反复折弯和折弯半径过大。

市面上电缆品牌很多,参数也不尽相同,为了方便用户选择,推荐不同总线长度下的电缆规格,详见表 11.4。

表 11.4 推荐电缆参数

总线长度/m	直流电阻/($\Omega \cdot m^{-1}$)	导线规格	导线横截面/mm^2	最大波特率
0～40	70	AWG23,AWG22	0.25～0.34	1 Mbps(总线最长 40 m)
40～300	<60	AWG22,AWG20	0.34～0.6	500 kbps(总线最长 100 m)
300～600	<40	AWG20	0.5～0.6	100 kbps(总线最长 500 m)
600～1 000	<20	AWG18	0.75～0.8	50 kbps(总线最长 1 000 m)

11.1.4 终端电阻的工作原理及安装

1. 终端电阻的作用

在介绍终端电阻安装前,先了解什么是终端电阻以及终端电阻有哪些作用。大家知道光在媒介中传播时,如果媒介密度发生变化,则光会发生反射和折射,例如光从空气中射入水中。电信号在电缆中传播与光传播类似,电信号对电缆的阻抗比较敏感,当阻抗不连续或发生突变时就会发生电信号的反射,反射的信号可能会混叠在正常信号上,引起波形的变化,严重时会使波形失真(凹陷或凸出),导致传输出错。

消减这种信号反射的方法:使传输电缆的阻抗连续。电缆总是有终点的,终点的阻抗肯定是突变的,那么该如何确保阻抗连续?为了使终点阻抗连续,可以接入一个匹配电阻,该电阻称为"终端电阻",用于消除阻抗的不连续和不匹配,从而提高信号质量。

除上述作用外,终端电阻还有另外一个重要的作用,从收发器设计原理来看,终端电阻可以确保总线快速进入隐性状态并提高抗干扰能力。下面将详细介绍终端电阻这两个作用。

(1) 消除阻抗不连续和不匹配,提高信号质量

信号在较高的转换速率下,其边沿能量遇到阻抗不匹配时,会产生信号反射;传输电缆横截面的几何结构发生变化时,电缆的特征阻抗会随之变化,也会造成反射。

在总线电缆的末端,阻抗急剧变化导致信号边沿能量反射,总线信号会产生振铃。若振铃幅度过大,就会导致波形失真。在传输线较短时失真现象可能不明显,但随着传输线长度的加大失真现象会逐渐加重,最终致使无法正确传输信号,因此在电缆末端增加一个与电缆特征阻抗一致的终端电阻,可以将这部分能量吸收,避免振铃的产生。

下面做一个模拟试验,波特率为 1 Mbps,收发器 CAN_H、CAN_L 接一根 10 m 左右的双绞线,收发器端接 120 Ω 电阻以保证隐性转换时间,末端不加负载。末端信号波形如图 11.12 所示,信号上升沿出现振铃。

若双绞线末端增加一个 120 Ω 的电阻,末端信号波形明显改善,振铃消失,详见图 11.13。

一般在总线型拓扑中,电缆两端既是发送端,也是接收端,故电缆两端需要各加一个终端电阻。

(2) 使总线快速进入隐性状态,提高抗干扰能力

CAN 报文在总线上传输有"显性"和"隐性"两种状态,"显性"代表"0","隐性"代表"1",都由 CAN 收发器控制。CAN 收发器的典型内部结构图详见图 11.14,CAN_H、CAN_L 连接总线。

总线为显性时,收发器内部 Q1、Q2 导通,CAN_H、CAN_L 之间产生压差;总线为隐性时,Q1、Q2 截止,CAN_H、CAN_L 处于无源状态,压差为 0。

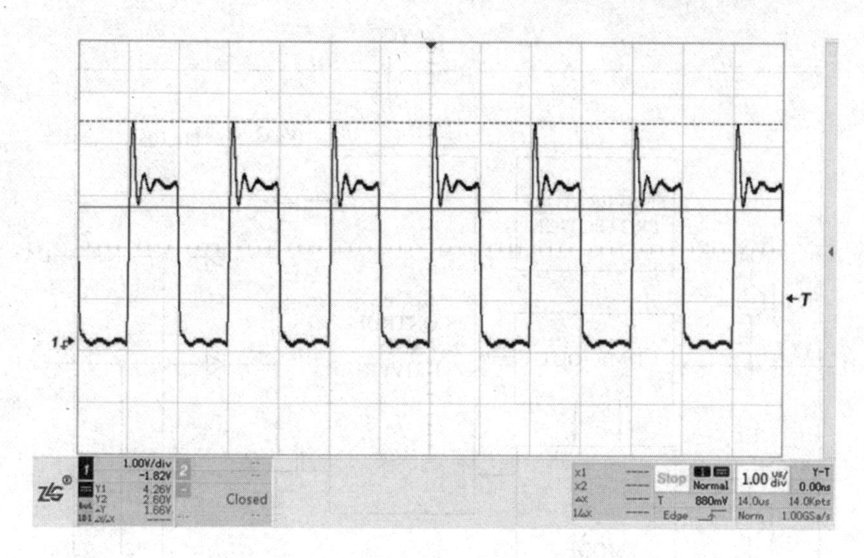

图 11.12 末端不加终端电阻的末端信号波形

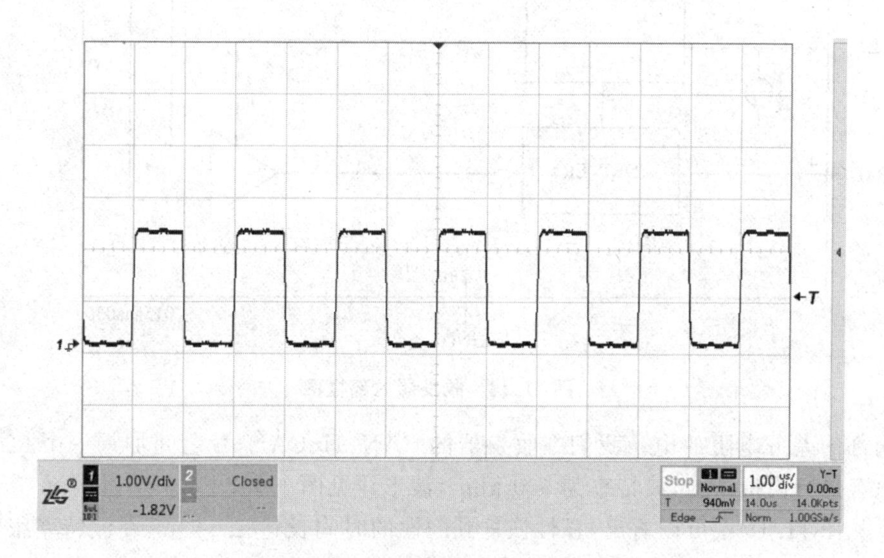

图 11.13 末端增加终端电阻的末端信号波形

总线若无负载，隐性时差分电阻的阻值很大，外部的干扰只需要极小的能量即可令总线进入显性(一般的收发器显性门限最小电压仅为 500 mV)。为了提升总线隐性时的抗干扰能力，可以增加一个差分负载电阻，且阻值尽可能小，以杜绝大部分噪声能量的影响。然而，为了避免需要过大的电流总线才能进入显性，阻值也不能过小。

在显性状态期间，总线的寄生电容会被充电，而在恢复到隐性状态时，这些电容需要放电。如果 CAN_H、CAN_L 之间没有放置任何阻性负载，电容只能通过收发

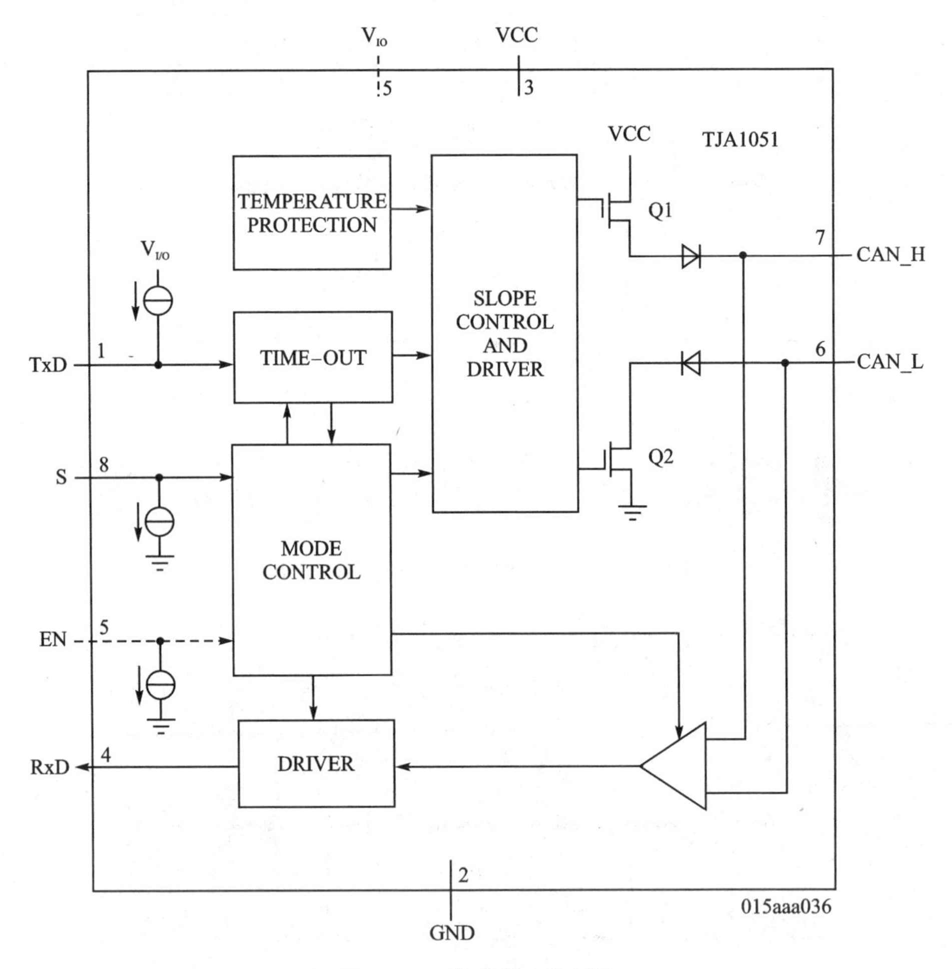

图 11.14　收发器内部框图

器内部的差分电阻放电。我们在收发器的 CAN_H、CAN_L 之间加入一个 220 pF 的电容进行模拟试验，波特率为 500 kbps，波形详见图 11.15。

从图 11.15 中可以看出，显性恢复到隐性的时间长达 1.44 μs，在波特率很低的情况下勉强能够通信。若通信波特率更高或寄生电容更大，则很难保证通信正常。

为了让总线寄生电容快速放电，确保总线快速进入隐性状态，需要在 CAN_H、CAN_L 之间放置一个负载电阻。增加一个 60 Ω 的电阻后，波形详见图 11.16 和图 11.17。从图中看出，显性恢复到隐性的时间缩减到 128 ns，与显性建立时间相当。

2. 阻抗、特征阻抗和终端电阻值

前文提到传输线缆的阻抗，可以理解为电子在电路中运动的所有阻力。阻抗用 Z 表示，是一个复数，实部称为电阻，虚部称为电抗。通俗地说，阻抗就是电阻、电抗

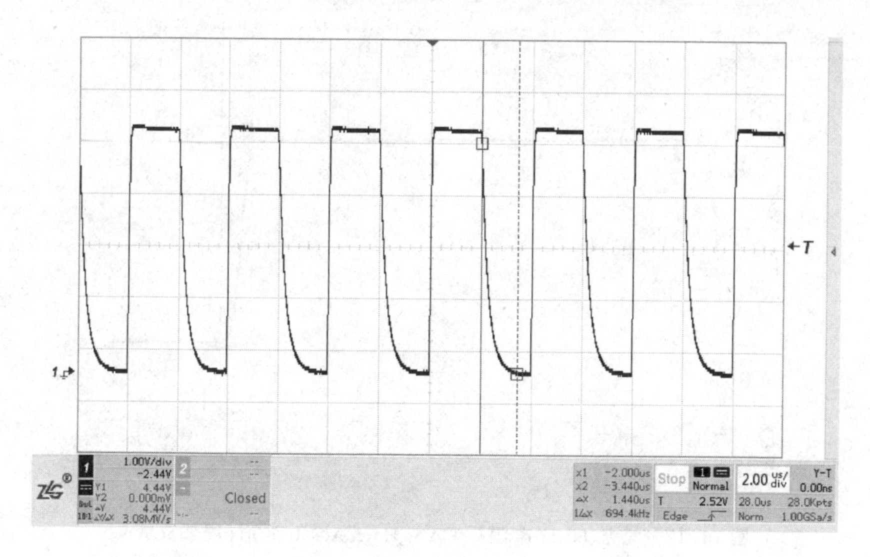

图 11.15　加入 220 pF 电容后 CAN_H－CAN_L 波形

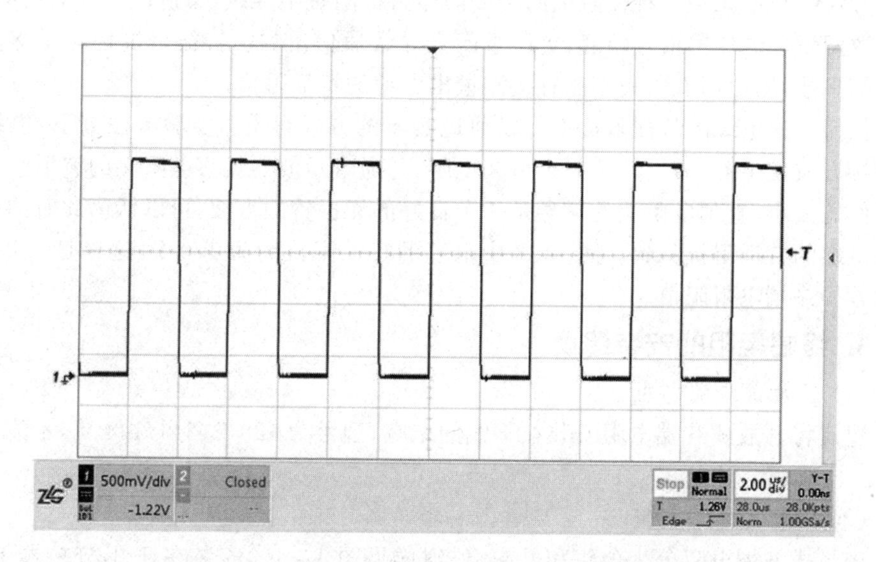

图 11.16　增加 60 Ω 电阻后 CAN_H－CAN_L 波形

(电容抗和电感抗)在向量上的和,单位是 Ω。其中,电阻是直流信号所产生的电子恒流的阻力,电抗和电阻类似,但它是针对交流信号所产生的阻力,与信号频率有关。因为传输的信号都含有交流分量(电平变化实现信息的编码),这意味着选择电缆时也应考虑阻抗而不是单纯考虑电阻值。

选择电缆时,需关注电缆的一个属性:特性阻抗。对于均匀传输的双绞线,信号在上面传输时,任何一处受到的瞬态阻抗都是相同的。在瞬态阻抗不变时,称其为特征阻抗。它是传输线的固有属性,仅与材料特性、介电常数和单位长度电容量有关,

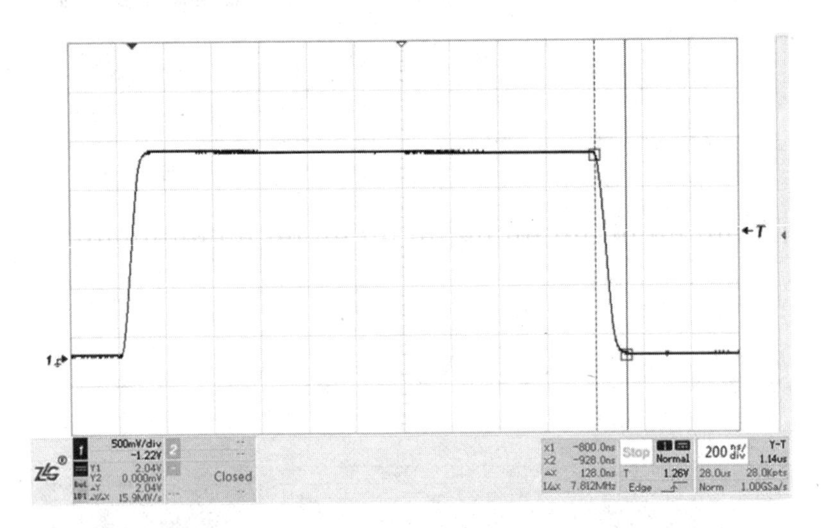

图 11.17　增加 60 Ω 电阻后 CAN_H－CAN_L 波形(局部放大)

而与传输线长度无关。特征阻抗的突变叫作特征阻抗不连续,会造成信号的反射,从而导致网络总的传输信号畸变,更严重的会导致通信出错。特征阻抗是对于交流电而言的参数,因此用万用表不能直接测量出电缆的特征阻抗。

任何一根电缆的特征阻抗都可以通过实验的方式得出。实验方法如下:电缆的一端接方波发生器,另一端接一个可调电阻,并通过示波器观察电阻上的波形。调整电阻值的大小,直到电阻上的信号是一个良好的无振铃的方波,可以认为此时的电阻值与电缆的特征阻抗一致。图 11.3 中电缆的特征阻抗约为 120 Ω,这也是 CAN 标准推荐的终端电阻阻值。

3. 终端电阻的安装建议

(1) 开放式终端电阻

建议将开放式终端电阻安装在干线的末端,型号为 120 Ω、5%、1/4 W,示意图如图 11.18 所示。

(2) 密封式终端电阻

密封式终端电阻分为公头和母头,外观详见图 11.19,安装在 T 形分接器上,位于支线的末端。

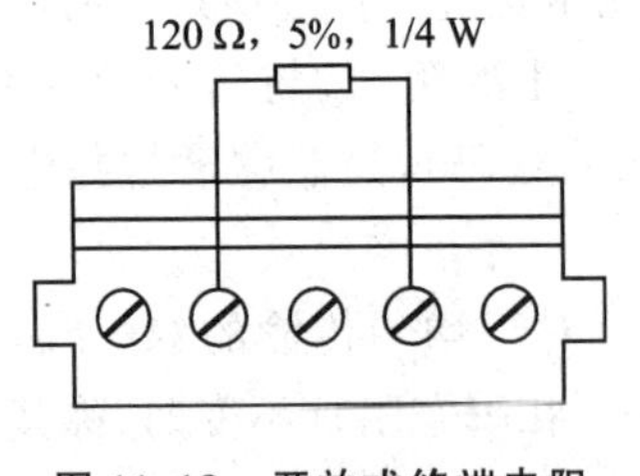

图 11.18　开放式终端电阻

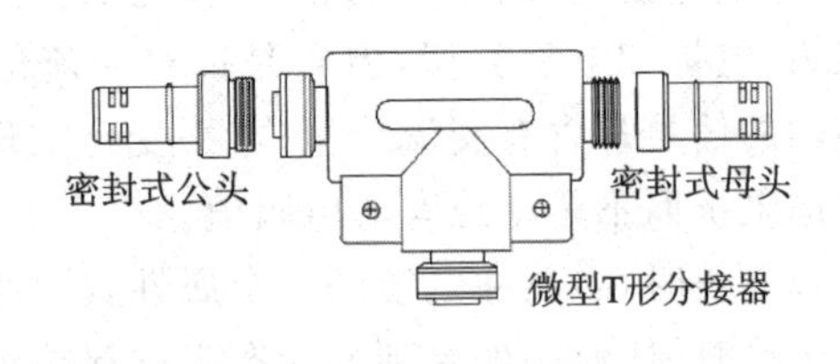

图 11.19　密封式终端电阻

建议不要将终端电阻安装在不可拆卸的设备上，否则拆下该节点可能导致整个网络通信失败。建议使用外部的终端接头或显而易见的终端电阻，因为它们更容易被发现，更容易安装。

11.1.5 CAN 地的处理

虽然说 CAN 总线使用两根信号线进行差分传输，但在实际使用中，参考电位(CAN_GND)对 CAN 总线有影响。CAN_GND 应在网络中的某一点接地，且要单点接地，否则会在 CAN_GND 线上形成地环流。

所有 CAN 设备都应具备电气隔离接口，当设备组网时，用户要注意设备 CAN 接口是否为电气隔离接口，通常数据手册会提及。如果网络中连接了一个没有电气隔离的 CAN 接口，CAN_GND 的实际效果是通过该设备已经接入大地，因此，网络中最多只能连接一个没有电气隔离的 CAN 接口。总之，CAN－bus 总线的接地遵循两个原则：

- 必须连接 CAN 信号的参考地(CAN_GND)，且要接到大地，须保证单点接地。
- 电缆屏蔽层接到大地，也必须保证单点接地。

同样以四芯屏蔽电缆为例，CAN 接口使用 D－sub9 连接器，电缆连接示意图详见图 11.20，信号线 CAN_L 连接 D－sub9 的引脚 2，CAN_H 连接引脚 7；2 根电源线并联在一起连接引脚 3 CAN_GND，屏蔽层连接到 D－sub9 的外壳，然后 CAN_GND 和屏蔽层最终单点接地。

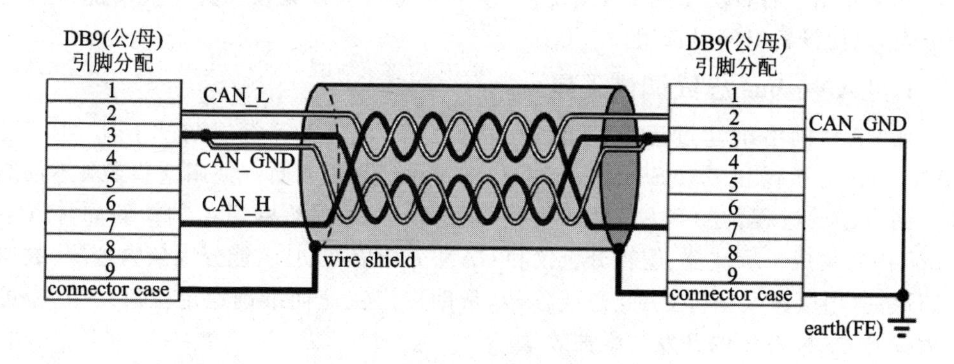

图 11.20　四芯屏蔽电缆连接示意图

设备组网接地示意图详见图 11.21，网络中所有的 CAN_GND 连接在一起，然后单点接地。所有节点的屏蔽层连接在一起，最终也是单点接地。注意：接地处要“干净”，尽量避免干扰源。

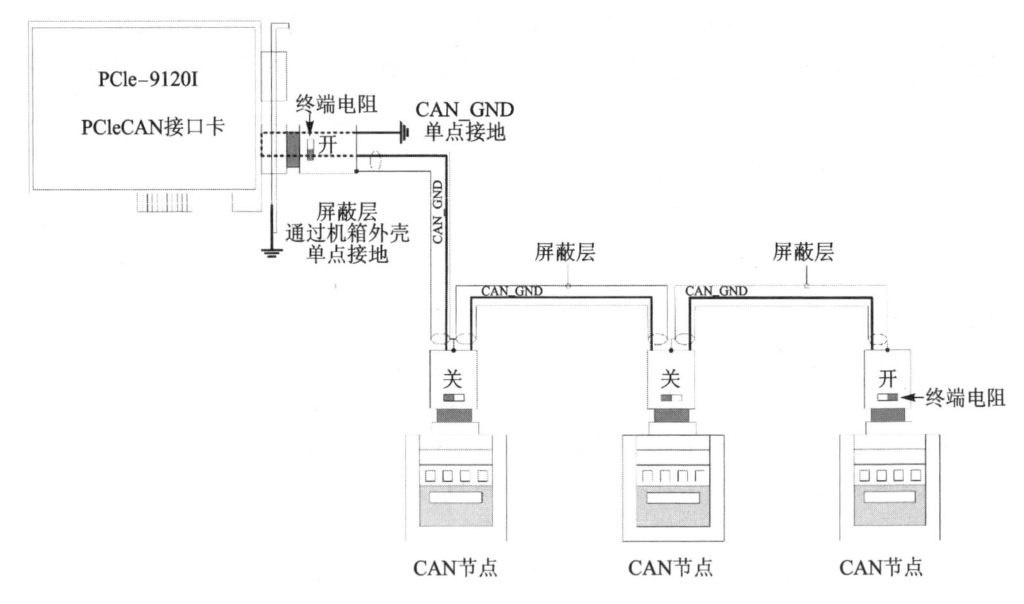

图 11.21　CAN 网络接地示意图

11.2　设备分类

前文介绍了各种类型的 CAN 设备，接下来将这些设备按照其主要功能进行简单分类，以便设备组网时选用。

1. CAN－bus 总线调试工具

在 CAN 网络组建过程中，不仅需要示波器、万用表等常规调试工具，还需要 CAN－bus 分析仪和 CANScope 等 CAN－bus 总线调试工具。使用这些工具不仅能加速网络建设进程，还可以实时评估网络性能，及时调整网络结构。例如，CAN-Scope 内部集成了示波器、逻辑分析仪和 CAN 分析仪的功能，能分别从物理层、数据链路层、应用层深入分析 CAN 总线信号，帮助用户快速而准确地定位总线错误，可极大提升 CAN 总线的开发与维护效率。

2. CAN－bus 接口的计算机/工控机接口卡

一般来说，计算机本身不带 CAN 接口，而很多工业应用计算机控制系统都离不开 CAN－bus，因此必须使用计算机现有的通信接口（如 USB、PCIe、miniPCIe、PCI 等）适配转换为 CAN－bus 接口，那么 CAN 接口卡的作用就是给计算机增加 CAN－bus 现场总线接口。目前 ZLG 致远电子的 CAN 接口卡系列设备支持几乎所有的计算机接口（包含 PCI、USB、Ethernet、PC104、ISA 等），适合各类工控机、笔记本、普通计算机和平板电脑等，应用最为广泛的有 PCIe 接口的 PCI－9120I 和 USB 接口的 USBCAN－I/II、USBCAN－2E－U。

3. CAN－bus中继器、网桥、集线器和转换器

中继器、网桥和集线器是工作于CAN－bus物理层和链路层的设备，这类设备可以延长CAN总线的通信距离并且改变网络的拓扑结构，且可以接入到不同传输速率的CAN通信网络中。在复杂的网络结构或通信距离较远的CAN网络中通常会使用以上设备。

CAN－bus转换器是指将具备其他总线的设备连接到CAN网络中的设备。这种设备通常具备两个通信接口，并且适应两种不同的网络，完成两个网络中不同设备间的数据交换。目前市面上常见的CAN－bus网关设备有：CAN光纤转换器（如CANHub－AF2S2）、CAN以太网转换器（如CANET－E－U）、CAN和RS485转换器（如CANCOM－100IE）等，可根据不同的网络需求选择不同的网关设备。

4. CAN－bus终端

CAN－bus终端是实现用户实际应用的设备，能独立完成特定的功能，由完成信号采集、信号控制的实际应用单元及其相关的参数配置部分构成。

11.3 案例分析

在实际使用中，由于网络复杂度会随现场环境的改变而改变（例如增加网络中节点数量和总线长度），因此需要在网络中添加相应的网关设备、网桥设备、中继器等。复杂网络示意图详见图11.22。

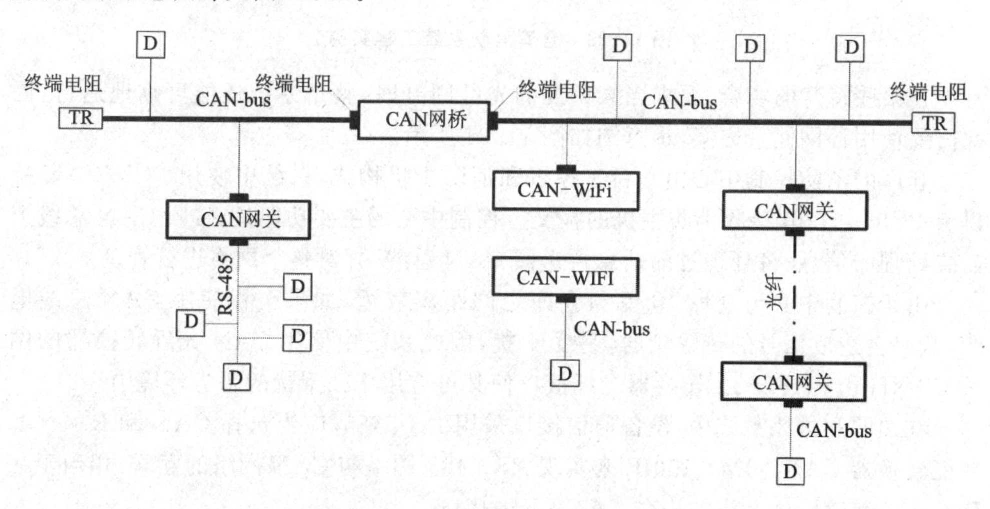

图11.22　复杂的CAN－bus网络

本节详细介绍CAN－bus在西门子消防工程项目中的应用案例，希望读者通过此例可以了解到CAN总线系统的组成和设计方法。

由于消防监控主机联网的跨度很大，很多情况下CAN报文的传输距离都超过

它的电气特性所规定的极限距离，消防现场环境通常都比较恶劣，高压、高辐射的干扰会对 CAN－bus 的正确传输造成严重影响。如图 11.23 所示，整个消防网络采用单模光纤联网，消防监控设备 CAN 接口连接一台两通道光纤的 CAN－bus 集线器——CANHub－AF2S2。

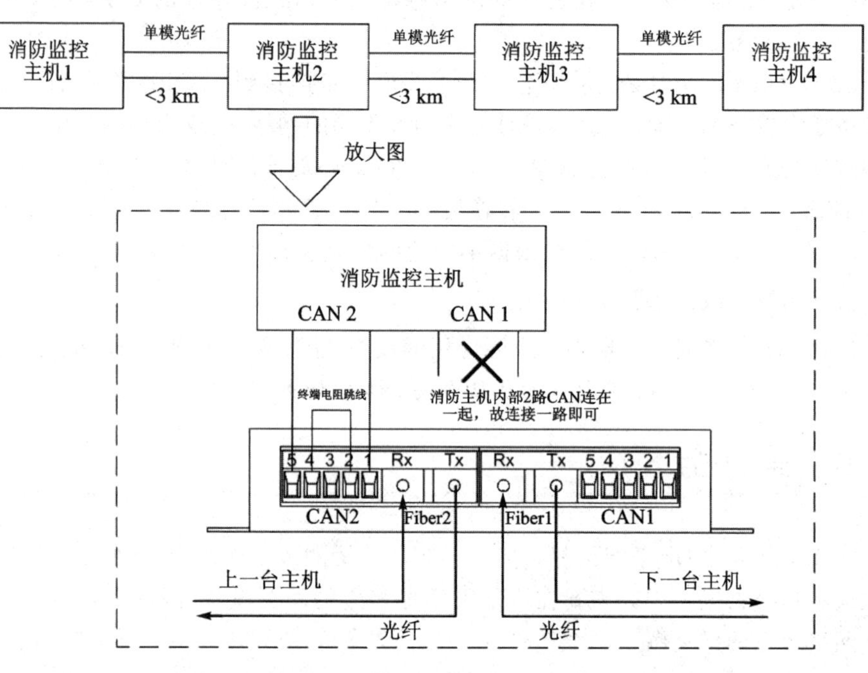

图 11.23　仓库消防系统工程实例

在某些特殊的场合，要求当某一处的光纤断开时，整个系统还能可靠地运行，因此需要使用环网冗余方案，示意图如图 11.24 所示。

仓库的消防控制中心由一台工控机和消防主机构成，系统中使用 PCIe CAN 接口卡 PCIe－9120I 接收消防主机的报文。控制中心的主要功能是：接收 CAN 总线上需要处理的信息，将处理过的信息再送回 CAN 总线，并对整个网络进行管理。

由于控制中心与仓库、仓库与仓库之间距离较远，如果全程使用 CAN 总线电缆，势必会造成信号的传输延时，易受干扰，因此系统中使用 CAN 光纤转换器的网关 CANHub－AF2S2。转换器光纤接口使其可应用于强干扰的恶劣环境中。

在照明和排风系统中，设备通信接口采用 RS－485，应当选择 CAN 和 RS－485 智能转换器 CANCOM－100IE 来实现 RS－485 网络与 CAN 网络的互联，相当于在 RS－485 系统硬件上添加一个 CAN－bus 接口。

数据采集设备是构成现场数据采集系统的关键组成部分，其主要功能是采集各个现场设备的实时信息，并根据所得信息发送控制命令来控制现场设备。ZLG 致远电子提供了支持 CAN－bus 接口覆盖工业 I/O 信号标准的各种型号设备，包括模拟量输入/输出、开关量输入/输出、热电阻、热电偶、应变片输入、继电器输出、计数/测

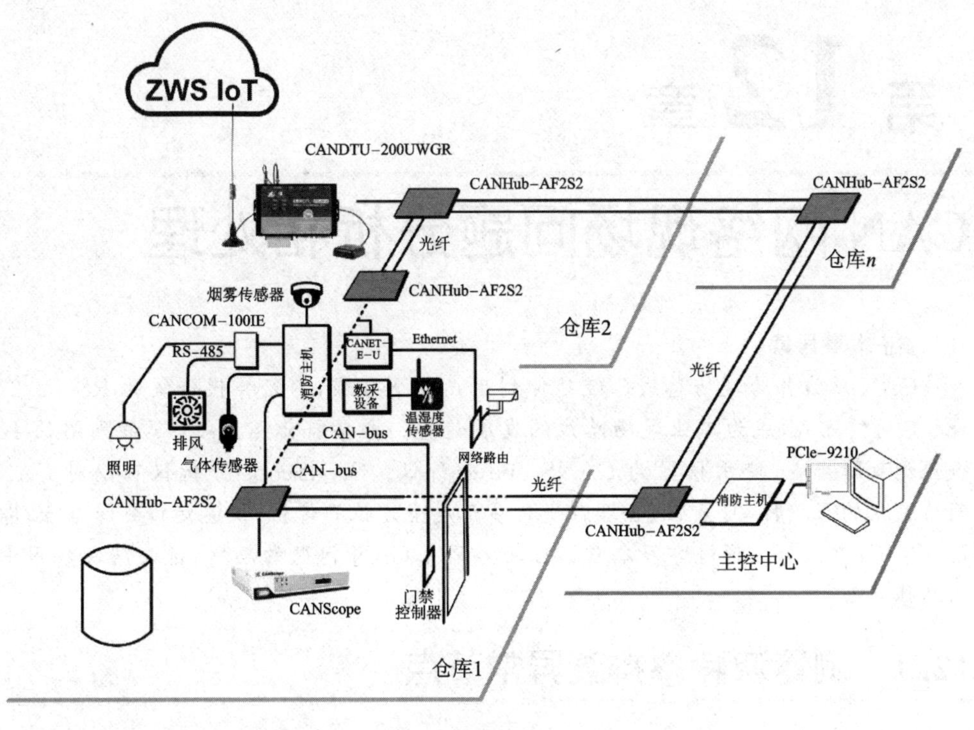

图 11.24 仓库消防系统环网冗余工程实例

频等。

使用 CANDTU-200UWGR 将整个消防系统数据接入客户的云端，可将设备可视化统一管理，依靠智能化大数据处理体系为整个消防系统可靠运行提供数据支撑。

整个系统网络在建设过程中还需要使用 CAN-bus 总线调试工具，这里向读者推荐 CANScope，在网络建设初期、中期、后期都会是一个好帮手，详细内容请参考第 12 章。

第12章 CAN 网络现场问题分析和处理

本章导读

CAN 总线作为现场总线已经延伸到生产各个领域，不断替代传统的 RS-232/485 等通信方式，成为工业现场总线的发展趋势。本章将介绍 CAN 总线网络的 10 个典型故障排查，使用仪器为 CANScope 分析仪。CANScope 分析仪可以对 CAN 网络通信的正确性、可靠性、合理性进行多角度全方位的评估，快速定位故障节点，即使没有 CANScope，通过学习本章也可获得解决 CAN 问题的思路，进而解决应用中的具体问题。

12.1 测量波特率排查异常节点

波特率是 CAN 总线通信的基本要素。如果波特率不匹配或者波特率有偏差，会导致信号识别错误，造成通信异常或无法通信。在任何情况下，对于通信异常的 CAN 总线，首先要测试其波特率的准确性。

12.1.1 检测方法

CANScope 具备自动匹配与统计波特率的功能，可以直观地反映总线上的波特率状况。将 CANScope 的 CAN_H、CAN_L 接入总线，打开软件，在如图 12.1 所示的 CAN“报文”界面，单击“侦测波特率”按钮，等待一段时间，CANScope 将自动匹配波特率。

图 12.1 自动匹配波特率

单击“开启”按钮，然后选择“自动量程”，详见图 12.2，CANScope 自动匹配测量。

打开 CAN“眼图”选项卡，详见图 12.3，单击“开启”按钮。

等待生成 CAN 眼图，勾选“时间测量”和“电压测量”复选框，详见图 12.4，测量眼图的位宽度和位高度。位宽度为波特率的倒数，测量位宽度的值便可计算出波特率值。如果 CAN“眼图”界面中没有眼图出现，请在“报文”界面多点击几次“自动量程”，或者是由于总线波形数量过少，需等待波形叠加。

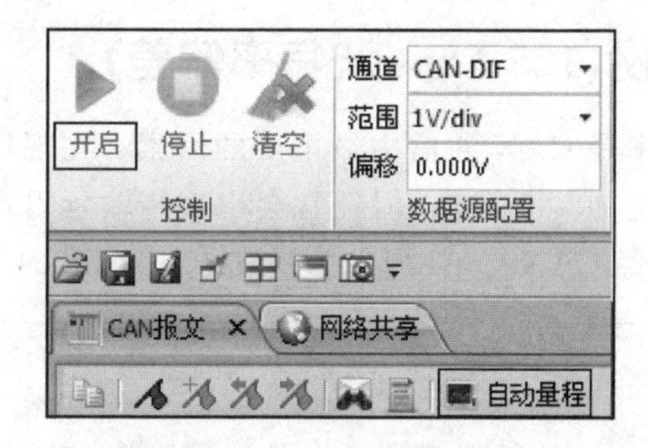

图 12.2 自动匹配测量

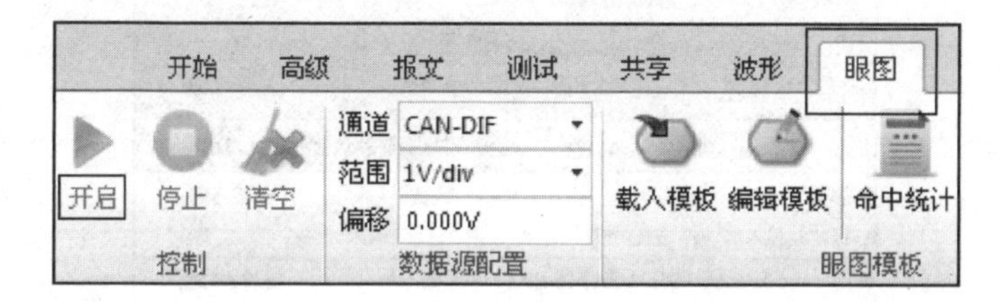

图 12.3 CAN 眼图开启

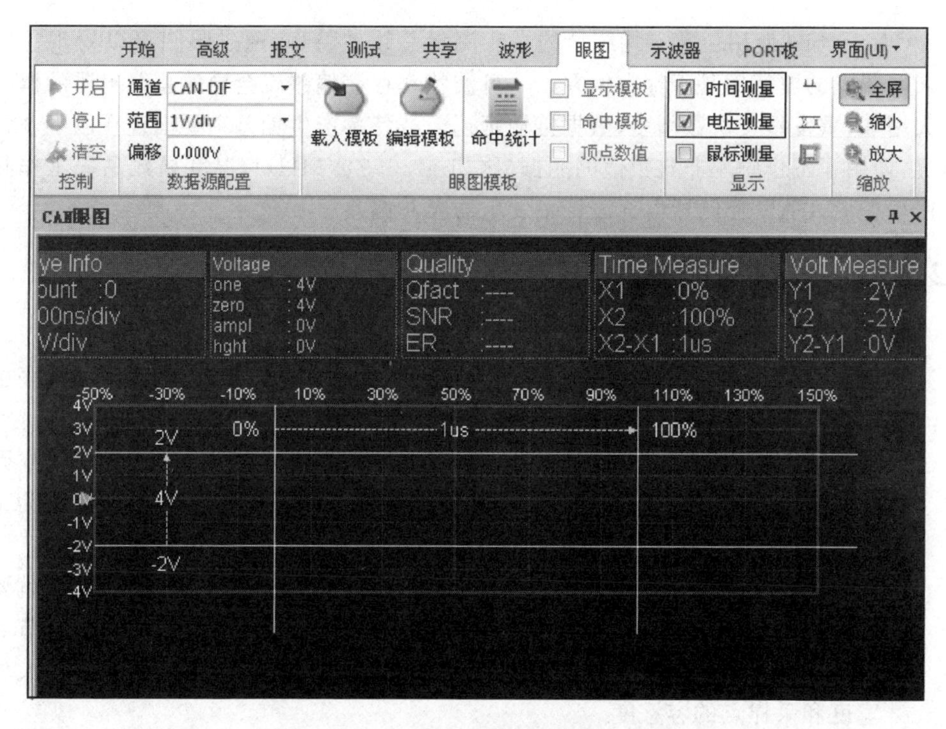

图 12.4 眼图实际测量波特率精准度

12.1.2 典型案例(125 kbps 波特率偏差)

保证准确的波特率是 CAN 通信中最重要的因素。在现场应用中,总线上所有节点通信波特率均设定为 125 kbps,但经常会出现传输延迟现象,同时抓取报文时发现错误报文非常多,经 CANScope 测出总线波特率为 125.4 kbps,详见图 12.5。

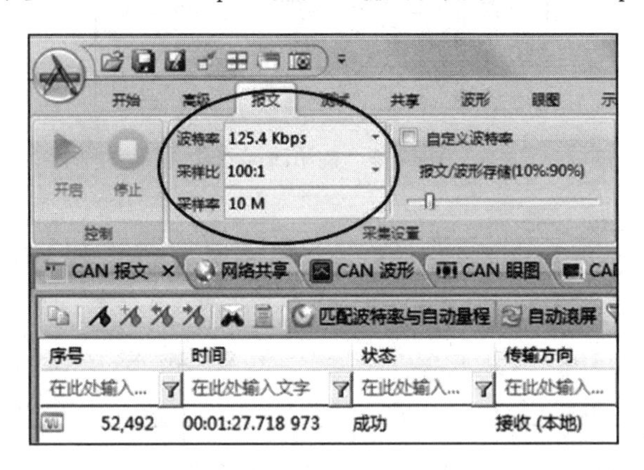

图 12.5 波特率偏差

CANScope 使用位宽平均统计的方法测量总线波特率,通过眼图可以发现总线上某些节点的波特率是否存在偏差。一旦波特率存在偏差就会导致总线出错的概率大大增加,重发报文次数增多,数据传输延迟。波特率产生偏差主要出现在以下 3 种情况:使用了工作频率非整数值的晶振(比如 11.059 2 MHz),温度导致晶振工作频率产生偏差,CAN 控制器内部波特率发生器存在偏差。

12.1.3 解决方案

解决方案包括:

- 使用 CANScope 眼图反溯功能找到波特率不匹配的节点,修正该节点程序中的位定时寄存器或者更换晶振,使其波特率为正确值。
- 将总线上每个节点单独上电,用 CANScope 的眼图功能测试其波特率,找到故障节点,修正该节点程序中的位定时寄存器或者更换晶振,使其波特率为正确值。
- 如果无法修改故障节点的程序,或者波特率正确还是无法正常通信,这时就要考虑到可能是采样点不一致导致。建议修改正常节点的程序,提高正常节点波特率寄存器中的同步跳转宽度 SJW 值(加大到 3 个单位时间),可以加大位宽度和采样点的容忍度。
- 若所有节点都无法修改,则建议购买 CAN 网桥设备(CANBridge+)串联在故障节点上,由 CAN 网桥来调整两端的波特率寄存器匹配值,以保证通信。

12.2 总线状态与信号质量“体检”

评价一个网络的工作状况、节点信号质量是否正常是网络搭建的基本步骤。即使对于正常工作的节点，如果只能模糊地回答“从通信上看是正常的”或“偶尔不正常”，也是不可以的。用户总是希望能够有定性、定量评价总线状态与信号质量的方法，就像在医院里通过各种常规检查来评价一个人是健康还是患有疾病。

12.2.1 操作方法

1. 总线状态分析

打开 CANScope，在 CAN“报文”界面单击“开启”按钮，此时 CANScope 默认进行一次波特率和示波器自动量程的匹配，切换到 CAN“示波器”界面，等待自动量程匹配结束，详情见图 12.6。自动匹配时可能会有异常数据，为了保证数据正确性，需再切换到 CAN“报文”界面，单击“停止”，再单击“启动”，以清除之前的异常数据。记录一定时间的报文，单击“停止”，推荐记录 1 万～10 万帧作为一个评价基数。

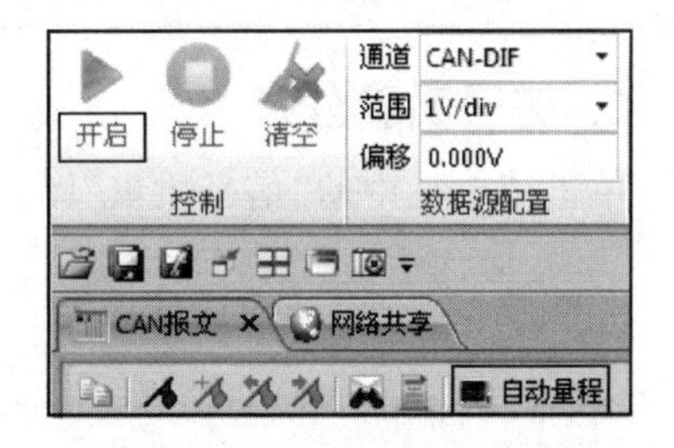

图 12.6 启动 CANScope 进行报文接收

单击“报文”界面工具中的“帧统计”按键，弹出“帧统计”对话框，如图 12.7 所示。在该对话框内对所有收到的报文进行分类。

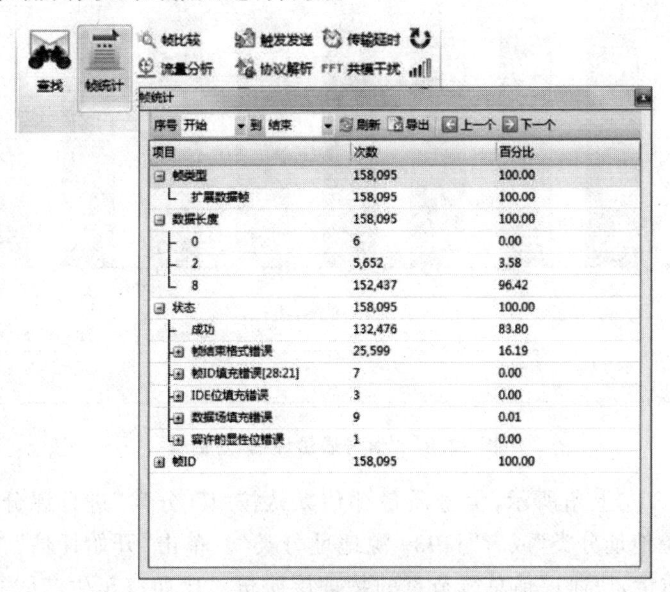

图 12.7 帧统计功能

CRC 校验机制保证了 CAN 传输的可靠性，出错的报文不会被 CAN 节点接收；但是错误报文会占用总线时间，导致正确报文传输延时或者总线堵塞。实际上，提高传输成功率是保证系统通信效率的前提。图 12.7 中 CAN 帧传输成功率为 83.8%，其余为错误报文，每种错误类型和百分比一目了然。通过“帧统计”功能可以对错误帧进行具体定位，从而量化评价一个总线的好坏，其相互关系详情见表 12.1。

表 12.1　报文成功率和总线状态的关系

成功率	总线状态
80%以下	基本不能工作（信号延迟、丢失等情况非常严重）
80%～90%	亚健康，待整改（信号经常有延迟、丢失等情况）
90%～95%	可工作（信号偶尔有延迟、丢失等情况）
97%以上	工作状况较好（总线错误对通信影响较小）

2. 信号质量分析

单击菜单栏中的“信号质量”图标，弹出“信号质量评估”对话框，详见图 12.8。

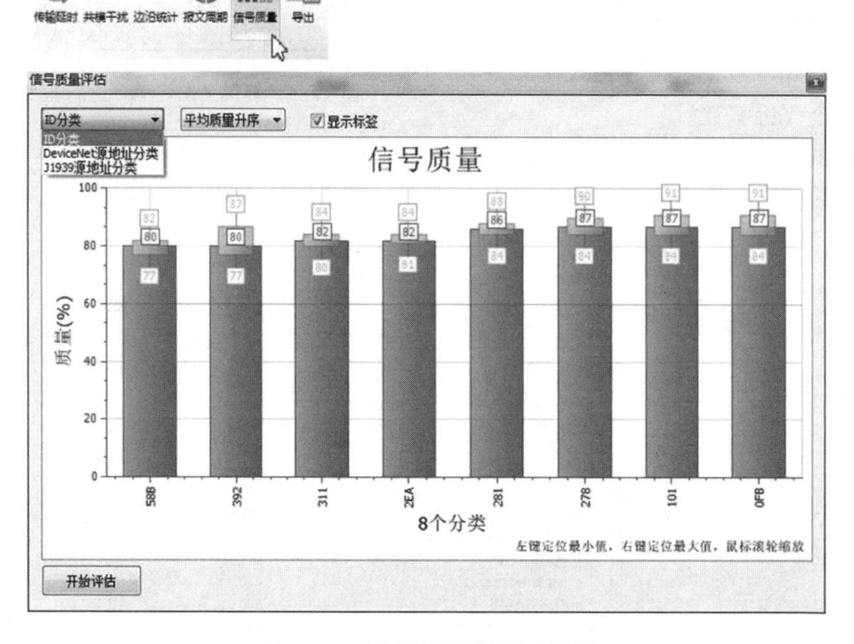

图 12.8　“信号质量评估”对话框

如图 12.8 左上角所示，信号质量评估默认按“ID 分类”进行评分，也可以使用“DeviceNet 源地址分类”或者“J1939 源地址分类”。单击“开始评估”按钮获得每个节点的信号质量，快速评估总线节点的物理层质量。比如汽车生产线总装后的检测中常使用这种方法。若评分较低，则可以找到对应设备快速拆换，从而保证生产进度。信号质量评估也可以用于现场故障排查时快速确定故障节点。

信号质量评估插件可以通过分析每个 CAN 节点发出的波形自动对其最小电压幅值、最大电压幅值、信号幅值、波形上升沿时间、波形下降沿时间、信号时间进行综合评分。通过柱状图直观显示出每个帧 ID 的信号质量，这 6 个测量评价的参数详见图 12.9。用户无需深入了解 CAN 总线协议、眼图、斜率、幅值、振铃、地弹等专业知识，只需使用 CANScope 采集一段时间后，即可自动完成信号质量的分析工作。

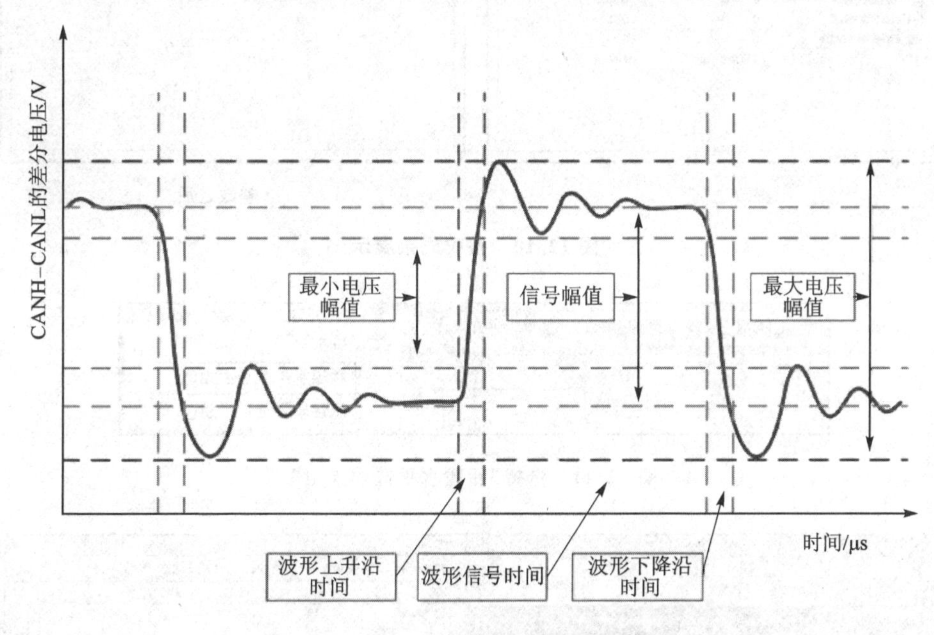

图 12.9 CANScope 信号质量分析参数

12.2.2 典型案例(整改成果量化统计)

在整改之前，网络处于亚健康状态，帧统计报文成功率只有 83.8%，表明信号经常有延迟、丢失等情况。整改后，报文成功率提高到 99.9%，详见图 12.10，整改步骤和措施详见下文。

12.2.3 解决方案

在图 12.10 所示的"帧统计"对话框中，如果状态列表中存在错误，双击任意一个错误，便可以定位到出错的报文。右键单击主界面，弹出的选项卡，选择"新建水平选项卡组"，详见图 12.11。此时可以查看对应报文的波形，分析报文出错的原因，详见图 12.12。

在排查现场故障时，使用信号质量分析功能，可以通过评分较低的报文定位到故障节点并将其替换，保证快速恢复系统。

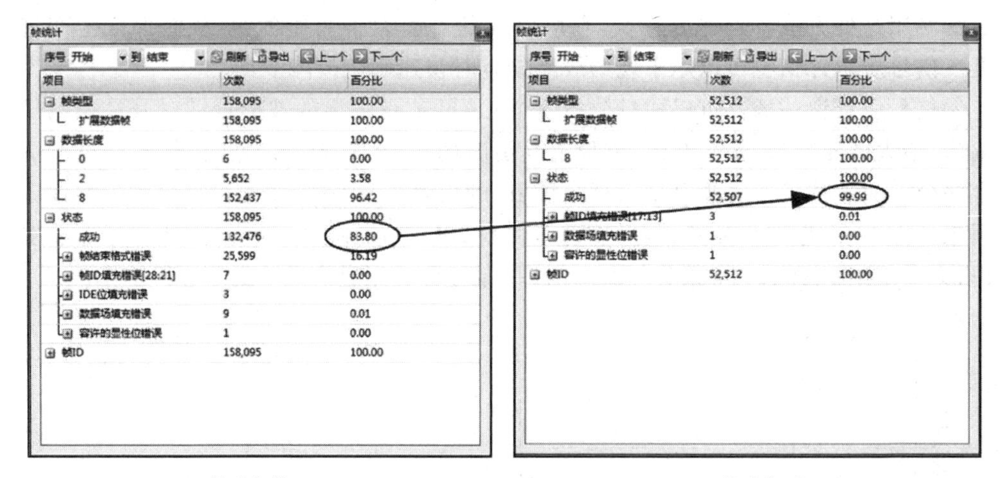

图 12.10 整改成果展示

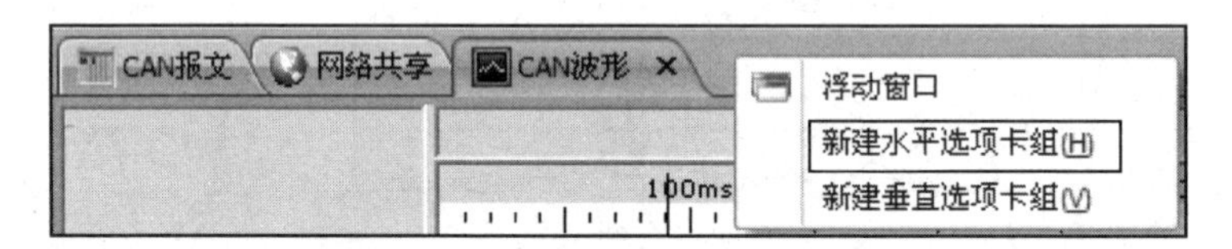

图 12.11 选择“新建水平选项卡组”

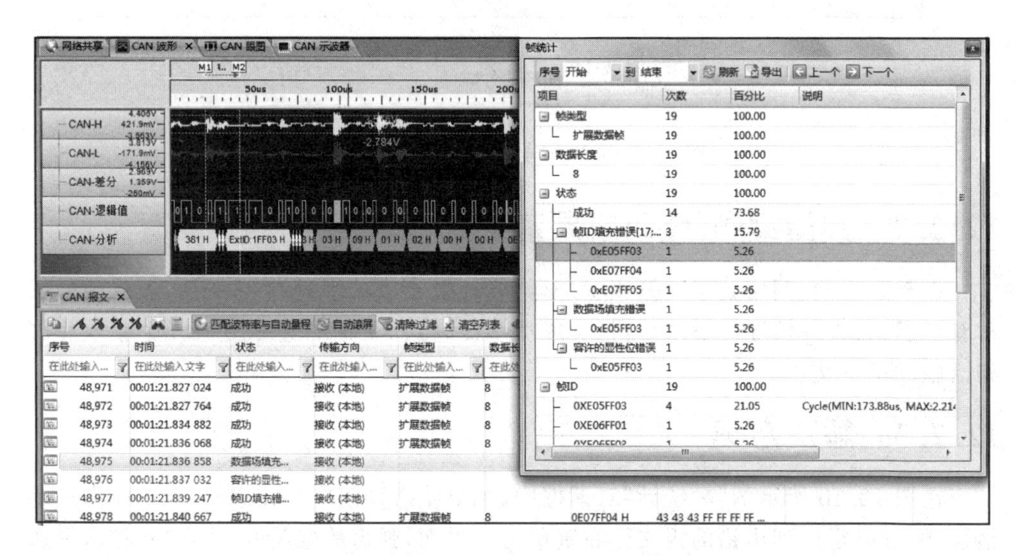

图 12.12 定位错误帧波形

12.3 报文传输堵塞

CAN 总线本质上是半双工通信，即一个节点发送数据时其他节点无法发送。CAN 报文 ID 有优先级的区分，如果高优先级一直占用总线，会导致低优先级的节点无法发送数据，以致产生堵塞现象。控制总线流量、防止堵塞同样是总线通信的基本要素之一。

12.3.1 操作方法

使用 CANScope 正常接收报文，打开总线利用率功能可获得当前总线的流量概况，详见图 12.13。

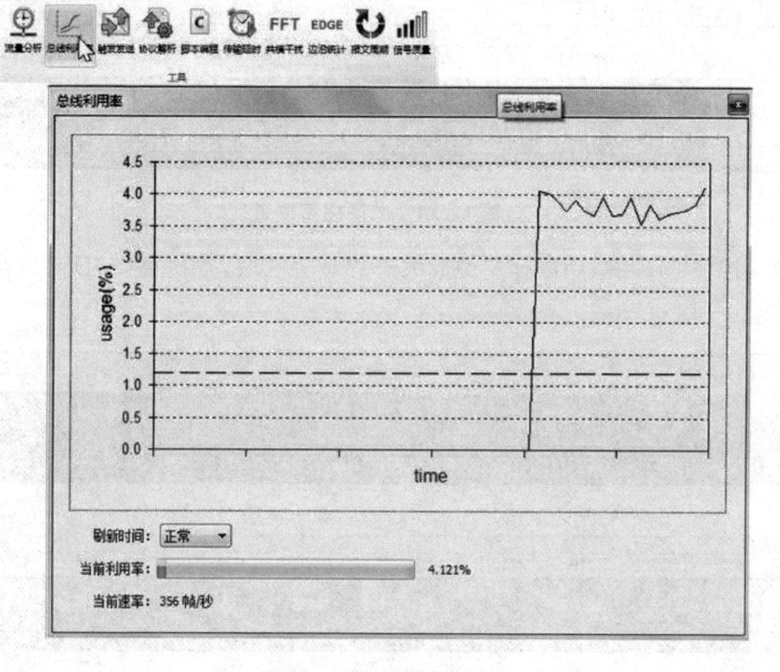

图 12.13 总线利用率

修改“刷新时间”为“较快”，并统计一段时间，参考以下结论：

- 若利用率没有超过 30%，则说明总线流量较好，没有明显的拥堵情况；
- 若利用率突发超过 70%，则说明有堵塞情况，建议进行流量分析的排查；
- 若平均利用率都在 70%以上，则说明总线严重拥堵，必须进行流量分析整改。

CANScope 正常接收报文，以 1 万～10 万帧的数量为评价基数，单击流量分析功能，在 CAN 报文下面会生成以时间轴排列的 CAN 报文时序图。根据这个时序图可以发现总线拥堵的位置，时序图详见图 12.14。

CAN 报文 | 网络共享 | CAN 波形 | CAN 眼图 | CAN 示波器

匹配波特率与自动量程 | 自动滚屏 | 清除过滤 | 清空列表

序号	时间	状态	传输方向	帧类型	数据长度	帧ID	帧数据	事件标记
158,075	00:12:33.273 017	成功	接收 (本地)	扩展数据帧	8	08EA7F9F H	D0 D1 D2 D3 D0 D1 ...	
158,076	00:12:33.277 337	成功	接收 (本地)	扩展数据帧	8	08EADF9F H	D0 D1 D2 D3 D0 D1 ...	
158,077	00:12:33.282 353	成功	接收 (本地)	扩展数据帧	8	08EA7F9F H	D8 D1 DA D3 D0 D1 ...	
158,078	00:12:33.303 051	成功	接收 (本地)	扩展数据帧	8	08EADF9F H	D0 D1 D2 D3 D0 D1 ...	
158,079	00:12:33.306 935	成功	接收 (本地)	扩展数据帧	8	08E37F9F H	D0 D1 D2 D3 D8 D9 ...	
158,080	00:12:33.307 206	成功	接收 (本地)	扩展数据帧	8	08EABF9F H	D0 D1 D2 D3 D0 D1 ...	
158,081	00:12:33.312 998	成功	接收 (本地)	扩展数据帧	8	08EB3F9F H	D0 D1 DA D3 D0 D1 ...	
158,082	00:12:33.320 309	成功	接收 (本地)	扩展数据帧	8	08E4FF9F H	D0 D1 D2 D3 D0 D1 ...	
158,083	00:12:33.322 626	成功	接收 (本地)	扩展数据帧	8	08E4FF9F H	D0 D1 D2 DB D0 D1 ...	
158,084	00:12:33.325 049	成功	接收 (本地)	扩展数据帧	8	08E3BF9F H	D0 D1 D2 D3 D0 D1 ...	
158,085	00:12:33.332 726	成功	接收 (本地)	扩展数据帧	8	08E57F9F H	D8 D9 DA DB D8 D9...	
158,086	00:12:33.333 205	成功	接收 (本地)	扩展数据帧	8	08E9DF9F H	D0 D1 D2 D3 D0 D1 ...	

403.585s

403.6s 403.65s 403.7s 403.75s 403.8s 403.85s 403.9s 403.95s 404s

CAN报文

总线利用率(%)

17.8125%

15.9375%

图 12.14　发现拥堵位置

然后，按住 Ctrl 键，用鼠标左键放大查看对应区域，查找哪些 ID 导致堵塞，详见图 12.15。

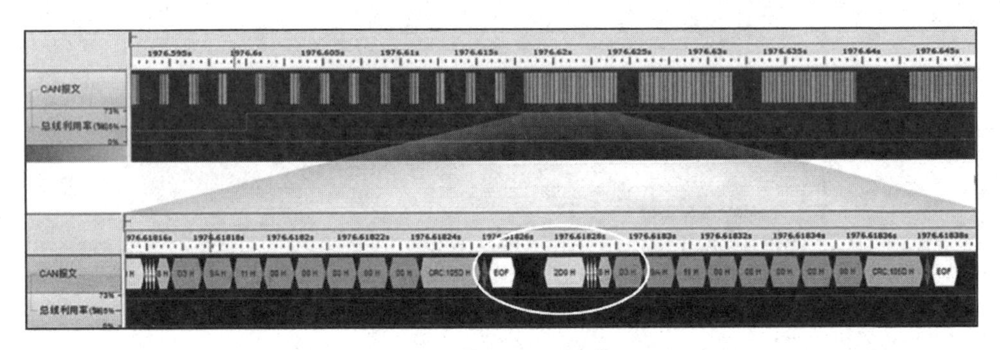

图 12.15　查找堵塞报文 ID

最后，将鼠标停在帧之间，软件会自动测量帧间隔宽度(见图 12.16)。

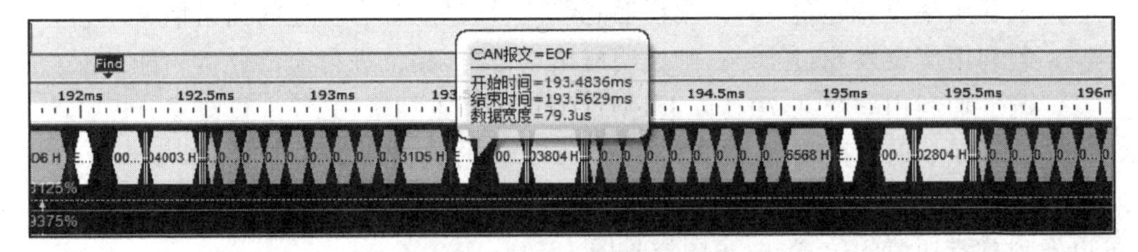

图 12.16　查看拥堵原因

拥堵会产生一个重要的危害:报文竞争。报文竞争会导致总线仲裁结束时产生尖峰脉冲,存在位翻转隐患,特别是在容抗较大的场合,容易出现位错误,详见图 12.17。

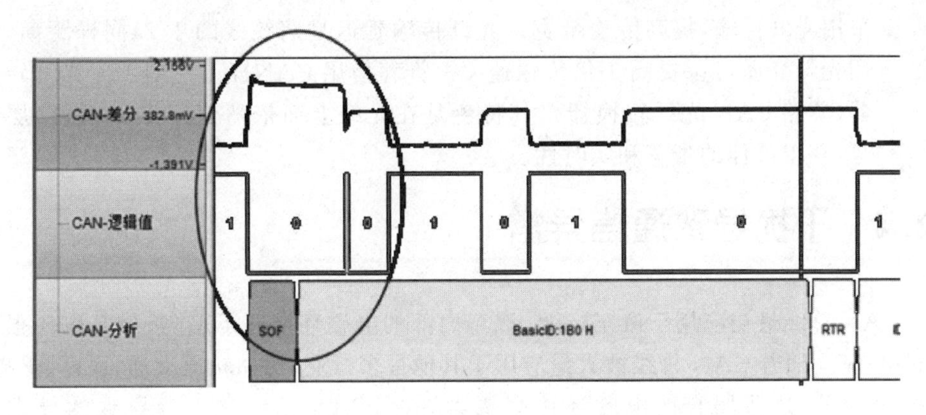

图 12.17 竞争时导致的尖峰

12.3.2 典型案例(矿山瓦斯监测数据堵塞问题)

由于煤矿通信的距离很远,波特率常使用 5 kbps,最大带宽只有 40 帧/s。如果网络中有 50 个节点,每个节点平均每秒各发 1 帧数据,此时肯定有 10 个低优先级的节点数据发不出来。实际情况是,当节点数量超过 30 以后,网络中数据经常出现上传延迟,详见图 12.18。

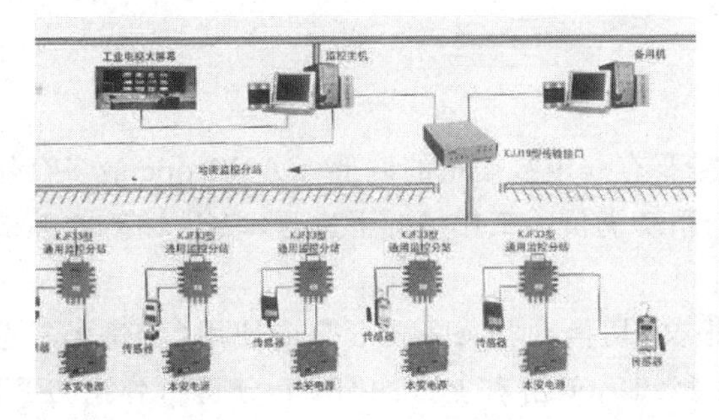

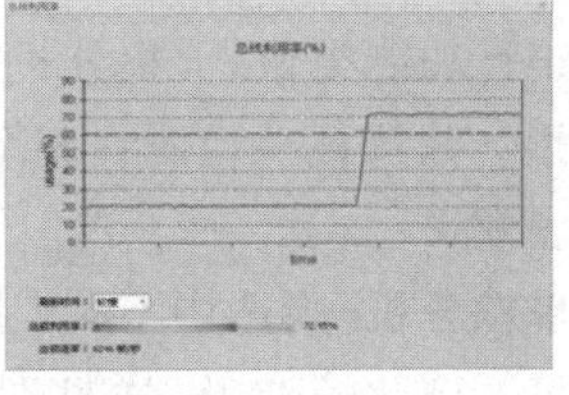

图 12.18 矿山瓦斯监控拥堵

12.3.3 解决方案

解决方案包括:

- 增大子节点定时上传的周期,例如此案例可将所有节点的上传周期改为 2 s。
- 采用“平时主机轮询式通信,突发事件子节点上传数据”的通信方式,保证正常通信秩序与突发事件的实时响应速度。

➢ 采用主机定时发送心跳，子节点按时间片方式上传。如果某个子节点遇到突发事件，子节点可打破规则，立即上传数据。
➢ 在正常通信允许下，尽量提高通信波特率，提高传输带宽。
➢ 采用光纤传输，提高传输带宽。光纤传输延迟是双绞线的 1/2，同样距离，使用光纤介质可以提高 1 倍传输速率。推荐使用 CANHub - AF1S1 光纤转换器（单路 CAN 光纤转换器），其特色是在光纤上面依然使用 CAN 链路层信号，获得最佳的带宽和实时性。

12.4 干扰导致通信异常

CAN 总线最初应用于汽车行业，汽车内部的电磁环境并不恶劣，最高电压很少超过 36 V。随着 CAN 总线被大量应用于其他很多行业，比如轨道交通、医疗、煤矿、电机驱动等，这些场合的电磁环境则恶劣许多，CAN 总线被干扰导致的异常超过 30%。

排查干扰是检查和评估 CAN 总线通信异常的必要步骤。一般干扰分为正弦频率干扰与周期脉冲干扰。

针对正弦频率的干扰排查，CANScope 提供 FFT 分析，即傅里叶变换，滤除正常信号进行频域分解，这样就可以很方便地查出干扰频率。

周期脉冲干扰则需要人工在波形中发现与测量。周期脉冲干扰多发生在有电磁阀、继电器或者电流周期通断的场合，周期脉冲变化时会产生很强的耦合信号，导致 CAN 通信中断。

12.4.1 操作方法

与报文统计功能类似，干扰分析需要有一定数据量的波形，CANScope 最多存储 13 000 帧波形。建议此项检测在整个系统满负荷工作情况下进行，取得 13 000 帧的波形具有代表意义。

若使用单帧分析，则选中 CAN 报文，切换到“CAN 波形”（或使用“新建水平选项卡组”）便可看到此帧波形，详见图 12.19，单击右上方的“FFT 分析”，弹出“FFT 分析”对话框，如图 12.20 所示。

在“信号”下拉列表框选择“CAN -共模”的方式（滤除正常信号），此时，对话框右侧“频率-幅值”列表对干扰频率按照幅值大小进行排序，用户只需要关心最高幅值的频率，如果是 0 Hz 的幅值最高则忽略。

对于现场排查故障的工作来说，单帧分析会存在无法全面了解干扰的情况，因此在“报文”界面的工具栏中增加“FFT 共模干扰”的统计分析功能，详见图 12.21。

单击“FFT 共模干扰”按钮，弹出“共模干扰统计”对话框，详见图 12.22。设置“干扰幅度门限”（默认为 0.2 V），单击“开始统计”按钮，软件自动按照干扰幅值从大

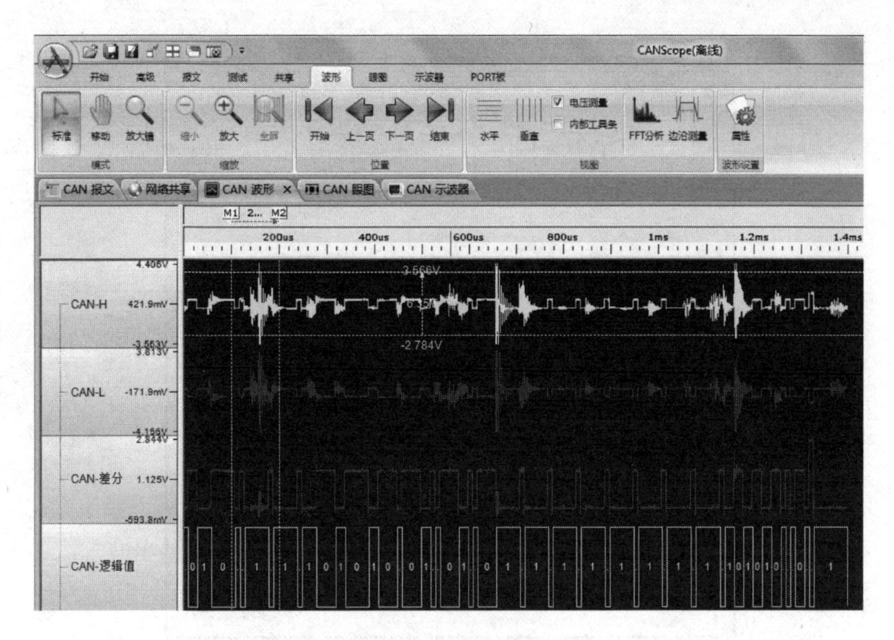

图 12.19　FFT 分析

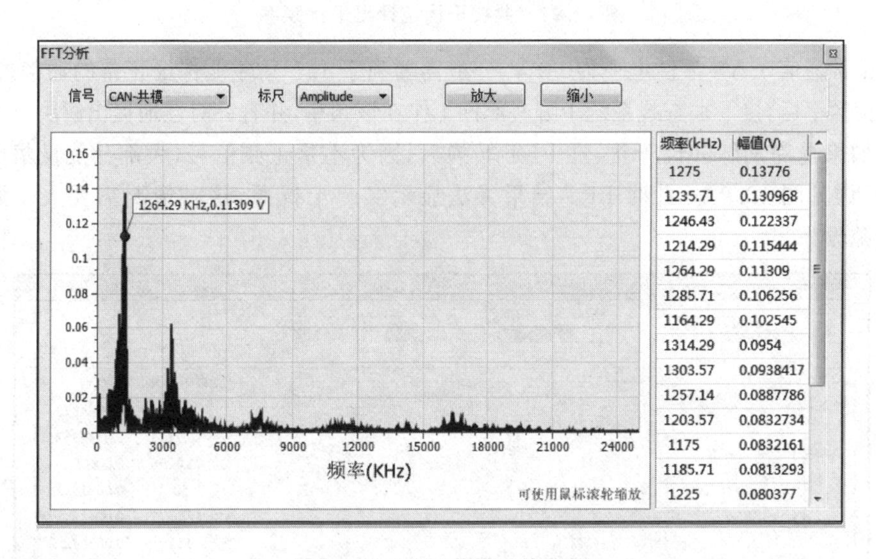

图 12.20　FFT 共模干扰分析

到小进行排序。用户也可以双击进行对应帧查看。

图 12.21　共模干扰统计

从列表中可见，本次采集的报文波形可能受到 1.242 28 MHz 左右的正弦频率干扰，幅值高达 222 mV。一般来说，若干扰幅值超过 200 mV，可能会

共模干扰统计

干扰幅度门限(V) 0.2　　最可能的干扰频率在1.24228M附近

序号	幅度(V)	频率(HZ)	帧ID
48979	0.298	1.24034M	错误帧
49210	0.255	1.19643M	0x0E07FF07
48022	0.249	1.22501M	0x0F03FF0C
47774	0.237	1.23704M	0x0E05FF0B
47606	0.235	1.24436M	0x0E05FF05
47885	0.235	1.22388M	0x0E07FF01
46565	0.232	1.24444M	0x0E07FF0C
42819	0.228	1.2239M	0x0E05FF0A
47568	0.227	1.21392M	0x0E05FF04
48850	0.227	1.24648M	0x0E06FF0C
46920	0.225	1.20522M	0x0E07FF0A
48711	0.225	1.2252M	0x0E07FF04
47462	0.224	1.225M	0x18FF19F4
47809	0.224	1.2832M	0x0000FF41
50452	0.223	1.23704M	0x0F01FF03
49307	0.223	1.24815M	0x0F00FF01
47800	0.222	1.275M	0x0E06FF06
38758	0.222	1.26259M	0x0E05FF0C

开始统计

图 12.22　共模干扰统计出干扰频率

影响正常通信(CAN 显性电平为0.9 V,一般需要高于 1.1 V 才能保证正常的通信)。找到干扰频率后,接下来查找系统中哪些部件工作在该频率,并有针对性地提出解决方案。

如果是周期脉冲性干扰,在 FFT 转换后,因为不是正弦信号,大部分能量集中在 0 Hz,详见图 12.23。此时 FFT 结果无法显示实际干扰源,这种情况需要人工测量干扰源频率。

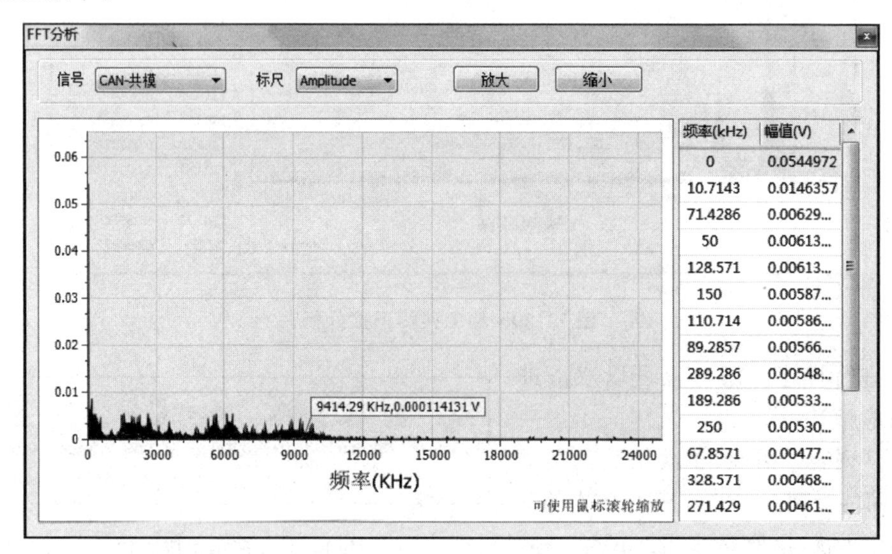

图 12.23　脉冲性干扰无法进行 FFT 分析

经过测量，这个周期性的脉冲是 20 kHz，详见图 12.24。

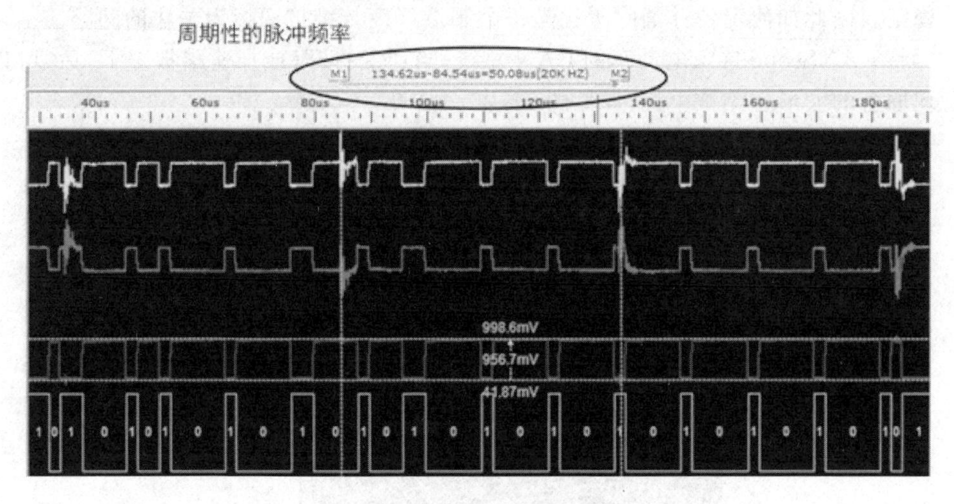

图 12.24 周期性脉冲干扰

12.4.2 典型案例(新能源汽车的困惑)

近年来国家大力发展新能源汽车，各大传统车厂都开始研发新能源汽车。新能源汽车指的是纯电动汽车或者混合动力汽车，与传统汽车燃烧汽柴油获取能量不同，其使用电池、电容来存储能量，然后通过逆变的方式变成交流电驱动车辆电动机，详见图 12.25。虽然能源系统改变了，但是新能源汽车车内的控制总线仍然沿用传统的 CAN－bus。

图 12.25 新能源汽车

新能源汽车控制系统调试时遇到的普遍问题是：逆变产生的巨大电流形成强干

扰，串扰到 CAN 总线上，导致控制器通信延迟、中断，甚至死机、损坏，导致车辆运行不稳定。因此如何定位并消除干扰是每个制造厂商与维护商极为关注的问题。

将 CANScope 接入电动车的 CAN 总线，当逆变打开(或加速踏板踩下)后，可以发现原有的波形立刻被干扰，详见图 12.26。

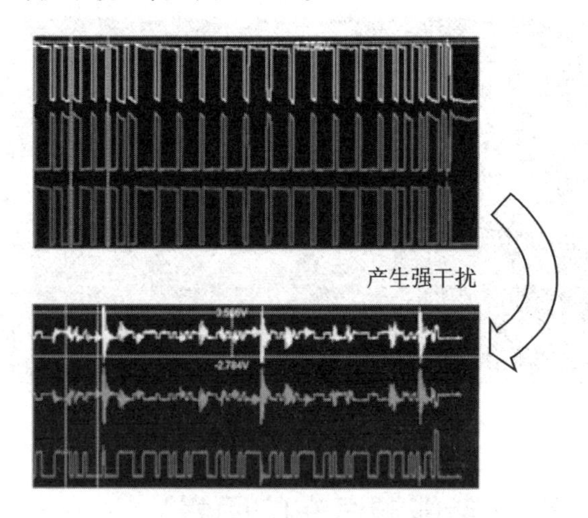

图 12.26　干扰导致波形畸变

在“FFT 分析”对话框中，“信号”选择“CAN－共模”，进行 FFT 分析，右侧 1 275 kHz 的干扰频率为最强干扰频率，详见图 12.27。

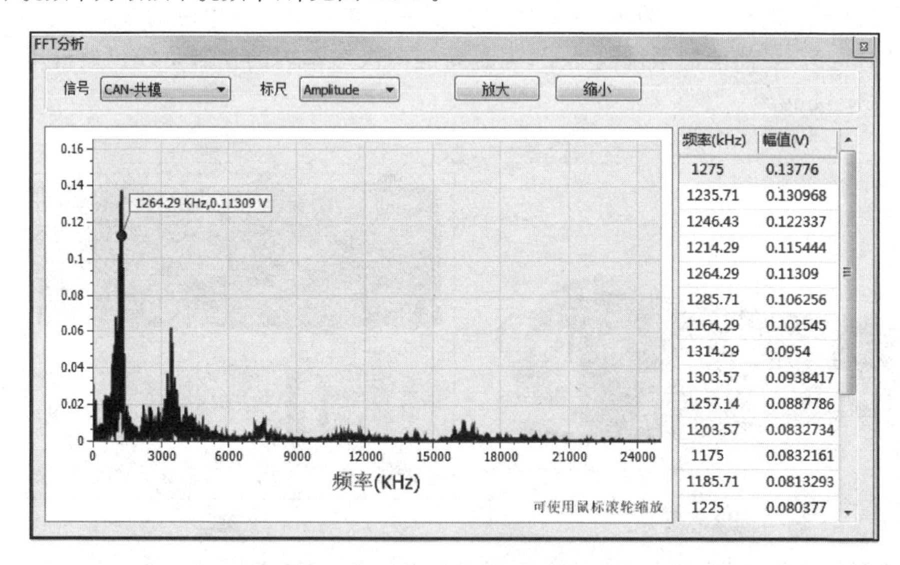

图 12.27　通过 FFT 分析查找干扰频率

通过排查，发现这个正弦频率与系统中电动机的频率吻合，即可断定是电动机的动力电缆与 CAN 总线靠得太紧，导致磁耦合，产生脉冲干扰，详见图 12.28。

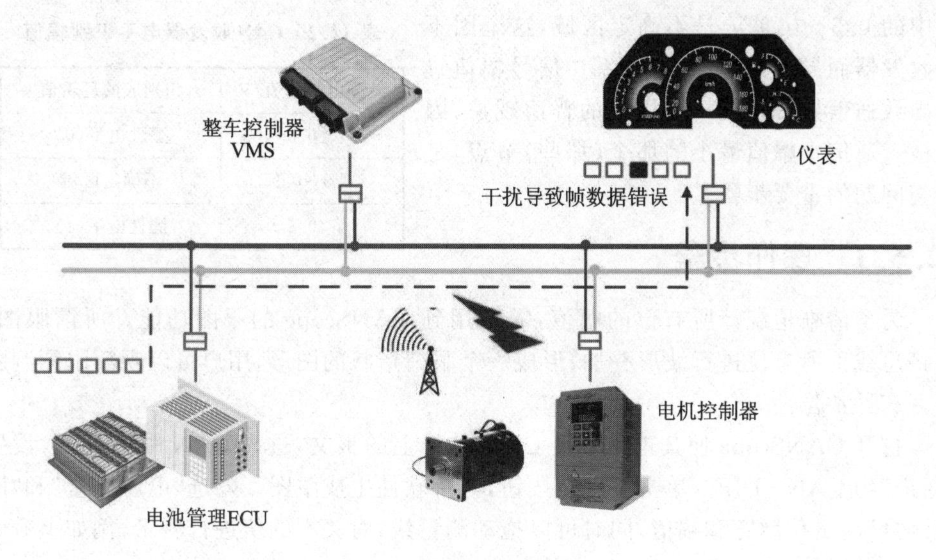

图 12.28 查找干扰源

12.4.3 解决方案

解决方案包括：

- 由于强电流产生的是空间磁干扰，所以屏蔽层作用很小，应该将 CAN 电缆双绞程度加大，即 CAN_H、CAN_L 电缆靠得更近点，保证差模信号被干扰的程度减小，这对于周期正弦干扰有很强的抑制性。
- 将动力电缆与 CAN 电缆远离，最近距离不得小于 0.5 m，这对于抑制周期脉冲干扰是最有效的。
- CAN 接口设计采用 CTM1051 隔离收发器，防止 ECU 因为强干扰死机。
- CAN 接口增加磁环、共模电感等抗浪涌效果较好的感性防护器件。
- 外接专用的信号保护器消除干扰，如 ZF－12Y2 消耗干扰强度和 CANBridge＋网桥作隔离。
- 采用光纤传输，例如 ZLG 致远电子的 CANHub－AF1S1，完全隔绝干扰。
- 程序做抗干扰处理，通常在监测到总线关闭后，50 ms 后重新复位 CAN 控制器，清除错误计数。连续复位 10 次后，这个时延长到 1 s。

12.5 长距离或非规范电缆导致异常

CAN 总线上面的信号幅值是接收节点能正确识别逻辑信号的保证，差分电平幅值参考表 12.2。一般来说，差分电平（CAN_H 和 CAN_L 差值）的幅值大于 0.9 V 才能被 100％识别成显性电平，如果幅值低于 0.9 V 就有可能被识别为隐性电平。

表中的 0.5～0.9 V 是不确定区域，这个因不同收发器而异，与温度也有关系。信号幅值过低导致通信异常是现场应用中的普遍现象，因此检查通信中幅值最小的那个(那些)节点，是排查问题的重要步骤。

表 12.2 CAN 收发器电平识别幅值

差分电平幅值/V	识别成的逻辑值
>0.9	显性电平(0)
0.5～0.9	不确定区域
<0.5	隐性电平(1)

12.5.1 操作步骤

为了清晰地统计所有位的幅值，需要用到 CANScope 的眼图功能。所谓眼图，即将总线上所有位进行波形叠加，形成一个眼睛形状的图形，用户可以观察眼图判断是否有异常位。

打开 CANScope 使其正常采集 CAN 总线上的报文，进入 CAN 眼图界面，设置“通道”为 CAN - DIF。单击“开启”按钮，等待软件生成眼图。勾选“电压测量”和“时间测量”测量位脉宽和幅值，同时可以拖动测量线，对关心的值进行测量，例如上升时间、下降时间。测量界面详见图 12.29。

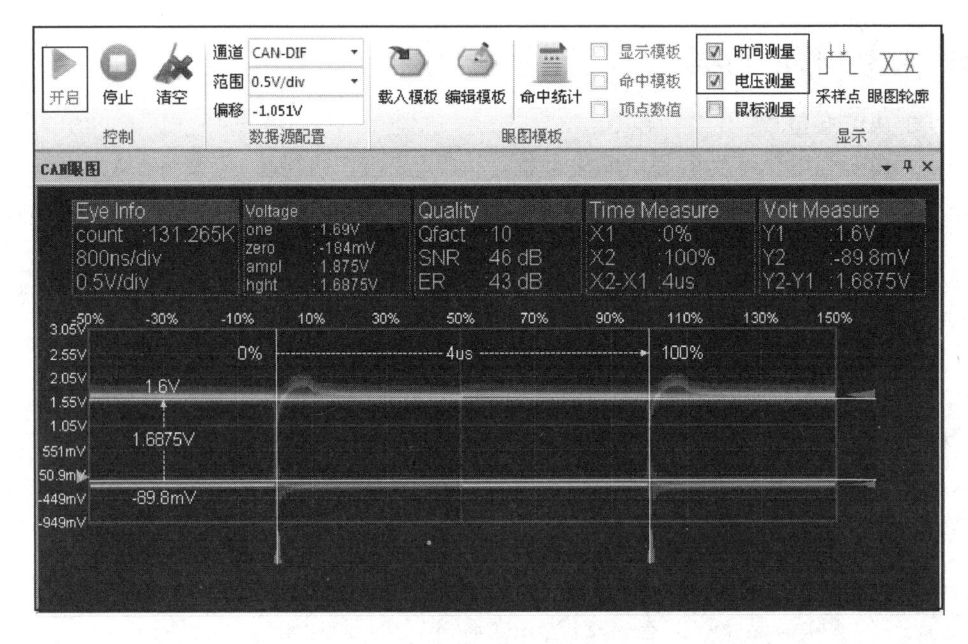

图 12.29 眼图测量

由于实验室环境下 CAN 节点通信距离较近，传输的每个位电平非常规整，且幅值基本相同，因此生成的眼图非常好，详见图 12.29。而在实际现场的环境下，因为每个节点的距离不同，导线分压等原因造成传输到测试点的电平幅值不同，捕捉到的眼图产生很多条亮线，详见图 12.30。

若现场做出来的眼图很模糊，可以单击“眼图轮廓”来清晰化。如果还是很乱，说

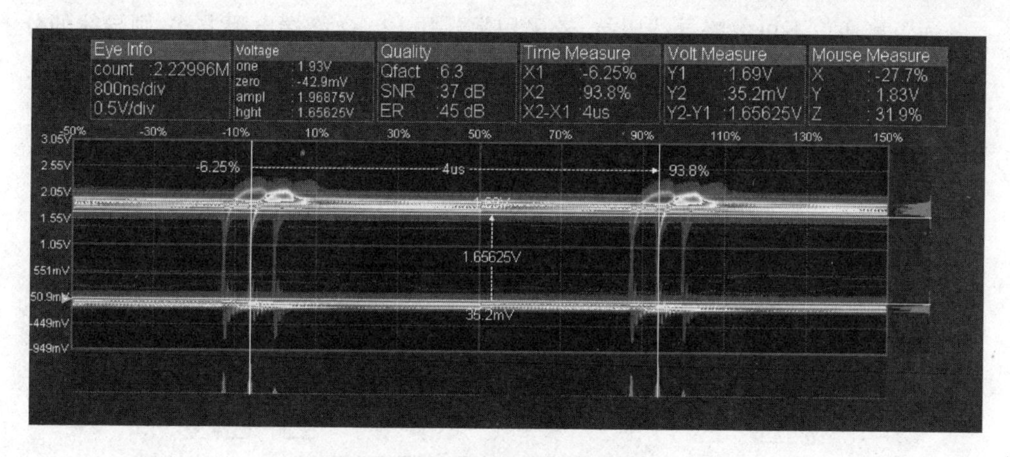

图 12.30　现场实际的眼图

明干扰非常严重，请使用 12.8 小节中的内容进行分析。

12.5.2　典型案例(煤矿长距离通信)

煤矿的瓦斯监测、人员定位等都属于长距离 CAN 通信的典型应用，布线距离常超过 1 km，最高可达 6～8 km，而且拓扑结构非常复杂，典型的布线框图详见图 12.31。

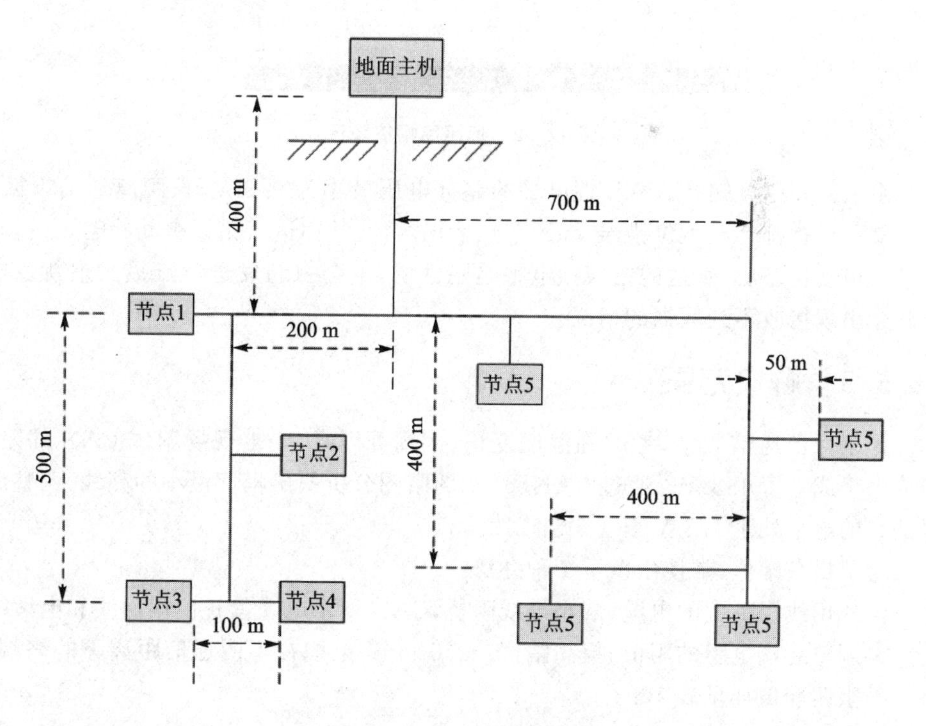

图 12.31　井下远距离布线

远距离通信不可忽略导线阻抗，若采用常规的 120 Ω 终端电阻方式，则导线的分压将会降低传输信号的幅值。比如，标准的 1.5 mm^2 屏蔽双绞线，每根每千米是 12.8 Ω 的直流阻抗，在 5 km 的传输距离上与 120 Ω 电阻分压，最终将2 V 的差分电平削减到 1 V，详见图 12.32。

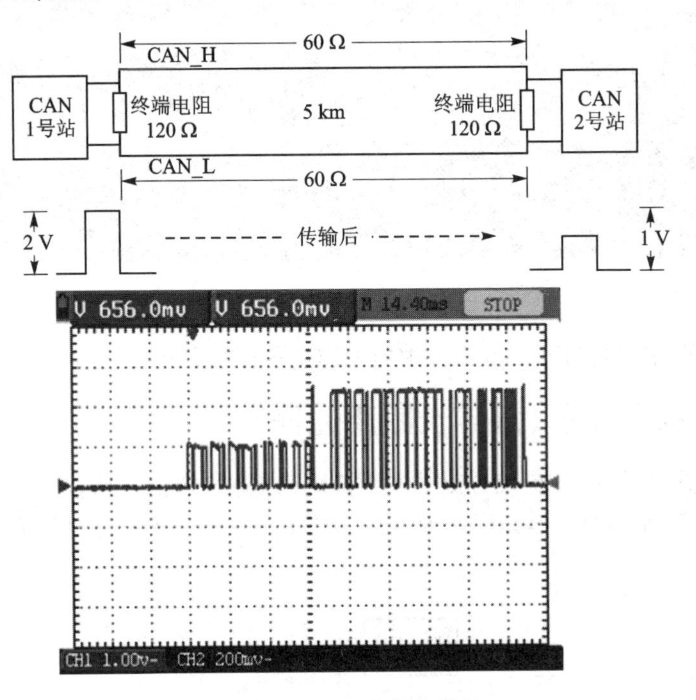

图 12.32　远距离幅值降低

由上文介绍可知，CAN 显性电平的差分电压最小为 0.9 V，长距离通信下微小的抖动和干扰都会产生位错误，导致节点错误增加，从而进入错误被动状态。设备进入错误被动状态后，发送的错误帧电平是隐性的，不会引起发送节点报文重新发送，因此会出现接收不到数据的情况。

12.5.3　解决方案

为了保证通信质量，考虑到温度变化、干扰等因素，要求现场调试 CAN 的差分幅值大于或等于 1.3 V。通过 CANScope 的眼图分析找出幅值最小的亮线，调整后，保证它的电平处于 1.3 V 以上(见图 12.33)。

为了提高幅值，常使用以下 2 种办法：

- 使用线径更大的电缆，减小导线阻抗，CAN 通信电缆禁止使用网线和电话线；
- 调整终端电阻的阻值，提高幅值。1.5 mm^2 电缆在不同通信距离下的终端电阻匹配值详见表 12.3。

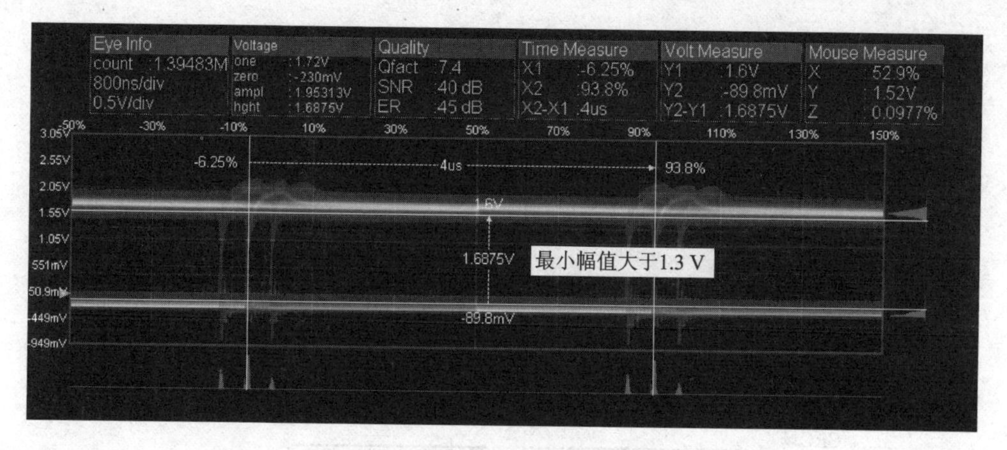

图 12.33　保证最小幅值大于 1.3 V

表 12.3　通信距离和终端电阻关系(1.5 mm^2 电缆)

通信距离/km	终端电阻阻值/Ω	通信距离/km	终端电阻阻值/Ω
1	120	6	270
2	120	7	300
3	160	8	330
4	220	9	360
5	240	10	390

12.6　延迟导致的通信异常

总线传输延迟是制约 CAN 总线传输距离的主要因素。由 CAN 规范可知,发送节点在发送完 CRC 场之后发出一个应答位,在一个位的时间内,接收节点输出显性位作为应答,若发送节点在应答位内没有检测到有效的显性位,则会判定总线错误。所以限制 CAN 总线系统信号传播延时上限就是必须确保发送节点在应答位内接收到有效的应答信号,通信过程详见图 12.34。

总线延时有多方面的原因,主要包括导线材质(镀金的 0.2 mm^2 线相当于 1.0 mm^2 的铜线)、CAN 收发器与隔离器件(比如光耦的延时高达 25 ns,磁隔离只有 3～5 ns)。

信号的传输延时还会导致某个节点采样错误、CRC 校验失败,并在 ACK 界定符之后发出错误帧,进行全局通知,详情见图 12.35。若其他节点响应错误,则让发送节点重新发送。控制总线延迟留有裕量是保证 CAN 通信质量的重要因素。

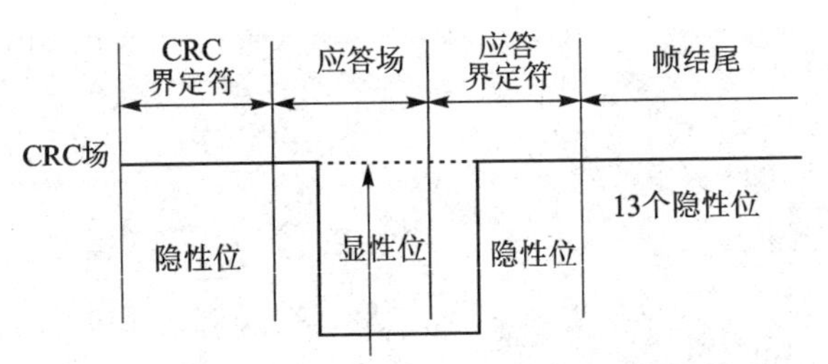

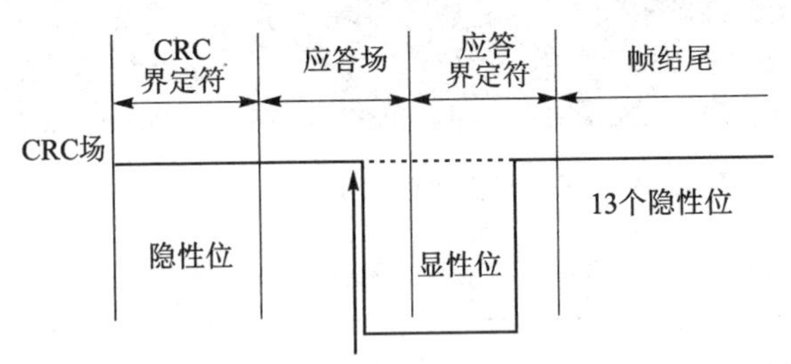

图 12.34　延时的危害

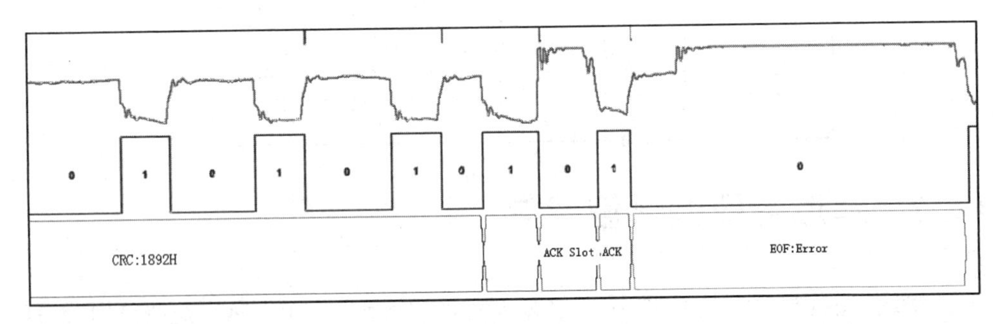

图 12.35　延时导致的错误

12.6.1　操作步骤

如何找到传输延时过大的节点呢？很简单，在记录完成的 CAN 报文界面，单击工具栏中“传输延时”按钮，即可进行延时分析，详见图 12.36。

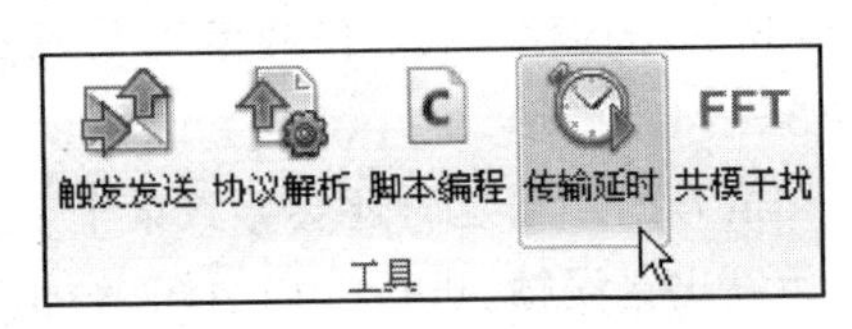

图 12.36　传输延时

统计完成后，系统生成一个延时列表（延时从大到小排列），详情见图 12.37，单击对应序号的报文，统计表格下方会给出系统最大延时等效的导线长度和该波特率下最长等效传输距离。例如，选中帧 ID 为 0x09C36610 的报文，下方给出统计信息：“此波特率的实用最长等效传输距离为 40 米。”

总线传输延时

项目	最大延时	对应序号
0x09C36610	500ns	152036
0x09C365F0	500ns	152032
0x09C365B0	500ns	155635
0x09C36570	500ns	152026
0x09C36550	500ns	155629
0x08E2FF9F	500ns	155673
0x09C36530	500ns	154014
0x09C36510	500ns	155624
0x09C364F0	500ns	155622
0x09C364D0	500ns	154009
0x09C364B0	500ns	155620
0x09C36710	500ns	152048
0x09C36490	500ns	154761

>此系统的导线长度等效为50米，包括隔离器件与收发器延时等效的导线长度，按5ns/m计算规则。
>此波特率的实用最长等效传输距离为40米。

开始统计

图 12.37　延时统计与等效导线长度

最大延时指在此测量点测到的最大延迟节点的传输延迟，通常控制在小于0.245倍的位时间，如果通信波特率为 1 Mbps，建议控制传输延时的最大值小于 245 ns，否则会有应答错误风险。

如何计算出 0.245 倍的位时间？CAN2.0B 协议规定，传输延时达到 0.5 倍的位时间的传输距离是理论上的最大传输距离。为了保证可靠传输，实际传输距离控制通常要求在理论值的 70%左右，再加上控制器、隔离器件、收发器、电缆等延时，通过计算，最大延时要控制小于 0.5×0.7×0.7=0.245 倍的位时间。

因为总线上面挂接的节点距离测试点都不同，所以引起的延时都不一样。为了检测出总线的最大延时，通常建议测试点放在总线最远两端，测试的对象也是总线最远两端的两个节点发出来的报文，详见图 12.38。

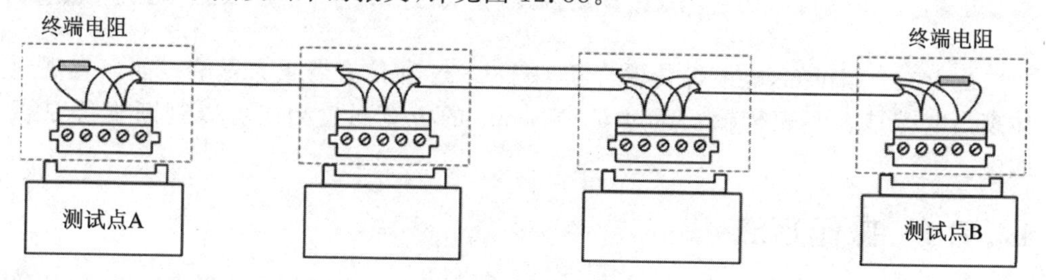

图 12.38　延时测量

通过此方法不仅可以测量出总线的最大延时，还可以测量出某个节点的电路延时。例如：假定测量延时的报文是最左边节点发出的，测量点在发送端，则最大应答延时为整体导线延时＋最远端节点（最右端）的电路延时（包括隔离器件与收发器延时）；测量点若在最右端，则最大应答延时只包含这个最右端节点的电路延时（包括隔离器件与收发器延时）。

12.6.2 典型案例(高速铁路通信距离)

在高速铁路的列控系统中，由于实时性要求，总线波特率通常都在 500 kbps 以上，甚至达到 1 Mbps。在高波特率下对于总线延时有着严格的要求，同样的导线，使用不同的隔离器件的延时会影响传输距离。表 12.4 中列举了部分器件对通信距离的影响。

表 12.4 隔离器件对通信距离的影响

使用隔离器件	1 Mbps 最大通信距离/m
无	40
6N137 等光耦	27
CTM1051 等磁隔离收发器	36

12.6.3 解决方案

采取以下措施可以减小通信延时、增加通信距离和降低通信错误率。

- 采用磁隔离的 CTM1051 方案设计接口收发电路；
- 所用导线越粗（线径越大），延时越小，标准的 1.5 mm^2 电缆延时为 5 ns/m；
- 使用镀金或者镀银的电缆；
- 增加网桥中继设备 CANBridge，延长通信距离；
- 采用光纤传输，如使用 CANHub 光纤集线器（CANHub - AF1S1），相同波特率下通信距离可以延长 1 倍。

12.7 电缆匹配传输故障

由上文介绍可知，电缆等传输介质对于 CAN 通信有着重大影响。如何直观地体现出电缆是否匹配传输？通过 CANScope 的带宽测量功能可以判断电缆是否匹配。

12.7.1 操作方法

在 CAN 报文界面中选定某个有波形的 CAN 帧（已记录 CAN 报文），单击“边沿测量”按钮，详见图 12.39，打开“边沿测量”对话框，如图 12.40 所示。

图 12.39　选择“边沿测量”

在“边沿测量”对话框中,显示了帧信号电平的上升斜率、下降斜率和带宽情况。

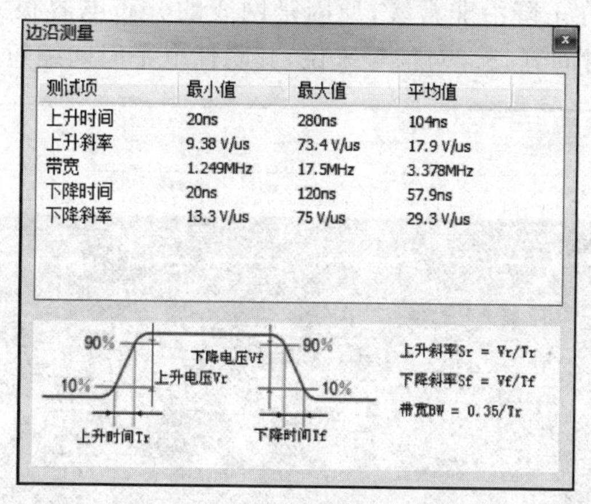

边沿测量

测试项	最小值	最大值	平均值
上升时间	20ns	280ns	104ns
上升斜率	9.38 V/us	73.4 V/us	17.9 V/us
带宽	1.249MHz	17.5MHz	3.378MHz
下降时间	20ns	120ns	57.9ns
下降斜率	13.3 V/us	75 V/us	29.3 V/us

图 12.40　“边沿测量”对话框

当前总线波特率为 500 kbps,测出来的带宽为 3.378 MHz,说明带宽大于 5 倍的波特率,因此这个网络状况适合 500 kbps 传输。为了准确查找出斜率异常节点,CANScope 支持边沿统计功能,详见图 12.41。

图 12.41　选择“边沿统计”

单击“边沿统计”按钮,可以统计出斜率与带宽,并且将统计出的数据进行排序,详见图 12.42。

边沿统计

边沿区间 20%~80%　　排序 带宽　升序

帧ID	上升时间	上升斜率	下降时间	下降斜率	带宽
0000002A H	9.73333us	0.0684 V/us	26.1724...	0.0253 ...	35.958K
0000002A H	9.46667us	0.0917 V/us	25.5517...	0.0257 ...	36.971K
0000002A H	9.44444us	0.0829 V/us	25us	0.0254 ...	37.058K
0000002A H	9.42105us	0.0829 V/us	27.1579...	0.0244 ...	37.15K
0000002A H	9.36667us	0.0813 V/us	25.9667...	0.0253 ...	37.366K
0000002A H	9.2us	0.0794 V/us	26.5517...	0.0249 ...	38.043K
0000002A H	9.18182us	0.0821 V/us	26.8636...	0.0249 ...	38.118K
0000002A H	9.18182us	0.0849 V/us	27.2273...	0.0247 ...	38.118K
0000002A H	9.16667us	0.0876 V/us	25.75us	0.0257 ...	38.181K
0000002A H	9.16667us	0.0919 V/us	25.6552...	0.0256 ...	38.181K
0000002A H	9.16129us	0.0839 V/us	25.8571...	0.0254 ...	38.204K
0000002A H	9.13636us	0.0791 V/us	27.5909...	0.0243 ...	38.308K
0000002A H	9.13636us	0.0848 V/us	26.5909...	0.0253 ...	38.308K

开始统计

图 12.42　“边沿统计”对话框

12.7.2 典型案例(门禁行业 CAN 通信问题)

由于门禁行业对成本控制要求很高,电缆作为成本项经常被“节省”。总是遇到用网线替代屏蔽双绞线进行 CAN 通信的情况,从而导致通信故障频发。

在用网线替代情况下使用 CANScope 捕捉 CAN 报文,发现波形已经失真,详见图 12.43,主要体现在下降沿非常缓,原因是网线的分布电容很大,显性电平回到隐性电平需要的放电时间延长。对信号来说,其隐性电平时间缩短,容易导致位错误。

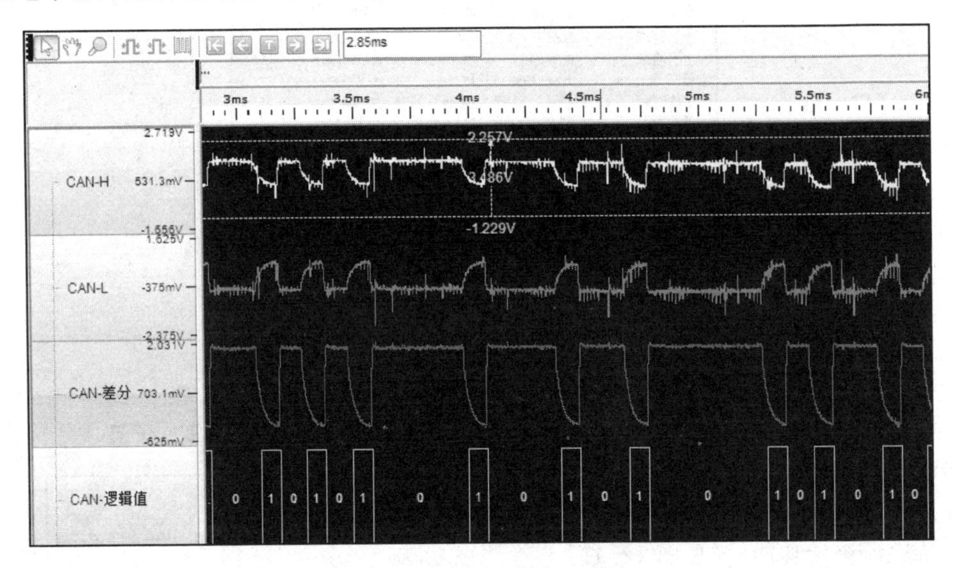

图 12.43 非规范导线的波形

总线采用的波特率为 10 kbps,从边沿测量可以看出,带宽只有 29 kHz,仅达到 3 倍的波特率,这样的导线不适用于此波特率传输,详见图 12.44。

边沿测量

测试项	最小值	最大值	平均值
上升时间	10us	13us	11.9667us
上升斜率	0.171 V/us	0.212 V/us	0.186 V/us
带宽	26KHz	34KHz	29KHz
下降时间	4us	23us	10.3333us
下降斜率	0.0594 V/us	0.148 V/us	0.0932 V/us

90%
10%
上升电压Vr
下降电压Vf
上升时间Tr
下降时间Tf
上升斜率Sr = Vr/Tr
下降斜率Sf = Vf/Tf
带宽BW = 0.35/Tr

图 12.44 非规范导线的边沿测量

通过前文介绍，从 CAN 收发器结构来看，因为隐性电平变成显性电平由晶体管驱动，所以边沿都是很陡的，但从显性回到隐性需要终端电阻来放电，若没有终端电阻，则会通过导线分布电容缓慢放电，导致位宽错误。所以所谓的近距离、低波特率 CAN 总线不加终端电阻的做法也是错误的。

12.7.3 解决方案

如果现场已经布置了不符合要求的电缆，建议采用如下 3 个解决方案：

- 更换电缆；
- 减小终端电阻值，降低电平幅值，从而加快放电速度，降低分布电容的影响；
- 增加 CAN 中继设备，如 CANBridge＋。

12.8 眼图追踪故障节点

上文介绍了现场分析故障的方法，如果在现场无法分析出原因，可以先把波形记录到个人电脑中，待回到实验室再使用软件眼图方法重构现场情况，追踪故障节点。

12.8.1 操作方法

使用软件眼图离线分析测试步骤如下：

① 采集报文和波形。采集总线上的信号，并保存其波形。回到实验室后，使用软件打开工程。

② 对原始的波形做眼图。单击“测试”中的“软件眼图”，详见图 12.45。弹出如图 12.46 所示“软件眼图”对话框，单击“第一步：添加配置”按钮，弹出如图 12.47 所示“软件眼图设置”对话框。

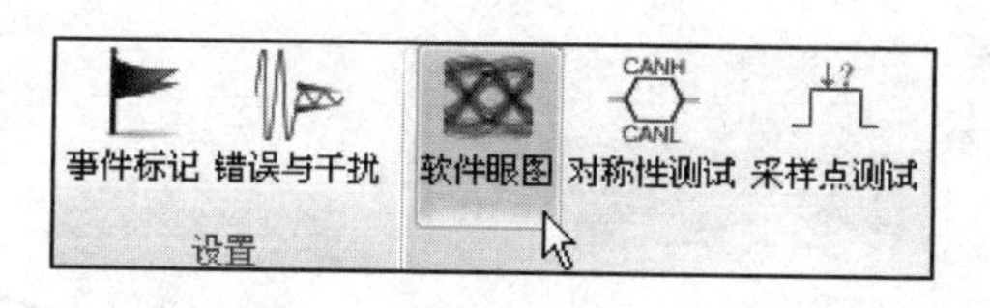

图 12.45 打开“软件眼图”

在图 12.47 中，单击“自动调节”，勾选“过滤 ACK 区域对应波形”，ACK 一般幅值很高而且有延时。

此时，对要做眼图的对象进行过滤。在默认情况下，对所有的波形做眼图，用于快速定位故障节点。若指定某个 ID 的波形做眼图，则观察发送这个 ID 的节点是否有问题。以默认情况为例，单击图 12.47 中“帧 ID 范围”右侧的“设置”按钮，打开“帧 ID 范围”对话框，列表框中的帧 ID 全部选择，详见图 12.48。

单击“确定”按钮，回到“软件眼图设置”对话框，再单击“确定”回到“软件眼图”对话框。

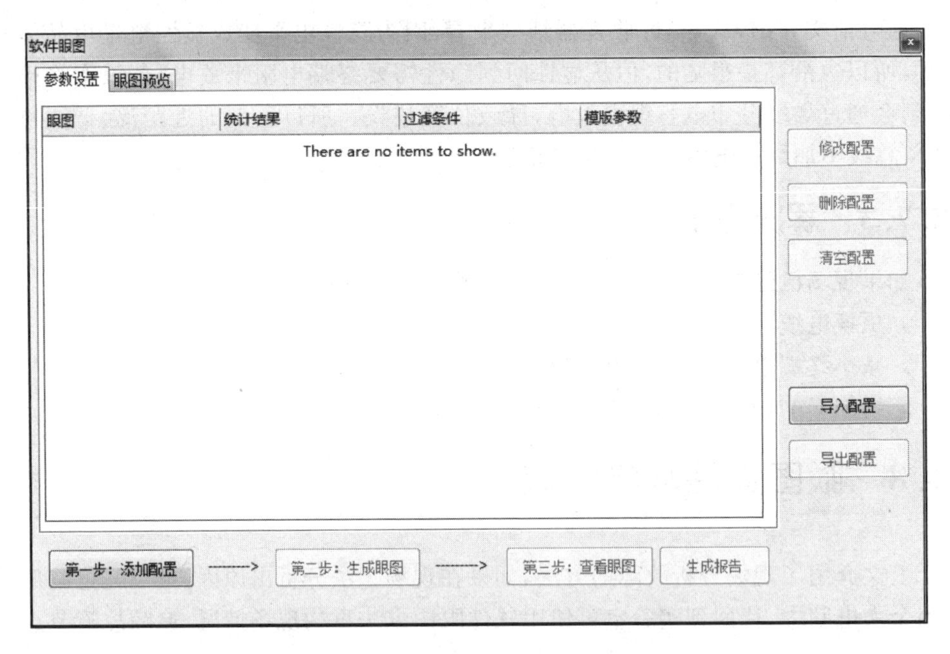

图 12.46　软件眼图实操——添加配置

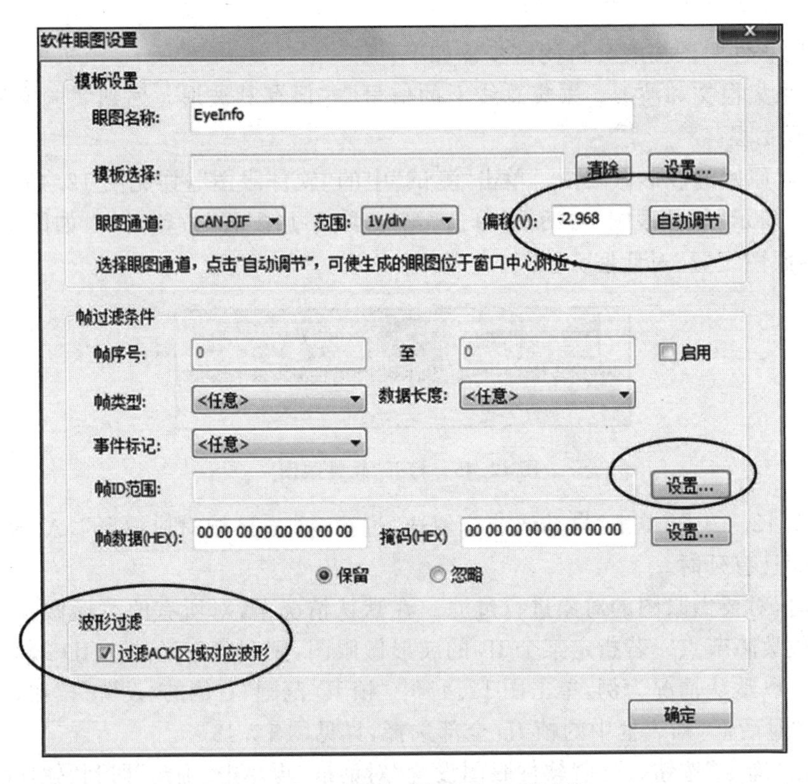

图 12.47　设置自动调节与波形过滤

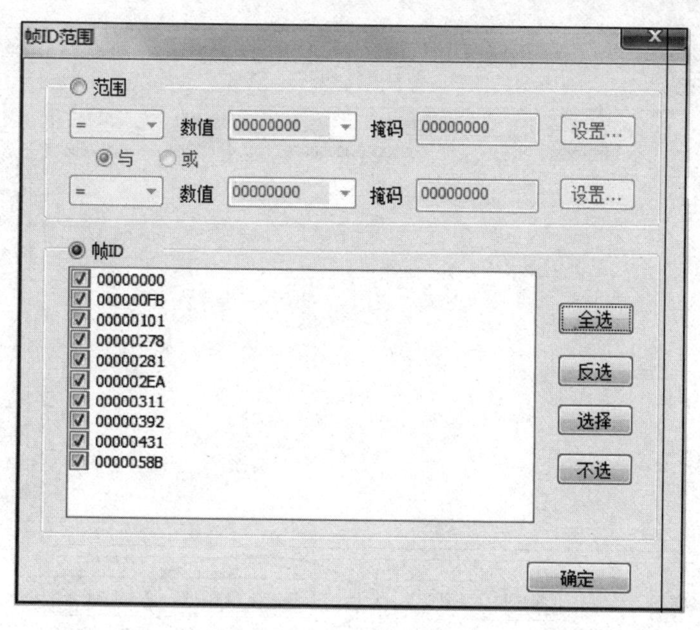

图 12.48　选择帧 ID 范围

③ 生成眼图。可以看到步骤②的配置被添加到“软件眼图”的列表框中，详见图 12.49，单击“第二步：生成眼图”，系统会弹出进度条，解析报文过程比较长，需要耐心等待。

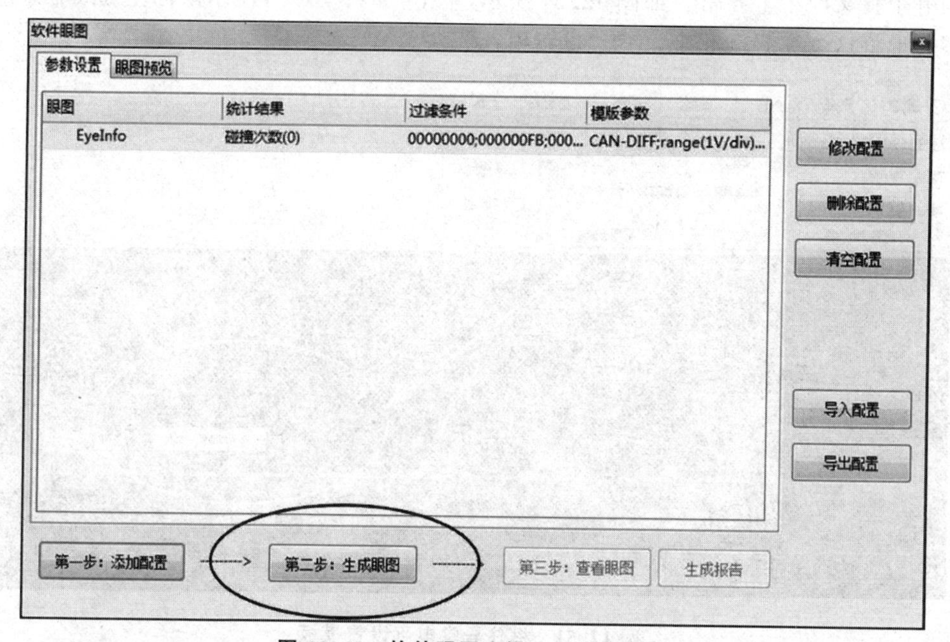

图 12.49　软件眼图实操——生成眼图

④ 新建自定义模板。生成眼图之后，如图 12.50 所示，单击“第三步：查看眼图”按钮。

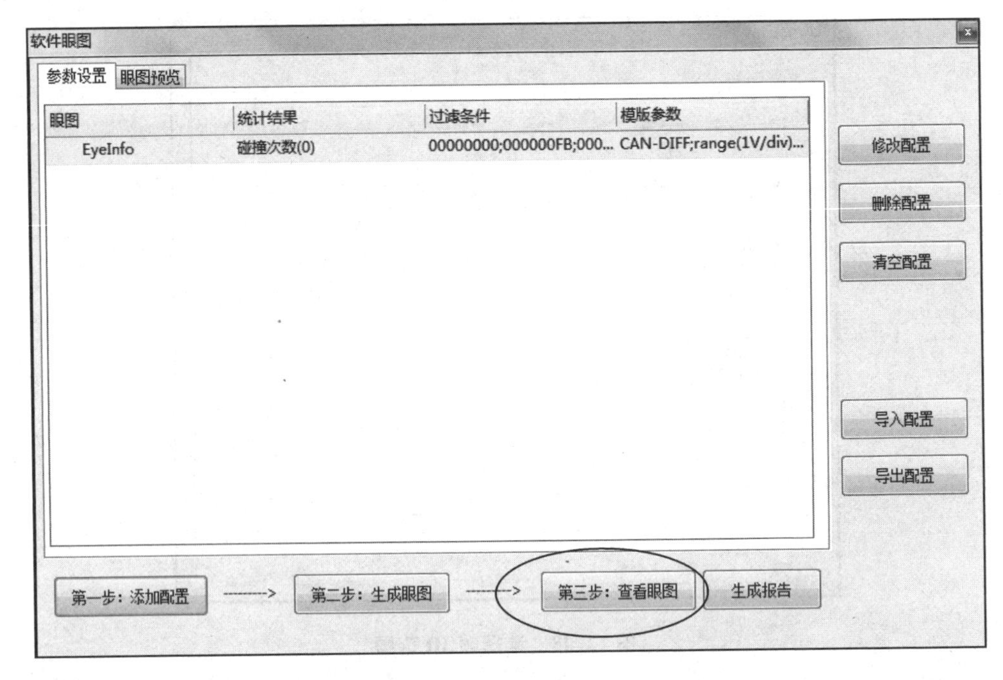

图 12.50　软件眼图实操——查看眼图

在 CAN 眼图的界面中，分析生成的眼图，发现在 70%位置有异常突起。如何找到哪个报文产生了异常？如图 12.51 所示，单击“编辑模板”，使用鼠标左键或者添加多边形将这个突起框起来，单击“设置模板”。

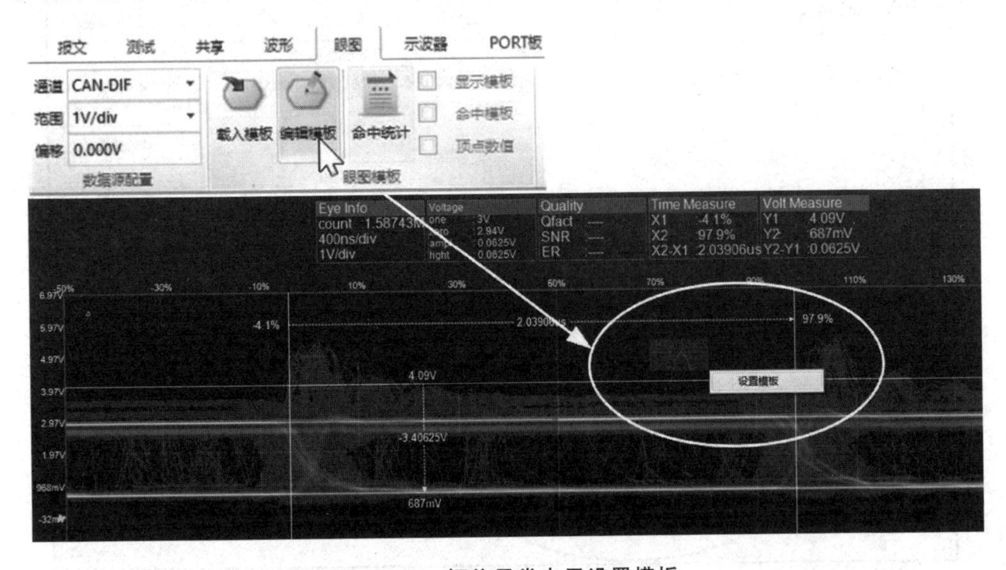

图 12.51　框住异常电平设置模板

然后，如图 12.52 所示，单击菜单栏中的“导出模板”，弹出“导出模板”对话框，单击“确定”按钮，返回“软件眼图”对话框。

图 12.52　导出模板

⑤ 导入自定义模板再次生成眼图。在“软件眼图”对话框中，单击“修改配置”按钮，打开“软件眼图设置”对话框。

后续操作详见图12.53。在“软件眼图设置”对话框中选择“设置”按钮，打开“眼图模板”对话框，选中刚才保存的模板，单击“导入”按钮，然后返回“软件眼图设置”对话框。

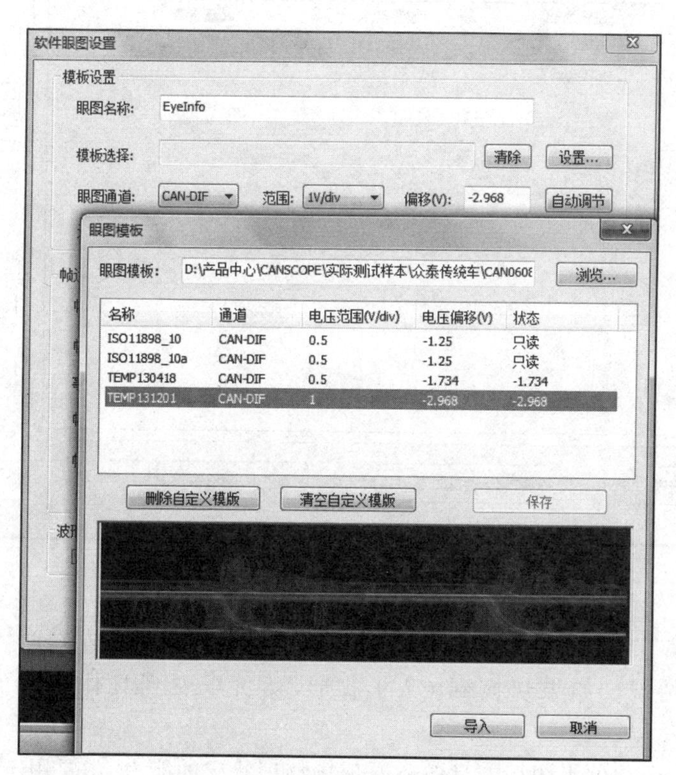

图 12.53　导入自定义模板

其他配置不做改动，然后单击“确定”，返回“软件眼图”对话框。再次单击“第二步:生成眼图”,详见图 12.54。

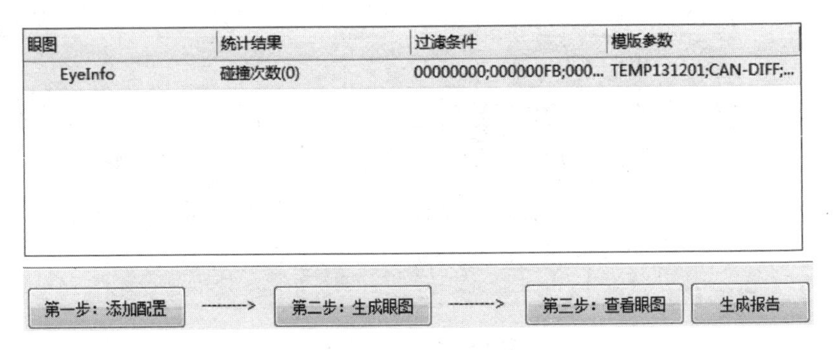

图 12.54 再次生成眼图

⑥ 查看异常波形的源头。眼图生成完毕,可以看到“软件眼图”中的碰撞结果,详见图 12.55,软件分析出帧 ID 为 0x392 的报文产生了异常。

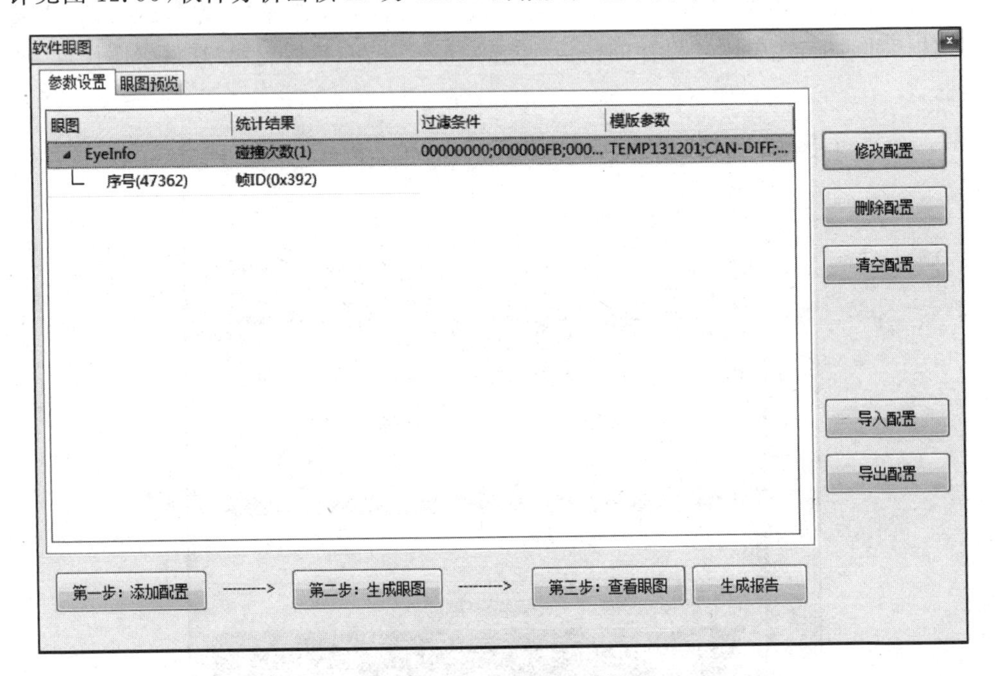

图 12.55 眼图碰撞结果

双击该帧 ID,CAN 报文界面可以定位到此帧。用户可以获知此帧的具体发生时间和数据情况。如果切换到 CAN 波形,还可以看到具体异常的位置,详见图 12.56。

CANScope 软件眼图功能具备还原现场物理状况的能力,主要用于:

➢ 异常波形反溯找出对应的 CAN 报文(CAN 节点),确定其发生的时间和原因;

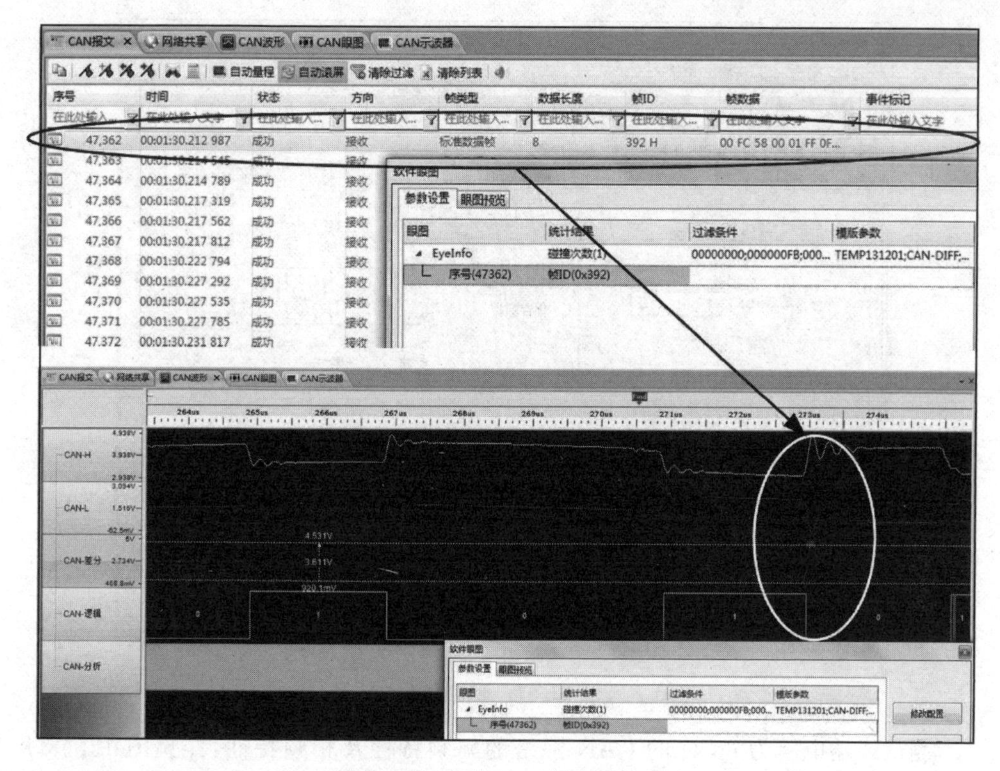

图 12.56 定位 CAN 报文与波形

➢ 针对某一个 CAN 报文的眼图，测量其幅值、位宽等特性。

12.9 总线阻抗、感抗、容抗对信号质量的影响

对于平时所说的特征阻抗、分布电容、导线感抗等内容，工程师们大多停留在理论和书本上，在真正的 CAN 实践中往往都忽视这些要素。一旦现场出现问题，他们往往都很迷惑，主要依靠“经验”来猜测是什么问题。为了更容易发现故障，本文将测量总线的特征阻抗、分布电容、导线感抗，用活生生的实例来解释，希望读者看完本节内容可以有更清晰的理解。

12.9.1 操作步骤

测量总线的阻抗、感抗和容抗需要使用 CANStress 扩展板。

测量总线阻抗之前，应当连接总线上所有节点，并将节点断电。准备工作完成后，打开配套 CANScope 软件的 CANStress 功能，详见图 12.57。如果只需要结果，单击等效阻抗模型的“开始”即可自动生成，也可以通过设置“开始频率”、“步进频率”进行测量。

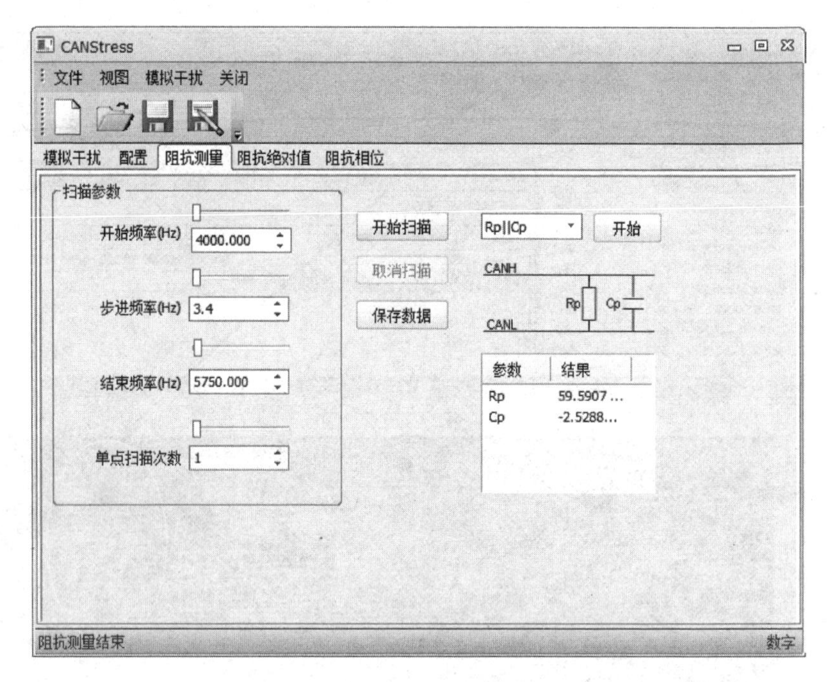

图 12.57 阻抗测量

测试终端电阻为 60 Ω 的 CAN 网络的幅频特性及相频特性，详见图 12.58 和图 12.59。

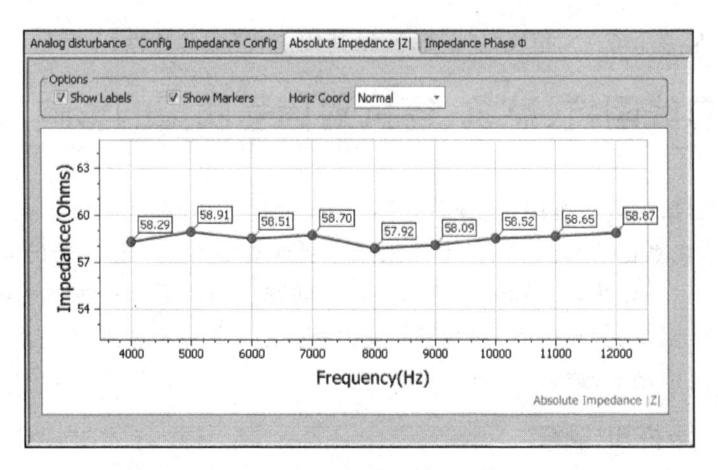

图 12.58 60 Ω 终端电阻的幅值测量

测试寄生电容为 104 的 CAN 网络的幅频特性及相频特性，详见图 12.60 和图 12.61。

测试 15 mH 电感的 CAN 网络的幅频特性及相频特性，详见图 12.62 和图 12.63。

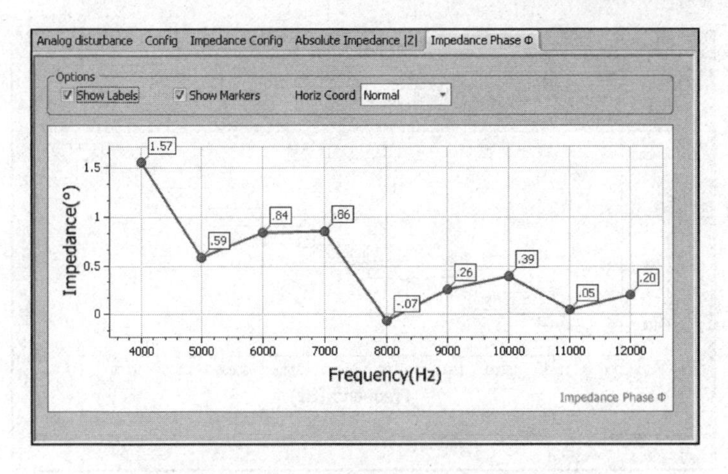

图 12.59　60 Ω 终端电阻的相位测量

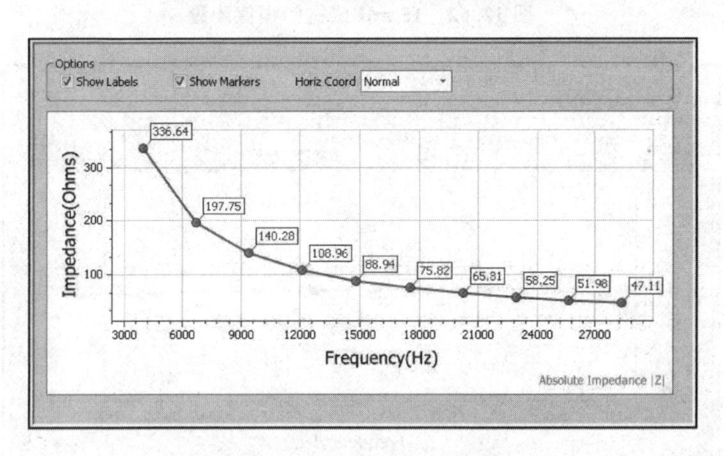

图 12.60　104 容抗的幅值测量

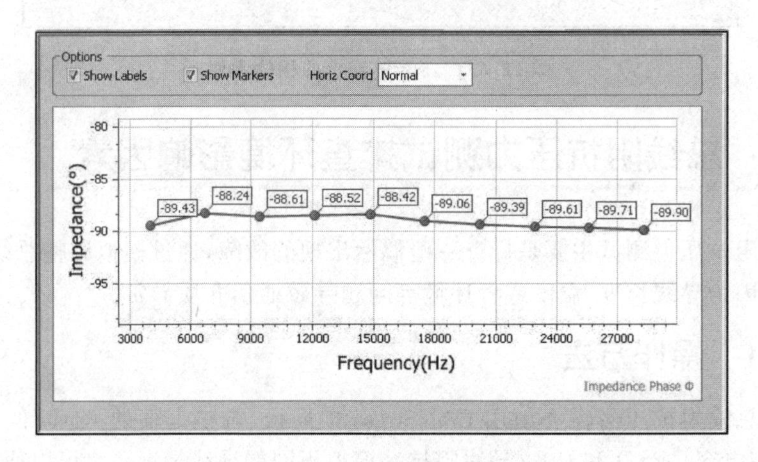

图 12.61　104 容抗的相位测量

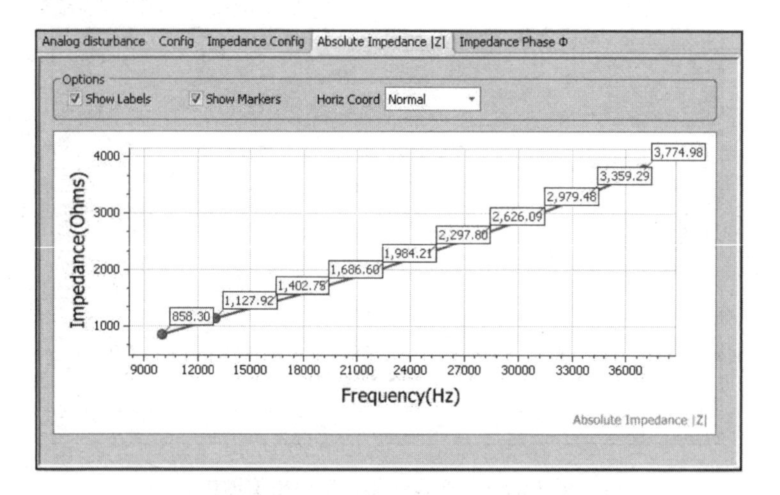

图 12.62　15 mH 感抗的幅值测量

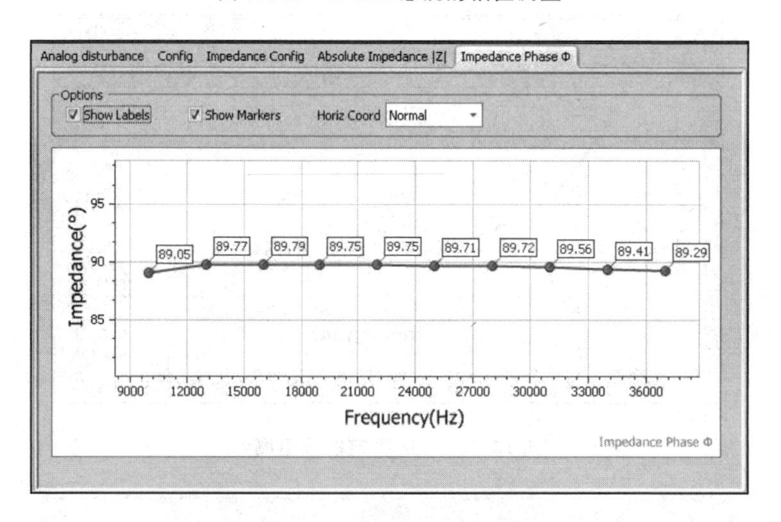

图 12.63　15 mH 感抗的相位测量

12.10　总线阻抗压力测试排查环境影响因素

总线阻抗压力测试主要是排查一些偶然出现的故障，通过模拟调整总线阻抗，测试是否是因为导线长度、温度或者环境等问题导致通信介质异常。

12.10.1　操作方法

测量总线阻抗压力需要使用 CANStress 扩展板，调整上面的 RHL(匹配电阻)、CHL(分布电容)、RSH 和 RSL(导线阻抗)，模拟不同的导线情况。也可以通过拖动电缆长度来模拟一段导线长度，详见图 12.64，不同 RHL、CHL 测试结果详见图 12.65。

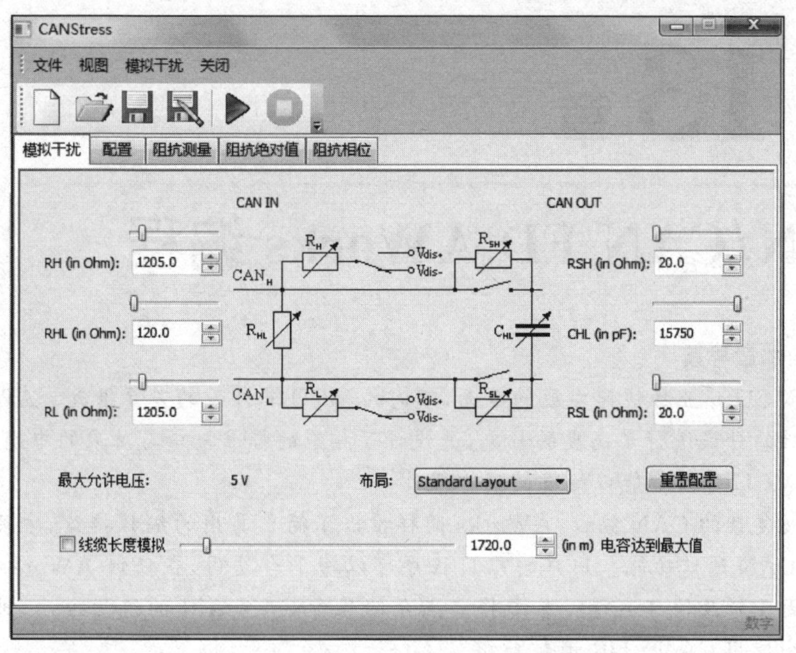

图 12.64 CANScope - StressZ 模拟导线

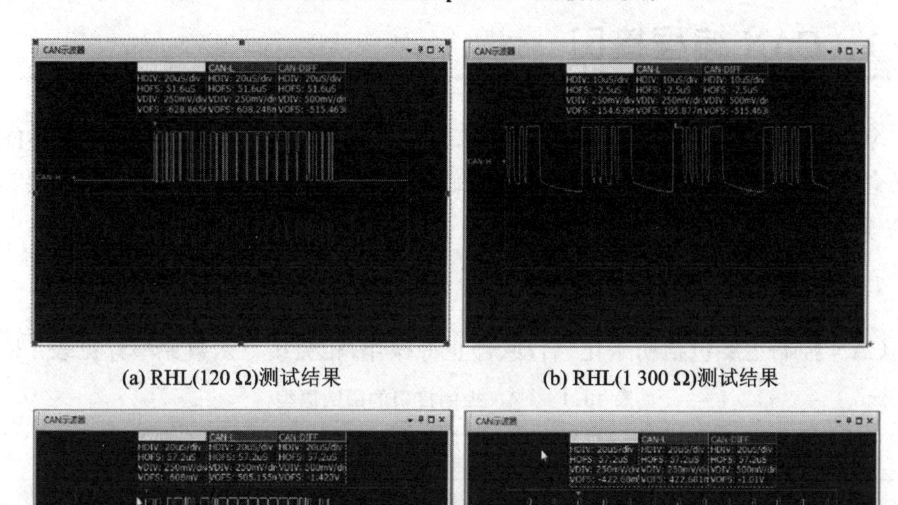

(a) RHL(120 Ω)测试结果

(b) RHL(1 300 Ω)测试结果

(c) CHL(1 000 pF)测试结果

(d) CHL(4 000 pF)测试结果

图 12.65 不同 RHL、CHL 下的测试结果

第13章 CAN/CAN FD AWorks 编程

本章导读

在 MCU 产业链快速发展的今天，不同的 MCU 其外设的差异很大。AWorks 对具有共性的外设进行了高度的抽象，并设计了相应的标准接口与对应的中间层，使得不同的 MCU 外设都能以标准的接口操作。

面对复杂的 CAN 编程，AWorks 同样推出了简单易用的编程接口，方便用户快速实现 CAN 通信功能。用户的应用程序可以跨平台复用，在任何 AWorks 的硬件平台上无需修改便可运行。本章将重点介绍基于 CAN API 的编程方法，进而在具体应用中使用 CAN - bus 通信功能。

13.1 CAN 编程接口

AWorks 定义了一套 CAN 通用接口，不仅包含高速 CAN，还包含 CAN FD，本节仅介绍高速 CAN 的常用接口。为了便于描述，将接口分为 CAN 控制接口和 CAN 数据传输接口两部分进行介绍。

13.1.1 CAN 控制接口

CAN 控制主要包括初始化、启动、停止等操作，相关接口函数原型详见表 13.1。

表 13.1 CAN 控制接口的函数原型

函数原型	功能简介
aw_can_err_t aw_can_init(int chn, aw_can_work_mode_type_t work_mode, const aw_can_baud_param_t * p_baud, aw_can_app_callbacks_t * p_app_cb);	CAN 接口初始化，包含通道号、工作模式、波特率、事件回调函数
aw_can_err_t aw_can_start (intchn);	启动 CAN 控制器，使 CAN 控制器进入正常模式，可以进行总线通信

续表 13.1

函数原型	功能简介
aw_can_err_t aw_can_stop (intchn);	停止 CAN 控制器，使 CAN 控制器进入停止模式，不进行总线通信

1. 初始化 CAN 通道

CAN 初始化用于完成指定 CAN 通道的初始配置，例如工作模式、通信波特率，其函数原型为：

```
aw_can_err_taw_can_init (int  chn,
aw_can_work_mode_type_t  work_mode,
const aw_can_baud_param_t   * p_baud,
aw_can_app_callbacks_t   * p_app_cb);
```

对上面函数中的 4 个参数说明如下。

(1) chn

chn 为 CAN 通道号，用于指定本次要初始化的 CAN 通道。一个系统可能支持多路 CAN，为了便于区分，为每路 CAN 分配一个唯一的通道号。例如，系统支持 3 路 CAN，则 chn 的取值范围为 0～2。

(2) work_mode

work_mode 指定 CAN 控制器的工作模式，其类型 aw_can_work_mode_type_t 定义如下：

```
typedef uint8_t aw_can_work_mode_type_t;
```

其本质上是一个无符号整数，工作模式的可用取值使用宏的形式进行定义，宏名及其含义详见表 13.2。

表 13.2 CAN 工作模式的可用取值宏

工作模式可用取值宏	模式简介
AW_CAN_WORK_MODE_NORMAL	正常工作模式：CAN 控制器会对总线上的报文做出应答操作，可以正常发送和接收 CAN 报文
AW_CAN_WORK_MODE_LISTEN_ONLY	只听模式：只能接收 CAN 报文，CAN 控制器不会应答总线，不能发送报文
AW_CAN_WORK_MODE_NON_ISO	非 ISO 标准的工作模式：一般不使用

在通常情况下，将工作模式设置为 AW_CAN_WORK_MODE_NORMAL。

(3) p_baud

p_baud 为波特率参数指针，用于设置 CAN 波特率。在 1.2 节详细介绍了 CAN 位时间，其相关配置参数有 5 个：tseg1、tseg2、sjw、smp、brp。在 AWorks 中，定义了相应的结构体类型 aw_can_baud_param_t 表示这些配置参数，其定义详见程序清单 13.1。

程序清单 13.1　CAN 波特率配置结构体类型定义

```
1     typedef struct aw_can_baud_param {
2         uint8_t     tseg1;                    //tseg1 相位段 1
3         uint8_t     tseg2;                    //tseg2 相位段 2
4         uint8_t     sjw;                      //sjw 同步跳转宽度
5         uint8_t     smp;                      //smp 采样模式 0:单次 1:3 次
6         uint16_t    brp;                      //brp 分频值
7     }aw_can_baud_param_t;
```

例如，在 i.MX28x 中，CAN 控制器的输入时钟频率为 24 MHz，若通信距离较短（小于 25 m），期望的波特率为 1 Mbps，则可以将分频系数设置为 3，tseg1 设置为 5，tseg2 设置为 2，sjw 设置为 1，仅单次采样。基于此，波特率参数可以定义为：

```
aw_can_baud_param_t   __g_can_btr_1000k = {     //1M
    5,                                          //tseg1
    2,                                          //tseg2
    1,                                          //同步跳变宽度为 1
    0,                                          //单次采样
    3                                           //分频值
};
```

各个成员的值仅供参考，在实际使用中，还可能由多种其他设置方案。但需要注意的是，在 i.MX28x 中，信号处理时间为 2，因此，tseg2 的值不能小于 2。例如，sjw 设置为 2，tseg2 设置为 2，tseg1 设置为 9，分频值设置为 2。具体分析详见 CAN 位时间的介绍。

（4）p_app_cb

p_app_cb 指向一个结构体，包含各种特殊事件的回调函数指针。结构体类型 aw_can_app_callbacks_t 的定义详见程序清单 13.2。

程序清单 13.2　事件回调函数结构体类型定义

```
1     typedef uint32_t ( * aw_can_timestamp_get_callback_t) (uint32_t);
2
3     typedef aw_bool_t ( * aw_can_proto_rx_callback_t) (int chn, aw_can_msg_t * p_msg);
4     typedef aw_bool_t ( * aw_can_proto_tx_callback_t) (int chn);
5
6     typedef aw_bool_t ( * aw_can_bus_err_sta_callback_t) (int   chn,
7                                                          aw_can_bus_err_t   err,
8                                                          aw_can_bus_status_t   status);
9
```

```
10    typedef aw_bool_t ( * aw_can_dev_wakeup_callback_t) (int chn);
11
12    typedef struct aw_can_app_callbacks {
13    aw_can_timestamp_get_callback_t    timestamp_get_cb;    //时间戳获取回调函数
14    aw_can_proto_rx_callback_t         proto_rx_cb;         //接收到一帧报文回调函数
15    aw_can_proto_tx_callback_t         proto_tx_cb;         //发送完一帧报文回调函数
16    aw_can_bus_err_sta_callback_t      bus_err_sta_cb;      //总线错误回调函数
17    aw_can_dev_wakeup_callback_t       dev_wakeup_cb;       //控制器唤醒回调函数
18    } aw_can_app_callbacks_t;
```

上述结构体中共包含 5 个事件回调函数指针，这些指针指向的回调函数将在相应事件发生时由系统自动调用。这些函数指针指向的函数需要由用户实现，以便用户根据实际情况进行处理。

5 个事件分别为：时间戳获取、接收到一帧报文、发送完一帧报文、总线错误、控制器唤醒。下面分别对各个事件对应的回调函数做详细介绍。

① 时间戳获取回调函数

在 AWorks 中，为每个报文定义了一个时间戳域。时间戳通常只用于接收报文，以辅助用户判断报文接收的时间间隔以及相同 ID 报文接收的先后顺序。

部分 CAN 控制器支持时间戳概念，其内部有一个自由运行的定时器(往往以波特率作为该定时器的运行频率)。当成功发送一帧报文或接收到一帧报文时，就将该定时器的值作为报文的时间戳信息反馈给用户。在这种情况下，用户无需提供时间戳获取函数，timestamp_get_cb 的值为 NULL 即可。

部分 CAN 控制器可能不支持时间戳的概念，其内部没有自由运行的定时器，此时，就需要由用户提供一个时间戳获取函数 timestamp_get_cb，以供底层驱动使用。通过时间戳获取函数从某个硬件定时器中获取定时值。

timestamp_get_cb 的类型为 aw_can_timestamp_get_callback_t，其定义如下：

```
typedef uint32_t ( * aw_can_timestamp_get_callback_t) (uint32_t);
```

由此可见，timestamp_get_cb 指向的函数是以一个 32 位无符号数作为参数并返回一个 32 位无符号数的函数。参数是在系统调用该回调函数时传递给用户的，其值为 CAN 控制器反馈给用户的一个时间戳参考值。返回值即为最终填充在 CAN 报文中的时间戳值。

当 CAN 控制器支持时间戳时，其在调用回调函数时会将其时间戳值作为参数传递给回调函数，用户可以对该值进行处理，将处理后的值返回作为 CAN 报文中的时间戳。一般来讲，无需作任何处理，此时只需将参数值原封不动地返回即可，详见程序清单 13.3。

程序清单 13.3　简单地获取时间戳回调函数实现(1)

```
1    uint32_t __can_timestamp_get_cb (uint32_t time)
2    {
3        return time;
4    }
```

其中,函数名__can_timestamp_get_cb 可作为 timestamp_get_cb 的值,本质上,这与将 timestamp_get_cb 设置为 NULL 的效果是一样的。

当 CAN 控制器不支持时间戳时,用户可以实现一个获取时间戳的函数,以便系统在获取到报文时,通过该函数得到一个有效的时间戳,时间戳具体值可以从某个硬件定时器中获取,详见程序清单 13.4。

程序清单 13.4　简单地获取时间戳回调函数实现(2)

```
1    uint32_t __can_timestamp_get_cb (uint32_t time)
2    {
3        //从某个定时器中获取,简单的,若对时间精度要求不高,可以直接使用系统 tick 值
4        return aw_sys_tick_get();
5    }
```

在绝大部分应用中,CAN 控制器不支持时间戳,用户可能也不需要使用时间戳,此时,只需定义一个空函数,并返回 0 即可。如此一来,各个接收报文中的时间戳将恒为 0,没有任何意义,详见程序清单 13.5。

程序清单 13.5　简单地获取时间戳回调函数实现(3)

```
1    uint32_t __can_timestamp_get_cb (uint32_t time)
2    {
3        return 0;
4    }
```

② 接收到一帧报文回调函数

当 CAN 控制器接收到一帧报文时,会通过回调函数 proto_rx_cb 将报文传递给用户。proto_rx_cb 的类型为 aw_can_proto_rx_callback_t,其定义如下:

```
typedef aw_bool_t (*aw_can_proto_rx_callback_t) (int chn, aw_can_msg_t *p_msg);
```

由此可见,proto_rx_cb 指向的函数有两个参数:chn 和 p_msg,其中,chn 表示接收到报文的通道号,p_msg 表示接收到的消息。消息的类型为 aw_can_msg_t,其定义详见程序清单 13.6。

程序清单 13.6　报文类型定义

```
1        typedef struct aw_can_msg {
2        uint32_t              timestamp;              /* 时间戳 */
3        uint32_t              id;                     /* 帧 ID */
```

```
4       aw_can_msg_flag_t       flags;          /* 帧信息 */
5       uint8_t                 resv[2];        /* 保留,后续扩展使用 */
6       uint8_t                 chn;            /* 通道号 */
7       uint8_t                 length;         /* 数据长度 */
8   } aw_can_msg_t;
```

其中,timestamp 为时间戳,反映该报文接收的时刻。若未使用该段(例如时间戳回调函数的实现详见程序清单 13.5),则该段为 0。

id 表示帧的 ID,若帧为扩展帧(29 位 ID),则 id 的低 29 位表示帧的实际 ID;若帧为标准帧(11 位 ID),则低 11 位表示帧的实际 ID。

flags 表示帧的一些基本信息,其类型 aw_can_msg_flag_t 的定义如下:

```
typedef  uint32_t  aw_can_msg_flag_t;
```

其本质上是一个无符号整数,其值可以是多个标志的"或"值(C 语言"|"运算符),常用消息标志详见表 13.3。

表 13.3　常用消息标志

标志名	简　介
AW_CAN_MSG_FLAG_EXTERND	扩展帧标志
AW_CAN_MSG_FLAG_REMOTE	远程帧标志

若 flags 包含 AW_CAN_MSG_FLAG_EXTERND 标志,则帧为扩展帧;否则,帧为标准帧。若 flags 包含 AW_CAN_MSG_FLAG_REMOTE 标志,则帧为远程帧,否则,帧为数据帧。

resv[2]为保留段,当前并未使用,其值无任何意义。

chn 为通道号,表示该报文是从哪个 CAN 通道中接收的。

length 表示数据长度,其对应帧格式中 DLC 域的值。

若帧为远程帧,则该帧仅用于数据请求(用户应根据 ID 决定是否回应相应的数据帧),不包含数据段。若帧为数据帧,则其应包含长度为 length 的数据段,此时,消息的实际类型为 aw_can_std_msg_t。该类型是从 aw_can_msg_t 派生而来的,新增了数据段信息,其定义详见程序清单 13.7。

程序清单 13.7　aw_can_std_msg_t 类型定义

```
1   #define AW_CAN_HS_MAX_LENGTH      8                              /* CAN 数据长度 */
2
3   typedef struct aw_can_std_msg {
4       aw_can_msg_t            can_msg;                           /* 报文头 */
5       uint8_t                 msgbuff[AW_CAN_HS_MAX_LENGTH];     /* 数据段 */
6   } aw_can_std_msg_t;
```

基于此，当帧类型为数据帧时，可以将 aw_can_msg_t 强制转换为 aw_can_std_msg_t 类型使用。例如，接收报文的处理范例详见程序清单 13.8。

程序清单 13.8　接收报文处理范例程序

```
1    aw_local void __msg_process (aw_can_msg_t * p_msg)
2    {
3        if (p_msg->flags & AW_CAN_MSG_FLAG_EXTERND) {
4            // 扩展帧,ID 为 29 位(取 p_msg->id 的低 29 位)
5        } else {
6            // 标准帧,ID 为 11 位(取 p_msg->id 的低 11 位)
7        }
8
9        if (p_msg->flags & AW_CAN_MSG_FLAG_REMOTE) {
10            //远程帧,不携带数据,判断 ID,是否是本节点提供的服务,回应一个数据帧?
11        } else {
12            //数据帧,携带 p_msg->length 字节的数据
13            aw_can_std_msg_t * p_std_msg = (aw_can_std_msg_t * )p_msg;
14            int  i;
15            for (i = 0; i < p_msg->length; i++) {
16                //访问接收到的数据 p_std_msg->msgbuff[i]
17            }
18        }
19    }
```

接收报文回调函数的返回值为布尔类型，其表示在用户定义的回调函数中是否对该报文进行了处理，以便系统决定是否将该报文存储到内部缓存中。若返回值为 FALSE，则表明未对报文进行处理，此时，系统内部会将该报文存储到一个环形缓冲区中，用户可以在后续空闲时再重新取出报文进行处理；若返回值为 TRUE，表明已对报文进行处理，不会再将该报文存入缓冲区中。

该回调函数往往在报文接收中断中被调用。在中断环境中，不建议回调函数运行时间过长，以避免影响系统的实时性。因此，除非是十分紧急的报文，一般都不会在该回调函数中立即处理报文。

例如，在回调函数中，可以对 ID 进行简单的判断，以便只留下感兴趣的帧进行处理。若 ID 为感兴趣的帧，则返回 FLASE，系统将其存储到缓存中；若 ID 为不感兴趣的帧，则返回 TRUE，系统不将其存储到缓存中。一个简单的实现范例详见程序清单 13.9。

程序清单 13.9　接收报文回调函数范例程序

```
1    aw_local  aw_bool_t   __can_rx_cb (int chn, aw_can_msg_t * p_msg)
2    {
3        if ((! (p_msg->flags & AW_CAN_MSG_FLAG_EXTERND)) && ((p_msg->id >> 7) == 0x09)) {
```

```
4            return AW_FALSE;
5        }
6        return AW_TRUE;
7    }
```

程序中，只保留高 4 位 ID 为 1001 的标准帧，其余帧全部返回 TRUE，系统内部将不再保留这些帧。特别地，函数名__can_rx_cb 可作为 proto_rx_cb 的值。

当回调函数返回 FALSE 时，该报文将被存放到一个缓存中，后文将介绍如何从缓存中取出报文继续处理。特别地，若用户在回调函数中对各个报文没有进行任何特殊的处理，都是统一返回 FALSE，则可以简单地将 proto_rx_cb 设置为 NULL。

③ 发送完一帧报文回调函数

当 CAN 控制器成功发送完一帧报文时，会通过回调函数 proto_tx_cb 通知用户，proto_tx_cb 的类型为 aw_can_proto_rx_callback_t，其定义如下：

```
typedef aw_bool_t    ( * aw_can_proto_tx_callback_t) (int chn);
```

由此可见，proto_tx_cb 指向的函数具有一个表示 CAN 报文通道号的参数，返回值为布尔类型。若返回值为 TRUE，则表示用户需要自行处理该事件，例如继续发送报文等。若返回 FLASE，则表示由系统自动处理该事件，例如查找当前是否还存在请求发送的报文，若存在，则继续发送这些报文。在绝大部分情况下，交由用户自动完成后续处理，因此该函数通常都返回 FALSE。回调函数的实现范例详见程序清单 13.10。

程序清单 13.10　发送报文回调函数范例程序

```
1    aw_local   aw_bool_t    __can_tx_cb (int chn)
2    {
3    //可以得到这一信息:通道 chn 发送完一帧报文。返回 FALSE,使系统继续发送未发送的报文
4        return AW_FALSE;
5    }
```

其中，函数名__can_tx_cb 可作为 proto_tx_cb 的值。在通常情况下，若对发送完成这一事件并不感兴趣，则可以直接将 proto_tx_cb 设置为 NULL。

④ 总线错误回调函数

当总线上出现某种错误(典型的错误有 CRC 错误、位错误、位填充错误、帧格式错误、应答错误)或系统内部出现某种错误(例如内部缓存不足)时，系统将调用回调函数 bus_err_sta_cb，以便将错误通知到用户。bus_err_sta_cb 的类型为 aw_can_bus_err_sta_callback_t，其定义如下：

```
typedef aw_bool_t   ( * aw_can_bus_err_sta_callback_t)   (int   chn,
                                                          aw_can_bus_err_t    err,
                                                          aw_can_bus_status_t   status);
```

由此可见，bus_err_sta_cb 指向的函数具有 3 个参数：chn、err、status。其中，chn 表示出错的 CAN 通道号，err 表示出错的原因，status 表示总线所处的状态。

aw_can_bus_err_t 类型的定义如下：

```
typedef    uint32_t    aw_can_bus_err_t;
```

其本质上是一个无符号整数，其值可以是多个标志（表明导致错误的原因有多个）的“或”值（C 语言“|”运算符），常用错误原因标志详见表 13.4。

表 13.4　常用错误原因标志

宏　名	错误原因
AW_CAN_BUS_ERR_NONE	特殊值（无错误）
AW_CAN_BUS_ERR_BIT	位错误（发送与接收不一致）
AW_CAN_BUS_ERR_ACK	应答错误
AW_CAN_BUS_ERR_CRC	CRC 错误
AW_CAN_BUS_ERR_FORM	帧格式错误
AW_CAN_BUS_ERR_STUFF	位填充错误
AW_CAN_BUS_ERR_DATAOVER	超载错误（将超载信息以错误的形式反馈给用户）
AW_CAN_BUS_ERR_RCVBUFF_FULL	接收缓冲区满

除了 CAN 协议规定的 5 种错误外，还有两种情况也视为错误：一种是超载错误，当一帧报文还未从 CAN 控制器中读出时，又来了一帧新的报文，出现这种错误往往是由于在接收中断回调函数中处理时间过长导致的，长时间占用中断，使得系统无法接收新的帧；另外一种是接收区满错误，当接收报文回调函数返回 FLASE 时，报文会存储到内部缓存中，若用户迟迟不从缓存中取出（取出方法将在后文介绍），则缓存可能塞满，导致接收缓冲区错误。

status 表示当前总线所处的状态，CAN 协议规定 CAN 节点有 3 种状态：主动错误状态、被动错误状态和总线关闭状态。status 的类型为 aw_can_bus_status_t，其定义如下：

```
typedef    uint32_t    aw_can_bus_status_t;
```

其本质上是一个无符号整数，其可能的取值详见表 13.5。

表 13.5　总线状态

宏　名	状　态
AW_CAN_BUS_STATUS_OK	总线正常，可视为主动错误状态
AW_CAN_BUS_STATUS_PASSIVE	被动错误状态
AW_CAN_BUS_STATUS_OFF	总线关闭状态

续表 13.5

宏 名	状 态
AW_CAN_BUS_STATUS_WARN	警告状态(连续出现多次错误)
AW_CAN_BUS_STATUS_ERROR	总线错误
AW_CAN_BUS_STATUS_DATAOVER	总线超载
AW_CAN_BUS_STATUS_WAKE	唤醒态(临时状态,刚从低功耗模式被唤醒)

除了 CAN 协议规定的 3 种状态外,还定义了额外的 4 种状态,它们本质上还是属于主动错误状态和被动错误状态,只是加以细分,便于用户判别。其中,警告状态表示连续出现多次错误,应引起注意;总线错误状态表示总线出现错误;总线超载表明出现超载的情况;唤醒态是一种特殊的状态,系统刚从低功耗模式被唤醒时处于该状态,以便用户知道其刚从低功耗状态唤醒。对于错误回调函数来讲,状态并不会是唤醒态。

回调函数的返回值为布尔类型。若返回值为 TRUE,则表示错误被处理;若返回值为 FALSE,则表明错误未被处理,此时,系统将错误消息存入内部缓存中,以便用户在后续空闲时再对错误进行处理。这与接收报文回调函数类似,由于其与接收报文使用同一个缓存,为了便捷,系统也将错误消息组织为一个接收报文的形式存入缓存中。为了便于将其与正常接收报文区分,消息标志 flags 固定为 AW_CAN_MSG_FLAG_ERROR。即当从缓存中获取到一个报文时,若其标志域为 AW_CAN_MSG_FLAG_ERROR,则表明该报文是系统内存产生的一个用于传递错误信息的报文,而非正常报文。

为了向用户传递更多的总线错误细节信息,该报文还携带 3 字节数据,长度 length 的值固定为 3。在系统内部,错误信息对应的报文构造示意如下:

```
aw_can_std_msg_t      msg;
msg.can_msg.flags = AW_CAN_MSG_FLAG_ERROR;
msg.can_msg.length = 0x03;
```

在携带的 3 字节数据中,字节 0 表示总线错误状态,字节 1 和字节 2 的值与总线错误状态相关。

若总线错误状态为 AW_CAN_BUS_STATUS_ERROR,则表示一个普通的错误,字节 1 表示错误原因,字节 2 固定为 0。在系统内部,消息中 3 字节数据的赋值代码如下:

```
msg.msgbuff[0] = AW_CAN_BUS_STATUS_ERROR;
msg.msgbuff[1] = AW_CAN_BUS_ERR_CRC;                /* 假定为 CRC 错误 */
msg.msgbuff[2] = 0;
```

若总线错误状态为 AW_CAN_BUS_STATUS_DATAOVER,则表示出现超载，字节 1 和字节 2 的值均固定为 0。在系统内部，消息中 3 字节数据的赋值代码如下：

```
msg.msgbuff[0] = AW_CAN_BUS_STATUS_DATAOVER;
msg.msgbuff[1] = 0;
msg.msgbuff[2] = 0;
```

若为其他错误状态，则字节 1 表示当前接收错误计数器的值，字节 2 表示当前发送错误计数器的值，以便用户对当前出错情况有一个宏观的了解。在系统内部，消息中 3 字节数据的赋值代码如下：

```
msg.msgbuff[0] = AW_CAN_BUS_STATUS_OFF;                /* 假定变为总线关闭状态 */
msg.msgbuff[1] = rx_err_count;
msg.msgbuff[2] = tx_err_count;
```

其中，rx_err_count 和 tx_err_count 的值可以由 CAN 控制器提供。这些参数的赋值是在系统内部自动完成的，并不需要用户干预。这里列出各种情况下系统内部对各个成员赋值的情况是为了便于用户在实际应用中获取一个错误消息报文时，能够正确地对其中的信息进行解析。

在一般应用中，若不需要对总线错误进行复杂的处理，则可以在回调函数中直接处理后返回 TRUE，避免缓存中存放过多的错误信息报文，详见程序清单 13.11。

程序清单 13.11　总线错误回调函数范例程序

```
1    aw_local  aw_bool_t   __can_err_sta_cb (int chn, aw_can_bus_err_t err, aw_can_bus_
status_t status)
2    {
3         //总线错误处理，处理完成后返回 TRUE
4         return AW_TRUE;
5    }
```

其中，函数名__can_err_sta_cb 可作为 bus_err_sta_cb 的值。特别地，若在回调函数中不需要对错误事件进行处理，并期望将错误消息存放到内部缓存以便推迟到后期再处理，则函数应返回 FALSE，或直接将 bus_err_sta_cb 设置为 NULL。

⑤ 控制器唤醒回调函数

当控制器从低功耗模式被唤醒时，将通过回调函数 dev_wakeup_cb 通知用户。dev_wakeup_cb 的类型为 aw_can_dev_wakeup_callback_t，其定义如下：

```
typedef aw_bool_t    (* aw_can_dev_wakeup_callback_t) (int chn);
```

由此可见，dev_wakeup_cb 指向的函数具有一个表示 CAN 报文通道号的参数，返回值为布尔类型。若返回值为 TRUE，则表示用户接收到该唤醒事件并成功处理。若返回值为 FALSE，则表示用户未对该唤醒事件进行处理，此时，系统内部会组织一条消息（使用错误信息格式，以便可以存储到内部缓存中）并存储到内部缓存中，以便用户在稍后空闲时处理。在系统内部，唤醒消息对应的报文构造示意如下：

```
aw_can_std_msg_t      msg;
msg.can_msg.flags   =   AW_CAN_MSG_FLAG_ERROR;
msg.can_msg.length  =   0x03;
msg.msgbuff[0]      =   AW_CAN_BUS_STATUS_WAKE;
msg.msgbuff[1]      =   0x00;
msg.msgbuff[2]      =   0x00;
```

在一般应用中，若不需要对唤醒事件进行复杂的处理，则可以在回调函数中直接处理后返回 TRUE，详见程序清单 13.12。

程序清单 13.12　控制器唤醒回调函数范例程序

```
1    aw_local  aw_bool_t   __can_wakeup_cb (int chn, aw_can_bus_err_t err, aw_can_bus_
status_t status)
2    {
3         // 唤醒消息处理，处理完成后返回 TRUE
4         return AW_TRUE;
5    }
```

其中，函数名__can_wakeup_cb 可作为 dev_wakeup_cb 的值。特别地，若需要将唤醒消息存放到内部缓存以便推迟到后期处理，则函数应返回 FALSE，或将 dev_wakeup_cb 设置为 NULL。

在实现各个事件对应的回调函数后，可以定义一个结构体常量，详见程序清单 13.13。

程序清单 13.13　包含各个事件回调函数的结构体常量定义

```
1    aw_local  aw_const  aw_can_app_callbacks_t    __g_can_app_callback_fun = {
2         __can_timestamp_get_cb,              //时间戳获取的通知
3         __can_rx_cb,                         //接收到一帧报文的通知
4         __can_tx_cb,                         //发送完一帧报文的通知
5         __can_err_sta_cb,                    //总线错误的通知
6         __can_wakeup_cb                      //控制器唤醒的通知
7    };
```

其中，__g_can_app_callback_fun 可作为初始化函数中 p_app_cb 参数的值。在实际应用中，通常并不需要实现所有函数，对于不关心的事件，可以直接设置为 NULL。极端地，5 个事件对应的函数指针均可设置为 NULL，这并不影响数据的正常收发。

aw_can_init()函数的返回值为 aw_can_err_t 类型，该类型定义如下：

```
typedef      int      aw_can_err_t;
```

其本质上是一个整数，一般地，若返回值为 0，则表明无任何错误发生，操作成功

完成。若返回值为负值,则表明出现某种错误,常见错误已经使用宏的形式进行了定义,宏名及对应的错误原因详见表 13.6。

表 13.6　常见 CAN 错误代码

宏　名	错误原因
AW_CAN_ERR_NONE	无错误
AW_CAN_ERR_BUSY	总线忙
AW_CAN_ERR_NOT_INITIALIZED	设备未初始化
AW_CAN_ERR_ILLEGAL_CHANNEL_NO	非法通道号
AW_CAN_ERR_ILLEGAL_CHANNEL_MODE	非法通道模式
AW_CAN_ERR_CTRL_NOT_START	控制器未启动
AW_CAN_ERR_ILLEGAL_DATA_LENGTH	非法数据长度
AW_CAN_ERR_INVALID_PARAMETER	无效参数
AW_CAN_ERR_BAUDRATE_ERROR	波特率错误

实际返回值为表中相应宏值的相反数,例如,当返回值为－AW_CAN_ERR_BUSY(宏名前有个负号)时,表示总线忙。

当一个 CAN 操作接口的返回值不为 0 时,可通过返回值判断具体出错的原因,初始化 CAN 通道的范例程序详见程序清单 13.14。

程序清单 13.14　初始化 CAN 通道的范例程序

```
1    int aw_main()
2    {
3        aw_can_err_t ret;
4        ret = aw_can_init(0,                                         //CAN 通道
5                       AW_CAN_WORK_MODE_NORMAL,                      //正常模式
6                       &__g_can_btr_1000k,                           //1 Mbps
7                       &__g_can_app_callback_fun);                   //事件回调函数
8        if (ret != AW_CAN_ERR_NONE) {
9            //初始化失败
10       }
11       //......
12   }
```

2. 启动 CAN 控制器

初始化完成后,设备并未开始工作,只有启动 CAN 控制器后,设备才开始工作。根据初始化时设定的工作模式不同,设备启动后进入的工作状态可能不同。若工作模式设为正常模式,则启动 CAN 控制器后,设备可以进行正常通信(发送或接收);若工作模式设为只听模式,则启动 CAN 控制器后,设备只能监听总线数据,无法发

送数据。启动 CAN 控制器的函数原型为:

```
aw_can_err_t aw_can_start (int chn);
```

其中,chn 为 CAN 通道号,表示要启动的 CAN 控制器。返回值为 aw_can_err_t 类型的 CAN 错误代码。启动 CAN 控制器的范例程序详见程序清单 13.15。

程序清单 13.15 启动 CAN 控制器的范例程序

```
1    int aw_main()
2    {
3        aw_can_err_t ret;
4        // ........                              //初始化 CAN 通道
5        ret = aw_can_start(0);                  //启动 CAN 通道
6        if (ret ! = AW_CAN_ERR_NONE) {
7            //启动失败
8        }
9        //......
10   }
```

3. 停止 CAN 控制器

与启动 CAN 控制器相对应,使用该接口可以停止 CAN 控制器,使其脱离 CAN 总线,不再继续工作,其函数原型为:

```
aw_can_err_t  aw_can_stop (int chn);
```

其中,chn 为 CAN 通道号。返回值为 aw_can_err_t 类型的 CAN 错误代码。在特殊情况下,当控制器出错时,可以通过停止后再启动的方式使控制器出错复位。停止一个 CAN 通道的范例程序详见程序清单 13.16。

程序清单 13.16 停止 CAN 通道的范例程序

```
1    int aw_main()
2    {
3        aw_can_err_t ret;
4
5        //初始化 CAN 通道、启动 CAN 通道、发送或接收数据(数据收发将在 13.1.2 小节介绍)……
6
7        ret = aw_can_stop(0);
8        if (ret ! = AW_CAN_ERR_NONE) {
9            //停止失败
10       }
11       //......
12   }
```

13.1.2 CAN 数据传输接口

CAN 数据传输接口主要包括 CAN 报文的发送和接收，相关接口的原型详见表 13.7。

表 13.7 CAN 数据通信接口

函数原型	功能简介
aw_can_err_t aw_can_std_msgs_send (int chn, aw_can_std_msg_t * p_msgs, uint32_t msgs_num, uint32_t * p_done_num, uint32_t timeout);	高速 CAN 报文发送函数，只有配置为高速 CAN 控制器时使用，报文采用 8 字节的标准 CAN 报文格式
aw_can_err_t aw_can_std_msgs_rcv (int chn, aw_can_std_msg_t * p_msgs, uint32_t msgs_num, uint32_t * p_done_num, uint32_t timeout);	高速 CAN 报文接收函数，只有配置为高速 CAN 控制器时使用，报文采用 8 字节的标准 CAN 报文格式

1. 发送 CAN 报文

启动 CAN 控制器后，若控制器工作在正常模式，则可以正常收发数据。使用该接口可以向总线发送一个或多个 CAN 帧，其函数原型为：

```
aw_can_err_t  aw_can_std_msgs_send ( int                 chn,
                                     aw_can_std_msg_t   * p_msgs,
                                     uint32_t            msgs_num,
                                     uint32_t           * p_done_num,
                                     uint32_t            timeout);
```

其中，chn 为要发送报文的 CAN 通道号；p_msgs 为指向高速 CAN 标准报文的指针；msgs_num 为请求发送报文的个数；p_done_num 为输出参数，表示实际发送成功的报文个数；timeout 为超时时间。返回值为 aw_can_err_t 类型的 CAN 错误代码。

一个 CAN 报文使用 aw_can_std_msg_t 的结构体类型表示，发送和接收报文均使用该结构体类型进行描述。特别地，对于发送报文，通常不会使用时间戳，发送方可以将 timestamp 设置为 0，发送标准数据帧的范例程序详见程序清单 13.17。

程序清单 13.17　发送 CAN 报文(标准数据帧)范例程序

```
1    int aw_main()
2    {
3        aw_can_err_t         ret;
4        aw_can_std_msg_t     msg;
5        int                  i;
6        uint32_t             done_num = 0;
7
8        //初始化 CAN 通道、启动 CAN 通道
9
10       msg.can_msg.timestamp   =   0x00;
11       msg.can_msg.id          =   0x78B;    //11 位 ID
12       msg.can_msg.flags       =   0x00;     //默认标准数据帧,无扩展标志和远程标志
13       msg.can_msg.chn         =   0;        //使用 CAN 通道 0 发送
14       msg.can_msg.length      =   0x08;
15
16       for (i = 0; i < 8; i++) {
17           msg.msgbuff[i] = i;
18       }
19
20       ret = aw_can_std_msgs_send(0, &msg, 1, &done_num, 500);
21       if ((ret == AW_CAN_ERR_NONE) && (done_num == 1)) {
22       //发送成功
23       }
24       //......
25   }
```

若返回值为 AW_CAN_ERR_NONE,则表示发送成功,此时从 p_done_num 参数读取到的实际发送的报文个数往往与请求发送的报文个数相等;否则,返回值为 CAN 错误码,表示出现某种错误导致发送失败。注意,此处的发送成功仅表示将报文成功写入内部缓存中,并未真正发送到 CAN 网络中,随后 CAN 控制器将在总线空闲时自动执行发送操作。报文真正成功发送后,会调用用户设定的发送成功回调函数,若在发送过程中出现某种错误,则会调用用户设定的错误回调函数。

类似的,若如需请求一个 ID 为 0x1122 的标准数据帧,则可以发送相应的远程帧,范例程序详见程序清单 13.18。

程序清单 13.18　发送 CAN 报文(远程帧)范例程序

```
1    int aw_main()
2    {
3        aw_can_err_t         ret;
4        aw_can_std_msg_t     msg;
```

```
5       int                     i;
6       uint32_t                done_num = 0;
7
8       //初始化 CAN 通道、启动 CAN 通道
9
10      msg.can_msg.timestamp   =  0x00;
11      msg.can_msg.id          =  0x78B;                  //11 位 ID
12      msg.can_msg.flags       =  AW_CAN_MSG_FLAG_REMOTE; //远程帧
13      msg.can_msg.chn         =  0;                      //使用 CAN 通道 0 发送
14      msg.can_msg.length      =  0x08;                   // 请求的数据量
15
16      ret = aw_can_std_msgs_send(0, &msg, 1, &done_num, 500);
17      if ((ret == AW_CAN_ERR_NONE) && (done_num == 1)) {
18      //发送成功
19      }
20      //......
21  }
```

2. 接收 CAN 报文

可以使用该接口获取总线上的 CAN 报文，其函数原型为：

```
aw_can_err_t  aw_can_std_msgs_rcv (int                 chn,
                                  aw_can_std_msg_t    *p_msgs,
                                  uint32_t             msgs_num,
                                  uint32_t            *p_done_num,
                                  uint32_t             timeout);
```

其中，chn 为 CAN 通道号，p_msgs 为指向用于存储接收 CAN 报文的缓冲区，msgs_num 为请求读取报文个数，p_done_num 为实际读取报文个数，timeout 为接收缓冲区中无报文的超时时间。返回值为 aw_can_err_t 类型的 CAN 错误代码。

当接收到 CAN 报文时，首先会调用用户设定的接收回调函数，若用户未对报文进行处理(即回调函数的返回值为 FLASE)，则会将接收到的报文存放到内部缓存中，用户调用该接口函数是用于将内部缓存中的报文复制到用户缓冲区中。在使用该函数时，若内部没有数据，即当前没有接收到任何报文，timeout 将会有效，超过 timeout 指定的时间后，函数将超时返回。此外，为了保证数据的实时性，在等待过程中，只要有数据就立即返回。接收 CAN 报文并对其进行处理的范例程序详见程序清单 13.19。

程序清单 13.19　接收 CAN 报文并对其进行处理范例程序

```
1   int aw_main()
2   {
3       aw_can_err_t          ret;
```

```
4        aw_can_std_msg_t     msg[5];
5        int                  i;
6        uint32_t             done_num = 0;
7
8        //初始化 CAN 通道、启动 CAN 通道
9
10        ret = aw_can_std_msgs_rcv(0, msg, 5, &done_num, 500);
11
12        if (ret == AW_CAN_ERR_NONE) {                  //成功接收报文
13            for (i = 0; i < done_num; i ++ ) {        //依次处理各个报文
14                if (msg[i].can_msg.flags & AW_CAN_MSG_FLAG_ERROR) {
15                    //错误消息及唤醒消息处理
16                } else {
17                    if (msg[i].can_msg.flags & AW_CAN_MSG_FLAG_EXTERND) {
18                        //扩展帧,ID 为 29 位(取 msg[i].can_msg.id 的低 29 位)
19                    } else {
20                        //标准帧,ID 为 11 位(取 msg[i].can_msg.id 的低 11 位)
21                    }
22                    if (msg[i].can_msg.flags & AW_CAN_MSG_FLAG_REMOTE) {
23                        //远程帧,不携带数据,判断 ID 是否是本节点提供的服务,回应
                          //一个数据帧?
24                    } else {
25                        //数据帧,携带 msg.can_msg.length 字节的数据
26                        for (i = 0; i < msg[i].can_msg.length; i ++ ) {
27                            //访问接收到的数据 msg[i].msgbuff[i]
28                        }
29                    }
30                }
31            }
32        }
33        //......
34    }
```

需要特别注意的是，当出现错误或唤醒事件时，若相应的回调函数返回值为 FALSE，则系统内部会组织一个特殊的报文并存放在内部缓存中，通过该接口可能获取这些报文，因此，在处理报文时，必须通过 flags 是否包含 AW_CAN_MSG_FLAG_ERROR 标志来区分正常接收的报文和系统内部产生的错误及唤醒消息。这些错误及唤醒消息的处理范例详见程序清单 13.20。

程序清单 13.20　错误及唤醒消息的处理范例程序

```
1    aw_local void __msg_err_wakeup_process (aw_can_std_msg_t * p_msg)
2    {
3        if ((p_msg->can_msg.flags & AW_CAN_MSG_FLAG_ERROR) == 0) {   //不是错误或唤醒消息
4            return;
5        }
6
7        if (p_msg->msgbuff[0] == AW_CAN_BUS_STATUS_ERROR) {            //一般错误
8
9            //错误原因见 p_msg->msgbuff[1],例如,值为 AW_CAN_BUS_ERR_CRC 表示 CRC 错误
10
11       } else if (p_msg->msgbuff[0] == AW_CAN_BUS_STATUS_DATAOVER) { //出现超载
12
13           // p_msg->msgbuff[1]和 p_msg->msgbuff[2] 均为 0
14
15       } else if (p_msg->msgbuff[0] == AW_CAN_BUS_STATUS_WAKE) {     //唤醒消息
16
17           // p_msg->msgbuff[1]和 p_msg->msgbuff[2] 均为 0
18
19       } else {                              //其他错误消息,例如,总线变为关闭状态
20
21           // p_msg->msgbuff[1]为接收错误计数,p_msg->msgbuff[2]为发送错误计数
22       }
23   }
```

13.1.3　综合应用范例

基于以上各个接口函数,可以快速实现基于 CAN 通信的应用程序。例如,实现一个数据收发测试的简单应用:CAN 控制器接收总线上的报文,并将接收到的报文通过 CAN 总线发送出去。范例程序详见程序清单 13.21。

程序清单 13.21　CAN 应用程序

```
1    #include "aworks.h"
2    #include "aw_can.h"
3    #include "aw_delay.h"
4    #include "aw_vdebug.h"
5    #include "aw_led.h"
6    #include "string.h"
7
8    #define __CAN_CHN      IMX28_FLAX_CAN0_BUSID       /* CAN 通道 */
9    #define __CAN_RECV_MSG_TIMEOUT      10              /* CAN 报文接收超时时间 */
```

```
10      #define __CAN_MSG_CNT                64      /* CAN 消息个数 */
11      #define __CAN_SEND_MSG_TIMEOUT      300     /* CAN 报文发送超时时间 */
12
13      /* 波特率:1 Mbps, 采样点位置:75% */
14      static aw_can_baud_param_t __g_can_btr_1000k = {5, 2, 1, 0, 3};
15
16      /* 时间戳获取函数 */
17      static uint32_t __can_timestamp_get_cb (uint32_t time)
18      {
19          return 0;
20      }
21
22      /* 错误通知及处理函数 */
23      static aw_bool_t __can_err_sta_cb (int chn, aw_can_bus_err_t err, aw_can_bus_status_t sta-
tus)
24      {
25          return AW_TRUE;
26      }
27
28      /* 事件回调结构体 */
29      static aw_can_app_callbacks_t __g_can_app_callback_fun = {
30          __can_timestamp_get_cb,                          /* 时间戳获取 */
31          NULL,
32          NULL,
33          __can_err_sta_cb,                                /* 错误通知 */
34          NULL
35      };
36
37      static aw_can_err_t __can_startup (void)
38      {
39          /* 初始化 CAN 控制器 */
40          aw_can_err_t ret = aw_can_init(__CAN_CHN,         /* CAN 通道 */
41                        AW_CAN_WORK_MODE_NORMAL,            /* 正常模式 */
42                        &__g_can_btr_1000k,                 /* 1 Mbps */
43                        &__g_can_app_callback_fun);         /* 事件回调函数 */
44          aw_kprintf("CAN : controller init...\r\n");
45          if (ret != AW_CAN_ERR_NONE) {
46              return ret;
47          }
48          ret = aw_can_start(__CAN_CHN);                    /* 启动 CAN 控制器 */
49          aw_kprintf("CAN : controller start! \n");
50          return ret;
```

```
51  }
52
53  int aw_main (void)
54  {
55      uint32_t            recv_num_real      = 0;
56      uint32_t            send_done_num      = 0;
57      int                  i;
58      aw_can_err_t        ret;
59      aw_can_std_msg_t    can_recv_msg[__CAN_MSG_CNT];/ * CAN 报文缓冲区 * /
60
61      memset(can_recv_msg, 0, sizeof(can_recv_msg));
62
63      ret = __can_startup();/ * 启动 CAN 控制器 * /
64      if (ret ! = AW_CAN_ERR_NONE) {
65          aw_kprintf("CAN : controller startup failed: %d! \n", ret);
66      } else {
67          AW_FOREVER {
68              / * 接收标准 CAN 报文 * /
69              aw_can_std_msgs_rcv(__CAN_CHN,
70                                  can_recv_msg,
71                                  __CAN_MSG_CNT,
72                                  &recv_num_real,
73                                  __CAN_RECV_MSG_TIMEOUT);
74              for (i = 0; i < recv_num_real; i++) {
75                  if (can_recv_msg[i].can_msg.flags & AW_CAN_MSG_FLAG_ERROR) {
76                      //错误消息及唤醒消息处理
77                  } else {
78                      aw_bool_t     is_extended   =   AW_FALSE;
79                      aw_bool_t     is_remote     =   AW_FALSE;
80
81                      if (can_recv_msg[i].can_msg.flags & AW_CAN_MSG_FLAG_EXTERND) {
82                          is_extended = AW_TRUE;
83                      }
84                      if (can_recv_msg[i].can_msg.flags & AW_CAN_MSG_FLAG_REMOTE)
{
85                          is_remote = AW_TRUE;
86                      }
87
88                      aw_kprintf("CAN : Recv %s %s frame with id : 0x%x\r\n",
89                                 is_extended ? "extended" : "base",
90                                 is_remote ? "remote" : "data",
91                                 can_recv_msg[i].can_msg.id);
```

```
92                      }
93                  }
94                  if (recv_num_real) {
95                      /* 将收到的报文发送出去 */
96                      aw_can_std_msgs_send(__CAN_CHN,
97                                           can_recv_msg,
98                                           recv_num_real,
99                                           &send_done_num,
100                                          __CAN_SEND_MSG_TIMEOUT);
101                     if (recv_num_real != send_done_num) {
102                         aw_kprintf("CAN : send error! \r\n");
103                     }
104                 }
105             }
106         }
107         while(1) {
108             aw_led_toggle(0);                           /* 翻转 LED */
109             aw_mdelay(500);                             /* 延时 500 ms */
110         }
111     }
```

程序中使用的 CAN 通道为 IMX28_FLAX_CAN0_BUSID，即 i. MX28x 的 CAN 控制器 0，i. MX28x 片上有两个 CAN 控制器，对应的通道 ID 在 aw_prj_params. h 文件中定义如下：

```
#define IMX28_FLAX_CAN0_BUSID    0
#define IMX28_FLAX_CAN1_BUSID    1
```

CAN 通信波特率设置为 1 Mbps。5 个事件回调函数仅实现 2 个：一个是时间戳获取函数，其恒返回 0；另一个是错误处理函数，其返回 TRUE，以避免将错误消息放入内部缓存中。在该程序中，未对错误做任何处理，但在实际应用中，通常都会对错误进行有效的处理（例如，当出现总线关闭时，可以尝试复位控制器），或将错误反馈到上层用户（例如，蜂鸣器鸣叫、LED 指示等）。

程序运行后，若有其他节点向总线发送报文，则运行该范例程序的节点会将收到的报文原封不动地再发送出去。为便于测试，可以使用 USB 转 CAN 模块（比如 ZLG 致远电子推出的 USBCAN-8E-U、USBCAN-4E-U、USBCAN-2E-U 等模块），将 USB 转 CAN 模块通过 USB 接口连接到 PC，即可使用 PC 上位机向连接到同一总线上的节点发送数据。

13.2 CAN FD 编程接口

前文介绍了 AWorks 的 CAN 编程接口，为了能够快速实现 CAN FD 功能，AWorks 也提供了 CAN FD 的通用接口。为了便于描述，同样将接口分为 CAN FD 控制接口和 CAN FD 数据传输接口两部分进行介绍。

13.2.1 CAN FD 控制接口

CAN FD 控制接口主要用于控制初始化、启动、停止等操作，它与 CAN 控制接口是完全相同的，可以通用。CAN FD 控制接口详见表 13.8。

表 13.8 CAN FD 控制接口(与 CAN 控制接口相同)

函数原型	功能简介
aw_can_err_t aw_can_init(int chn, aw_can_work_mode_type_t work_mode, const aw_can_baud_param_t * p_baud, aw_can_app_callbacks_t * p_app_cb);	CAN 接口初始化，包含通道号、工作模式、波特率、事件回调函数
aw_can_err_t aw_can_start (int chn);	启动 CAN 控制器，使 CAN 控制器进入正常模式，可以进行总线通信
aw_can_err_t aw_can_stop (int chn);	停止 CAN 控制器，使 CAN 控制器进入停止模式，CAN 控制器不进行总线通信

在 AWorks 中，CAN 和 CAN FD 的通道号是统一进行编号的，不会分别独立进行编号。例如，系统中有 2 个高速 CAN 控制器，它们的编号分别为 0 和 1。若还存在另外一个 CAN FD 控制器，则不能再使用 0 或 1 进行编号，可以顺序编号为 2。

系统内部将通过通道号区分控制器的类型，若通道号对应的控制器是高速 CAN 控制器，则使用控制接口操作的就是高速 CAN 控制器；若通道号对应的控制器是 CAN FD 控制器，则使用控制接口操作的就是 CAN FD 控制器。

各个控制接口的介绍可以参见 13.1 节高速 CAN 中对 CAN 控制器接口的介绍，下面仅对几处存在差异的地方进行特别说明。

1. 波特率设定

在初始化函数中，p_baud 参数用于指定通信波特率，对于高速 CAN，其波特率使用 aw_can_baud_param_t 类型表示，但对于 CAN FD，由于其需要描述两个波特率，因此，其波特率将使用 aw_can_fd_baud_param_t 类型进行描述，其定义详见程序清单 13.22。

程序清单 13.22　CAN FD 波特率类型定义

```
1    typedef struct aw_can_fd_baud_param {
2        aw_can_baud_param_t     nominal_baud;        //仲裁域及 CRC 域等波特率
3        aw_can_baud_param_t     data_baud;           //数据域波特率
4    } aw_can_fd_baud_param_t;
```

由此可见，其中包含两个 aw_can_baud_param_t 类型的成员，分别表示两种波特率。波特率的含义与高速 CAN 相同，同样由 5 个配置参数决定：tseg1、tseg2、brp、sjw、smp。

例如，CAN FD 控制器的输入时钟为 60 MHz，若期望标准波特率为 1 Mbps，而数据传输速率为 4 Mbps，则：

- 对于 nominal_baud，可以将分频系数设置为 3，tseg1 设置为 16，tseg2 设置为 3，sjw 设置为 2，仅单次采样，此时，采样点位置为 85%；
- 对于 data_baud，可以将分频系数设置为 1，tseg1 设置为 12，tseg2 设置为 2，sjw 设置为 2，仅单次采样，此时，采样点位置为 86.7%。

基于此，即可定义 CAN FD 的波特率如下：

```
static aw_can_fd_baud_param_t __g_can_fd_btr = {
    {16,    3,    2,    0,    3},    //Nominal Baud: 1000k
    {12,    2,    2,    0,    1}     //Data    Baud: 4000k
};
```

其中，__g_can_fd_btr 的地址可作为初始化函数中 p_baud 参数的值。但是，由于类型并不一致，在实际传递时，必须将__g_can_fd_btr 的地址强制转换为 aw_can_baud_param_t *类型。这里的设置值仅供参考，实际中，可能还存在其他合适的组合，具体设置方法可以参见高速 CAN 中对位时间的详细介绍。

2. 接收报文回调函数

在初始化函数中，p_app_cb 参数指向一个函数列表，用于当某个事件发生时，自动调用用户设定的回调函数，以通知用户进行处理。回顾 aw_can_app_callbacks_t 类型的定义，详见程序清单 13.23。

程序清单 13.23　事件回调函数结构体类型定义

```
1    typedef uint32_t (*aw_can_timestamp_get_callback_t) (uint32_t);
2
3    typedef aw_bool_t (*aw_can_proto_rx_callback_t) (int chn, aw_can_msg_t * p_msg);
4    typedef aw_bool_t (*aw_can_proto_tx_callback_t) (int chn);
5
6    typedef aw_bool_t (*aw_can_bus_err_sta_callback_t) (int                    chn,
7                                                         aw_can_bus_err_t       err,
8                                                         aw_can_bus_status_t    status);
```

```
9
10    typedef aw_bool_t (*aw_can_dev_wakeup_callback_t) (int chn);
11
12    typedef struct aw_can_app_callbacks {
13        aw_can_timestamp_get_callback_t   timestamp_get_cb;  //时间戳获取回调函数
14        aw_can_proto_rx_callback_t        proto_rx_cb;       //接收到一帧报文回调函数
15        aw_can_proto_tx_callback_t        proto_tx_cb;       //发送完一帧报文回调函数
16        aw_can_bus_err_sta_callback_t     bus_err_sta_cb;    //总线错误回调函数
17        aw_can_dev_wakeup_callback_t      dev_wakeup_cb;     //控制器唤醒回调函数
18    } aw_can_app_callbacks_t;
```

各个回调函数的含义在 13.1.1 小节进行了详细的介绍。需要特别注意的是，对于 CAN FD，由于其接收的报文最多包含 64 字节数据，与高速 CAN 存在差异，因此，接收报文回调函数有一定的差异。

接收报文回调函数的类型为：

```
typedef aw_bool_t  (*aw_can_proto_rx_callback_t) (int chn, aw_can_msg_t* p_msg);
```

其参数中，p_msg 表示接收报文的基本信息，回顾 aw_can_msg_t 类型的定义，详见程序清单 13.24。

程序清单 13.24　报文类型定义

```
1    typedef struct aw_can_msg {
2        uint32_t           timestamp;                  /*时间戳*/
3        uint32_t           id;                         /*帧 ID*/
4        aw_can_msg_flag_t  flags;                      /*帧信息*/
5        uint8_t            resv[2];                    /*保留,后续扩展使用*/
6        uint8_t            chn;                        /*通道号*/
7        uint8_t            length;                     /*数据长度*/
8    } aw_can_msg_t;
```

其中，flags 为报文相关的标志，在介绍高速 CAN 时，只介绍了两个标志：

- 扩展帧标志：AW_CAN_MSG_FLAG_EXTERND；
- 远程帧标志：AW_CAN_MSG_FLAG_REMOTE。

若一个报文是 CAN FD 报文，则有更多与 CAN FD 相关的标志，常用消息标志详见表 13.9。

表 13.9　CAN FD 常用消息标志

标志名	简　介
AW_CAN_MSG_FLAG_FD_CTRL	CAN FD 报文
AW_CAN_MSG_FLAG_EXTERND	扩展帧标志
AW_CAN_MSG_FLAG_BRS	波特率切换标志(是否设置 BRS 位)
AW_CAN_MSG_FLAG_ESI	发送端状态标志(是否处于被动错误状态)

区分一个消息是否为 CAN FD 报文的方法是判断 flags 标志中是否包含 CAN FD 报文标志 AW_CAN_MSG_FLAG_FD_CTRL。若包含,则报文是 CAN FD 报文;否则,报文是高速 CAN 报文。注意,在 CAN FD 协议中,删除了远程帧的概念,因此,只有传统的高速 CAN 报文有远程帧和数据帧之分,CAN FD 报文只可能是数据帧,其不会再使用远程帧标志 AW_CAN_MSG_FLAG_REMOTE。

对于高速 CAN 报文,一帧报文最多可以包含 8 字节数据,p_msg 对应的实际数据类型为 aw_can_std_msg_t。回顾其定义,详见程序清单 13.25。

程序清单 13.25　aw_can_std_msg_t 类型定义

```
1   #define AW_CAN_HS_MAX_LENGTH      8                          /* CAN 数据长度 */
2
3   typedef struct aw_can_std_msg {
4       aw_can_msg_t          can_msg;                           /* 报文头 */
5       uint8_t               msgbuff[AW_CAN_HS_MAX_LENGTH];     /* 数据段 */
6   } aw_can_std_msg_t;
```

基于此,若报文为高速 CAN 报文,则在接收报文回调函数中,可以将 p_msg 强制转换为 aw_can_std_msg_t * 使用。

对于 CAN FD 报文,一帧报文最多可以包含 64 字节数据,p_msg 对应的实际数据类型为 aw_can_fd_msg_t,其定义详见程序清单 13.26。

程序清单 13.26　aw_can_fd_msg_t 类型定义

```
1   #define AW_CAN_FD_MAX_LENGTH                    64         /* CAN FD 数据长度 */
2
3   typedef struct aw_can_fd_msg {
4       aw_can_msg_t             can_msg;                      /* CAN FD 报文信息头 */
5       uint8_t                  msgbuff[AW_CAN_FD_MAX_LENGTH]; /* CAN 报文数据 */
6   } aw_can_fd_msg_t;
```

基于此,若报文为 CAN FD 报文,则在接收报文回调函数中,可以将 p_msg 强制转换为 aw_can_fd_msg_t * 使用。

由此可见,高速 CAN 报文类型和 CAN FD 报文类型均是由 aw_can_msg_t 基础消息类型派生而来的,类图详见图 13.1。它们的区别仅仅是可以携带的数据最大长度不同。

CAN FD 是在 CAN 协议的基础上扩展、改进而来的,因而 CAN FD 控制器往往是兼容 CAN 的,通常也可以正常收发 CAN 报文。也就是说,CAN FD 控制器既可以接收 CAN FD 报文,也可以接收 CAN 报文,例如,对接收报文的处理范例详见程序清单 13.27。

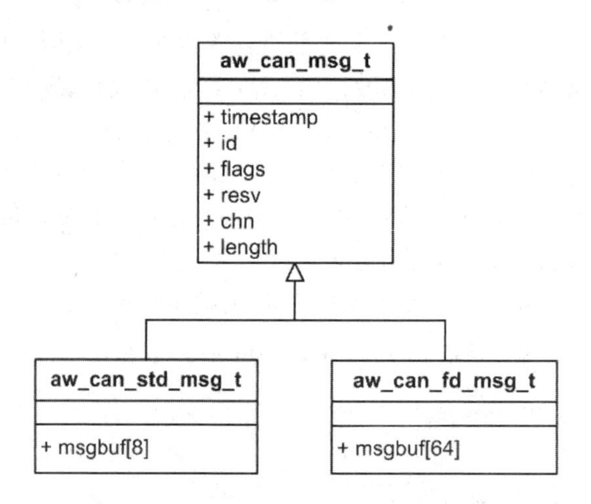

图 13.1 各种报文消息类型对应的类图

程序清单 13.27 接收报文处理范例程序

```
1    aw_local void __msg_process (aw_can_msg_t * p_msg)
2    {
3        if (p_msg->flags & AW_CAN_MSG_FLAG_FD_CTRL) {
4            // CAN FD 报文
5            aw_can_fd_msg_t * p_fd_msg = (aw_can_fd_msg_t * )p_msg;
6            // .......
7        } else {
8            //高速 CAN 报文
9            if (p_msg->flags & AW_CAN_MSG_FLAG_REMOTE) {
10               //远程帧,不携带数据,判断 ID,是否是本节点提供的服务,回应一个数据帧?
11           } else {
12               //数据帧,携带 p_msg->length 字节的数据
13               aw_can_std_msg_t * p_std_msg = (aw_can_std_msg_t * )p_msg;
14               // .......
15           }
16       }
17   }
```

与高速 CAN 一致,为了保证回调函数的效率,在回调函数中通常不会直接处理报文内容,而是返回 FALSE,以将报文存放在内部缓存中,在任务中再对这些报文进行处理。例如,若应用程序只期望接收 CAN FD 报文,不接收 CAN 报文,则可以在回调函数中过滤掉 CAN 报文。范例程序详见程序清单 13.28。

程序清单 13.28 接收报文回调函数范例程序

```
1   aw_local  aw_bool_t   __can_rx_cb (int chn, aw_can_msg_t * p_msg)
2   {
3       if (p_msg->flags & AW_CAN_MSG_FLAG_FD_CTRL) {
4           return AW_FALSE;
5       }
6       return AW_TRUE;
7   }
```

程序中,仅当报文为 CAN FD 报文时,才返回 FLASE,以将报文存储在内部缓存中,等待后续处理。若报文为高速 CAN 报文,则返回 TRUE,此时,报文将视为已被处理,不再存储到内部缓存中。通过这种方法,可以丢弃高速 CAN 报文。

假定通道 2 对应的是 CAN FD 控制器通道,则控制接口的使用范例详见程序清单 13.29。

程序清单 13.29 CAN FD 控制接口使用范例程序

```
1   aw_local uint32_t __  can_timestamp_get_cb (uint32_t time)
2   {
3       return 0;                                    /* 未使用时间戳,直接返回 0 */
4   }
5
6   aw_local aw_bool_t __can_rx_cb (int chn, aw_can_msg_t * p_msg)/* 范例:只保留 CAN FD 报文 */
7   {
8       if (p_msg->flags & AW_CAN_MSG_FLAG_FD_CTRL) {
9           return AW_FALSE;
10      }
11      return AW_TRUE;
12  }
13
14  aw_local  aw_bool_t   __can_tx_cb (int chn)      /* 范例:继续发送报文 */
15  {
16      //可以得到这一信息:通道 chn 发送完一帧报文。返回 FALSE,使系统继续发送未发送的报文
17      return AW_FALSE;
18  }
19
20  aw_local  aw_bool_t   __can_err_sta_cb (int chn, aw_can_bus_err_t err, aw_can_bus
    _status_t status)
21  {
22      //错误处理,处理完成后返回 TRUE
23      return AW_TRUE;
24  }
```

```
25
26    aw_local  aw_bool_t  __can_wakeup_cb(int chn, aw_can_bus_err_t err, aw_can_bus_
status_t status)
27    {
28        //唤醒消息处理,处理完成后返回 TRUE
29        return AW_TRUE;
30    }
31
32    aw_local  aw_const  aw_can_app_callbacks_t   __g_can_app_callback_fun = {
33        __can_timestamp_get_cb,              //时间戳获取的通知
34        __can_rx_cb,                         //接收到一帧报文的通知
35        __can_tx_cb,                         //发送完一帧报文的通知
36        __can_err_sta_cb,                    //总线错误的通知
37        __can_wakeup_cb                      //控制器唤醒的通知
38    };
39
40    aw_local aw_can_fd_baud_param_t __g_can_fd_btr = {
41        {16,    3,    2,    0,    3},        //Nominal Baud: 1000 kbps
42        {12,    2,    2,    0,    1}         //Data Baud: 4000 kbps
43    };
44
45    int aw_main()
46    {
47        aw_can_err_t ret;
48
49        ret = aw_can_init(2,                                         //CAN 通道 2
50                      AW_CAN_WORK_MODE_NORMAL,                       //正常模式
51                      (aw_can_baud_param_t *)&__g_can_fd_btr,        //1 Mbps 和 4 Mbps
52                      &__g_can_app_callback_fun);                    //事件回调函数
54        if (ret != AW_CAN_ERR_NONE) {
55            //初始化失败
56        }else {
57            ret = aw_can_start(0);
58            if (ret != AW_CAN_ERR_NONE) {
59            //启动失败
60            } else {
61
62                //发送或接收数据(13.2.2 小节会详细介绍数据的发送或接收)
63
64                ret = aw_can_stop(0);
62                if (ret != AW_CAN_ERR_NONE) {
63                    //停止失败
```

```
64                }
65            }
66        }
65        //......
66    }
```

13.2.2 CAN FD 数据传输接口

数据传输接口主要包括 CAN FD 报文的发送和接收，相关接口的函数原型详见表 13.10。

表 13.10 CAN FD 通信常用接口函数

函数原型	功能简介
aw_can_err_t aw_can_fd_msgs_send (int chn, aw_can_fd_msg_t * p_msgs, uint32_t msgs_num, uint32_t * p_done_num, uint32_t timeout);	CAN FD 报文发送函数，只有配置为 CAN FD 控制器时使用
aw_can_err_t aw_can_fd_msgs_rcv (int chn, aw_can_fd_msg_t * p_msgs, uint32_t msgs_num, uint32_t * p_done_num, uint32_t timeout);	CAN FD 报文接收函数，只有配置为 CAN FD 控制器时使用

1. 发送 CAN FD 报文

启动 CAN FD 控制器后，若控制器工作在正常模式，则可以使用该接口向总线发送一个或多个 CAN FD 报文，其函数原型为：

```
aw_can_err_t  aw_can_fd_msgs_send (int                   chn,
                                   aw_can_std_msg_t      * p_msgs,
                                   uint32_t              msgs_num,
                                   uint32_t              * p_done_num,
                                   uint32_t              timeout);
```

该接口与高速 CAN 报文发送函数(aw_can_std_msgs_send())基本一致，同样用于将报文存于内部缓存中等待控制器自动发送。唯一的区别是报文类型由 aw_can_std_msg_t(详见程序清单 13.7)变为 aw_can_fd_msg_t(详见程序清单 13.26)。范例程序详见程序清单 13.30。

程序清单 13.30 发送 CAN FD 报文范例程序

```
1   int aw_main()
2   {
3       aw_can_err_t         ret;
4       aw_can_fd_msg_t      msg;
5       int                  i;
6       uint32_t             done_num = 0;
7
8       //初始化 CAN 通道、启动 CAN 通道
9
10       msg.can_msg.timestamp   =    0;                       //未使用时间戳
11       msg.can_msg.id          =    0x78B;                   //11 位 ID
12
13       msg.can_msg.flags       =    AW_CAN_MSG_FLAG_FD_CTRL |   //CAN FD 标志
14                                     AW_CAN_MSG_FLAG_BRS;     //波特率切换标志
15
16       msg.can_msg.chn         =    2;                       //使用通道 2 发送
17       msg.can_msg.length      =    64;                      //可携带 64 字节数据
18
19       for (i = 0; i < 64; i++) {
20           msg.msgbuff[i] = i;
21       }
22
23       ret = aw_can_fd_msgs_send(0, &msg, 1, &done_num, 500);
24       if ((ret == AW_CAN_ERR_NONE) && (done_num == 1)) {
25           //发送成功
26       }
27       //......
28   }
```

在消息的标志域 flags 中，设置了 AW_CAN_MSG_FLAG_FD_CTRL 标志，以表示发送的报文是 CAN FD 报文；同时，还设置了 AW_CAN_MSG_FLAG_BRS 标志，以表示使用可变波特率发送数据段，若未设置该标志，则 CAN FD 报文将与 CAN 报文一样，整个报文都使用同一波特率进行发送。

CAN FD 是在 CAN 协议的基础上扩展、改进而来的，因而 CAN FD 控制器往往是兼容 CAN 的，通常也可以正常收发 CAN 报文。若要使用 CAN FD 控制器发送传统的高速 CAN 报文，则依然应该使用该接口发送报文，此时在消息的标志域中，无需设置 CAN FD 标志 AW_CAN_MSG_FLAG_FD_CTRL，以表示发送普通的高速 CAN 报文。

2. 接收 CAN FD 报文

可以使用该接口获取总线上的 CAN FD 报文，其函数原型为：

```
aw_can_err_t  aw_can_fd_msgs_rcv (int               chn,
                                  aw_can_fd_msg_t   * p_msgs,
                                  uint32_t           msgs_num,
                                  uint32_t           * p_done_num,
                                  uint32_t          timeout);
```

该接口与高速 CAN 报文接收函数(aw_can_std_msgs_rcv())基本一致，同样用于将存于内部缓存中的报文复制到用户缓冲区中。唯一的区别是报文类型由 aw_can_std_msg_t(详见程序清单 13.7)变为 aw_can_fd_msg_t(详见程序清单 13.26)，范例程序详见程序清单 13.31。

程序清单 13.31　接收 CAN FD 报文范例程序

```
1    int aw_main()
2    {
3        aw_can_err_t              ret;
4        aw_can_fd_msg_t           msg[5];
5        int                       i;
6        uint32_t                  done_num = 0;
7
8        //初始化 CAN 通道、启动 CAN 通道
9
10        ret = aw_can_fd_msgs_rcv(0, msg, 5, &done_num, 500);
11
12        if (ret == AW_CAN_ERR_NONE) {                              //成功接收报文
13            for (i = 0; i < done_num; i ++ ) {                     //依次处理各个报文
14                if (msg[i].can_msg.flags & AW_CAN_MSG_FLAG_ERROR) { //错误消息或唤醒消息
15                    //错误消息及唤醒消息处理
16                } else {
17                    //正常的数据报文处理
18                    if (p_msg ->flags & AW_CAN_MSG_FLAG_FD_CTRL) {
19                        // CAN FD 报文.......
20                    } else {
21                        //高速 CAN 报文.......
22                    }
23                }
24            }
25        }
26        //......
27    }
```

在介绍 CAN FD 报文的发送接口时提到，CAN FD 控制器通常也可以正常收发 CAN 报文。当 CAN FD 控制器接收到 CAN 报文时，同样可以使用该接口获取接收到的 CAN 报文，用户可以通过 flags 中是否包含 AW_CAN_MSG_FLAG_FD_CTRL 标志来区分高速 CAN 报文和 CAN FD 报文。

13.2.3 综合应用范例

基于以上各个接口函数，可以快速实现基于 CAN FD 通信的应用程序。例如，实现一个数据收发测试的简单应用：CAN FD 控制器发送一帧 64 字节的 CAN FD 报文后，接收总线上的报文并将其发回总线，详见程序清单 13.32。

程序清单 13.32　CAN FD 应用程序

```
1      #include "aworks.h"
2      #include "aw_can.h"
3      #include "aw_clk.h"
4      #include "aw_delay.h"
5      #include "aw_vdebug.h"
6      #include "aw_led.h"
7
8      #define __CANFD_chn                          0
9      #define __CANFD_MSG_NUM                      16
10     #define __CAN_RECV_MSG_TIMEOUT               100
11     #define __CAN_SEND_MSG_TIMEOUT               1000
12
13     aw_local aw_can_fd_baud_param_t __g_can_fd_btr = {
14         {16,    3,    2,    0,    3},            //Nominal Baud: 1 000 kbps
15         {12,    2,  2,    0,    1}               //Data Baud: 4 000 kbps
16     };
17
18     /* 时间戳获取的回调函数 */
19     static uint32_t __can_timestamp_get_cb (uint32_t timestamp)
20     {
21         return timestamp;
22     }
23
24     /* 错误通知及处理函数 */
25     static aw_bool_t __can_err_sta_cb (int chn, aw_can_bus_err_t err, aw_can_bus_sta-
tus_t status)
26     {
27         return AW_TRUE;
28     }
29
```

```
30    static aw_can_app_callbacks_t __g_can_app_callback_fun = {
31            __can_timestamp_get_cb,
32            NULL,
33            NULL,
34            __can_err_sta_cb,
35            NULL
36    };
37
38    static aw_can_err_t __canfd_startup (void)
39    {
40        aw_can_err_t ret = AW_CAN_ERR_NONE;
41        aw_kprintf("CAN FD: controller init...\r\n");
42
43        //初始化 CAN */
44        ret = aw_can_init(__CANFD_chn,                              /* CAN FD 通道 */
45                       AW_CAN_WORK_MODE_NORMAL,                     /* 正常模式 */
46                       (aw_can_baud_param_t *)&__g_can_fd_btr,      /* 波特率 */
47                       &__g_can_app_callback_fun);                  /* 事件回调函数 */
48
49        if (ret != AW_CAN_ERR_NONE) {
50            aw_kprintf("CAN FD: Init Failed! \r\n");
51            return ret;
52        }
53
54        ret = aw_can_start(__CANFD_chn);                          /* 启动 CAN FD 控制器 */
55        if (ret != AW_OK) {
56        aw_kprintf("CAN FD: Start Failed! \r\n");
57            return ret;
58        }
59        aw_kprintf("CAN FD: Start! \r\n");
60        return ret;
61    }
62
63    int aw_main (void)
64    {
65        uint32_t              rcv_done_num = 0;
66        uint32_t              snd_done_num = 0;
67        int                  i;
68        aw_can_err_t          ret    = AW_CAN_ERR_NONE;
69        aw_can_fd_msg_t      canfd_msg[__CANFD_MSG_NUM];
70
```

```
71          /* 配置启动 CAN FD 控制器 */
72          ret = __canfd_startup();
73          if (ret != AW_CAN_ERR_NONE) {
74          aw_kprintf("CAN FD: controller startup failed: %d! \n", ret);
75          } else {
76              /* 初始化一帧 CAN FD 报文 */
77              canfd_msg[0].can_msg.chn      = 0;
78              canfd_msg[0].can_msg.flags    = AW_CAN_MSG_FLAG_FD_CTRL |
79                                              AW_CAN_MSG_FLAG_BRS;
80              canfd_msg[0].can_msg.id       = 0x100;
81              canfd_msg[0].can_msg.length   = 64;
82              for (i = 0; i < canfd_msg[0].can_msg.length; i++) {
83                  canfd_msg[0].msgbuff[i]  = i;
84              }
85
86              /* 发送一帧 CAN FD 报文 */
87              ret = aw_can_fd_msgs_send(__CANFD_chn,
88                                        &canfd_msg[0],
89                                         1,
90                                        &snd_done_num,
91                                        __CAN_SEND_MSG_TIMEOUT);
92              if (ret || (snd_done_num != 1)) {
93                   aw_kprintf("CAN FD: send Msg Failed! \r\n");
94              }
95
96              AW_FOREVER {
97                  aw_can_fd_msgs_rcv(__CANFD_chn,                         /* 接收报文 */
98                                     canfd_msg,
99                                     __CANFD_MSG_NUM,
100                                     &rcv_done_num,
101                                     __CAN_RECV_MSG_TIMEOUT);
102                  if (rcv_done_num) {
103                      aw_can_fd_msgs_send(__CANFD_chn,    /* 回发接收到的报文 */
104                                          canfd_msg,
105                                          rcv_done_num,
106                                          &snd_done_num,
107                                          __CAN_SEND_MSG_TIMEOUT);
108                      if (snd_done_num != rcv_done_num) {
109                          aw_kprintf("CAN FD: send error! \r\n");
110                      }
111                  }
```

```
112            }
113        }
114        AW_FOREVER {
115            aw_led_toggle(0);                              /* 翻转 LED */
116            aw_mdelay(500);                                /* 延时 500 ms */
117        }
118        return 0;
119    }
```

程序中使用的 CAN FD 通道号为 0。在实际应用中,CAN FD 对应的通道号与硬件相关,具体哪些通道支持 CAN FD 可以查阅对应的用户手册。

从示例可以看出,相对于 CAN 节点,CAN FD 单帧报文可传递的数据量有了巨大的提高。为便于测试,可以使用 USB 转 CAN FD 模块(比如 ZLG 致远电子推出的 USBCANFD-200U、USBCANFD-100U 等模块),将 USB 转 CAN FD 模块通过 USB 接口连接到 PC,即可使用 PC 上位机向连接到同一总线上的节点发送数据。

第 14 章

CAN/CAN FD 接口卡上位机二次开发库编程

本章导读

为满足市场发展的需要，ZLG 致远电子推出了各系列 CAN/CAN FD 卡，如 USBCAN 系列、USBCANFD 系列、PCICAN 系列、PCIeCAN 系列、PCIeCANFD 系列和 CANET 系列等。除了强大的硬件支持，还配备了功能完善的分析软件 ZCAN-PRO，给各种场合 CAN/CAN FD 开发和诊断带来很大的便利。

为满足客户对接口卡的不同应用需求，公司推出支持 CAN 和 CAN FD 统一的编程接口，还配以接口使用例程和接口使用说明，方便客户快速实现应用接入系统。本章将详细介绍编程接口的使用。

14.1 接口库简介

CAN 接口卡二次开发接口库以 Windows 系统的动态链接库(DLL)的方式提供，可实现设备打开、配置、报文收发、关闭等功能。接口库采用 Visual Studio 2008 编程环境开发，依赖运行库 2008 版本，使用之前需要确保计算机中已包含该运行库，否则无法运行，应到微软官方网站下载安装。

接口库资料包中包含 zlgcan.dll、kerneldlls 文件夹和 zlgcan 文件夹，资料包结构详情见图 14.1，其中 kerneldlls 文件夹包含具体接口卡的操作库，zlgcan 文件夹主要包含 zlgcan.lib、zlgcan.h 以及其他头文件，文件具体使用方法可参考 14.2 节介绍的例程。

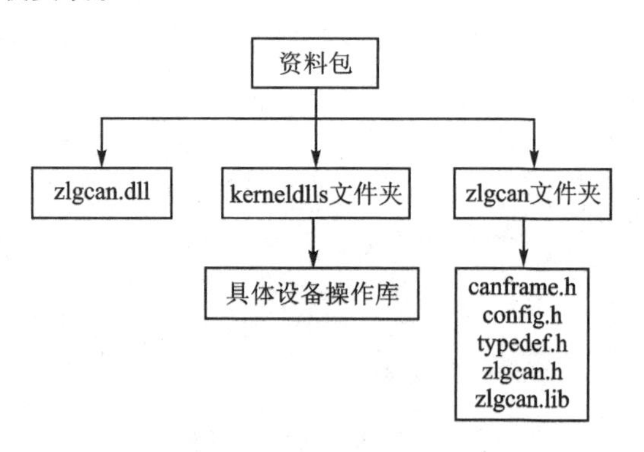

图 14.1 资料包结构

开发编程直接加载 zlgcan.dll 即可，zlgcan.h 为接口描述头文件。注意 zlgcan.dll 和 kerneldlls 文件

夹需要放在可执行程序生成目录下。

14.2 开发流程图

本节介绍不同系列 CAN 设备的上位机软件开发流程，每个流程对应适用系列的设备，请根据具体的设备选择相应的操作流程，且严格按照流程图进行开发。

1. USBCANFD 系列

USBCANFD 系列产品的开发流程详见图 14.2，适用的设备有 USBCANFD - 200U(41)、USBCANFD - 100U(42)、USBCANFD - MINI(43)。

注： 括号()中数字为设备类型号，下同。

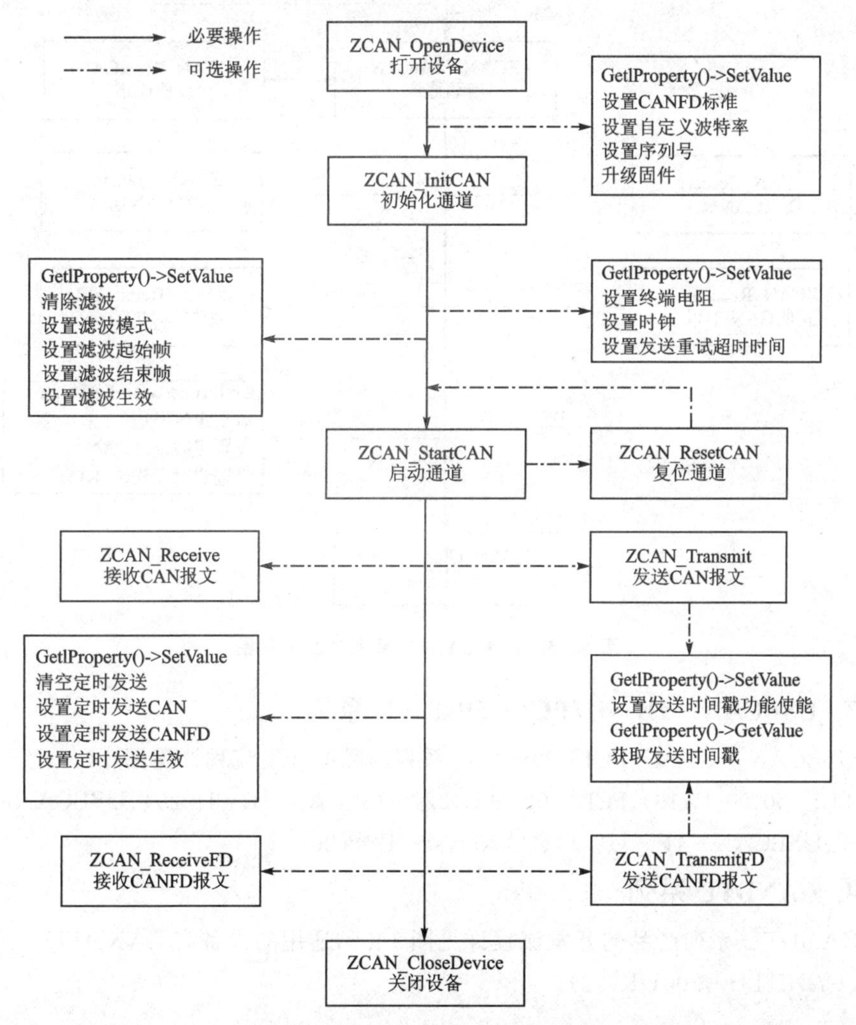

图 14.2 USBCANFD 系列开发流程图

2. PCIeCANFD 系列

PCIeCANFD 系列产品的开发流程详见图 14.3，适用的设备有 PCIeCANFD - 200U(39)。

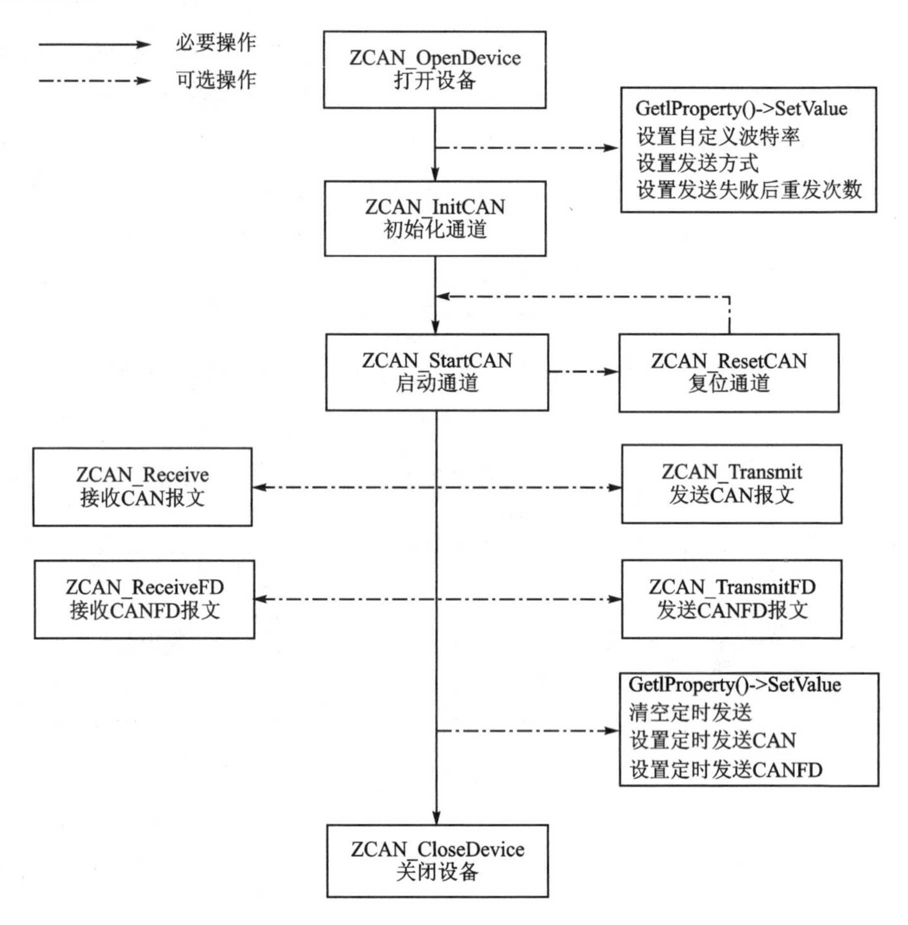

图 14.3　PCIeCANFD 系列开发流程图

3. USBCAN - xE - U/PCI - 50x0 - U 系列

USBCAN - xE - U/PCI - 50x0 - U 系列产品的开发流程详见图 14.4，适用的设备有 PCI - 5010 - U(19)、PCI - 5020 - U(22)、USBCAN - E - U(20)、USBCAN - 2E - U(21)、USBCAN - 4E - U(31)、CANalyst - II+(20)。

4. CANDTU 系列

CANDTU 系列产品的开发流程详见图 14.5，适用的设备有 CANDTU - 100UR (37)、CANDTU - 200UR(32)。

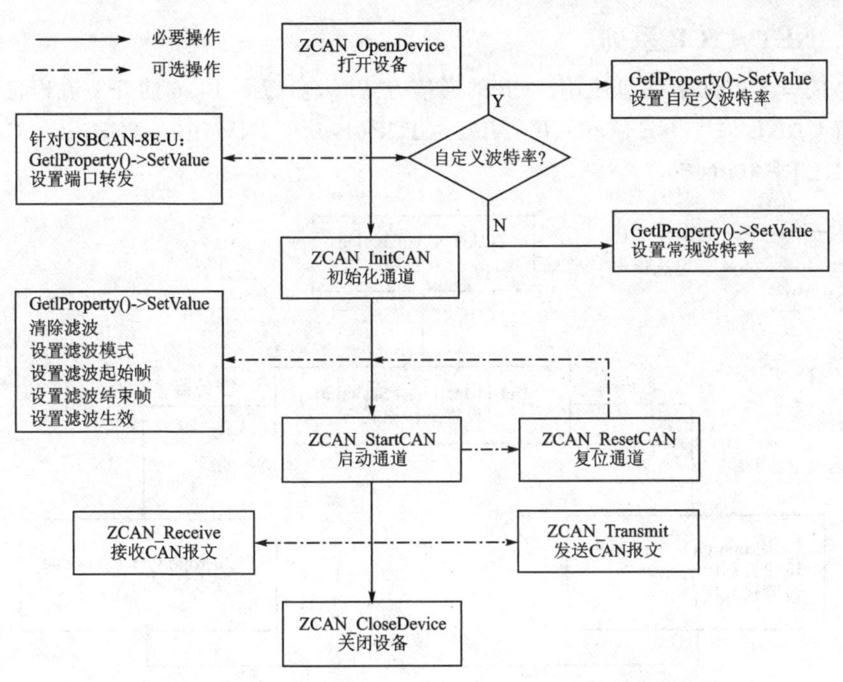

图 14.4　USBCAN－xE－U/PCI－50x0－U 系列开发流程图

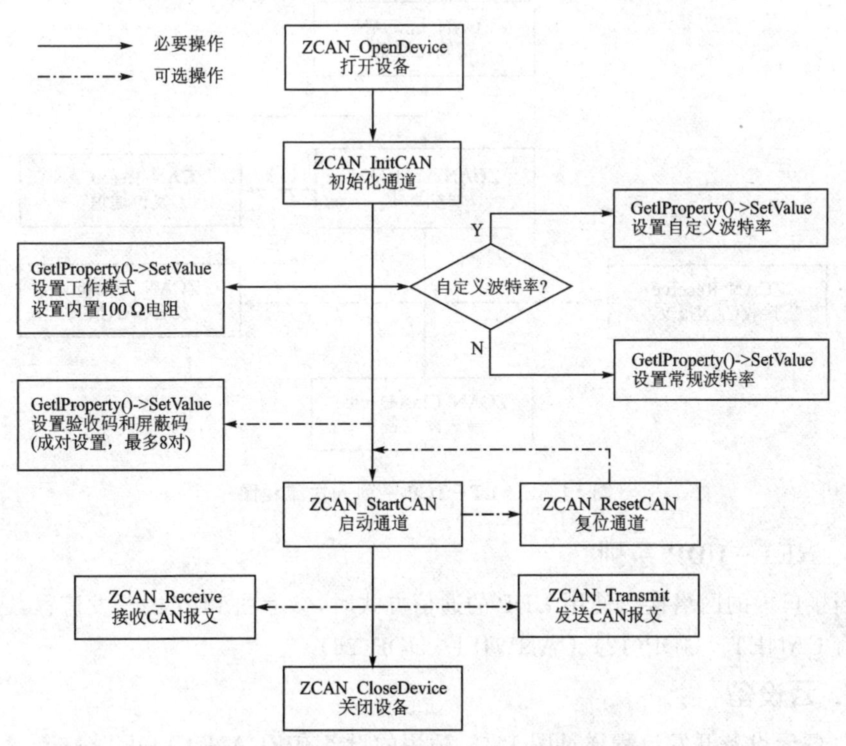

图 14.5　CANDTU－x00UR 系列开发流程图

5. NET－TCP 系列

当接口卡的网络接口使用 TCP 的通信方式时，参考图 14.6 的开发流程，适用的设备有 CANDTU－NET(36)、CANET－TCP(17)、CANWIFI－TCP(25)、CANDTU－NET－400(47)。

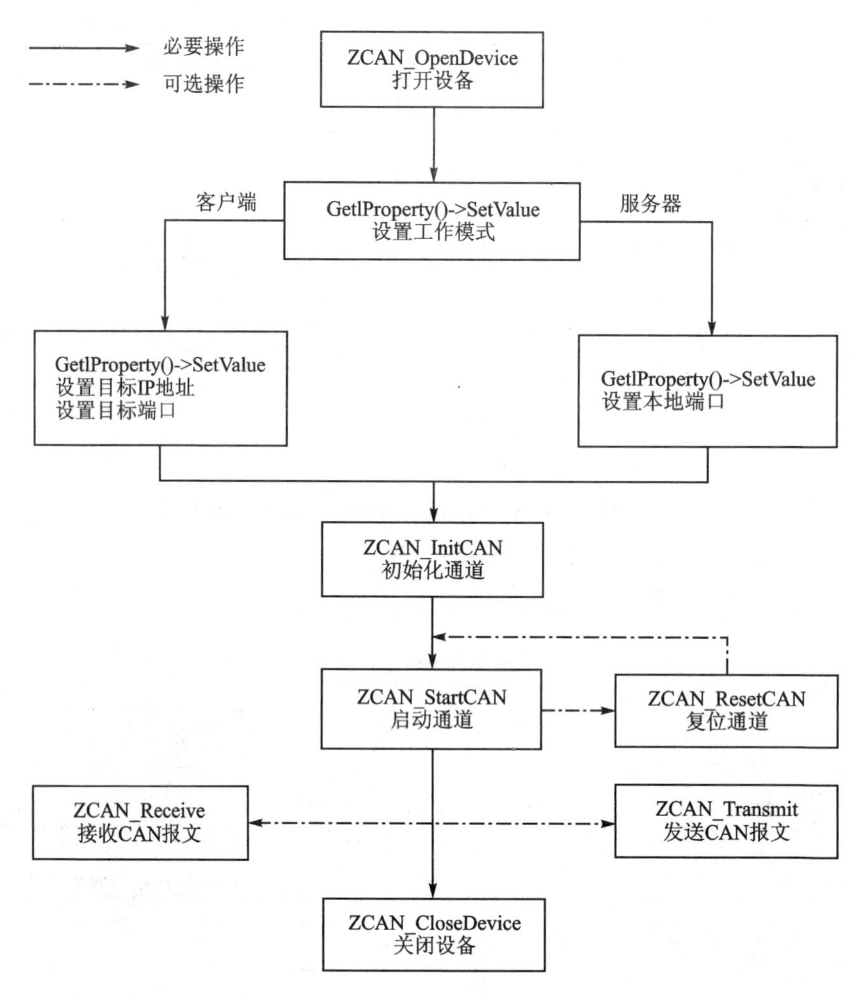

图 14.6　NET－TCP 系列开发流程图

6. NET－UDP 系列

当接口卡的网络接口使用 UDP 的通信方式时，参考图 14.7 的开发流程，适用的设备有 CANET－UDP(12)、CANWIFI－UDP(26)。

7. 云设备

ZLG 云设备开发流程详见图 14.8，适用的设备有 ZCAN_CLOUD(46)。

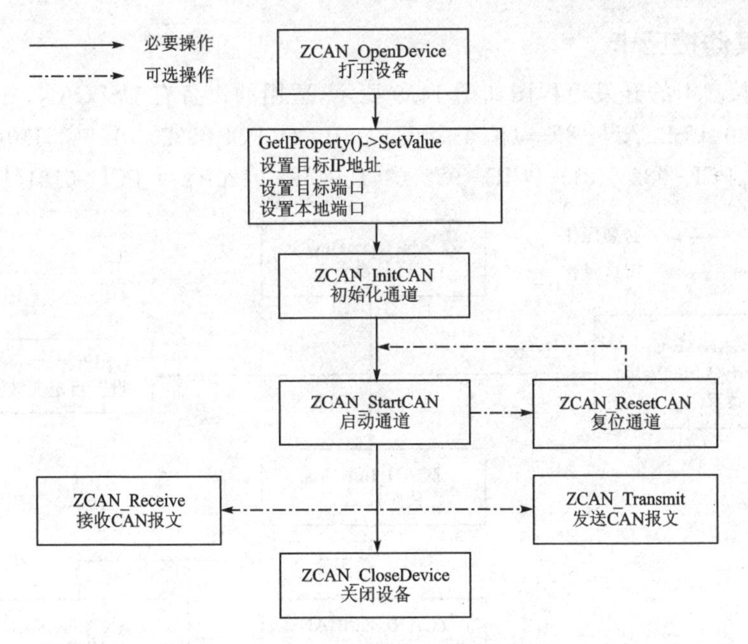

图 14.7　NET-UDP 系列开发流程图

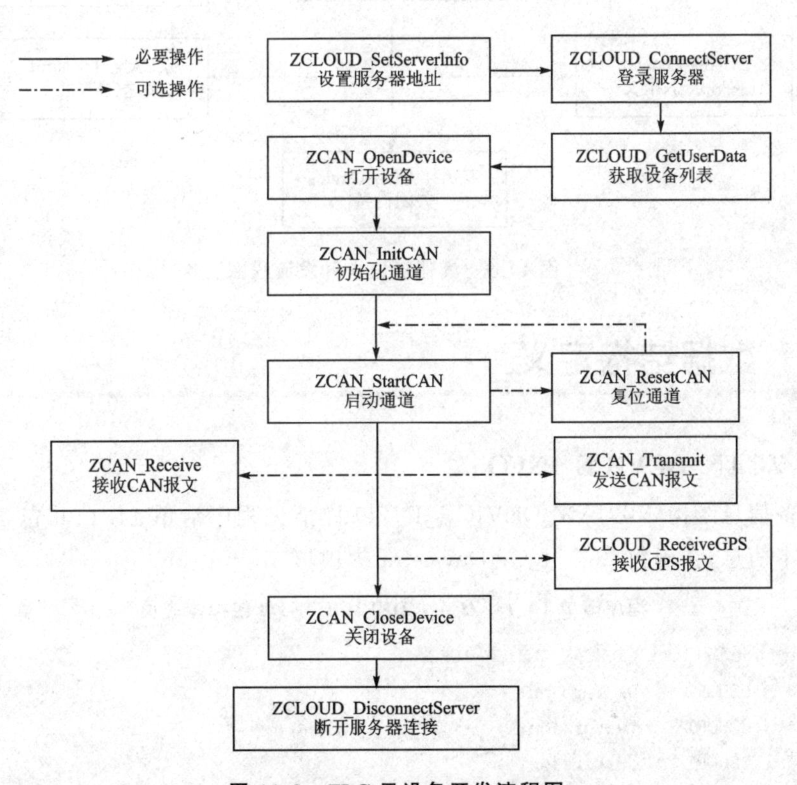

图 14.8　ZLG 云设备开发流程图

8. 其他接口卡

其他接口卡的开发流程图如图 14.9 所示，适用的设备有 USBCAN－I(3)、USBCAN－II(4)、USBCAN－8E－U(34)、PCI－9810(2)、PCI－9820(5)、PCI5110(7)、PCIe－9110I(28)、PCI－9820I(21)、PCIE－9221(24)、PCIe－9120I(27)、PCI－5121(1)。

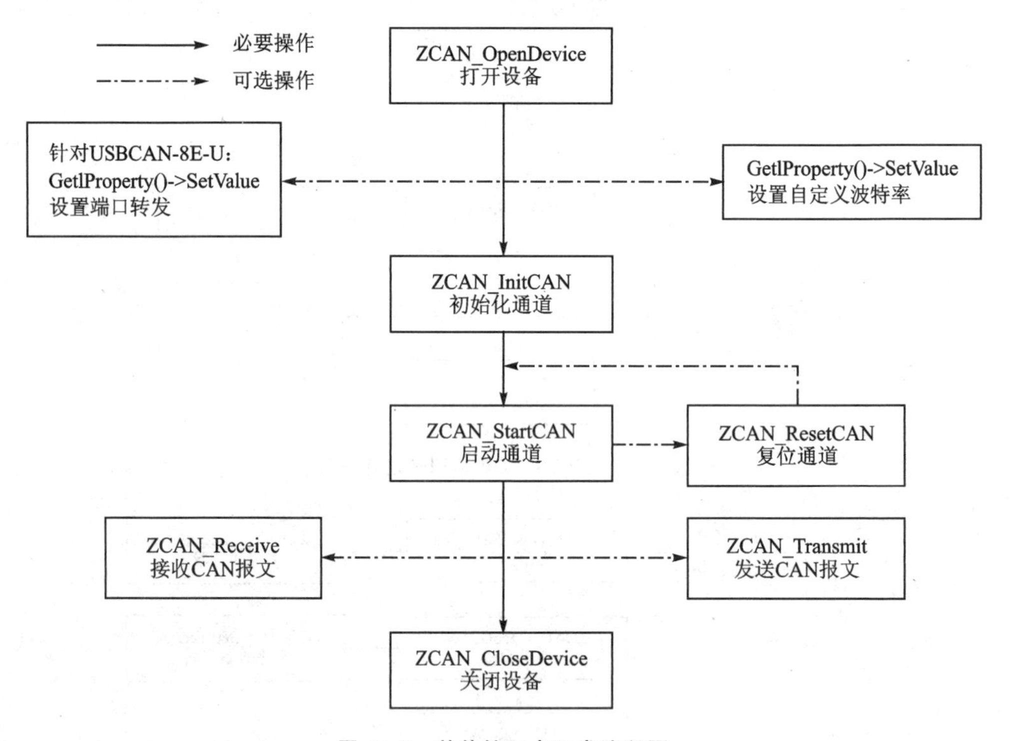

图 14.9　其他接口卡开发流程图

14.3　数据结构定义

1. ZCAN_DEVICE_INFO

设备信息结构体 ZCAN_DEVICE_INFO 详情见程序清单 14.1，其包含设备的一些基本信息，在函数 ZCAN_GetDevicelnf 中被填充。

程序清单 14.1　ZCAN_DEVICE_INFO 结构体成员

```
1    typedef struct tagZCAN_DEVICE_INFO {
2        USHORT    hw_Version;
3        USHORT    fw_Version;
4        USHORT    dr_Version;
5        USHORT    in_Version;
6        USHORT    irq_Num;
```

```
7       BYTEcan_Num;
8       UCHARstr_Serial_Num[20];
9       UCHARstr_hw_Type[40];
10      USHORT reserved[4];
11  }ZCAN_DEVICE_INFO;
```

该结构体的成员包括：

- hw_Version：硬件版本号，十六进制，比如 0x0100 表示 V1.00。
- fw_Version：固件版本号，十六进制。
- dr_Version：驱动程序版本号，十六进制。
- in_Version：接口库版本号，十六进制。
- irq_Num：板卡所使用的中断号。
- can_Num：表示有几路通道。
- str_Serial_Num：此板卡的序列号，比如" USBCAN V1.00"（注意：包括字符串结束符"\0"）。
- str_hw_Type：硬件类型。
- reserved：仅作保留，不设置。

2. ZCAN_CHANNEL_INIT_CONFIG

结构体 ZCAN_CHANNEL_INIT_CONFIG 详情见程序清单 14.2，定义了初始化配置的参数。调用 ZCAN_InitCAN 之前，要先初始化该结构体。

程序清单 14.2 ZCAN_CHANNEL_INIT_CONFIG 结构体成员

```
1   typedef struct tagZCAN_CHANNEL_INIT_CONFIG {
2       UINT can_type;          /* 0:CAN 1:CAN FD */
3       union {
4           struct {
5               UINT        acc_code;
6               UINT        acc_mask;
7               UINT        reserved;
8               BYTE        filter;
9               BYTE        timing0;
10              BYTE        timing1;
11              BYTE        mode;
12          }can;
13          struct {
14              UINT        acc_code;
15              UINT        acc_mask;
16              UINT        abit_timing;
17              UINT        dbit_timing;
18              UINT        brp;
19              BYTE        filter;
20              BYTE        mode;
```

```
21                  USHORT          pad;
22                  UINT            reserved;
23              }canfd;
24          };
25      }ZCAN_CHANNEL_INIT_CONFIG;
```

该结构体成员包括：

➢ can_type：设备类型，为 0 表示 CAN 设备，为 1 表示 CAN FD 设备。

(1) CAN 设备的结构体成员

➢ acc_code：SJA1000 的帧过滤验收码，与经过屏蔽码过滤为“有关位”的位进行匹配，全部匹配成功后，此报文可以接收，否则不接收。推荐设置为 0。

➢ acc_mask：SJA1000 的帧过滤屏蔽码，对接收的 CAN 帧 ID 进行过滤，位为 0 的是“有关位”，位为 1 的是“无关位”。推荐设置为 0xFFFF FFFF，即全部接收。

➢ reserved：仅作保留，不设置。

➢ filter：滤波方式，为 1 表示单滤波，为 0 表示双滤波。

➢ timing0：波特率定时器 0(BTR0)，常用设置值参考表 14.1。

➢ timing1：波特率定时器 1(BTR1)，常用设置值参考表 14.1。

➢ mode：工作模式，为 0 表示正常模式(相当于正常节点)，为 1 表示只听模式(只接收，不影响总线)。

当设备类型为 PCI-5010-U、PCI-5020-U、USBCAN-E-U、USBCAN-2E-U、USBCAN-4E-U、CANDTU 时，波特率(timing0 和 timing1 忽略)和帧过滤(acc_code 和 acc_mask 忽略)采用 GetIProperty 设置，详见 14.4 节中内容。

几种常用的 CAN 波特率(采样点为 87.5%，SJW 为 0)设置如表 14.1 所列。

表 14.1　CAN 常用波特率设置

CAN 波特率	timing0	timing1	CAN 波特率	timing0	timing1
1 Mbps	0xBF	0xFF	200 kbps	0x81	0xFA
10 kbps	0x31	0x1C	250 kbps	0x01	0x1C
20 kbps	0x18	0x1C	400 kbps	0x80	0xFA
40 kbps	0x87	0xFF	500 kbps	0x00	0x1C
50 kbps	0x09	0x1C	666 kbps	0x80	0xB6
80 kbps	0x83	0Xff	800 kbps	0x00	0x16
100 kbps	0x04	0x1C	1000 kbps	0x00	0x14
125 kbps	0x03	0x1C			

(2) CAN FD 设备的结构体成员

➢ acc_code：验收码，同 CAN 设备。

➢ acc_mask:屏蔽码,同 CAN 设备。

➢ abit_timing:仲裁域波特率定时器,常用设置值参考表 14.2。

➢ dbit_timing:数据域波特率定时器,常用设置值参考表 14.2。

➢ brp:波特率预分频因子,设置为 0。

➢ filter:滤波方式,同 CAN 设备。

➢ mode:模式,同 CAN 设备。

➢ pad:数据对齐,不设置。

➢ reserved:仅作保留,不设置。

注意:当设备类型为 USBCANFD-100U、USBCANFD-200U、USBCANFD-MINI 时,帧过滤(acc_code 和 acc_mask 忽略)采用 GetIProperty 设置,详见 14.4 节中内容。

表 14.2 CAN FD 常用波特率

产品型号	仲裁域波特率	数据域波特率
PCIeCANFD-200U	0x09133A(1 Mbps) 0x0C1849(800 kbps) 0x132776(500 kbps) 0x274FEE(250 kbps)	0x05010205(8 Mbps) 0x0d02040d(4 Mbps) 0x1c04091c(2 Mbps)
USBCANFD-100U USBCANFD-200U USBCANFD-MINI	0x00018B2E(1 Mbps) 0x00018E3A(800 kbps) 0x0001975E(500 kbps) 0x0001AFBE(250 kbps) 0x0041AFBE(125 kbps) 0x0041BBEE(100 kbps) 0x00C1BBEE(50 kbps)	0x00010207(5 Mbps) 0x0001020A(4 Mbps) 0x0041020A(2 Mbps) 0x0081830E(1 Mbps)

3. ZCAN_CHANNEL_ERROR_INFO

总线错误信息结构体 ZCAN_CHANNEL_ERROR_INFO 详情见程序清单 14.3。该结构体内容在 ZCAN_ReadChannelErrInfo 函数中被填充。

程序清单 14.3 ZCAN_CHANNEL_ERROR_INFO 结构体成员

```
1    typedef struct tagZCAN_CHANNEL_ERROR_INFO {
2        UINT          error_code;
3        BYTE          passive_ErrData[3];
4        BYTE          arLost_ErrData;
5    } ZCAN_CHANNEL_ERROR_INFO;
```

该结构体成员包括:

➢ error_code:错误码,详见 0。

- passive_ErrData：当产生的错误中有消极错误时，表示为消极错误的错误标识数据。
- arLost_ErrData：当产生的错误中有仲裁丢失错误时，表示为仲裁丢失错误的错误标识数据。

4. ZCAN_CHANNEL_STATUS

控制器状态信息结构体 ZCAN_CHANNEL_STATUS 详情见程序清单 14.4。该结构体内容在 ZCAN_ReadChannelStatus 函数中被填充。

程序清单 14.4 ZCAN_CHANNEL_STATUS 结构体成员

```
1    typedef struct tagZCAN_CHANNEL_STATUS {
2        BYTE    errInterrupt;
3        BYTE    regMode;
4        BYTE    regStatus;
5        BYTE    regALCapture;
6        BYTE    regECCapture;
7        BYTE    regEWLimit;
8        BYTE    regRECounter;
9        BYTE    regTECounter;
10       UINT    reserved;
11   }ZCAN_CHANNEL_STATUS;
```

该结构体成员包括：

- errInterrupt：中断记录，读操作会清除中断。
- regMode：CAN 控制器模式寄存器值。
- regStatus：CAN 控制器状态寄存器值。
- regALCapture：CAN 控制器仲裁丢失寄存器值。
- regECCapture：CAN 控制器错误寄存器值。
- regEWLimit：CAN 控制器错误警告限制寄存器值，默认为 96。
- regRECounter：CAN 控制器接收错误寄存器值。为 0～127 时，为错误主动状态；为 128～254 时，为错误被动状态；为 255 时，为总线关闭状态。
- regTECounter：CAN 控制器发送错误寄存器值。为 0～127 时，为错误主动状态；为 128～254 时，为错误被动状态；为 255 时，为总线关闭状态。
- reserved：仅作保留，不设置。

5. can_frame

CAN 报文的结构体 can_frame 详情见程序清单 14.5，包含帧 ID、CAN 报文长度、CAN 数据缓冲区。

程序清单 14.5 can_frame 结构体成员

```
1   struct can_frame {
2       canid_t can_id;        /* 32 bit CAN_ID + EFF/RTR/ERR flags */
3       __u8    can_dlc;       /* frame payload length in byte (0 .. CAN_MAX_DLEN) */
4       __u8    __pad;         /* padding */
5       __u8    __res0;        /* reserved / padding */
6       __u8    __res1;        /* reserved / padding */
7       __u8    data[CAN_MAX_DLEN]/* __attribute__((aligned(8))) */;
8   };
```

该结构体成员包括：

- can_id：帧 ID，32 位，高 3 位属于标志位。各位含义如下：
  - 第 31 位（最高位）代表扩展帧标志，为 0 表示标准帧，为 1 表示扩展帧，宏 IS_EFF 可获取该标志；
  - 第 30 位代表远程帧标志，为 0 表示数据帧，为 1 表示远程帧，宏 IS_RTR 可获取该标志；
  - 第 29 位代表错误帧标准，为 0 表示 CAN 帧，为 1 表示错误帧，目前只能设置为 0；
  - 其余位代表实际帧 ID 值，使用宏 MAKE_CAN_ID 构造 ID，使用宏 GET_ID 获取 ID。
- can_dlc：数据长度。
- __pad：对齐，忽略。
- __res0：仅作保留，不设置。
- __res1：仅作保留，不设置。
- data：报文数据，有效长度为 can_dlc。

6. canfd_frame

CAN FD 报文结构体 canfd_frame 详情见程序清单 14.6，包含帧 ID、数据长度、CAN FD 标志和数据区。

程序清单 14.6 canfd_frame 结构体成员

```
1   struct canfd_frame {
2       canid_t  can_id;              /* 32 bit CAN_ID + EFF/RTR/ERR flags */
3       __u8     len;                 /* frame payload length in byte */
4       __u8     flags;               /* additional flags for CAN FD,i.e error code */
5       __u8     __res0;              /* reserved / padding */
6       __u8     __res1;              /* reserved / padding */
7       __u8     data[CANFD_MAX_DLEN] /* __attribute__((aligned(8))) */;
8   };
```

该结构体成员包括：

- can_id：帧 ID，同 can_frame 结构体的 can_id。
- len：数据长度。
- flags：额外标志，比如使用 CAN FD 加速，则设置为宏 CANFD_BRS。
- __res0：仅作保留，不设置。
- __res1：仅作保留，不设置。
- data：报文数据，有效长度为 len。

7. ZCAN_Transmit_Data

结构体 ZCAN_Transmit_Data 详情见程序清单 14.7，包含发送的 CAN 报文信息，在函数 ZCAN_Transmit 中使用。

程序清单 14.7　ZCAN_Transmit_Data 结构体成员

```
1    typedef struct tagZCAN_Transmit_Data {
2        can_frame  frame;
3        UINT       transmit_type;
4    } ZCAN_Transmit_Data;
```

该结构体成员包括：

- frame：报文数据信息，详见 can_frame。
- transmit_type：发送方式，0 为正常发送，1 为单次发送，2 为自发自收，3 为单次自发自收。

发送方式说明如下：

- 正常发送：在 ID 仲裁丢失或发送出现错误时，CAN 控制器会自动重发，直到发送成功，或发送超时，或总线关闭。
- 单次发送：在一些应用中，允许部分数据丢失，但不能出现传输延迟，否则自动重发就没有意义了。在这些应用中，一般会以固定的时间间隔发送数据，自动重发会导致后面的数据无法发送，出现传输延迟。使用单次发送时，若出现仲裁丢失或发送错误，CAN 控制器不会重发报文。
- 自发自收：产生一次带自接收特性的正常发送，在发送完成后，可以从接收缓冲区中读到已发送的报文。
- 单次自发自收：产生一次带自接收特性的单次发送。当发送出错或仲裁丢失时，不会执行重发。在发送完成后，可以从接收缓冲区中读到已发送的报文。

8. ZCAN_TransmitFD_Data

结构体 ZCAN_TransmitFD_Data 详情见程序清单 14.8，包含发送的 CAN FD 报文信息，在函数 ZCAN_TransmitFD 中使用。

程序清单 14.8　ZCAN_TransmitFD_Data 结构体成员

```
1    typedef struct tagZCAN_TransmitFD_Data {
2        canfd_frame    frame;
3        UINT           transmit_type;
4    } ZCAN_TransmitFD_Data;
```

该结构体成员包括：

➢ frame：报文数据信息，详见 canfd_frame。

➢ transmit_type：发送方式，同 ZCAN_Transmit_Data。

9. ZCAN_Receive_Data

结构体 ZCAN_Receive_Data 详情见程序清单 14.9，包含接收的 CAN 报文信息，在函数 ZCAN_Receive 中使用。

程序清单 14.9　ZCAN_Receive_Data 结构体成员

```
1    typedef struct tagZCAN_Receive_Data {
2        can_frame  frame;
3        UINT64     timestamp;
4    } ZCAN_Receive_Data;
```

该结构体成员包括：

➢ frame：报文数据信息，详见 can_frame。

➢ timestamp：时间戳，单位为 μs(微秒)。

10. ZCAN_ReceiveFD_Data

结构体 ZCAN_ReceiveFD_Data 详情见程序清单 14.10，包含接收的 CAN FD 报文信息，在函数 ZCAN_ReceiveFD 中使用。

程序清单 14.10　ZCAN_ReceiveFD_Data 结构体成员

```
1    typedef struct tagZCAN_ReceiveFD_Data {
2        canfd_frame  frame;
3        UINT64       timestamp;
4    }ZCAN_ReceiveFD_Data;
```

该结构体成员包括：

➢ frame：报文数据信息，详见 canfd_frame。

➢ timestamp：时间戳，单位为 μs(微秒)。

11. ZCAN_AUTO_TRANSMIT_OBJ

结构体 ZCAN_AUTO_TRANSMIT_OBJ 详情见程序清单 14.11，包含定时发送 CAN 参数信息。

程序清单 14.11　ZCAN_AUTO_TRANSMIT_OBJ 结构体成员

```
1   typedef struct tagZCAN_AUTO_TRANSMIT_OBJ {
2       USHORT                enable;
3       USHORT                index;
4       UINT                  interval;          /* 定时发送时间,单位为 μs */
5       ZCAN_Transmit_Data    obj;               /* 报文 */
6   }ZCAN_AUTO_TRANSMIT_OBJ, * PZCAN_AUTO_TRANSMIT_OBJ;
```

该结构体成员包括:

- enable:使能本条报文,0 为禁止,1 为使能。
- index:报文编号,从 0 开始,编号相同则使用最新的一条信息。
- interval:发送周期,单位为 μs(微秒)。
- obj:发送的报文,详见 ZCAN_Transmit_Data。

12. ZCANFD_AUTO_TRANSMIT_OBJ

结构体 ZCANFD_AUTO_TRANSMIT_OBJ 详情见程序清单 14.12,包含定时发送 CAN FD 参数信息。

程序清单 14.12　ZCANFD_AUTO_TRANSMIT_OBJ 结构体成员

```
1   typedef struct tagZCANFD_AUTO_TRANSMIT_OBJ {
2       USHORT                  enable;
3       USHORT                  index;
4       UINT                    interval;
5       ZCAN_TransmitFD_Data    obj;
6   }ZCANFD_AUTO_TRANSMIT_OBJ, * PZCANFD_AUTO_TRANSMIT_OBJ;
```

该结构体成员包括:

- enable:使能本条报文,0 为禁止,1 为使能。
- index:报文编号,从 0 开始,编号相同则使用最新的一条信息。
- interval:发送周期,单位为 μs(毫秒)。
- obj:发送的报文,详见 ZCAN_TransmitFD_Data。

13. ZCLOUD_DEVINFO

结构体 ZCLOUD_DEVINFO 详情见程序清单 14.13,包含云设备的属性信息,在 ZCLOUD_GetUserData 中被填充。

程序清单 14.13　ZCLOUD_DEVINFO 结构体成员

```
1   typedef struct tagZCLOUD_DEVINFO {
2       int         devIndex;
3       char        type[64];
4       char        id[64];
5       char        model[64];
```

```
6        char        fwVer[16];
7        char        hwVer[16];
8        char        serial[64];
9        BYTE        canNum;
10       int         status;
11       BYTE        bCANUploads[16];
12       BYTE        bGpsUpload;
13    }ZCLOUD_DEVINFO;
```

该结构体成员包括：

- devIndex：设备索引号，指该设备在该用户关联的所有设备中的索引序号。
- type：设备类型字符串。
- id：设备唯一识别号，字符串。
- model：模块型号字符串。
- fwVer：固件版本号字符串，如 V1.01。
- hwVer：硬件版本号字符串，如 V1.01。
- serial：设备序列号字符串。
- canNum：设备 CAN 通道数量。
- status：设备状态，0 为设备在线，1 为设备离线。
- bCANUploads：各通道数据云上送使能，0 为不上送，1 为上送。
- bGpsUpload：设备 GPS 数据云上送使能，0 为不上送，1 为上送。

14. ZCLOUD_DEV_GROUP_INFO

结构体 ZCLOUD_DEV_GROUP_INFO 详情见程序清单 14.14，包含设备组信息。每个设备都有所属分组，通过 ZCLOUD_GetUserData 获取。

程序清单 14.14　ZCLOUD_DEV_GROUP_INFO 结构体成员

```
1    typedef struct tagZCLOUD_DEV_GROUP_INFO{
2        char              groupName[64];
3        char              desc[128];
4        char              groupId[64];
5        ZCLOUD_DEVINFO     * pDevices;
6        size_t            devSize;
7    }ZCLOUD_DEV_GROUP_INFO;
```

该结构体成员包括：

- groupName：设备分组名称。
- desc：设备分组描述信息。
- groupId：设备分组唯一识别号。
- pDevices：该分组下所有设备的属性信息，详见 ZCLOUD_DEVINFO。
- devSize：该分组下设备个数。

15. ZCLOUD_USER_DATA

结构体 ZCLOUD_USER_DATA 详情见程序清单 14.15，包含用户基本信息以及用户拥有的设备信息，通过 ZCLOUD_GetUserData 获取。

程序清单 14.15　ZCLOUD_USER_DATA 结构体成员

```
1    typedef struct tagZCLOUD_USER_DATA {
2        char                username[64];
3        char                mobile[64];
4        char                email[64];
5        ZCLOUD_DEV_GROUP_INFO * pDevGroups;
6        size_t              devGroupSize;
7    }ZCLOUD_USER_DATA;
```

该结构体成员包括：

- username：用户名字符串。
- mobile：用户手机号。
- email：用户邮箱。
- pDevGroups：用户拥有的设备组，详见 ZCLOUD_DEV_GROUP_INFO。
- devGroupSize：用户设备组个数。

16. ZCLOUD_GPS_FRAME

结构体 ZCLOUD_GPS_FRAME 详情见程序清单 14.16，包含设备 GPS 数据，通过 ZCLOUD_ReceiveGPS 获取。

程序清单 14.16　ZCLOUD_GPS_FRAME 结构体成员

```
1    typedef struct tagZCLOUD_GPS_FRAME {
2        float         latitude;
3        float         longitude;
4        float         speed;
5        struct __gps_time {
6            USHORT        year;
7            USHORT        mon;
8            USHORT        day;
9            USHORT        hour;
10           USHORT        min;
11           USHORT        sec;
12       }tm;
13   } ZCLOUD_GPS_FRAME;
```

该结构体成员包括：

- latitude：纬度。
- longitude：经度。

➢ speed:速度。

➢ tm:时间结构。

17. USBCANFDTxTimeStamp

结构体 USBCANFDTxTimeStamp 详情见程序清单 14.17,用于获取发送帧的时间戳。

程序清单 14.17 USBCANFDTxTimeStamp 结构体成员

```
1   typedef struct tagUSBCANFDTxTimeStamp {
2       UINT * pTxTimeStampBuffer;    /* size:nBufferTimeStampCount * 4,unit:100 μs */
3       UINT nBufferTimeStampCount;    /* buffer size */
4   }USBCANFDTxTimeStamp;
```

该结构体成员包括:

➢ pTxTimeStampBuffer:用户申请的内存,用于存放返回的时间戳,大小为 nBufferTimeStampCount * 4。

➢ nBufferTimeStampCount:用户申请内存的大小,可以存放时间戳的个数。

18. IProperty

结构体 IProperty 详情见程序清单 14.18,用于获取/设置设备参数信息,示例代码参考程序清单 14.19。

程序清单 14.18 IProperty 结构体成员

```
1   typedef struct  tagIProperty {
2       SetValueFunc        SetValue;
3       GetValueFunc        GetValue;
4       GetPropertysFunc    GetPropertys;
5   }IProperty;
```

该结构体成员包括:

➢ SetValue:设置设备属性值,详见 14.5 节。

➢ GetValue:获取属性值。

➢ GetPropertys:用于返回设备包含的所有属性。

程序清单 14.19 IProperty 示例代码

```
1   char path[50] = {0};
2   char value[50] = {0};
3   IProperty * property_ = GetIProperty(device_handle);   /* device_handle 为设备句柄 */
4   sprintf_s(path, "%d/canfd_abit_baud_rate", 0);        /* 0 代表通道 0 */
5   sprintf_s(value, "%d", 1000000);                      /* 1000000 代表 1 Mbps */
6   if (0 == property_->SetValue(path, value)) {
7       return AW_FALSE;
8   }
```

14.4 接口库函数说明

1. ZCAN_OpenDevice

函数 ZCAN_OpenDevice 用于打开设备，一个设备只能被打开一次。

```
DEVICE_HANDLE ZCAN_OpenDevice(UINT device_type, UINT device_index, UINT reserved);
```

参数包括：

- device_type：设备类型，详见头文件 zlgcan.h 中的宏定义。
- device_index：设备索引号，比如当只有一个 USBCANFD-200U 时，索引号为 0，这时再插入一个 USBCANFD-200U，那么后面插入的这个设备索引号就是 1，以此类推。
- reserved：仅作保留。
- 返回值：为 INVALID_DEVICE_HANDLE 表示操作失败，否则表示操作成功，返回设备句柄值，应保存该句柄值，以后的操作需要使用。

2. ZCAN_CloseDevice

函数 ZCAN_CloseDevice 用于关闭设备，关闭设备和打开设备一一对应。

```
UINT ZCAN_CloseDevice(DEVICE_HANDLE device_handle);
```

参数包括：

- device_handle：需要关闭的设备的句柄值，即 ZCAN_OpenDevice 成功返回的值。
- 返回值：STATUS_OK 表示操作成功，STATUS_ERR 表示操作失败。

3. ZCAN_GetDeviceInf

函数 ZCAN_GetDeviceInf 用于获取设备信息。

```
UINT ZCAN_GetDeviceInf(DEVICE_HANDLE device_handle, ZCAN_DEVICE_INFO * pInfo);
```

参数包括：

- device_handle：设备句柄值。
- pInfo：设备信息结构体，详见 ZCAN_DEVICE_INFO。
- 返回值：STATUS_OK 表示操作成功，STATUS_ERR 表示操作失败。

4. ZCAN_IsDeviceOnLine

函数 ZCAN_IsDeviceOnLine 用于检测设备是否在线，仅支持 USB 系列设备。

```
UINT ZCAN_IsDeviceOnLine(DEVICE_HANDLE device_handle);
```

参数包括：

➢ device_handle:设备句柄值。

➢ 返回值:STATUS_ONLINE 表示设备在线,STATUS_OFFLINE 表示不在线。

5. ZCAN_InitCAN

函数 ZCAN_InitCAN 用于初始化 CAN。

```
CHANNEL_HANDLE ZCAN_InitCAN (DEVICE_HANDLE                  device_handle,
                             UINT                           can_index,
                             ZCAN_CHANNEL_INIT_CONFIG       * pInitConfig);
```

参数包括:

➢ device_handle:设备句柄值。

➢ can_index:通道索引号,通道 0 的索引号为 0,通道 1 的索引号为 1,以此类推。

➢ pInitConfig:初始化结构,详见 ZCAN_CHANNEL_INIT_CONFIG。

➢ 返回值:为 INVALID_CHANNEL_HANDLE 表示操作失败,否则表示操作成功,返回通道句柄值,应保存该句柄值,往后的操作需要使用。

6. ZCAN_StartCAN

函数 ZCAN_StartCAN 用于启动 CAN 通道。

```
UINT ZCAN_StartCAN (CHANNEL_HANDLE channel_handle);
```

参数包括:

➢ channel_handle:通道句柄值。

➢ 返回值:STATUS_OK 表示操作成功,STATUS_ERR 表示操作失败。

7. ZCAN_ResetCAN

函数 ZCAN_ResetCAN 用于复位 CAN 通道,可通过 ZCAN_ResetCAN 恢复。

```
UINT ZCAN_ResetCAN (CHANNEL_HANDLE channel_handle);
```

参数包括:

➢ channel_handle:通道句柄值。

➢ 返回值:STATUS_OK 表示操作成功,STATUS_ERR 表示操作失败。

8. ZCAN_ClearBuffer

函数 ZCAN_ClearBuffer 用于清除库接收缓冲区。

```
UINT ZCAN_ClearBuffer (CHANNEL_HANDLE channel_handle);
```

参数包括:

➢ channel_handle:通道句柄值。

➢ 返回值:STATUS_OK 表示操作成功,STATUS_ERR 表示操作失败。

9. ZCAN_ReadChannelErrInfo

函数 ZCAN_ReadChannelErrInfo 用于读取通道的错误信息。

```
UINT ZCAN_ReadChannelErrInfo (CHANNEL_HANDLE              channel_handle,
                              ZCAN_CHANNEL_ERROR_INFO     * pErrInfo);
```

参数包括：

- channel_handle：通道句柄值。
- pErrInfo：错误信息结构，详见 14.3 节中 ZCAN_CHANNEL_ERROR_INFO。
- 返回值：STATUS_OK 表示操作成功，STATUS_ERR 表示操作失败。

10. ZCAN_ReadChannelStatus

函数 ZCAN_ReadChannelStatus 用于读取通道的状态信息。

```
UINT ZCAN_ReadChannelStatus (CHANNEL_HANDLE             channel_handle,
                             ZCAN_CHANNEL_STATUS         * pCANStatus);
```

参数包括：

- channel_handle：通道句柄值。
- pCANStatus：状态信息结构，详见 14.3 节中 ZCAN_CHANNEL_STATUS。
- 返回值：STATUS_OK 表示操作成功，STATUS_ERR 表示操作失败。

11. ZCAN_Transmit

函数 ZCAN_Transmit 用于发送 CAN 报文。

```
UINT ZCAN_Transmit(CHANNEL_HANDLE channel_handle, ZCAN_Transmit_Data * pTransmit, UINT len);
```

参数包括：

- channel_handle：通道句柄值。
- pTransmit：结构体 ZCAN_Transmit_Data 数组的首指针。
- len：报文数目。
- 返回值：返回实际发送成功的报文数目。

12. ZCAN_TransmitFD

函数 ZCAN_TransmitFD 用于发送 CAN FD 报文。

```
UINT ZCAN_TransmitFD (CHANNEL_HANDLE              channel_handle,
                      ZCAN_TransmitFD_Data         * pTransmit,
                      UINT                        len);
```

参数包括：

- channel_handle：通道句柄值。
- pTransmit：结构体 ZCAN_TransmitFD_Data 数组的首指针。
- len：报文数目。

➢ 返回值:返回实际发送成功的报文数目。

13. ZCAN_GetReceiveNum

函数 ZCAN_GetReceiveNum 获取缓冲区中 CAN 或 CAN FD 报文数目。

```
UINT ZCAN_GetReceiveNum(CHANNEL_HANDLE channel_handle, BYTE type);
```

参数包括:

➢ channel_handle:通道句柄值。

➢ type:获取 CAN 或 CAN FD 报文,0 为 CAN,1 为 CAN FD。

➢ 返回值:返回报文数目。

14. ZCAN_Receive

函数 ZCAN_Receive 用于接收 CAN 报文,建议使用 ZCAN_GetReceiveNum 以确保缓冲区有数据在使用。

```
UINT ZCAN_Receive (CHANNEL_HANDLE                    channel_handle,
                   ZCAN_Receive_Data                 * pReceive,
                   UINT                              len,
                   INT                               wait_time =- 1);;
```

参数包括:

➢ channel_handle:通道句柄值。

➢ pReceive:结构体 ZCAN_Receive_Data 数组的首指针。

➢ len:数组长度(本次接收的最大报文数目,实际返回值小于等于此值)。

➢ wait_time:缓冲区无数据,函数阻塞等待时间,单位为 μs(毫秒)。若为-1,则表示无超时,一直等待,默认值为-1。

➢ 返回值:返回实际接收的报文数目。

15. ZCAN_ReceiveFD

函数 ZCAN_ReceiveFD 用于接收 CAN FD 数据,建议使用 ZCAN_GetReceiveNum 以确保缓冲区有数据在使用。

```
UINT ZCAN_ReceiveFD(CHANNEL_HANDLE channel_handle, ZCAN_ReceiveFD_Data * pReceive, UINT
len, INT wait_time = -1);
```

参数包括:

➢ channel_handle:通道句柄值。

➢ pReceive:结构体 ZCAN_ReceiveFD_Data 数组的首指针。

➢ len:数组长度(本次接收的最大报文数目,实际返回值小于等于此值)。

➢ wait_time:缓冲区无数据,函数阻塞等待时间,单位为 μs(毫秒)。若为-1,则表示无超时,一直等待,默认值为-1。

➢ 返回值:返回实际接收的报文数目。

16. GetIProperty

函数 GetIProperty 返回属性配置接口。

```
IProperty * GetIProperty(DEVICE_HANDLE device_handle);
```

参数包括:

- device_handle:设备句柄值。
- 返回值:返回属性配置接口指针,详见 14.3 节中 IProperty,空则表示操作失败。

17. ReleaseIProperty

函数 ReleaseIProperty 释放属性接口,与 GetIProperty 结对使用。

```
UINT ReleaseIProperty(IProperty * pIProperty);
```

参数包括:

- pIProperty:GetIProperty 的返回值。
- 返回值:STATUS_OK 表示操作成功,STATUS_ERR 表示操作失败。

18. ZCLOUD_SetServerInfo

函数 ZCLOUD_SetServerInfo 用于设置云服务器相关连接信息。

```
UINT ZCAN_ReceiveFD (CHANNEL_HANDLE          channel_handle,
                     ZCAN_ReceiveFD_Data     * pReceive,
                     UINT                    len,
                     INT                     wait_time =- 1);
```

参数包括:

- httpSvr:用户认证服务器地址、IP 地址或域名。
- httpPort:用户认证服务器端口号。
- mqttSvr:数据服务器地址、IP 地址或域名,一般与认证服务器相同。
- mqttPort:数据服务器端口号。

19. ZCLOUD_ConnectServer

函数 ZCLOUD_ConnectServer 用于连接云服务器,首先登录认证服务器,然后连接到数据服务器。

```
UINT ZCLOUD_ConnectServer(const char * username, const char * password);
```

参数包括:

- username:用户名。
- password:密码。
- 返回值:0 表示成功,1 表示失败,2 表示认证服务器连接错误,3 表示用户信息验证错误,4 表示数据服务器连接错误。

20. ZCLOUD_IsConnected

函数 ZCLOUD_IsConnected 用于判断是否已经连接到云服务器。

```
bool ZCLOUD_IsConnected();
```

➢ 返回值:True 表示已连接,False 表示未连接。

21. ZCLOUD_DisconnectServer

函数 ZCLOUD_DisconnectServer 用于断开云服务器连接。

```
UINT ZCLOUD_DisconnectServer()
```

➢ 返回值:0 表示成功,1 表示失败。

22. ZCLOUD_GetUserData

函数 ZCLOUD_GetUserData 获取用户数据,包括用户基本信息和所拥有的设备信息。

```
const ZCLOUD_USER_DATA * ZCLOUD_GetUserData();
```

➢ 返回值:用户数据结构指针。

23. ZCLOUD_ReceiveGPS

函数 ZCLOUD_ReceiveGPS 用于接收云设备 GPS 数据。

```
UINT ZCLOUD_ReceiveGPS (DEVICE_HANDLE            device_handle,
                        ZCLOUD_GPS_FRAME         * pReceive,
                        UINT                     len,
                        INT                      wait_time DEF( - 1));
```

参数包括:

➢ device_handle:设备句柄值。

➢ pReceive:结构体 ZCLOUD_GPS_FRAME 数组的首指针。

➢ len:数组长度(本次接收的最大报文数目,实际返回值小于等于此值)。

➢ wait_time:缓冲区无数据,函数阻塞等待时间,单位为 μs(毫秒),若为−1,则表示无超时,一直等待,默认值为−1。

➢ 返回值:返回实际接收的报文数目。

14.5 属性表

本节列出了 CAN 接口卡的属性配置项,即 IProperty 的 SetValue 或 GetValue 的 path、value 配置项。

1. USBCANFD 系列

USBCANFD 系列接口卡属性详见表 14.3,适用的设备包括 USBCANFD -

100U、USBCANFD－200U、USBCANFD－MINI。

表 14.3 USBCANFD 系列接口卡属性表

参 数	路 径	值
CAN FD 标准	n/canfd_standard (n 代表通道号，如 0 代表通道 0，1 代表通道 1，本表下同)	"0"表示 CANFD ISO "1"表示 CANFD BOSCH
自定义波特率	n/baud_rate_custom	请使用 ZCANPro 目录下的 baudcal 计算
终端电阻	n/initenal_resistance	"0"表示禁止 "1"表示使能
定时发送 CAN	n/auto_send	ZCAN_AUTO_TRANSMIT_OBJ 把该结构指针转换为 char *
定时发送 CAN FD	n/auto_send_canfd	ZCANFD_AUTO_TRANSMIT_OBJ 把该结构指针转换为 char *
清空定时发送	n/clear_auto_send	"0"
使定时发送生效	n/apply_auto_send	"0"
设置序列号	n/set_cn	最多 128 个字符
升级	n/update	文件路径
时钟频率	n/clock	"60000000"＝60 MHz
清除滤波	n/filter_clear	"0"
滤波模式	n/filter_mode	"0"表示标准帧 "1"表示扩展帧
滤波起始帧	n/filter_start	"0x00000000"，十六进制字符
滤波结束帧	n/filter_end	"0x00000000"，十六进制字符
滤波生效	n/filter_ack	"0"
发送重试超时时间	n/tx_timeout	"1000"，单位为 ms，最大值为 4 000
发送时间戳开启/关闭功能	n/set_tx_timestamp	"0"表示关闭 "1"表示开启
获取发送时间戳	n/get_tx_timestamp/m (m 代表要获取的时间戳个数)	首先要开启发送时间戳功能，参考 n/set_tx_timestamp

2. PCIeCANFD 系列

PCIeCANFD 系列接口卡属性详见表 14.4，适用的设备包括 PCIeCANFD－100U、PCIeCANFD－200U、PCIeCANFD－400U。

表 14.4 PCIeCANFD 系列接口卡属性表

参　数	路　径	值
自定义波特率	n/baud_rate_custom (n 代表通道号，0 代表通道 0,1 代表通道 1,本表下同)	请使用 ZCANPRO 目录下的 baudcal 计算
发送类型	n/send_type	"0"表示正常发送 "1"表示自发自收
发送失败后重发次数	n/retry	"0",整型
定时发送 CAN	n/auto_send	ZCAN_AUTO_TRANSMIT_OBJ 把该结构指针转换为 char *
定时发送 CANFD	n/auto_send_canfd	ZCANFD_AUTO_TRANSMIT_OBJ 把该结构指针转换为 char *
清空定时发送	n/clear_auto_send	"0"

3. USBCAN - xE - U/PCI - 50x0 - U 系列

USBCAN - xE - U/PCI - 50x0 - U 系列接口卡的属性表详见表 14.5,适用的设备包括 PCI - 5010 - U、PCI - 5020 - U、USBCAN - E - U、USBCAN - 2E - U、CAN-alyst - II+。

表 14.5 USBCAN - xE - U/PCI - 50x0 - U 系列接口卡属性表

参　数	路　径	值
波特率	n/baud_rate (n 代表通道号,如 0 代表通道 0,1 代表通道 1,本表下同)	" 1000000 "、 " 800000 "、 " 500000 "、"250000"、"125000"、"100000"、"50000"、
自定义波特率	n/baud_rate_custom	请使用 ZCANPRO 目录下的 baudcal 计算
清除滤波	n/filter_clear	"0"
滤波模式	n/filter_mode	"0"表示标准帧 "1"表示扩展帧
滤波起始帧	n/filter_start	"0x00000000",十六进制字符
滤波结束帧	n/filter_end	"0x00000000",十六进制字符
滤波生效	n/filter_ack	"0"

4. USBCAN - 4E - U

USBCAN - 4E - U 接口卡的属性表详见表 14.6。

表 14.6 USBCAN－4E－U 接口卡属性表

参　数	路　径	值
自定义波特率	n/baud_rate_custom （n 代表通道号，如 0 代表通道 0，1 代表通道 1，本表下同）	请使用 ZCANPRO 目录下的 baudcal 计算
转发到 CAN0	n/redirect/can0	“01”表示转发 “00”表示不转发
转发到 CAN1	n/redirect/can1	“11”表示转发 “10”表示不转发
转发到 CAN2	n/redirect/can2	“21”表示转发 “20”表示不转发
转发到 CAN3	n/redirect/can3	“31”表示转发 “30”表示不转发
清除滤波	n/filter_clear	“0”
滤波模式	n/filter_mode	“0”表示标准帧 “1”表示扩展帧
滤波起始帧	n/filter_start	“0x00000000”，十六进制字符
滤波结束帧	n/filter_end	“0x00000000”，十六进制字符
滤波生效	n/filter_ack	“0”

5. USBCAN－8E－U

USBCAN－8E－U 接口卡的属性表详见表 14.7。

表 14.7 USBCAN－8E－U 接口卡属性表

参　数	路　径	值
自定义波特率	n/baud_rate_custom （n 代表通道号，如 0 代表通道 0，1 代表通道 1，本表下同）	请使用 ZCANPRO 目录下的 baudcal 计算
转发到 CAN0	n/redirect/can0	“01”表示转发 “00”表示不转发
转发到 CAN1	n/redirect/can1	“11”表示转发 “10”表示不转发

续表 14.7

参　数	路　径	值
转发到 CAN2	n/redirect/can2	“21”表示转发 “20”表示不转发
转发到 CAN3	n/redirect/can3	“31”表示转发 “30”表示不转发
转发到 CAN4	n/redirect/can4	“41”表示转发 “40”表示不转发
转发到 CAN5	n/redirect/can5	“51”表示转发 “50”表示不转发
转发到 CAN6	n/redirect/can6	“61”表示转发 “60”表示不转发
转发到 CAN7	n/redirect/can7	“71”表示转发 “70”表示不转发

6. CANDTU 系列

CANDTU 系列接口卡的属性表详见表 14.8，适用的设备包括 CANDTU - 100UR、CANDTU - 200UR。

表 14.8　CANDTU - x00UR 系列接口卡属性表

参　数	路　径	值
波特率	n/baud_rate （n 代表通道号，如 0 代表通道 0，1 代表通道 1，本表下同）	“1000000”、“800000”、“500000”、“250000”、“125000”、“100000”、“50000”、
自定义波特率	n/baud_rate_custom	请使用 ZCANPRO 目录下的 baudcal 计算
内置 120 Ω 电阻	n/internal_resistance	“0”表示禁能 “1”表示使能
工作模式	n/work_mode	“1”表示正常模式 “0”表示只听模式
验收码	n/acc_code	“0x00000000”，十六进制字符
屏蔽码	n/acc_mask	“0xFFFFFFFF”，十六进制字符
使设置生效	n/confirm	“0”，在设置最后调用

7. NET - TCP 系列

NET - TCP 系列接口卡的属性表详见表 14.9，适用的设备包括 CANDTU -

NET、CANDTU－NET－400、CANET－TCP、CANWIFI－TCP。

表 14.9　NET－TCP 系列接口卡属性表

参　数	路　径	值
工作模式	n/work_mode (n 代表通道号，如 0 代表通道 0，1 代表通道 1，本表下同)	“1”表示服务器 “0”表示客户端
本地端口	n/local_port	“4001”，整型
IP 地址	n/ip	“192.168.0.178”
工作端口	n/work_port	“4001”，整型

8. NET－UDP 系列

NET－UDP 系列接口卡的属性表详见表 14.10，适用的设备包括 CANET－UDP、CANWIFI－UDP。

表 14.10　NET－UDP 系列接口卡属性表

参　数	路　径	值
本地端口	n/local_port (n 代表通道号，如 0 代表通道 0，1 代表通道 1，本表下同)	“4001”，整型
IP 地址	n/ip	“192.168.0.178”
工作端口	n/work_port	“4001”，整型

9. 其他接口卡

其他接口卡的属性表详见表 14.11，适用的设备包括 USBCAN－I、USBCAN－II、PCI9810、PCI9820、PCI5110、PCIe－9110I、PCI9820I、PCIe－9221、PCIe－9120I、PCI5121。

表 14.11　其他接口卡属性表

参　数	路　径	值
自定义波特率	n/baud_rate_custom (n 代表通道号，如 0 代表通道 0，1 代表通道 1，本表下同)	请使用 ZCANPRO 目录下的 baudcal 计算

10. 错误码定义

错误码定义详情见表 14.12。

表 14.12 错误码定义

名 称	值	描 述
CAN 错误码		
ZCAN_ERROR_CAN_OVERFLOW	0x0001	CAN 控制器内部 FIFO 溢出
ZCAN_ERROR_CAN_ERRALARM	0x0002	CAN 控制器错误报警
ZCAN_ERROR_CAN_PASSIVE	0x0004	CAN 控制器消极错误
ZCAN_ERROR_CAN_LOSE	0x0008	CAN 控制器仲裁丢失
ZCAN_ERROR_CAN_BUSERR	0x0010	CAN 控制器总线错误
ZCAN_ERROR_CAN_BUSOFF	0x0020	CAN 控制器总线关闭
ZCAN_ERROR_CAN_BUFFER_OVERFLOW	0x0040	CAN 缓存溢出
通用错误码		
ZCAN_ERROR_DEVICEOPENED	0x0100	设备已经打开
ZCAN_ERROR_DEVICEOPEN	0x0200	打开设备错误
ZCAN_ERROR_DEVICENOTOPEN	0x0400	设备没有打开
ZCAN_ERROR_BUFFEROVERFLOW	0x0800	缓冲区溢出
ZCAN_ERROR_DEVICENOTEXIST	0x1000	此设备不存在
ZCAN_ERROR_LOADKERNELDLL	0x2000	装载动态库失败
ZCAN_ERROR_CMDFAILED	0x4000	执行命令失败错误码
ZCAN_ERROR_BUFFERCREATE	0x8000	内存不足

第 15 章

CAN 高层协议之 CANopen 协议

本章导读

CANopen 协议是在 20 世纪 90 年代末由 CiA 组织(CAN - in - Automation)在 CAL(CAN Application Layer)的基础上发展而来的,一经推出便在欧洲得到广泛的认可与应用。经过对 CANopen 协议规范的多次修改,CANopen 协议的稳定性、实时性、抗干扰性都得到进一步的提高。由于 CiA 在各个行业不断推出设备子协议,CANopen 已得到更快的发展与推广。

面对生涩难懂的 CANopen 协议,读者通常感受是枯燥乏味,然后望而却步,基于此原因,ZLG 致远电子化繁为简,在 AWorks 中实现 CANopen 协议栈,以简单易用的标准函数接口方便用户快速实现 CANopen 设备。本章将从 CANopen 基础知识开始介绍,在用户对其有一定的了解后,再重点介绍基于 AWorks 的 CANopen 协议栈的使用方法。

15.1 CANopen 协议概述

CAN - bus 定义了 OSI 七层参考模型中的物理层和数据链路层,为数据传输提供了可靠的保障,但并没有对 CAN 报文中关键信息(11/29 位 ID 和 8 字节数据)的含义做进一步定义。若用户直接使用 CAN - Bus,则需要自行定义 ID 和数据的具体含义,例如,使用标识符 0x001 表示温度,0x002 表示数字开关量等。自行定义有很多缺点:特别是对于一些复杂的应用,设计繁琐;未经行业验证,不一定具有很好稳定性和可靠性;互联互通性很差,数据含义各自为阵,使不同厂商的设备很难互用、互换。

为了解决这些问题,参考 OSI 模型,在 CAN - bus 基础上需要制定一个高层协议来规范 CAN 报文中的 ID 和数据的含义。国际上不同的组织根据应用场合的不同推出了多种 CAN 应用层协议,常见的有 CANopen、DeviceNet、JEA1939 等。虽然各协议之间不能互相通信,但制定它们的初衷是一样的,希望通过合理地分配和使用 CAN 报文来实现统一的通信模型,以达到支持同种协议的厂商设备能够互用、互换的目的。

本章将详细介绍应用十分广泛的 CANopen 协议。CANopen 协议由 CiA 组织

(CAN - in - Automation)制定,一经推出便在欧洲得到广泛的认可与应用,尤其在基于 CAN 的工业系统中占据领导地位。CANopen 节点模型与 OSI 的对应关系详见图 15.1。

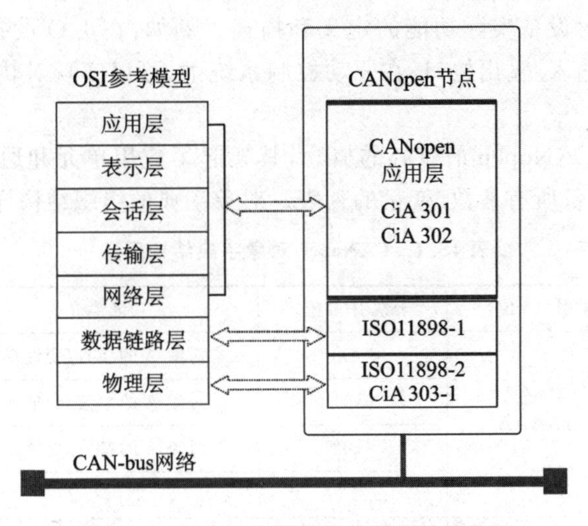

图 15.1 CANopen 数据通信模型的简化图

15.1.1 CANopen 设备模型

为了便于理解 CANopen 协议,在此引入 CANopen 设备模型的概念,详见图 15.2。针对该模型,分 3 部分介绍 CANopen 协议,分别是通信单元、应用单元和对象字典。

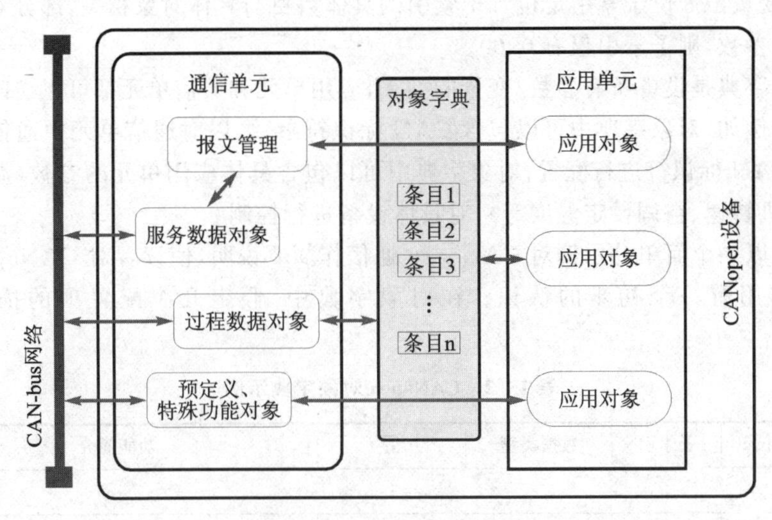

图 15.2 CANopen 设备模型

通信单元定义 CANopen 协议的通信规则,只有符合 CANopen 规范的 CAN 报文才可以通过通信单元接收和发送。从图中可以看出,通信单元类似一个报文的管理站，提供报文传输管理(向 CAN - bus 网络发送报文或从 CAN - bus 网络接收报文)和通信对象(主要包括过程数据对象和服务数据对象，将在后文详细介绍)等服务，这是 CANopen 的关键部分。

应用单元是对设备实际功能的定义和描述。例如：在 I/O 设备中，可以访问设备的数字或模拟输入/输出接口；在驱动控制系统中，可以实现对轨迹发生器或速度控制模块的控制。

对象字典是 CANopen 最核心的概念，其架起了应用单元和通信单元之间的桥梁，可以理解为设备所有参数/变量的列表。对象字典的组织结构详见表 15.1。

表 15.1　CANopen 对象字典结构示意

索引(16 位)	子索引(8 位)	功能简介
0xAAAA	0x00	对象 A 的参数/变量 0
	0x01	对象 A 的参数/变量 1
	0x02	对象 A 的参数/变量 2
	⋮	
0xBBBB	0x00	对象 B 的参数/变量 0
	⋮	
⋮		

对象字典中的每个项目(通常也称之为“对象”)由 16 位索引定位，一个对象的多个参量/变量由 8 位子索引定位。子索引的具体数目与具体对象相关，部分对象可能只有单个参数，则子索引仅有 0x00。

对象字典是设备所有参数/变量的列表，应用单元和通信单元都可以访问这个参数列表。例如，对象字典中可以包含 CAN 标识符参数，以对通信单元中通信对象所使用的 CAN 标识符进行配置；对象字典中可以包含具体应用单元的参数(温度上下限、发动机转速、空调设定温度等)，对具体设备进行控制。

下面以一个简单的示例对 CANopen 通信作简要说明，使读者对 CANopen 对象字典的作用有一个初步的认识。在对象字典中，假定几个配置项的描述详见表 15.2。

表 15.2　CANopen 对象字典示例

索　引	子索引	数据类型	值	功能简介
⋮				
0x1800 (通信参数)	0x00	unsigned8	0x06	参数条目(决定子索引数量)
	0x01	unsigned32	0x181	该通信数据报文所使用的帧 ID
	⋮			

续表 15.2

索　引	子索引	数据类型	值	功能简介
0x1A00 (映射参数)	0x00	unsigned8	0x03	参数条目(决定子索引数量)
	0x01	unsigned32	0x20000108	映射到 2000.01h 的对象,且数据是 8 位
	0x02	unsigned32	0x20030310	映射到 2000.02h 的对象,且数据是 8 位
	0x03	unsigned32	0x20030108	映射到 2003.01h 的对象,且数据是 16 位
⋮				
0x2000	0x01	unsigned8	0x50	温度上限,此值表示的温度上限为 80 ℃
	0x02	unsigned8	0x10	温度下限,此值表示的温度下限为 16 ℃
⋮				
0x2003	0x01	unsigned8	0x1B80	当前温度: 高 8 位表示整数部分:0x1B 为 27 低 8 位表示小数部分:0x80 为 128/256=0.5 实际温度为 27.5 ℃
⋮				

注:当一个对象具有多个参数时,子索引 0x00 用于表示参数的个数。在表示某个具有子索引的对象参数时,通常可以使用 XXXX.YY 的形式表示,其中 XXXX 表示索引号,YY 表示子索引号,以此定位一个参数。

表中的通信参数(索引 1800h)决定该通信报文所使用的帧 ID(0x181);映射参数(1A00h)决定该报文对应的数据位置,总共有 3 部分数据(与实际映射参数的参数数目相关):

温度上限:索引 2000h 的子索引 01h,数据长度为 8 位(1 字节);

湿度下限:索引 2000h 的子索引 02h,数据长度为 8 位(1 字节);

当前温度:索引 2003h 的子索引 01h,数据长度为 16 位(2 字节)。

映射参数的存在使得应用数据可以放在其他更灵活的位置,而映射参数可以放在一个固定的地方,以便查询(映射参数就像在一个固定位置放了一个指针一样)。

这 3 部分数据的总长度为 4 字节,当需要发送这些数据时,使用 CAN ID 为 181h 的 CAN 报文发送即可,且该 CAN 报文的 DLC 为 4。数据按先后顺序(映射参数 0x01～0x03 依次对应的数据)排列,如果对象字典中参数的值如表 15.2 所列(部分数据为变量(比如当前温度等),可能会发生变化),则发送这些数据对应的 CAN 报文详见表 15.3。

表 15.3 实际 CAN 报文

ID(11 位)	帧类型	DLC	数据
0x181	标准数据帧	4	50 10 80 1B

注:CANopen 中仅使用标准帧(11 位 ID),不使用扩展帧。当某数据(比如当前温度)具有多个字节时,按照小端模式发送(低字节先发送)。

由此可见,对象字典是一个参数集,什么信息都可以通过对象字典查到,它是整个 CANopen 的核心,底层通信和上层应用都要充分利用对象字典中的信息。这里只是一个简单的说明性示例,仅介绍了发送数据的报文,在 CANopen 中,实际还有很多其他类型的报文。此外,对象字典中的各个项目(对象)的具体情况由一系列"子协议"描述,例如,具体包含哪些参数、各个参数的类型和含义是什么等。这些内容将在后文详细介绍。

15.1.2 CANopen 通信模型

在具体介绍设备模型中各个部分(通信单元、应用单元和对象字典)之前,先对 CANopen 设备间的通信模型作简要介绍,以便于读者后续阅读时更好地理解文章中相关的通信术语。CANopen 协议中定义了设备间的 3 种通信模型,分别是主-从机模型、客户端-服务器模型以及生产者-消费者模型。

1. 主-从机模型

主-从机模型示意图详见图 15.3,本模型用于 CANopen 的网络管理。虽然 CANopen 通信发挥了 CAN 的特色,所有节点通信地位平等,运行时允许自行发送报文。但为了稳定可靠、可控,CANopen 网络需要配置一个网络管理主机,就像一个交响乐团的指挥家,所有节点的启动、停止都由它指挥。

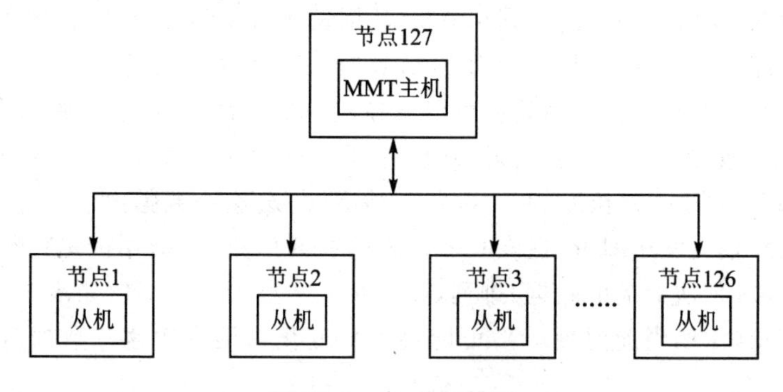

图 15.3 主-从机模型

网络管理主机一般是 PLC、计算机或者带网络管理功能的 CANopen 节点,也称为 CANopen 主站,其他的 CANopen 从站为网络管理从机(NMT - Slaves)。注意,同一个 CANopen 网络中只允许有一个网络管理主机，但网络管理从机可以是一个或多个。用于网络管理的报文包含如下功能：初始化、配置和网络管理（启动、停止、复位、监控等），更多网络管理内容将在下文介绍。

前文提到，在 NMT 网络中，只能有一个主机，但在实际应用中，只有一个主机并不安全，若主机发生故障，则整个网络将"瘫痪"。出于安全性考虑，常常会采用"动态主机"（Flying NMT Master）的方案，即网络中会设置多个 NMT 主机，但在正常情况下，只有一个主机处于活动状态，当该主机发生故障时，备用的"动态主机"将会自动承担主机的工作。

2. 客户端-服务器模型

客户端-服务器模型示意图详见图 15.4，这种模型描述了节点间的通信关系，常用于通信单元中服务数据对象的通信。单次通信完整流程如下：客户端将请求发送给服务器，服务器接收到请求后进行处理，然后将处理后的数据在规定时间内应答，客户端收到应答后进行确认。请求与应答的间隔时间至少要大于等于服务器处理请求的时间和网络传输时间之和。

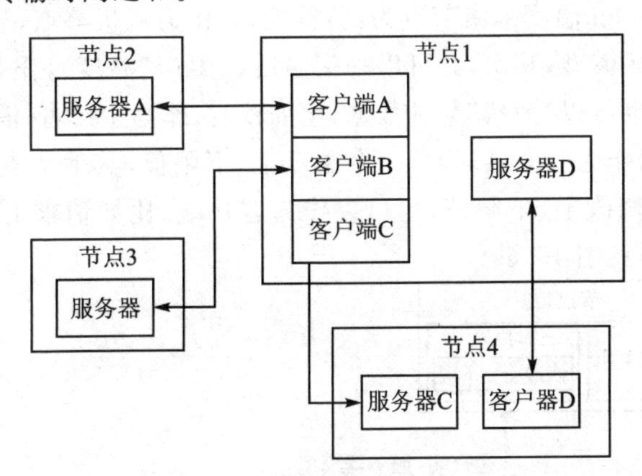

图 15.4 客户端-服务器模型

客户端-服务器模型是一种确认机制的通信（数据发送后，需要应答确认），这是它最重要的特征。客户端发送请求后在要求的时间内必须有应答数据，否则认为通信出错。服务器具有如下特征：被动的角色、等待客户端发送的请求、给出应答；客户端具有如下特征：主动的角色、发送请求、等待回应。

3. 生产者-消费者模型

生产者-消费者模型示意图详见图 15.5，这种模型主要用于过程数据对象的传输，也用于同步、心跳、时间、错误提示等通信。本模型描述了一个生产者和一个或多个消费者之间一对多的通信关系。与服务器-客户端通信模型的区别在于，生产者-消费者模型属于单向传输，无需接收节点回应，是一种非确认机制的通信（发送数据后，无需应答确认）。

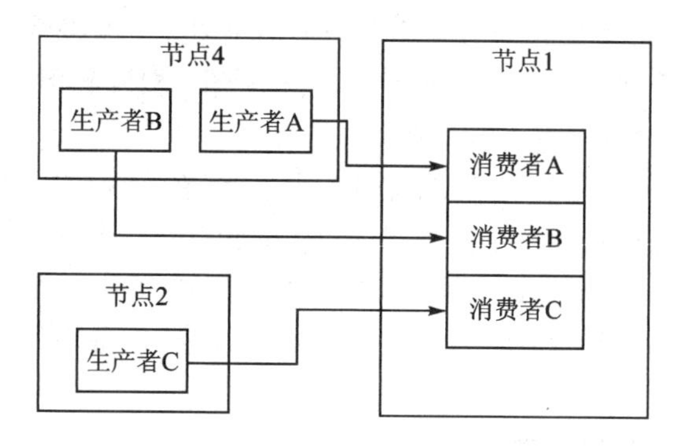

图 15.5　生产者-消费者模型

注意,不要混淆生产者-消费者模型和客户端-服务器模型。网络上的节点既可能是客户端也可能是服务器,或者同时兼备两种角色。而每个客户端、服务器可能是生产者、消费者或者两者皆是。也就是说,一个节点可能会使用多种通信模式,以交互各种不同用途的数据。

以一个 CANopen 温度采集节点为例:首先,其作为从机节点,与 NMT 主机之间的通信模型是主-从模型;其次,其可以采集温度("生产"温度),作为生产者-消费者模型中的生产者,也可以"消费"某种数据,比如校时,作为生产者-消费者模型中的消费者;最后,其可以作为服务器,维持一个温度上、下限值,其他节点(比如主控节点)作为客户端,请求修改上、下限值,也可以作为客户端,比如请求 I/O 服务器输出某种信号。示意图详见图 15.6。

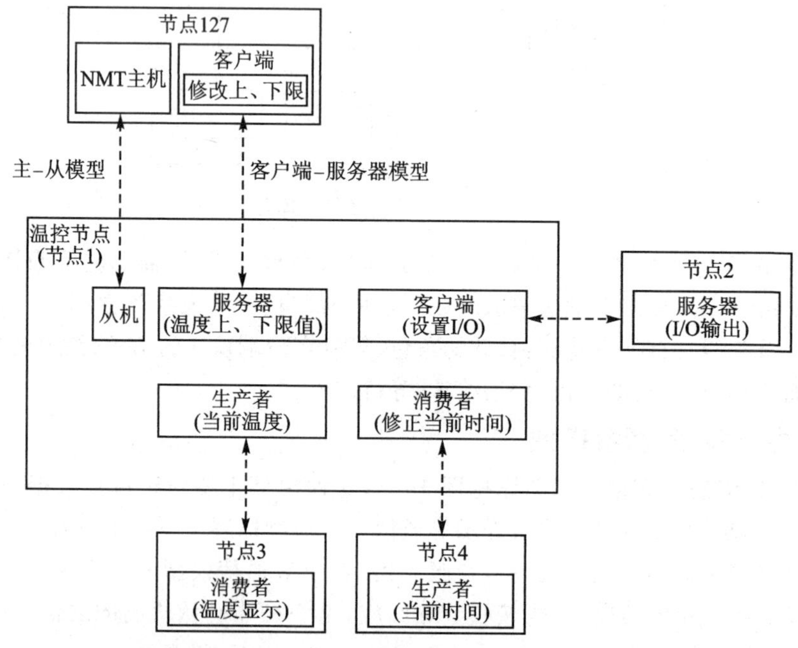

图 15.6　同一个节点中可能同时存在多种通信模式

总之，一种通信模型主要用于以某种方式交互信息，在一个 CANopen 节点中，可能同时使用多种通信模型，以交互各种不同类型的数据。

15.2 CANopen 通信

CANopen 是基于 CAN 总线的一种应用层协议，其物理层的网络组建与 CAN 总线一致。CANopen 网络结构为典型的总线型结构，示意图详见图 15.7。在总线型网络结构中，网络由一个主站设备和若干个从站设备组成，从站和主站都挂接在一条总线上，同时数据也在这条总线上传输。

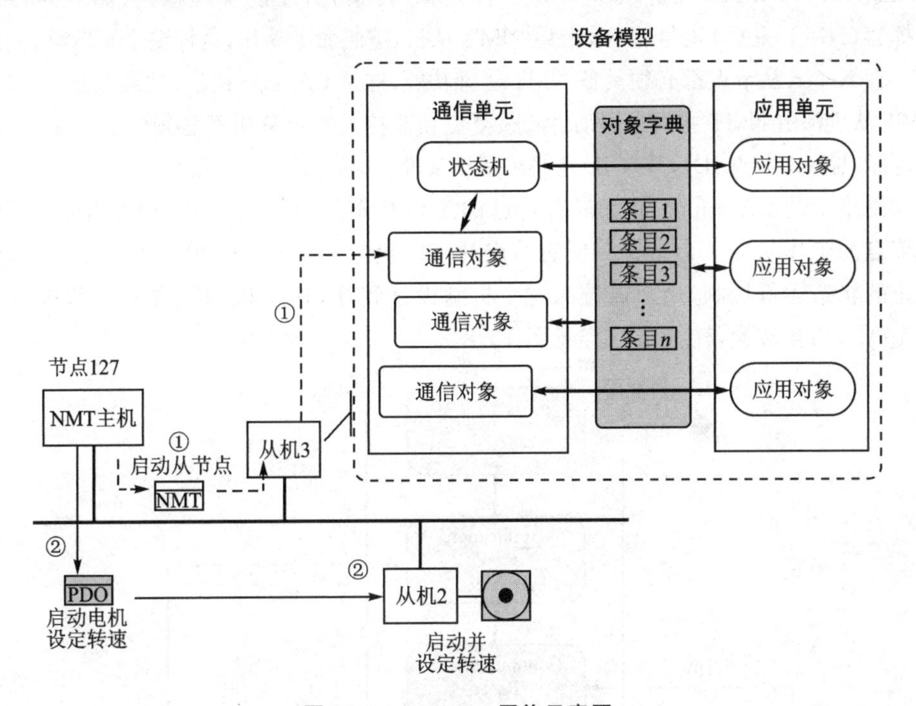

图 15.7 CANopen 网络示意图

在典型 CANopen 网络中，将 CAN 报文分为 4 种类型，分别是控制数据、实时数据、非实时数据和一些特殊的数据。

控制数据也称网络管理报文，主要用于主机控制从站启动、停止、复位，监听设备状态等操作。例如，图 15.7 中的报文①，主机对从机 3 发送“启动从节点”报文；从机 3 收到“启动从节点”报文后，将其传递给通信对象；通信对象识别后，交由设备内部的状态机启动相关操作。

实时数据也称过程数据，顾名思义，表示系统运行过程中的数据，例如主机发送命令操作电机启动并调节转速，从机上报当前的转速和运行模式等，详见图 15.7 中的报文②。过程数据可由用户自定义或参考行业相关规范，这类数据的实时性较高，常采用生产者-消费者模型通信。

非实时数据也称服务数据，常用于获取和配置参数。这类数据的传输通常实时性要求不高，允许有一定的传输延时，常采用客户端-服务器通信模型。

其他一些特殊数据主要用于一些特殊功能，例如同步从站动作、校准整个网络时间、错误信息上报等。

15.2.1 CANopen 网络管理

众所周知，为了保证 CANopen 网络可靠、可控，必须要有网络管理（Network Management，NMT）机制，如同军队一样，要令行禁止，才能实现稳定、高效的目标。指挥官（NMT 主机）发号施令，士兵（NMT 从机）按照命令动作，这样整个军队都是有序的。CANopen 从节点都必须具备 NMT 管理功能，这是 CANopen 设备的最低要求。通常 NMT 从机都由 NMT 主机来启动、停止、复位和监控。每个从机都必须配有一个单独的设备标识符（即节点 ID），节点 ID 也必须是设备唯一的，范围为 1～127。

网络上的 CANopen 节点都有自己的工作状态，主机可以通过命令控制和获取从节点的工作状态。为了统一所有节点的工作状态，CANopen 规范了节点从上电到停止的状态运行机制，用户需按照这个机制设计程序，这个机制包含 6 个状态，每个状态间可相互转换，转换流程详见图 15.8。

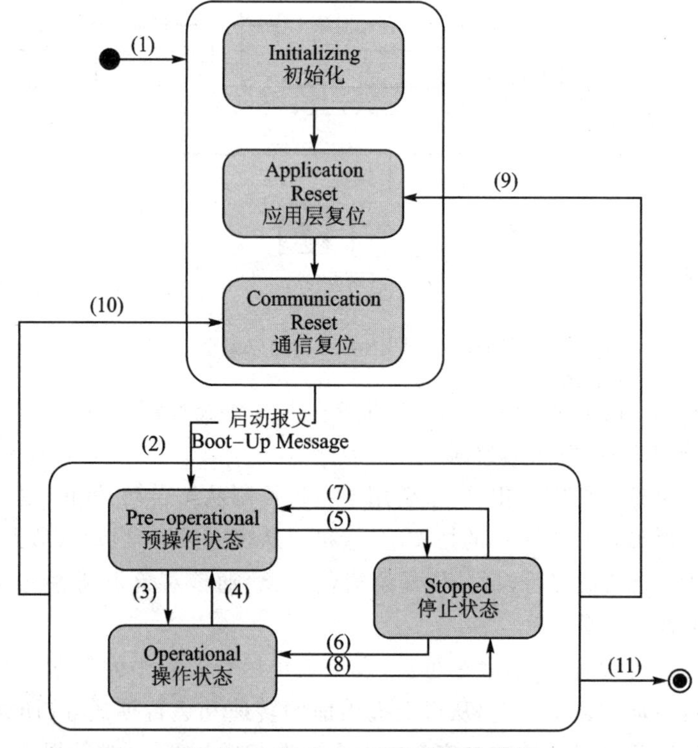

图 15.8 CANopen 设备状态转换图

6 个状态简要介绍详见表 15.4。

表 15.4 CANopen 节点各工作状态简介

状 态	简 介
初始化 (Initializing)	节点上电后各个功能部件(CAN 控制器、定时器等)初始化
应用层复位 (Application Reset)	初始化完成后,节点的相关应用程序复位(开始),比如:恢复开关量输出、模拟量输出的初始值
通信复位 (Communication Reset)	节点中的 CANopen 通信复位(开始),从此刻起,此节点就可以进行 CANopen 通信
预操作状态 (Pre-operational)	节点的 CANopen 通信处于预操作状态,此时可以使用服务数据对象(Service Data Object,SDO)进行参数配置和网络管理的操作,但不能传输过程(Process Data Object,PDO)数据
操作状态 (Operational)	节点收到 NMT 主机启动命令后,CANopen 进入可操作状态,PDO 通信启动,同时 SDO 也可以对节点进行数据传输和参数修改
停止状态 (Stopped)	节点收到 NMT 主机发来的停止命令后,节点的过程数据通信被停止,但 SDO 和 NMT 网络管理依然可以对节点进行操作

在状态图中,状态转换箭头上的数字对应一种特定的事件,指示状态转换的条件。各事件的描述详见表 15.5。

表 15.5 NMT 状态转换事件描述

事件序号	事件描述
(1)	设备上电之后自动初始化设备
(2)	初始化完成后自动进入预操作状态,同时主动向 NMT 主机发送一个启动报文
(3)(6)	NMT 主机发出启动节点命令
(4)(7)	NMT 主机发出进入预操作状态命令
(5)(8)	NMT 主机发出进入停止状态命令
(9)	NMT 主机发出复位节点命令
(10)	NMT 主机发出复位节点通信命令

注意事件(9)和事件(10)的区别,事件(9)相当于复位整个节点,将使节点回到应用层复位状态。事件(10)仅复位 CANopen 通信,将使节点回到通信复位状态(应用相关参数并不复位)。由此可见,除了初始化状态,NMT 主机通过 NMT 命令可以让网络中任意一个 CANopen 节点进行其他 5 种状态的切换。当然,除 NMT 主机控

制状态的转换外，CANopen 节点自身也可以在应用程序中根据需要自动完成这些状态的切换。

1. 节点上线报文

CANopen 设备启动并完成内部初始化之后，将向总线发送上线报文(Boot - Up Message)，然后自动进入“预操作”状态，详见图 15.8 中的事件(2)。

CANopen 规定网络中每个节点只允许拥有一个且唯一的节点地址(Node - ID)，为了避免与其他节点地址冲突，任何一个节点上线都必须发出节点上线报文(节点 ID 是一个网络内的唯一地址，这就要求在入网前分配好当前节点的 ID。当然，CANopen 也定义了自动分配 ID 协议 LSS，有兴趣的读者可以进一步了解)，详见图 15.9。上线报文使用生产者-消费者模型进行传输。报文的 ID 为 0x700＋Node - ID，数据仅 1 字节 0x00。

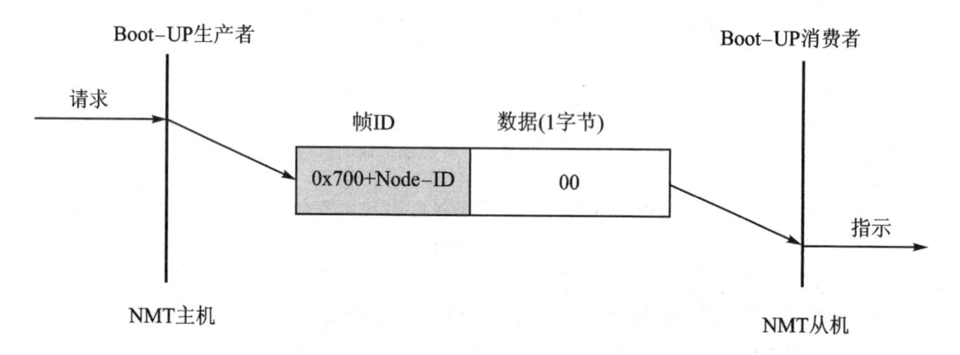

图 15.9　节点上线报文

在 CANopen 协议中，预定义的报文均使用具有 11 位帧 ID 的 CAN 标准帧传输。11 位帧 ID 主要由两部分组成：功能代码和节点 ID，详见图 15.10。

位10	位9	位8	位7	位6	位5	位4	位3	位2	位1	位0
功能代码				节点ID						

图 15.10　预定义 11 位 CAN - ID 的分配

其中，高 4 位为功能代码，功能代码标识报文的类型，上线报文的功能代码为 1110，一些常用的功能代码详见表 15.6。低 7 位为节点 ID，节点 ID 的有效范围为 0x01～0x7F。

表 15.6　CANopen 报文对应的功能码

通信对象	功能代码(二进制)	CAN - ID	对象字典索引
网络管理	0000	0x000	
同步报文	0001	0x080	0x1005,0x1006,0x1007,0x1028

续表 15.6

通信对象	功能代码(二进制)	CAN - ID	对象字典索引
时间戳报文	0010	0x100	0x1012,0x1013
紧急事件报文	0001	0x081～0x0FF	0x1014,0x1015
TPDO 1	0011	0x181～0x1FF	0x1800
RPDO 1	0100	0x201～0x27F	0x1400
TPDO 2	0101	0x281～0x2FF	0x1801
RPDO 2	0110	0x301～0x37F	0x1401
TPDO 3	0111	0x381～0x3FF	0x1802
RPDO 3	1000	0x401～0x47F	0x1402
TPDO 4	1001	0x481～0x4FF	0x1803
RPDO 4	1010	0x501～0x57F	0x1403
SDO (tx)	1011	0x581～0x5FF	0x1200
SDO (rx)	1100	0x601～0x67F	0x1200
错误控制报文	1110	0x701～0x77F	0x1016, 0x1017

由此可见,节点上线报文属于一种"错误控制报文"。在表 15.6 中,除网络管理(其无需额外的配置参数)外,其他通信对象都列出了其对应的对象字典索引,表明这些通信对象有关的配置由相应的对象参数决定。回顾表 15.2 对应的示例可以发现,通信对象参数由索引为 0x1800 的对象控制,因而表 15.2 对应的示例中,数据发送使用的是 TPDO1 报文(后文会进一步说明)。

2. NMT 控制命令

NMT 主机通过 NMT 命令可以让网络中任一 CANopen 节点进行状态改变。NMT 控制命令通过具有最高优先级的 CAN 标识符(0x000)来发送。命令帧格式详见图 15.11。

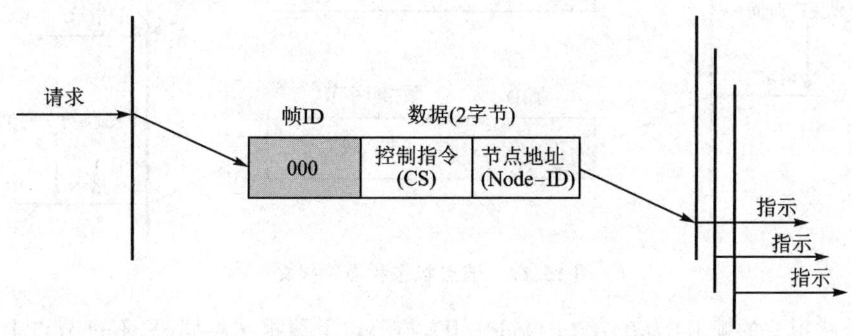

图 15.11 NMT 协议以及 NMT 报文的结构

NMT 控制命令报文包含 2 字节数据，详见表 15.7。第一个字节为控制指令，也称为命令说明符(Command Specifier)，详见表 15.8；第二个字节为控制的目标节点地址(Node - ID)。若第二个字节为 0，则表示命令以广播的方式发送给所有设备。

表 15.7 NMT 控制命令

COB - ID(CAN - ID)	DLC	字节 0	字节 1
0x000	2	控制指令(CS)	目标节点地址(Node - ID)

表 15.8 NMT 命令说明符

控制指令(CS)	NMT 服务(控制动作)	控制指令(CS)	NMT 服务(控制动作)
0x01	启动从站设备	0x81	复位从节点
0x02	停止从节点设备	0x82	复位节点通信
0x80	使从站进入预操作		

3. NMT 的设备监控

(1) NMT 节点状态与心跳报文

在实际应用中，为了监控节点的当前状态，要求在线的从站定时发送状态报文(心跳报文)，以便于主站确认从站是否出现故障、是否脱离网络。当主站监视从站时，从站为心跳生产者，主站为消费者。如果从站需要获得主站的状态，应设置主站发送心跳报文，此时主站为心跳生产者，从站为消费者。

心跳报文是一种周期性报文，可发送给一个或多个设备。报文格式详见图 15.12。

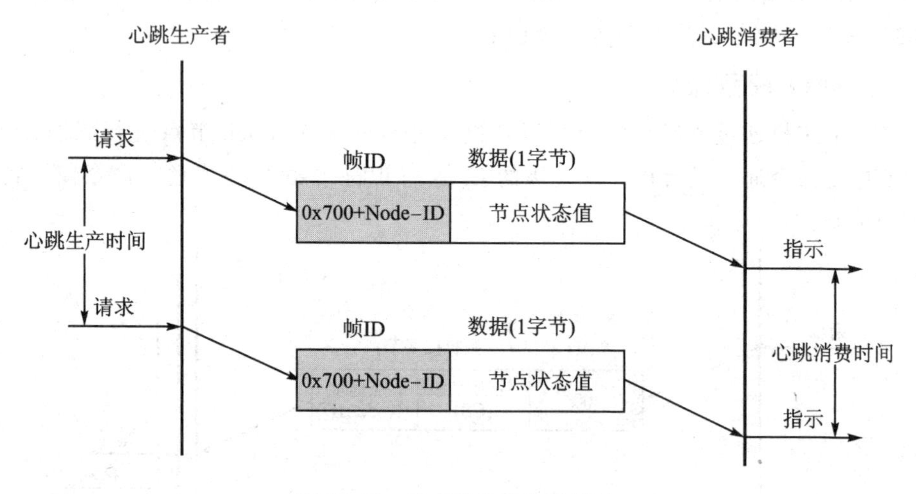

图 15.12 节点状态和心跳报文

心跳报文的帧 ID 为 0x700+Node - ID，与节点上线报文相同(只不过节点上线报文的 1 字节数据恒为 0x00)，数据为 1 字节，表示节点当前状态，状态值详见表 15.9。

CANopen 规定"心跳生产时间"保存在对象字典索引 0x1017 中,"心跳消费时间"保存在索引 0x1016 中。心跳报文生产者会按照心跳生产时间进行周期性的发送,而心跳报文消费者则会按自己的心跳消费时间进行检查。如果超过若干次心跳消费时间而没有收到心跳报文,则认为该生产心跳报文的节点已经离线。

表 15.9 设备状态值

状态值	描 述
0x04	停止状态
0x05	操作状态
0x7F	预操作状态

(2) NMT 节点守护/寿命保护

CANopen 还定义了一种监视从站状态的模式:节点守护模式(CiA 不推荐使用此方式)。节点守护模式通信流程详见图 15.13,NMT 主机通过远程帧周期性地查询目标从站,从站使用数据帧(包含当前状态)应答主机。主机监控从机为节点守护,从机通过收到的远程帧间接监控主机的状态为寿命保护。节点守护与心跳报文模式两者不能同时使用。

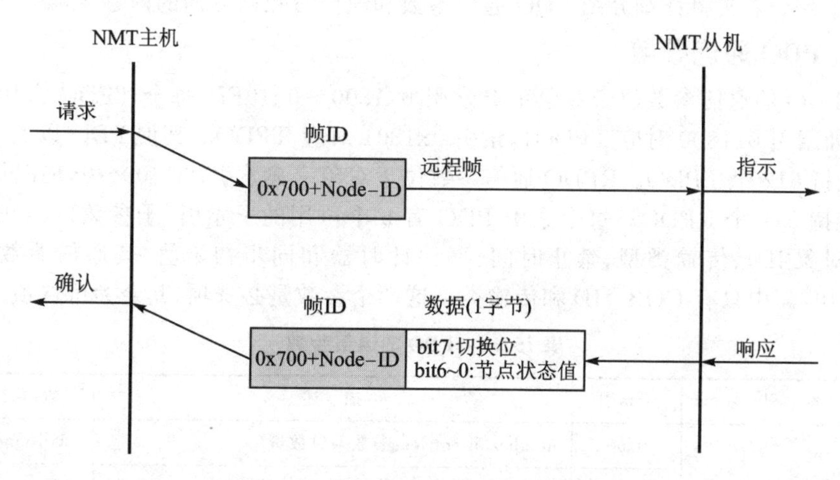

图 15.13 节点守护/寿命保护报文

节点守护应答报文仅包含 1 字节数据。该字节由两部分组成,分别是 1 个切换位(bit7:Toggle - Bit)和 6 位的节点状态(bit0～6)。切换位用于区分当前状态值与历史状态值,在两次查询之间必须改变切换位。切换规则如下:第一次节点保护请求时置为 0,之后在每次节点保护应答中交替置 0 或者 1。

15.2.2 过程数据对象 PDO(Process Data Object)

传统集中式控制系统中大多数采用轮询方式传输实时数据,即主机按照一定顺序扫描从机并发送轮询命令,从机根据轮询命令应答各自的过程数据。一般来说,从机无论其过程数据有无变化都会应答。在轮询的传输模式下,用户可以根据轮询周期估测报文响应的时间值,但无法准确预测最新事件的发生时间,甚至还可能出现丢失事件情况。比如,主机询问完,从机产生新事件,在还没有等到主机下一次的轮询命令时从机又产生新的事件。

CANopen 传输过程数据不仅使用“服务器-客户端模型”的轮询方式，还使用更加实时的“生产者-消费者模型”的异步传输方式。在“生产者-消费者模型”中，任何时候生产者(设备)都可以发送数据，消费者接收和处理数据。例如，设备状态改变触发数据传输，总线上其他设备监听数据，并根据需求决定是否对该报文进行处理(消费者)。

在 CANopen 协议中，过程数据分为发送过程数据(TPDO)和接收过程数据(RPDO)。这里所说的 TPDO 和 RPDO 都是相对的，通常是从机的角度进行描述。例如：温度采集从机(生产者)通过 TPDO 发送温度数据，对于接收这个温度数据的设备(消费者)来说，它的 RPDO 为温度采集从机的 TPDO，即为了接收生产者发送的 TPDO，消费者需设置一个对应的 RPDO，将 RPDO 的 CAN ID 设置得与相应的 TPDO 相同。

一个完整的 PDO 通信包含 PDO 通信参数和 PDO 映射参数。其中，PDO 通信参数规定 PDO 采用何种方式进行传输，PDO 映射参数则规定 PDO 传输的内容(数据)是什么。下文将详细介绍 PDO 通信参数和映射参数两方面的内容。

1. PDO 通信参数

TPDO 的通信参数位于对象字典索引 0x1800～0x19FF，每个 TPDO 占用一个索引，如索引 0x1800 对应 TPDO1，索引 0x1801 对应 TPDO2，其他 PDO 以此类推，最大支持 512 个 TPDO。RPDO 通信参数位于对象字典索引 0x1400～0x15FF，同样最大支持 512 个 RPDO。每个索引 PDO 有 5 个可用的子索引(子参数)：COB - ID (通信对象 ID)、传输类型、禁止时间、事件计时器和同步初始值，其通信参数详见表 15.10，其中只有 COB - ID 和传输类型这两个参数是必选项，其余为可选项。

表 15.10　PDO 的通信参数

索　引	子索引	描　述	数据类型
RPDO：0x1400～0x15FF TPDO：0x1800～0x19FF	0x00	number of entries：参数条目数量	Unsigned8
	0x01	COB - ID：发送/接收这个 PDO 的帧 ID	Unsigned32
	0x02	transmission type：传输类型 0x00：非循环同步 0x01～0xF0：循环同步 0xFC：远程同步 0xFD：远程异步 0xFE：异步，制造商特定事件 0xFF：异步，设备子协议特定事件	Unsigned8
	0x03	inhibit time：生产禁止时间(单位：0.1 ms)	Unsigned16
	0x05	event timer：事件定时器触发的时间(单位：ms)	Unsigned16
	0x06	SYNC start value：同步起始值	Unsigned8

各项参数详细说明如下：

(1) COB－ID

COB－ID 位于子索引 0x01 上，是一个无符号 32 位值。其中第 0～10 位表示通信的帧 ID；第 30 位为远程帧(RTR)标识位，该位可允许或禁止其他 CANopen 设备的远程 PDO 请求；第 31 位为 PDO 是否有效的标志位，用于指示该 PDO 是否使能。注意：只有在预操作状态下才能对 COB－ID 进行修改。

PDO 报文格式详见图 15.14，其中帧 ID 可以为预定义和自定义两种方式。

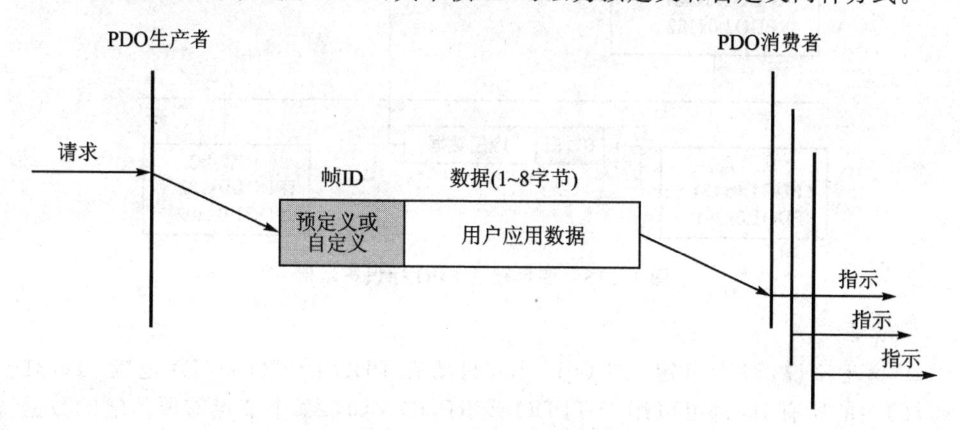

图 15.14　PDO 报文格式

(2) 预定义

CANopen 规范预先定义 PDO 的缺省 COB－ID，详见表 15.11。

表 15.11　PDO 帧 ID 预定义

对　象	COB－ID
TPDO1：发送过程数据对象 1	0x181～0x1FF(0x180＋Node－ID)
RPDO1：接收过程数据对象 1	0x201～0x27F(0x200＋Node－ID)
TPDO2：发送过程数据对象 2	0x281～0x2FF(0x280＋Node－ID)
RPDO2：接收过程数据对象 2	0x301～0x37F(0x300＋Node－ID)
TPDO3：发送过程数据对象 3	0x381～0x3FF(0x380＋Node－ID)
RPDO3：接收过程数据对象 3	0x401～0x47F(0x400＋Node－ID)
TPDO4：发送过程数据对象 4	0x481～0x4FF(0x480＋Node－ID)
RPDO4：接收过程数据对象 4	0x501～0x57F(0x500＋Node－ID)

CANopen 协议根据节点地址(Node－ID)预定义 4 个 TPDO(TPDO1～TPDO4)和 4 个 RPDO(RPDO1～RPDO4)的 CAN－ID。预定义的规则是：TPDO1 为 0x180＋Node－ID，TPDO2 为 0x280＋Node－ID，TPDO3 为 0x380＋Node－ID，TPDO4 为 0x480＋Node－ID；RPDO1 为 0x200＋Node－ID，RPDO2 为 0x300＋Node－ID，RPDO3 为 0x400＋Node－ID，RPDO4 为 0x500＋Node－ID。

在图15.15中，从节点1、从节点2和主机均使用预定义PDO，从节点1 TPDO1的COB－ID为0x181，主机RPDO1的COB－ID配置为0x181；从节点向总线上发送COB－ID为0x181的数据帧，此时主站便接收数据帧并处理。

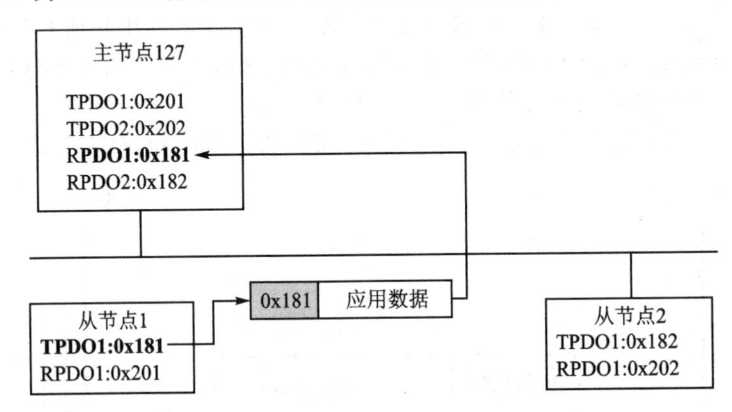

图15.15　使用默认PDO标识符示例

(3) 自定义

广义上来说，对于自定义COB－ID，只要在PDO的COB－ID范围(0x181～0x57F)内的所有ID都可以用于TPDO或RPDO。如果某个节点需要传输的数据特别多，出现TPDO5之类的数据对象，而它们的COB－ID定义就需要打破预定义的规则。比如，可以定义节点1中TPDO5为0x182，这里的PDO的COB－ID中低7位不再表示Node－ID，其实所有的PDO的COB－ID与Node－ID无必然规则上的联系。

例如，从节点1和从节点2之间直接进行数据交换(不经过主机)，详见图15.16。用户采用自定义的方式配置从节点2的RPDO1的COB－ID为0x181(而不是预定义值0x202)，这样从节点2就能接收到从节点1的TPDO1数据。

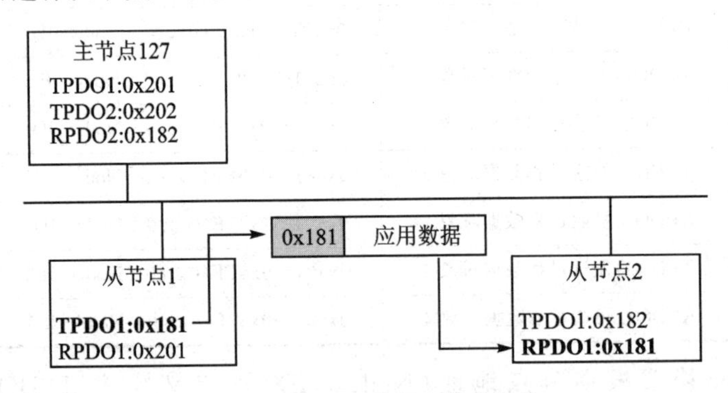

图15.16　NMT从机之间的通信

(4) 传输类型(transmission type)

PDO的传输类型决定实时数据采用哪种方式触发其发送到总线。PDO支持两种传输方式：同步传输和异步传输，详见图15.17，其中1、2为异步传输，3、4为同步传输。

(5) 异步传输(由特定事件触发)

异步传输的触发方式有两种。第一种:由设备子协议中规定的对象特定事件来触发(例如定时传输、数据变化传输等)。第二种:通过发送与 PDO 的 COB-ID 相同的远程帧来触发。现场应用中基本都采用第一种触发方式,不推荐使用第二种。

(6) 同步传输(通过接收同步对象实现同步)

同步传输就是通过同步报文让所有节点能在同一时刻上传数据或者更新接收的实时数据,这可以有效解决异步传输导致的应用逻辑混乱和总线负载不平衡的问题。一般发送同步报文的节点是 NMT 主机。

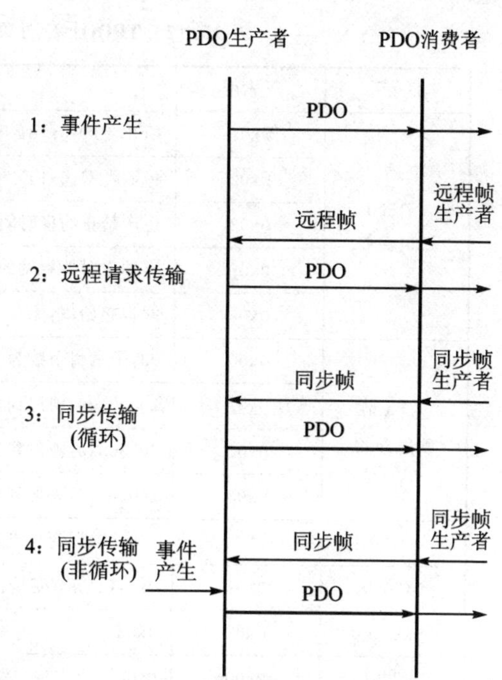

图 15.17 PDO 的传输形式

同步传输又可分为周期传输(循环)和非周期传输(非循环)。周期传输通过接收同步报文(SYNC)来实现,即收到设置个数的同步报文后发送数据或更新接收到的数据,同步报文个数可以设置为 1~240。非周期传输由远程帧预触发或者由设备子协议中规定的对象特定事件预触发,相当于异步触发和同步触发的结合。比如,可以规定数据改变事件作为预触发事件,如此一来,当接收到同步报文时,如果数据没有改变,就不必发送数据。

(7) 生产禁止时间(inhibit time)(0.1 ms)

生产禁止时间为 PDO 发送的最小时间间隔,以避免导致总线负载大幅增加。比如数字量输入过快,导致因状态改变而频繁发送 TPDO,总线负载加大,所以需要一个约束时间来进行“滤波”,这个时间单位为 0.1 ms。

(8) 事件定时器触发的时间(event timer)(ms)

定时发送 PDO,如果这个时间为 0,则这个 PDO 为事件改变发送。

(9) 同步起始值(SYNC start value)

在收到若干个同步包后同步传输的 PDO 才发送,这个同步起始值就是同步包数量。比如同步起始值设置为 2,即收到 2 个同步包后才发送。

2. PDO 映射参数

PDO 映射参数是一个或者一组对象列表,这些对象(参数或者变量)对应的变量组成 PDO 的数据段。为了更加直观地表现 PDO,让读者容易理解,下面将通信参数、应用数据、CAN 报文数据联合展示,例如,定义 TPDO1 的通信参数(索引

0x1800)与映射参数(索引 0x1A00),详情见表 15.12。

表 15.12 TPDO1 在对象字典中的映射关系

索 引	子索引	对象内容
0x1800 通信参数	0x01	COB-ID:0x181
	0x02	传输类型:0xFE(254),异步传输
	0x03	生产禁止约束时间(单位为 0.1 ms):200
	0x05	事件定时器触发的时间(单位为 ms):0
	0x06	同步起始值:无
0x1A00 映射参数	0x00	03:子索引个数为 3
	0x01	20000108:映射到索引 0x2000 的子索引 0x01,对象 8(0x08)位
	0x02	20030310:映射到索引 0x2003 的子索引 0x03,对象 16(0x10)位
	0x03	20030108:映射到索引 0x2003 的子索引 0x01,对象 8(0x08)位
厂商自定义区		
0x2000	0x01	0x01(1 字节变量:8 位)
0x2000	0x02	0x02
0x2001	0x00	0x00
0x2002	0x00	0x00
0x2003	0x01	0x12(1 字节变量:8 位)
0x2003	0x02	0x34
0x2003	0x03	0x5678(2 字节变量:16 位)

从表中可以看出,CAN-ID=0x181,数据段 4 字节,分别映射到索引 0x2000 的子索引 0x01 的 1 字节变量、索引 0x2003 的子索引 0x03 的 2 字节变量、索引 0x2003 的子索引 0x01 的 1 字节变量,最终要发送的 TPDO1 报文详见表 15.13。

表 15.13 TPDO 报文数据

COB-ID	数据 1	数据 2	数据 3	数据 4
0x181	0x01	0x78	0x56	0x12

PDO 映射参数的子索引 00 表示映射对象的数量。由于一个 PDO 数据帧最大支持 8 字节,因此所有映射参数对应的变量累加长度不能超过 8 字节(64 位)。每一个 PDO 都有一个映射参数,映射参数位于对象字典中的索引 0x1600~0x17FF(RPDO1~RPDO512)和 0x1A00~0x1BFF(TPDO1~TPDO512)中。

PDO 映射参数分为静态 PDO 映射、可变 PDO 映射和动态 PDO 映射 3 种类型。

静态 PDO 映射:用户无法对其进行修改,适用于简单的设备。

可变 PDO 映射:在"预操作"状态中可以通过 SDO 写操作修改 PDO 映射。修改映射参数应遵守如下规则：首先向子索引 0x00 中写入 0，将当前的 PDO 映射配置清除；然后将新的映射参数依次写入子索引 0x01～0x40 中，PDO 中的数据按照映射参数进行组合；最后将要生效的子索引个数写入子索引 0x00 中。

动态 PDO 映射：在设备处于“操作”状态时，也可对其进行 PDO 配置。这时，用户必须特别注意 TPDO 和相应 RPDO 的一致性，因为设备可以发送 PDO 也允许接收 PDO。

CANopen 设备标准子协议事先为每一种设备类型定义默认的映射，这些映射适用于大多数的应用。例如，电机驱动器的默认 TPDO 中包含有关轴的控制字、状态字以及设定值或实际值。

关于 PDO 的应用及实例，可以详细阅读 16.2.9 小节。

15.2.3 服务数据对象 SDO(Service Data Object)

上文介绍了使用 PDO 传输过程数据（实时数据），下文介绍服务数据（也称之为非实时数据：配置参数、升级程序等数据）的传输方式——SDO 传输。

SDO 传输常应用于获取和配置设备参数。例如，主机读取从机的设备类型，设备类型位于设备参数列表（对象字典）索引 0x1000、子索引 0x00 处，主机只需要按照固定的格式（包含索引、子索引）发送给从机，等待从机应答。SDO 传输基于“客户端-服务器”通信模型，SDO 客户端发送帧 ID 为“0x600＋目标节点地址”的请求报文，服务器通过帧 ID 为“0x580＋自身节点地址”的报文进行应答，通信流程详见图 15.18。

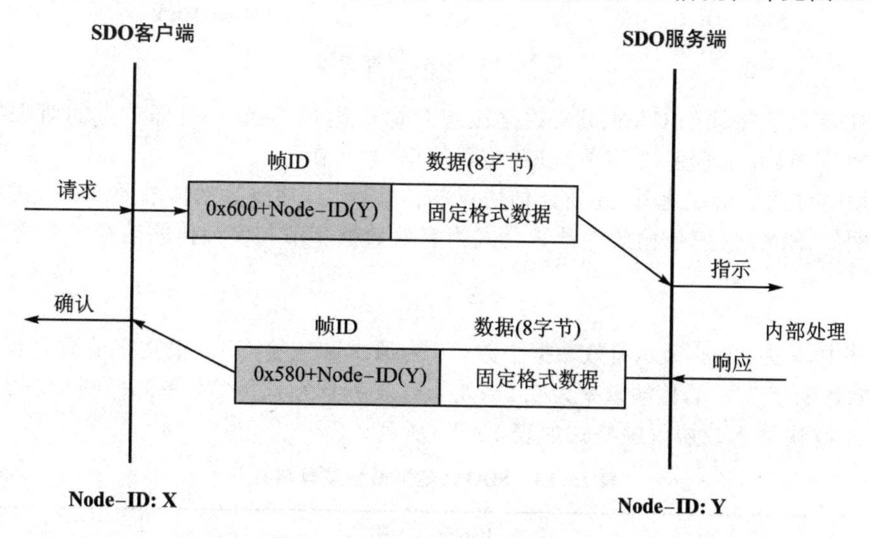

图 15.18 SDO 传输方式示意图

主节点常作为 SDO 客户端，从节点作为服务器。主节点读/写目标从节点参数实际上就是读/写从节点中对象字典的对象。读操作称为“上传”，写操作称为“下载”。

前文介绍一帧 CAN 报文数据段最大为 8 字节，由于 SDO 使用固定的报文格式,其中传输协议需占用数据段的4字节,因此只剩下4字节用于有效数据传输。若有效数据超过4字节,需拆分成多个报文进行传输。因此,根据有效传输字节数,SDO采用3种传输方式,分别是快速传输、分段传输和块传输。

1. SDO快速传输

若有效数据长度在4字节以内,则使用SDO快速传输,整个传输过程需要2条CAN报文,传输流程详见图15.19。大多数对象字典的数据都在4字节以内,因此本协议最常用。

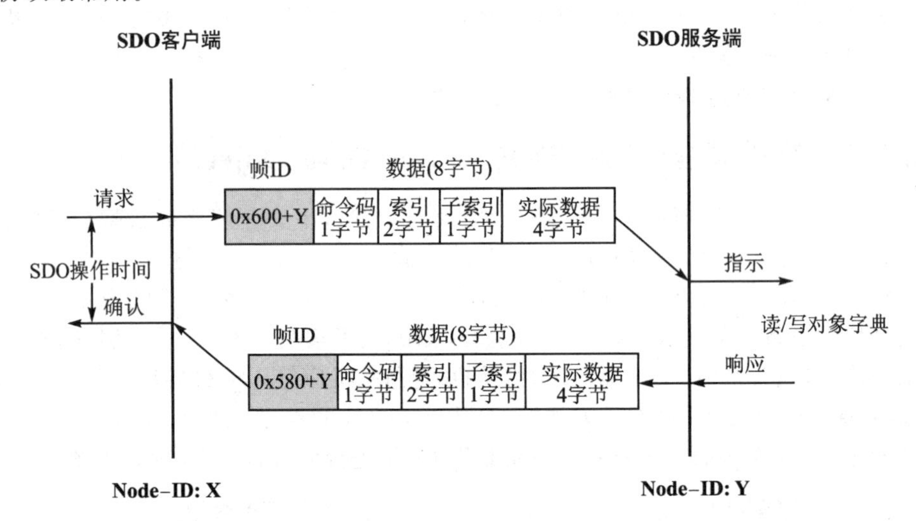

图15.19 SDO快速传输

SDO快速传输的CAN报文数据段包含命令码(1字节)、目标节点的对象字典索引(2字节)和子索引(1字节)以及实际数据(4字节)。

除制订通信协议之外,还要评估协议的传输能力,常以数据传输效率(E)进行评估。例如,SDO快速传输效率计算公式为有效数据字节与实际传输数据字节之比:

$$E=\frac{n}{16}$$

其中,n为1~4,表示有效数据个数;16为请求和应答CAN报文字节数之和。如果有效数据字节为4,传输效率为0.25;如果有效字节为1,传输效率降低到0.062 5。

SDO快速下载协议帧格式如表15.14所列。

表15.14 SDO快速下载协议帧格式

类　型	COB-ID	Byte0					Byte1～2	Byte3	Byte4～7
		bit7～5	bit4	bit3～2	bit1	bit0			
请求	0x600+n	ccs=1	—	n	e	s	索引	子索引	数据
应答	0x580+n	scs=3	—				索引	子索引	数据

数据段 Byte0 为 SDO 命令码,Byte0 各位的简要介绍如下：

ccs:客户端命令符(3 位),该字段值为 1,表示当前启动下载请求。

scs:服务器命令符(3 位),该字段值为 3,表示启动下载请求的应答。

n:无效字节数(2 位),当 e=1、s=1 时,n 表示数据段中 Byte[8－n]～Byte7 为无效数据,例如,n=2 表示 Byte6～Byte7 为无效数据。其他情况 n 为 0。

e:传输类型位(1 位),该字段用于 SDO 的传输类型,1 为快速传输,0 为正常传输。

s:数据长度指定位(1 位),该位为 1 时表示指定数据长度,否则不指定。

当 e=0、s=0 时,数据段不使用;

当 e=0、s=1 时,数据段表示待传输数据的字节数,Byte4 为最低有效位(LSB),Byte7 为最高有效位(MSB);

当 e=1、s=0 时,数据段表示实际下载的数据;

当 e=1、s=1、n 有效时,表示数据段中 Byte[8－n]～Byte7 为无效数据。

报文实例:主机向从节点(节点 ID 为 6)索引 0x100C 对象(节点守护时间)写入 2 字节数据 0x0258。

```
//SDO 快速下载请求
00000606            //请求帧 ID 0x600 + 6(目标节点 ID)
2b                  //ccs = 1,n = 2,e = 1,s = 1 指明 2 字节无效 (Byte6～Byte7)
0c 10               //0x100C 对象
00                  //00 子索引
58 02 00 00         //数据

//快速 SDO 下载应答
00000586            //应答帧 ID 0x580 + 6(自己的节点 ID)
60                  //ccs = 3 :下载应答
0c 10               //0x100C 对象
00                  //00 子索引
00 00 00 00         //数据
```

SDO 快速上传协议帧格式如表 15.15 所列。

表 15.15　SDO 快速上传协议帧格式

类　型	COB－ID	Byte0					Byte1～2	Byte3	Byte4～7
		bit7～5	bit4	bit3～2	bit1	bit0			
请求	0x600＋n	ccs=2	—				索引	子索引	数据
应答	0x580＋n	scs=2	—	n	e	s	索引	子索引	数据

SDO 快速上传协议数据段 Byte0 命令码的定义与下载协议基本相同,下面仅介绍不同之处。

ccs:客户端命令符(3 位),该字段值为 2,表示当前启动上传请求。

scs:服务器命令符(3 位),该字段值为 2,表示启动上传请求的应答。

报文实例:主机读取从节点(节点 ID 为 6)设备类型(位于索引 0x1000、子索引 0x00)。

```
//客户端命令协议 :启动上传请求
    00000606        //Client:0x600 + Node - ID(6)
    40              //启动域上传
    00 10           //索引:0x1000
    00              //子索引:0x00
    00 00 00 00     //有效数据

//客户端命令协议 :启动上传应答
    00000586
    43              //scs = 2,e = 1,s = 1 加速传输,指明 n 有效,表示数据段 0 个无效字节数
    00 10           //索引: 0x1000
    00              //子索引:0x00
    00 00 00 00     //有效数据
```

2. SDO 分段传输

若传输的数据个数超过 4 字节,则不能使用 SDO 快速传输,需要使用 SDO 分段传输,分段传输的通信流程详见图 15.20。

以 SDO 下载为例,介绍分段 SDO 通信传输流程。

首先,SDO 客户端发送启动分段下载报文,该报文包含分段协议信息,目标对象字典的索引和子索引以及待传输数据的字节数,SDO 服务器对启动分段下载进行确认。

接着,SDO 客户端开始发送第一个 7 字节的数据。SDO 服务器确认收到之后,客户端发送下一个 7 字节的数据,继续等待服务器确认。

最后,SDO 客户端在协议字节中标记最后一个数据段。当 SDO 服务器确认收到最后一个数据段后,传输结束。在此过程中,SDO 客户端和服务器还可以随时通过中止报文结束传输,中止报文下文将详细介绍。分段上传过程与分段下载类似,本文不做详细描述,区别是分段上传的数据长度信息由 SDO 服务器来提供。

同样来计算分段 SDO 传输的效率 E,其计算公式如下(假设具有 7 字节的数据分段利用率最高,且 g 为除式 $n/7$ 的整数):

$$E=\frac{n}{(g+2)\times 16}\qquad 若\ n \bmod 7 \neq 0$$

或

$$E=\frac{n}{(g+1)\times 16}\qquad 若\ n \bmod 7 = 0$$

各种数据长度对应的 SDO 传输效率如表 15.16 所列。

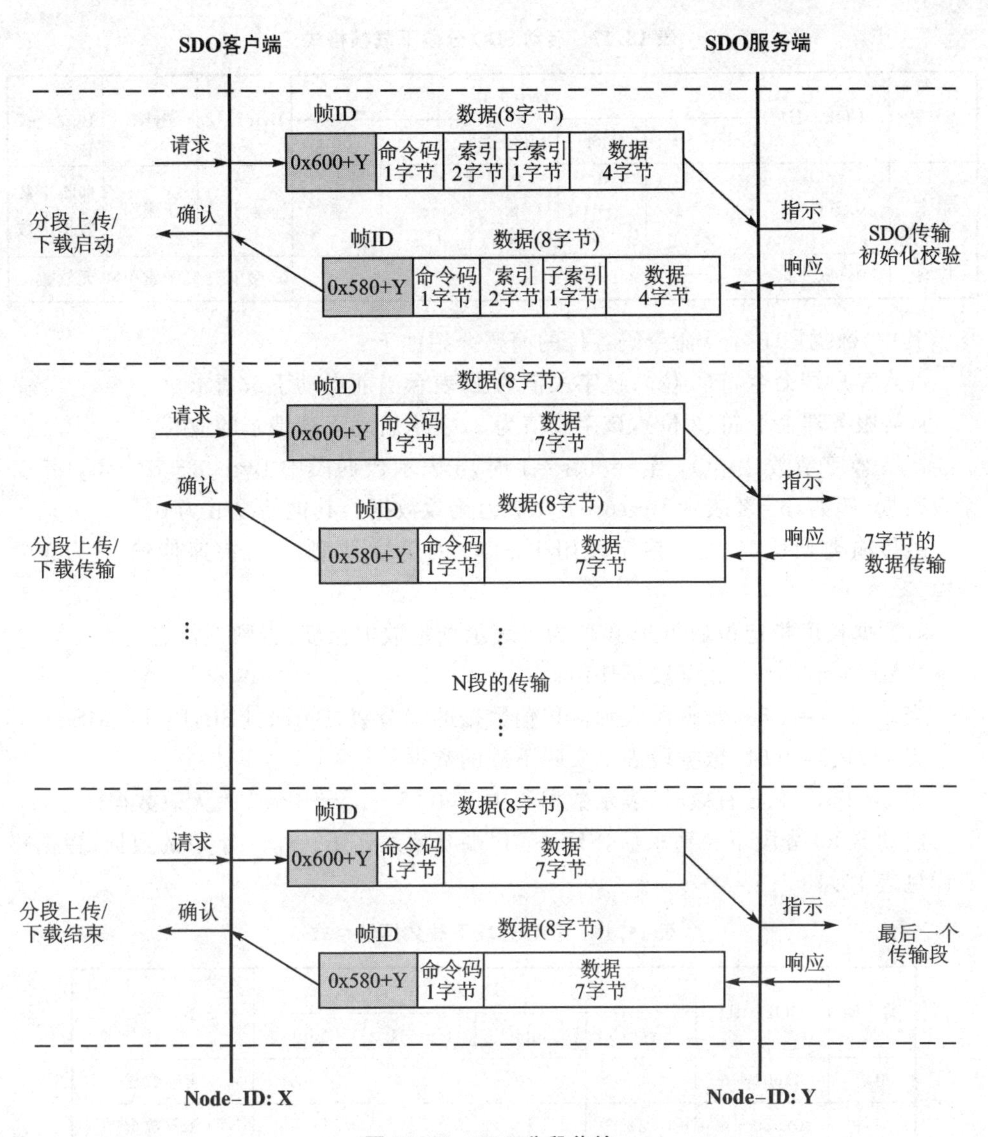

图 15.20　SDO 分段传输

表 15.16　各种数据长度对应的 SDO 传输效率

数据字节数 n	效率 E	数据字节数 n	效率 E
7	0.218	256	0.421
8	0.166	1 024	0.432
64	0.363		

启动 SDO 分段下载帧格式如表 15.17 所列。

表 15.17　启动 SDO 分段下载帧格式

类　型	COB-ID	Byte0					Byte1～2	Byte3	Byte4～7
		bit7～5	bit4	bit3～2	bit1	bit0			
请求	0x600+n	ccs=1	—	n	e	s	索引	子索引	即将下载数据个数
应答	0x580+n	scs=3	—				索引	子索引	无效数据

其中，数据段 Byte0 命令码各位的简要介绍如下：

ccs：客户端命令符(3 位)，该字段值为 1，表示当前启动下载请求。

scs：服务器命令符(3 位)，该字段值为 3，表示启动下载请求的应答。

n：无效字节数(2 位)，当 e=1、s=1 时，n 表示数据段中 Byte[8-n]～Byte7 为无效数据，例如，n=2 表示 Byte6～Byte7 为无效数据。其他情况 n 为 0。

e：传输类型位(1 位)，该字段用于 SDO 的传输类型，1 为快速传输，0 为正常传输。

s：数据长度指定位(1 位)，该位为 1 表示指定数据长度，否则不指定。

当 e=0、s=0 时，数据段不使用；

当 e=0、s=1 时，数据段表示待传输数据的字节数，Byte4：LSB，Byte7：MSB；

当 e=1、s=0 时，数据段表示实际下载的数据；

当 e=1、s=1、n 有效时，表示数据段中 Byte[8-n]～Byte7 为无效数据。

启动 SDO 分段下载请求后，SDO 客户端开始发送第一个 7 字节的数据，数据格式详见表 15.18。

表 15.18　SDO 分段下载数据帧格式

类　型	COB-ID	Byte0				Byte1～7
		bit7～5	bit4	bit3～1	bit0	
请求	0x600+n	0	t	n	c	实际数据
应答	0x580+n	1	t	—		无效数据

t：切换位(1 位)，后续每个分段交替清零和置位，第一次为 0。

n：无效字节数(2 位)，表示数据段中的 Byte[8-n]～Byte7 为无效数据；没有指明长度值为 0。

c：分段确认位(1 位)，表示是否有后续分段数据，0 为有后续分段，1 为最后一段。

启动 SDO 分段上传帧格式如表 15.19 所列。

表 15.19　启动 SDO 分段上传帧格式

类　型	COB－ID	Byte 0					Byte1～2	Byte3	Byte4～7
		bit7～5	bit4	bit3～2	bit1	bit0			
请求	0x600＋n	ccs＝2	—				索引	子索引	保留(00)
应答	0x580＋n	scs＝2	—	n	e	s	索引	子索引	分段数据字节数

数据段 Byte0 为 SDO 命令码，Byte0 各位的简要介绍如下：

ccs：客户端命令符(3 位)，该字段值为 2，表示当前启动上传请求。

scs：服务器命令符(3 位)，该字段值为 2，表示启动上传请求的应答。

n：无效字节数(2 位)，当 e＝1、s＝1 时，n 表示数据段中 Byte[8－n]～Byte7 为无效数据，例如，n＝2 表示 Byte6～Byte7 为无效数据。其他情况 n 为 0。

e：传输类型位(1 位)，该字段用于 SDO 的传输类型，1 为快速传输，0 为正常传输。

s：数据长度指定位(1 位)，该位为 1 表示指定数据长度，否则不指定。

当 e＝0、s＝0 时，数据段不使用；

当 e＝0、s＝1 时，数据段表示待传输数据的字节数，Byte4：LSB，Byte7：MSB；

当 e＝1、s＝0 时，数据段表示实际下载的数据；

当 e＝1、s＝1、n 有效时，表示数据段中 Byte[8－n]～Byte7 为无效数据。

启动 SDO 分段上传请求后，SDO 客户端开始发送第一个 7 字节的数据，数据格式如表 15.20 所列。

表 15.20　SDO 分段上传数据帧格式

类　型	COB－ID	Byte 0				Byte1～7
		bit7～5	bit4	bit3～2	bit0	
请求	0x600＋n	3	t	—	—	无效数据
应答	0x580＋n	0	t	n	c	实际数据

t：切换位(1 位)，后续每个分段交替清零和置位，第一次为 0。

n：无效字节数(2 位)，n 表示数据段中 Byte[8－n]～Byte7 为无效数据；没有指明长度值为 0。

c：分段确认位(1 位)，表示是否有后续分段数据，0 为有后续分段，1 为最后一段。

3. 中止 SDO 传输协议

在 SDO 传输过程中可以通过中止报文随时结束传输，中止报文详见表 15.21。

表 15.21　SDO 中止报文

类　型	COB－ID	Byte0		Byte1～2	Byte3	Byte4～7
		bit7～5	bit4～0			
中止	0x580/0x600＋n	cs＝4	—	索引	子索引	中止代码

其中 Byte4～7 的中止代码详见表 15.22。

表 15.22　中止代码表

中止代码	描　述
0503 0000	切换位没有交替改变
0504 0000	SDO 协议超时
0504 0001	非法或未知的 Client/Server 命令字
0504 0002	无效的块大小(仅块传输模式)
0504 0003	无效的序号(仅块传输模式)
0503 0004	CRC 错误(仅块传输模式)
0503 0005	内存溢出
0601 0000	对象不支持访问
0601 0001	试图读只写对象
0601 0002	试图写只读对象
0602 0000	对象字典中对象不存在
0604 0041	对象不能映射到 PDO
0604 0042	映射的对象的数目和长度超出 PDO 长度
0604 0043	一般性参数不兼容
0604 0047	一般性设备内部不兼容
0606 0000	硬件错误导致对象访问失败
0606 0010	数据类型不匹配,服务参数长度不匹配
0606 0012	数据类型不匹配,服务参数长度太大
0606 0013	数据类型不匹配,服务参数长度太小
0609 0011	子索引不存在
0609 0030	超出参数的值范围(写访问时)
0609 0031	写入参数数值太大
0609 0032	写入参数数值太小
0609 0036	最大值小于最小值

续表 15.22

中止代码	描　述
0800 0000	一般性错误
0800 0020	数据不能传送或保存到应用
0800 0021	由于本地控制导致数据不能传送或保存到应用
0800 0022	由于当前设备状态导致数据不能传送或保存到应用
0800 0023	对象字典动态产生错误或对象字典不存在

4. SDO 块传输

根据上文所述,用分段 SDO 传输较长的数据使每一段数据都要进行一次确认,这不仅会占用许多网络资源,而且会浪费大量传输时间。为了弥补这些缺点,最新 CANopen 版本中制订了一种新的 SDO 传送机制:块传输(block transfer),这种 SDO 传输方式效率更高、速度更快。

块传输下载和上传的通信流程略有不同,下文将分别介绍。

(1) 块下载

块下载通信流程详见图 15.21,SDO 客户端成功发起块传输之后,立即开始传输第一块,每块最多连续发送 127 个报文,每条报文有 7 字节的有效数据。在发送过程中可能会造成总线短时间内具有极高的负载。因此,SDO 服务器必须具有缓冲整个块的能力,否则 SDO 服务器会发出消息通知(已经接收到哪一个块中的哪一段),同时给出新的数据块大小。SDO 客户端就会按照新指定的块大小重新传输此块,而之前成功传输的块段不需要再发送一遍。发送完所有块以后,传输以含有 CRC 校验和的结束报文而中止。SDO 服务器确认结束报文,然后整个传输过程结束。

块下载通信协议分为 3 个阶段,分别是启动块下载、块传输、块下载结束。

① 启动块下载

启动 SDO 块下载请求后,SDO 客户端开始发送第一个 7 字节的数据,数据格式如表 15.23 所列。

表 15.23　启动 SDO 块下载帧格式

类　型	COB-ID	Byte0					Byte 1～2	Byte3	Byte4	Byte 4～7
		bit7～5	bit4～3	bit2	bit1	bit0				
请求	0x600＋n	ccs＝6	—	cc	s	0	索引	子索引	size	
应答	0x580＋n	scs＝5	—	sc	—	0	索引	子索引	blksize	保留

cc:客户数据是否使用 CRC 校验,0 为 no,1 为 yes。

sc:服务器数据是否使用 CRC 校验,0 为 no,1 为 yes。

s:数据长度指定位,该位为 1 时表示指定数据长度,否则不指定。s＝1,数据段

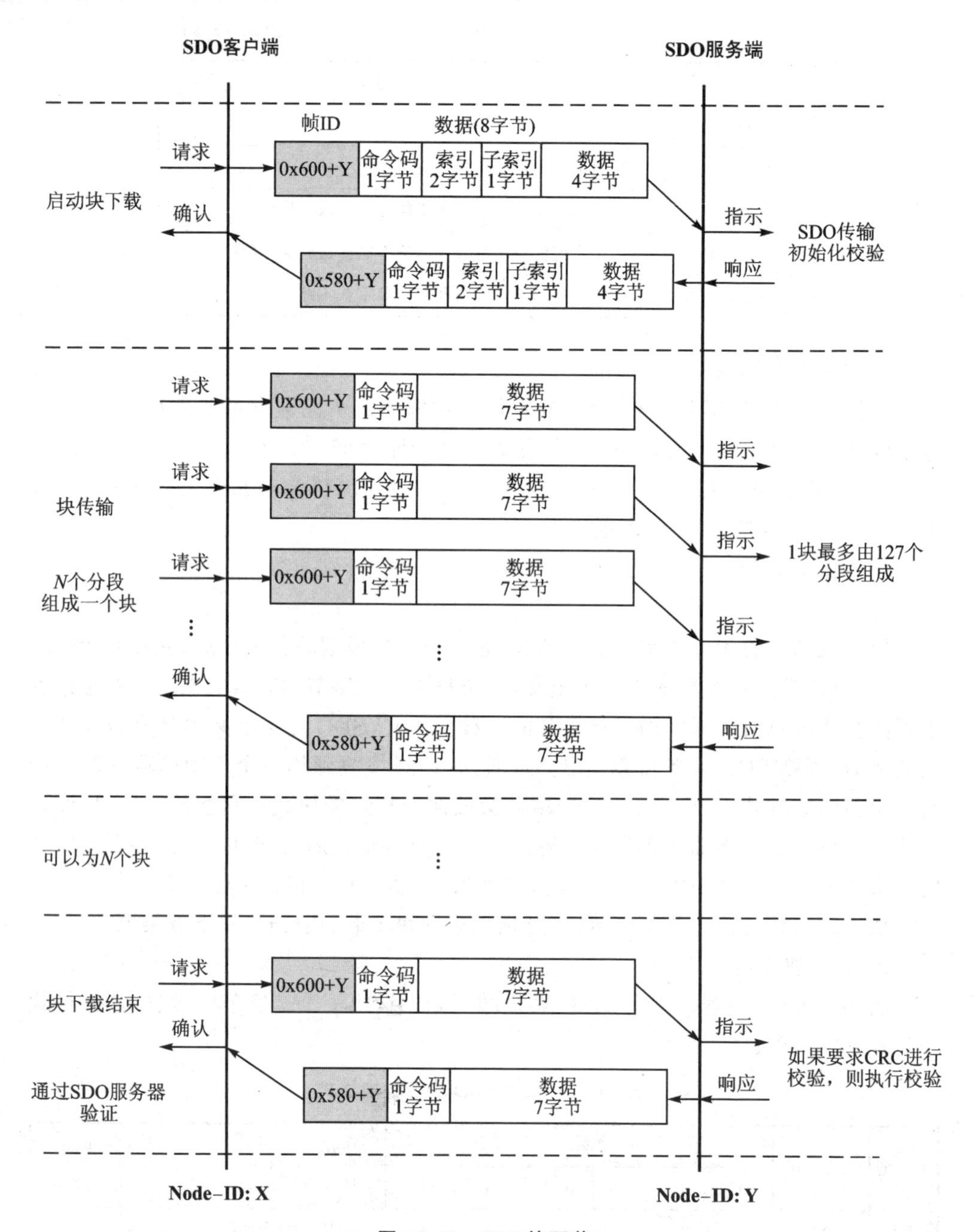

图 15.21　SDO 块下载

表示待传输数据的字节数，Byte4：LSB，Byte7：MSB。

size：若 s=1，表示要下载的数据长度，详见 s 的描述；若 s=0，size=0。

blksize：每块中分段的数目，0<blksize<128。

② 块传输

SDO 块传输写操作帧格式如表 15.24 所列。

表 15.24　SDO 块传输写操作帧格式

类　型	COB-ID	Byte0						Byte1	Byte2	Byte3～7
		bit7	bit6	bit5	bit4～2	bit1	bit0			
请求	0x600+n	c	分段号 0					分段数据		
请求	0x600+n	c	分段号 1					分段数据		
请求	0x600+n	c	分段号 n(<128)					分段数据		
应答	0x580+n	1	0	1	—	1	0	ackseq	blksize	保留

c:是否有后续分段需要下载,0 为 yes,1 为 no。

n:分段号,0<n<128。

ackseq:最后一个被成功接收的分段号,如果为 0,表示分段号为 1 的分段未正确接收,所有段必须重传。

blksize:每块中分段的数目,客户机必须使用它进行下一次块下载,0<blksize<128。

③ 块下载结束

SDO 块下载结束帧格式如表 15.25 所列。

表 15.25　SDO 块下载结束帧格式

类　型	COB-ID	Byte0				Byte1～2	Byte3～7
		bit7～5	bit4～2	bit1	bit0		
请求	0x600+n	ccs=6	n	—	ss=1	crc	保留
应答	0x580+n	scs=5	—	—	cs=1	保留	

n:最后一块的最后一段中无意义数据的字节数。

crc:整个数据集的 16 位 CRC,只有当启动块下载报文中 cc 和 sc 同时为 1 时,CRC 才有效。

(2) 块上传

SDO 块上传通信流程详见图 15.22。

块上传通信协议也同样分为 3 个阶段,分别是启动块上传、块传输、块上传结束。下文分别介绍这 3 个阶段的通信流程及报文格式。

① 启动块上传

启动 SDO 块上传帧格式如表 15.26 所列。

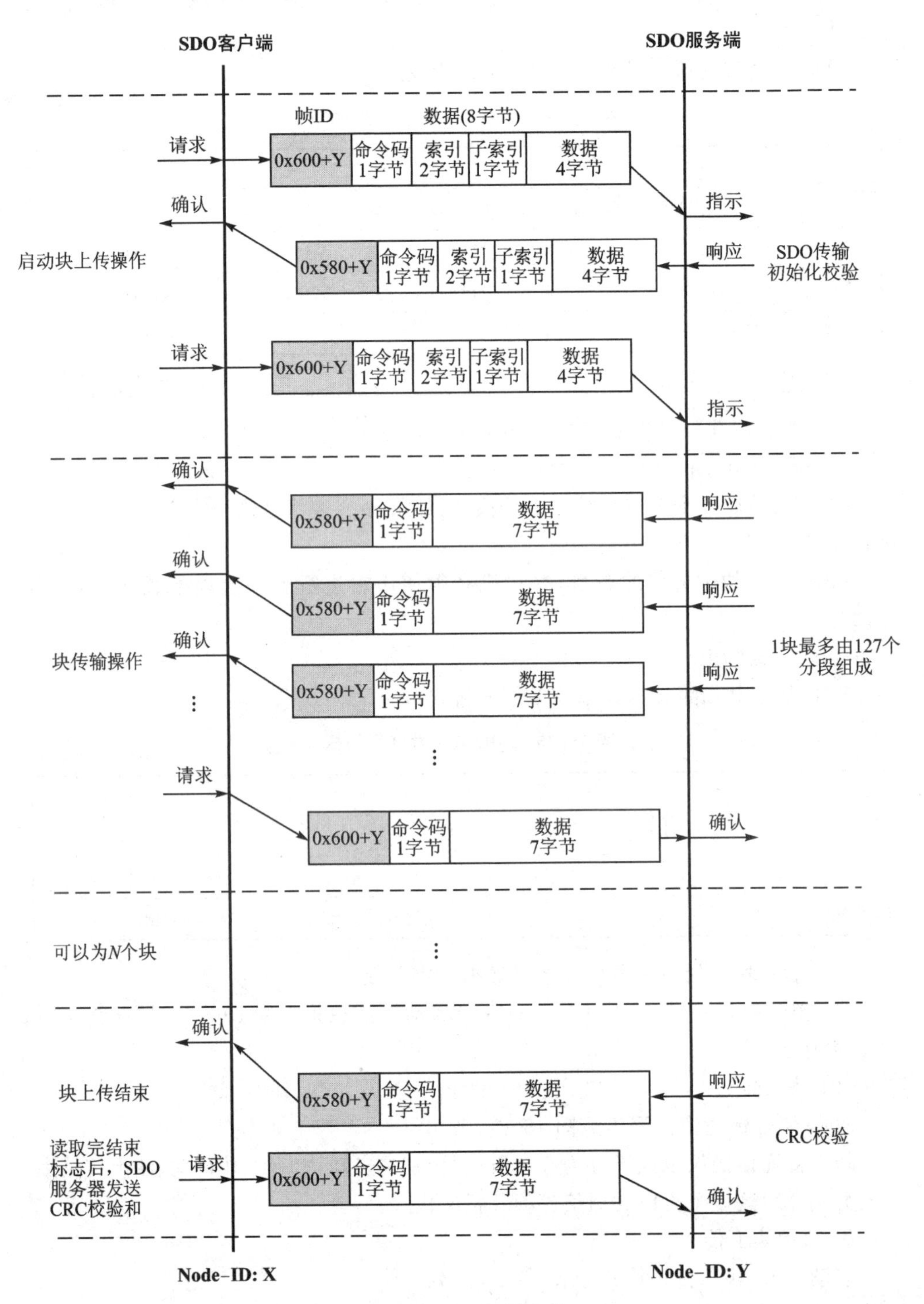

图 15.22　SDO 块上传

表 15.26　启动 SDO 块上传帧格式

类　型	COB－ID	Byte0					Byte 1～2	Byte 3	Byte 4	Byte 5	Byte 6～7
		bit7～5	bit4～3	bit2	bit1	bit0					
请求	0x600＋n	ccs＝5	—	cc	0	0	索引	子索引	blksize	pst	数据
应答	0x580＋n	scs＝6	—	sc	s	0	索引	子索引	数据		
请求	0x600＋n	ccs ＝5	—	cc	1	1	索引	子索引	数据		

cc:客户数据是否使用 CRC 校验,0 为 no,1 为 yes。

sc:服务器数据是否使用 CRC 校验,0 为 no,1 为 yes。

s:数据长度指定位,该位为 1 表示指定数据长度,否则不指定。

blksize:每块中分段的数目,0＜blksize＜128。

pst:协议转换字(protocol switch threshold),用于是否允许改变 SDO 传送协议,0 为不允许改变,1 为允许改变,服务器可以通过启动分段传输协议应答改变到普通分段传输协议。

② 块传输

SDO 块上传帧格式如表 15.27 所列。

表 15.27　SDO 块上传帧格式

类　型	COB－ID	Byte0						Byte1	Byte2	Byte3～7
		bit7	bit6	bit5	bit4～2	bit1	bit0			
服务器请求	0x580＋n	c	分段号 0					数据		
服务器请求	0x580＋n	c	分段号 1					数据		
服务器请求	0x580＋n	c	分段号 n(＜128)					数据		
客户端应答	0x600＋n	1	1	0	—	1	0	字节 1	字节 2	数据

c:是否有后续分段需要上传,0 为 yes,1 为 no。

n:分段号,0＜seqno＜128。

服务器字节 1:最后一个被成功接收的分段号;如果为 0,表示分段号为 1 的分段未正确接收,所有段必须重传。

服务器字节 2:每块中分段的数目,客户机必须使用它进行下一次块下载,0＜blksize＜128。

③ 块上传结束

SDO 块上传结束帧格式如表 15.28 所列。

表 15.28　SDO 块上传结束帧格式

类　型	COB-ID	Byte0				Byte1	Byte2	Byte3～7
		bit7～5	bit4～2	bit1	bit0			
请求	0x600+n	ccs = 6	n	—	1	字节 1	字节 2	数据
应答	0x580+n	scs=5	—	—	1	数据		

n：指示最后一块的最后一段中无意义数据的字节数。

客户数据字节 1 和字节 2 为整个数据集的 16 位 CRC，只有当启动块下载报文中 cc 和 sc 同时为 1 时，CRC 才有效。

块 SDO 访问的效率 E 的计算公式如下（假设块大小为 127，g 为除式 $n/7$ 的整数，h 为除式 $n/890$ 的整数）：

$$E=\frac{n}{(g+h+i+5)\times 8},\qquad 若\ n \bmod 7 \neq 0$$

或

$$E=\frac{n}{(g+h+i+4)\times 8},\qquad 若\ n \bmod 7 = 0$$

当 $i=0$ 时为写访问；当 $i=1$ 时为读访问。

SDO 块传输读访问的效率详见表 15.29。

表 15.29　SDO 块传输读访问的效率

数据字节数量 n	效率 E	数据字节数量 n	效率 E
7	0.145	256	0.761
8	0.142	1 024	0.836
64	0.533		

报文实例：获取索引 0x100a 的子索引 0x00 的值，使用块传输方式。

```
/*启动(初始化)块上传*/
00000606
a0                  //ccs = 5,
0a 10               //索引:0x100a
00                  //子索引:0x00
06                  //blksize:表示每块中分段(字节)数目<128
00                  //pst:允许改变 SDO 传输协议,0 表示不允许
00 00               //保留

/*应答启动块上传请求*/
00000586
c2                  //块上传,不使用 CRC,字节计数器为 6
0a 10
00
06 00 00 00         //6 字节
```

```
/*启动上传确认*/
00000606
a3                          //初始化上传确认
00 00 00 00 00 00 00        //保留

/* seqno :上传序列号 */
00000586
81                          //没有后续分段,seqno = 1
56 31 2e 30 33 00 00        //实际数据 7 字节

/*块结束上传应答*/
00000606
a2
01                          //ackseq:最后一个成功接收的分段号
06                          //blksize:每个块分段的数目,客户端必须使用它进行下一次块下载
00 00 00 00 00              //保留

/*块结束上传应答*/
00000586
c5                          //块结束上传应答,最后一段中无效字节为 1 个
00 00 00 00 00 00 00        //保留

/*结束块上传*/
00000606
a1                          //结束块上传
00 00 00 00 00 00 00
```

15.2.4 特殊协议

除了上文介绍的 PDO 和 SDO 通信协议，在 CANopen 中还有一些特殊协议(special protocols)及报文并预定义了 COB-ID。

1. 同步协议(sync protocol)

同步(SYNC)报文主要实现整个网络的同步传输，就像阅兵分列式上的方阵，所有士兵迈着整齐的步伐行进。每个节点都以该同步报文作为 PDO 触发参数，因此同步报文的 COB-ID 具有比较高的优先级以及最短的传输时间。一般选用 0x80 作为同步报文的 CAN-ID。该值保存在对象字典中索引 0x1005(Sync-COB-ID)的对象中。同步报文由 NMT 主机发出，CAN 报文的数据为 0 字节，同步协议的报文格式详见图 15.23。

同步通信的系统多数由一个同步生产者和 1～126 个同步消费者构成。CANopen

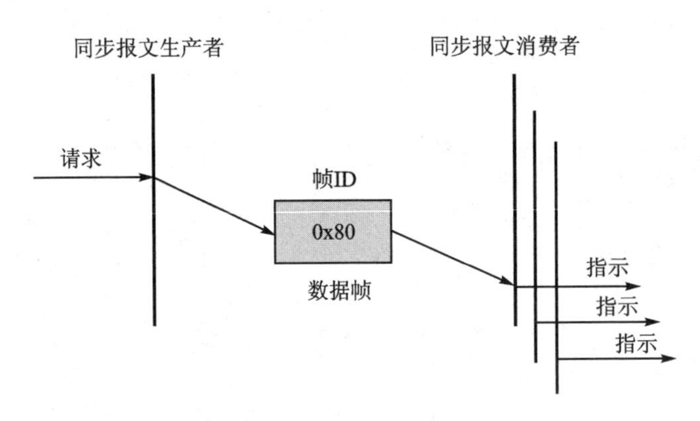

图 15.23 同步协议报文格式

规范原则上允许一个网络中存在多个同步生产者，但是这样就有可能存在多个不同的同步对象。为了区分不同的同步对象，可以定义不同的 CAN 标识符来区分，但通常不建议这样做。如果一个网络内有 2 个同步机制，就需要设置不同的同步节拍，比如某些节点按 1 个同步报文发送 1 次 PDO，其他节点收到 2 个同步报文才发送 1 次 PDO，所以这里 PDO 参数中的同步起始值就起了作用。

在同步协议中，有 2 个约束条件(见图 15.24)：

➢ 同步窗口时间：表示索引 0x1007 约束了同步报文发送后，从节点发送 PDO 的时效，即在这个时间内发送的 PDO 才有效，超过此时间的 PDO 将被丢弃；

➢ 循环周期：索引 0x1006 规定了同步报文的循环周期。

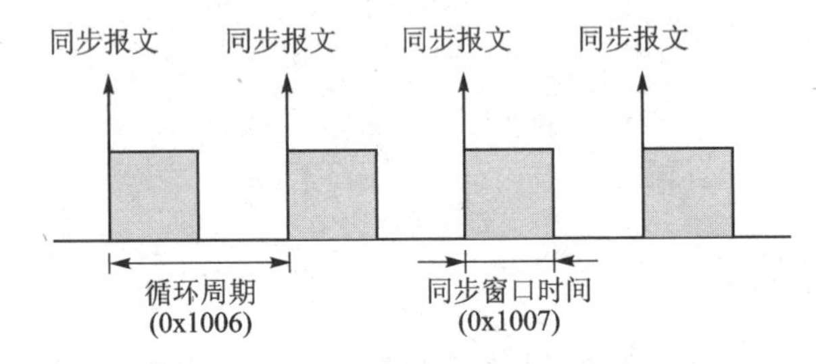

图 15.24 循环周期和同步窗口时间

2. 时间戳协议(time - stamp protocol)

时间戳协议用于网络校时，其报文格式详见图 15.25，使用生产者-消费者通信模型，NMT 主机发送自身的时钟，为网络各个节点提供公共的时间参考。这在故障诊断中非常需要，比如列车中火灾报警，检修人员需要准确获知报警的时刻，然后关联查看其他设备在此刻的工作状态。

时间戳协议采用广播方式，无需节点应答，CAN - ID 为 0x100，数据长度为 6，数据为当前时刻与 1984 年 1 月 1 日 0 时的时间差。节点将此时间存储在对象字典 0x1012 的索引中。

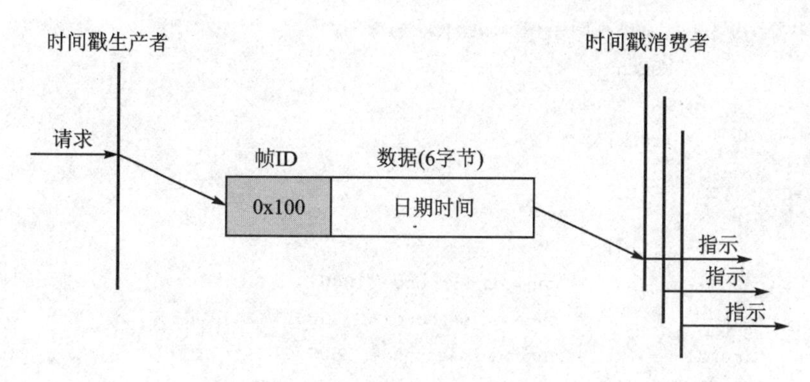

图 15.25 时间戳协议报文格式

由于时间换算起来比较麻烦，我们准备好了换算函数，以方便读者使用，示意参考程序详见程序清单 15.1。

程序清单 15.1 时间戳换算函数

```
1  void DataTime(void)
2  {
3      uint32 n,i,da;
4      canopen_data;                              //定义网络的日期
5      canopen_msecond;                           //定义网络的时间(ms)
6      /* 计算年 */
7      n = (canopen_data + 671) / 1461;           //求有多少个 2 月 29 日
8      Year = (canopen_data - n) / 365 + 1984;    //得到年
9      if((canopen_data - n) % 365 == 0) {
10         Year = Year - 1;
11     }
12     /* 计算月日 */
13     if((Year % 400 == 0) ||(Year % 4 == 0 && Year % 100 != 0)) {  //判断闰年
14         m[2] = 29;
15     }else{
16         m[2] = 28;
17     }
18     da = canopen_data - ((canopen_data - n) / 365) * 365 - n;
19     for(i = 0; i < 12; i++) {
20         if (da > m[i]){
21             da = da - m[i];                    //天数减去每月的天数
22         }
23         if (da == 0) {
24             Month  = i + 1;
25             Day = m[i + 1];
26         }
```

```
27              if(da <= m[i+1] && da != 0) {
28                  Month  = i+1;
29                  Day = da;
30                  break;
31              }
32          }
33          /* 计算时分秒 */
34          canopen_msecond = canopen_msecond / 1000;                    //把 ms 转换为 s
35          hour            = canopen_msecond % (3600 * 24) / 3600;
36          Minute          = canopen_msecond % 3600 / 60;
37          Second          = canopen_msecond % 60;
38      }
```

3. 紧急报文协议(emergency protocol)

当设备内部发生错误时触发该紧急事件对象时,发送设备内部错误代码,提示NMT主站。

紧急报文属于诊断性报文,一般不会影响CANopen通信。其CAN-ID存储在0x1014的索引中,一般定义为0x80+Node-ID,数据包含8字节,详见图15.26,其中EEC为紧急错误代码,详见表15.30;ER为错误寄存器;MEF为厂商自定义的错误代码。当然这些需要查表才能获知并进行诊断。

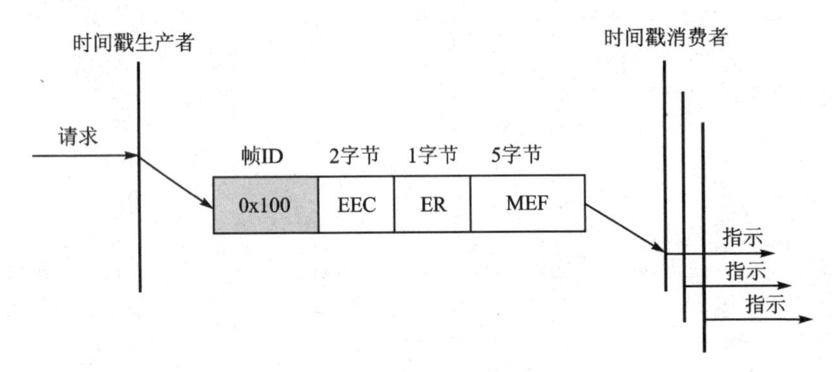

图15.26 紧急报文协议

表15.30 紧急错误代码

紧急错误代码	含 义	紧急错误代码	含 义
00xx	错误恢复或没有错误	62xx	用户软件错误
10xx	一般错误	63xx	数据设置错误
20xx	电流	70xx	辅助设备错误
21xx	设备输入端	80xx	监视类错误

续表 15.30

紧急错误代码	含　义	紧急错误代码	含　义
22xx	设备内部电流	81xx	通信类错误
23xx	设备输出端	8110	总线超载
30xx	电压	8120	总线被动错误
31xx	主供电	8130	节点守护错误
32xx	设备内部供电	8140	总线关闭恢复
33xx	输出供电	8150	发送 COB－ID 冲突
40xx	温度	82xx	协议错误
41xx	环境温度	8210	PDO 没有处理
42xx	设备温度	8220	PDO 长度越界
50xx	硬件错误	90xx	外部错误
60xx	软件错误	F0xx	附加功能错误
61xx	软件内部错误	FFxx	设备特定的错误

与 PDO 的生产禁止时间类似，紧急报文也有生产禁止时间，存储在对象字典的 0x1015 中。设定生产禁止时间是为了限制节点不断发送紧急报文而导致总线负载过大。

15.3　CANopen 对象字典

CANopen 对象字典（Object Dictionary，OD），简单来说是 CANopen 设备配置参数和变量的合集，是应用单元和通信单元之间的桥梁。对象字典是一个有序的参数对象组，每个对象使用一个 16 位的值来识别，这个值称为索引，范围为 0x1000～0x9FFF。一个索引可以是一个元素，也可以为多个元素的组合。为了能够访问参数对象中的某个元素，用一个 8 位的值表示元素的编号，这个值常称为子索引。

CANopen 对象字典中的项由一系列子协议来描述。子协议为对象字典中的每个对象都描述它的功能、名字、索引、子索引、数据类型，以及这个对象是否必需、读/写属性等，这样可保证不同厂商的同类型设备兼容。CANopen 协议的核心描述子协议为 DS301，其包括 CANopen 协议应用层及通信结构描述，其他的协议子协议都是对 DS301 协议描述文本的补充与扩展。不同的应用行业都会起草一份 CANopen 设备子协议，子协议编号一般为 DS4xx。一般来说，每个 CANopen 节点都会在说明书中提供设备的对象字典，典型的对象字典详见表 15.31。

表 15.31　典型的对象字典

索　引	子索引	名　称	类　型	属　性	默认值	描　述
通信参数区						
0x1000	—	device type	UINT32	RO	0x00000000	设备类型
0x1001		error register	UINT8	RO	0	当前错误类型
0x1003	0	number of errors	UINT8	RO	0	预定义错误存储区
	1～4	standard error field	UINT32	RO	0	历史错误代码
0x1005	—	COB-ID sync	UINT32	RW	0x80	同步报文 ID
0x1006	—	communication cycle period	UINT32	RW	0x3E8	通信循环周期
0x1007	—	sync windows length	UINT32	RW	0x3E8	同步窗口长度
0x1008	—	device name	STRING	Const	XGate-COP12	设备名称
0x1009	—	hardware version	STRING	Const	V1.00	硬件版本
0x100A	—	software version	STRING	Const	V1.00	软件版本
0x100C	—	guard time	UINT16	RW	0	节点守护时间
0x100D	—	life time factor	UINT8	RW	0	守护因子
0x1010	0	largest supported sub-index	UINT8	RO	1	子索引个数
	1	save all parameters	UINT32	RW	0	保存所有参数
0x1011	0	largest supported sub-index	UINT8	RO	1	—
	1	restore all default para.	UINT32	RW	0	—
0x1014	—	COB-ID emergency message	UINT32	RW	NodeID+0x80	紧急报文 ID
0x1016	0	number of entries	UINT8	RO	0x01	心跳报文消费者个数
	1	consumer heartbeat time #1	UINT32	RW	0x64	心跳消费者时间 1
0x1017	—	producer heartbeat time	UINT16	RW	0	生产心跳报文时间

续表 15.31

索 引	子索引	名 称	类 型	属 性	默认值	描 述
0x1018	0	number of entries	UINT8	RO	0x04	—
	1	vendor ID	UINT32	RO	0x2B6	CiA 组织的厂商代码(可更改)
	2	product code	UINT32	RO	0xB	产品代码
	3	revision number	UINT32	RO	0xA	修订码
	4	serial number	UINT32	RO	—	序列码
RPDO 通信参数						
0x1400	0	largest subindex supported	UINT8	RO	2	—
	1	COB-ID used	UINT32	RW	NodeID+0x200	RPDO 的 COB-ID
	2	transmission type	UINT8	RW	254	传输类型
	3	inhibit time	UINT16	RW	0	PDO 禁止时间
	5	event timer	UINT16	RW	0	PDO 事件定时器
RPDO 映射参数						
0x1600	0	number of mapped objects	UINT8	RO	8	RPDO 映射参数数量
	1	PDO mapping 1. app. object	UINT32	RW	0x21000108	映射参数
	2	PDO mapping 2. app. object	UINT32	RW	0x21000208	映射参数
	3	PDO mapping 3. app. object	UINT32	RW	0x21000308	映射参数
	4	PDO mapping 4. app. object	UINT32	RW	0x21000408	映射参数
	5	PDO mapping 5. app. object	UINT32	RW	0x21000508	映射参数
	6	PDO mapping 6. app. object	UINT32	RW	0x21000608	映射参数
	7	PDO mapping 7. app. object	UINT32	RW	0x21000708	映射参数
	8	PDO mapping 8. app. object	UINT32	RW	0x21000808	映射参数

续表 15.31

索　引	子索引	名　称	类　型	属　性	默认值	描　述
TPDO 通信参数						
0x1800	0	largest subindex supported	UINT8	RO	0x05	—
	1	COB-ID used	UINT32	RW	NodeID+0x180	TPDO 的 COB-ID
	2	transmission type	UINT8	RW	254	传输类型
	3	inhibit time	UINT16	RW	0	传输 PDO 禁止时间
	5	event timer	UINT16	RW	0	传输 PDO 定时时间
TPDO 映射参数						
0x1A00	0	number of mapped objects	UINT8	RO	8	TPDO 映射参数数量，最大为 8
	1	PDO mapping 1. app. object	UINT32	RW	0x20000108	映射参数
	2	PDO mapping 2. app. object	UINT32	RW	0x20000208	映射参数
	3	PDO mapping 3. app. object	UINT32	RW	0xA0000210	映射参数
	4	PDO mapping 4. app. object	UINT32	RW	0x50000220	映射参数
数据映射区						
0x2000	0	number of entries	UINT8	RO	8	输入数据(1 字节)区的长度
	1	application data input 8bit #0	UINT8	RW	—	编号为#0，长度为 1 字节
	2	application data input 8bit #1	UINT8	RW	—	编号为#1，长度为 1 字节
	3	application data input 8bit #2	UINT8	RW	—	编号为#2，长度为 1 字节
	4～8	#3～#7	UINT8	RW	—	编号为#n，长度为 1 字节

续表 15.31

索　引	子索引	名　称	类　型	属　性	默认值	描　述
0xA000	0	number of entries	UINT8	RO	2	输入数据(1 字节)区的长度
	1	application data input 16bit ＃0	UINT16	RW	—	编号为＃0，长度为 2 字节
	2	application data input 16bit ＃1	UINT16	RW	—	编号为＃1，长度为 2 字节
0x5000	0	number of entries	UINT8	RO	2	输入数据(1 字节)区的长度
	1	application data input 32bit ＃0	UINT32	RW	—	编号为＃0，长度为 4 字节
	2	application data input 32bit ＃1	UINT32	RW	—	编号为＃1，长度为 4 字节
0x2100	0	number of entries	UINT8	RO	8	输出数据(1 字节)区的长度
	1	application data output 8bit ＃0	UINT8	RW	—	编号为＃0，长度为 1 字节
	2	application data output 8bit ＃1	UINT8	RW	—	编号为＃1，长度为 1 字节
	3	application data output 8bit ＃2	UINT8	RW	—	编号为＃2，长度为 1 字节
	4～8	＃3～＃7	UINT8	RW	—	编号为＃n，长度为 1 字节

下面详细介绍对象字典的各项参数。

15.3.1　对象字典的分配

CANopen 将对象字典索引划分为不同区域，各区域定义详见表 15.32，其中标有底纹的“通信对象”、“制造商特定的对象”和“标准化设备子协议对象”是用户需要关注的区域。

表 15.32 对象字典的结构

索 引	对 象
0x0000	保留
0x0001～0x001F	静态数据类型
0x0020～0x003F	复杂数据类型
0x0040～0x005F	制造商特定的数据类型
0x0060～0x007F	设备子协议定义的静态数据类型
0x0080～0x009F	设备子协议定义的复杂数据类型
0x00A0～0x0FFF	保留
0x1000～0x1FFF	通信对象
0x2000～0x5FFF	制造商特定的对象
0x6000～0x9FFF	标准化设备子协议对象
0xA000～0xAFFF	符合 IEC61131－3 的网络变量
0xB000～0xBFFF	用于 CANopen 路由器/网关的系统变量
0xC000～0xFFFF	保留

15.3.2 通信参数描述

对象字典索引范围 0x1000～0x1029 定义为通用通信对象子协议区。该子协议区定义了所有与通信相关的参数，每个对象的含义详见表 15.33。本小节将详细介绍常用的通信对象 0x1000～0x1018。

表 15.33 通信对象子协议区

索 引	对 象	名 字
0x1000	VAR(变量)	设备类型
0x1001	VAR(变量)	错误寄存器
0x1002	VAR(变量)	制造商状态寄存器
0x1003	VAR(变量)	预定义错误场
0x1005	VAR(变量)	同步报文 COB－ID
0x1006	VAR(变量)	同步通信循环周期
0x1007	VAR(变量)	同步窗口长度
0x1008	Visible String(字符串)	制造商设备名称
0x1009	Visible String(字符串)	制造商硬件版本
0x100A	Visible String(字符串)	制造商软件版本

续表 15.33

索 引	对 象	名 字
0x100C	VAR(变量)	保护时间
0x100D	VAR(变量)	寿命因子
0x1010	VAR(变量)	保存参数
0x1011	VAR(变量)	恢复默认参数
0x1012	VAR(变量)	时间戳报文 COB-ID
0x1013	VAR(变量)	高分辨率时间标识
0x1014	VAR(变量)	紧急报文 COB-ID
0x1015	VAR(变量)	紧急报文禁止时间
0x1016	ARRAY(数组)	消费者心跳时间间隔
0x1017	VAR(变量)	生产者心跳时间间隔
0x1018	RECORD(记录)	制造商标识对象
0x1019	VAR(变量)	同步计数溢出值
0x1020	VAR(变量)	验证配置
0x1021	VAR(变量)	存储 EDS
0x1022	VAR(变量)	存储格式
0x1023	RECORD(记录)	操作系统命令
0x1024	VAR(变量)	操作系统命令模式
0x1025	RECORD(记录)	操作系统调试接口
0x1026	VAR(变量)	操作系统提示
0x1027	VAR(变量)	模块列表
0x1028	VAR(变量)	紧急报文消费者
0x1029	VAR(变量)	错误行为

1. 设备描述相关对象(索引 0x1000、0x1008、0x1009、0x100A、0x1018)

设备类型(索引 0x1000)用来描述设备所使用的子协议或应用规范,设备类型为一个无符号 32 位的变量,其结构详见表 15.34。

表 15.34 设备类型的结构

位	31～16	15～0
说 明	附加信息	设备子协议编号
字节顺序	MSB	LSB

“设备子协议编号”字段中包含 CiA 标准子协议编号(如 401 表示 I/O 设备子协

议)。如果不是标准子协议,则编号为 0。“附加信息”字段指示子协议执行的功能,参考相应的子协议规定。

制造商设备名称(索引 0x1008)、制造商硬件版本(索引 0x1009)、制造商软件版本(索引 0x100A)这 3 个对象的数据类型均为字符串。

标识对象(索引 0x1018)描述设备的标识信息,包含 4 个子索引,详见表 15.35,其中制造商 ID(子索引 0x01)为必选项。制造商 ID 是每一个制造商在全球的唯一标识,必须向 CiA 提出申请方可使用,禁止使用自行创建的制造商 ID。

表 15.35　标识对象

索　引	子索引	参　数	数据类型	条目类别
0x1018	0x00	支持子索引个数	Unsigned8	必选
	0x01	制造商 ID	Unsigned32	必选
	0x02	产品代码	Unsigned32	可选
	0x03	版本号	Unsigned32	可选
	0x04	序列号	Unsigned32	可选

制造商会为每个产品分配一个唯一的产品代码(子索引 0x02)、修订号(子索引 0x03)和序列号(子索引 0x04),这些参数为可选项。版本号由 2 个 16 位组成,包括主版本号与次版本号。主版本号反映 CANopen 功能,如果 CANopen 功能在后续设备中进行了扩展,例如支持 SDO 块传输,则主版本号增大;如果只是对软件进行修改,而且又不影响 CANopen 软件的功能,则次版本号增加。

2. 错误相关对象(索引 0x1001 和 0x1003)

错误寄存器(索引 0x1001)包含错误类型信息,结构详见表 15.36,这些错误是内部设备经常出现的错误。错误寄存器是一个 8 位寄存器,所含的错误信息通过紧急报文发送。

表 15.36　错误寄存器的结构

位	7	6	5	4	3	2	1	0
说　明	制造商	预留	子协议	通信	温度	电压	电流	常规
字节顺序	MSB				LSB			

错误存储器(也称预定义错误场(索引 0x1003))是一个包含多达 254 个基本单元的数据场,保存近期引发紧急报文的错误列表。子索引 0x00 表示错误存储器中错误的个数,对错误个数没有规定,但至少要有一个错误存储单元,用于保存最近一次出现的错误。

当设备出现新的错误时,通常会将错误保存在子索引 0x01 中。预定义错误场会在开头添加新的错误,将之前的错误依次向下移动,类似堆栈操作。如果所有子索引都被占用,则删除最早出现的错误。读取子索引 0x00 的值会返回所存储的错误的数量。如果所有错误都被排除了,子索引 0x01 的值变为 0。此外,向子索引 0x00 写入 0 可以将预定义错误场清 0,但不可以写入其他值。

3. 制造商状态寄存器(索引 0x1002)

制造商状态寄存器(32 位)包含一个指针(16 位索引和 8 位子索引)以及对象字典条目的长度(8 位)。该寄存器中的内容由设备制造商来设定。

4. 同步传输相关对象(索引 0x1005、0x1006、0x1007 和 0x1019)

同步报文 COB-ID 参数(索引 0x1005)是一个 32 位对象,结构详见表 15.37。同步报文 COB-ID 不仅包含使用的 CAN-ID,还包含 3 个控制位:第 31 位 r 为预留位,第 30 位表示设备是发送同步报文(生产者为 1)还是接收同步报文(消费者为 0),第 29 位用来区分 CAN-ID 是 11 位(0)还是 29 位(1)。如果参数中没有定义这些位,而用户试图用 SDO 改写这些位,系统会发送 SDO 中止消息来应答。

表 15.37 同步报文 COB-ID 的结构

位	31	30	29	28	11	10	0
说 明	r	C/P	11/29	18 位 CAN-ID		11 位 CAN-ID	
字节顺序	MSB					LSB	

同步通信循环周期(索引 0x1006)是针对同步报文发送方(生产者)而言的,该参数设置同步周期(μs)。同步报文的接收方同样也可以设置一个通信循环周期,如果在规定的时间内接收方没有收到同步报文,就会产生一个事件来通知应用程序,进而采取相应的措施。

同步窗口长度(索引 0x1007)约束同步报文发送后,从节点发送 PDO 的时效,即在这个时间内发送的 PDO 才有效,否则将被丢弃。

同步计数溢出值(索引 0x1019)包含一个 8 位值(范围在 0～240 之间,其他值保留),该值可用来复位同步报文中的计数器。若该值为 0,则发送不含计数器字节的同步报文。注意:该值必须是使用的同步 PDO 的倍数(1～240)。

5. 设备监控相关对象(索引 0x100C、0x100D、0x1016 和 0x1017)

有两个参数用于配置心跳功能:一个是生产者心跳时间间隔(索引 0x1017),它表示发送心跳报文的周期(ms);另一个是消费者心跳时间间隔(索引 0x1016),它最多可包含 127 个条目,记录被监控设备的节点 ID 以及时间(ms)。

消费心跳时间间隔必须大于生产者心跳时间间隔,否则在发送下一个心跳报文之前就会先发出设备故障消息。一旦用户设置了索引 0x1017 的值(该值不为 0),设备进入"预操作"状态后就会立即开始发送心跳报文。注意:心跳报文消费者第一次收到心跳报文时开始监控设备。

如果某个心跳时间间隔为 0,那么相应的监控就会停止。由于心跳机制是一种生产者—消费者通信模型，因此当心跳时间间隔改变时，所有消费者（监控某一设备的所有设备）的心跳时间间隔参数也必须做相应的调整。

在此，CiA 组织不推荐 NMT 主机使用节点保护来监控设备，所以并不详细介绍这方面内容。保护时间（索引 0x100C）表示的是 NMT 主机通过远程帧查询 NMT 状态所用的时间间隔（ms）。如果对象 0x100C 的值为 0，则保护功能无效。寿命因子（索引 0x100D）的值与保护时间相乘得到的时间，为主机查询设备的最迟时间。

6. 保存参数和恢复默认参数（索引 0x1010 和 0x1011）

设备启动或通过 NMT 主机复位之后，设备对象字典中的参数就会初始化，之后可以利用 SDO 配置对象字典中的参数。下面介绍两种配置设备参数的方法：第一种是由配置管理器进行配置；第二种是参数保存在非易失性存储器中。

第一种情况，配置工作由配置管理器执行，配置管理器拥有所有设备的配置信息。设备配置文件可以是 ASCII 格式、二进制格式或者 XML 格式。使用配置管理器的好处是，可以集中保存所有配置信息，当故障设备需要替换时，直接换上新的设备，由配置管理器重新配置即可。当然，使用配置管理器也有不好的地方：在网络上电时，配置管理器要给设备写入新的设置，然后按照新配置运行，从而会导致网络启动时间增加。

第二种情况，在网络调试时对设备进行配置，并将参数保存在自己的非易失性存储器中。这样就无需配置管理器，同时还可以缩短网络的启动时间，但注意设备要有保存参数的功能。若某个设备出现故障且须更换，故障设备的参数可能存在无法读取的情况。

保存参数（索引 0x1010）中包含几个不同的选项，比如：利用非易失性存储方式保存部分对象字典或全部对象字典。保存参数功能分为以下几种：

子索引 0x01：保存整个对象字典的参数；

子索引 0x02：保存通信参数（0x1000～0x1FFF）；

子索引 0x03：保存子协议参数（0x6000～0x9FFF）；

子索引 0x04～0x7F：保存制造商相关的参数组。

用户使用 SDO 报文将保存参数命令写到子索引中实现对应的功能，保存参数命令格式详见表 15.38。

表 15.38 保存参数命令的格式

位	31	24	23	16	15	8	7	0
说　明	e (0x65)		v (0x76)		a (0x61)		s (0x73)	
字节顺序	MSB				LSB			

SDO 写操作只有在成功保存参数之后才能得到正确的应答。有时候保存参数的时间可能很长，因此 SDO 客户端要设定一个较长的超时时间，超时时间必须大于

保存参数所需的时间。

若在保存过程中出现错误，则返回 SDO 异常中止报文。读取上述子索引便可获得有关设备功能的信息。32 位值中的 2 个最低有效位规定设备保存参数的方法：如果第 0 位为 1，则根据命令保存参数；如果第 1 位为 1，则自动保存参数。如果设备不能将配置参数保存在非易失性存储器中，那么这 2 位则均为 0 或索引无效。

恢复默认参数（索引 0x1011）可用来恢复设备默认的配置参数，即出厂设置。如果设备支持恢复默认参数功能，除了要保存当前设置以外，还要将默认参数也保存在非易失性存储器之中，因此就需要更大的存储空间。

与保存参数（0x1010）对象一样，恢复默认参数也将子索引划分为几个参数组。读取这些对象就可以知道设备是否能恢复默认设置。读取该对象返回一个 32 位的值，只有第 0 位为 1 时才表示该设备支持恢复默认参数功能。

默认参数只有在设备复位之后才有效。为了防止意外恢复默认参数，也定义一个恢复默认参数命令，详见表 15.39。只有在成功恢复默认参数之后，才会发送 SDO 的正确应答，否则将返回 SDO 异常中止报文。

表 15.39　恢复默认参数的命令结构

位	31	24	23	16	15	8	7	0
说　明	d (0x64		a (0x61)		o (0x6F)		l (0x6C)	
字节顺序	MSB				LSB			

7. 时间戳报文 COB－ID 和高分辨率时间标识(索引 0x1012 和 0x1013)

时间戳报文发送网络时间，时间戳报文的 CAN 标识符保存在索引 0x1012 中，标识符的结构详见表 15.40。其中，第 31 位和第 30 位表示时间戳是生产者还是消费者（若为消费者第 31 位＝1，若为生产者第 30 位＝1）。第 29 位表示 CAN 标识符的位数，0 表示 11 位，1 表示 29 位。由于 CANopen 为标准数据帧，因此第 29 位默认为 0，若对其进行写操作，则可用 SDO 异常中止消息来应答。

如果要支持高分辨率时间，可在高分辨率时间标识（索引 0x1013）中写入一个 32 位时间值（μs）。该值可打包在 PDO 中，供高精度同步设备使用。

表 15.40　时间戳报文 COB－ID 结构

位	31	30	29	28	11	10	0
说　明	C	P	11/29	18 位 CAN－ID		11 位 CAN－ID	
字节顺序	MSB					LSB	

8. 紧急报文 COB－ID(索引 0x1014)和紧急报文禁止时间(索引 0x1015)

与时间戳报文相似，对象字典 0x1014 存储紧急报文设定的 CAN 标识符。紧急报文 COB－ID 中的第 30 位是不可用的，且固定为 0。

为了避免设备有问题时持续发送紧急报文而导致低优先级的报文无法发送，对象字典 0x1015（紧急报文禁止时间）中设定禁止发送紧急报文的时间，该时间为 100 μs 的倍数。仅当禁止时间结束之后，才允许重新发送紧急报文。

9. 保留的参数

出于兼容性方面的考虑，保留了对象 0x1004、0x100B、0x100E 和 0x100F。在早期的 CANopen 协议版本中对这些对象进行了定义，但 4.0 版本的 CANopen 协议以后就没有再使用这些对象。

15.4 对象字典和 EDS 文件实例

每个 CANopen 设备都有一个对象字典，对象字典存储设备的参数和变量，采用电子数据文档（Electronic Data Sheet，EDS）方式记录。EDS 实际上就是一个电子参数说明书，用于主站了解从站资源从而读/写从站参数和变量。实际上，主站不需要访问从节点对象字典的所有参数项，只要操作所需的对象字典。EDS 文件描述对象字典须符合 CANopen 规范定义的格式，对应的规范为 CiA DSP 306。EDS 文件必须通过 CiA 的 EDS 测试工具进行一致性测试。

图 15.27 为 XGate－COP12 的 EDS 文件导入 USBCAN－E－P 主站卡管理软

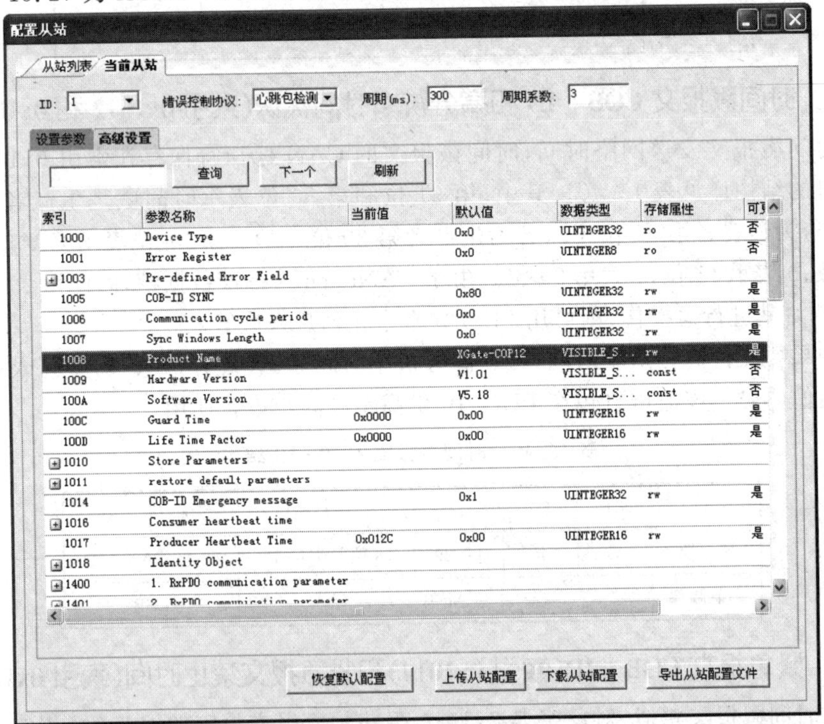

图 15.27　XGate－COP12 的 EDS 文件

件 CANManager for CANopen 中所显示的界面。在“配置从站”对话框中可以观察到 XGate－COP12 默认的对象字典内容：0x1008 的索引是这个设备的名称 XGate－COP12；0x1009 为硬件版本；0x100A 为软件版本；0x1018 的索引为标识对象，其下有若干个子索引，其中 0x01 子索引为厂商代码 0x2B6，这是 ZLG 致远电子在 CiA 协会申请的厂商代码，任何一个生产 CANopen 的厂商虽然不强制加入 CiA 协会，但必须申请唯一的厂商代码。

15.5 标准化设备子协议

标准化设备子协议为各种行业不同类型的标准设备定义对象字典中的对象。目前已有十几种为不同类型的设备定义的子协议，例如 DS401、DS402、DS406 等，其定义对象字典索引值范围为 0x6000～0x9FFF。同样，这个区域对于不同的标准化设备子协议来说，相同的对象字典项其定义不一定相同。这部分此处不做讲解，感兴趣的读者可以阅读相关的子协议。

第 16 章

CANopen 主站和从站设备介绍

本章导读

前文介绍了 CANopen 网络中设备的 3 种通信模型，分别是主-从机、生产者-消费者、客户端-服务器。CANopen 的网络管理中使用主-从机通信模型，以实现网络通信稳定可靠、可控。网络中通常配置一个网络管理主机(主站)，就像一个交响乐团的指挥家，指挥所有从机的启动、停止、复位和通信。主站一般是 PLC 或者 PC，也可以是带 NMT 管理功能的 CANopen 节点。

本章首先介绍 CANopen 主站设备的产品特性、选型及上位机软件编程；然后详细介绍从站嵌入式模块 XGate－COP12，该模块适用于各种干扰强、实时性要求高的场合，其体积小巧，适于嵌入各种电路板中，适合任何具有串口通信能力的系统，使现有的设备以最快的速度拥有 CANopen 通信能力，抢占市场先机。

16.1 主站设备

在工业应用场合，主要有两种形式的 CANopen 主站。一种是可编程控制器(PLC)或者一个主站通信单元，它的内部集成 CANopen 的主站功能。这个单元能连接到 CANopen 总线，同时因为它是 PLC 中的一个单元，能与 PLC 的 CPU 交换数据，通过编写 PLC 程序对它所连接的 CANopen 从站进行管理和控制，这种主站使用最为普遍。

另一种是通过计算机扩展一个 CANopen 主站通信卡，使得计算机具有管理 CANopen 通信网络的能力。推荐使用 PCI 总线或 USB 总线来扩展 CANopen 通信，比如 ZLG 致远电子开发的 PCI－5010－P 或 USBCAN－E－P 主站卡，产品外观详见图 16.1。使用它们不仅可以令 PC 成为一个 CANopen 网络的管理节点，还可以开发或测试 CANopen 网络、拓展连接其他网络。本节主要介绍 PC 接口类的主站卡。

16.1.1 产品概述

USBCAN－E－P/PCI－5010－P 主站卡集成 1 路 CAN 通道并支持 CANopen 主站功能，CAN 通道具有电气隔离保护、防浪涌保护等功能，抗干扰能力强，通信稳

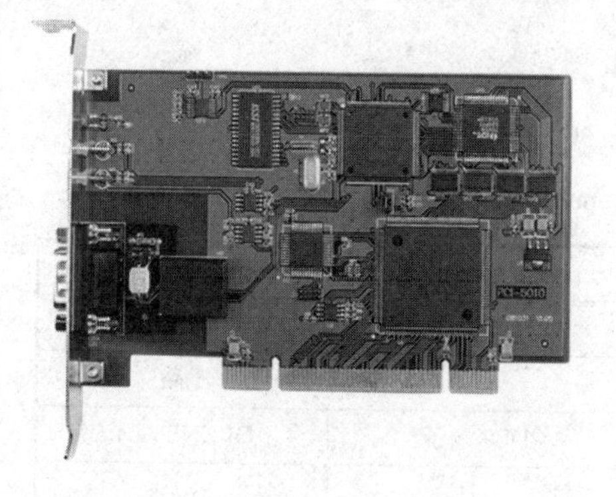

图 16.1　推荐的 CANopen 主站通信卡

定可靠。接口卡提供强大的软件支持，包括 CANopen 主站接口函数库、CANopen 测试软件、EDS 配置软件、OPC 服务器等。

接口卡为 CANopen 网络提供了可靠、高效的解决方案，已经大量应用于风力发电、轨道交通、变频器等 CANopen 网络领域中的数据采集与数据处理。配有可在 Win2000/XP/Win7/Win8/Win10 等操作系统下工作的驱动程序，并包含详细的应用例程且提供个性化定制服务。

16.1.2　产品特性

产品特性包括：

- USBCAN－E－P 为 USB 接口，PCI－5010－P 为 PCI 接口；
- CAN 通道数：1 路；
- 电气隔离：DC 2 500 V；
- CAN 波特率：符合 CANopen 规范；
- CANopen 接口支持 DS301V 4.02、DS303－3 等，PCI－5010 支持 CiA 一致性测试；
- 最多 32 个从站，可注册最多 128 个 RPDO、512 个 TPDO，支持 PDO、SDO 发送；
- 支持所有 NMT 网络管理功能；
- 主站卡硬件自动存储紧急报文；
- 支持所有 PDO 通信类型，并可实现对每个 PDO 的监控；
- 运行环境：Win2000/XP、Win2003、Win7、Win8、Win10 等操作系统；
- ESD(静电放电)保护：接触放电 6 kV，空气放电 8 kV；
- CAN 通信接口支持 2 kV、5/100 Hz 浪涌保护；
- 工作温度与存储温度范围：－40～＋85 ℃；
- 安装方式：USB(便携式)或者 PCI(固定方式)。

16.1.3 产品选型

CANopen 主站卡产品选型表如表 16.1 所列。

表 16.1 CANopen 主站卡产品选型表

产品型号	PCI-5010-P	USBCAN-E-P
PC 接口	PCI	USB
CANopen 路数	1 路	1 路
接口形式	DB9 端子	OPEN5 端子
工业级	√	√
电气隔离	√	√
Windows 系统驱动	支持	支持
Linux 系统驱动	—	—
带 CANopen 从站数	64	32
EDS 文件加载	√	√
从站对象字典修改与下载	√	√
NMT 网络管理	√	√
紧急报文支持	√	√
RPDO 支持个数	128	128
TPDO 支持个数	512	512
PDO、SDO 发送	支持	支持
同时监控 CAN 数据链路层	支持	—
120 Ω 终端电阻	内置可配置	外接

16.1.4 电气特性

USBCAN-E-P 电气参数如表 16.2 所列。

表 16.2 USBCAN-E-P 电气参数

类　别	规　格			单　位
	最　小	典　型	最　大	
USB 供电电压	4.75	5	5.25	V
USB 供电电流	—	300	500	mA
温度范围	−40	25	85	℃
CAN 接口浪涌测试	±1 000			V
CAN 接口静电测试	接触放电 6 kV，空气放电 8 kV			V

PCI－5010－P 电气参数如表 16.3 所列。

表 16.3　PCI－5010－P 电气参数

类　别	规　格			单　位
	最　小	典　型	最　大	
PCI 供电电压	4.75	5	5.25	V
PCI 供电电流	—	175	—	mA
温度范围	－40	25	85	℃
CAN 接口浪涌测试	±1 000			V
CAN 接口静电测试	接触放电 6 kV，空气放电 8 kV			V

16.1.5　硬件接口

1. 外置电源接口（USBCAN－E－P）

USBCAN－E－P 自带外部供电接口，外部电源供电模式适合于计算机使用了 USB 总线集线器或者连接有多个 USB 终端设备而导致 USB 端口不能够向 USBCAN－E－P 通信卡提供足够电流的场合。首先使用外部电源（DC＋9 V～＋20 V@200 mA，插头无极性要求）连接到 USBCAN－E－P 通信卡的 POWER 电源插座，然后将计算机与通信卡通过随机附带的 USB 电缆连接，此时 USB 连接指示灯先红色闪烁后点亮为绿色（需正确安装驱动），表示通信卡与计算机实现连接，可正常工作。

2. USB 接口（USBCAN－E－P）

USBCAN－E－P 主站卡通过全速 USB 接口与计算机相连，兼容 USB1.1 和 USB2.0 协议规范。该通信卡采用 USB 总线供电模式，适合于大多数应用场合（例如，通信卡是 USB 端口连接的唯一设备时）。将 PC 与通信卡通过随机附带的 USB 电缆直接连接，由 USB 电缆向其提供＋5 V 电源，USB 连接指示灯点亮为绿色，表示通信卡与计算机实现连接，可正常工作。

3. CAN 接口定义

USBCAN－E－P 主站卡具有一路 CAN 通道，连接器采用 OPEN10 端子，引脚信号定义详见表 16.4。

PCI－5010 主站卡采用 D－Sub9 连接器（公头），引脚信号定义符合 CiA 标准规范，其中引脚 2 为 CAN_L，引脚 7 为 CAN_H，引脚 5 为屏蔽线，引脚 6 为 CAN_GND，详情可参考前文介绍，这里不做赘述。

表 16.4　USBCAN－E－P CAN 连接器信号描述

引　脚	信　号	描　述	外观图
1	CAN_L	CAN 低	1 2 3 4 5 6 7 8 9 10
2	R－	终端电阻-端(内部连接到 CAN_L)	
3	CAN_FG	参考地	
4	R＋	终端电阻＋端(内部连接到 CAN_H)	
5	CAN_H	CAN_H 信号线	
6～10	—	—	

4. 信号指示灯

在 USBCAN－E－P 主站卡的侧面挡板上有 3 个双色 LED 指示灯，分别用于指示系统的运行状态和协议运行状态，其中各个指示灯各种颜色所代表的含义详见表 16.5。

表 16.5　USBCAN－E－P 指示灯描述

信号指示灯		描　述
SYS	红色	系统上电与 USB 通信指示
	绿色	USB 连接指示
RUN/MS	绿色	CANOpen 协议 RUN 指示(绿色)
ERR/NS	红色	CANOpen 协议 ERR 指示(红色)

PCI－5010－P 提供了 3 个指示灯，详见图 16.2，分别为单色的电源指示灯、通信状态指示灯、CANopen 指示灯，其中 CANopen 指示灯符合 CANopen DS303－3 规范。

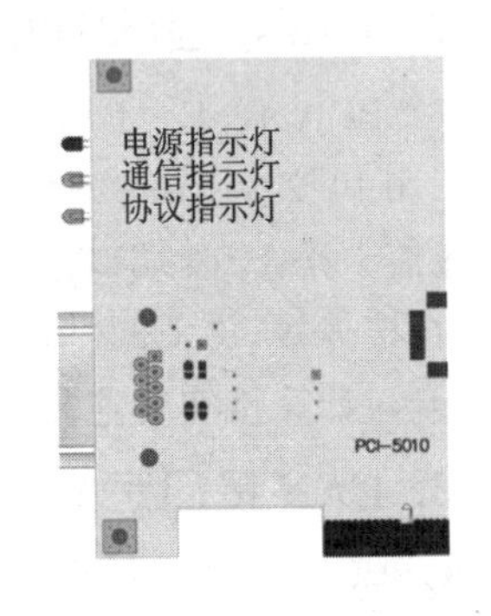

图 16.2　PCI－5010－P 指示灯

CANopen 规范定义了状态指示灯的含义，设备需提供 2 个单色 LED 或者 1 个双色 LED 指示协议状态，其中绿色为 RUN 指示灯、红色为 ERR 指示灯。LED 状态说明详见表 16.6，错误状态指示灯描述详见表 16.7，运行状态指示灯描述详见表 16.8。

表 16.6　LED 状态说明

指示灯状态	现象描述
亮	常亮
暗	常暗

续表 16.6

指示灯状态	现象描述
快闪	亮和暗的时间等长，频率约是 10 Hz：亮约 50 ms，暗约 50 ms
慢闪	亮和暗的时间等长，频率约是 2.5 Hz：亮约 200 ms，暗约 200 ms
闪一下	亮约 200 ms 接着暗约 1 000 ms
闪两下	亮约 200 ms，暗约 200 ms；再亮 200 ms，最后暗约 1 000 ms
闪三下	亮约 200 ms，暗约 200 ms；再亮 200 ms，暗约 200 ms；再亮 200 ms，最后暗约 1 000 ms

表 16.7 错误状态指示灯描述

编　号	ERROR LED	状　态	描　述	种　类
1	暗	没有错误	器件处于工作状态	强制
2	闪一下	到达警戒值	CAN 控制器至少一个错误计数器到达或超出警戒值（错误帧太多）	强制
3	快闪	自动波特率/ LSS	正在进行自动波特率检测或进行 LSS 服务（和 RUN LED 交替闪烁）	可选
4	闪两下	错误控制事件	发生保护事件（NMT 从机或 NMT 主机）或心跳事件（心跳使用者）	强制
5	闪三下	SYNC 错误	超出配置的通信循环间隔仍未收到 SYNC 报文（见对象字典条项 0x1006）	有条件，如果支持对象 0x1006 则强制
6	亮	总线关闭	CAN 控制器总线关闭	强制

表 16.8 运行状态指示灯描述

编　号	RUN LED	状　态	描　述	种　类
1	快闪	自动波特率/LSS	正在进行 LSS 服务	可选
2	闪一下	停止	器件处于停止状态	强制
3	慢闪	预操作	器件处于预操作状态	强制
4	亮	工作	器件处于工作状态	强制
5	暗	故障	检查模块复位引脚以及电源连接是否正确	—

16.1.6 主站上位机软件设计

本小节以 PCI 主站卡为实例，介绍基于 PCI－5010－P 的上位机二次开发库如何实现一个主站的应用。图 16.3 为 PCI－5010－P API 函数的操作流程，其概括性地描述了 PCI－5010－P 所有功能及相应的 API 函数调用结构。下面详细介绍常用的 API 函数功能及使用。

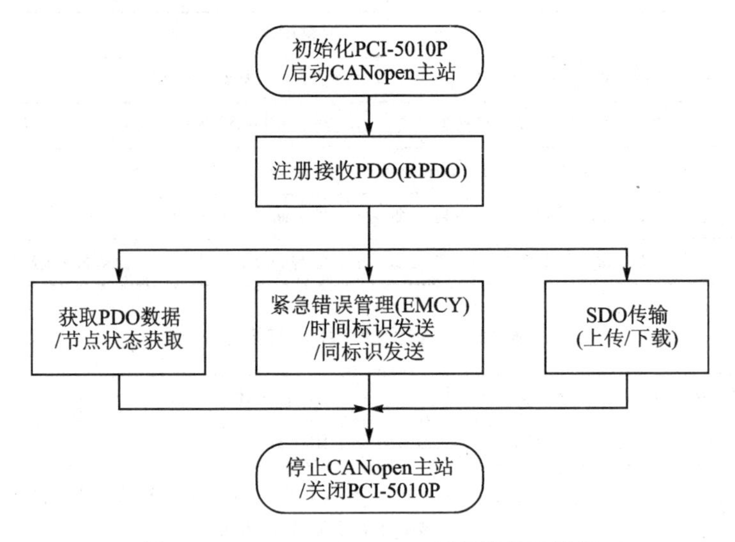

图 16.3　PCI－5010－P API 函数操作流程图

1. 初始化 PCI－5010－P

PCI－5010－P 打开时，必须按照图 16.3 所示的顺序来操作，即需要完成打开、初始化参数、添加节点、启动 CANopen 主站等步骤。在关闭 PCI－5010－P 时，其操作与初始化的流程相反。操作代码详见程序清单 16.1。

程序清单 16.1　启动 PCI－5010－P 代码

```
1      void OnStartCANopen(void){
2          ......
3          ZCOMA_Open(1,0,0);                              /*打开 PCI-5010-P*/
4          ZCOMA_Init(1,0,0,&testcfg,&hPCopmst);           /*初始化协议*/
5          ZCOMA_AddNode(hPCopmst,&nodecfg);               /*添加节点*/
6          ZCOMA_Start(1,0);}                              /*开始设备*/
7          void CloseDevice(void){
8          ......
9          ZCOMA_Stop(1,0);                                /*停止 PCI-5010-P*/
10         ZCOMA_Uninit(hPCopmst) ;                        /*停止 CANopen 协议栈*/
11         ZCOMA_Close(1,0);}                              /*关闭设备*/
```

2. 注册 RPDO(接收 PDO)

CANopen 主站设备能接收来自 CANopen 网络中的所有 PDO 数据，PCI－5010－P CANopen 主站卡同样也能接收任意的 PDO 数据，但是需要在接收指定的 PDO 数据之前把该 PDO 的 COB－ID 注册到 CANopen 协议栈中。其实现代码可参考程序清单 16.2。

程序清单 16.2　注册 RPDO 到 CANopen 协议栈中

```
1   void RegisterRPDO(void) {
2       if (ZCOMA_InstallPDOforInput(hPCopmst,NodeID,PDOID) != 0) {    /*注册接收 PDO*/
3       ...... }
4   }
```

3. SDO 传送数据

CANopen 主站设备应该具备 SDO 客户端功能,这样就可以通过 SDO 来访问网络中节点的任意对象字典,其中包括上传和下载数据。其操作可参考程序清单 16.3。

程序清单 16.3　SDO 数据传输示例

```
1   void SDOTranstmit(void) {
2       .....
3       ZCOMA_UploadDatabySDO(hPCopmst,NodeID,index,subindex,buf,&datlen,1000);
                                                                      /*上传数据*/
4       ZCOMA_DownloadDatabySDO(hPCopmst,NodeID,index,subindex,buf,datlen,1000);
                                                                      /*下载数据*/
5   }
```

4. NMT 网络管理

PCI-5010-P 作为 CANopen 主站设备,其最主要的特征就是拥有对整个网络的控制权,即网络管理功能(NMT),可使网络中的 CANopen 设备进入不同的操作状态(启动从站、停止从站、进入预操作状态、复位协议栈,复位通信参数等)。其操作示例可参考程序清单 16.4。

程序清单 16.4　网络管理功能

```
1   void NodeStateSet(void) {
2       DWORD state = 0x01;
3       ZCOMA_SetNodeState(hPCopmst,0x01,state) ;     /*启动节点地址为 1 的从站*/
4   }
```

5. 其他功能

PCI-5010-P 不仅具有上述基本功能,还具有其他与 CANopen 相关的功能特性,例如获取指定从站的当前工作状态、发送网络时间标识、PDO 远程请求以及紧急错误代码功能等(具体操作可参考 API 函数库手册)。这些功能都为开发一个完整的 CANopen 主站设备提供了必备条件。

经过以上步骤,通过调用 PCI-5010-P 的 API 函数库完全可以实现一个特定功能的 CANopen 主站设备。

16.2 嵌入式从站模块

16.2.1 概　述

XGate - COP12 嵌入式 CANopen 从站模块是一款 CANopen 从站通信模块，外观图详见图 16.4，其内部集成 CANopen 从站协议栈代码，不需要用户二次开发。协议栈遵循 CANopen - DS301、DS302、DS303 以及 DS305 标准。在默认情况下，启用预定义连接，并支持参数存储。

XGate - COP12 从站模块可以支持多达 12 个 RPDO 和 12 个 TPDO 过程数据传输，适用于各种干扰强、实时性要求高的场合；体积小巧，适于嵌入到各种电路板中；适合任何具有串口通信能力的系统，使用简单的串口通信协议即可实现与 XGate 的通信，并提供串口通信协议标准 C 文件，使现有设备以最快速度拥有 CANopen 通信能力，抢占市场先机。

XGate - COP12 从站模块系统结构图详见图 16.5，该模块负责将用户 CPU 发送过来的数据以 TPDO 报文方式发送到 CAN 总线，并读取来自 CAN 总线的 RPDO 数据。

图 16.4　XGate - COP12 模块外观图

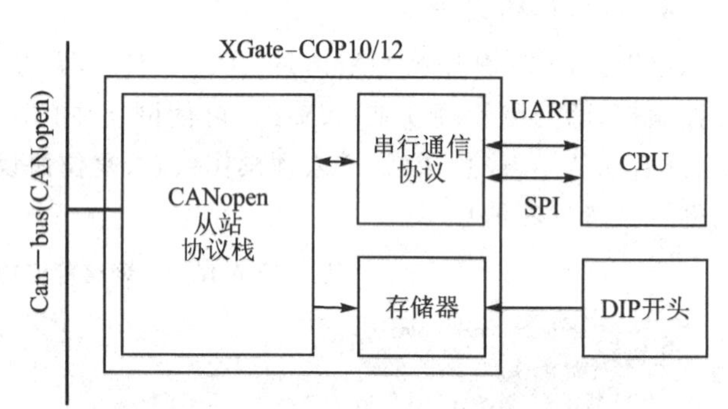

图 16.5　XGate - COP 嵌入式从站模块系统结构

16.2.2 功能特点

XGate - COP 嵌入式从站模块的功能特点如下：

➢ 支持用户自定义对象词典配置；
➢ 网络管理服务对象(启动报文、节点保护/寿命保护和心跳报文)；
➢ 可自定义过程数据对象(TPDO 与 RPDO)；
➢ 实现服务数据对象(SDO 服务器/SDO 客户端)功能；
➢ 实现紧急报文对象(EMCY)功能；
➢ 实现同步报文对象(SYNC)功能；

- 具有串口通信能力(UART,9 600～460 800 bps);
- 具有 SPI 通信能力(最高 2 Mbps);
- 96 字节的输入/输出数据缓冲(I/O);
- CAN 总线支持 10 kbps～1 Mbps 波特率;
- 工业级工作温度范围:－40～85 ℃;
- 体积小,31.8 mm×20.3 mm×6.5 mm(DIP24 封装)。

16.2.3 状态指示灯(DS303－3)

按照 CANopen 协议规范文档 DS303－3 的定义,XGate－COP12 模块使用两个 LED 指示灯指示当前模块所处的状态,详见表 16.9。其状态指示灯所指示的各种状态的含义与主站卡的一致。

表 16.9 XGate－COP12 状态指示灯

指示灯名称	颜　色	引　脚
运行指示灯(RUN)	绿色	13
错误指示灯(ERR)	红色	14

16.2.4 CANopen 协议(DS301)

1. XGate－COP12 的对象字典

XGate－COP12 中使用的对象字典可由配套的 PC 配置工具定制,若未使用该工具配置或恢复出厂设置则使用缺省的词典。配置工具可用于增加、删除或修改过程变量及 PDO 映射内容从而适配不同的应用。词典中 0x1000～0x1018、0x2404、0x2405 等必要对象(索引)不可删除。XGate－COP12 可提供的 PDO 数量受数据缓冲区长度的限制,最多可设置 12 个 RPDO 和 12 个 TPDO,建议使用提供的配套模版修改。

2. XGate－COP12 预定义连接

XGate－COP12 的对象分布在对象字典的 0x1000～0x1FFF、厂商自定义区 0x2000～0x5FFF 和 0xA000～0xAFFF 的网络变量区域。这些对象负责 CANopen 与 CAN 网络上的其他应用数据的通信和数据交换,每个对象都有自己的数据长度(UINT8、UINT16 或 UINT32)和属性(RO、WO、RW、CONST、MAPPABLE),属性为 WO 或 RW 的对象可以使用 SDO 服务修改。

表 16.10 列举了 XGate－COP12 所使用的部分对象的字典定义。通常情况下,一个典型的 CANopen 网络中有一个 CANopen 主站和若干个 CANopen 从站,这种情况下通常使用 CANopen 预定义连接。预定义连接指与通信相关的 COB－ID 与节点 ID 相关联。

表 16.10　部分对象字典定义

索　引	子索引	名　称	类　型	属　性	是否可映射	存　储	单　位
0x1000	0x00	DeviceType	UINT32	RO	NO	NO	—
0x1008	0x00	DeviceName	String	RO	NO	NO	—
0x100C	0x00	Guard Time	UINT16	RW	NO	YES	ms
0x1400	0x00	Subindex num	UINT8	RO	NO	NO	—
	0x01	COB-ID	UINT32	RW	NO	YES	—
	0x02	Trans type	UINT8U	RW	NO	YES	—
⋮							
0x2000	0x00	Subindex num	UINT8	RO	NO	NO	—
	0x01	Input buffer #0	UINT8	RW	YES	NO	—
	⋮	⋮	⋮	⋮	⋮	⋮	⋮

示例:假设当前节点 ID 为 0x20,则 TPDO1 的 COB-ID 为 0x180+0x20(0x180+NodeID)。

有些对象的值可以存储在存储器中,对于对象 0x1000～0x1FFF 中的参数,若选择使用预定义连接方式,则存储的参数无效(节点地址改变之后,存储的参数无效,节点将使用预定义连接集),这些参数将使用预定义连接集定义的值。预定义的主机/从机连接集定义见表 16.11。

表 16.11　预定义的主机/从机连接集定义

对　象	功能码	节点地址	COB-ID	对象字典索引
NMT	0000	—	0	—
SYNC	0001	—	0x80	0x1005, 0x1006, 0x1007
紧急报文	0001	1～127	0x81～0xFF	0x1014, 0x1015
TPDO1	0011	1～127	0x181～0x1FF	0x1800
RPDO1	0100	1～127	0x201～0x27F	0x1400
TPDO2	0101	1～127	0x281～0x2FF	0x1801
RPDO2	0110	1～127	0x301～0x37F	0x1401
TPDO3	0111	1～127	0x381～0x3FF	0x1802
RPDO3	1000	1～127	0x401～0x47F	0x1402
TPDO4	1001	1～127	0x481～0x4FF	0x1803
RPDO4	1010	1～127	0x501～0x57F	0x1403
默认 SDO(tx)	1011	1～127	0x581～0x5FF	0x1200
默认 SDO(rx)	1100	1～127	0x601～0x67F	0x1200
NMT 错误控制	1110	1～127	0x701～0x77F	0x1016, 0x1017

16.2.5 网络管理服务(NMT)

1. 网络控制(module control)

XGate－COP12 支持 DS301 所定义的网络管理命令，这些网络管理命令可以由 CANopen 主站发出，也可以由其他从节点发出。其操作命令如表 16.12 所列，其中，当 NodeID＝0 时，所有的从站设备被控制（广播方式），CS 为命令字，对应的不同的控制动作如表 16.13 所列。

表 16.12 NMT 控制命令

COB－ID(CAN－ID)	DLC	Byte0	Byte1
0x000	2	CS(命令字)	NodeID(节点号)

表 16.13 NMT 命令字及相应功能服务

CS(命令字)	NMT 服务(控制动作)	CS(命令字)	NMT 服务(控制动作)
0x01	启动从站设备	0x81	复位从站
0x02	停止从站设备	0x82	复位节点通信
0x80	使从站进入预操作		

2. 节点保护(node guarding)

通过节点保护服务，NMT 主节点可以检查每个节点的当前状态，当这些节点没有数据传送时，这种服务尤其有意义。主节点通过发送远程帧来触发相应从节点的节点保护。

示例：假设主节点需要对节点号为 0x20 的从节点进行节点保护，其命令详见表 16.14 和表 16.15。

表 16.14 保护节点(远程帧)

COB－ID(CAN－ID)	DLC
0x720	1

表 16.15 从节点(0x20)应答帧

COB－ID(CAN－ID)	DLC	Byte0
0x720	1	0x85

表 16.15 中，Byte0 的 Bit7＝1，状态＝0x05，表示节点号为 0x20 的从站正处于操作状态。

3. 寿命保护(life guarding)

节点保护主要针对的是 NMT 主节点获取从节点的状态，而寿命保护主要是节点对另一节点的监控。寿命保护包括两个参数：保护时间和生命因子。启用寿命保护的节点接收来自另一节点的远程帧（远程帧格式与节点保护帧格式相同，详见表 16.14），若启用寿命保护的节点接收到该远程帧，则应答该节点的状态（应答帧格式详见表16.15)。

寿命保护有两个参数:保护时间和寿命因子(分别位于对象字典的0x100C和0x100D),其构成节点的寿命时间(即寿命时间=保护时间×寿命因子),保护时间的单位为ms。若两个参数中有一个为0,则表示寿命保护未启用。若在保护时间内未接收到远程帧,则会出现"Message Lost"的提示信息;若在寿命时间内未接收到远程帧,则会出现"Connection Lost"信息。这些信息均在调试串口中打印出来,同时错误指示灯"闪烁两下"以示当前的寿命保护丢失。

4. 启动报文(boot-up)

当XGate-COP12初始化完成(boot-up)时,会自动发送一个标识报文。

示例:假设XGate-COP12的节点号为0x20,则发送的启动报文详见表16.16。

表16.16 初始化完成的标识报文

COB-ID(CAN-ID)	DLC	Byte0
0x720	1	0x00

5. 心跳报文(heartbeat producer)

心跳报文分为生产和消费,在XGate-COP12模块中只支持心跳报文生产,即XGate-COP12可以生产心跳报文。该参数在对象字典0x1017中定义(数据长度16位,单位为ms),其心跳报文详见表16.17,与节点保护和寿命保护的应答帧相同。

示例:假设从节点地址为0x20,处于操作状态,0x1017中的参数设置为100,则该从节点每隔100 ms发送一帧报文,详见表16.17。

表16.17 从节点(0x20)的心跳报文

COB-ID(CAN-ID)	DLC	Byte0
0x720	1	0x05

注:在同一个XGate-COP12模块中,寿命保护和心跳报文不能同时使用。

16.2.6 同步报文对象(SYNC)

同步报文分为消费和生产,在XGate-COP12中只支持同步报文的消费,即接收来自主节点或其他节点的同步报文。同步报文的帧格式如表16.18所列。

表16.18 同步报文的帧格式(远程帧)

COB-ID(CAN-ID)	DLC
0x80	0

对象字典的0x1005定义接收同步报文的COB-ID,在CANopen预定义连接集中定义其值为0x80,对象字典的0x1007定义同步的时间窗口。同步报文主要应用在PDO接收和发送过程中,其使用方法在以下PDO数据发送和接收过程中详细介绍。

16.2.7 紧急报文对象(EMCY)

在 XGate-COP12 中支持紧急报文,即在 XGate-COP12 内部出现错误时发送该报文。紧急错误码指定当前出现错误的具体类型。错误寄存器存放当前错误类型,根据该值可以判断当前紧急报文所代表的错误类型。

示例:假设节点地址为 0x20,若 CAN 总线错误超过警戒值,则出现"Error Passive"的警告,XGate-COP12 发送的紧急报文如表 16.19 所列。

表 16.19 紧急报文(总线错误)

COB-ID(CAN-ID)	DLC	Byte0	Byte1	Byte2	Byte3~7
0xA0	8	0x20	0x81	0x11	0x00000000

注:若 XGate-COP12 模块发生紧急情况,这些错误将主动发出。

16.2.8 服务数据对象(SDO)

对象字典充当应用层和通信层之间的主要数据交换媒介。一个 CANopen 设备的所有数据项可以在对象字典中被管理。每个对象字典项可以使用索引和子索引来定位。CANopen 定义通常所说的服务数据对象(SDO)来访问这些项。

XGate-COP12 支持 1 个 SDO 服务器,即可以提供 SDO 服务,且 SDO 使用预定义连接的发送和接收 COB-ID。SDO 分为加速传输、段传输和块传输。因为在 XGate-COP12 中 SDO 的加速传输经常会使用,所以本小节重点介绍加速传输,其他传输类型可参考第 15 章。

1. SDO 数据传输

对于加速传输,一帧最多只能传输 4 字节数据,报文基本结构如表 16.20 和表 16.21 所列,通过 SDO 的命令字来区分该帧数据的类型。

表 16.20 SDO 报文格式(客户端→服务器)

COB-ID(CAN-ID)	DLC	Byte0	Byte1~Byte2	Byte3	Byte4~Byte7
0x600+NodeID	8	CMD(SDO 命令字)	对象索引	对象子索引	索引数据或补 0

表 16.21 SDO 应答格式(服务器→客户端)

COB-ID(CAN-ID)	DLC	Byte0	Byte1~Byte2	Byte3	Byte4~Byte7
0x580+NodeID	8	CMD(SDO 命令字)	对象索引	对象子索引	索引数据或补 0

下载(download)是指客户端对服务器(从站)对象字典进行写操作,命令字定义如表 16.22 所列。上传(upload)指客户端对服务器对象字典进行读操作,命令字定义如表 16.23 所列。

表 16.22 启动域下载命令字定义

CMD(SDO 命令字)								
Bit	7	6	5	4	3	2	1	0
Client→Server	0	0	1	—	n		e	s
Client←Server	0	1	1	—	—	—	—	—

说明:表 16.22 中,“—”项为不相关项,通常设置为 0。

- n:如果 e=1 且 s=1,则 n 有效,否则 n 为 0(无效),表示数据部分中无意义数据的字节数(字节[8—n]到 7 的数据无意义);
- e:0 为正常传送,1 为加速传送;
- s:是否指明数据长度,0 为数据长度未指明,1 为数据长度指明;
- e=0, s=0: 由 CiA 保留;
- e=0, s=1: 数据字节为字节计数器,Byte4 是最低有效位(LSB),Byte7 是最高有效位(MSB);
- e=1: 数据字节为将要下载的数据。

表 16.23 启动域上传命令字定义

CMD(SDO 命令字)								
Bit	7	6	5	4	3	2	1	0
Client→Server	0	1	0	—	—	—	—	—
Server→Client	0	1	0	—	n		e	s

说明:表 16.23 的命令字与表 16.22 的相同。

示例:假设当前 XGate-COP12 的地址为 0x20,对对象字典 0x1800 03 进行读/写操作。

① 向 0x1800 03 写入 0x3E8,其命令与应答如表 16.24 和表 16.25 所列。

表 16.24 向对象字典 0x1800 03 写入 0x3E8 命令

COB-ID	DLC	Byte0	Byte1	Byte2	Byte3	Byte4	Byte5	Byte6	Byte7
0x620	8	0x2B	0x00	0x18	0x03	0xE8	0x03	0x00	0x00

表 16.25 向对象字典 0x1800 03 写入 0x3E8 后的应答

COB-ID	DLC	Byte0	Byte1	Byte2	Byte3	Byte4	Byte5	Byte6	Byte7
0x5A0	8	0x60	0x00	0x18	0x03	0x00	0x00	0x00	0x00

② 读取对象字典 0x1800 03 中的数据,其命令与应答如表 16.26 和表 16.27 所列。

表 16.26　读取对象字典 0x1800 03 数据命令

COB－ID	DLC	Byte0	Byte1	Byte2	Byte3	Byte4	Byte5	Byte6	Byte7
0x620	8	0x40	0x00	0x18	0x03	0x00	0x00	0x00	0x00

表 16.27　读取对象字典 0x1800 03 后的应答

COB－ID	DLC	Byte0	Byte1	Byte2	Byte3	Byte4	Byte5	Byte6	Byte7
0x5A0	8	0x4B	0x00	0x18	0x03	0xE8	0x03	0x00	0x00

2. SDO 中止服务

当 SDO 的传输过程中出现错误时，SDO 的客户端和服务器都可以发送中止报文来通知对方中止当前的操作。中止报文的格式如表 16.28 所列，命令字定义如表 16.29 所列。

表 16.28　中止报文格式

COB－ID(CAN－ID)	DLC	Byte0	Byte1～2	Byte3	Byte4～7
0x600＋NodeID/0x580＋NodeID	8	CMD(SDO 命令字)	索引	子索引	*

表 16.29　中止报文命令字定义

CMD(SDO 命令字节)								
Bit	7	6	5	4	3	2	1	0
Client→Server/Client→Server	1	0	0	—	—	—	—	—

示例：假设当前节点的 NodeID 为 0x20，若在读取数据过程中出现错误中止，则会返回相应的错误代码，如表 16.30 和表 16.31 所列。

表 16.30　读取不存在的对象字典 0x6000 00

COB－ID	DLC	Byte0	Byte1	Byte2	Byte3	Byte4	Byte5	Byte6	Byte7
0x620	8	0x40	0x00	0x60	0x00	0x00	0x00	0x00	0x00

表 16.31　读取不存在的对象字典 0x6000 00 返回数据

COB－ID	DLC	Byte0	Byte1	Byte2	Byte3	Byte4	Byte5	Byte6	Byte7
0x5A0	8	0x80	0x00	0x60	0x00	0x00	0x00	0x02	0x06

返回数据为中止传送的错误代码，SDO 错误代码为 32 位长度的数据。该帧数据应答的错误代码为 0x06020000，代表的含义为“对象字典不存在”。具体的中止错误代码含义可参考第 15 章。

16.2.9 过程数据对象(PDO)

过程数据对象(PDO)用作传输实时数据,传输模型采用生产者-消费者模型,PDO 的接收者可以是主节点也可以是其他从节点,且不需要应答。

在 XGate-COP12 中最多可支持 12 个 TPDO(索引范围为 0x1800～0x180B)和 12 个 RPDO(索引范围为 0x1400～0x140B),在出厂时预定义连接集所定义的 4 个 TPDO(索引范围为 0x1800～0x1803)和 4 个 RPDO(索引范围为 0x1400～0x1403)可用。

1. 过程数据接收(RPDO)

在 XGate-COP12 出厂时已经为每个 PDO 预定义了映射对象,详见图 16.6,全部 RPDO 的数据映射项都默认连接到 XGate-COP12 的 8 位输出区。当 RPDO 接收到来自网络的数据之后,即把数据更新到所对应的输出数据区;在数据更新完成之后,XGate-COP12 会给出一个中断信号(高电平→低电平)。在数据被读取之前,中断信号引脚会一直保持为低电平;在数据被读出之后,中断引脚将保持为高电平。

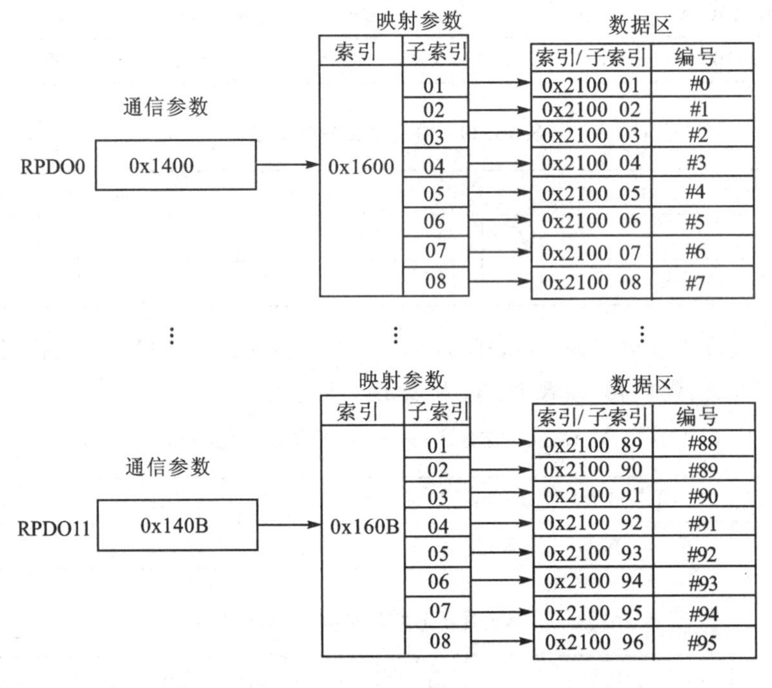

图 16.6 RPDO 映射关系

相比 TPDO,RPDO 的通信参数比较少,RPDO 只有传输类型(transmission type)一项对应通信。其值定义如表 16.32 所列。

表 16.32　RPDO 的传输类型

<table>
<tr><th>传输类型</th><th>PDO 接收</th><th>数据更新</th></tr>
<tr><td>0</td><td rowspan="2">PDO 会一直被接收、分析。如果需要，在接收到下一个有效的 SYNC 报文时对数据进行更新</td><td rowspan="2">在接收到一个 SYNC 报文时，对数据进行分析，如果与之前的 RPDO 相比数据已经更改，那么数据将在输出时被更新。SYNC 报文的传输是非循环的</td></tr>
<tr><td>1～240</td></tr>
<tr><td>241～251</td><td colspan="2">保留</td></tr>
<tr><td>252</td><td colspan="2" rowspan="2">保留</td></tr>
<tr><td>253</td></tr>
<tr><td>254</td><td>PDO 会一直被接收</td><td>应用定义更新输出数据的事件</td></tr>
<tr><td>255</td><td>PDO 会一直被接收</td><td>设备子协议定义更新输出数据的事件</td></tr>
</table>

示例：假设 XGate－COP12 节点为 0x20，采用预定义连接，则 RPDO0 的 COB－ID 为 0x220，则其接收的 TPDO COB－D 也应为 0x220，如表 16.33 所列。若该 TPDO 正好与节点 NodeID 为 0x20 的 RPDO1 的 COB－ID 相同，则该 RPDO 接收这帧 PDO 数据，并且按照图 16.6 所示的映射关系把数据更新到数据输出缓冲区。最后输出缓冲区对应的数据如表 16.34 所列。

表 16.33　RPDO0 接收其他节点的 TPDO

COB－ID	DLC	Byte0	Byte1	Byte2	Byte3	Byte4	Byte5	Byte6	Byte7
0x220	8	0x11	0x22	0x33	0x44	0x55	0x66	0x77	0x88

表 16.34　数据区数据

数据区编号	＃0	＃1	＃2	＃3	＃4	＃5	＃6	＃7
数　据	0x11	0x22	0x33	0x44	0x55	0x66	0x77	0x88

2. 过程数据发送(TPDO)

在 XGate－COP12 中最多支持 12 个 TPDO，在出厂时预定义的 4 个 PDO(TPDO0～TPDO3)可用，而 TPDO4～TPDO11 不可用。预定义的 TPDO 在出厂时已经预定义映射参数，分别映射到数据输入区 0x2000 01～0x2000 96，映射关系如图 16.7 所示。

每个 TPDO 都包含相应的通信参数，这些通信参数决定 TPDO 发送的类型和触发条件等，主要包含 3 种，分别为传输类型、禁止时间以及定时时间。

➤ 传输类型：传输类型定义该 TPDO 传输方式，在通信参数的子索引 2 中定义，具体定义详见表 16.35。

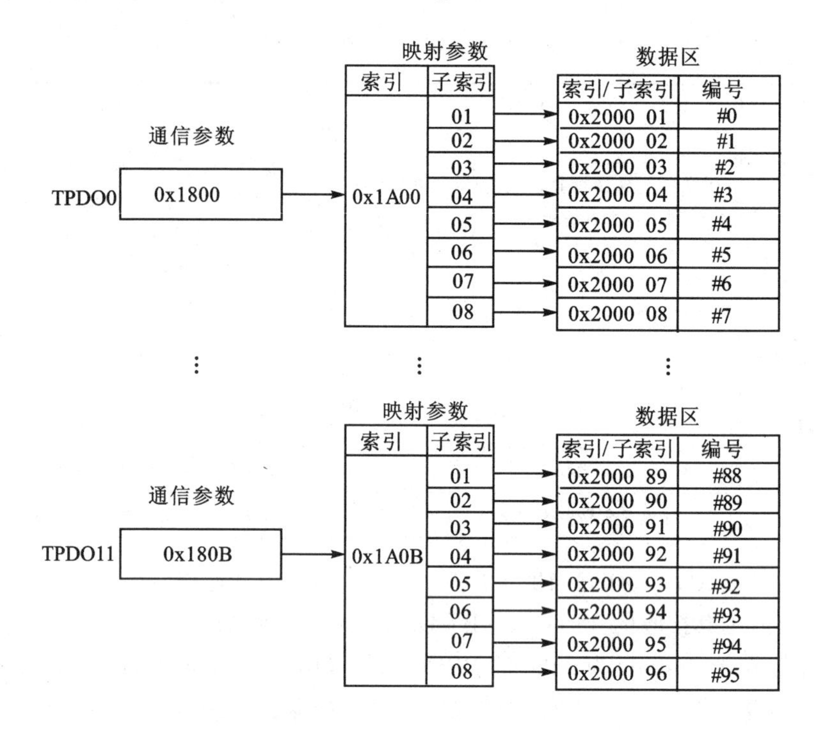

图 16.7 TPDO 映射关系

表 16.35 TPDO 传输类型

传输类型	数据请求	发送 PDO
0	数据(输入值)在接收到一个 SYNC 报文时被读取	如果与之前的 PDO 内容相比 PDO 数据已经更改，那么 PDO 将被发送
1～240	数据接收第 n 个编号的 SYNC 报文时被收集和更新，然后在总线上发送，传输类型对应值为 n	
241～251	保留	
252	数据(输入值)在接收到一个 SYNC 报文时被读取	PDO 在请求时通过一个远程帧被发送
253	应用持续收集和更新输入数据	
254	应用定义引发数据请求和 PDO 传输的事件，造成 PDO 传输的事件可以是事件定时器的时间已到。事件定时器周期用子索引 5 来配置。PDO 传输(与事件和事件定时器是否被配置都无关)总是启动一个新的事件定时器周期	
255	设备子协议定义引发数据请求和 PDO 传输的事件，造成 PDO 传输的事件可以是事件定时器的时间已到。事件定时器周期用子索引 5 来配置。PDO 传输(与事件和事件定时器是否被配置都无关)总是启动一个新的事件定时器周期	

➢ 禁止时间:定义禁止时间是为了防止 TPDO 发送过于频繁而占用大量的总线带宽,从而影响总线通信,因而定义了同一个 TPDO 发送 PDO 的最短时间间隔(单位为 ms)。该参数为 0 时无效,在通信参数子索引 3 中定义。

➢ 定时时间:定时时间参数定义该 TPDO 的发送循环时间(单位为 ms),需要 TPDO 的传输类型设置为 254 或 255。该参数为 0 时无效,在通信参数子索引 5 中定义。

16.2.10 输入/输出数据缓冲区

XGate - COP12 拥有各 96 字节的输入和输出缓冲区,所有数据均使用小端存取,可按字节进行操作,见表 16.36。

XGate - COP12 出厂缺省把缓冲区部分内容映射到 2 个 PDO 中,用户可使用配套的 PC 工具重新配置。

表 16.36 输入/输出数据区对应关系

数据输入区								
#0(0x12)	#1(0x34)	#2(0x56)	#3(0x78)	#4(0x89)	……	#93	#94	#95
数据输出区								
#0(0x12)	#1(0x34)	#2(0x56)	#3(0x78)	#4(0x89)	……	#93	#94	#95

注:表 16.36 中,加"#"号的数据为数据缓冲区的编号,括号内为该缓冲区中的数据。

需要注意的是:只有已被 PDO 映射的过程变量才会分配到这些缓冲区中,未被任何 PDO 映射的过程变量将不会分配数据缓冲区,也就不能在运行时由主站控制增加映射,需要使用配置工具重新配置。

16.2.11 串口/SPI 操作协议

1. 通信协议

XGate - COP12 与用户采用异步串口或 SPI 进行通信,通信模式为半双工,通信信号为 TTL 电平,通信协议采用 ZLG 致远电子自定义串行通信协议。

应答方式:用户设备主动询问(主),XGate - COP12 被动回答(从)。

一次完整的数据通信包含一对主/从应答帧,由主机发起,称为命令帧;从机接收到后进行应答,称为响应帧。

异步串口每 1 个字节用 10 位传送,1 个起始位、8 个数据位、1 个停止位,无奇偶校验位。波特率通过引脚配置,可选波特率见表 16.37。

表 16.37 可选串口波特率

索引值	引脚 19	引脚 20	引脚 21	串口波特率/bps
0	0	0	0	9 600
1	0	0	1	19 200
2	0	1	0	38 400
3	0	1	1	57 600
4	1	0	0	115 200
5	1	0	1	230 400
6	1	1	0	460 800
7	1	1	1	115 200

SPI 接口使用模式 0(CPOL=0,CPHA=0)或模式 3(CPOL=1,CPHA=1),最高波特率为 2 Mbps,传送宽度为 8 位。每一次传送都要重新拉起片选,SPI 传输模式 0 见图 16.8,SPI 传输模式 3 见图 16.9。模块在复位运行后的前 10 ms 会读取 SCK 引脚的电平,若电平持续为低,则配置为 SPI 模式 0,否则配置为 SPI 模式 3。

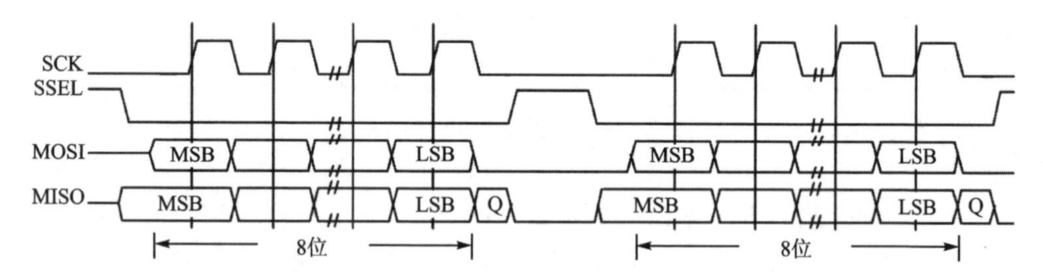

图 16.8 SPI 传输模式 0

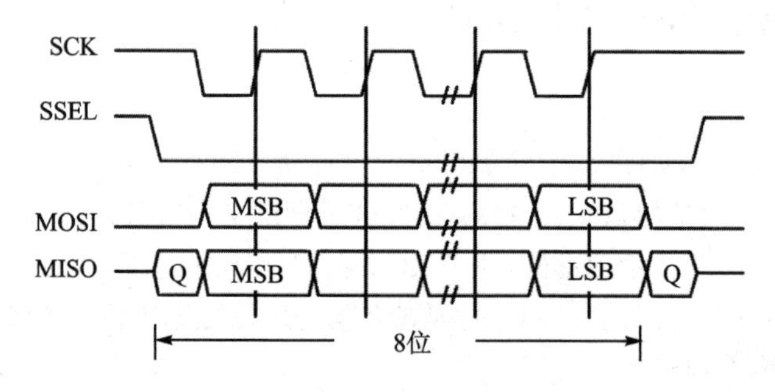

图 16.9 SPI 传输模式 3

SPI 通信使用的帧格式定义与串口相同,但是每一帧均需要分为两段传送,帧开头的 4 字节为第一段,其余字节为第二段,两段之间使用 SPI_SYN 引脚同步。

模块空闲时 SPI_SYN 引脚为高电平。由 SPI 主机发起的一次完整通信流程为:

① 确认模块 SPI_SYN 引脚为高电平；
② 发送帧头部的 4 字节；
③ 等待 SPI_SYN 引脚出现下降沿；
④ 发送剩余的字节；
⑤ 等待 SPI_SYN 引脚再次出现下降沿；
⑥ 读取 4 字节；
⑦ 根据上一步读到的结果计算剩余的字节数量；
⑧ 读取剩余的字节。

图 16.10 展示了一次完整的 SPI 通信过程。

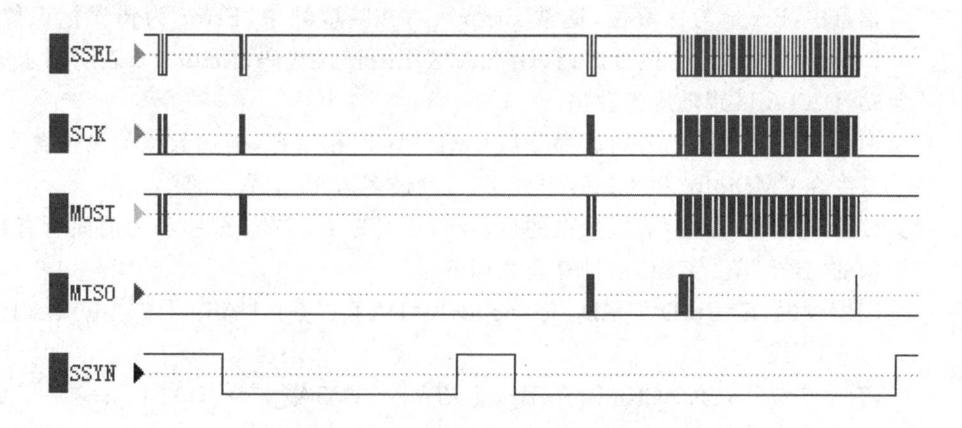

图 16.10　一次完整的 SPI 通信过程

注：若通信失败，SPI 主机可通过连续读取 128 字节复位模块的 SPI 通信功能。

2. 数据帧格式

数据帧格式有两种：命令帧和响应帧。命令帧格式如表 16.38 所列，响应帧格式如表 16.39 所列。

表 16.38　命令帧格式

起始字	命令码	命令信息(长度)	特定参数	命令数据	校验码
1 字节	1 字节	1 字节	1 字节	n 字节	1 字节
0x7E	CMD	CMDinfo	SpeByte	DATA	CRC

表 16.39　响应帧格式

起始字	命令码	命令信息(长度)	特定参数	命令数据	校验码
1 字节	1 字节	1 字节	1 字节	n 字节	1 字节
0x7E	ACK	ACKinfo	SpeByte	DATA	CRC

下面按各命令排序，详细介绍命令帧、响应帧的规则。

命令帧、响应帧的总长度为：命令/响应信息的 CMDinfo/ACKinfo(数据长度)+5 字节。各字段说明如下：

➢ 帧起始字符 SOF：固定为 0x7E，长度为 1 字节。

➢ 命令码 CMD/响应码 ACK：通常 ACK 与 CMD 相同，长度为 1 字节。

➢ 命令信息 CMDinfo/响应信息 ACKinfo：指出命令信息/响应信息的长度(字节)，不包括自身。CMDinfo/ACKinfo＝0，表示没有数据；CMDinfo/ACKinfo＝1，表示该帧含有 1 字节数据。

➢ 特殊参数 SpeByte：包括 Error 和一些保留位，具体定义见表 16.40。在命令信息中，Error 为保留位，通常 Error＝0；在响应帧中，Error 为错误标识位。Error＝1 表示命令执行出错，DATA 区跟随错误代码；Error＝0 表明请求成功，DATA 区跟随应答数据。

➢ 命令/响应数据 DATA：这部分与 CMD/ACK 相结合，描述数据的具体含义。长度在 CMDinfo/ACKinfo 中说明，每帧最多为 97 字节。

➢ 校验和 CRC：命令/响应数据的校验和，长度为 1 字节。校验和为前面所有数据的“异或”值。CRC 的计算公式如下：

CRC＝0x7E^CMD^CMDinfo^SpeByte^DATA[0]^DATA[1]^…^DATA[n－1] 或

CRC＝0x7E^ACK^ACKinfo^SpeByte^DATA [0]^DATA [1]^…^DATA [n－1]

表 16.40 特殊参数(SpeByte)定义

BIT.7	BIT.6	BIT.5	BIT.4	BIT.3	BIT.2	BIT.1	BIT.0
Error	0	0	1	0	0	0	1

16.2.12 操作命令

用户通过 XGate－COP12 的通信接口对模块进行操作，本小节所有的操作命令都假设被正确执行并返回。如果出现错误，其错误响应帧和错误代码将在 16.2.13 小节中介绍。

1. 读设备信息(命令码:0x01)

设备信息默认由 PC 配置工具下载的对象词典设置，用户可通过串口/SPI 设置并覆盖之。相应信息位于对象字典的 0x1000/00 和 0x2404，其中 0x1000/00 为设备类型，因为该设备是通用设备，没有使用标准设备描述，所以该参数按照 CiA 定义应该为 0x0000 0000，且不建议更改。操作命令及其响应分别见表 16.41 和表 16.42。响应帧的数据共 35 字节，其含义见表 16.43。

注:该命令读取的内容不是XGate-COP12的信息,读取的内容用于描述用户设备。

表 16.41　读取设备信息命令

起始字节	命令码	命令信息	特定参数	命令数据(1字节)	CRC
0x7E	0x01	0x01	0x11	0x00	0x6F

表 16.42　读取设备信息响应

起始字节	命令码	命令信息	特定参数	命令数据(35字节)		CRC
0x7E	0x01	0x01	0x11/0x91	0x00	byte[34]	校验码

表 16.43　设备信息数据含义

偏　移	数据长度(字节)	对应对象词典索引	数据类型	说　明
0	1	—	uint8_t	输入的命令数据(0x00)
1	4	0x1000/00	uint32_t	高2字节为XGate-COP12设备类型,低2字节为用户设备类型代码
5	4	0x2404/01	uint32_t	硬件版本
9	4	0x2404/02	uint32_t	软件版本
13	4	0x2404/03	uint32_t	产品代码
17	4	0x2404/04	uint32_t	产品修订码
21	4	0x2404/05	uint32_t	产品序列号
25	10	0x2404/06	char [10]	产品名称

示例:在信息未设置的情况下读取它们(读出的内容为PC工具配置的值)。

命令:7E 01 01 11 00 6F

响应:7E 01 23 11 00 00 00 00 00 00 00 00 00 00 00 00 00 00 00 00 00 00 00 00 00 00 00 00 00 30 31 32 33 34 35 36 37 38 39 4C

2. 写设备信息(命令码:0x02)

该命令写入的内容影响上一条命令读出的内容,XGate-COP12在启动时会尝试读取该命令写入的内容并覆盖PC软件下载的对象字典值。其操作命令及其响应分别见表16.44和表16.45,操作命令的数据含义见表16.43。

注:该命令写入的信息不能改变XGate-COP12自身的设备信息(0x1018),而是用于覆盖用户通过PC软件下载的对象词典所对应的用户设备信息(0x1000、0x2404)。

表 16.44　写设备信息命令

起始字节	命令码	命令信息	特定参数	命令数据(35 字节)		CRC
0x7E	0x02	0x01	0x11	0x00	byte[34]	校验码

表 16.45　写设备信息响应

起始字节	命令码	命令信息	特定参数	命令数据(1 字节)	CRC
0x7E	0x02	0x01	0x11	0x00	0x6C

示例：设置设备类型为 0x0000 0000，硬件版本为 0x4433 2211，软件版本为 0x8877 6655，产品代码为 0xCCBB AA99，产品修订码为 0x00FF EEDD，产品序列号为 0x1234 5678，产品名称为 abcdefghij。

命令：7E 02 23 11 00 00 00 00 00 11 22 33 44 55 66 77 88 99 AA BB CC DD EE FF 00 78 56 34 12 61 62 63 64 65 66 67 68 69 6A 4D

响应：7E 02 01 11 00 6C

3. 写 XGate－COP12 输入缓冲区数据(命令码：0x10)

XGate－COP12 的输入缓冲区共 96 字节，编号范围为＃0～＃95，宽度为 8 位。该缓冲区是只写区域，可部分或全部写入。操作命令和响应命令分别见表 16.46 和表 16.47。命令数据的第 1 字节表示当前数据在输入数据区的偏移量，所写的数据长度为(n－1)。

注：偏移量＋数据长度不应大于 96。

表 16.46　写缓冲区数据命令

起始字节	命令码	命令信息	特定参数	命令数据(n 字节)		CRC
0x7E	0x10	n	0x11	起始偏移	DAT	校验码

表 16.47　写缓冲区数据响应

起始字节	命令码	命令信息	特定参数	命令数据(n 字节)	CRC
0x7E	0x10	n	0x11	DAT	校验码

示例：向编号＃0 开始的地址(即偏移量为 0)写入 8 字节的数据，数据为 29 2A 2B 2C 2D 2E 2F 30。

命令：7E 10 09 11 00 29 2A 2B 2C 2D 2E 2F 30 6E

响应：7E 10 01 11 00 7E

示例：把整个输入缓冲区全部写为 0x00。

命令：7E 10 61 11 00 00 00 00 00 00 00 00 00 00 00 00 00 00 00 00 00 00 00 00 00 00 00 00 00 00 00 00 00 00 00 00 00 00 00 00 00 00 00 00 00 00 00 00 00 00 00 00 00 00

00 00 00 00 00 00 00 00 00 00 00 00 00 00 00 00 00 00 00 00 00 00 00 00 00 00 00 00
00 00 00 00 00 00 00 00 00 00 00 00 00 00 00 00 00 00 00 00 00 00 1E

响应:7E 10 01 11 00 7E

4. 读 XGate - COP12 输出缓冲区数据(命令码:0x11)

XGate - COP12 的输出缓冲区共 96 字节,编号范围为#0～#95,宽度为 8 位。该缓冲区是只读区域,可以一次全部读出。操作命令和响应命令分别如表 16.48 和表 16.49 所列,命令数据帧的第 1 字节表示当前数据在输出数据区的偏移量,第 2 字节表示需要读出的数据长度。响应命令帧数据的第 1 字节表示在输出缓冲区的偏移量,返回的数据长度为(n－1)。

注: 偏移量＋数据长度不应大于 96。RPDO 变化后,INT_OUT 电平会拉低,执行该命令后 INT_OUT 恢复高电平。

表 16.48　读缓冲区数据命令

起始字节	命令码	命令信息	特定参数	命令数据(n 字)		CRC
0x7E	0x11	n	0x11	起始偏移	DAT	校验码

表 16.49　读缓冲区数据响应

起始字节	命令码	命令信息	特定参数	命令数据(n 字节)		CRC
0x7E	0x11	n	0x11	起始偏移	DAT	校验码

示例:读取输出缓冲区偏移量从#0 开始的 8 字节数据(假设此时值为 61 62 63 64 65 66 67 68)。

命令:7E 11 02 11 00 08 74

响应:7E 11 09 11 00 61 62 63 64 65 66 67 68 7F

示例:读取整个输出缓冲区(假设此时值全为 0x00,使用 SPI 接口执行该命令,见图 16.10)。

命令:7E 11 02 11 00 60 1C

响应:7E 11 61 11 00 00 00 00 00 00 00 00 00 00 00 00 00 00 00 00 00 00 00 00
00 00 00 00 00 00 00 00 00 00 00 00 00 00 00 00 00 00 00 00 00 00 00 00 00 00 00 00
00 00 00 00 00 00 00 00 00 00 00 00 00 00 00 00 00 00 00 00 00 00 00 00 00 00 00 00
00 00 00 00 00 00 00 00 00 00 00 00 00 00 00 00 00 00 00 00 00 00 1F

5. 读/写 XGate - COP12 的 NodeID 和 CAN 波特率索引(命令码:0x12)

XGate - COP12 不支持 DIP 开关或其他方式设置模块的 NodeID 和 CAN 波特率索引,用户只可以通过串口/SPI 操作,设置的值被保存在存储器中,模块复位后生效(NodeID 范围为 1～127,CAN 波特率索引对应表见表 16.50)。

注: 模块的默认 NodeID 为 0x40,CAN 波特率索引为 0。使用 PC 配置工具下载

对象词典后均会重置为该值。

表 16.50　CAN 波特率索引对应表

索　引	CAN 波特率	索　引	CAN 波特率
0	1 Mbps(默认)	5	100 kbps
1	800 kbps	6	50 kbps
2	500 kbps	7	20 kbps
3	250 kbps	8	10 kbps
4	125 kbps		

(1) 读取(操作模式:0x01)

读命令和读命令响应分别见表 16.51 和表 16.52。

表 16.51　读命令

起始字节	命令码	命令信息	特定参数	命令数据(1 字节)	CRC
0x7E	0x12	0x01	0x11	操作模式(0x01)	0x7D

表 16.52　读命令响应

起始字节	命令码	命令信息	特定参数	命令数据(2 字节)		CRC
0x7E	0x12	2	0x11	操作模式(0x00)	DAT(NodeID)	校验码

示例:读取设置的值(假设读回的 NodeID 值为 0x40,CAN 波特率为 1 Mbps)。

命令:7E 12 01 11 01 7D

响应:7E 12 03 11 01 40 00 3F

(2) 写入(操作模式:0x00)

写命令和写命令响应分别见表 16.53 和表 16.54。

表 16.53　写命令

起始字节	命令码	命令信息	特定参数	命令数据(2 字节)			CRC
0x7E	0x12	3	0x11	0x00	NodeID	CAN Baud	校验码

表 16.54　写命令响应

起始字节	命令码	命令信息	特定参数	命令数据(n 字节)	CRC
0x7E	0x12	n	0x11	DAT	校验码

示例:设置 XGate-COP12 模块的 NodeID 为 0x40,CAN 波特率为 125 kbps。

命令:7E 12 03 11 00 40 04 3A

响应:7E 12 01 11 00 7C

6. 发送紧急错误代码(命令码:0x15)

当用户设备出现某种错误之后,可通过 CANopen 发送到 CAN 总线上,通知 CANopen 主站设备当前设备发生了错误。错误代码由 5 字节组成,由用户自定义。操作命令及其响应分别见表 16.55 和表 16.56。

表 16.55　发送紧急错误代码命令

起始字节	命令码	命令信息	特定参数	命令数据(6 字节)		CRC
0x7E	0x15	0x06	0x11	操作模式(0x00)	byte[5]	校验码

表 16.56　发送紧急错误代码命令响应

起始字节	命令码	命令信息	特定参数	命令数据(n 字节)	CRC
0x7E	0x15	n	0x11	DAT	校验码

示例:假设当前设备发生错误,错误代码定义为 0x05 0403 0201,则其命令格式如下:

命令:7E 15 06 00 00 01 02 03 04 05 6C

响应:7E 15 01 11 00 7B

7. 读取模块状态(命令码:0x16)

用户通过该命令可以读取模块所处的状态和对象字典的状态。模块在复位后会根据 PC 配置工具下载的配置生成对象字典,若无异常则字典状态为 0x0000;0x0070～0x007F 表示 PDO 相关参数有误。操作命令及其响应分别如表 16.57 和表 16.58 所列。

表 16.57　读取模块状态命令

起始字节	命令码	命令信息	特定参数	命令数据(1 字节)	CRC
0x7E	0x16	0x01	0x11	操作码(0x01)	0x79

表 16.58　读取模块状态命令响应

起始字节	命令码	命令信息	特定参数	命令数据(4 字节)			CRC
0x7E	0x16	2	0x11	操作码(0x01)	节点状态	词典状态	校验码

示例:假设当前 XGate－COP12 模块处于操作状态,读取的节点状态为 0x05,字典状态 0x0000 表示无异常。

命令:7E 16 01 11 01 79

响应:7E 16 04 11 01 05 00 00 79

8. 启动节点进入操作状态(命令码:0x17)

用户可通过该命令使 CANopen 网络中所有从站设备进入操作状态,模块本身也会进入操作状态。操作命令及其响应分别如表16.59和表16.60所列。在网络中有主站管理的情况下，谨慎使用此条命令。

表16.59 启动节点进入操作状态命令

起始字节	命令码	命令信息	特定参数	命令数据(1字节)	CRC
0x7E	0x17	0x01	0x11	操作码(0x00)	0x79

表16.60 启动节点进入操作状态命令响应

起始字节	命令码	命令信息	特定参数	命令数据(1字节)	CRC
0x7E	0x17	0x01	0x11	操作码(0x00)	0x79

示例：使能当前CANopen网络进入操作状态。

命令：7E 17 01 11 00 79

响应：7E 17 01 11 00 79

9. 复位模块(命令码:0x24)

发送该命令将强制模块执行复位操作。操作命令及其响应分别如表16.61和表16.62所列。

表16.61 复位模块命令

起始字节	命令码	命令信息	特定参数	命令数据(1字节)	CRC
0x7E	0x24	0x01	0x11	操作码	校验码

表16.62 复位模块命令响应

起始字节	命令码	命令信息	特定参数	命令数据(1字节)	CRC
0x7E	0x24	0x01	0x11	操作码	校验码

示例：利用看门狗复位，在1 s后模块复位。

命令：7E 24 01 11 00 4A

响应：7E 24 01 11 00 4A

示例：仅复位CANopen协议栈。

命令：7E 24 01 11 01 4B

响应：7E 24 01 11 01 4B

10. 读取XGate-COP12软硬件版本(命令码:0x25)

用户可以通过串口读取XGate-COP12的硬件版本和软件版本。操作命令及其响应分别如表16.63和16.64所列。

表 16.63　读取设备信息命令

起始字节	命令码	命令信息	特定参数	命令数据(1字节)	CRC
0x7E	0x25	0x01	0x11	操作码	校验码

表 16.64　读取设备信息命令响应

起始字节	命令码	命令信息	特定参数	命令数据(1字节)		CRC
0x7E	0x25	0x08	0x11	操作码	char[7]	校验码

(1) 读取硬件版本(操作模式:0x01)

XGate 硬件版本位于对象字典的 0x1009/00,数据长度为 7 字节(包括字符串结束符),存储的是版本号的 ASCII 码值。

示例:如下命令读取硬件版本为 56 31 2E 30 2E 30 00,即 V1.0.0。

命令:7E 25 01 11 01 4A

响应:7E 25 08 11 01 56 31 2E 30 2E 30 00 24

(2) 读取软件版本(操作模式:0x02)

XGate 软件版本位于对象字典的 0x100A/00,数据长度为 7 字节(包括字符串结束符),存储的是版本号的 ASCII 码值。

示例:如下命令读取设备类型为 56 31 2E 30 2E 30 00,即 V1.0.0。

命令:7E 25 01 11 02 49

响应:7E 25 08 11 02 56 31 2E 30 2E 30 00 27

11. 重置内部 EEPROM(命令码:0xED)

XGate-COP12 使用内部 EEPROM 保存设置参数,如对象字典、NodeID 等。发送该命令将使模块清除这些参数。操作命令及其响应分别如表 16.65 和表 16.66 所列。

表 16.65　重置内部 EEPROM 命令

起始字节	命令码	命令信息	特定参数	命令数据(2字节)	CRC
0x7E	0xED	0x02	0x11	操作码	校验码

表 16.66　重置内部 EEPROM 命令响应

起始字节	命令码	命令信息	特定参数	命令数据(2字节)	CRC
0x7E	0xED	0x02	0x11	操作码	校验码

示例:清除 EEPROM 内容。

命令:7E ED 02 11 EE 00 6E

响应:7E ED 01 11 EE 6D

示例：重建 EEPROM 存储器。

命令：7E ED 02 11 EE 01 6F

响应：7E ED 01 11 EE 6D

16.2.13 串口/SPI 操作错误响应

在所有的串口/SPI 操作命令中，通信过程中当命令的参数不正确或其他错误发生时，XGate－COP12 都会返回错误代码（特定参数的最高位为 1，表示当前为错误应答帧），错误代码帧格式如表 16.67 所列。其中 ACK 与操作的命令码相同，应答操作模式码与当前命令操作模式码相同。错误代码表示当前的操作所出现错误的类别，错误代码如表 16.68 所列。

表 16.67 XGate－COP12 命令执行错误响应

起始字	响应码	响应信息（长度）	特定参数	响应数据（2 字节）		校验码
0x7E	ACK＝CMD	0x02	0x91	操作模式	错误代码	CRC

表 16.68 错误代码表

错误代码（数据）	说　明	备　注
0x01	命令错误	不支持该命令
0x02	数据长度错误	超出可写区域
0x03	地址错误	超出地址范围
0x04	在操作协议栈时出现错误	—
0x05	存储数据出错	—
0x06	数据值超出范围	—
0x07	操作模式不支持	—

示例：假设现在写 XGate－COP12 的 CAN 波特率索引值为 10。因为波特率索引值的范围为 0～8，所以该值超出范围无效，必然在执行过程中出错，错误代码为 0x06（数据值超出范围）。命令帧与响应帧如下：

命令：7E 12 03 11 00 40 0A 34

响应：7E 12 02 91 00 06 F9

16.2.14 XGate－COP12 缺省对象字典

XGate－COP12 缺省对象字典如表 16.69 所列。

表 16.69 XGate－COP12 缺省对象字典

索 引	子索引	名 称	类 型	属 性	默认值	描 述
通信参数区						
0x1000	—	device type	UINT32	RO	0x00000000	设备类型，高 2 字节为 ZLG 致远电子专用，低 2 字节供用户使用
0x1001		error register	UINT8	RO	0	当前错误类型
0x1003	0	number of errors	UINT8	RO	0	—
	1～4	standard error field	UINT32	RO	0	历史紧急错误代码
0x1005	—	COB－ID SYNC	UINT32	RW	0x80	—
0x1006	—	communication cycle period	UINT32	RW	0x3E8	—
0x1007	—	sync windows length	UINT32	RW	0x3E8	—
0x1008	—	XGate name	STRING	Const	XGate－COP12	XGate 设备名称
0x1009	—	XGate hardware version	STRING	Const	V1.00	XGate 硬件版本
0x100A	—	XGate software version	STRING	Const	V1.00	XGate 软件版本
0x100C	—	guard time	UINT16	RW	0	—
0x100D	—	life time factor	UINT8	RW	0	—
0x1010	0	largest supported sub-index	UINT8	RO	1	—
	1	save all parameters	UINT32	RW	0	—
0x1011	0	largest supported sub-index	UINT8	RO	1	—
	1	restore all default para.	UINT32	RW	0	—
0x1014	—	COB－ID emergency message	UINT32	RW	NodeID＋0x80	—

续表 16.69

索引	子索引	名称	类型	属性	默认值	描述
0x1016	0	number of entries	UINT8	RO	0x01	—
	1	consumer heartbeat time #1	UINT32	RW	0x64	—
0x1017	—	producer heartbeat time	UINT16	RW	0	—
0x1018	0	number of entries	UINT8	RO	0x04	—
	1	vendor ID	UINT32	RO	0x2B6	ZLG 致远电子在 CiA 组织的厂商代码(可更改)
	2	product code	UINT32	RO	0xB	XGate - COP12 产品代码
	3	revision number	UINT32	RO	0xA	XGate - COP12 修订码
	4	serial number	UINT32	RO	—	XGate - COP12 序列码
RPDO 通信参数						
0x1400	0	largest subindex supported	UINT8	RO	2	—
	1	COB - ID used	UINT32	RW	NodeID+0x200	RPDO 所使用的 COB - ID
	2	transmission type	UINT8	RW	254	传输类型
	3	inhibit time	UINT16	RW	0	传输 PDO 禁止时间
	5	eventtimer	UINT16	RW	0	传输 PDO 定时时间
RPDO 映射参数						
0x1600	0	number of mapped objects	UINT8	RO	8	RPDO 映射参数数量
	1	PDO mapping 1. app. object	UINT32	RW	0x21000108	映射参数 0x2100:01 变量 8 位
	2	PDO mapping 2. app. object	UINT32	RW	0x21000208	映射参数 0x2100:02 变量 8 位
	3	PDO mapping 3. app. object	UINT32	RW	0x21000308	映射参数 0x2100:03 变量 8 位

续表 16.69

索　引	子索引	名　称	类　型	属　性	默认值	描　述
0x1600	4	PDO mapping 4. app. object	UINT32	RW	0x21000408	映射参数 0x2100:04 变量 8 位
	5	PDO mapping 5. app. object	UINT32	RW	0x21000508	映射参数 0x2100:05 变量 8 位
	6	PDO mapping 6. app. object	UINT32	RW	0x21000608	映射参数 0x2100:06 变量 8 位
	7	PDO mapping 7. app. object	UINT32	RW	0x21000708	映射参数 0x2100:07 变量 8 位
	8	PDO mapping 8. app. object	UINT32	RW	0x21000808	映射参数 0x2100:08 变量 8 位
TPDO 通信参数						
0x1800	0	largest subindex supported	UINT8	RO	0x05	—
	1	COB - ID used	UINT32	RW	NodeID+0x180	TPDO 所使用的 COB - ID
	2	transmission type	UINT8	RW	254	传输类型
	3	inhibit time	UINT16	RW	0	传输 PDO 禁止时间
	5	event timer	UINT16	RW	0	传输 PDO 定时时间
TPDO 映射参数						
0x1A00	0	number of mapped objects	UINT8	RO	8	TPDO 映射参数数量，最大为 8
	1	PDO mapping 1. app. object	UINT32	RW	0x20000108	映射参数 0x2000:01 变量 8 位
	2	PDO mapping 2. app. object	UINT32	RW	0x20000208	映射参数 0x2000:02 变量 8 位
	3	PDO mapping 3. app. object	UINT32	RW	0xA0000210	映射参数 0xA000:02 变量 16 位
	4	PDO mapping 4. app. object	UINT32	RW	0x50000220	映射参数 0x5A000:02 变量 32 位

续表 16.69

索　引	子索引	名　称	类　型	属　性	默认值	描　述
数据输入区(TPDO 发送数据映射区)						
0x2000	0	number of entries	UINT8	RO	8	输入数据(1 字节)区的长度
	1	application data input 8bit #0	UINT8	RW	—	编号为#0，长度为 1 字节
	2	application data input 8bit #1	UINT8	RW	—	编号为#1，长度为 1 字节
	3	application data input 8bit #2	UINT8	RW	—	编号为#2，长度为 1 字节
	4～8	#3～#7	UINT8	RW	—	编号为#n，长度为 1 字节
0xA000	0	number of entries	UINT8	RO	2	输入数据(1 字节)区的长度
	1	application data input 16bit #0	UINT16	RW	—	编号为#0，长度为 2 字节
	2	application data input 16bit #1	UINT16	RW	—	编号为#1，长度为 2 字节
0x5000	0	number of entries	UINT8	RO	2	输入数据(1 字节)区的长度
	1	application data input 32bit #0	UINT32	RW	—	编号为#0，长度为 4 字节
	2	application data input 32bit #1	UINT32	RW	—	编号为#1，长度为 4 字节
数据输出区(RPDO 接收到的数据映射区)						
0x2100	0	number of entries	UINT8	RO	8	输出数据(1 字节)区的长度
	1	application data output 8bit #0	UINT8	RW	—	编号为#0，长度为 1 字节
	2	application data output 8bit #1	UINT8	RW	—	编号为#1，长度为 1 字节

续表 16.69

索　引	子索引	名　称	类　型	属　性	默认值	描　述
0x2100	3	application data output 8bit #2	UINT8	RW	—	编号为#2，长度为1字节
	4～8	#3～#7	UINT8	RW	—	编号为#n，长度为1字节
设备状态						
0x2404	0	number entries	UINT8	RO	6	—
	1	device hardware version	UINT32	RO	—	用户设备的硬件版本
	2	device software version	UINT32	RO	—	用户设备软件版本
	3	device product code	UINT32	RO	—	用户设备产品代码
	4	device revision num	UINT32	RO	—	用户设备修订码
	5	device SN	UINT32	RO	—	用设备序列号
	6	device name	STRING	RO	—	用户设备名称()
0x2405	0	uart baudrate	UINT8	RO	0x07	通信串口波特率

第17章

CANopen 设备组网

本章导读

CANopen 协议是基于 CAN 总线的应用层协议，它不仅具有 CAN 总线的优点，还具有自己独特的特点，例如完善的网络管理、错误管理、实时数据传输以及设备配置数据传输等方面都为其成功奠定了坚实基础，尤其在轨道交通行业，CANopen 应用极其广泛。

随着电子技术的发展，轨道交通正朝着自动化和智能化方向发展，轨道交通的智能化程度越高，所需要的电子设备就越多，各电子设备之间的协作处理就越复杂，从而电子设备之间的连线就越复杂。为了解决这个问题，各种通信总线协议应运而生，例如 MVB、CANopen、Profibus 等。本章将重点介绍 CANopen 总线在轨道交通空调系统中的应用。

17.1 CANopen 网络结构

CANopen 是基于 CAN 总线的一种应用层协议，因此其物理层的网络组建与 CAN 总线一致。CANopen 网络结构为典型的总线型结构。在总线型网络结构中，从站和主站都挂接在一条总线上，网络由一个主站设备和若干个从站设备组成。CANopen 网络布线时应当选用带屏蔽的双绞线，以提高总线抗干扰能力。总线的长度与搭建网络时选用的 CAN 波特率有关，两者的关系详见表 17.1。

表 17.1 总线长度与波特率关系

波特率/kbps	最长通信距离/m	波特率/kbps	最长通信距离/m
1 000	40	500	130
250	270	125	530
100	620	50	1 300
20	3 300	10	6 700

1. 基本的 CANopen 网络结构

CANopen 网络的基本结构详见图 17.1。在该网络中有一个 CANopen 主站，它负责管理网络中的所有从站，每个设备都有一个独立的节点地址(Node - ID)。从站与从站之间也能建立实时通信，通常需要事先对各个从站进行配置，使各个从站之间能够建立起独立的 PDO 通信。

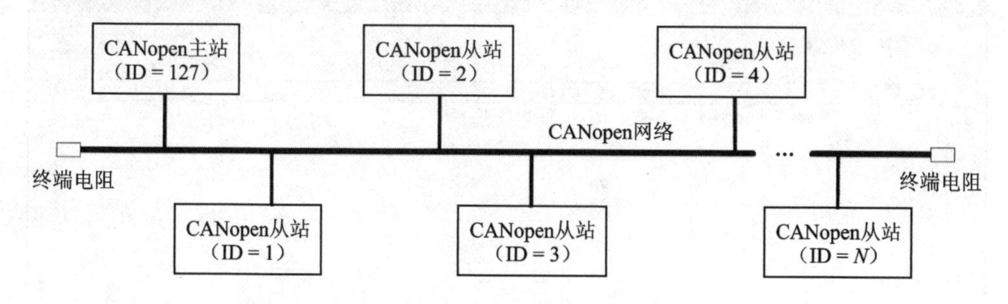

图 17.1　CANopen 基本网络结构

2. 复杂的 CANopen 网络结构

还有一种复杂的 CANopen 网络结构，与基本的 CANopen 网络相比，增加了 CANopen 网关设备，网关设备可以是 CANopen 转 DeviceNet、Profibus、Modbus 或其他的网络设备，详见图 17.2。若 CANopen 网络中的总线长度相当长，则网桥在其中可以起到延长总线距离的作用；另外网桥也可以起到隔离左右两条总线的作用，并且左右两条总线可以根据实际情况而选择不同的通信波特率。

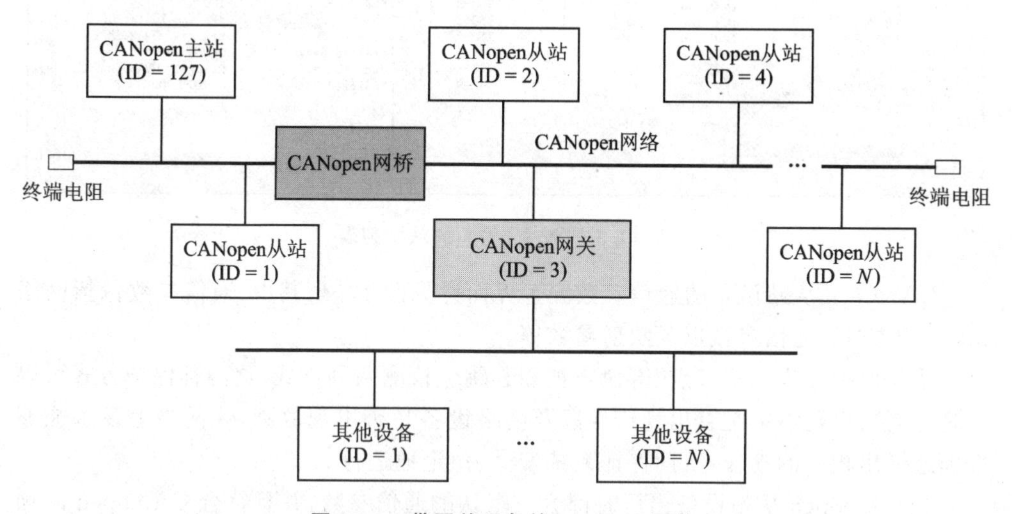

图 17.2　带网关设备的 CANopen 网络

17.2　CANopen 网络配置

配置工具 CANManager for CANopen 的配置界面详见图 17.3，该界面用于编辑从站设备信息以及查看对象字典信息，包括添加、删除从站以及导入、导出相应从站的EDS文件，并可以查看从站设备EDS文件的相关版本信息。

图 17.3 “配置”界面的从站列表

CANopen从站设备的通信参数配置界面详见图17.4，其中，通信参数包括网络错误保护方式、通信参数以及映射参数等。

错误保护方式包括节点/寿命守护和心跳包检测两种方式，这两种保护方式可以及时地判断出网络中是否出现错误以及网络设备是否出现故障，使网络上设备能够准确地做出相应的动作，从而保证系统安全、稳定地运行。

在CANopen从站设备出厂时都会有默认的通信参数，并且符合CANopen的预定义连接集的定义。通常在简单的CANopen网络中不需要对通信参数进行配置就可以通信，但是在一些比较特殊的应用中，可能需要对通信参数进行修改才能正确地建立起通信。图17.4提供了一种更改CANopen从站设备通信参数的方法，包括PDO的禁止和使能、传输类型、事件定时时间以及约束时间等参数，其中包括PDO映射参数的配置，可以在需要的对象字典中添加或删除相应PDO的映射。

图 17.4　CANopen 从站设备的通信参数配置

通信参数修改之后，可以保存在本地计算机，也可以下载到从站设备中。如果从站设备支持参数保存功能，建议将修改后的通信参数保存到从站设备中，重新上电后便不用进行参数配置。

每一个 CANopen 从站设备都有一个与自身设备相对应的对象字典(参数集)，常用电子数据表(EDS)文件来表述。软件导入 EDS 后可以查看和更改从站设备的对象字典信息，详见图 17.5。另外更改对象操作只对支持写操作的对象有效，对不支持写操作的对象操作会出现相应的操作错误。这些操作都是通过 SDO 方式进行的。

目前，在国内外都有相应的厂商可以提供类似的 CANopen 配置工具，方便在 CANopen 系统集成中对从站设备的参数进行配置以及网络的组态等。

图 17.5　CANopen 对象字典查看

17.3　CANopen 应用案例

本节将详细介绍 CANopen 协议在轨道交通上的应用案例。

17.3.1　轨道交通中 CANopen 网络结构

前文介绍 CANopen 系统的网络为总线型结构，使用屏蔽的双绞线作为传输线，所有设备并联在该总线上进行通信，整个系统的结构简单明晰、布线方便、维护成本低。

CANopen 在轨道交通空调系统的应用结构图详见图 17.6，在轨道交通中空调机、车门控制器等通常都使用同一个总线网络进行通信。这里介绍各级车厢中的空调机通过 CANopen 总线网络与 CANopen 主机之间的通信过程。所有的 CANopen 从站与 CANopen 主机之间进行通信，CANopen 主机设备可以控制各级车厢的空调机，包括空调机的工作方式、温度范围、通风方式等。

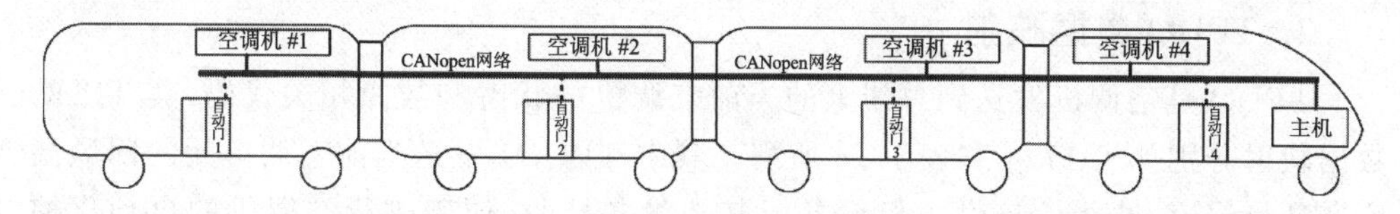

图 17.6 CANopen 网络在轨道交通空调系统中的结构

17.3.2 空调机的 PDO 分配

1. RPDO 数据映射

RPDO 通常是 CANopen 主机对从机设备的控制数据。RPDO1 的数据分配表映射详见表 17.2,前 6 字节为时间标识,最后一字节为列车故障代码,标识列车出现故障的具体时间。

RPDO2 的数据分配详见表 17.3,在 RPDO2 中占用 3 字节接收来自主机的控制字命令及空调机的启动顺序,例如空调机的工作方式等。

RPDO 的 COB－ID 分配可以采用两种方式:一种是采用预定义的方式分配 RPDO 的 COB－ID,这种方式 COB－ID 与设备的 Node－ID 相关;另一种是系统集成商重新对网络中设备的 COB－ID 进行统一分配,这种方式分配的 COB－ID 可能与设备的 Node－ID 无关。

表 17.2 RPDO1 数据分配表

名 称	类 型	bit7	bit6	bit5	bit4	bit3	Bit2	bit1	bit0
Byte #0	UNSIGNED8	年(00～99)							
Byte #1	UNSIGNED8	月(00～12)							
Byte #2	UNSIGNED8	日(00～31)							
Byte #3	UNSIGNED8	时(00～24)							
Byte #4	UNSIGNED8	分(00～59)							
Byte #5	UNSIGNED8	秒(00～59)							
Byte #6	UNSIGNED8	保留							
Byte #7	UNSIGNED8	0	0	0	0	故障 1	故障 2	0	0

表 17.3 RPDO2 数据分配表

名 称	类 型	bit7	bit6	bit5	bit4	bit3	bit2	bit1	bit0
Word #0	UNSIGNED16	保留							
Byte #1	UNSIGNED8	0	剪裁指令	自动	通风机启动	停机			
Byte #2	UNSIGNED8	0	0	0	MVB 网络故障				
Byte #3	UNSIGNED8	0		顺序启动信号	扩张供电信号	车辆号 1～6(1 号～6 号)			

2. TPDO 数据映射

TPDO 是空调机发送到总线上的当前空调机的状态和故障相关代码，其 TPDO 数据映射分别如表 17.4 和表 17.5 所列。其中 TPDO1 发送当前空调单元的回风温度和环境温度，这些信息供主机设备或其他设备接收，便于进行空调机的自动化控制。TPDO2 发送当前空调机的工作状态，方便与主控制器实现空调的闭环控制。

TPDO 的发送 COB－ID 与 RPDO 一样，可采用预定义方式分配，也可以是系统集成商重新为每个设备分配的 COB－ID。

表 17.4　TPDO1 数据分配表

名　称	类　型	bit7	bit6	bit5	bit4	bit3	bit2	bit1	bit0
Word ＃1	INTEGER16	空调单元 1 回风温度 －32 768～32 767（－3 276.8～3 276.7 ℃ 1 位：0.1 ℃）							
		空调单元 2 回风温度 －32 768～32 767（－3 276.8～3 276.7 ℃ 1 位：0.1 ℃）							
Word ＃2	INTEGER16	空调单元 1 环境温度 －32 768～32 767（－3 276.8～3 276.7 ℃ 1 位：0.1 ℃）							
		空调单元 2 环境温度 －32 768～32 767（－3 276.8～3 276.7℃ 1 位：0.1 ℃）							

表 17.5　TPDO2 数据分配表

名　称	类　型	bit7	bit6	bit5	bit4	bit3	bit2	bit1	bit0
Byte ＃1	UNSIGNED8	空调单元 1 状态信息							
						工作状态 0：通风，1：半冷，2：全冷，3：半暖， 4：全暖，5：网络控制，6：预备冷却， 7：预备加热，8：紧急通风， 9：扩展供电，10：停机			
Byte ＃2	UNSIGNED8	空调单元 1 其他状态信息							
		压缩机 2	压缩机 1	通风机 2	通风机 1	冷凝风机 2	冷凝风机 1		

17.4　CANopen 网络的优势

对于使用 CANopen 工作的网络系统，至少存在 3 种工作模式，即主-从、客户端-服务器以及生产者-消费者模式。每种工作模式都有各自的优缺点，在 CANopen

网络中利用各种传输模式的优点进行数据通信，从而实现网络系统的最优通信。

在 CANopen 网络中主-从通信模式适用于网络管理（NMT），主机对从机设备进行管理。在同一个网络中只能有一个有效工作的 CANopen 主机，该主机拥有对所有从机的控制权。客户端-服务器模式是一种可靠的数据通信模式，在传输数据时需要建立起连接并对数据传输确认应答，这种模式主要用于 CANopen 网络中设备的参数配置，缺点是传输效率比较低。生产者-消费者模式主要针对的是实时数据的传输，在 CANopen 网络中 PDO 数据和紧急报文的传输采用这种方式，传输的数据不需要接收方确认，这样可以保证数据实时高效传输，并且对 PDO 感兴趣的设备都可以接收数据，从而提高数据传输效率。

CANopen 协议在工业现场总线中的优势逐渐在实际应用中体现出来，并且正在扩展到其他工业领域。例如在控制网络系统中，越来越多的系统采用了 CANopen 系统，例如风力发电系统、地铁列车空调各门禁控制系统、医疗设备系统、电机驱动系统等。随着工业自动化的发展，会有越来越多系统采用 CANopen 协议与各种设备进行通信。

第18章

CANopen AWorks 编程

本章导读

通过前文介绍，用户对 CANopen 协议有了一定认识，但如果从零开始实现 CANopen 协议代码化，不但工作量大，而且存在代码实现周期长、协议栈不符合规范、运行不稳定等许多不确定的因素。基于此，AWorks 集成了 CANopen 主从站协议栈，且协议栈通过一致性测试。用户无需耗费大量的精力来关注 CANopen 协议的实现，转而更加关注产品的实际功能需求，使用简单易用的编程接口快速设计 CANopen 设备。

在 CANopen 网络中，设备分为主站和从站两种角色，这两种角色的编程思路和实现功能不尽相同，但都尽量采用简单化、统一化的 Aworks 编程接口，用户只需要调用几个简单的接口即可实现 CANopen 通信。

18.1 CANopen 主站编程

CANopen 主站在网络中通常扮演网络管理者的角色，负责管理整个网络中的从站，完成控制从站、配置从站、检查从站状态、与从站进行数据收发等功能。

本节将详细介绍这些功能的接口函数，为便于描述，将函数接口分为两类：主站控制接口和数据传输接口。

18.1.1 主站控制接口

CANopen 主站控制接口如表 18.1 所列。

表 18.1 CANopen 主站控制接口

函数原型	功能简介

aw_cop_err_t aw_cop_mst_init (
    uint8_t   inst,
    aw_cop_mst_info_t   * p_info);
	CANopen 主站接口初始化

aw_cop_err_t aw_cop_mst_deinit (uint8_t inst);	CANopen 主站接口反初始化

续表 18.1

函数原型	功能简介
aw_cop_err_t aw_cop_mst_start (uint8_t inst);	启动 CANopen 主站
aw_cop_err_t aw_cop_mst_stop (uint8_t inst);	停止 CANopen 主站
aw_cop_err_t aw_cop_mst_add_node (uint8_t inst, aw_cop_mst_node_info_t * p_info);	将从站节点添加到管理列表中
aw_cop_err_t aw_cop_mst_remove_node (uint8_t inst, uint8_t node_id);	删除主站中已经存在的从站节点
aw_cop_err_t aw_cop_mst_input_pdo_install (uint8_t inst, uint8_t node_id, uint32_t pdo_id);	将指定从站的 PDO 添加到主站,使主站可以接收从站发出来的数据
aw_cop_err_t aw_cop_mst_node_status_set (uint8_t inst, uint8_t node_id, aw_cop_mst_node_status_cmd_t status);	设置从站工作状态
aw_cop_err_t aw_cop_mst_node_status_get (uint8_t inst, uint8_t node_id, aw_cop_mst_node_status_t * p_status);	获取从站的工作状态
void aw_cop_mst_process (uint8_t inst);	周期性调用并运行 CANopen 所有处理函数

1. 初始化 CANopen 主站

CANopen 主站初始化函数用于完成主站节点地址、波特率的设定和注册相关事件的回调函数,其函数原型为:

```
aw_cop_err_t aw_cop_mst_init (uint8_t  inst, aw_cop_mst_info_t  * p_info);
```

其中,inst 为 CANopen 的实例号,用于指定本次要初始化的 CANopen 实例。在一个 MCU 中 AWorks 可以最多同时支持 2 个 CANopen 主站功能,为了便于区分,给每个主站分配唯一的实例号。inst 的取值范围为 0~1。

p_info 为主站的初始化参数指针,AWorks 定义了相应的结构体类型 aw_cop_mst_info_t 来表示这些配置参数,其定义详见程序清单 18.1。

程序清单 18.1　CANopen 主站配置参数结构体类型定义

```
1    typedef struct aw_cop_mst_info {
2        uint32_t  node_id;                                    /* 节点 ID */
3        uint32_t  baudrate;                                   /* CAN 波特率 */
4        aw_cop_mst_pfn_pdo_recv_t  pfn_pdo_recv_callback;       /* PDO 报文接收回调函数 */
5        aw_cop_mst_pfn_emcc_event_t  pfn_emcc_event_callback; /* 紧急事件回调函数 */
6    } aw_cop_mst_info_t;
```

结构体中包含 4 个参数，分别是 node_id（节点 ID）、baudrate（波特率）、pfn_pdo_recv_callback（PDO 报文接收回调函数）、pfn_emcc_event_callback（紧急事件回调函数）。下面分别对各参数做详细介绍。

（1）节点 ID

node_id 表示节点地址。CANopen 规定在同一个网络中不允许有相同节点 ID 的设备，节点 ID 必须是唯一的，它的范围为 1～127，0 为无效值。

（2）波特率

baudrate 用于设置 CAN 总线波特率。在介绍 CAN－bus 物理层时，详细介绍了 CAN 位时间，为了简化用户设定，此处不需要设置 CAN 波特率的 5 个详细参数，直接填写波特率大小对应的值即可，但必须是 CiA 推荐的标准波特率。baudrate 输入值和 CiA 标准波特率对应关系详见表 18.2。

表 18.2　baudrate 输入值与 CiA 标准波特率对照表

CiA 标准波特率	baudrate 输入值	宏定义
1 Mbps	1 000	AW_COP_BAUD_1M
800 kbps	800	AW_COP_BAUD_800K
500 kbps	500	AW_COP_BAUD_500K
250 kbps	250	AW_COP_BAUD_250K
125 kbps	125	AW_COP_BAUD_125K
100 kbps	100	AW_COP_BAUD_100K
50 kbps	50	AW_COP_BAUD_50K
20 kbps	20	AW_COP_BAUD_20K
10 kbps	10	AW_COP_BAUD_10K

（3）PDO 报文接收回调函数

当 CANopen 协议栈接收到一帧 PDO 报文时，会通过该回调函数将报文传递给用户。pfn_pdo_recv_callback 的类型为 aw_cop_mst_pfn_pdo_recv_t，其定义如下：

```
typedefaw_bool_t (*aw_cop_mst_pfn_pdo_recv_t) (aw_cop_pdo_msg_t   *p_msg);
```

由此可见，pfn_pdo_recv_callback 指向的函数只有一个参数 p_msg，表示接收到的 PDO 报文。报文的类型为 aw_cop_pdo_msg_t,其定义详见程序清单 18.2。

程序清单 18.2 PDO 报文类型定义

```
1    typedef struct aw_cop_pdo_msg {
2        uint8_t      node_id;                     /* 从站地址 */
3        uint32_t     pdo_id;                      /* PDO ID */
4        uint8_t      pdo_len;                     /* PDO 数据长度 */
5        uint8_t      pdo_data[8];                 /* PDO 数据 */
6    } aw_cop_pdo_msg_t;
```

其中,node_id 为 PDO 发送方的地址(从站地址)。pdo_id 表示 PDO 报文的 CAN-ID,CANopen 只用标准帧(11 位 ID)。pdo_len 表示数据长度,对应 PDO 报文中数据的实际字节数。pdo_data[8]为 PDO 数据缓冲区,用于存放其 PDO 数据。接收 PDO 处理范例程序见程序清单 18.3。

程序清单 18.3 接收 PDO 处理范例程序

```
1    static aw_bool_t __cop_mst_pdo_recv_callback (aw_cop_pdo_msg_t   *p_msg)
2    {
3        AW_INFOF(("recv pdo callback\n"));
4        return AW_TRUE;
5    }
```

接收报文回调函数的返回值为布尔类型,表示在用户定义的回调函数中是否对该报文进行了处理,以便系统决定是否将该报文存储到内部缓存中。若返回值为 TRUE,则表明未对报文进行处理,此时,系统内部会将该报文存储到一个环形缓冲区,用户可以在后续空闲时通过 aw_cop_mst_input_pdo_get()重新获取该报文并处理;若返回值为 FALSE,则表明已对报文进行处理,不会再将该报文存入缓冲区,后续报文将无法读取。

该回调函数在报文接收中断服务中被调用,由于在中断环境中,不建议回调函数运行时间过长,以避免影响系统实时性。因此,除非是十分紧急的报文,一般都不会在该回调函数中立即处理报文。

例如,在回调函数中,可以对 PDO ID 进行简单的判断,以便只留下需要使用的帧进行处理。若 PDO ID 为使用的帧,则返回 TRUE,系统将其存储到缓存中;若为其他帧,则返回 FALSE,丢弃该报文。一个简单的实现范例详见程序清单 18.4。

程序清单 18.4 接收 PDO ID 为 0x181 报文回调函数范例程序

```
1    static aw_bool_t __cop_mst_pdo_recv_callback (aw_cop_pdo_msg_t   *p_msg)
2    {
3        /* 存储 PDO ID 为 0x181 的报文 */
4        if (p_msg->pdo_id == 0x181) {
5            return AW_TRUE;
6        }
```

```
7           /* 其他报文不存储 */
8           return AW_FALSE;
9       }
```

当回调函数返回 TRUE 时，该报文将被存放到一个缓存中，后文将介绍如何从缓存中取出报文继续处理。特别地，若用户在回调函数中对各个报文没有任何特殊的处理，都是统一返回 TRUE，则可以简单地将 proto_rx_cb 设置为 NULL。

(4) 紧急事件回调函数

当总线上出现紧急报文时，系统将调用该回调函数，以便将错误通知到用户。pfn_emcc_event_callback 的类型为 aw_cop_mst_pfn_emcc_event_t，其定义如下：

```
typedef void (*aw_cop_mst_pfn_emcc_event_t) (aw_cop_emcy_msg_t  *p_emcy_msg);
```

bus_err_sta_cb 指向的函数有一个参数 p_emcy_msg，表示接收到的为紧急报文。紧急报文的类型为 aw_cop_emcy_msg_t，其定义详见程序清单 18.5。

程序清单 18.5　紧急报文类型定义

```
1    typedef struct aw_cop_emcy_msg {
2        uint8_t       node_id;                    /* 从站地址 */
3        uint16_t      err_code;                   /* 紧急错误代码 */
4        uint8_t       err_reg_code;               /* 当前错误寄存器值 */
5        uint8_t       err_specific[5];            /* 自定义错误代码 */
6    } aw_cop_emcy_msg_t;
```

其中，node_id 为紧急报文发送方的地址(从站地址)。err_code 表示紧急错误代码，CANopen 的紧急错误代码详见表 15.30。err_reg_code 表示当前错误寄存器值。err_specific[5]表示从站自定义的错误代码，5 字节缓冲区，自定义错误代码需要查找从站手册才能知道其含义。用户可以通过此回调函数获取网络中子节点发生的错误信息，从而进行必要的处理。初始化 CANopen 主站的范例程序详见程序清单 18.6。

程序清单 18.6　初始化 CANopen 主站的范例程序

```
1    int aw_main()
2    {
3        aw_cop_err_t  ret;
4        aw_cop_mst_info_t  mst_info;
5        //初始化主站
6        mst_info.baudrate = AW_COP_BAUD_500K;          /* 主站波特率:500 kbps */
7        mst_info.node_id = 127;                        /* 主站地址:127 */
8        mst_info.pfn_pdo_recv_callback = __cop_mst_pdo_recv_callback;
9        mst_info.pfn_emcc_event_callback = __cop_mst_emcc_event_callback;
10        ret = aw_cop_mst_init(0x00, &mst_info);       /* 初始化主站 */
11        if (ret != AW_COP_ERR_NO_ERROR) {
```

```
12            AW_INFOF(("aw_cop_mst_init() ret: %d\n", ret));
13            aw_cop_mst_deinit(0x00);
14        }
15        ......
16    }
```

aw_cop_mst_init()函数的返回值为 aw_cop_err_t 类型，其类型定义如下：

```
typedef  int  aw_cop_err_t;
```

aw_cop_err_t 本质上是一个整数。一般来说，其返回值为 0 时，表明无任何错误发生，操作成功完成。其返回值为负值时，表明出现某种错误。常见错误已经使用宏的形式进行了定义，宏名及其对应错误原因详见表 18.3。

表 18.3　常见宏名及其对应错误原因

宏　名	错误原因
AW_COP_ERR_NO_ERROR	无错误
AW_COP_ERR_LOADLIB	装载失败
AW_COP_ERR_GETPROC	获取函数地址失败
AW_COP_ERR_OPENED	设备已经被打开
AW_COP_ERR_NOTEXIST	设备不存在
AW_COP_ERR_INITFAIL	初始化设备失败
AW_COP_ERR_STARTDEV	启动 CANopen 设备失败
AW_CAN_ERR_ILLEGAL_DATA_LENGTH	非法数据长度
AW_CAN_ERR_INVALID_PARAMETER	无效参数
AW_CAN_ERR_BAUDRATE_ERROR	波特率错误
AW_COP_ERR_NOTOPEN	设备没有打开
AW_COP_ERR_INVALIDPARAM	无效参数
AW_COP_ERR_INVALIDHANDLE	无效的设备句柄
AW_COP_ERR_CLOSEDEV	无法关闭设备
AW_COP_ERR_INSTALLDRIVER	驱动安装不正确
AW_COP_ERR_BUFFERTOOSMALL	存储空间太小
AW_COP_ERR_INTERNAL	未知内部错误
AW_COP_ERR_TIMEOUT	等待超时
AW_COP_ERR_SLAVEEXIST	从站已存在
AW_COP_ERR_SLAVENOTEXIST	从站不存在
AW_COP_ERR_SLAVETABFUL	从站注册已满

续表 18.3

宏　名	错误原因
AW_COP_ERR_SENDFAILED	发送数据失败
AW_COP_ERR_NODATA	没有数据
AW_COP_ERR_GETSTATUS	获取从站状态失败
AW_COP_ERR_NOTIMPLEMENT	函数没有实现
AW_COP_ERR_NOTSTARTED	未启动 CANopen
AW_COP_ERR_SDOABORT	SDO 传输中止
AW_COP_ERR_PDOTABFULL	注册已满
AW_COP_ERR_PDONOTREGISTER	PDO 未注册
AW_COP_ERR_CHNLNOTINIT	未初始化通道参数
AW_COP_ERR_QUEUECREATE	创建队列失败

2. 主站反初始化

与初始化操作对应，主站反初始化接口用于注销主站初始化，使其参数恢复为未初始化状态。其函数原型为：

```
aw_cop_err_t aw_cop_mst_deinit (uint8_t inst);
```

其中，inst 为要反初始化的 CANopen 实例号，返回值为 aw_cop_err_t 类型的 CANopen 错误码。

3. 添加从站节点

主站初始化完成后，并未开始工作，还需要将网络中的从站设备添加到主站的管理列表中，主站将对列表中的从站进行管理。添加从站函数原型为：

```
aw_cop_err_taw_cop_mst_add_node (uint8_t inst, aw_cop_mst_node_info_t   * p_info);
```

其中，inst 为 CANopen 实例号。p_info 为从站节点信息指针，其类型 aw_cop_mst_node_info_t 定义详见程序清单 18.7。

程序清单 18.7　从站节点信息结构体

```
1    typedef struct aw_cop_mst_node_info {
2        uint8_t                     node_id;          /* 从站节点 ID */
3        aw_cop_mst_node_check_way_t check_mode;       /* 从站在线检查方式 */
4        uint16_t                    check_period;     /* 从站在线检查周期 */
5        uint16_t                    retry_factor;     /* 重试检查从站次数 */
6    } aw_cop_mst_node_info_t;
```

结构体中包含 4 个参数，分别是 node_id(节点 ID)、check_mode(从站在线检查方式)、check_period(从站检查周期)、retry_factor(重试检查次数)。下面分别对各个参数做详细介绍。

(1) node_id

node_id 表示从站节点 ID。CANopen 规定网络上不允许有相同的节点 ID,节点 ID 必须是唯一值,它的范围为 1～127,不能设置为 0。

(2) check_mode

check_mode 为从站在线检查方式,即主站采用何种方式检查从站是否在线。其类型 aw_cop_mst_node_check_way_t 定义如下:

```
typedef uint8_t aw_cop_mst_node_check_way_t;
```

check_mode 实质上是一个无符号字符,从站在线检查方式的可用取值已经使用宏的形式进行了定义。宏名及其含义详见表 18.4。

表 18.4 从站在线检查方式

在线检查方式可用取值宏	简　介
AW_COP_MST_NODE_CHECK_WAY_GUARDING	节点保护
AW_COP_MST_NODE_CHECK_WAY_HEARTBEAT	心跳报文
AW_COP_MST_NODE_CHECK_WAY_DISABLE	不检查

推荐使用心跳报文方式检查从站是否在线,不推荐节点保护或不检查从站在线这两种方式。

(3) check_period

check_period 为检查周期,单位为 ms。当检查方式为节点保护时,该参数表示主站周期性地发送节点保护报文查询目标从站。当检查方式为心跳报文时,主站会在这个检查周期内查询从站是否发送心跳报文。

(4) retry_factor

retry_factor 为检查重试次数,表示当检查到从站掉线时重复检查的次数,用来确认是否真的掉线。如果检查从站掉线的次数超过该值,表明确认从站已经掉线。添加从站的示例函数详见程序清单 18.8。

程序清单 18.8 添加从站信息

```
1    int aw_main()
2    {
3        aw_cop_err_t  ret;
4        aw_cop_mst_node_info_t   node_info;
5        /* 心跳报文检测 */
6        node_info.check_mode = AW_COP_MST_NODE_CHECK_WAY_HEARTBEAT;
7        node_info.check_period = 3000;                /* 检查周期 3 000 ms */
8        node_info.retry_factor = 3;                   /* 重试次数:3 */
```

```
9          // ......初始化 CANopen 主站
10          ret = aw_cop_mst_add_node(0x00, &node_info);
11          if(ret != AW_COP_ERR_NO_ERROR) {
12              __g_cop_mst_slave_id_tab[i] = AW_COP_NODE_ID_INVAILD;
13          }
14          // ......
15      }
```

4. 删除从站

与添加从站信息相对应,使用该接口可以删除已添加的从站,将其从主站的扫描列表中删除。其函数原型为:

```
aw_cop_err_t aw_cop_mst_remove_node (uint8_t inst, uint8_t node_id);
```

其中,inst 为 CANopen 实例号;node_id 为要删除的从站节点地址。

5. 设置从站状态

该接口用于设定网络中从站的工作状态,例如启动、停止、进入预操作、复位、复位连接等。其函数原型为:

```
aw_cop_err_t aw_cop_mst_node_status_set (uint8_t   inst,
                                         uint8_t   node_id,
                                         aw_cop_mst_node_status_cmd_t   status);
```

其中,inst 为实例号;node_id 为目标从站地址;staus 指定目标控制命令,其类型 aw_cop_mst_node_status_cmd_t 定义如下:

```
typedef uint32_t aw_cop_mst_node_status_cmd_t;
```

控制命令是一个无符号的 32 位整数,可用取值已经用宏的形式进行了定义。宏名称及其含义见表 18.5。

表 18.5 控制命令字宏定义

在线检查方式可用取值宏	命令描述	值
AW_COP_MST_NODE_STATUS_CMD_START	启动节点	1
AW_COP_MST_NODE_STATUS_CMD_STOP	停止节点	2
AW_COP_MST_NODE_STATUS_CMD_PRE_OPERATIONA	进入预操作	128
AW_COP_MST_NODE_STATUS_CMD_RESET	复位	129
AW_COP_MST_NODE_STATUS_CMD_RESET_CONNECTION	复位通信	130

6. 获取从站状态

该接口用于获取网络上从站的工作状态。其函数原型为:

```
aw_cop_err_t aw_cop_mst_node_status_get(uint8_t inst,
                                        uint8_t node_id,
                                        aw_cop_mst_node_status_t * p_status);
```

其中,inst 为实例号;node_id 为目标从站地址;p_status 指定从站状态指针,其类型 aw_cop_mst_node_status_t 定义如下:

```
typedef uint32_t aw_cop_mst_node_status_t;
```

与从站控制命令类似,aw_cop_mst_node_status_t 实际上也是一个无符号的 32 位整数,状态值可用取值已经进行了宏定义,其含义见表 18.6。

表 18.6　从站状态宏定义

从站状态取值宏	状　态	值
AW_COP_MST_NODE_STATUS_INIT	从站初始化状态	0
AW_COP_MST_NODE_STATUS_DISCONNECT	掉线	1
AW_COP_MST_NODE_STATUS_CONNECTING	正在连接	2
AW_COP_MST_NODE_STATUS_PREPARING	从站准备通信中	3
AW_COP_MST_NODE_STATUS_STOP	停止中	4
AW_COP_MST_NODE_STATUS_WORK	工作状态	5
AW_COP_MST_NODE_STATUS_PREWORK	预操作	127

7. 启动主站

添加从站设备后,启动 CANopen 主站,设备就可以进行正常通信(发送或接收)。启动主站的函数原型为:

```
aw_cop_err_t aw_cop_mst_start (uint8_t inst);
```

其中,inst 为主站的实例号,返回值为 aw_cop_err_t 类型的 CANopen 错误代码。启动 CANopen 主站的范例程序详见程序清单 18.9。

程序清单 18.9　启动 CANopen 主站的范例程序

```
1    int aw_main()
2    {
3        aw_cop_err_t  ret;
4        // ......                              //初始化 CANopen 主站,添加从站信息
5        ret = aw_cop_mst_start(0x00);         //启动 CANopen 主站
6        if (ret != AW_COP_ERR_NO_ERROR) {
7            // ...... 启动失败
8        }
9        // ......
10   }
```

8. 停止主站

与启动主站相对应，使用该接口可以停止 CANopen 主站运行。其函数原型为：

```
aw_cop_err_t aw_cop_mst_stop (uint8_t inst);
```

其中，inst 为主站的实例号。返回值为 aw_cop_err_t 类型的 CANopen 错误代码。停止 CANopen 主站的范例程序详见程序清单 18.10。

程序清单 18.10　停止 CAN 通道的范例程序

```
1    int aw_main()
2    {
3        aw_cop_err_t  ret;
4        //......初始化 CANopen 主站，添加从站信息，启动主站
5        ret = aw_cop_mst_stop (0x00);          //停止主站
6        if (ret != AW_COP_ERR_NO_ERROR) {
7            // ...... 停止失败
8        }
9        // ......
10   }
```

18.1.2　主站数据传输接口

CANopen 主站数据传输接口如表 18.7 所列。

表 18.7　CANopen 主站数据传输接口

函数原型	功能简介
aw_cop_err_t aw_cop_mst_sdo_upload (uint8_t inst, uint8_t node_id, uint16_t index, uint16_t subindex, uint8_t * p_data, uint32_t * p_length, uint32_t wait_time);	调用此函数发送 SDO 上传报文，获取从站对象字典信息
aw_cop_err_t aw_cop_mst_sdo_dwonload (uint8_t inst, uint8_t node_id, uint16_t index, uint16_t subindex, uint8_t * p_data, uint32_t length, uint32_t wait_time);	调用此函数发送 SDO 下载报文，设置从站对象字典

续表 18.7

函数原型	功能简介

aw_cop_err_t aw_cop_mst_input_pdo_install (
    uint8_t   inst,
    uint8_t   node_id,
    uint32_t   pdo_id);
	将从站的 PDO 添加到主站，接收从站发出来的数据

aw_cop_err_t aw_cop_mst_input_pdo_remove (
    uint8_t   inst,
    uint8_t   node_id,
    uint32_t pdo_id);
	删除注册在主站中的从站 PDO

aw_cop_err_t aw_cop_mst_input_pdo_get (
    uint8_t   inst,
    uint8_t   node_id,
    uint32_t   pdo_id,
    uint8_t   * p_data,
    uint32_t * p_length,
    uint32_t   wait_time);
	获取已经注册的从站 PDO 报文

aw_cop_err_t aw_cop_mst_output_pdo_set (
    uint8_t   inst,
    uint8_t   node_id,
    uint32_t   pdo_id,
    uint8_t   * p_data,
    uint8_t   length);
	向指定从站发送 PDO 数据

aw_cop_err_t aw_cop_mst_sync_prodcer_cfg (
    uint8_t   inst,
    uint32_t   sync_id,
    uint16_t   cyc_time);
	配置主站同步报文 ID 和循环发送时间

aw_cop_err_t aw_cop_mst_timestamp_send (
    uint8_t inst,
    aw_cop_time_t * p_time);
	发送时间标识到网络

1. SDO 上传

添加从站设备并启动 CANopen 主站后，使用该接口可以读取从站设备的某个索引的子索引数据。其函数原型为：

```
aw_cop_err_t aw_cop_mst_sdo_upload (uint8_t  inst,
                                     uint8_t  node_id,
                                     uint16_t  index,
                                     uint16_t  subindex,
                                     uint8_t  *p_data,
                                     uint32_t  *p_length,
                                     uint32_t  wait_time);
```

其中,inst 为实例号;node_id 为从站地址,表示要读取的从站地址;index 为服务数据索引号,表示要进行读取的索引;subindex 为服务数据子索引号,表示要进行读取的子索引;p_data 为接收数据缓冲区指针;p_length 为接收数据长度指针,存放实际接收的数据长度;wait_time 为等待超时时间,表示调用该接口的最长等待时间,单位为 ms。返回值为 aw_cop_err_t 类型的 CANopen 错误代码。SDO 上传的 CANopen 主站的范例程序详见程序清单 18.11。

程序清单 18.11　SDO 上传的范例程序

```
1    int aw_main()
2    {
3        aw_cop_err_t ret;
4        uint32_t sdo_len;
5        //SDO 读取从节点地址 1、索引 0x1008、子索引 0x00 的值
6        memset(slave_name, 0x00, sizeof(slave_name));
7        ret = aw_cop_mst_sdo_upload( 0x00,
8                                     __COP_MST_SLV_NODE_ID,
9                                     0x1008,
10                                    0x00,
11                                    slave_name,
12                                    &sdo_len,
13                                    1000);
14       if (ret != AW_COP_ERR_NO_ERROR) {
15           AW_INFOF(("aw_cop_mst_sdo_upload() ret: %d\n", ret));
16       } else {
17           AW_INFOF(("read slave name: %s\n", slave_name));
18       }
19   }
```

2. SDO 下载

添加从站设备并启动 CANopen 主站后,使用该接口可以写入从站设备的某个索引的子索引数据。其函数原型为:

```
aw_cop_err_t aw_cop_mst_sdo_dwonload (uint8_t    inst,
                                      uint8_t    node_id,
                                      uint16_t   index,
                                      uint16_t   subindex,
                                      uint8_t    *p_data,
                                      uint32_t   length,
                                      uint32_t   wait_time);
```

其中,inst 为实例号;node_id 为从站地址,表示发送 SDO 命令的目标从站地址;index 为服务数据索引号,表示要写入的索引;subindex 为服务数据子索引号;p_data 为发送数据的缓冲区指针,存放 SDO 实际数据;length 为发送数据大小;wait_time 为等待超时时间,表示调用该接口的最长等待时间,单位为 ms。返回值为 aw_cop_err_t 类型的 CANopen 错误代码。SDO 下载的 CANopen 主站的范例程序详见程序清单 18.12。

程序清单 18.12　SDO 下载的范例程序

```
1   #define __COP_MST_SLV_NODE_ID    1
2   int aw_main()
3   {
4       aw_cop_err_t ret;
5       uint8_t   sdo_tempdata[4] = {1, 2, 3, 4};
6       //SDO 下载,向从地址 1、索引 0x2000、子索引 0x03 写入数据 1,2,3,4
7       ret = aw_cop_mst_sdo_dwonload(0x00,
8                                     __COP_MST_SLV_NODE_ID,
9                                     0x2000,
10                                    0x03,
11                                    sdo_tempdata,
12                                    1,
13                                    1000);
14      if (ret != AW_COP_ERR_NO_ERROR) {
15          AW_INFOF(("aw_cop_mst_sdo_dwonload() ret: %d\n", ret));
16      }
17  }
```

3. 输出 PDO 设置

添加从站设备并启动 CANopen 主站后,使用该接口可以设置输出 PDO 的数据,可以将数据发送到对应从站的 PDO。其函数原型为:

```
aw_cop_err_t aw_cop_mst_output_pdo_set (uint8_t    inst,
                                        uint8_t    node_id,
                                        uint32_t   pdo_id,
                                        uint8_t    *p_data,
                                        uint8_t    length);
```

其中,inst 为实例号;node_id 为从站地址,表示要发送的目标从站地址;pdo_id 为 PDO 标识符;p_data 为发送数据的缓冲区指针;length 为发送的数据大小。返回值为 aw_cop_err_t 类型的 CANopen 错误代码。输出 PDO 设置的 CANopen 主站的范例程序详见程序清单 18.13。

程序清单 18.13 输出 PDO 设置的范例程序

```
1    #define __COP_MST_SLV_NODE_ID    1
2    int aw_main()
3    {
4        uint8_t send_data[8];
5        uint32_t i= 0;
6        aw_cop_err_t ret;
7        memset(send_data, 0, sizeof(send_data));
8        while (1) {
9            //设置输出的 PDO 报文
10           ret = aw_cop_mst_output_pdo_set(0, __COP_MST_SLV_NODE_ID, 0x217, send_data, 8);
11           if (ret != AW_COP_ERR_NO_ERROR) {
12               AW_INFOF(("aw_cop_mst_output_pdo_set() ret: %d\n", ret));
13           }
14           for (i = 0; i<sizeof(send_data); i++ ) {
15               send_data[i] ++ ;
16           }
17           aw_mdelay(1000);
18       }
19   }
```

4. 输入 PDO 获取

添加从站设备并启动 CANopen 主站后,使用该接口可以读取输入 PDO 的数据,可以读取对应从站 PDO 发送的数据。其函数原型为:

```
aw_cop_err_t aw_cop_mst_input_pdo_get (uint8_t     inst,
                                       uint8_t     node_id,
                                       uint32_t    pdo_id,
                                       uint8_t     *p_data,
                                       uint32_t    *p_length,
                                       uint32_t    wait_time);
```

其中,inst 为实例号;node_id 为从站地址,表示要读取的目标从站地址;pdo_id 为 PDO 标识符,表示要读取的 PDO;p_data 为读取数据的缓冲区指针;p_length 为读取数据的大小;wait_time 为等待超时时间,表示调用该接口的最长等待时间,单位为 ms。返回值为 aw_cop_err_t 类型的 CANopen 错误代码。CANopen 主站读取输入 PDO 的范例程序详见程序清单 18.14。

程序清单 18.14　输入 PDO 读取的范例程序

```
1   #define __COP_MST_SLV_NODE_ID    1
2   int aw_main()
3   {
4       uint8_t   recv_data[8];
5       uint32_t  recv_len = 0;
6       uint32_t  k;
7       aw_cop_err_t ret;
8       while (1) {
9          recv_len = sizeof(recv_data);
10          memset(recv_data, 0x00, recv_len);
11          //获取输入的 PDO 报文,报文 ID 为 0x181
12          ret = aw_cop_mst_input_pdo_get(0x00,
13                                         __COP_MST_SLV_NODE_ID,
14                                         0x181,
15                                         recv_data,
16                                         &recv_len,
17                                         1);
18           if (ret == AW_COP_ERR_NO_ERROR) {
19               AW_INFOF(("receive pdo: node_id: 0x01 pdo id:0x181 data:"));
20               for (k = 0; k < recv_len; k++) {
21                   AW_INFOF(("0x%x ", recv_data[k]));
22               }
23               AW_INFOF(("\n"));
24           }
25           aw_mdelay(10);
26      }
27  }
```

5. 同步报文设定

同步报文主要实现整个网络的同步传输,调用同步报文设定函数实现主站周期性地发送同步报文。其函数原型为:

```
aw_cop_err_t aw_cop_mst_sync_prodcer_cfg (uint8_t inst, uint32_t sync_id, uint16_t cyc_time);
```

其中,inst 为主站实例号;sync_id 为同步报文的 CAN－ID,一般选用 0x80 作为同步报文的 CAN－ID;cyc_time 为同步报发送循环时间。

6. 时间戳报文

时间戳报文用于网络校时,调用此接口发送自身的时钟,为 CANopen 网络各个节点提供公共的时间参考。其函数原型为:

```
aw_cop_err_t aw_cop_mst_timestamp_send (uint8_t inst, aw_cop_time_t * p_time);
```

其中,inst 为主站实例号;p_time 为主站时间结构体指针。时间结构体的类型为 aw_cop_time_t,其定义详见程序清单 18.15。

程序清单 18.15 时间类型定义

```
1    typedef struct aw_cop_time {
2        uint16_t year;                  /* 年 */
3        uint8_t  month;                 /* 月 */
4        uint8_t  day;                   /* 日 */
5        uint8_t  hour;                  /* 时 */
6        uint8_t  minute;                /* 分 */
7        uint8_t  second;                /* 秒 */
8        uint16_t millisecond;           /* 毫秒 */
9    } aw_cop_time_t;
```

其中,year 为年,month 为月,day 为日,hour 为小时,minute 为分钟,second 为秒,millisecond 为毫秒。

18.1.3 综合应用范例

基于以上各个接口函数,只需要 5 个步骤就可以快速实现基于 CANopen 主站的通信功能。这 5 个步骤如下:初始化协议栈、注册从站节点、创建协议栈主处理任务、启动主站、PDO 注册。下面举例介绍如何使用这些接口函数实现主站最基本的应用。范例详见程序清单 18.16,实现功能如下:

- 利用 SDO 读取从站设备名称,SDO 下载数据到从站设备;
- 发送同步报文及时间戳报文;
- 周期性发送输出 PDO 以及读取输入 PDO,并打印出对应 PDO 的数据;
- 接收到紧急报文回调打印输出信息;
- 接收到 PDO 数据回调打印输出信息。

程序清单 18.16 CANopen 主站应用示例程序

```
1     #include "aworks.h"
2     #include "aw_cop_mst.h"
3     #include "aw_delay.h"
4     #include "aw_vdebug.h"
5     #include "string.h"
6     #define __COP_MST_SLV_NODE_ID     1
7     static uint8_t     __g_cop_mst_slave_id_tab[] = {0x01, 0x02, 0x03};
8     static uint32_t __g_cop_mst_pdo_id_tab[sizeof(__g_cop_mst_slave_id_tab)][4];
9     static aw_bool_t __cop_mst_pdo_recv_callback (aw_cop_pdo_msg_t * p_msg);
```

```
10    static void __cop_mst_emcc_event_callback (aw_cop_emcy_msg_t * p_emcy_msg);
11    /* 主站主处理任务相关参数 */
12    #define __COP_MST_PROCESS_TASK_PRIO                3
13    #define __COP_MST_PROCESS_TASK_STACK_SIZE          4096
14    AW_TASK_DECL_STATIC(__cop_mst_process_task, __COP_MST_PROCESS_TASK_STACK_SIZE);
15    static void __cop_mst_process_task_entry (void * p_arg);
16
17    /* PDO 发送任务相关参数 */
18    #define __COP_MST_PDO_TX_TASK_PRIO                 4
19    #define __COP_MST_PDO_TX_TASK_STACK_SIZE           4096
20    AW_TASK_DECL_STATIC(__cop_mst_pdo_tx_task, __COP_MST_PDO_TX_TASK_STACK_SIZE);
21    static void __cop_mst_pdo_tx_task_entry (void * p_arg);
22
23    /* PDO 接收任务相关参数 */
24    #define __COP_MST_PDO_RX_TASK_PRIO                 5
25    #define __COP_MST_PDO_RX_TASK_STACK_SIZE           4096
26    AW_TASK_DECL_STATIC(__cop_mst_pdo_rx_task, __COP_MST_PDO_RX_TASK_STACK_SIZE);
27
28    static void __cop_mst_pdo_rx_task_entry (void * p_arg);
29    /******************************************************************/
30     * CANopen 主站协议栈正常使用需要以下 5 个步骤
31     * step1: initialize CANopen stack    初始化协议栈
32     * step2: register node               注册节点
33     * step3: CANopen process task start  主处理任务开始
34     * step4: CANopen stack start         协议栈开始运行
35     * step5: PDO register                PDO 注册
36     ******************************************************************/
37    /* CANopen 主站示例代码 */
38    void demo_cop_mst (void)
39    {
40        aw_cop_mst_info_t        mst_info;
41        aw_cop_mst_node_info_t   node_info;
42        uint32_t    i, j;
43        uint8_t      sdo_tempdata[4] = {1, 2, 3, 4};
44        uint32_t     sdo_len, status;
45        uint8_t      slave_name[20];
46        char    slave_status[][25] = {"INIT",
47                                      "DISCONNECT",
48                                      "CONNECTING",
49                                      "PREPARING",
50                                      "STOP",
51                                      "WORK",
52                                      "PREWORK" };
```

```
53        uint32_t pdo_id_tab[] = {0x180, 0x280, 0x380, 0x480};
54        aw_cop_time_t     cop_time;
55        aw_cop_err_t      ret;
56        /* 第一步:初始化主站 */
57        mst_info.baudrate = AW_COP_BAUD_500K;          /* 波特率为 500 kbps */
58        mst_info.node_id = 127;                        /* 主站地址 127 */
59        mst_info.pfn_pdo_recv_callback = __cop_mst_pdo_recv_callback;
                                                             /* PDO 接收回调函数 */
60        mst_info.pfn_emcc_event_callback = __cop_mst_emcc_event_callback;
                                                             /* 紧急报文回调函数 */
61        ret = aw_cop_mst_init(0x00, &mst_info);        /* 主站初始化 */
62        if (ret != AW_COP_ERR_NO_ERROR) {
63            AW_INFOF(("aw_cop_mst_init() ret: %d\n", ret));
64            aw_cop_mst_deinit(0x00);
65            return;
66    }
67    /* 第二步:注册从站节点 */
68        for (i = 0; i < sizeof(__g_cop_mst_slave_id_tab); i++) {
69            if (__g_cop_mst_slave_id_tab[i] != AW_COP_NODE_ID_INVAILD) {
70                node_info.node_id = __g_cop_mst_slave_id_tab[i];
71                node_info.check_mode = AW_COP_MST_NODE_CHECK_WAY_GUARDING;
72                node_info.check_period = 3000;
73                node_info.retry_factor = 3;
74                ret = aw_cop_mst_add_node(0x00, &node_info);
75                if (ret != AW_COP_ERR_NO_ERROR) {
76                    __g_cop_mst_slave_id_tab[i] = AW_COP_NODE_ID_INVAILD;
77                }
78            }
79        }
80        /* 初始化任务 COP 主处理任务 */
81        AW_TASK_INIT(__cop_mst_process_task,
82                     "__cop_mst_process_task",
83                     __COP_MST_PROCESS_TASK_PRIO,
84                     __COP_MST_PROCESS_TASK_STACK_SIZE,
85                     __cop_mst_process_task_entry,
86                     NULL);
87        /* 第三步:启动主站处理任务 */
88        AW_TASK_STARTUP(__cop_mst_process_task);
89        /* 第四步:启动主站 */
90        ret = aw_cop_mst_start(0x00);
91        if (ret != AW_COP_ERR_NO_ERROR) {
92            AW_INFOF(("aw_cop_mst_start() ret: %d\n", ret));
```

```
93             goto error;
94         } else {
95             aw_mdelay(1);
96         }
97         memset(__g_cop_mst_pdo_id_tab, 0x00, sizeof(__g_cop_mst_pdo_id_tab));
98         /* 第五步:安装 PDO */
99         for (i = 0; i < AW_NELEMENTS(__g_cop_mst_slave_id_tab); i++) {
100            if (__g_cop_mst_slave_id_tab[i] == AW_COP_NODE_ID_INVAILD) {
101                continue;
102            }
103            for (j = 0; j < AW_NELEMENTS(__g_cop_mst_pdo_id_tab[0]); j++) {
104                __g_cop_mst_pdo_id_tab[i][j] = pdo_id_tab[j] + __g_cop_mst_slave_id_tab[i];
105                ret = aw_cop_mst_input_pdo_install(0x00,
106                                                   __g_cop_mst_slave_id_tab[i],
107                                                   __g_cop_mst_pdo_id_tab[i][j]);
108                if (ret != AW_COP_ERR_NO_ERROR) {
109                    AW_INFOF(("aw_cop_mst_input_pdo_install()"\
110                              " slave id:0x%x pdo id:0x%x ret: %d\n",
111                              __g_cop_mst_slave_id_tab[i],
112                              __g_cop_mst_pdo_id_tab[i][j],
113                              ret));
114                    __g_cop_mst_pdo_id_tab[i][j] = 0;
115                }
116            }
117        }
118
119        //SDO 读测试
120        memset(slave_name, 0x00, sizeof(slave_name));
121        ret = aw_cop_mst_sdo_upload(0x00,
122                                    __COP_MST_SLV_NODE_ID,
123                                    0x1008,
124                                    0x00,
125                                    slave_name,
126                                    &sdo_len,
127                                    1000);
128        if (ret != AW_COP_ERR_NO_ERROR) {
129            AW_INFOF(("aw_cop_mst_sdo_upload() ret: %d\n", ret));
130        } else {
131            AW_INFOF(("read slave name: %s\n", slave_name));
132        }
```

```
133        /* SDO 下载测试 */
134        ret = aw_cop_mst_sdo_dwonload(0x00,
135                                      __COP_MST_SLV_NODE_ID,      /* 从站地址 */
136                                      0x2000,                     /* 索引 0x2000 */
137                                      0x03,                       /* 子索引 0x03 */
138                                      sdo_tempdata,               /* 数据 */
139                                      1,                          /* 1 字节 */
140                                      1000);                      /* 1 s 超时 */
141        if (ret != AW_COP_ERR_NO_ERROR) {
142            AW_INFOF(("aw_cop_mst_sdo_dwonload() ret: %d\n", ret));
143        }
144        /* 发送时间戳测试 */
145        cop_time.year        = 2018;
146        cop_time.month       = 5;
147        cop_time.day         = 1;
148        cop_time.hour        = 19;
149        cop_time.minute      = 25;
150        cop_time.second      = 20;
151        cop_time.millisecond = 555;
152        aw_cop_mst_timestamp_send(0x00, &cop_time);
153        /* 配置同步报文 */
154        aw_cop_mst_sync_prodcer_cfg(0x00, 0x80, 5000);
155
156        /* 初始化任务__cop_mst_pdo_tx_task */
157        AW_TASK_INIT(__cop_mst_pdo_tx_task,          /* PDO 发送任务实体 */
158        "__cop_mst_pdo_tx_task",                     /* __cop_mst_pdo_tx_task 任务 */
159        __COP_MST_PDO_TX_TASK_PRIO,                  /* 任务优先级 */
160        __COP_MST_PDO_TX_TASK_STACK_SIZE,            /* 任务堆栈大小 */
161        __cop_mst_pdo_tx_task_entry,                 /* 任务入口函数 */
162        NULL);                                       /* 任务入口参数 */
163
164        /* 初始化任务__cop_mst_pdo_rx_task */
165        AW_TASK_INIT(__cop_mst_pdo_rx_task,          /* PDO 接收任务实体 */
166        "__cop_mst_pdo_rx_task",                     /* __cop_mst_pdo_rx_task 任务 */
167        __COP_MST_PDO_RX_TASK_PRIO,                  /* 任务优先级 */
168        __COP_MST_PDO_RX_TASK_STACK_SIZE,            /* 任务堆栈大小 */
169        __cop_mst_pdo_rx_task_entry,                 /* 任务入口函数 */
170        NULL);                                       /* 任务入口参数 */
171
172        /* 启动任务__cop_mst_pdo_tx_task */
```

```
173         AW_TASK_STARTUP(__cop_mst_pdo_tx_task);
174         /* 启动任务__cop_mst_pdo_rx_task */
175         AW_TASK_STARTUP(__cop_mst_pdo_rx_task);
176
177         i = 0x00;
178         while (1) {
179             aw_mdelay(2000);
180             i %= sizeof(__g_cop_mst_slave_id_tab);
181             /* 读取主站管理的从站节点的状态 */
182             ret = aw_cop_mst_node_status_get( 0x00, __g_cop_mst_slave_id_tab[i], &status);
183             if (ret == AW_COP_ERR_NO_ERROR) {
184                 switch (status) {
185                 case AW_COP_MST_NODE_STATUS_INIT:
186                 case AW_COP_MST_NODE_STATUS_DISCONNECT:
187                 case AW_COP_MST_NODE_STATUS_CONNECTING:
188                 case AW_COP_MST_NODE_STATUS_PREPARING:
189                 case AW_COP_MST_NODE_STATUS_STOP:
190                 case AW_COP_MST_NODE_STATUS_WORK:
191                     AW_INFOF(("slave status: %s, slave id:0x%x\n",
192                               slave_status[status],
193                               __g_cop_mst_slave_id_tab[i]));
194                     break;
195                 case AW_COP_MST_NODE_STATUS_PREWORK:
196                     status = 6;
197                     AW_INFOF(("slave status: %s, slave id:0x%x\n",
198                               slave_status[status],
199                               __g_cop_mst_slave_id_tab[i]));
200                     break;
201                 default:
202                     AW_INFOF(("slave status: %s\n", "UNKNOWN"));
203                     break;
204                 }
205             }
206             i++;
207         }
208
209     error:
210         ret = aw_cop_mst_stop(0);
211         if (ret != AW_COP_ERR_NO_ERROR) {
212             AW_INFOF(("aw_cop_mst_stop() ret: %d\n", ret));
213         }
214         aw_cop_mst_deinit(0);
```

```
215         while(1);
216     }
217 
218     /* PDO 接收回调函数 */
219     static aw_bool_t __cop_mst_pdo_recv_callback (aw_cop_pdo_msg_t * p_msg)
220     {
221         AW_INFOF(("recv pdo callback\n"));
222         return AW_TRUE;
223     }
224 
225     /* 紧急报文回调函数 */
226     static void __cop_mst_emcc_event_callback (aw_cop_emcy_msg_t * p_emcy_msg)
227     {
228         AW_INFOF(("emcc event callback\n"));
229     }
230 
231     /* PDO 接收回调函数 */
232     static void __cop_mst_process_task_entry (void * p_arg)
233     {
234         while (1) {
235             aw_cop_mst_process(0);
236             aw_mdelay(1);
237         }
238     }
239 
240     /* PDO 发送任务 */
241     static void __cop_mst_pdo_tx_task_entry (void * p_arg)
242     {
243         uint8_t  send_data[8];
244         uint32_t i;
245         aw_cop_err_t ret;
246         memset(send_data, 0, sizeof(send_data));
247         while (1) {
248             aw_mdelay(2000);
249             /* 设置输出的 PDO 报文 */
250             ret = aw_cop_mst_output_pdo_set(0,
251                                             __COP_MST_SLV_NODE_ID,
252                                             0x217,
253                                             send_data,
254                                             8);
255             if (ret != AW_COP_ERR_NO_ERROR) {
256                 AW_INFOF(("aw_cop_mst_output_pdo_set() ret: %d\n", ret));
```

```
257             }
258             for (i = 0; i<sizeof(send_data); i++) {
259                 send_data[i]++;
260             }
261             aw_mdelay(2000);
262             ret = aw_cop_mst_output_pdo_set(0,
263                                             __COP_MST_SLV_NODE_ID,
264                                             0x317,
265                                             send_data,
266                                             8);
267             if (ret != AW_COP_ERR_NO_ERROR) {
268                 AW_INFOF(("aw_cop_mst_output_pdo_set() ret: %d\n", ret));
269             }
270         }
271     }
272 
273     /* PDO 接收任务 */
274     static void __cop_mst_pdo_rx_task_entry (void * p_arg)
275     {
276         uint8_t     recv_data[8];
277         uint32_t    recv_len = 0;
278         uint32_t    i, j, k;
279         aw_cop_err_t ret;
280         while (1) {
281             for (i = 0; i < sizeof(__g_cop_mst_slave_id_tab); i++) {
282                 if (__g_cop_mst_slave_id_tab[i] == AW_COP_NODE_ID_INVAILD) {
283                     continue;
284                 }
285                 for (j = 0; j < AW_NELEMENTS(__g_cop_mst_pdo_id_tab[0]); j++) {
286                     if (__g_cop_mst_pdo_id_tab[i][j] == 0x00) {
287                         continue;
288                     }
289                     recv_len = sizeof(recv_data);
290                     memset(recv_data, 0x00, recv_len);
291                     /* 获取输入的 PDO 报文 */
292                     ret = aw_cop_mst_input_pdo_get(0x00,
293                                                    __g_cop_mst_slave_id_tab[i],
294                                                    __g_cop_mst_pdo_id_tab[i][j],
295                                                    recv_data,
296                                                    &recv_len,
297                                                    1);
298                     if (ret == AW_COP_ERR_NO_ERROR) {
```

```
299                    AW_INFOF(("receive pdo: node_id: 0x%x pdo id:0x%x data:",
300                              __g_cop_mst_slave_id_tab[i],
301                              __g_cop_mst_pdo_id_tab[i][j]));
302                    for (k = 0; k < recv_len; k++) {
303                        AW_INFOF(("0x%x ", recv_data[k]));
304                    }
305                    AW_INFOF(("\n"));
306                }
307            }
308            aw_mdelay(10);
309        }
310    }
311 }
```

需要注意,程序使用的 CANopen 实例号为 0x00,对应使用 CANopen 主站的 CAN 控制器 0,需要在 aw_prj_prams.h 文件中启用 CAN0。

18.2 CANopen 从站编程

相对于主站,CANopen 从站编程工作量少,只需要完成初始化、连接网络、上线、报文收发这几个主要功能便可实现一个从站节点通信。本节将详细介绍这些功能的接口函数。为便于描述,将接口分为两类:从站控制接口和数据收发接口。

18.2.1 CANopen 从站控制接口

CANopen 从站控制接口主要包括初始化、PDO 报文回调注册、连接网络、发送 boot up 报文、获取当前状态、主处理函数、读/写内部对象字典等操作,相关接口原型详见表 18.8。

表 18.8 CANopen 从站控制接口

函数原型	功能简介

aw_cop_err_t aw_cop_slv_init (
    uint8_t   inst,
    aw_cop_slv_info_t * p_info)
	CANopen 从站接口初始化

aw_cop_err_t aw_cop_slv_deinit (uint8_t inst);	反初始化 CANopen 从站接口
aw_cop_err_t aw_cop_slv_connect_net (uint8_t inst)	从站连接到网络
aw_cop_ker_err_t aw_cop_slv_boot(void)	发送 boot up 报文

续表 18.8

函数原型	功能简介
aw_cop_err_t aw_cop_slv_status_get (uint8_t inst, aw_cop_slv_status_t * p_status)	获取从站当前状态
void aw_cop_slv_process(void)	从站主处理函数,必须周期性调用
aw_cop_err_t aw_cop_slv_obd_read (uint8_t inst, uint16_t index, uint8_t subindex, uint8_t * p_data, uint32_t * p_length);	读取内部对象字典值
aw_cop_err_t aw_cop_slv_obd_write (uint8_t inst, uint16_t index, uint8_t subindex, uint8_t * p_data, uint32_t length);	写内部对象字典值

1. 从站初始化

CANopen 从站初始化用于完成从站节点地址、波特率的设定,从站对象字典的注册。其函数原型为:

```
aw_cop_err_t aw_cop_slv_init (uint8_t inst, aw_cop_slv_info_t * p_info);
```

其中,inst 为 CANopen 的实例号,用于指定本次要初始化的 CANopen 实例。在一个 MCU 中,AWorks 可以最多同时支持 2 个从站功能,为了便于区分,给每个从站分配唯一的实例号。inst 的取值范围为 0~1。

p_info 为从站的初始化参数指针。AWorks 定义了相应的结构体类型 aw_cop_slv_info_t 来表示这些配置参数,其定义详见程序清单 18.17。

程序清单 18.17 CANopen 从站配置参数结构体类型定义

```
1    typedef struct aw_cop_slv_info {
2        uint32_t        node_id;                 /* 节点 ID */
3        uint32_t        baudrate;                /* CAN 波特率,单位为 kbps */
4        const uint8_t   * p_seg_cont;            /* 对象字典 */
5        uint32_t        seg_cont_size;           /* 对象字典大小 */
6        uint8_t         * p_process_image;       /* 过程数据缓冲区指针 */
7        uint32_t        process_image_size;      /* 过程数据缓冲区大小 */
8    } aw_cop_slv_info_t;
```

结构体中包含 6 个参数，其中 node_id 为从站的地址，范围为 1～127；baudrate 用于指定通信波特率，从站波特率设置与主站的设置方法相同，直接填写波特率对应的值即可，但必须是 CiA 推荐的标准波特率；p_seg_cont 为对象字典指针；seg_cont_size 为对象字典的大小；p_process_image 为过程数据缓冲区指针；process_image_size 为过程数据缓冲区大小。后面 4 个参数用户无需了解，由上位机软件自动实现，只需要按照例程调用相关函数即可。

我们知道，CANopen 节点都有自己的对象字典，对象字典用于描述设备的资源。由于这部分与用户实际应用息息相关，不同的产品其对象字典可能不同。为了简化用户的使用难度，可以使用上位机软件编辑对象字典并生成对应的 C 文件和 EDS 文件，C 文件名为 aw_cop_slv_od_inst.c，具体操作步骤详见 18.2.3 小节。

初始化 CANopen 从站示例代码详见程序清单 18.18。

程序清单 18.18　CANopen 从站初始化示例代码

```
1    int aw_main()
2    {
3        aw_err_t ret;
4        uint8_t  inst = 0;
5        aw_cop_slv_info_t info;
6        info.baudrate            = AW_COP_BAUD_500K;
7        info.node_id             = aw_cop_slv_od_node_id_get();
8        info.p_seg_cont          = aw_cop_slv_od_seg_cont_get();
9        info.seg_cont_size       = aw_cop_slv_od_seg_cont_size_get();
10       info.p_process_image     = aw_cop_slv_od_process_image_get();
11       info.process_image_size  = aw_cop_slv_od_process_image_size_get();
12       ret = aw_cop_slv_init(inst, &info);           /* 初始化协议栈 */
13       if (ret != AW_COP_ERR_NO_ERROR) {
14           return ret;                                /* 初始化失败 */
15       }
16   }
```

初始化函数返回值为 aw_err_t 类型的 CANopen 错误代码，与主站的错误代码相同。

2. 从站连接到网络

初始化从站后，将从站连接到 CANopen 网络，其函数原型为：

```
aw_cop_ker_err_taw_cop_slv_connect_net(void)
```

返回值为 aw_err_t 类型的 CANopen 错误代码，值为 0 表示连接成功。

3. 获取从站当前状态

由前文介绍可知，CANopen 节点包含 4 种状态，分别是初始化、预操作、操作、停

止。AWorks 提供获取从站当前状态的函数,函数原型为:

```
aw_cop_err_t  aw_cop_slv_status_get (uint8_t inst,  aw_cop_slv_status_t * p_status)
```

p_status 为从站当前状态的指针,状态宏定义和对应的返回值详见表 18.9。

表 18.9　CANopen 从站状态表

宏定义	状　态	状态码
AW_COP_SLV_STATUS_INIT	初始化	0x00
AW_COP_SLV_STATUS_STOP	停止	0x04
AW_COP_SLV_STATUS_OPERATIONAL	操作	0x05
AW_COP_SLV_STATUS_PRE_OPERATIONAL	预操作	0x7F

4. CANopen 从站主处理函数

从站上线后,周期性调用从站处理函数以保证协议栈的正确运行,其函数原型为:

```
void aw_cop_slv_process (uint8_t inst)
```

inst 为从站的实例号。该函数调用周期长短决定协议栈处理报文的实时性,因此建议函数调用周期尽量短。

5. 内部对象字典读操作函数

用户调用本函数获取设备自身对象字典的参数,其函数原型为:

```
aw_cop_err_t aw_cop_slv_obd_read ( uint8_tinst,
                                   uint16_t  index,
                                   uint8_t   subindex,
                                   uint8_t   * p_data,
                                   uint32_t * p_length);
```

其中,inst 为从站的实例号;index 为从站自身索引;subindex 为从站自身子索引;p_data 为存放读取对象返回数据的缓存指针;p_length 为返回数据长度指针。本函数是读取自身对象字典值,并不向总线发送 SDO 报文。若要获取从站索引 0x1018、子索引 0x02 的产品代码信息,则范例程序详见程序清单 18.19。

程序清单 18.19　获取产品代码(索引 0x1018、子索引 0x02)

```
1   int aw_main()
2   {
3       aw_cop_err_t        ret;
4       uint8_t             inst = 0;
5       uint8_t             databuff[16];
6       uint8_t             data_size = 4;
7       // ...... 初始化代码省略
```

```
8        ret = aw_cop_slv_obd_read(inst, 0x1018, 0x02, databuff, &data_size);
                                                                   /* 取产品代码 */
9        if (ret != AW_COP_ERR_NO_ERROR) {
10           //...... 读取失败
11       }
12   }
```

6. 内部对象字典写操作函数

与读操作函数对应,使用该接口可以更新内部对象字典的值,其函数原型为:

```
aw_cop_err_t aw_cop_slv_obd_write ( uint8_t   inst,
                                    uint16_t  index,
                                    uint8_t   subindex,
                                    uint8_t   *p_data,
                                    uint32_t  length);
```

其中,inst 为从站的实例号;index 为从站自身索引;subindex 为从站自身子索引;p_data 为与要写入数据的缓存指针;length 为写入数据长度。返回值为 aw_cop_err_t 类型的 CANopen 错误代码。更改位于索引 0x1018、子索引 0x02 的产品 ID,范例程序详见程序清单 18.20。

程序清单 18.20　更改产品 ID

```
1    int aw_main()
2    {
3        aw_cop_err_t ret;
4        uint8_t  inst = 0;
5        uint8_t product_code = 0x25;
6        uint8_t data_size;
7        //...... 初始化代码略
8        ret = aw_cop_slv_obd_write(inst,0x1018,0x02,&product_code, 1);  /* 修改产品 ID */
9        if (ret != AW_COP_ERR_NO_ERROR) {
10           //...... 修改失败
11       }
12   }
```

18.2.2　CANopen 从站数据收发接口

数据传输接口主要包括 CANopen 从站报文的发送(TPDO 传输)和接收(RPDO 传输),相关接口的原型详见表 18.10。

表 18.10 CANopen 从站通信常用接口函数

函数原型	功能简介
aw_cop_err_t aw_cop_tpdo_send (uint8_t inst, uint32_t offset; uint8_t * p_data, uint32_t data_lenth);	TPDO 发送函数,设备进入操作状态才能发送 PDO 报文
voidaw_cop_rpdo_read (uint8_t inst, uint32_t offset; uint8_t * p_data, uint32_t data_lenth);	RPDO 接收函数,设备进入操作状态才能接收主站的 PDO 报文

1. TPDO 发送

CANopen 节点上线后,若接收到主站下发的进入操作命令,则可以使用该接口向总线发送一个或多个 PDO 报文,其函数原型为:

```
aw_cop_err_t aw_cop_tpdo_send (uint8_t  inst,
                               uint32_t offset,
                               uint8_t  * p_data,
                               uint32_t data_lenth);
```

其中,inst 为从站的实例号;offset 为过程数据缓冲区的偏移地址;p_data 为要发送 PDO 数据的指针;data_lenth 表示请求发送数据的长度。由于用户操作的是对应 PDO 的变量,如果数据发生变化,该变量对应的 PDO 会自动发送出去。返回值为 aw_cop_err_t 类型的 CAN 错误代码。因为 PDO 通信必须在操作状态下,发送 PDO 前建议检查设备当前状态。发送 PDO 的范例程序详见程序清单 18.21。

程序清单 18.21 发送 PDO 报文

```
1    int aw_main()
2    {
3        aw_cop_err_t ret;
4        aw_cop_slv_status_t status;
5        uint8_t databuff[8] = {0x01, 0x02, 0x03, 0x04, 0x05, 0x06, 0x07, 0x08};
6        // ...... 初始化完成
7        ret = aw_cop_slv_status_get(inst, &status);                /* 获取从站状态 */
8        if (status  == AW_COP_SLV_STATUS_OPERATIONAL) {            /* 操作状态 */
9            ret = aw_cop_tpdo_send (0, databuff, 8);               /* 发送 PDO 报文 */
10           if (ret != AW_COP_ERR_NO_ERROR) {
11               // ...... 发送失败
12           }
13       }
14   }
```

2. 接收 RPDO

使用该接口可以获取总线上的 PDO 报文，被接收的 PDO 报文 ID 为从站节点的 RPDO ID，其他 PDO 报文将会被丢弃，其函数原型为：

```
aw_cop_ker_err_t  aw_cop_rpdo_read (uint32_t  offset;
                                    uint32_t  data_lenth,
                                    uint8_t    * p_data);
```

其中，offset 为 PDO 报文缓冲区(_g_pi_buffer，见 CANopen 初始化)的偏移地址，接收缓冲区首地址由对象字典变量的映射个数决定；data_lenth 为希望读取数据的长度；p_data 为存放 RPDO 数据的指针。当接收到 RPDO 报文时，首先会调用用户设定的接收回调函数，然后将接收的报文存放到内部缓存中。用户调用该接口函数即用于将内部缓存中的报文复制到用户缓冲区中。接收报文并对其进行处理的范例程序详见程序清单 18.22。

程序清单 18.22　接收 RPDO 范例程序

```
1    int aw_main()
2    {
3        aw_cop_ker_err_t     ret;
4        aw_cop_slv_status_t  status;
5        uint8_t databuff[8] = {0};
6        // ...... 初始化代码略
7        ret = aw_cop_slv_status_get(inst, &status);                /* 获取从站状态 */
8        if(status == AW_COP_SLV_STATUS_OPERATIONAL) {              /* 操作状态 */
9            aw_cop_rpdo_read (0, 8, databuff);                     /* 读取缓冲区 */
10        }
11    }
```

18.2.3　EDS 文件的制作和生成

前文介绍了 CANopen 网络中每个节点都有对象字典，因此设计从站时，每个节点的功能不同，对应的对象字典也会有差异。为了简化用户编程，特别提供对象字典的 C 代码生成软件——对象字典编辑器(ODBuilderForXGate.exe)。用户基于默认模板进行简单编辑便可实现自己设备的对象字典，软件界面详见图 18.1。该软件还可生成与之对应的 EDS 文件。对象字典各项的意义可参考第 15 章。

假如修改 RPDO1 的传输类型为 254(异步，制造商特定事件)，按照如下步骤进行操作(操作其他索引同理)：

① 单击“打开”按钮，导入对象字典模板 CANopenX.zyeds 或待修改的 EDS 文件，程序主界面详见图 18.2。

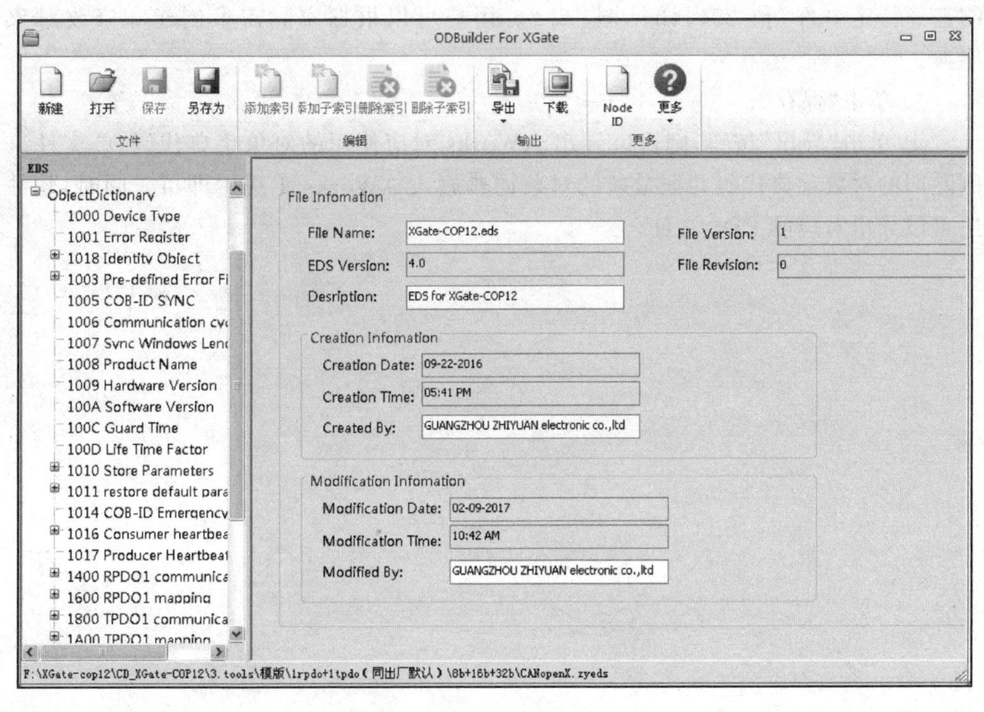

图 18.1 对象字典编辑器主界面

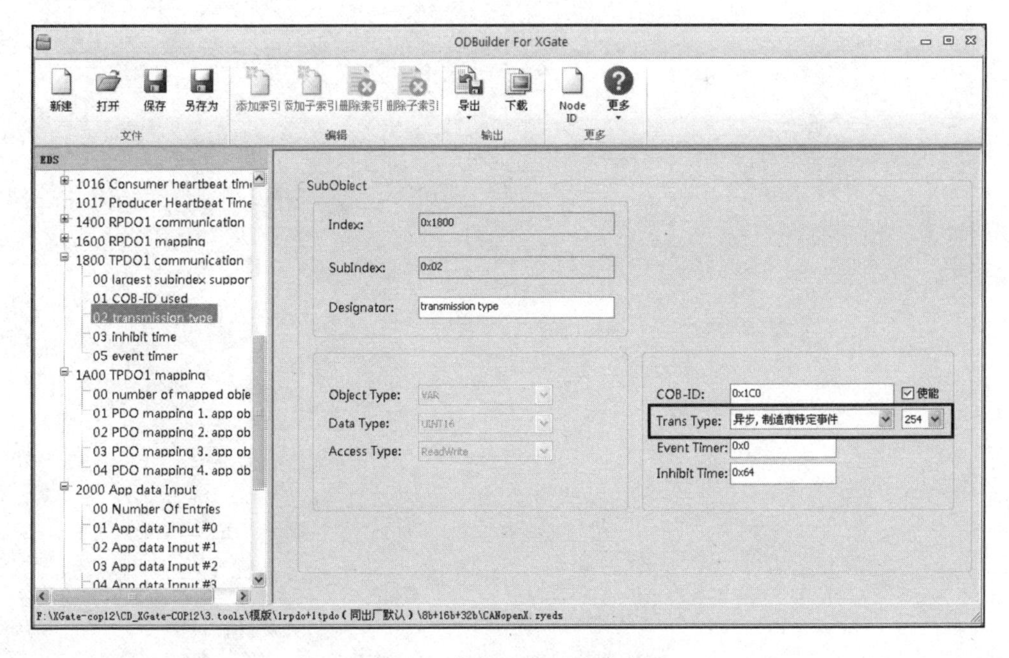

图 18.2 编辑 TPDO 传输类型

② 修改对象字典，例如，单击索引 1800 的子索引 02，修改 Trans Type 为“异步，

制造商特定事件”值 254，详见图 18.2。用户可以根据实际需求创建和修改对象字典。

③ 单击“保存”。

④ 单击“导出”按钮，则可以导出 AWorks 对应使用的对象字典代码(C 文件)，删除旧的对象字典代码并把最新的对象词典放入 AWorks 工程中即可。同时，软件还可以导出对应的 EDS 文件。

参考文献

[1] 周立功.项目驱动——CAN－bus现场总线基础教程[M].北京:北京航空航天大学出版社,2012.

[2] 牛跃听,周立功.CAN总线应用层协议实例解析[M].北京:北京航空航天大学出版社,2014.

[3] (德)Zeltwanger H.现场总线CANopen设计与应用[M].周立功,译.北京:北京航空航天大学出版社,2011.

[3] 罗峰,胡强,刘宇.基于CAN－FD总线的车载网络安全通信[J].同济大学学报,2019(3):386-391.

[4] 黄菊花,何剑平,曹铭.电动汽车电池管理系统抗工频磁场设计[J].电测与仪表,2016(53):106-110.

[5] 杜华程,许同乐,黄湘俊,等.基于CAN总线的智能传感器节点设计与应用[J].传感器与微系统,2015(34):82-84.

[6] 曾勇,麻友良,陈典.电动汽车仪表关键技术分析与研究[J].电测与仪表,2019(2):139-144.

[7] 王伟,周雅夫,王健.电动汽车电磁兼容性研究[J].汽车工程,2008(30):399-403.

[8] NELSON R F. Power requirements for batteries in hybrid electric vehicles[J]. Journal of Power Sources,2000,91(1):2-26.

[9] 吴建军.CAN现场总线隔离技术研究[J].自动化与仪器仪表,2016(7):1-3.

[10] 尤程瑶,孙培德.CAN通信电路的干扰分析与抗干扰措施[J].电子测量技术,2017(11):124-128.

[11] 邓红德,王博栋,吴佳楠.基于CAN总线的双DSP通信方案设计与实现[J].测控技术,2011(6):83-85.

[12] 杨龙山.车用CAN总线抗电磁干扰能力研究[D].北京:中国科学院电工研究所,2006.